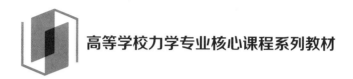

高等学校力学专业核心课程系列教材

振动力学

MECHANICS OF VIBRATION

邢誉峰 主编

副主编 于开平 丁 千 李银山
　　　 黄志龙 蔡国平

参 编 李韶华

中国教育出版传媒集团
高等教育出版社·北京

内容提要

本书是高等学校力学专业核心课程系列教材之一。本书系统论述了振动力学的理论和分析方法。绪论中介绍了振动现象、基本概念和振动分析的主要任务。第1章、第2章和第3章分别介绍了单自由度系统、多自由度系统和连续系统的振动，第4章介绍了振动的近似分析方法，第5章和第6章分别介绍了非线性振动的定性理论和定量分析方法，第7章介绍了线性系统的随机振动，第8章介绍了线性振动的最优控制理论和方法。不同学校可以根据专业需求和学时情况选择合适的内容。

本书可以作为高等学校工程力学、航空航天工程、机械工程和土木工程等专业的本科生教材，也可以作为从事与机械振动有关工作的工程技术人员的参考书。

图书在版编目（CIP）数据

振动力学 / 邢誉峰主编 . -- 北京：高等教育出版社，2023.3

ISBN 978-7-04-059866-7

Ⅰ.①振… Ⅱ.①邢… Ⅲ.①工程振动学 – 高等学校 – 教材 Ⅳ.① TB123

中国国家版本馆 CIP 数据核字（2023）第 017246 号

振动力学
ZHENDONG LIXUE

策划编辑	赵向东	责任编辑	赵向东	封面设计	于 婕 姜 磊	版式设计 于 婕
责任绘图	李沛蓉	责任校对	刘娟娟	责任印制	赵 振	

出版发行	高等教育出版社	网　　址	http://www.hep.edu.cn
社　　址	北京市西城区德外大街4号		http://www.hep.com.cn
邮政编码	100120	网上订购	http://www.hepmall.com.cn
印　　刷	高教社（天津）印务有限公司		http://www.hepmall.com
开　　本	787mm×1092mm　1/16		http://www.hepmall.cn
印　　张	26		
字　　数	550 千字	版　　次	2023 年 3 月第 1 版
购书热线	010-58581118	印　　次	2023 年 3 月第 1 次印刷
咨询电话	400-810-0598	定　　价	55.00 元

本书如有缺页、倒页、脱页等质量问题，请到所购图书销售部门联系调换

版权所有　侵权必究

物 料 号　59866-00

振动力学

1 计算机访问 http://abook.hep.com.cn/1265872，或手机扫描二维码、下载并安装 Abook 应用。

2 注册并登录，进入"我的课程"。

3 输入封底数字课程账号（20位密码，刮开涂层可见），或通过 Abook 应用扫描封底数字课程账号二维码，完成课程绑定。

4 单击"进入课程"按钮，开始本数字课程的学习。

课程绑定后一年为数字课程使用有效期。受硬件限制，部分内容无法在手机端显示，请按提示通过计算机访问学习。

如有使用问题，请发邮件至 abook@hep.com.cn。

扫描二维码
下载 Abook 应用

http://abook.hep.com.cn/1265872

教育部高等学校力学类专业教学指导委员会（2018—2022）

力学专业核心课程系列教材建设工作组

组　长：韩　旭

副组长：王省哲

成员（按姓氏拼音排序）：

　　胡卫兵、霍永忠、冷劲松、刘占芳

　　马少鹏、原　方、张建辉、赵颖涛

秘书：侯淑娟

序　言

　　教材是人才培养的核心要素之一，探索和建设适应新时期专业人才培养体系特点及需要的教材已成为当前我国高等院校教学改革和教材建设工作面临的紧迫任务。为贯彻教育部《一流本科课程建设的实施意见》（教高〔2019〕8号），配合实施一流本科"双万计划"，教育部高等学校力学类专业教学指导委员会围绕新时期我国高等教育的新发展与新要求、面向新工科背景下力学专业的新挑战，启动并开展了力学专业核心课程系列教材建设工作。

　　本届力学类专业教学指导委员会专门成立了力学专业核心课程系列教材建设工作组，在广泛征集力学界同仁意见的基础上，制定了力学专业核心课程教材建设的指导思想、内容规划及工作方案，遴选了核心课程教材编写组及负责人。本次教材建设力求在内容选材、组织结构、编写风格等方面体现时代特色。第一批建设的力学专业核心课程教材包括《振动力学》《弹性力学》《连续介质力学》《实验力学》《断裂力学》《塑性力学》《计算力学》《流体力学》共八本。由编写组负责人负责组织开展调研、论证、编写和修订等工作。部分教材已完成编写，将陆续出版发行。

　　衷心感谢各编写组的努力工作与无私奉献，感谢高等教育出版社的鼎力支持。由于能力和水平有限，工作中难免有不足和疏漏，诚请读者批评指正！

教育部高等学校力学类专业教学指导委员会（2018—2022）

力学专业核心课程系列教材建设工作组

2022 年 12 月 3 日

前　言

随着工程技术的发展，振动问题在各个工程领域越来越受到重视。传统的静强度、静刚度等结构设计和分析方法已经不能满足工程的需要。振动测试设备和数据分析处理方法的发展，如非接触激光测振仪器和小波变换方法等，使许多动力学环境实验及其分析成为可能。计算机科学的迅猛发展也为复杂振动问题的模拟分析和处理提供了有效的工具。因此，振动力学理论及其分析方法已经逐渐成为工程技术人员必备的知识。

在航空航天、机械、土木、建筑和水利等领域所设专业的本科生和研究生的教学中，振动力学是一门重要的专业基础课程。这门课程要求学生掌握机械振动的基本理论及其分析方法，并能够初步用理论和模拟技术研究和解决工程中存在的振动问题。

全书除绪论外共 8 章。绪论主要介绍了振动现象、振动力学的基本概念和振动分析的主要任务。这样安排的主要目的是使学生对振动力学的内容有一个宏观的认识，有益于具体内容的学习。前 4 章为关于线性振动理论及其分析方法的基本知识，内容主要是线性系统的解析分析方法和近似分析方法，重点强调模态叠加方法的力学和数学基础。其余各章分别介绍非线性振动的定性理论和定量分析方法、线性系统随机振动和最优控制，这部分仍然侧重于各有关内容的基本物理现象、基本概念和基本方法。

全书各章附有习题和部分习题答案，以加深对内容的理解和运用，也有助于读者自学和教师备课。本书可以作为高等学校工科专业振动力学课程教材，可根据学时和专业需求对内容进行取舍。

本书绪论、第 1 章和第 2 章由北京航空航天大学邢誉峰编写，第 3 章和第 4 章由哈尔滨工业大学于开平编写，第 5 章由天津大学丁千编写，第 6 章由河北工业大学李银山编写，第 7 章由浙江大学黄志龙编写，第 8 章由上海交通大学蔡国平编写，石家庄铁道大学李韶华参加了第 1 章和第 2 章习题及其解答的编写，全书由邢誉峰统稿。

本书由上海交通大学刘延柱教授、南京航空航天大学陈国平教授和清华大学赵治华教授审阅，特此致谢。本书的编写工作得到了各方面的支持和鼓励，编者谨致以诚挚的感谢。

在编写过程中，虽然编者力求定义准确、用词规范，也汲取了国内外振动力学教材的许多宝贵经验，但限于水平，书中难免存在不足，恳请读者指正。

编者

2022 年 9 月

目　录

绪　论

0.1　振动现象

　　振动是自然界和工程界普遍存在的现象。**振动**是指描述系统状态的参量（如位移、电压）在其基准值上下交替变化的过程。大至宇宙，小至原子，无不存在振动。声、光和热等多种物理现象都包含振动。例如，不同原子具有不同的振动频率，即发出不同频率的光谱，因此可以通过光谱分析仪发现物质含有哪些元素。人们的日常生活也充满着振动现象，譬如心脏的跳动、耳膜和声带的振动以及声音的产生、传播和接收等。

　　狭义上的振动是指机械振动，即机械（力学）系统中的振动。电磁振动习惯称为**振荡**。构成机械振动系统的基本要素包括惯性元件、弹性元件和阻尼元件。惯性元件是对系统惯性的一种描述，包括仅具有质量的质点，或只具有质量和转动惯量的刚体等，其储存系统的动能；弹性元件是对系统弹性的一种描述，包括无质量弹簧和具有刚度但无质量的杆、梁和板壳等，其储存系统的弹性变形势能（简称变形能，即应变能）；而阻尼元件提供运动的阻力来消耗系统振动过程的机械能，如黏性阻尼器、空气阻尼器和摩擦阻尼器等。

　　振动作用具有双重性。其消极方面是：污染人们的生存环境（如噪声），影响仪器设备功能，降低机械设备的工作精度，甚至引起结构破坏等。例如：机翼颤振（**颤振**是指弹性结构在均匀气流中由于受到空气动力、弹性力和惯性力的耦合作用而发生的自激振动）导致的多起灾难性事故；1940 年美国塔科马吊桥（Tacoma Narrows Bridge）在风载作用下，因桥身发生扭转振动和上下振动造成坍塌事故；1972 年日本关西电力海南发电厂的一台 66 万千瓦汽轮发电机组，在试车过程中发生异常振动而全机毁坏。振动也有积极作用：许多设备和工艺利用了振动，如振动传输、振动研磨、振动筛选、振动沉桩和振动消除结构内应力等。此外，电磁振荡也是通信、广播、电视、雷达等工作的基础。

　　随着现代科学技术的发展，飞行器、船舶、高速列车、土木结构、机械结构等现代工程设计，对振动问题的解决提出了更高、更严格的要求。

0.2 振动力学的基本概念

力学系统能够发生振动,需要具有弹性和惯性。**弹性**是指物体恢复原始大小和形状(位形)的能力,**惯性**是指物体具有保持运动速度不变的能力。由于弹性,系统偏离其平衡位置时产生恢复力,促使系统返回原来的位形;由于惯性,系统在返回平衡位置的过程中积累了动能,又使系统越过平衡位置向另外一侧运动。振动过程是系统势能和动能相互转换的过程。

1. 自由度和约束

为了描述系统在空间的位置和形状,需要用到坐标。在数学和物理学的各个分支中,坐标的名称是不同的。在力学中,通常把用来确定一几何实体(点、线、面等)在空间位置的一组数中的任何一个称为**坐标**,并且当坐标连续变化时,位置也随着连续变化,反之亦然。**坐标系**是指确定空间一点相对某参考体的位置所选用的坐标系统,坐标系是由被选定在参考体上的原点和标明长度的一条或几条坐标轴组成的。笛卡儿直角坐标系是最常用和几何意义最直观的坐标系。确定一个质点在直角坐标系中的位置需要三个坐标 (x, y, z),在平面内则需要两个坐标 (x, y)。图 0.2.1 所示为一个单摆系统(**摆**是能够产生摆动的一种装置,通常摆杆被认为是刚性杆件)。摆锤可以简化成质量为 m 的质点(**质点**是具有质量而不计尺寸效应的物体,**质量**是量度物体惯性大小的物理量)。

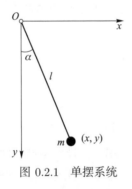

图 0.2.1 单摆系统

在直角坐标系中,为了描述单摆的位形,需要两个坐标,即 (x, y)。由于摆长不变,因此有如下关系成立:

$$x^2 + y^2 = l^2 \tag{0.2.1}$$

这相当于在直角坐标之间存在一个几何约束,因此系统的独立坐标数为 $2 - 1 = 1$。描述系统位形需要的独立坐标数称为**自由度**。因此该单摆系统具有一个自由度。

约束是与自由度密切相关的重要概念。**约束**是指对质点的位置和速度预先施加的几何学和运动学的限制。约束限制质点的运动,即改变各质点的运动状态,故约束对质点有作用力,称为**约束力**。约束的数学表达式称为**约束方程**。

理想约束又称不做功约束,即约束力在其作用点虚位移上所做功之和为零的约束,如车轮在路面上作纯滚动，因接触面没有相对位移，所以接触点的约束力不做功。只限制系统位置的约束称为**几何约束**，如上面关于摆长的约束。有限约束包含几何约束和含时几何约束。若限制运动速度，而且这个限制不能通过积分转化为关于位置的有限约束形式，则称为**运动约束**或**微分约束**。约束方程中不显含时间 t 的约束为**定常约束**，否则为**非定常约束**。约束方程中不显含速度的约束为**完整约束**，否则为**非完整约束**。

另外，在两个相对的方向上对质点的运动同时进行限制的约束称为**双面约束**，其约束方程是等式形式，如上述单摆的几何约束。只能限制质点单一方向运动的约束称为**单面约束**，其约束方程是不等式形式。如果把图 0.2.1 中的刚性摆杆换成柔软的绳，则约束方程变为

$$x^2 + y^2 \leqslant l^2 \tag{0.2.2}$$

在利用能量原理建立系统运动微分方程时还经常用到一种具有更广泛意义的坐标——**广义坐标**。**广义坐标**是描述系统位形的独立坐标。广义坐标彼此之间线性无关，即它们之间是相互独立的。对于图 0.2.1 所示单摆，用摆角 α 就可以完全确定其位置，因此 α 就是单摆系统的广义坐标。广义坐标 α 与直角坐标 (x, y) 之间具有如下变换关系：

$$\begin{aligned} x &= l\sin\alpha \\ y &= l\cos\alpha \end{aligned} \tag{0.2.3}$$

通过上式可以得到用直角坐标 (x, y) 表示广义坐标 α 的关系式。可以看出，用广义坐标 α 确定摆的位置更加简洁。值得注意的是，一般意义下的广义坐标通常不具有直观的几何含义和明确的物理意义。

系统的独立坐标数目和广义坐标数目相同，因此**自由度**也指系统的广义坐标数目。完整系统的自由度等于广义坐标数目，而非完整系统的自由度等于广义坐标数目减去微分约束方程数目。

2. 振动系统的分类

从不同角度对振动系统可以进行如下分类：

（1）**线性系统和非线性系统**：质量特性与系统状态变量（位移和速度）无关，弹性恢复力和阻尼力与状态变量呈线性关系的系统称为线性系统，否则为非线性系统。描述线性系统的数学模型为线性微分方程，描述非线性系统的数学模型为非线性微分方程。

（2）**离散系统和连续系统**：离散系统是指由有限个惯性元件、弹性元件和阻尼元件构成的系统。离散系统具有有限个自由度，也称为多自由度系统，其数学模型为常微分方程。连续系统是指由弦、杆、轴、梁、板壳等连续体构成的系统，其质量密度、弹性参数和阻尼参数及状态变量均可以由连续函数来表示。连续系统具有无穷多个自由度，也称为无穷自由度系统，描述连续系统的数学模型为偏微分方程。实际机械振动系统是连续系统。

（3）**自治系统和非自治系统**：系统数学模型中不显含时间 t 的系统称为自治系统，如上述单摆振动系统；显含时间 t 的系统称为非自治系统，如受到简谐激励 $\sin t$ 作用的系统。

（4）**确定性系统**和**随机系统**：系统物理参数可以由时间的确定性函数给出的系统称为确定性系统，无法用确定性函数而需用概率统计方法定量描述其特性的系统称为随机系统。

（5）**时变系统**和**时不变系统**：系统参数随时间变化的系统称为时变系统（也称为非定常系统），否则为时不变系统（也称为定常系统）。火箭在推进飞行过程中，其质量是随时间变化的，因此它是一种典型的时变系统。

（6）**保守系统**和**非保守系统**：机械能（包括动能和势能）守恒的系统称为保守系统，否则为非保守系统。也可以按如下方式定义：在保守力和理想定常完整约束作用下的力学系统为保守系统；在保守力和非理想约束作用下的力学系统，以及在保守力和非保守力共同作用下的力学系统为非保守系统。如果作用于质点的场力（**场力**是指大小和方向单一地取决于质点位置的力）所做的功只与质点的起始和终止位置有关，而与质点的运动路径无关，则称该场力为**有势力**或**保守力**，例如重力、万有引力和弹性力是保守力，而摩擦力、流体黏滞力为非保守力。

（7）**自伴随系统**和**非自伴随系统**：系统微分方程组的系数矩阵全部是对称的系统称为自伴随系统，即原方程和自伴随方程（原方程的转置）是等价的；系数矩阵至少有一个是非对称的系统称为非自伴随系统，此时系统的伴随方程与原方程是不等价的。在线性代数中，一个算子若与它的共轭转置相同，则该算子称为自伴随算子，欧几里得空间上自伴随算子的矩阵是实对称矩阵。在线弹性系统中，功的互等定理保证了系统微分方程系数矩阵的对称性，因此线弹性系统是自伴随系统。但在包含陀螺效应的线弹性系统中，由于与科里奥利力（Coriolis force，简称科氏力）有关的矩阵为反对称矩阵，因此这类系统不是自伴随系统。

3. 振动的分类

机械系统的振动可以按激励和响应的类型以及系统特性进行分类。

（1）按激励类型分类

1）**自由振动**：系统受初始扰动（或给定初始位移和初始速度）后不再受外界激励时所作的振动。无阻尼系统自由振动的重要特征是振动过程中的系统动能和势能不断互相转换，且系统机械能守恒。线性系统的自由振动响应是所有主振动响应的线性叠加，这就是自由振动的振型叠加方法。

2）**受迫振动**：系统在随时间变化的激励作用下产生的振动。线性系统的受迫振动响应是各阶受迫主振动响应的叠加。旋转机械工作时因转子不平衡力而引起的振动、建筑物因地震或风载等引起的振动、阵风或跑道不平度引起的飞机振动都是受迫振动的实例。

3）**自激振动**：由系统自身运动使输入的恒定能源产生交变性作用引起的振动，简称为自振。系统运动停止，激励立即消失。弦乐器和钟表是常见的自激振动系统。弦乐器中非振动能量来自拉动的弓，通过弦与弓之间的干摩擦力的特殊性质而激发弦的振动；钟表系统中的能量来自上紧的卷簧，通过擒纵机构而维持摆的振动。飞机颤振、车辆蛇行运动、金属加工时的切削振动也都是自激振动。

4）**参数共振**：由于系统的参数随时间周期变化而引起的大幅度振动。支点作铅垂振动的单摆就是参数激励的系统，两端受轴向交变力作用的梁的横向振动也是参数振动。

（2）按响应类型分类

1）**固有振动**：多自由度线性系统以其某一阶固有频率作为振动频率的振动，也称**主振动**。固有振动的频率和形态，也称为固有模态，仅取决于系统的固有特性而和外界因素无关。无阻尼线性系统的主振动中各坐标以相同频率作简谐振动，且各坐标简谐振动的相位彼此相同或相反。

2）**简谐振动**：描述系统运动状态的物理量随时间按正弦或余弦变化的运动过程。无阻尼线性系统在简谐激励作用下产生的稳态振动是简谐振动。

3）**周期振动**：描述系统运动状态的物理量重复振动一次所需的最短时间，称为**周期**。具有周期的振动称为**周期振动**，无法重复过去变化的振动称为**非周期振动**。钟表中摆的振动为周期振动，钢琴弦受冲击后的衰减运动是非周期振动。

4）**阻尼振动**：由摩擦和介质阻力或其他耗能作用导致的振幅随时间逐渐衰减的系统振动，又称衰减振动。

5）**混沌振动**：发生在确定性非线性系统中的对初始条件极为敏感的无规则且不可确定的往复非周期运动，如大气热对流系统。支点作水平运动的单摆系统在一定条件下也可以产生混沌振动。

6）**随机振动**：无法用确定性函数，需用概率统计方法定量描述其运动特性的振动。如车辆行进中的颠簸和飞机在跑道上的滑跑等。

（3）按系统类型分类

1）**线性振动**：系统中元件的弹性服从胡克定律，运动时受到与速度成正比的阻尼力作用的振动。叠加原理适用于线性振动，即当有多个激励同时作用于线性系统时，系统的响应等于各激励单独作用时所引起响应的叠加。

2）**非线性振动**：通常是指弹性恢复力与位移不成线性比例、阻尼力与速度不成线性比例的系统的振动。一般定义是：不能用线性微分方程描述的振动皆为非线性振动。对于非线性系统，叠加原理不再适用。物理上可以实现的自激振动和混沌振动都是非线性振动。

0.3 振动力学的主要任务

振动分析的基本任务是讨论作用在系统上的激励（输入）、系统的响应（输出）和系统固有参数（物理参数）三者之间的关系，参见图 0.3.1。

图 0.3.1 振动系统的输入和输出

　　激励通常是指系统的外来扰动，又称干扰。系统受多个信号构成的激励，称为**多输入**；系统只受一个信号的激励，称为**单输入**。按物理量分，有力、位移、速度和加速度激励等。凸凹不平的路面对车辆的作用为位移激励或速度、加速度激励，大气湍流对飞行器、高层建筑物的作用为力激励。按数学性质分，有确定性和随机性激励。确定性激励又有简谐、任意周期和一般非周期之分；随机激励按平稳、非平稳、正态、非正态的不同组合又分为许多类型。

　　响应是指系统受扰动的反应。系统含有多个响应信号称为**多输出**；系统只有一个响应信号称为**单输出**。动强度设计常用应力响应；振动设计常用位移、速度、加速度或应变等响应；控制设计常用位移、转角、速度和压力等响应。

　　振动分析问题包括一个正问题和两个反问题：

　　响应分析（正问题）：已知激励和系统固有参数（如质量、刚度和阻尼）求系统的响应，为结构强度设计和刚度设计提供依据。

　　系统识别（反问题）：已知激励和响应来识别系统的物理参数（如刚度和阻尼）。

　　环境预测（反问题）：已知系统物理参数和响应来识别激励，即识别系统的振动环境。

　　实际振动问题往往是复杂的，可能同时包括响应分析、识别和设计等方面的内容。振动分析的首要问题是建立系统的力学模型和数学模型，它们决定了振动分析的正确性和精度，也决定了振动分析的可行性和繁简程度。为了建立系统的数学模型，要对系统进行简化，忽略一些次要因素，突出它的主要力学性能，形成力学模型，然后根据力学原理建立描述系统力学特性的数学模型。

　　对于实际工程问题，一般难以得到数学模型的精确解，而是通过数值方法求出近似解。结果分析和实验验证也是解决工程问题的重要环节之一，既要从理论上分析数值结果的合理性，又要将其与实验结果进行比较，只有二者的吻合程度满足工程要求，振动问题的解决才算告一段落，否则就要修改力学模型和数学模型，检查实验工作的可信度和改善实验技术，找出问题的症结，直至最后解决问题。

第 1 章
单自由度线性系统的振动

机械振动系统由惯性元件、弹性元件和阻尼元件构成。单自由度系统是最简单、最基本的离散系统，它只需要一个广义坐标就可以确定其几何位置。实际生活中的一些简单振动系统可以简化为单自由度系统，如单摆往复运动系统。对单自由度系统动态特性的研究，不但可以说明描述系统振动的重要概念如频率和振幅等，还可以为学习多自由度系统和连续系统振动的振型叠加分析方法打下基础。

本章介绍单自由度线性系统的自由振动和受迫振动，包括系统动力学平衡方程的建立方法和求解方法以及动态响应特性的分析方法等。**自由振动**是指系统受初始扰动后所作的振动。初始扰动也称为初始条件，通常是指施加给系统的初始位移和初始速度。**受迫振动**是指系统在随时间变化的外部激励（外力）作用下产生的振动。作用在系统上的激励通常包括位移激励和力激励。所谓位移激励是指振源对系统作用的是随时间变化的位移。位移激励的施加通常是由系统的基础或支座来实现的，因此常常将位移激励称为**基础激励**，如凸凹不平路面对车辆的作用以及地震对建筑物的作用皆可视为位移激励。所谓**力激励**是指振源对系统的作用是随时间变化的力，如安装在飞机上的涡轮发动机工作时因转子不平衡对飞机的作用、风载对建筑物的作用以及直升机旋翼对机身的作用等。

1.1　无阻尼系统的自由振动

无阻尼单自由度系统只包含惯性元件和弹性元件，是一种最简单而又理想化的机械振动系统。由于空气、摩擦等具有阻尼作用的因素普遍存在，因此这种理想系统实际上不存在。但分析这种理想化的系统有助于认识一般系统的振动特性，所以先来讨论这种系统。

图 1.1.1 所示为一个无阻尼质点–弹簧系统。该系统由质量为 m 的重物（惯性元件）和刚度系数为 k 的弹簧（弹性元件）组成。质量 m 的量纲是基本量纲，常用的单位是 kg

（千克）或 g（克）；刚度系数 k 的量纲是导出量纲，常用的单位是 N/kg（牛顿/千克）或 N/g（牛顿/克）。这里不考虑弹簧的质量，也不考虑重物的变形和尺寸效应，因此用**质点**来表示这一类重物。为了确定图 1.1.1 所示系统的位置，建立如图所示的单轴坐标系，坐标原点可以选在质点的静平衡位置或弹簧未变形时质点的位置，用 x 表示任意时刻质点在该坐标系中的坐标，规定箭头方向为正。在质点运动过程中，x 是时间 t 的函数，也称为质点的位移。位移的量纲为基本量纲，常用的单位是 m（米）或 mm（毫米）。**位移**是描述质点运动的物理量之一，连接质点运动先后两位置的有向线段就是位移。由于只需要一个空间坐标 x 就可以完全确定图 1.1.1 系统中的质点在任意时刻的位置，因此该系统是单自由度系统。

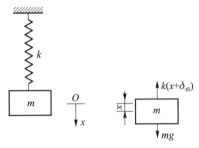

图 1.1.1　质点–弹簧系统和受力图

1.1.1　振动微分方程的建立

下面用牛顿第二定律、拉格朗日方程和能量守恒定律分别来建立无阻尼单自由度保守系统的振动微分方程。

1. 牛顿第二定律

牛顿第二定律又称运动定律，其内容是：物体动量的变化率与施加的力成正比，或叙述为作用在质点上的力等于质点质量与其加速度的乘积。牛顿力学涉及力、动量等，这些量都具有矢量性质，因此牛顿力学是矢量力学。对图 1.1.1 所示系统，选质点的静平衡位置为坐标原点 O，则质点的坐标为 x 时，弹簧作用在质点上的力是

$$F_{\mathrm{s}} = -k(x + \delta_{\mathrm{st}}) \tag{1.1.1}$$

式中：$\delta_{\mathrm{st}} = mg/k$ 表示弹簧在重物作用下的静伸长，负号表示力 F_{s} 始终与 $x + \delta_{\mathrm{st}}$ 的方向相反，下标 s 表示弹簧（spring），下标 st 表示静止的（static）。F_{s} 的作用始终是试图使弹簧恢复原长，因此通常称为弹性恢复力。根据牛顿第二定律有

$$mg + F_{\mathrm{s}} = m\ddot{x} \tag{1.1.2}$$

式中："·"表示对变量时间 t 求一阶导数，因此 $\ddot{x}$ 表示加速度。时间的量纲为基本量纲，常用的单位是 s（秒）或 ms（毫秒）。把式 (1.1.1) 代入方程 (1.1.2) 可得

$$m\ddot{x} + kx = 0 \tag{1.1.3}$$

方程 (1.1.3) 就是图 1.1.1 所示的无阻尼单自由度系统的自由振动微分方程，它是一个二阶（因变量 x 对自变量 t 的最高阶导数是 2）线性（只包含位移 x、速度 $\dot{x}$ 或加速度 $\ddot{x}$ 的一次幂或零次幂）常系数（质量 m 和刚度系数 k 不随着时间 t 变化，即系统是定常系统）齐次（方程右端项为零，或不包含与 $x, \dot{x}$ 和 $\ddot{x}$ 无关的项）常微分（只有一个自变量 t）方程。

若选择弹簧未变形时质点的位置为坐标原点 O，则作用在质点上的弹性恢复力为 $F_s = -kx$。把 F_s 代入方程 (1.1.2) 中得

$$m\ddot{x} + kx = mg \tag{1.1.4}$$

此方程为非齐次方程。值得注意的是，非齐次项 mg 不是动载荷，它只引起大小是 δ_{st} 的静位移。比较方程 (1.1.3) 和 (1.1.4) 可以看出，选择不同的坐标原点，系统动力学方程是不同的，但其响应特性不变。

为了使系统产生自由振动，需要给系统一个初始扰动，也就是系统应该具有一个非零的初始状态。初始扰动也就是初始条件，包括 $t = 0$ 时刻的位移和速度，即

$$x(0) = x_0, \quad \dot{x}(0) = \dot{x}_0 \tag{1.1.5}$$

2. 拉格朗日方程

拉格朗日方程是一种利用广义坐标来建立完整系统动力学方程的普遍方法。广义坐标通常不要求具有明确的方向和物理含义。拉格朗日方程为

$$\frac{d}{dt}\left(\frac{\partial T}{\partial \dot{q}_j}\right) - \frac{\partial T}{\partial q_j} + \frac{\partial V}{\partial q_j} = Q_j \quad (j = 1, \cdots, n) \tag{1.1.6}$$

式中：n 为系统自由度数或独立坐标数；q_j 为第 j 个广义坐标；V 为系统势能；T 为系统动能；Q_j 为与广义坐标 q_j 对应的广义力，包括阻尼力和外部激振力等非保守力。

用拉格朗日方程建立系统振动微分方程时，要写出势能和动能函数，还要确定与广义坐标对应的广义力。对图 1.1.1 所示系统，若把坐标 x 的原点 O 选在质点的静平衡位置，选择 x 为广义坐标，则系统的动能为

$$T = \frac{1}{2}m\dot{x}^2 \tag{1.1.7}$$

若将此时的坐标原点选为零势能点，则系统势能的变化量为

$$V = \frac{1}{2}k(x + \delta_{st})^2 - \frac{1}{2}k\delta_{st}^2 - mgx \tag{1.1.8}$$

由于在静平衡位置有 $k\delta_{st} = mg$，式 (1.1.8) 可以简化为

$$V = \frac{1}{2}kx^2 \tag{1.1.9}$$

值得注意的是，式 (1.1.8) 和式 (1.1.9) 是以质点静平衡位置作为势能零点的。若改变势能

零点位置，势能表达式是要改变的。譬如，若选弹簧未变形时的质点位置为势能零点，而坐标原点仍然在静平衡位置，则势能表达式为

$$V = \frac{1}{2}k(x + \delta_{st})^2 - mg(x + \delta_{st}) \tag{1.1.10}$$

由于系统中没有阻尼和激振力，因此广义力 Q 为零。将式 (1.1.7) 和式 (1.1.9) 代入方程 (1.1.6)，可以得到振动微分方程 (1.1.3)。

作为一种分析力学方法，拉格朗日方程方法与牛顿矢量力学方法相比的优点包括：（1）广义坐标的个数通常比直角坐标的个数少，故拉格朗日方程的个数比直角坐标系下的牛顿方程的个数少；（2）动能 T 和势能 V 都是标量，比变量的矢量关系更容易表达，因此建立方程更加容易；（3）根据完整约束条件选择适当的广义坐标，可以简化力学问题的运算，并且不必考虑约束力。

3. 能量方法

对于保守系统，机械能是守恒的。**机械能守恒定律**的数学表达式为

$$T + V = \text{const} \tag{1.1.11}$$

或

$$\frac{\mathrm{d}}{\mathrm{d}t}(T + V) = 0 \tag{1.1.12}$$

机械能守恒定律的另外一种表达形式为

$$T_{max} = V_{max} \tag{1.1.13}$$

即系统动能的最大值 T_{max}（此时系统势能为零）等于势能的最大值 V_{max}（此时系统动能为零）。

根据式 (1.1.12) 可以建立保守系统的自由振动微分方程。由式 (1.1.13) 可以求得系统的固有频率，见例 1.1.2。式 (1.1.12) 和式 (1.1.13) 构成用机械能守恒定律分析保守系统自由振动的理论基础。

将式 (1.1.7) 和式 (1.1.9) 代入式 (1.1.12) 中得

$$(m\ddot{x} + kx)\dot{x} = 0 \tag{1.1.14}$$

式中速度 $\dot{x}$ 不恒等于零，而方程 (1.1.14) 在任何时刻都成立，因此从方程 (1.1.14) 同样可以推导出方程 (1.1.3)。

1.1.2　振动微分方程的求解与振动特性分析

下面先求出振动微分方程的解，然后分析图 1.1.1 所示系统的自由振动特性。设方程 (1.1.3) 的特解具有如下形式：

$$x(t) = Ce^{\lambda t} \tag{1.1.15}$$

式中：系数 C 和本征值 λ 为常数，e 表示自然对数的底数。将式 (1.1.15) 代入方程 (1.1.3) 得

$$(m\lambda^2 + k)Ce^{\lambda t} = 0$$

由于系统的振动位移 $x(t)$ 不恒等于零，因此有

$$m\lambda^2 + k = 0 \qquad (1.1.16)$$

这个关于本征值 λ 的代数方程就是方程 (1.1.3) 的本征方程。由此可解得本征值为

$$\lambda_{1,2} = \pm i\omega_0 \qquad (1.1.17)$$

式中 $i = \sqrt{-1}$ 为虚数单位，而

$$\omega_0 = \sqrt{\frac{k}{m}} \qquad (1.1.18)$$

式中 ω_0 为一正实数，它是系统的**固有角频率**或**固有圆频率**，常简称为**固有频率**，单位是 rad/s（弧度/秒）。于是方程 (1.1.3) 的通解为

$$x(t) = C_1 e^{i\omega_0 t} + C_2 e^{-i\omega_0 t} \qquad (1.1.19)$$

式中 C_1 和 C_2 是待定的共轭复数。式 (1.1.19) 是自由振动位移响应的复数表示方法，这种表示方法比较适用于理论推导。把式 (1.1.19) 代入初始条件 (1.1.5) 可以求得系数 C_1 和 C_2，再把它们代回式 (1.1.19) 中得

$$x(t) = \left(x_0 - i\frac{\dot{x}_0}{\omega_0}\right)e^{i\omega t} + \left(x_0 + i\frac{\dot{x}_0}{\omega_0}\right)e^{-i\omega t} \qquad (1.1.20)$$

根据欧拉公式，还可以把通解 (1.1.19) 用三角函数来表示。欧拉公式为

$$\begin{aligned} e^{i\omega_0 t} &= \cos\omega_0 t + i\sin\omega_0 t \\ e^{-i\omega_0 t} &= \cos\omega_0 t - i\sin\omega_0 t \end{aligned} \qquad (1.1.21)$$

将它代入式 (1.1.19)，整理得

$$x(t) = (C_1 + C_2)\cos\omega_0 t + i(C_1 - C_2)\sin\omega_0 t \qquad (1.1.22)$$

由于质点位移是真实的物理量，为实数，因此式 (1.1.22) 的等号右端两项之和是实数，即 C_1 和 C_2 必须是一对共轭复数，这与式 (1.1.20) 显示的结果相同。于是，式 (1.1.22) 可以写成如下三角函数的形式：

$$x(t) = C\cos\omega_0 t + D\sin\omega_0 t \qquad (1.1.23)$$

或

$$x(t) = A\sin(\omega_0 t + \theta) \qquad (1.1.24)$$

式中 C 与 D 或 A 与 θ 为待定常数，由初始条件 (1.1.5) 确定，结果如下：

$$C = x_0, \quad D = \frac{\dot{x}_0}{\omega_0} \tag{1.1.25}$$

$$A = \sqrt{C^2 + D^2} = \sqrt{x_0^2 + \left(\frac{\dot{x}_0}{\omega_0}\right)^2} \tag{1.1.26}$$

$$\theta = \arccos \frac{D}{A} \tag{1.1.27}$$

由式 (1.1.24) 可以看出，无阻尼单自由度系统的自由振动是**简谐振动**。表示简谐振动的三要素是位移振幅 A、固有频率 ω_0 和初相位 θ。**振幅**是指系统作简谐振动时，描述振动状态的物理量（通常指位移和速度）达到的最大值。位移振幅具有长度量纲，单位通常是 m（米）或 mm（毫米）。自变量 $\omega_0 t + \theta$ 称为相位。**相位**是指物理量（位移等）随时间作简谐变化时，对应任意时刻的角变量，$t = 0$ 时的相位 θ 为**初相位**，它是相对时间坐标原点而言的。相位的单位是 "°"（度）或 rad（弧度）。下面分析简谐振动特性。

（1）简谐振动是一种最简单的等幅周期振动。周期具有时间量纲，单位通常是 s（秒）。简谐振动的周期为

$$T = \frac{2\pi}{\omega_0} \tag{1.1.28}$$

在振动分析中，经常用到另外一个与周期互为倒数关系的**频率**，定义为

$$f = \frac{1}{T} \tag{1.1.29}$$

它表示系统在单位时间内作简谐振动的次数，为系统的固有频率，单位为 Hz（赫兹）。由式 (1.1.24) 可以得到简谐振动的速度和加速度的表达式

$$\dot{x}(t) = A\omega_0 \sin\left(\omega_0 t + \theta + \frac{\pi}{2}\right) \tag{1.1.30}$$

$$\ddot{x}(t) = A\omega_0^2 \sin(\omega_0 t + \theta + \pi) \tag{1.1.31}$$

由此可以看出，在简谐振动过程中，与位移的相位相比，速度的相位超前 $\pi/2$，加速度的相位超前（或滞后）π，位移、速度和加速度的幅值依次为 $A, \omega_0 A$ 和 $\omega_0^2 A$。

（2）无阻尼单自由度系统自由振动的频率是系统的固有频率。值得指出的是，多自由度系统的固有频率和自由振动频率是不一致的，见第 2 章。由式 (1.1.18) 可以看出，ω_0 只与系统的固有参数质量 m 和刚度系数 k 有关，故称为**固有频率**。固有频率通常是指线性系统固有振动的频率。式 (1.1.18) 和式 (1.1.28) 可以看出，系统刚度系数 k 越大，固有频率 ω_0 越高，周期 T 越短；系统质量 m 越大，固有频率 ω_0 越低，周期 T 越长。

（3）由式 (1.1.26) 和式 (1.1.27) 可以看出，位移振幅 A 和初相位 θ 不是系统的固有特性，它们由初始条件和系统固有参数共同来确定。

（4）简谐振动可以用一个旋转矢量来表示，如图 1.1.2 所示。旋转矢量的模为振幅 A，旋转矢量的角速度为 ω_0。简谐振动的几何表示方法的特点是直观。

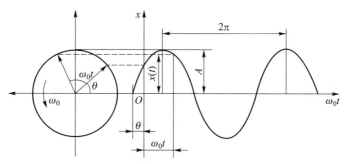

图 1.1.2 简谐振动的几何表示方法

例 1.1.1 图 1.1.3 所示的是下端点 O 铰支、长度为 l 的刚性杆件，上端附有质量为 m 的刚性小球。在距离 O 点 a 处，由两个刚度系数为 $k/2$ 的弹簧将刚性杆件支持在铅垂面内。求该系统的固有频率和在铅垂面内作稳定微幅振动的条件。忽略刚性杆和弹簧的质量。

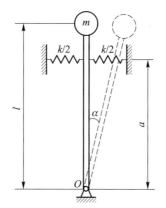

图 1.1.3 刚性杆–弹簧–小球系统

解: 由于不考虑刚性杆和弹簧的质量以及小球的变形，因此这是一个单自由度系统。选摆角 α 作为广义坐标来描述系统的位形。过 O 的铅垂线是 $\alpha = 0$ 的位置。由于系统作微幅振动，因此小球偏离平衡位置的水平距离为

$$\delta_{\text{ball}} = l \tan \alpha \approx l\alpha$$

弹簧长度的变化量为

$$\delta_{\text{s}} = a \tan \alpha \approx a\alpha$$

根据动量矩定律，对 O 点取矩得系统振动微分方程为

$$ml^2 \ddot{\alpha} = mg\delta_{\text{ball}} - ka\delta_{\text{s}}$$

即

$$ml^2 \ddot{\alpha} + (ka^2 - mgl)\alpha = 0 \tag{a}$$

或

$$\ddot{\alpha} + \frac{ka^2 - mgl}{ml^2}\alpha = 0 \tag{b}$$

把方程 (a) 与方程 (1.1.3) 相比可知系统的固有频率为

$$\omega_0 = \sqrt{\frac{ka^2 - mgl}{ml^2}} = \sqrt{\frac{g}{l}\left(\frac{ka^2}{mgl} - 1\right)} \tag{c}$$

为了维持系统在平衡位置作稳定的微幅振动，要求系统固有频率 ω_0 为实数，因此要求

$$\frac{ka^2}{mgl} > 1 \tag{d}$$

这就是系统作稳定微幅振动的条件。这里是通过建立系统的振动微分方程，然后确定系统的固有频率。读者可以思考是否可用其他方法来求固有频率。

例 1.1.2　图 1.1.4 所示是一个重量为 W 的回转体，关于对称轴的转动惯量为 J，回转体轴颈的半径为 r。将回转体放置在曲率半径为 R 的轨道上。若回转体作纯滚动，试求回转体在轨道最低点附近作微幅滚动的固有频率。

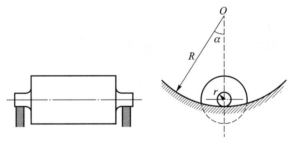

图 1.1.4　回转体系统

解：　在例 1.1.1 中，根据平衡方程的形式确定了固有频率。下面用能量守恒定律来确定系统的固有频率。

选用回转体的摆角 α 作为广义坐标来描述系统的振动，选择过 O 的铅垂线为 $\alpha = 0$ 的位置，也是静平衡位置。回转体作平面运动时，其质心切向速度为 $(R-r)\dot{\alpha}$，关于对称轴的转动角速度为 $(R-r)\dot{\alpha}/r$。回转体的动能包括转动动能和质心移动动能两部分，即

$$T = \frac{1}{2}\frac{W}{g}(R-r)^2\dot{\alpha}^2 + \frac{1}{2}J\left(\frac{R-r}{r}\right)^2\dot{\alpha}^2 \tag{a}$$

该无阻尼系统的自由振动是简谐振动，即

$$\alpha(t) = A\sin(\omega_0 t + \theta) \tag{b}$$

在静平衡位置，势能为零，动能达到最大值。将式 (b) 代入式 (a) 得

$$T_{\max} = T_0\omega_0^2 \tag{c}$$

式中 T_0 称为动能系数，其表达式为

$$T_0 = \frac{1}{2}\left[\frac{W}{g}(R-r)^2 + J\left(\frac{R-r}{r}\right)^2\right]A^2$$

回转体在作微幅摆振的过程中，其质心升高的高度为

$$\Delta = (R-r)(1-\cos\alpha) \approx \frac{1}{2}(R-r)\alpha^2$$

则回转体的势能为

$$V = \frac{1}{2}W(R-r)\alpha^2 \tag{d}$$

在最大偏离平衡位置上，动能为零，势能达到最大值。将式 (b) 代入式 (d) 得势能最大值为

$$V_{\max} = \frac{1}{2}W(R-r)A^2 \tag{e}$$

根据式 (1.1.13) 给出的机械能守恒定律，可以得到固有频率的平方为

$$\omega_0^2 = \frac{V_{\max}}{T_0} \tag{f}$$

即系统固有频率的平方等于势能的最大值与动能系数的比值。式 (f) 称为瑞利商 (Rayleigh quotient)。由此可得回转体微幅滚动的固有频率为

$$\omega_0 = \sqrt{\frac{Wr^2}{(R-r)\left(\dfrac{Wr^2}{g}+J\right)}}$$

值得指出的是，瑞利商是求解系统固有频率的一般方法，它适用于离散系统和连续系统。

1.2　等效质量和等效刚度

对于拉压杆、扭转轴、弯曲梁和圆形薄板等简单结构，若只关心其简单形式的振动，可以将它们等效为单自由度系统。在等效过程中，通常是以结构件在集中静载荷或均匀分布静载荷作用下的变形作为振动形式（简称为振型，参见第 2 章和第 3 章）。根据振型，可以用动能等效的方法求等效质量，用势能等效的方法求等效刚度。也可以通过求解在单位载荷作用下载荷作用点的位移来确定等效刚度，这时等效刚度是该位移的倒数。下面先给出串联弹簧和并联弹簧的等效刚度（也就是弹簧系统的总刚度），再以两个例子来说明确定连续系统等效质量和等效刚度的过程。

1. 两个弹簧串联

如图 1.2.1 所示，两个刚度系数分别为 k_1 和 k_2 的弹簧串联，下面用两种方法来求该

系统的等效刚度。

$$f \longleftarrow \bullet -\!\!/\!\!\backslash\!\!/\!\!\backslash\!\!-\bullet -\!\!/\!\!\backslash\!\!/\!\!\backslash\!\!-\bullet \longrightarrow f$$
$$\quad\quad k_2 \quad\quad k_1$$

图 1.2.1　两个弹簧串联

方法 1：力相等和位移等效方法

在载荷 f 的作用下，串联弹簧两端的相对位移 Δ 等于两个弹簧各自的相对变形 Δ_1 和 Δ_2 之和，即

$$\Delta = \Delta_1 + \Delta_2 \tag{1.2.1}$$

由于两个弹簧串联，因此作用在每个弹簧两端的力都等于载荷 f，因此有

$$\Delta = \frac{f}{k}, \quad \Delta_1 = \frac{f}{k_1}, \quad \Delta_2 = \frac{f}{k_2} \tag{1.2.2}$$

式中 k 是待求的等效刚度，它对应串联弹簧系统两端的相对位移 Δ。把式 (1.2.2) 代入式 (1.2.1) 得

$$\frac{1}{k} = \frac{1}{k_1} + \frac{1}{k_2} \tag{1.2.3a}$$

或

$$k = \frac{k_1 k_2}{k_1 + k_2} \tag{1.2.3b}$$

所以串联弹簧的等效刚度小于每个弹簧的刚度。可以这样理解：在载荷 f 作用下，弹簧 1 的伸长量为 Δ_1，弹簧 2 的伸长量为 Δ_2，等效弹簧的伸长量为 Δ，由于 Δ 大于 Δ_1 和 Δ_2，因此 k 小于 k_1 和 k_2；或者说，在相同载荷作用下，弹簧的伸长量越大，其刚度越小。

方法 2：能量等效方法

等效弹簧的应变能等于各个弹簧应变能之和，即

$$\frac{1}{2}k\Delta^2 = \frac{1}{2}k_1\Delta_1^2 + \frac{1}{2}k_2\Delta_2^2 \tag{1.2.4}$$

把式 (1.2.2) 代入式 (1.2.4) 同样可得式 (1.2.3)。

2. 两个弹簧并联

如图 1.2.2 所示，两个刚度系数为 k_1 和 k_2 的弹簧并联，下面也用两种方法来确定该并联弹簧系统的等效刚度。

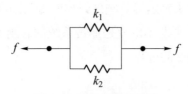

图 1.2.2　两个弹簧并联

方法 1：伸长量相等和力等效方法

并联弹簧的各自恢复力 f_1 和 f_2 之和等于作用在它们两端的载荷 f，即

$$f = f_1 + f_2 \tag{1.2.5}$$

由于两个弹簧并联，并且令各个弹簧的伸长量都相等，即

$$f = k\Delta, \quad f_1 = k_1\Delta, \quad f_2 = k_2\Delta \tag{1.2.6}$$

式中 k 是需要求的等效刚度，它对应并联弹簧系统两端的相对位移 Δ。把式 (1.2.6) 代入式 (1.2.5) 得

$$k = k_1 + k_2 \tag{1.2.7}$$

所以并联弹簧的等效刚度是各个弹簧的刚度之和。

方法 2：能量等效方法

等效弹簧的应变能等于各个弹簧应变能之和，即

$$\frac{1}{2}k\Delta^2 = \frac{1}{2}k_1\Delta^2 + \frac{1}{2}k_2\Delta^2 \tag{1.2.8}$$

由此可得式 (1.2.7)。

总之，弹性元件的串联降低总刚度，并联提高总刚度。这与电学中电阻串联变大和并联电阻变小的结论是相反的。但阻尼器串联后总阻尼系数变小、并联后总阻尼系数变大，这与总刚度系数的变化规律是相同的。

例 1.2.1 试用动能等效方法考虑弹簧的质量对弹簧–质量系统固有频率的影响。

解： 考虑了弹簧分布质量，而仍然要把系统简化成为单自由度系统，这就需要把弹簧质量等效到其末端，和质点质量一起作为系统的总质量。由于考虑了弹簧质量，系统总动能除了包括集中质量的动能外，还要包括弹簧的动能。设弹簧的长度为 l，单位长度质量为 ρ，在振动过程中其变形是线性的，如图 1.2.3 所示。

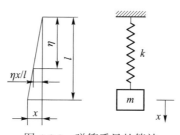

图 1.2.3　弹簧质量的等效

把坐标 x 的原点选在系统静平衡时质点所在位置，弹簧端点或质点的位移是 x，则距离固支端 η 处的弹簧位移为 $\eta x/l$。于是，弹簧的动能为

$$T_{\mathrm{s}} = \int_0^l \frac{1}{2}\rho\left(\frac{\eta}{l}\dot{x}\right)^2 \mathrm{d}\eta = \frac{1}{2}\left(\frac{\rho l}{3}\right)\dot{x}^2 \tag{a}$$

因此，弹簧的等效质量是 $\rho l/3$，为弹簧总质量的三分之一，而不是弹簧全部质量，其原因是假设了弹簧的速度函数是其中心线坐标的线性函数。系统的总动能为

$$T = \frac{1}{2}m\dot{x}^2 + \frac{\rho l}{6}\dot{x}^2 = \frac{1}{2}\left(m + \frac{\rho l}{3}\right)\dot{x}^2 \tag{b}$$

系统的势能为

$$V = \frac{1}{2}kx^2 \tag{c}$$

因此，根据机械能守恒定理可以得到系统的固有频率为

$$\omega_0 = \sqrt{\frac{k}{m + \dfrac{\rho l}{3}}} \tag{d}$$

由此可见，忽略弹簧质量使系统固有频率偏高。应用动能等效方法还可以确定杆、梁和板的等效质量，参见例 1.2.2。对于一端固定一端自由的均匀拉压杆，若规定其在振动过程中轴向位移是轴向坐标的线性函数，并且把其质量等效到自由端，则等效质量也为其质量的 1/3。

例 1.2.2 图 1.2.4 所示的是在自由端附有集中质量为 m 的悬臂梁，梁的长度为 l，截面抗弯刚度为 EI。把梁的质量等效到自由端，则该系统等效为单自由度系统，求其固有频率。

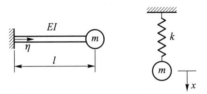

图 1.2.4 质量–悬臂梁系统

解： 首先来求等效刚度。设在自由端作用剪力 Q，则梁的挠度函数为

$$w(\eta) = \frac{Q}{6EI}\eta^2(3l - \eta) \tag{a}$$

式中 η 是梁的轴向坐标，其原点在固支端。令 $\eta = l$ 可得自由端的挠度 x 为

$$x = w(l) = \frac{Ql^3}{3EI} \tag{b}$$

根据刚度系数的定义，可得梁自由端的刚度系数为

$$k = \frac{1}{x|_{Q=1}} = \frac{3EI}{l^3} \tag{c}$$

下面再用应变能等效方法确定等效刚度。根据式 (b) 把式 (a) 改写成如下形式：

$$w(\eta) = \frac{x}{2l^3}\eta^2(3l - \eta) \tag{d}$$

上式相当于用自由端的挠度 x 来表示梁的挠度函数 w。梁的应变能函数为

$$V = \frac{1}{2} \int_0^l EI \left(\frac{\mathrm{d}^2 w}{\mathrm{d}\eta^2} \right)^2 \mathrm{d}\eta \qquad (e)$$

把式 (d) 代入式 (e) 得

$$V = \frac{1}{2} \left(\frac{3EI}{l^3} \right) x^2 \qquad (f)$$

由此可见，由应变能等效方法得到的等效刚度系数与式 (c) 中的相同。如果不考虑梁的质量，则等效单自由度系统的固有频率为

$$\omega_0 = \sqrt{\frac{3EI}{ml^3}} \qquad (g)$$

与例 1.2.1 类似，下面用动能等效方法考虑梁的质量。设梁的密度为 ρ，横截面面积为 A。假设式 (d) 中的挠度函数在振动过程的任何时刻都成立，可得梁的速度函数为

$$\dot{w}(\eta, t) = \frac{\dot{x}}{2l^3} \eta^2 (3l - \eta)$$

于是梁的动能函数为

$$T = \frac{1}{2} \int_0^l \rho A \dot{w}^2(\eta, t) \mathrm{d}\eta = \frac{1}{2} \left(\frac{33}{140} \rho Al \right) \dot{x}^2 \qquad (h)$$

式中圆括号内的就是梁的等效集中质量。这时固有频率为

$$\omega_0 = \sqrt{\frac{3EI}{l^3 \left(m + \frac{33}{140} \rho Al \right)}} \qquad (i)$$

在例 1.2.1 中，弹簧的等效质量为其自身质量的 1/3，而该例中悬臂梁的等效质量为其质量的 33/140，小于 1/3，建议读者思考其原因。

1.3　黏性阻尼系统的自由振动

无阻尼系统是一种理想化系统，实际振动系统总是有阻尼的。阻尼的性质比较复杂，可能与位移、速度或其他因素相关。阻尼耗散系统的能量，可以用于抑制振动水平、延长疲劳寿命、降低噪声水平和提高系统稳定性等。常用的阻尼模型是线性黏性阻尼模型。**黏性阻尼力** F_d 与速度 $\dot{x}$ 的大小成正比，其方向与速度的方向相反，即

$$F_\mathrm{d} = -c\dot{x} \qquad (1.3.1)$$

式中 c 为黏性阻尼系数，下标 d 表示阻尼（damping）。对于线性黏性阻尼，c 为正数，表示阻尼为正，正阻尼耗散能量。对于具有非线性阻尼的系统，阻尼可能为正也可能为负，负

阻尼向系统输入能量。如果没有特殊说明，系统阻尼为正阻尼。具有正阻尼的系统称为动力稳定系统，具有负阻尼的系统称为动力不稳定系统。

1.3.1　振动微分方程的建立与求解

图 1.3.1 所示的是一个含有黏性阻尼的质点–弹簧系统。选择系统静平衡时的质点位置作为坐标 x 的原点，根据牛顿定律、拉格朗日方程或虚位移原理可以建立质点振动微分方程为

$$m\ddot{x} + c\dot{x} + kx = 0 \tag{1.3.2}$$

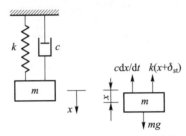

图 1.3.1　具有黏性阻尼的质点–弹簧系统

与方程 (1.1.3) 类似，这也是二阶线性常系数齐次常微分方程，将其特解 $x = A\mathrm{e}^{\lambda t}$ 代回方程 (1.3.2) 得

$$(m\lambda^2 + c\lambda + k)A\mathrm{e}^{\lambda t} = 0 \tag{1.3.3}$$

由于振动位移 $x = A\mathrm{e}^{\lambda t}$ 不恒等于零，因此有

$$m\lambda^2 + c\lambda + k = 0 \tag{1.3.4}$$

上式就是方程 (1.3.2) 的本征方程，其本征值为

$$\lambda_{1,2} = -\xi\omega_0 \pm \mathrm{i}\omega_0\sqrt{1-\xi^2} \tag{1.3.5}$$

式中 ξ 称为**阻尼率**或**阻尼比**，其表达式为

$$\xi = \frac{c}{2m\omega_0} \tag{1.3.6}$$

从式 (1.3.5) 可以看出，阻尼率决定了本征值是实数还是复数，因此也就决定了系统运动特性。若 $\xi = 0$，式 (1.3.5) 变成式 (1.1.17)。下面讨论 ξ 不等于零时的几种情况。

（1）欠阻尼状态（$\xi < 1$）。此时本征值 λ 为复数，方程 (1.3.2) 的通解为

$$x(t) = \mathrm{e}^{-\xi\omega_0 t}(C_1\cos\omega_{\mathrm{d}}t + C_2\sin\omega_{\mathrm{d}}t) \tag{1.3.7}$$

式中：C_1 和 C_2 为待定系数，ω_{d} 为考虑阻尼时的固有频率，其形式为

$$\omega_{\mathrm{d}} = \omega_0\sqrt{1-\xi^2} \tag{1.3.8}$$

也可以说，黏性阻尼降低了固有频率。式 (1.3.7) 又可以改写为

$$x(t) = Ae^{-\xi\omega_0 t}\sin(\omega_{\mathrm{d}} t + \theta)$$

(1.3.9)

式中 A 为初始振幅，即 $t = 0$ 时刻的振动位移幅值。把式 (1.3.7) 代入初始条件 (1.1.5) 可以解得

$$C_1 = x_0, \quad C_2 = \frac{\dot{x}_0 + \xi\omega_0 x_0}{\omega_{\mathrm{d}}}$$

(1.3.10)

于是，初始扰动引起的位移响应为

$$x(t) = e^{-\xi\omega_0 t}\left(x_0\cos\omega_{\mathrm{d}} t + \frac{\dot{x}_0 + \xi\omega_0 x_0}{\omega_{\mathrm{d}}}\sin\omega_{\mathrm{d}} t\right)$$

(1.3.11)

式 (1.3.11) 可以写成式 (1.3.9) 的形式，其中 A 和 θ 为

$$A = \sqrt{x_0^2 + \left(\frac{\dot{x}_0 + \xi\omega_0 x_0}{\omega_{\mathrm{d}}}\right)^2}$$

(1.3.12)

$$\theta = \arccos\frac{C_2}{A}$$

(1.3.13)

式 (1.3.9) 是阻尼系统自由振动位移的三角函数形式，图 1.3.2 是该自由振动位移的几何表示。可以看出，此时的振动是在系统平衡位置附近的往复衰减振动，振幅随时间衰减的规律是 $Ae^{-\xi\omega_0 t}$。**衰减振动**是指系统受初始扰动后不再受外界激励作用，因受到阻尼力作用而振幅渐减的振动，也称为**阻尼振动**。

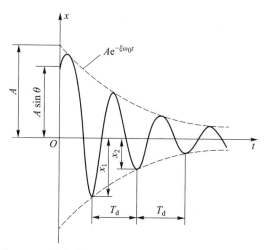

图 1.3.2　具有黏性阻尼的质量–弹簧系统的衰减振动

（2）临界阻尼状态（$\xi = 1$）。由式 (1.3.5) 可知，这种情况的本征值为一对重根，即

$$\lambda_{1,2} = -\omega_0$$

此时振动方程 (1.3.2) 的通解为

$$x(t) = (C_1 + C_2 t)e^{-\omega_0 t}$$

(1.3.14)

式中 C_1 和 C_2 为待定系数。显然，式 (1.3.14) 表示的不是往复衰减振动，已经不具有振动特性。

（3）过阻尼状态 ($\xi > 1$)。此时本征值为两个不相等的负实数，即

$$\lambda_{1,2} = -\xi\omega_0 \pm \omega_0\sqrt{\xi^2 - 1}$$

方程 (1.3.2) 的解为

$$x(t) = C_1 e^{\lambda_1 t} + C_2 e^{\lambda_2 t} \tag{1.3.15}$$

式 (1.3.15) 表示的是按照指数规律衰减的运动，也不具有振动特性。在非智能电器仪表中，常利用临界阻尼或过阻尼抑制仪表指针振动。

振动力学主要关心的是欠阻尼情况，也就是衰减振动。除了特殊说明外，本书仅考虑欠阻尼情况。

1.3.2　阻尼振动特性分析

从上述分析可以看出，阻尼的大小决定了系统的运动是否具有振动特性，临界阻尼状态就是系统是否振动的分界线。当 $\xi < 1$ 时系统是振动的，当 $\xi \geqslant 1$ 时系统就不作振动了。把 $\xi = 1$ 时对应的黏性阻尼系数定义为**临界阻尼系数**，用 c_c 来表示，下标 c 表示临界（critical）。由式 (1.3.6) 有

$$c_c = 2m\omega_0 = 2\sqrt{mk} \tag{1.3.16}$$

由此可知，临界阻尼系数是系统的固有参数，由系统的质量特性和刚度特性来确定。结合式 (1.3.6) 与式 (1.3.16) 可得阻尼率的另外一种定义形式

$$\xi = \frac{c}{c_c} \tag{1.3.17}$$

即阻尼率可以表示为黏性阻尼系数和临界阻尼系数之比，故通常也称 ξ 为**阻尼比**。

一般情况下，机械振动系统阻尼是比较小的，多数属于欠阻尼情况。下面进一步分析欠阻尼情况下的振动特性。

（1）质点在相邻两次以相同方向通过静平衡位置的时间间隔是相等的，见图 1.3.2，但由于此时系统作振幅衰减振动，因此严格来讲，这种衰减振动并不是周期振动。但习惯上仍然将上述时间间隔称为"周期"，不妨用 T_d 表示。根据式 (1.3.9) 可以推得该周期为

$$T_d = \frac{2\pi}{\omega_d} \tag{1.3.18}$$

由于考虑黏性阻尼时的自由振动频率小于无阻尼情况的，即 $\omega_d < \omega_0$，因此衰减振动周期大于简谐振动周期，$T_d > T = 2\pi/\omega_0$，参见式 (1.1.28)。

（2）衰减振动振幅衰减的速率取决于本征值 λ 实部的大小，即 $\xi\omega_0$，可以用对数衰减率 δ 来定量刻画振幅衰减的情况。**对数衰减率 δ** 定义为任意相邻的两个振幅幅值之比的自

然对数，即

$$\delta = \ln \frac{x_1}{x_2} = \ln \frac{Ae^{-\xi\omega_0 t}}{Ae^{-\xi\omega_0(t+T_d)}} \tag{1.3.19}$$

式中 x_1 和 x_2 为相邻的两个振幅，参见图 1.3.2。式 (1.3.19) 可以简化为

$$\delta = \xi\omega_0 T_d = \frac{2\pi\xi}{\sqrt{1-\xi^2}} \tag{1.3.20}$$

从上式可以得到用 δ 表示阻尼率的关系式，即

$$\xi = \frac{\delta}{\sqrt{(2\pi)^2 + \delta^2}} \tag{1.3.21}$$

对于微小阻尼情况，δ 是一个小量，上式可以近似地写为

$$\xi = \frac{\delta}{2\pi} \tag{1.3.22}$$

根据实验测出振幅的对数衰减率 δ，就可以根据式 (1.3.21) 或式 (1.3.22) 得到阻尼率 ξ。这是实际测量阻尼的一种方法。

综上所述，有阻尼系统自由振动的特性取决于由式 (1.3.5) 给出的本征值的特性。由于本征值 λ 具有频率量纲，因此也称为**复频率**。它的实部是一个负数，表示振动衰减的快慢。虚部总是共轭成对地出现，其大小表示系统振动的频率。可以说，本征值 λ 反映了全部衰减振动特性。

例 1.3.1 一个重量为 W 的薄板，用刚度系数为 k 的弹簧吊在空中，使之自由振动，测得其振动周期为 T_1。如图 1.3.3 所示，把薄板完全置于液体中，测得其振动周期为 T_2。液体的阻力为 $2S\mu\dot{x}$，其中 $2S$，μ 和 $\dot{x}$ 分别为板的两面的面积、摩擦因数和振动速度。不计板的厚度和空气阻力。试根据测得的 T_1 和 T_2 确定摩擦因数 μ。

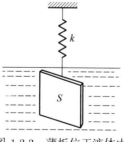

图 1.3.3 薄板位于液体中

解：不计空气阻尼，薄板在空中的振动微分方程为

$$\frac{W}{g}\ddot{x} + kx = 0$$

其固有频率为是 $\omega_0 = \sqrt{kg/W}$，由此可知系统振动周期为

$$T_1 = \frac{2\pi}{\omega_0} \tag{a}$$

薄板在液体中的振动微分方程为

$$\frac{W}{g}\ddot{x} + 2S\mu\dot{x} + kx = 0$$

式中 $2S\mu$ 相当于黏性阻尼系数 c，则阻尼率为

$$\xi = \frac{cg}{2W\omega_0} = S\mu\sqrt{\frac{g}{Wk}} \tag{b}$$

阻尼系统的固有频率为

$$\omega_\mathrm{d} = \omega_0\sqrt{1 - \xi^2}$$

与之对应的振动周期为

$$T_2 = \frac{2\pi}{\omega_\mathrm{d}} = \frac{2\pi}{\omega_0\sqrt{1 - \xi^2}} \tag{c}$$

根据式 (a) 和式 (c) 得阻尼率为

$$\xi = \sqrt{1 - \left(\frac{T_1}{T_2}\right)^2}$$

根据阻尼率和摩擦因数的关系式 (b) 可得摩擦因数为

$$\mu = \frac{\sqrt{Wk/g}}{S}\sqrt{1 - \left(\frac{T_1}{T_2}\right)^2}$$

1.4　等效线性黏性阻尼

　　机械振动系统中除了黏性阻尼之外，还有其他形式的阻尼，如不锈钢丝网减振器的阻力为干摩擦阻尼，硅油对振动的阻力是与速度平方成正比的阻尼等，这些阻尼的性质和数学模型比黏性阻尼复杂得多。具有黏性阻尼的振动系统的数学模型是线性的，求解和分析比较方便。因此，将其他各类阻尼等效为黏性阻尼是一种常用的简化方法。等效的原则是令非黏性阻尼在一个简谐振动周期内耗散的能量与黏性阻尼耗散的能量相等，从而求出等效黏性阻尼系数 c_eq，下标 eq 表示等效（equivalence）。

1.4.1　黏性阻尼在简谐振动周期内耗散的能量

　　系统存在阻尼时，其运动不再是简谐振动。但在求等效阻尼时，需要考虑阻尼力在简谐振动上所做的功。设简谐振动规律为

$$x(t) = A \sin \omega t, \quad \dot{x}(t) = A \omega \cos \omega t$$

则等效黏性阻尼在一个简谐振动周期 T 内做的功为

$$
\begin{aligned}
W_{\mathrm{eq}} &= -\int_0^T c_{\mathrm{eq}} \dot{x} \dot{x} \mathrm{d}t = -c_{\mathrm{eq}} \omega^2 A^2 \int_0^T \cos^2 \omega t \mathrm{d}t \\
&= -c_{\mathrm{eq}} \omega A^2 \int_0^{2\pi} \cos^2 \eta \mathrm{d}\eta = -\pi c_{\mathrm{eq}} \omega A^2
\end{aligned}
\tag{1.4.1}
$$

则等效黏性阻尼系数为

$$c_{\mathrm{eq}} = -\frac{W_{\mathrm{eq}}}{\pi \omega A^2} \tag{1.4.2}$$

因此，只要把求出的其他阻尼力在一个简谐振动周期内做的功 W_{eq} 代入式 (1.4.2) 就可以求出对应的**等效黏性阻尼系数** c_{eq}。

1.4.2 等效黏性阻尼系数

下面分别确定平方阻尼、干摩擦阻尼和结构阻尼的等效黏性阻尼系数。

1. 平方阻尼

物体在低黏度流体介质中高速运动时遇到的阻尼力近似与速度平方成正比，即

$$F = -c_{\mathrm{sq}} \dot{x}^2 \operatorname{sgn} \dot{x} \tag{1.4.3}$$

式中：c_{sq} 为平方阻力系数，下标 sq 表示平方（square），$\operatorname{sgn} \dot{x}$ 为符号函数，其定义为

$$\operatorname{sgn} \dot{x} = \begin{cases} 1 & (\dot{x} > 0) \\ 0 & (\dot{x} = 0) \\ -1 & (\dot{x} < 0) \end{cases} \tag{1.4.4}$$

平方阻尼在一个简谐振动周期内做的等效功为

$$
\begin{aligned}
W_{\mathrm{eq}} &= -4\int_0^{T/4} c_{\mathrm{sq}} \dot{x}^2 \dot{x} \mathrm{d}t = -4c_{\mathrm{sq}} \omega^3 A^3 \int_0^{T/4} \cos^3 \omega t \mathrm{d}t \\
&= -4c_{\mathrm{sq}} \omega^2 A^3 \int_0^{\pi/2} \cos^3 \eta \mathrm{d}\eta = -\frac{8}{3} c_{\mathrm{sq}} \omega^2 A^3
\end{aligned}
\tag{1.4.5}
$$

于是，根据式 (1.4.2) 可得平方阻尼的等效黏性阻尼系数为

$$c_{\mathrm{eq}} = \frac{8}{3\pi} c_{\mathrm{sq}} \omega A \tag{1.4.6}$$

2. 干摩擦阻尼

干摩擦阻尼遵循库仑（Coulomb）定律，即干摩擦力与两物体间的正压力 F_{N} 成正比，与运动方向相反，即

$$F_{\mathrm{C}} = -\mu F_{\mathrm{N}} \operatorname{sgn} \dot{x} \tag{1.4.7}$$

式中 μ 为干摩擦因数，它是动摩擦因数。当运动方向不变时，干摩擦力为常数，所做的功等于摩擦力与运动距离的乘积，因此干摩擦力在一个周期内做的功或耗散的等效能量为

$$W_{\text{eq}} = -4\mu F_{\text{N}} A \tag{1.4.8}$$

根据式 (1.4.2) 得到的干摩擦阻尼的等效黏性阻尼系数为

$$c_{\text{eq}} = \frac{4\mu F_{\text{N}}}{\pi \omega A} \tag{1.4.9}$$

3. 结构阻尼

结构或机械系统振动时，其内部产生交变的应变，因材料内部摩擦而消耗能量，这种阻尼称为结构阻尼，其物理特征是材料的应力–应变关系存在滞后环，即加载与卸载的路径不重合，如图 1.4.1 所示，因此结构阻尼又称为**迟滞阻尼**。

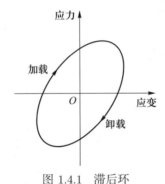

图 1.4.1　滞后环

在一个振动周期内，结构阻尼所耗散的能量等于滞后环的面积。实验证明，结构阻尼能耗与振幅平方成正比，而与频率无关，可以表示为

$$W_{\text{eq}} = -c_{\text{h}} A^2 \tag{1.4.10}$$

式中：常数 c_{h} 是迟滞阻尼系数。因此，结构阻尼的等效黏性阻尼系数为

$$c_{\text{eq}} = \frac{c_{\text{h}}}{\pi \omega} \tag{1.4.11}$$

1.5　线性自治系统的相平面分析方法

前面几节主要是通过力学原理建立单自由度系统的运动方程，求出方程通解，然后利用初始条件确定通解中的待定系数或积分常数，这是一种定量分析方法。利用定量分析方法，可以定量求出某一初始条件下任意时刻的位移、速度和加速度。实际上，还可以从定性角度来分析系统动态响应的特征。本节介绍的相平面方法就是一种重要的定性分析方法，对非线性动力学系统更是如此，参见第 5 章。**相空间**是用广义坐标和广义动量联合表示的多维空间，相空间中的一个点表示了系统的一个可能状态，因此相空间表达了系统的所有

可能状态。

1.5.1 相轨迹与奇点

二维相空间就是**相平面**。考虑具有单位质量的单自由度系统，其振动方程的一般形式为

$$\ddot{x} + f(x, \dot{x}, t) = 0 \tag{1.5.1}$$

如果上述方程中不显含时间变量 t，那么对应的系统称为自治系统。此时方程 (1.5.1) 变为

$$\ddot{x} + f(x, \dot{x}) = 0 \tag{1.5.2}$$

换句话说，由 $f(x, \dot{x})$ 表示的自治系统的弹性系数和阻尼系数与时间无关，移动时间坐标的原点或尺度不会改变系统的振动特性。若 $f(x, \dot{x})$ 是 x 和 $\dot{x}$ 的线性函数，则方程 (1.5.2) 表示的是一个线性自治系统。

系统在给定时间的运动状态可以由位移 x 和速度 $\dot{x}$ 来描述，因此称 x 和 $\dot{x}$ 为系统的**状态变量**。方程 (1.5.2) 可以用状态变量转换为两个联立的一阶微分方程，即

$$\dot{x} = y, \quad \dot{y} = -f(x, y) \tag{1.5.3}$$

式 (1.1.5) 表示的初始条件也相应地改变为

$$x(0) = x_0, \quad y(0) = y_0 \tag{1.5.4}$$

以 x 和 y 为直角坐标轴建立的 (x, y) 平面是单自由度自治系统 (1.5.2) 的相平面。与系统运动状态一一对应的相平面上的点称为**相点**，每一个相点对应一个确定时刻和确定的初始条件。力学系统的运动状态可以由相点在相平面上随时间变化的曲线来描述，称该曲线为**相轨迹**。相轨迹的初始点对应初始条件，对应不同初始条件的相轨迹组成相轨迹簇。如果不需要确切地了解每个指定时刻的相点位置，也就是系统的某个运动状态，而只要求定性了解系统在不同初始条件下的运动全貌，那么只需了解相轨迹簇的几何特征。

方程 (1.5.3) 可以变成另外一种不含时间导数的形式，即

$$\frac{\mathrm{d}y}{\mathrm{d}x} = -\frac{f(x, y)}{y} \tag{1.5.5}$$

此式就是相轨迹控制微分方程。根据方程 (1.5.5) 可以画出相轨迹，当然根据方程 (1.5.3) 也可以画出相轨迹。

图 1.5.1 绘制了两条相轨迹，实线对应的初始条件是 (x_0, y_0)，因此这条相轨迹就从相点 (x_0, y_0) 出发，然后顺时针趋于坐标原点。虚线表示的相轨迹对应另外一个初始条件，它以同样的方式趋于坐标原点。越接近坐标原点，两条相轨迹就越靠近，只要系统处于振动状态，两条相轨迹就不会相交，读者可以思考其理由。如图 1.5.1 所示，相轨迹具有如下 4 个基本特征：

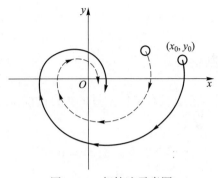

图 1.5.1　相轨迹示意图

（1）相轨迹的走向是顺时针方向的。根据 $ydt = dx$ 可以推断：在 x 轴的上半平面 $(y > 0)$，随着时间的推移 $(dt > 0)$，$dx = ydt > 0$，因此相点从左向右方向移动；在 x 轴的下半平面 $(y < 0)$，$dx = ydt < 0$，因此相点从右向左方向移动。

（2）在横坐标轴 x 上，$y = 0$，由式 (1.5.5) 知 $dy/dx = \infty$，因此相轨迹与 x 轴正交。

（3）相轨迹通过 y 轴的斜率可以是正、负或零。

（4）相轨迹在相平面上不相交。非封闭的相轨迹只在奇点处相遇。相平面内使方程 (1.5.5) 右端项的分子和分母同时为零的点称为相轨迹的**奇点**，因此奇点一定分布在横坐标 x 轴上，并且奇点的位置仅由方程 (1.5.5) 的右端项决定，与积分常数无关。

一般地说有 4 种奇点，即结点、鞍点、焦点和中心。闭合相轨迹的中心称为**中心**奇点；有两条相轨迹相遇的奇点称为**鞍点**；所有相轨迹以螺旋方式汇聚在一起的奇点称为**焦点**；所有相轨迹以非周期方式趋近的奇点称为**结点**。

根据奇点定义可知，在奇点处 dy/dx 不存在或不确定，并且奇点坐标满足联立方程

$$\dot{x} = y = 0, \quad \ddot{x} = -f(x, y) = 0 \tag{1.5.6}$$

即奇点处的速度和加速度都为零，因此相点需要经过无限长时间才能到达奇点，并且奇点就是相平面上系统的**静平衡点**，它代表系统的静平衡状态。奇点可以是稳定的也可以是不稳定的，奇点的稳定性也就是系统静平衡状态的稳定性。

封闭相轨迹对应的是周期振动，因此中心奇点是稳定的；螺旋线形式的相轨迹表示系统振动衰减或振动发散，对应的是欠阻尼情况，因此焦点可以是稳定的，也可以是不稳定的，结点的稳定性与焦点类似；鞍点表示的是一种不稳定平衡状态，如单摆倒立平衡位置就是如此。

1.5.2　保守系统自由振动

机械能守恒的系统称为**保守系统**。为了有助于理解相平面方法，首先用该方法来研究保守单自由度系统，其振动方程为

$$\ddot{x} + f(x) = 0 \tag{1.5.7}$$

上式乘以 $\dot{x}$ 并对时间积分有

$$\int_0^t \ddot{x}\dot{x}\mathrm{d}t + \int_0^t f(x)\dot{x}\mathrm{d}t = \int_{\dot{x}_0}^{\dot{x}} \dot{x}\mathrm{d}\dot{x} + \int_{x_0}^x f(x)\mathrm{d}x$$
$$= \frac{1}{2}\dot{x}^2 - \frac{1}{2}\dot{x}_0^2 + V(x) - V(x_0) = 0 \tag{1.5.8}$$

式中：势能函数 $V(x)$ 为

$$V(x) = \int_0^x f(x)\mathrm{d}x \tag{1.5.9}$$

可以将式 (1.5.8) 变为

$$\frac{1}{2}y^2 + V(x) = E \tag{1.5.10}$$

式中：E 为系统的总机械能，为初始动能和初始势能之和，其形式为

$$E = \frac{1}{2}y_0^2 + V(x_0) \tag{1.5.11}$$

式 (1.5.10) 就是单自由度保守系统的机械能守恒定律，也就是保守系统的相轨迹方程，从中解出 y 为

$$y = \pm\sqrt{2(E - V(x))} \tag{1.5.12}$$

由此可见，保守系统的相轨迹是关于 x 轴对称的。对于给定的初始条件，E 是常数，因此保守系统相轨迹的几何特征取决于势能函数 $V(x)$ 的几何特征。

从式 (1.5.6) 和式 (1.5.9) 可知，位于 x 轴上的奇点可以通过下式确定：

$$\frac{\mathrm{d}V(x)}{\mathrm{d}x} = f(x) = 0 \tag{1.5.13}$$

换言之，势能函数的极值点位置也就是奇点位置。于是，可以根据势能 $V(x)$ 的二阶导数的正负来判断奇点的稳定性，即

$$V''(x) = f'(x) = \begin{cases} > 0 & (\text{奇点稳定}) \\ < 0 & (\text{奇点不稳定}) \end{cases} \tag{1.5.14}$$

值得指出的是，保守系统相轨迹方程 (1.5.12)，以及这里介绍的奇点位置的确定方法和稳定性分析方法既适用于线性系统也适用于非线性系统。

例 1.5.1 判断线性保守单自由度系统相轨迹奇点的稳定性。

解： 线性保守系统的弹性恢复力和位移是线性关系，即方程 (1.5.7) 中的 $f(x)$ 为

$$f(x) = kx \tag{a}$$

式中 k 是系统的刚度系数，它可以大于零也可以小于零，即系统刚度可以是正的也可以是负的。如果没有特殊说明，系统具有正刚度。根据式 (1.5.9) 可以得到势能函数为

$$V(x) = \frac{1}{2}kx^2 \tag{b}$$

结合式 (1.5.10) 可以得相轨迹方程为

$$y^2 + kx^2 = 2E \quad \text{或} \quad y = \pm\sqrt{2E - kx^2} \tag{c}$$

（1）$k > 0$ 情况。此时方程 (c) 为椭圆方程，因此相轨迹是椭圆曲线，如图 1.5.2a 所示。变化初始条件，E 就随着改变，也就可以画出一系列的封闭相轨迹。由式 (1.5.13) 和相轨迹曲线几何特征可知，相轨迹簇的奇点是坐标原点，其类型是中心奇点，也就是说系统是稳定的。由 1.1 节可知，系统作简谐振动，并且具有一个稳定的静平衡位置。

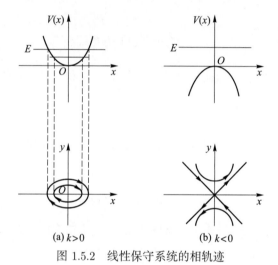

(a) $k > 0$　　　　　(b) $k < 0$

图 1.5.2　线性保守系统的相轨迹

下面根据相轨迹分析方法求振幅和周期。令 $k = \omega_0^2$，这相当于系统的质量 $m = 1$。根据式 (1.5.9) 和式 (1.5.11) 可得

$$E = \frac{1}{2}(y_0^2 + \omega_0^2 x_0^2)$$

在式 (c) 中，令 $y = 0$，可以求得简谐振动振幅为

$$A = \sqrt{\frac{2E}{\omega_0^2}} = \sqrt{x_0^2 + \frac{y_0^2}{\omega_0^2}} \tag{d}$$

上式与式 (1.1.26) 完全相同。根据 $\dot{x} = y$ 有 $\mathrm{d}x/y = \mathrm{d}t$，对该式沿着封闭的相轨迹进行积分可以得到振动周期，即

$$
\begin{aligned}
T &= \oint \mathrm{d}t = \oint \frac{1}{y}\mathrm{d}x = \oint \frac{1}{\sqrt{2(E - V(x))}}\mathrm{d}x \\
&= \frac{1}{\omega_0}\oint \frac{1}{\sqrt{A^2 - x^2}}\mathrm{d}x \\
&= \frac{4}{\omega_0}\int_0^A \frac{1}{\sqrt{A^2 - x^2}}\mathrm{d}x = \frac{2\pi}{\omega_0}
\end{aligned} \tag{e}
$$

（2）$k < 0$ 情况，此时系统具有负刚度。从式 (c) 可知，若 $E \neq 0$，系统相轨迹为双曲线；若 $E = 0$，即系统没有初始能量，这时相轨迹为两条直线 $y = \pm kx$，如图 1.5.2b 所示。坐标原点是奇点，由于有两条相轨迹通过奇点，因此其类型为鞍点，也就是说系统的静平衡状态是不稳定的。

1.5.3 非保守系统自由振动

实际结构和机械动力学系统中存在阻尼，系统机械能不守恒，描述阻尼系统运动的微分方程也不同于保守系统。因此，不能再用前面介绍的绘制保守系统相轨迹的方法来绘制非保守系统的相轨迹。但下面介绍的绘制非保守系统相轨迹的方法却适用于保守系统。

阻尼系统相轨迹的常用绘制方法包括等倾线方法 Liénard 方法等。等倾线方法是一种普适方法。Liénard 方法适用于具有线性恢复力和某些非线性阻尼的自治系统，参见第 5 章。具有非线性阻尼力和线性恢复力的系统是比较简单和常见的非线性系统，如具有干摩擦阻尼的振动系统。下面只介绍等倾线方法并用之绘制线性非保守系统的相轨迹。

方程 (1.5.5) 表明了相轨迹切线斜率 $\mathrm{d}y/\mathrm{d}x$ 与状态变量 (x, y) 的关系，把切线斜率相同的点连接起来形成的曲线称为**等倾线**。从方程 (1.5.5) 可知等倾线方程为

$$-\frac{f(x, y)}{y} = b \quad \text{或} \quad f(x, y) + by = 0 \tag{1.5.15}$$

式中：b 为已知的相轨迹切线斜率，不同的 b 值表示不同的相轨迹切线斜率。用等倾线方法作相轨迹图的步骤可以归纳如下：

第一步，在感兴趣的相平面区域，根据不同的 b 值画出若干等倾线；

第二步，在等倾线上画出小线段，其斜率为 b；

第三步，从相轨迹初始点出发，根据斜率为 b 的小线段，利用外推方法画出相轨迹。

值得指出的是，对于具有黏性阻尼系统的自由振动方程 (1.3.2)，其响应为式 (1.3.9)，即

$$x(t) = A\mathrm{e}^{-\xi\omega_0 t}\sin(\omega_{\mathrm{d}} t + \theta)$$

借助 Origin 和 MATLAB 等平台，给定初始条件，先利用上式计算出位移和速度，再以位移和速度分别作为横坐标和纵坐标，可以快速地绘制出相轨迹。并且可以方便地分析相轨迹随着阻尼参数大小的变化规律。

例 1.5.2 设单位质量物体上作用的弹性恢复力和黏性阻尼力分别为 $-\alpha x$ 和 $-\beta x$，则有

$$f(x, y) = \alpha x + \beta y \tag{a}$$

式中：$\alpha > 0, \beta > 0$。试用等倾线方法画出相轨迹。

解：该系统的等倾线方程为

$$-\frac{f(x,y)}{y} = b \tag{b}$$

即

$$\alpha x + (\beta + b)y = 0 \tag{c}$$

从式 (b) 和式 (c) 可知，斜率 $b = \infty$ 和 $b = -\beta$ 对应的等倾线分别为 x 轴与 y 轴，而 $b = 0$ 对应的线为零斜率等倾线，它位于第二和第四象限。在这些等倾线上，根据对应的斜率 b 画出小线段，然后利用外推法就可以画出该系统的相轨迹。

图 1.5.3a 所示的相轨迹对应的是阻尼系数比较小的情况（欠阻尼情况），相轨迹是围绕坐标原点无限旋转而逐步趋于坐标原点的螺旋线，这时奇点 $(0,0)$ 是稳定的焦点，系统作图 1.3.2 所示的衰减振动。若 β 较大（过阻尼情况），相轨迹则是以 e 的指数函数形式无限趋近奇点，这类奇点称为稳定结点，如图 1.5.3b 所示，此时系统作衰减的非往复运动。

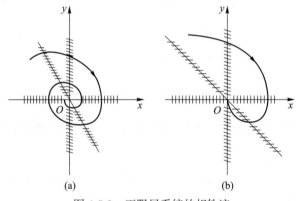

图 1.5.3　正阻尼系统的相轨迹

线性黏性阻尼系数 β 为正数。假设 β 为负数，则系统具有负阻尼，这意味着能量不但不耗散，负阻尼还不断地向系统输入能量。利用等倾线方法作图时，零斜率等倾线位于第一和第三象限，这时奇点 $(0,0)$ 为不稳定焦点或不稳定结点，即负阻尼系统的平衡状态是不稳定的，如图 1.5.4 所示。

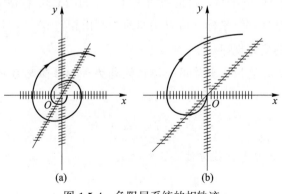

图 1.5.4　负阻尼系统的相轨迹

1.6 简谐激励下的受迫振动

前几节介绍的都是单自由度系统在给定初始条件下的自由振动问题。本节介绍单自由度系统在简谐力激励和简谐基础激励作用下的动态特性，内容包括受迫振动方程的建立方法、求解方法和响应特性分析。

1.6.1 简谐力作用下的响应

随时间按正弦或余弦变化的激振力称为**简谐激励**。工程上的一些激励可以看成为简谐激励，如不平衡转子产生的离心惯性力等。一般周期力可以展开为傅里叶级数，从而变成不同频率简谐激励叠加的形式。非周期一般激振力可以用傅里叶变换将其转换为简谐分量和的形式。由此可见，简谐激励是最基本的激励形式，对简谐激振下的受迫振动进行分析是其他形式载荷作用下的受迫振动分析的基础。重要的"共振"现象也是简谐激励引起的。

考虑图 1.6.1 所示的质量–弹簧–阻尼器构成的单自由度系统，它受到简谐激振力 $f(t)$ 的作用。下面用复数分析方法，把简谐激振力 $f(t)$ 写成如下形式：

$$f(t) = F_0 \mathrm{e}^{\mathrm{i}\omega t} \tag{1.6.1}$$

式中：F_0 是简谐激振力的幅值，简称力幅；ω 是简谐激振力的频率，简称激振频率。$f(t)$ 的实部和虚部分别与余弦激励 $F_0 \cos \omega t$ 和正弦激励 $F_0 \sin \omega t$ 相对应。

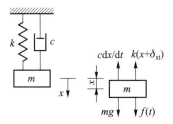

图 1.6.1 单自由度受迫振动系统

取系统静平衡位置为坐标 x 的原点。根据牛顿运动定律、虚位移原理或拉格朗日方程可以得到该系统的振动方程，即

$$m\ddot{x} + c\dot{x} + kx = f(t) \tag{1.6.2a}$$

或

$$m\ddot{x} + c\dot{x} + kx = F_0 \mathrm{e}^{\mathrm{i}\omega t} \tag{1.6.2b}$$

由于力 $f(t)$ 用了复数形式，因此其产生的位移 x 也为复数形式，其实部和虚部分别对应余弦激励 $F_0 \cos \omega t$ 和正弦激励 $F_0 \sin \omega t$ 的响应。方程 (1.6.2b) 显含时间 t，因此系统为**非自治系统**。将方程 (1.6.2b) 两边同时除以 m，将其转换成如下形式：

$$\ddot{x} + 2\xi\omega_0\dot{x} + \omega_0^2 x = B\omega_0^2 \mathrm{e}^{\mathrm{i}\omega t} \tag{1.6.3}$$

式中 $B = F_0/k$ 为系统在力幅 F_0 作用下产生的静位移。根据常微分方程理论，非齐次微分方程 (1.6.3) 的全解 x 包含对应齐次方程的通解 $x_1(t)$ 和非齐次方程本身的特解 $x_2(t)$，即

$$x(t) = x_1(t) + x_2(t) \tag{1.6.4}$$

根据 1.3 节内容可知，小阻尼 $(\xi < 1)$ 情况下的齐次方程通解已经由式 (1.3.7) 给出，即

$$x_1(t) = \mathrm{e}^{-\xi\omega_0 t}(C_1 \cos\omega_\mathrm{d} t + C_2 \sin\omega_\mathrm{d} t) \tag{1.6.5}$$

式 (1.6.5) 表示的为衰减振动，它在振动开始后的短暂时间内趋于零。阻尼越大，衰减振动响应衰减的越快，称这种振动响应为暂态响应。根据方程 (1.6.3) 右端项的形式，可知其特解为

$$x_2(t) = X\mathrm{e}^{\mathrm{i}\omega t} \tag{1.6.6}$$

式中 X 为位移特解的幅值。将式 (1.6.6) 代入方程 (1.6.3) 可得位移幅值为

$$X = H(\omega)F_0 \tag{1.6.7}$$

式中 $H(\omega)$ 为激励力频率的复函数，称为位移**复频响应函数**，简称**频响函数**，是振动力学中的一个重要函数，其形式为

$$H(\omega) = \frac{1}{k(1 - \overline{\omega}^2 + 2\mathrm{i}\xi\overline{\omega})} \tag{1.6.8}$$

式中 $\overline{\omega} = \omega/\omega_0$ 为频率比。还可以将频响函数变为复指数形式

$$H(\omega) = \frac{1}{k}\frac{1 - \overline{\omega}^2 - 2\mathrm{i}\xi\overline{\omega}}{(1 - \overline{\omega}^2)^2 + (2\xi\overline{\omega})^2} = \frac{1}{k}\beta\mathrm{e}^{-\mathrm{i}\theta} \tag{1.6.9}$$

$$\beta(\omega) = \frac{1}{\sqrt{(1 - \overline{\omega}^2)^2 + (2\xi\overline{\omega})^2}} \tag{1.6.10}$$

$$\theta(\omega) = \arccos\frac{1 - \overline{\omega}^2}{\sqrt{(1 - \overline{\omega}^2)^2 + (2\xi\overline{\omega})^2}} \tag{1.6.11}$$

式中 θ 表示位移响应和激励之间的相位差。综合式 (1.6.6)、式 (1.6.7) 和式 (1.6.9) 可得特解为

$$x_2(t) = B\beta\mathrm{e}^{\mathrm{i}(\omega t - \theta)} \tag{1.6.12}$$

它表示系统在简谐激振力作用下产生的振动频率为激励力频率的简谐振动，称为**稳态响应**。值得指出的是，稳态响应的振幅和相位是与阻尼相关的，参见式 (1.6.10) 和式 (1.6.11)。若阻尼为零，则简谐位移响应和简谐激励之间的相位差为零。将式 (1.6.5) 和式 (1.6.12) 代入式 (1.6.4) 得到非齐次方程 (1.6.3) 的通解

$$x = \mathrm{e}^{-\xi\omega_0 t}(C_1 \cos\omega_\mathrm{d} t + C_2 \sin\omega_\mathrm{d} t) + B\beta\mathrm{e}^{\mathrm{i}(\omega t - \theta)} \tag{1.6.13}$$

式中 C_1 和 C_2 要根据初始条件来确定。下面分析简谐激励为正弦激励作用的情况，此时有

$$f(t) = F_0 \sin\omega t$$

系统在该激励作用下的动态响应就是式 (1.6.13) 右端第一项加上右端第二项的虚部, 不妨仍然用 x 来表示, 即

$$x = \mathrm{e}^{-\xi\omega_0 t}(C_1 \cos\omega_{\mathrm{d}}t + C_2 \sin\omega_{\mathrm{d}}t) + B\beta\sin(\omega t - \theta) \tag{1.6.14}$$

把式 (1.6.14) 代入初始条件 (1.1.5) 可得

$$\begin{aligned} C_1 &= x_0 + B\beta\sin\theta \\ C_2 &= \frac{\dot{x}_0 + \xi\omega_0 x_0 + B\beta(\xi\omega_0\sin\theta - \omega\cos\theta)}{\omega_{\mathrm{d}}} \end{aligned} \tag{1.6.15}$$

把系数 C_1 和 C_2 代回式 (1.6.14) 得到在正弦激励作用下系统的动态响应为

$$\begin{aligned} x(t) = {}& \mathrm{e}^{-\xi\omega_0 t}\left(x_0\cos\omega_{\mathrm{d}}t + \frac{\dot{x}_0 + \xi\omega_0 x_0}{\omega_{\mathrm{d}}}\sin\omega_{\mathrm{d}}t\right) + \\ & B\beta\mathrm{e}^{-\xi\omega_0 t}\left(\sin\theta\cos\omega_{\mathrm{d}}t + \frac{\xi\omega_0\sin\theta - \omega\cos\theta}{\omega_{\mathrm{d}}}\sin\omega_{\mathrm{d}}t\right) + \\ & B\beta\sin(\omega t - \theta) \end{aligned} \tag{1.6.16}$$

上式右端第一项是由初始条件引起的衰减自由振动, 其振幅由初始条件确定, 与式 (1.3.11) 相同; 第二项是由简谐激励引起的**伴随自由振动**, 它与初始条件无关, 也是衰减振动; 第三项表示的是由简谐激励引起的稳态响应, 其振幅与初始条件无关。前两项都是暂态响应, 振动频率是系统的固有频率, 但稳态响应的频率与激振力的频率相同。在振动初始 (过渡) 阶段, 系统响应包含这三部分响应, 但经过一段时间之后, 暂态响应衰减到可以忽略不计, 就只需要考虑稳态响应了。因此, 在分析简谐激励作用下系统的受迫振动响应时, 通常只考虑稳态响应。

式 (1.6.16) 包含了不同频率振动响应的叠加。对于简谐振动的叠加通常有如下三种结果:

（1）两个同频率简谐振动的叠加仍然是简谐振动, 并且振动频率不变;

（2）当频率比为有理数时, 两个不同频率简谐振动的叠加是周期振动 (但不是简谐振动), 否则为非周期振动;

（3）频率接近的两个简谐振动的叠加会出现 "拍" 的现象, 下面将讨论这种现象。

1. "拍" 现象

受迫振动过渡阶段时间的长短取决于阻尼的大小。如果系统固有频率较低或阻尼较小, 暂态振动的衰减速度会较慢。过渡阶段的振动是暂态振动和稳态振动的叠加, 如图 1.6.2 所示。

下面讨论阻尼比 $\xi = 0$ 的情况。由式 (1.6.11) 可知此时位移响应和激励之间的相位差 $\theta = 0$。于是, 式 (1.6.16) 变为

$$x(t) = x_0\cos\omega_0 t + \frac{\dot{x}_0}{\omega_0}\sin\omega_0 t + \frac{B}{1-\overline{\omega}^2}(\sin\omega t - \overline{\omega}\sin\omega_0 t) \tag{1.6.17}$$

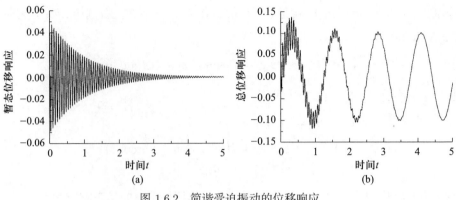

图 1.6.2　简谐受迫振动的位移响应

若初始条件为零，则上式进一步变为

$$x(t) = \frac{B}{1 - \overline{\omega}^2}(\sin \omega t - \overline{\omega} \sin \omega_0 t) \tag{1.6.18}$$

由上式可以看出，即使初始条件为零，也存在与稳态振动相伴的振动频率为固有频率的自由振动。

若激振频率 ω 与固有频率 ω_0 非常接近，可以令 $\overline{\omega} = 1 + 2\varepsilon$，即 $\omega = \omega_0 + 2\varepsilon\omega_0$，其中 ε 为一小量，则式 (1.6.18) 变为

$$\begin{aligned} x(t) &= \frac{B}{1 - (1 + 2\varepsilon)^2}(\sin \omega t - \sin \omega_0 t - 2\varepsilon \sin \omega_0 t) \\ &\approx -\frac{B}{4\varepsilon}(\sin \omega t - \sin \omega_0 t) \\ &\approx -\frac{B}{2\varepsilon} \sin \varepsilon\omega_0 t \cos \omega_0 t \end{aligned} \tag{1.6.19}$$

这相当于振幅变化规律为 $B/(2\varepsilon)\sin \varepsilon\omega_0 t$、周期为 $2\pi/\omega_0$ 的简谐振动，如图 1.6.3 所示。这种在激振频率与固有频率接近时发生的现象称为"**拍**"。由于实际振动系统总是存在阻尼的，自由振动将会随着时间逐步衰减，因此拍的现象只能发生在受迫振动的初始阶段。

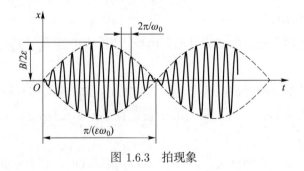

图 1.6.3　拍现象

2. 稳态响应

从式 (1.6.16) 可知正弦激励作用下系统的稳态响应为

$$x(t) = A\sin(\omega t - \theta) \tag{1.6.20}$$

式中 $A = B\beta$，或 $\beta = A/B$。由此可见，β 表示了振动位移幅值比静位移放大的倍数，因此 β 被称为**位移振幅放大系数**。从式 (1.6.20) 可以看出稳态响应具有如下特性：

（1）系统在简谐激振力作用下的稳态响应是简谐振动，其频率为激振频率；

（2）稳态位移响应的振幅 A 取决于阻尼比 ξ、频率比 ϖ、系统刚度系数 k 和力幅 F_0；

（3）位移响应滞后于激振力，二者之间的相位差 θ 由阻尼比 ξ 和频率比 ϖ 决定；

（4）阻尼比 ξ 为零时相位差 θ 为零，即稳态位移响应和激振力同时到达峰值和零值。

利用位移稳态响应，可以得到与之对应的弹性恢复力、黏性阻尼力和惯性力，分别如下：

$$-kx = -kB\beta \sin(\omega t - \theta) \tag{1.6.21}$$

$$-c\dot{x} = -cB\beta\omega \sin\left(\omega t - \theta + \frac{\pi}{2}\right) \tag{1.6.22}$$

$$-m\ddot{x} = -mB\beta\omega^2 \sin(\omega t - \theta + \pi) \tag{1.6.23}$$

系统响应幅值随着激振频率变化的曲线称为**幅频曲线**，它表示的是**幅频响应**或幅频特性，即响应幅值随着激振频率变化的特性；相位差随着激振频率变化的曲线称为**相频曲线**，表示的是**相频响应**或相频特性。位移幅频响应由式 (1.6.10) 表示，相频响应由式 (1.6.11) 表示。分析幅频特性和相频特性的方法是：在 3 个频段内，分别分析幅值和相位差随着频率比 ϖ 变化的情况。这 3 个频率段是：低频段 ($\varpi \ll 1$)、共振区（共振点 $\varpi = 1$ 附近）和高频段 ($\varpi \gg 1$)。下面讨论位移幅频特性和相频特性。

以 ϖ 作为横坐标，以 β 和 θ 分别作为纵坐标画出位移幅频曲线和相频曲线，如图 1.6.4 和图 1.6.5 所示。下面根据式 (1.6.10) 和式 (1.6.11) 以及幅频曲线和相频曲线可以发现：

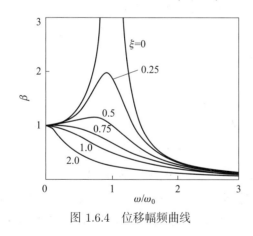

图 1.6.4 位移幅频曲线

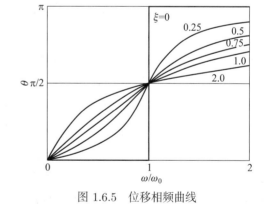

图 1.6.5 位移相频曲线

（1）在低频段 ($\varpi \ll 1$)，$\beta \to 1$，$\theta \to 0$，这表明当激振频率远小于系统固有频率时，质点动位移振幅等于力幅引起的弹簧静变形，即 $A = B$，且位移响应与激振力同相；此时阻尼力幅值 $cB\beta\omega$ 与惯性力幅值 $mB\beta\omega^2$ 都比较小，弹簧恢复力主要与外力平衡，系统呈现弹性特征。

（2）在高频段 ($\varpi \gg 1$)，$\beta \to 0$，$\theta \to \pi$，这表明当激振频率远大于系统固有频率时，位移振幅等于零，即 $A = 0$，且位移响应与激振力反相；此时惯性力幅值 $mB\beta\omega^2$ 比较大，外力主要用于克服惯性力，系统呈现惯性特征。

（3）当激振频率接近固有频率时，响应振幅达到极大值的现象，称为**共振现象**，对应的频率称为**共振频率**，用 ω_r 来表示，下标 r 表示共振（resonance）。位移共振频率可以通过 $d\beta/d\overline{\omega} = 0$ 求得，其结果为

$$\omega_r = \omega_0\sqrt{1 - 2\xi^2} \tag{1.6.24}$$

由上式可知阻尼系统的位移共振频率 ω_r 小于固有频率 ω_0 和 $\omega_d = \omega_0\sqrt{1 - \xi^2}$。对应位移共振频率的动力放大系数为

$$\beta = \frac{1}{2\xi\sqrt{1 - \xi^2}} \tag{1.6.25}$$

对应速度振幅和加速度振幅极大值的频率分别称为速度共振频率和加速度共振频率，速度共振频率等于系统的固有频率 ω_0，而加速度共振频率为 $\omega_0/\sqrt{1 - 2\xi^2}$，大于 ω_0。由于 ξ 比较小，因此位移、速度和加速度的共振频率相差较小，于是定义激振频率等于固有频率时是共振点，可以说固有频率就是共振频率，即当 $\omega_r = \omega_0$ 时系统发生共振。当系统发生共振（实际上是速度共振）时，位移振幅动力放大系数和相位差为

$$\beta = \frac{1}{2\xi}, \quad \theta = \frac{\pi}{2} \tag{1.6.26}$$

此时外力用于克服阻尼力，惯性力和弹簧恢复力平衡，系统呈现阻性特征。

如图 1.6.4 所示，在共振频率处，系统将发生剧烈的振动。工程上，系统不允许出现共振现象。振动问题是保证飞行器、高铁、汽车和建筑物等安全、可靠、舒适所必须解决的问题。然而，有许多情况则是利用共振，例如共振实验方法就是利用较小的激振力使系统产生较大振动的一种实验方法，利用共振实验方法可以测得系统的固有频率等。再例如落砂机、压路机也是利用共振为生产服务。

（4）系统发生剧烈振动不仅是在共振点（对应共振频率）处，而且是在共振点附近的一个区域内，这个区域称为**共振区**。在共振区内，阻尼对振幅的影响显著，阻尼减小时，响应的振幅急剧增大。当系统没有阻尼时，位移、速度和加速度共振频率彼此相等，都等于固有频率 ω_0，此时共振点的振幅为无穷大，由此可见阻尼对响应振幅影响的剧烈程度。当阻尼较大时，即使在共振区域，振幅的变化也比较平缓，参见图 1.6.4。由式 (1.6.24) 可知当 $\xi > 1/\sqrt{2}$ 时，振幅不存在极值。把 $\overline{\omega} = 1$ 时的位移动力放大系数称为系统的**品质因子**，记为 Q，其值为

$$Q = \beta|_{\overline{\omega}=1} = \frac{1}{2\xi} \tag{1.6.27}$$

品质因子反映了阻尼的强弱程度和共振区域内振幅变化的剧烈程度。若 $Q = 20$，则阻尼比 $\xi = 0.025$，若 $Q = 10$，则阻尼比 $\xi = 0.05$。Q 小于、等于和大于 0.5 分别对应过阻尼、临界阻尼和欠阻尼状态。

选取与 $\beta = Q/\sqrt{2}$ 对应的两个激振频率点 ω_1 和 ω_2，如图 1.6.6 所示，其中 $\overline{\omega}_1 = \omega_1/\omega_0$，$\overline{\omega}_2 = \omega_2/\omega_0$。根据式 (1.4.1) 可知，对应这两个频率点，黏性阻尼力在一个简谐振动周期内消耗的能量为 $\pi c \omega_0 (BQ)^2/2$，是共振时黏性阻尼力在一个周期内所消耗能量 $\pi c \omega_0 (BQ)^2$ 的一半，因此称 ω_1 和 ω_2 为系统的半功率点，对应的区间 $\Delta\omega = \omega_1 - \omega_2$ 称为**半功率带宽**。通常认为对应半功率带宽的区域为系统的共振区。

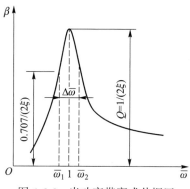

图 1.6.6 半功率带宽或共振区

根据式 (1.6.10) 和半功率点的定义有如下关系：

$$\frac{Q}{\sqrt{2}} = \frac{1}{\sqrt{(1-\overline{\omega}^2)^2 + (2\xi\overline{\omega})^2}} \tag{1.6.28}$$

从中可以解出 $\overline{\omega}_{1,2}^2 = 1 - 2\xi^2 \pm 2\xi\sqrt{1+\xi^2}$。由于 ξ 远小于 1，因此 $\overline{\omega}_{1,2}^2 \approx 1 \pm 2\xi$，于是根据泰勒级数展开公式展开到一次项有

$$\overline{\omega}_1 = 1 - \xi, \quad \overline{\omega}_2 = 1 + \xi$$

因此有

$$\xi = \frac{\overline{\omega}_2 - \overline{\omega}_1}{2} = \frac{\Delta\overline{\omega}}{2} \tag{1.6.29}$$

或

$$Q = \frac{1}{\Delta\overline{\omega}} \tag{1.6.30}$$

根据实验测得的幅频曲线定出半功率带宽，就可以根据式 (1.6.29) 得到系统的阻尼比。

（5）不考虑阻尼时，简谐力在一个简谐运动周期内做的功如下：

$$\begin{aligned}
W &= \int_0^{2\pi/\omega} (F_0 \sin\omega t)\dot{x}\,\mathrm{d}t \\
&= \int_0^{2\pi/\omega} F_0 A\omega \sin\omega t \cos(\omega t - \theta)\,\mathrm{d}t \\
&= \pi F_0 A \sin\theta
\end{aligned} \tag{1.6.31}$$

对于无阻尼系统，除了共振情况外，由式 (1.6.11) 可知相位差 θ 不是等于零就是等于

π。因此，从式 (1.6.31) 可知，在每一个周期内，简谐力在简谐位移上做功等于零，系统作稳态振动。当系统共振时，相位差 $\theta = \pi/2$，在一个周期内简谐力做功为 $\pi F_0 A$，即系统在每个周期内都有能量输入，而又没有阻尼耗散能量，故系统振动幅值越来越大。

由式 (1.4.1) 可知，黏性阻尼力在一个周期内做的负功为 $-c\pi\omega A^2$。由此可知，黏性阻尼耗散的能量不但与频率成正比，还与振幅的平方成正比。振动频率越高，能量耗散的越快。因此与低频振动相比，**高频振动被阻尼衰减得更快**。

1.6.2　基础简谐激励作用下的响应

受迫振动并不总是由激振力引起的，位移激励也会引起系统振动。如地震引起建筑物的振动和飞机机身振动引起机上安装仪表的振动等都属于这种情况。"基础"通常指"地基"和"支座"等。

下面考虑图 1.6.7 所示的单自由度系统，其中基础作已知的简谐运动。基础简谐位移为

$$y = Y_0 \sin \omega t \tag{1.6.32}$$

式中：Y_0 为基础简谐位移的振幅，ω 为其变化频率。质点 – 弹簧系统在基础简谐位移激励作用下产生受迫振动。下面分别考虑绝对振动和相对振动两种情况。

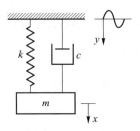

图 1.6.7　基础简谐激励

1. 绝对运动

为了建立系统振动的微分方程，选择系统在 $y = 0$ 时的静平衡位置为坐标原点，并且 x 和 y 分别为质点和基础的绝对位移，则系统振动微分方程为

$$m\ddot{x} + c(\dot{x} - \dot{y}) + k(x - y) = 0 \tag{1.6.33}$$

或

$$m\ddot{x} + c\dot{x} + kx = c\dot{y} + ky \tag{1.6.34}$$

将式 (1.6.32) 代入上式得

$$m\ddot{x} + c\dot{x} + kx = Y_0(c\omega \cos \omega t + k \sin \omega t) \tag{1.6.35}$$

上式两端除以质量 m 可以进一步变成

$$\ddot{x} + 2\xi\omega_0\dot{x} + \omega_0^2 x = Y_0\omega_0^2\sqrt{1+(2\xi\overline{\omega})^2}\sin(\omega t + \alpha) \tag{1.6.36}$$

式中

$$\alpha = \arccos\frac{1}{\sqrt{1+(2\xi\overline{\omega})^2}} \tag{1.6.37}$$

由于阻尼的存在，系统的暂态响应很快就衰减到可以忽略不计了，因此这里不予考虑。如果读者关心暂态响应，可以参考式 (1.6.16)。下面只分析方程 (1.6.36) 的稳态解，根据其右端项的形式可以将其稳态解写成

$$x = A\sin(\omega t - \theta) \tag{1.6.38}$$

式中：A 表示位移响应的幅值，θ 表示位移响应 x 滞后于位移激励 y 的相位。将式 (1.6.38) 代入方程 (1.6.36) 并令方程两端 $\sin\omega t$ 和 $\cos\omega t$ 的系数对应相等可以解得

$$A = Y_0\sqrt{\frac{1+(2\xi\overline{\omega})^2}{(1-\overline{\omega}^2)^2+(2\xi\overline{\omega})^2}} \tag{1.6.39}$$

$$\theta = \arccos\frac{1-\overline{\omega}^2}{\sqrt{(1-\overline{\omega}^2)^2+(2\xi\overline{\omega})^2}} - \alpha \tag{1.6.40}$$

为了便于分析，引入**绝对运动传递率** T_A，其定义为

$$T_A = \frac{A}{Y_0} \tag{1.6.41}$$

式中下标 A 表示绝对运动（absolute motion）。由式 (1.6.39) 可得

$$T_A = \sqrt{\frac{1+(2\xi\overline{\omega})^2}{(1-\overline{\omega}^2)^2+(2\xi\overline{\omega})^2}} \tag{1.6.42}$$

根据式 (1.6.42) 和式 (1.6.40) 可以作出 T_A 和 θ 分别与 $\overline{\omega}$ 的关系曲线，见图 1.6.8 和图 1.6.9。下面分 3 个频段来分析幅频特性与相频特性。

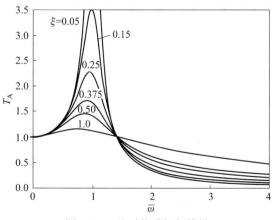

图 1.6.8 绝对位移幅频特性

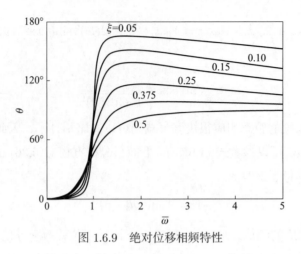

图 1.6.9 绝对位移相频特性

（1）在低频段 $(\overline{\omega} \ll 1)$，$T_A \approx 1$，$\theta \approx 0$，这说明系统的位移响应和位移激励的幅值近似相等、二者相位基本相同，它们之间的相对运动可以忽略不计。

（2）在共振点 $(\overline{\omega} = 1)$ 附近，绝对运动传递率有峰值，其值为

$$T_A = \sqrt{\frac{1 + (2\xi)^2}{(2\xi)^2}} = \sqrt{1 + Q^2} \tag{1.6.43}$$

这时基础位移经过弹簧和阻尼被放大 T_A 倍传递到质点。

（3）当 $\overline{\omega} = \sqrt{2}$ 时，$T_A = 1$，它与阻尼无关。

（4）在高频段 $(\overline{\omega} \gg \sqrt{2})$，有 $T_A \approx 0$，这说明基础运动被阻尼和弹簧隔离了，绝对位移响应的幅值远小于基础位移的幅值，或者说质点绝对位移响应可以忽略不计。这个特点可以用来指导减振系统的设计，参见 1.10.1 节。

2. 相对运动

下面分析质点相对于基础的运动，也就是它们之间的相对运动。用 z 来表示质点相对于基础的位移，即

$$z = x - y \tag{1.6.44}$$

将上式代入方程 (1.6.33) 整理得

$$m\ddot{z} + c\dot{z} + kz = -m\ddot{y} \tag{1.6.45}$$

将式 (1.6.32) 代入方程 (1.6.45) 并两边除以质量 m 得

$$\ddot{z} + 2\xi\omega_0\dot{z} + \omega_0^2 z = Y_0\omega^2 \sin \omega t \tag{1.6.46}$$

可以求得该方程的稳态解为

$$z(t) = A \sin(\omega t - \theta) \tag{1.6.47}$$

式中：相对位移幅值 A 和相位差 θ 的表达式为

$$A = \frac{Y_0\overline{\omega}^2}{\sqrt{(1-\overline{\omega}^2)^2 + (2\xi\overline{\omega})^2}} = \beta\overline{\omega}^2 Y_0 \tag{1.6.48}$$

$$\theta = \arccos\frac{1-\overline{\omega}^2}{\sqrt{(1-\overline{\omega}^2)^2 + (2\xi\overline{\omega})^2}} \tag{1.6.49}$$

与上面分析绝对振动情况类似，引入**相对运动传递率** T_R，其定义为

$$T_R = \frac{A}{Y_0} \tag{1.6.50}$$

式中下标 R 表示相对运动（relative motion）。根据式 (1.6.48) 可得

$$T_R = \frac{\overline{\omega}^2}{\sqrt{(1-\overline{\omega}^2)^2 + (2\xi\overline{\omega})^2}} \tag{1.6.51}$$

根据式 (1.6.51) 和式 (1.6.49) 可以作出 T_R 和 θ 与 $\overline{\omega}$ 的关系曲线，见图 1.6.10 和图 1.6.11。
下面分 3 个频段来分析相对振动的幅频特性和相频特性。

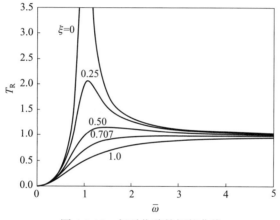

图 1.6.10　相对位移的幅频曲线

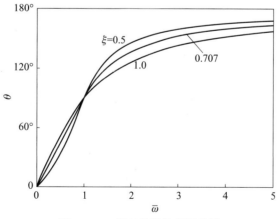

图 1.6.11　相对位移的相频曲线

（1）在低频段 ($\overline{\omega} \ll 1$)，$T_{\text{R}} \approx 0$，$\theta \approx 0$，这说明质点和基础之间基本没有相对运动，即它们的绝对位移幅值和相位都基本相同。

（2）在共振点 ($\overline{\omega} = 1$) 附近，$\theta = \pi/2$，此时 T_{R} 由阻尼大小决定，即

$$T_{\text{R}} = \frac{1}{2\xi} = Q \tag{1.6.52}$$

（3）当 $\overline{\omega} \gg 1$ 时，有 $T_{\text{R}} \approx 1$，$\theta = \pi$，这说明基础位移和相对位移的幅值基本相同，二者反相，这个特点可以用来指导测振系统的设计，参见 1.10.2 节。

1.7　任意周期激励下的受迫振动

前面介绍了简谐激励作用下系统响应及其分析方法。常用的激励形式还包括非简谐的任意周期力和一般激振力。下面讨论单自由度系统在任意周期力作用下的受迫振动。

由数学分析理论可知，如果周期激励 $f(t) = f(t + T)$ 在一个周期 $[t, t + T]$ 内只有有限个第一类间断点和极值点，或分段连续可积，则它可以展开为如下傅里叶级数：

$$f(t) = \frac{a_0}{2} + \sum_{n=1}^{+\infty} (a_n \cos n\omega t + b_n \sin n\omega t) \tag{1.7.1}$$

式中：ω 为周期激励的基频，$T = 2\pi/\omega$ 为周期激励最小正的周期，而 a_0, a_n 和 b_n 的表达式为

$$a_0 = \frac{2}{T} \int_0^T f(t) \mathrm{d}t \tag{1.7.2}$$

$$a_n = \frac{2}{T} \int_0^T f(t) \cos n\omega t \mathrm{d}t \tag{1.7.3}$$

$$b_n = \frac{2}{T} \int_0^T f(t) \sin n\omega t \mathrm{d}t \tag{1.7.4}$$

式中：$a_0/2$ 是周期激励 $f(t)$ 在一个周期内的平均值，反映了周期激励的静态成分，它引起的是静变形。式 (1.7.1) 表明任意周期力 $f(t)$ 可以被分解成为无穷个频率为基频 ω 整数倍的各次谐波（或简谐）激励分量叠加的形式；ω 是一次谐波频率，2ω 是二次谐波频率，依次类推。这种将周期函数展开为傅里叶级数的分析方法称为**谐波分析方法**。

对于线性振动系统，其控制微分方程是线性的，受迫振动响应具有可叠加性。这是线性系统的重要性质，称为线性系统的叠加原理。根据此叠加原理，线性系统在任意周期力作用下的稳态响应就是各次谐波激励单独作用下的稳态响应的叠加。因此，只要把各次谐波激励单独作用下的稳态响应叠加在一起就得到任意周期力 $f(t)$ 作用下的稳态响应。

为了便于分析，将式 (1.7.1) 改写为

$$f(t) = F_0 + \sum_{n=1}^{+\infty} F_n \sin(n\omega t + \alpha_n) \tag{1.7.5}$$

式中：F_0 为 $f(t)$ 在一个周期内的平均值，F_n 和 $\widetilde{\theta}_n$ 分别为 n 次谐波激励的幅值和初相位，它们的表达式为

$$F_0 = \frac{a_0}{2} \tag{1.7.6}$$

$$F_n = \sqrt{a_n^2 + b_n^2} \tag{1.7.7}$$

$$\alpha_n = \arccos \frac{b_n}{\sqrt{a_n^2 + b_n^2}} \tag{1.7.8}$$

因此，在任意周期力作用下，系统的振动微分方程是

$$m\ddot{x} + c\dot{x} + kx = F_0 + \sum_{n=1}^{+\infty} F_n \sin(n\omega t + \alpha_n) \tag{1.7.9}$$

方程 (1.7.9) 的解包含两部分：一部分是对应齐次方程的通解和简谐激励引起的伴随自由振动响应，由于阻尼的存在，这部分响应是系统的暂态响应；另一部分就是稳态响应。根据方程 (1.7.9) 右端项的形式，其特解具有如下形式：

$$x = \frac{F_0}{k} + \sum_{n=1}^{+\infty} x_n \tag{1.7.10}$$

式中：F_0/k 是动态响应中的静态成分，x_n 是由 $f(t)$ 的 n 次谐波分量 $F_n \sin(n\omega t + \alpha_n)$ 作用下系统的稳态响应，即

$$x_n = A_n \sin(n\omega t - \theta_n) \tag{1.7.11}$$

$$A_n = B_n \beta_n \tag{1.7.12}$$

$$\theta_n = \arccos \frac{1 - \overline{\omega}_n^2}{\sqrt{(1 - \overline{\omega}_n^2)^2 + (2\xi\overline{\omega}_n)^2}} - \alpha_n \tag{1.7.13}$$

$$\beta_n = \frac{1}{\sqrt{(1 - \overline{\omega}_n^2)^2 + (2\xi\overline{\omega}_n)^2}} \tag{1.7.14}$$

式中：$\overline{\omega}_n = n\omega/\omega_0$，$B_n = F_n/k$ 是由力幅 F_n 产生的静位移。这样由式 (1.7.10) 表示的系统在任意周期力 $f(t)$ 作用下的稳态位移响应为

$$x = \frac{F_0}{k} + \sum_{n=1}^{+\infty} B_n \beta_n \sin(n\omega t - \theta_n) \tag{1.7.15}$$

该响应具有如下特性：

（1）稳态响应是周期的，其周期等于周期激振力的周期；

（2）稳态响应是由各次谐波激励分量分别产生的稳态响应的叠加；

（3）在稳态响应的成分中，频率 $n\omega$ 靠近系统固有频率 ω_0（或 $\overline{\omega}_n$ 接近 1）的那些谐波激励引起的位移的放大系数 β_n 比较大，因而该位移在稳态位移响应中是主要成分。谐波频率远离固有频率的谐波位移放大系数比较小，它们在稳态响应中是次要成分。因此可以认为，机械振动系统既是一个**放大器**，又是一个**滤波器**，相当于放大了谐波频率靠近固有频率的谐波响应，抑制了谐波频率远离固有频率的谐波响应。

（4）根据式 (1.7.5) 和式 (1.7.15) 可以得到周期激励和稳态位移响应的频谱图，从中可以看出各次谐波成分的贡献大小，参见例 1.7.1。

例 1.7.1　试求无阻尼单自由度质量 – 弹簧系统在图 1.7.1 所示周期力作用下的稳态响应，并画出周期力和稳态位移响应的频谱图。

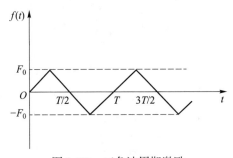

图 1.7.1　三角波周期激励

解：激励的周期 $T = 2\pi/\omega$，其中 ω 为激励的频率。由图 1.7.1 可知 $f(t)$ 在第 1 个周期 T 内的表达式为

$$f(t) = \begin{cases} \dfrac{4F_0 t}{T}, & 0 \leqslant t < \dfrac{T}{4} \\[2mm] 2F_0 - \dfrac{4F_0 t}{T}, & \dfrac{T}{4} \leqslant t \leqslant \dfrac{3T}{4} \\[2mm] \dfrac{4F_0 t}{T} - 4F_0, & \dfrac{3T}{4} < t \leqslant T \end{cases}$$

把周期函数 $f(t)$ 展开成如下傅里叶级数：

$$f(t) = \frac{a_0}{2} + \sum_{n=1}^{\infty} (a_n \cos n\omega t + b_n \sin n\omega t) \tag{a}$$

因为 $f(t)$ 具有反对称性质，所以式 (a) 中的系数为

$$a_0 = \frac{2}{T} \int_0^T f(t)\mathrm{d}t = 0$$

$$a_n = \frac{2}{T} \int_0^T f(t) \cos n\omega t \, \mathrm{d}t = 0 \quad (n = 1, 2, \cdots)$$

而

$$b_n = \frac{2}{T} \int_0^T f(t) \sin n\omega t \mathrm{d}t = \begin{cases} \dfrac{8F_0}{\pi^2} \dfrac{(-1)^{\frac{n-1}{2}}}{n^2}, & n = 1, 3, 5, \cdots \\ 0, & n = 2, 4, 6, \cdots \end{cases} \tag{b}$$

因此式 (a) 可以写为

$$f(t) = \sum_{n=1,3,5,\cdots}^{\infty} b_n \sin n\omega t \tag{c}$$

令 $\omega = 1$，图 1.7.2 给出了前 3 次谐波对三角波的贡献。令 $F_n = 8F_0/(n^2\pi^2)$ ($n = 1, 3, 5, \cdots$)，图 1.7.3 给出了激励 $f(t)$ 的频谱图，其中纵坐标为 $\pi^2 F_n/(8F_0)$，因此谱线的长度为 $1/n^2$ ($n = 1, 3, 5, \cdots$)，即谱线的长度依次为 $1, 1/9, 1/25, \cdots$。从图 1.7.2 和图 1.7.3 中可以看出，式 (c) 右端项的傅里叶级数收敛得较快，一个谐波就可以给出很好的近似，各谐波的贡献按照 $1/n^2$ ($n = 1, 3, 5, \cdots$) 规律递减。

系统的振动微分方程为

$$m\ddot{x} + kx = \sum_{n=1,3,5,\cdots}^{\infty} b_n \sin n\omega t \tag{d}$$

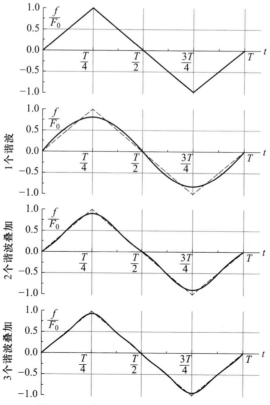

图 1.7.2 前 3 次谐波对三角波的贡献

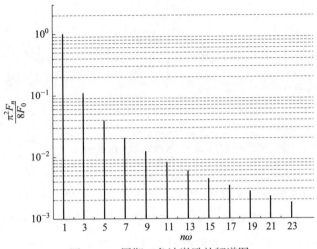

图 1.7.3　周期三角波激励的频谱图

方程 (d) 的特解为系统的稳态响应, 即

$$x = \sum_{n=1,3,5,\cdots}^{\infty} B_n \beta_n \sin n\omega t \tag{e}$$

式中

$$B_n = b_n/k, \quad \beta_n = 1/(1-\overline{\omega}_n^2), \quad \overline{\omega}_n = n\omega/\omega_0, \quad \omega_0^2 = k/m$$

所以稳态响应为

$$x = \frac{8F_0}{\pi^2 k} \sum_{n=1,3,5,\cdots}^{\infty} \frac{(-1)^{\frac{n-1}{2}}\sin n\omega t}{n^2[1-(n\omega/\omega_0)^2]} \tag{f}$$

由于系统没有阻尼, 因此各次谐波响应的相位差等于零或 π。

令 $\omega=1$, $\omega_0=8.5\omega$。图 1.7.4 给出前 3 次谐波响应对周期或稳态位移响应的贡献。令

$$X_n = \frac{8F_0}{\pi^2 k n^2[1-(n\omega/\omega_0)^2]}$$

图 1.7.5 给出了稳态位移响应的频谱图, 其纵坐标为 $\pi^2 k X_n/(8F_0)$, 因此各个谱线的长度为

$$\left|\frac{\pi^2 k X_n}{8F_0}\right| = \left|\frac{1}{n^2[1-(n\omega/\omega_0)^2]}\right| \quad (n=1,3,5,\cdots)$$

从图 1.7.4 和图 1.7.5 可以看出, 随着级数项数的增加, 级数 (f) 收敛得远比级数 (c) 收敛得慢。当 $\omega_0 < \omega$ 时, 级数 (f) 收敛得较快; 若 $\omega_0 > \omega$ 但 $n\omega/\omega_0$ 与 1 之间的差别较大时, 级数 (f) 收敛得也较快; 若 $\omega_0 > \omega$ 并且某个 $n\omega/\omega_0 \approx 1$ 时, 级数 (f) 收敛得较慢, 如这里考虑的 $\omega_0 = 8.5\omega$ 的情况。

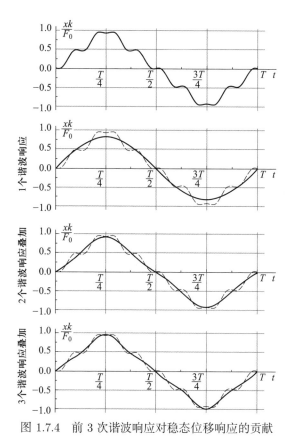

图 1.7.4 前 3 次谐波响应对稳态位移响应的贡献

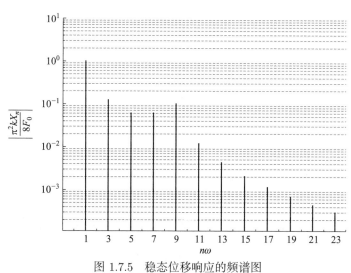

图 1.7.5 稳态位移响应的频谱图

1.8 一般激振力下的响应

系统在周期激振力作用下产生的响应包括暂态响应和稳态响应,前几节主要讨论的是稳态响应,这是因为阻尼的存在,暂态响应将随时间迅速衰减到可以忽略的程度。暂态响应成分的频率是固有频率，稳态响应成分的频率是周期激振力的频率。

在许多工程问题中，如地震、载重汽车的突然装载和导弹的发射等，系统受到的激励都不是周期性的，而是任意的时间函数。在这种激励作用下，系统不产生稳态响应，而只有瞬态响应。激励作用停止后，系统将作自由衰减振动。

求解一般激励下的系统响应的方法有卷积积分方法、傅里叶变换法和拉普拉斯变换法等。本节只介绍前两种方法，2.2 节将介绍拉普拉斯变换方法的应用。

1.8.1　脉冲响应函数

如图 1.8.1 所示，一个一般激振力 $f(t)$ 可以看成由一系列脉冲激励组成。根据线性系统的叠加原理，系统在一般激振力作用下的响应可以看成一系列脉冲激励作用下的脉冲响应的叠加。单位脉冲激励可以用狄拉克（P.A.M.Dirac）δ 函数来表示，其定义如下：

$$\delta(t) = \begin{cases} \infty & (t = 0) \\ 0 & (t \neq 0) \end{cases} \tag{1.8.1}$$

$$\int_{-\infty}^{\infty} \delta(t)\mathrm{d}t = 1 \tag{1.8.2}$$

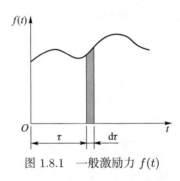

图 1.8.1　一般激励力 $f(t)$

在实际应用中，δ 函数总是伴随着积分一起出现。它具有对称性 $\delta(x) = \delta(-x)$、相似性 $\delta(ax) = |a|^{-1}\delta(x)$，尤其具有如下重要性质：

（1）平移性质　是指其定义式 (1.8.1) 和式 (1.8.2) 在时间平移之后的不变性，即

$$\delta(t - \tau) = \begin{cases} \infty & (t = \tau) \\ 0 & (t \neq \tau) \end{cases} \tag{1.8.3}$$

$$\int_{-\infty}^{\infty} \delta(t - \tau)\mathrm{d}t = 1 \tag{1.8.4}$$

（2）选择性质

$$\int_{-\infty}^{\infty} \delta(t - \tau)f(t)\mathrm{d}t = f(\tau) \tag{1.8.5}$$

（3）$\delta(t-\tau)$ 可以把集中量转化为分布量，或任意集中量乘上 δ 函数就是对应的分布量。这一性质是重要的，因为许多静力学和动力学问题都是基于分布参数建立的微分方程，利用该性质可以有效地把集中参数问题转化为分布参数问题。如单位脉冲激励是对应单位冲量的瞬态力，利用这个性质可以把单位脉冲激励表示为

$$f_0 = I_0 \delta(t-\tau) \tag{1.8.6}$$

式中：$I_0 = 1$ 是单位冲量，f_0 表示作用在 $t = \tau = 0$ 时刻且冲量为 1 的单位脉冲激励或单位脉冲载荷。从式 (1.8.6) 可以看出，δ 函数的单位是自变量单位的倒数，在此其单位为 s^{-1}。于是，系统在 $t = \tau = 0$ 时刻的单位脉冲激励作用下的振动微分方程为

$$m\ddot{x} + c\dot{x} + kx = f_0 = I_0 \delta(t) = \delta(t) \tag{1.8.7}$$

将上式中各项乘以微分 $\mathrm{d}t$ 得

$$m\mathrm{d}\dot{x} + c\mathrm{d}x + kx\mathrm{d}t = \delta(t)\mathrm{d}t \tag{1.8.8}$$

设单位脉冲激励作用之前系统处于静止，即初始位移和初始速度皆为零。在单位脉冲激励作用的瞬间，由于作用时间等于零，位移来不及变化或 $x = \mathrm{d}x = 0$，但速度可以发生突变，于是式 (1.8.8) 变为

$$m\mathrm{d}\dot{x} = \delta(t)\mathrm{d}t \tag{1.8.9}$$

将上式进行积分并利用式 (1.8.2) 可得到速度的增量为 $1/m$。式 (1.8.9) 就是冲量定理。因此，在单位脉冲激励作用下，系统产生的位移和速度分别为

$$x(0) = 0, \quad \dot{x}(0) = \frac{1}{m} \tag{1.8.10}$$

也就是说，系统在单位脉冲激励作用下，将开始作以式 (1.8.10) 为初始条件的自由振动，根据式 (1.3.11) 可知其振动规律为

$$x(t) = \frac{1}{m\omega_\mathrm{d}} \mathrm{e}^{-\xi\omega_0 t} \sin\omega_\mathrm{d}t \quad (t > 0) \tag{1.8.11}$$

这就是在单位脉冲激励作用下系统产生的脉冲响应，称为**脉冲响应函数**，通常记为 $h(t)$，即

$$h(t) = \frac{1}{m\omega_\mathrm{d}} \mathrm{e}^{-\xi\omega_0 t} \sin\omega_\mathrm{d}t \quad (t > 0) \tag{1.8.12}$$

若单位脉冲激励作用的时刻是 $t = \tau$ 时刻，则脉冲响应也是在 $t = \tau$ 时刻发生，此时脉冲响应函数为

$$h(t-\tau) = \frac{1}{m\omega_\mathrm{d}} \mathrm{e}^{-\xi\omega_0(t-\tau)} \sin\omega_\mathrm{d}(t-\tau) \quad (t > \tau) \tag{1.8.13}$$

而当 $t < \tau$ 时的脉冲响应为零。若系统在 $t = \tau$ 时刻受任意冲量 I 作用，则根据单位脉冲响应函数可以得到其响应为

$$x(t) = I \times h(t - \tau) \tag{1.8.14}$$

1.8.2　卷积法

在 $t = \tau$ 至 $t = \tau + \mathrm{d}\tau$ 这个微小时间间隔内，脉冲激振力产生的冲量为 $I(\tau) = f(\tau)\mathrm{d}\tau$。在这个冲量作用下，根据式 (1.8.14) 可知系统的响应为

$$\mathrm{d}x(t) = h(t - \tau)f(\tau)\mathrm{d}\tau \tag{1.8.15}$$

根据线性系统的叠加原理，系统在 $f(t)$ 作用下的响应等于系统在 $0 \leqslant \tau \leqslant t$ 区间内所有作用产生的响应总和，即

$$x(t) = \int_0^t f(\tau) h(t - \tau)\mathrm{d}\tau \tag{1.8.16}$$

这个公式称为**杜哈梅 (Duhamel) 积分**，在数学上称为 $f(t)$ 与 $h(t)$ 的卷积，因而这种确定在一般激励作用下系统响应的方法称为**卷积方法**。若初始条件不为零，则需要叠加上由初始扰动引起的暂态响应，即

$$x(t) = \mathrm{e}^{-\xi\omega_0 t}\left(x_0\cos\omega_{\mathrm{d}}t + \frac{\dot{x}_0 + \xi\omega_0 x_0}{\omega_{\mathrm{d}}}\sin\omega_{\mathrm{d}}t\right) + \int_0^t f(\tau)h(t-\tau)\mathrm{d}\tau \tag{1.8.17}$$

例 1.8.1　求无阻尼质量–弹簧系统在图 1.8.2 所示的阶跃载荷作用下的动态响应。假设初始条件等于零。

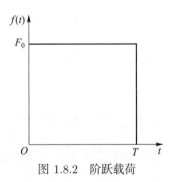

图 1.8.2　阶跃载荷

解： 图 1.8.2 所示阶跃载荷的数学表达形式为

$$f(t) = \begin{cases} F_0, & 0 \leqslant t \leqslant T \\ 0, & t > T \end{cases} \tag{a}$$

当 $t \leqslant T$ 时，根据式 (1.8.16) 可得系统的动态响应为

$$\begin{aligned} x(t) &= \frac{1}{m\omega_0}\int_0^t F_0\sin\omega_0(t-\tau)\mathrm{d}\tau \\ &= \frac{F_0}{m\omega_0^2}(1 - \cos\omega_0 t) \end{aligned} \tag{b}$$

当 $t=T$ 时,阶跃载荷的作用结束,根据式 (b) 可得此时的位移和速度为

$$x(T) = \frac{F_0}{m\omega_0^2}(1-\cos\omega_0 T), \quad \dot{x}(T) = \frac{F_0}{m\omega_0}\sin\omega_0 T \tag{c}$$

当 $t>T$ 时,系统的动态响应就是以式 (c) 为初始条件的自由振动响应,即

$$x(t) = \frac{F_0}{m\omega_0^2}[\cos\omega_0(t-T) - \cos\omega_0 t] \tag{d}$$

关于 $t>T$ 时刻的动态响应,还可以根据下面的积分计算得到:

$$\begin{aligned}x(t) &= \frac{1}{m\omega_0}\left[\int_0^T F_0\sin\omega_0(t-\tau)\mathrm{d}\tau + \int_T^t 0\times\sin\omega_0(t-\tau)\mathrm{d}\tau\right]\\ &= \frac{1}{m\omega_0}\int_0^T F_0\sin\omega_0(t-\tau)\mathrm{d}\tau\\ &= \frac{F_0}{m\omega_0^2}[\cos\omega_0(t-T) - \cos\omega_0 t]\end{aligned} \tag{e}$$

从式 (b) 可以看出,在阶跃载荷作用期间弹簧变形为

$$x(t) = \frac{F_0}{m\omega_0^2}(1-\cos\omega_0 t) = \frac{F_0}{k}(1-\cos\omega_0 t) \tag{f}$$

式中 F_0/k 可以看成是弹簧静伸缩量。当 $T>\frac{1}{2}\left(\frac{2\pi}{\omega_0}\right)$ 且 $(\cos\omega_0 t)|_{t=\pi/\omega_0}=-1$ 时,弹簧动态伸缩量为 $x_{\max}=2F_0/k$,它是静伸缩量的 2 倍。也就是说动位移幅值可以是静位移的 2 倍。在有冲击载荷和阶跃载荷作用的环境中,工程结构设计的安全系数选为 2 的根据也在于此。

1.8.3　傅里叶变换方法

前面介绍了用于分析系统在一般激励作用下产生的动态响应的卷积方法,它是一种时域分析方法,借助的是单位脉冲响应函数。下面借助傅里叶变换方法在频域内讨论一般激励和响应的关系。

一般非周期激励 $f(t)$ 的周期可以视为无穷大,其频谱函数 $F(\omega)$ 为连续分布,它们之间的关系为

$$F(\omega) = \int_{-\infty}^{\infty} f(t)\mathrm{e}^{-\mathrm{i}\omega t}\mathrm{d}t \tag{1.8.18}$$

上式就是**傅里叶正变换**,它把时域内的激振力 $f(t)$ 变换到频域内的 $F(\omega)$,成为频率 ω 的函数。**傅里叶逆变换**为

$$f(t) = \frac{1}{2\pi}\int_{-\infty}^{\infty} F(\omega)\mathrm{e}^{\mathrm{i}\omega t}\mathrm{d}\omega \tag{1.8.19}$$

它把频域内的激振力 $F(\omega)$ 又变换到时域内的 $f(t)$。式 (1.8.18) 和式 (1.8.19) 称为傅里叶变换对。附录 A 给出了傅里叶变换的重要性质和常用的傅里叶变换对。

单自由度系统在一般激振力作用下的振动微分方程为

$$m\ddot{x} + c\dot{x} + kx = f(t) \tag{1.8.20}$$

把式 (1.8.19) 代入上式可得

$$m\ddot{x} + c\dot{x} + kx = \frac{1}{2\pi} \int_{-\infty}^{\infty} F(\omega)\mathrm{e}^{\mathrm{i}\omega t}\mathrm{d}\omega \tag{1.8.21}$$

于是，在时域内 $f(t)$ 的作用就可以看成一系列频率为 ω 的简谐分量 $F(\omega)\mathrm{e}^{\mathrm{i}\omega t}\mathrm{d}\omega$ 作用的叠加。由于线性系统具有叠加原理，因此可以分别对每个分量 $F(\omega)\mathrm{e}^{\mathrm{i}\omega t}\mathrm{d}\omega$ 的作用进行分析。当考虑分量 $F(\omega)\mathrm{e}^{\mathrm{i}\omega t}\mathrm{d}\omega$ 的作用时，它引起的稳态响应可以写成 $X(\omega)\mathrm{e}^{\mathrm{i}\omega t}\mathrm{d}\omega$ 的形式。将激励分量 $F(\omega)\mathrm{e}^{\mathrm{i}\omega t}\mathrm{d}\omega$ 和对应的响应分量 $X(\omega)\mathrm{e}^{\mathrm{i}\omega t}\mathrm{d}\omega$ 一起代入方程 (1.8.20) 可得

$$X(\omega) = H(\omega)F(\omega) \tag{1.8.22}$$

式中：$H(\omega)$ 为 1.6.1 节引入的位移频响函数，即

$$H(\omega) = \frac{1}{k - m\omega^2 + \mathrm{i}c\omega} \tag{1.8.23}$$

此式与式 (1.6.8) 相同。式 (1.8.22) 表明，位移频响函数等于位移响应的傅里叶变换与激振力的傅里叶变换之比，或输出和输入的傅里叶变换之比，具有柔度量纲。利用傅里叶逆变换，将得到的对应每一个频率的响应分量 $X(\omega)\mathrm{e}^{\mathrm{i}\omega t}\mathrm{d}\omega$ 进行叠加就得到系统在时域内的响应

$$x(t) = \frac{1}{2\pi} \int_{-\infty}^{\infty} H(\omega)F(\omega)\mathrm{e}^{\mathrm{i}\omega t}\mathrm{d}\omega \tag{1.8.24}$$

式 (1.8.23) 还可以写成另外一种形式

$$H(\omega) = \frac{1}{m(\omega_0^2 - \omega^2 + 2\mathrm{i}\xi\omega_0\omega)} \tag{1.8.25}$$

或

$$H(\omega) = \frac{1}{m[\omega_\mathrm{d}^2 - (\omega - \mathrm{i}\xi\omega_0)^2]} \tag{1.8.26}$$

根据附录表 A.2 中的傅里叶变换可知，上式的逆变换就是脉冲响应函数 $h(t)$，见式 (1.8.12)。由此可见，频响函数 $H(\omega)$ 和脉冲响应函数 $h(t)$ 构成傅里叶变换对，即

$$h(t) = \frac{1}{2\pi} \int_{-\infty}^{\infty} H(\omega)\mathrm{e}^{\mathrm{i}\omega t}\mathrm{d}\omega$$

$$H(\omega) = \int_{-\infty}^{\infty} h(t)\mathrm{e}^{-\mathrm{i}\omega t}\mathrm{d}t \tag{1.8.27}$$

利用附录表 A.1 中给出的傅里叶变换的卷积性质，式 (1.8.24) 可以变为

$$
\begin{aligned}
x(t) &= \frac{1}{2\pi}\int_{-\infty}^{\infty} H(\omega)F(\omega)\mathrm{e}^{\mathrm{i}\omega t}\mathrm{d}\omega \\
&= \int_0^t f(\tau)h(t-\tau)\mathrm{d}\tau
\end{aligned}
\tag{1.8.28}
$$

值得强调的是，与卷积法相同，傅里叶变换方法同样没有考虑初始条件引起的自由振动响应。

例 1.8.2 设系统的初始条件等于零，用傅里叶变换方法求无阻尼质量–弹簧系统在图 1.8.2 所示阶跃载荷作用下的动态响应。

解： 图 1.8.2 所示的阶跃载荷的定义为

$$
f(t)=\begin{cases} F_0, & 0\leqslant t\leqslant T \\ 0, & t>T \end{cases}
\tag{a}
$$

其傅里叶变换为

$$
F(\omega)=\int_0^T F_0\mathrm{e}^{-\mathrm{i}\omega t}\mathrm{d}t=\frac{F_0}{\mathrm{i}\omega}(1-\mathrm{e}^{-\mathrm{i}\omega T})
\tag{b}
$$

无阻尼单自由度系统的频响函数为

$$
H(\omega)=\frac{1}{k-m\omega^2}
\tag{c}
$$

根据式 (1.8.22) 可得位移响应的傅里叶变换为

$$
\begin{aligned}
X(\omega) &= \frac{F_0}{k}\frac{\omega_0^2}{\mathrm{i}\omega(\omega_0^2-\omega^2)}(1-\mathrm{e}^{-\mathrm{i}\omega T}) \\
&= \frac{F_0}{k}\left[\frac{1}{\mathrm{i}\omega}+\frac{1}{2\mathrm{i}(\omega_0-\omega)}-\frac{1}{2\mathrm{i}(\omega_0+\omega)}\right](1-\mathrm{e}^{-\mathrm{i}\omega T})
\end{aligned}
\tag{d}
$$

式中 $\omega_0=\sqrt{k/m}$ 为系统的固有频率。根据附录表 A.2 可知式 (d) 的傅里叶逆变换为

$$
\begin{aligned}
x(t)=\frac{F_0}{k}\Big[& \vartheta(t)-\vartheta(t-T)-\frac{1}{2}\vartheta(t)(\mathrm{e}^{\mathrm{i}\omega_0 t}+\mathrm{e}^{-\mathrm{i}\omega_0 t})+ \\
& \frac{1}{2}\vartheta(t-T)(\mathrm{e}^{\mathrm{i}\omega_0(t-T)}+\mathrm{e}^{-\mathrm{i}\omega_0(t-T)})\Big]
\end{aligned}
\tag{e}
$$

因此

$$
x(t)=\begin{cases} \dfrac{F_0}{k}(1-\cos\omega_0 t), & 0\leqslant t<T \\[2mm] \dfrac{F_0}{k}[\cos\omega_0(t-T)-\cos\omega_0 t], & t\geqslant T \end{cases}
\tag{f}
$$

该结果与例 1.8.1 的结果相同。由式 (d) 可知位移频响幅值为

$$\begin{aligned}
|X(\omega)| &= \frac{F_0}{k}\frac{\omega_0^2}{\omega(\omega_0^2-\omega^2)}\sqrt{(1-\cos\omega T)^2+(\sin\omega T)^2}\\
&= \frac{TF_0}{k}\left|\frac{1}{(1-\overline{\omega}^2)}\right|\left|\frac{\sin\frac{\omega T}{2}}{\frac{\omega T}{2}}\right|
\end{aligned} \tag{g}$$

式中 $\overline{\omega}=\omega/\omega_0$。令 $\omega_0=\pi/3$，$T=1.5\times\pi/\omega_0$，图 1.8.3～图 1.8.5 分别给出了位移频响函数 $k|H(\omega)|$、阶跃载荷幅值 $|F(\omega)|/(TF_0)$ 和系统阶跃响应幅值 $k|X(\omega)|/(TF_0)$ 的频谱图，画图时利用的频率增量为 0.01。图 1.8.5 的纵坐标是图 1.8.3 的纵坐标和图 1.8.4 的纵坐标的乘积，即

$$|X(\omega)| = |H(\omega)|\times|F(\omega)| \tag{h}$$

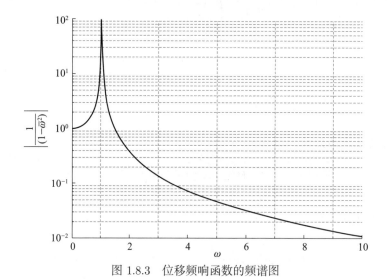

图 1.8.3　位移频响函数的频谱图

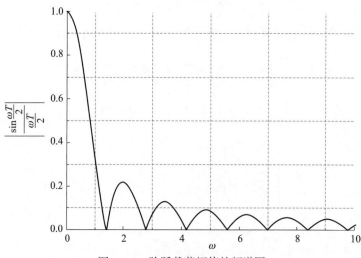

图 1.8.4　阶跃载荷幅值的频谱图

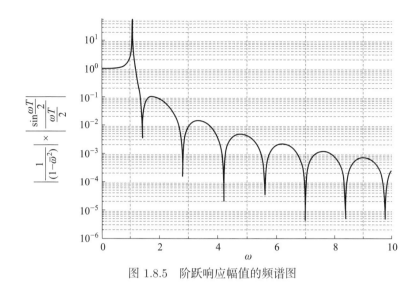

图 1.8.5　阶跃响应幅值的频谱图

1.9　机械阻抗方法

前面各节对单自由度系统振动方程的建立和求解方法进行了介绍，对系统固有特性和动态响应特性进行了分析。基于求解振动方程来对系统动态响应和固有特性进行讨论是纯理论分析方法。本节介绍**机械阻抗分析方法**，它是一种理论与实验相结合的方法。**机械阻抗**的经典定义为简谐激振力与简谐振动响应之比，包括位移阻抗（又称为**动刚度**）、**速度阻抗**和**加速度阻抗**（又称为**有效质量**）。机械阻抗的倒数称为机械导纳，也就是频响函数。通过实验可以测定机械阻抗（既测定响应又测定激振力），通常是测加速度导纳，因此可以采用实验和理论相结合的方法来讨论系统的动态特性。机械阻抗分析方法广泛应用于工业领域，如提高机床的动刚度，确定火箭部件的环境实验条件以及判断机械运行中重要零部件的损伤程度等。

系统的受迫振动响应只与系统的固有特性和激励性质有关，因此可以用机械阻抗综合描述系统的动态特性，这就是机械阻抗方法的原理。根据机械阻抗，可以检查系统数学模型并加以修正，还可以用于识别系统的固有频率和振动形式等。这一节主要讨论单自由度系统的机械阻抗概念以及如何根据它来分析系统的固有特性。

1. 机械阻抗概念

如果不考虑实际问题的物理现象，许多物理性质不同的系统具有相同的数学模型。性质不同的系统的物理概念可以互相"比拟"。譬如电学中的表述"通过电感的电压为 $L\mathrm{d}i/\mathrm{d}t$"，其中 i 为电流，机械学中类似的表述是"质量 m 的力是 $m\mathrm{d}v/\mathrm{d}t$"，其中 v 为速度。又如机械学中的表述"储存在质量 m 中的能量是 $mv^2/2$"，类似的电学比拟是"储存在电感 L 中的能量是 $Li^2/2$"。表 1.9.1 给出了单自由度系统、轴的扭转和电学中的物理量之间的相互比拟。

　　机械阻抗的概念建立在对简谐激振力作用下系统的稳态响应分析的基础上。任意一个简谐量都可以通过欧拉公式写成复数形式，并且复数表示方法具有简洁、便于推导等特点。机械阻抗分析方法用的就是复数表示方法。作用在单自由度系统上的简谐激振力可以表示为

$$f(t) = F_0 e^{i\omega t} \tag{1.9.1}$$

式中实数 ω 是简谐激振力频率，F_0 是一个复数，它可以写成如下形式：

$$F_0 = |F_0| e^{i\alpha} \tag{1.9.2}$$

式中：$|F_0|$ 是复数 F_0 的模，它是激振力的幅值；α 是复数 F_0 的辐角，它是激振力的初相位。通常以激振力的相位为基准，这时取 $\alpha = 0$。

表 1.9.1　物理量的相互比拟

单自由度线性系统		轴扭转		电学	
质量	m	惯性矩	I	电感	L
刚度	k	抗扭弹簧刚度	k	1/电容量	$1/C$
阻尼	c	扭转阻尼	c	电阻	R
力	$F_0 \sin\omega t$	扭矩	$T_0 \sin\omega t$	电压	$E_0 \sin\omega t$
位移	x	角位移	α	电容器电荷	Q
速度	$\dot{x}$	角速度	$\dot{\alpha}$	电流	$\dot{Q}=i$

　　单自由度系统在简谐激振力作用下的受迫振动微分方程为

$$m\ddot{x} + c\dot{x} + kx = F_0 e^{i\omega t} \tag{1.9.3}$$

稳态响应是

$$x(t) = X e^{i\omega t} \tag{1.9.4}$$

式中 X 是一个复数，也可以写成如下形式：

$$X = |X| e^{i\theta} \tag{1.9.5}$$

式中：$|X|$ 是复数 X 的模，它是稳态位移响应的幅值；θ 是复数 X 的辐角，它是稳态位移响应的初相位。若以激振力的相位为基准，即当 $\alpha = 0$ 时，θ 就是简谐激振力与简谐位移响应之间的相位差。将式 (1.9.4) 代入方程 (1.9.3) 中可得

$$(-\omega^2 m + i\omega c + k) X e^{i\omega t} = F_0 e^{i\omega t}$$

或

$$(-\omega^2 m + i\omega c + k) x = f \tag{1.9.6}$$

上式就是机械阻抗分析的基本公式，由它可以给出位移、速度和加速度阻抗的定义。下面用

Z 和 H 分别表示机械阻抗和机械导纳，本节用下标 d, v, a 分别表示位移（displacement）、速度（velocity）和加速度（acceleration），其他章节的下标 d 表示阻尼。从式 (1.9.6) 给出位移阻抗的定义为

$$Z_d = \frac{f}{x} = -\omega^2 m + i\omega c + k \tag{1.9.7a}$$

或

$$Z_d = \frac{f}{x} = k(1 - \overline{\omega}^2 + i2\xi\overline{\omega}) \tag{1.9.7b}$$

式中：频率比 $\overline{\omega} = \omega/\omega_0$，阻尼比 $\xi = c/(2m\omega_0)$。位移阻抗的量纲是刚度量纲，但它不同于静刚度系数 k。静刚度系数 k 定义为静态力与静位移之比，为实数。位移阻抗是简谐力与位移稳态响应之比，它是激振频率 ω 的复函数，称为**动刚度**。同理，位移导纳 $H_d = 1/Z_d$ 称为**动柔度**，它就是位移频响函数。其他机械阻抗的定义和函数表达式列于表 1.9.2，其中加速度阻抗的量纲是质量量纲，但它又不同于静质量 m，称为**有效质量**。

从表 1.9.2 可以看出，机械阻抗取决于系统的固有参数，包括系统刚度系数 k、质量 m 和阻尼系数 c，因此可以用机械阻抗来识别系统的固有特性。实验中经常采用加速度传感器来测量振动量，因此加速度导纳是振动实验分析中经常采用的阻抗形式。

表 1.9.2　机械阻抗的定义和函数表达式

名称	定义和函数表达式	名称	定义和函数表达式
位移阻抗	$Z_d = \dfrac{f}{x} = k[(1 - \overline{\omega}^2) + i2\xi\overline{\omega}]$	位移导纳	$H_d = \dfrac{x}{f} = \dfrac{1}{k[(1 - \overline{\omega}^2) + i2\xi\overline{\omega}]}$
速度阻抗	$Z_v = \dfrac{f}{\dot{x}} = \dfrac{k}{i\omega}[(1 - \overline{\omega}^2) + i2\xi\overline{\omega}]$	速度导纳	$H_v = \dfrac{\dot{x}}{f} = \dfrac{i\omega}{k[(1 - \overline{\omega}^2) + i2\xi\overline{\omega}]}$
加速度阻抗	$Z_a = \dfrac{f}{\ddot{x}} = \dfrac{m}{-\overline{\omega}^2}[(1 - \overline{\omega}^2) + i2\xi\overline{\omega}]$	加速度导纳	$H_a = \dfrac{\ddot{x}}{f} = \dfrac{-\overline{\omega}^2}{m[(1 - \overline{\omega}^2) + i2\xi\overline{\omega}]}$

2. 机械阻抗的幅频特性和相频特性

下面以位移导纳为例，来分析机械阻抗的幅频特性和相频特性。表 1.9.3 给出了位移、速度和加速度阻抗的幅频特性和相频特性公式。

由表 1.9.3 可知，位移导纳的幅频特性和相频特性为

$$|H_d| = \frac{1}{k}\beta \tag{1.9.8}$$

$$\theta_{H_d} = -\arccos\frac{1 - \overline{\omega}^2}{\sqrt{(1 - \overline{\omega}^2)^2 + (2\xi\overline{\omega})^2}} \tag{1.9.9}$$

式中：β 为位移振幅放大系数。图 1.9.1 用对数坐标给出了位移导纳的幅频曲线，图 1.9.2 为位移导纳的相频曲线。在低频段、高频段和共振区，位移导纳的幅频特性和相频特性具有如下特点：

表 1.9.3　机械阻抗的幅频特性和相频特性

名称	幅频特性	相频特性
位移阻抗	$\|Z_d\| = k\sqrt{(1-\overline{\omega}^2)^2 + (2\xi\overline{\omega})^2}$	$\theta_{Z_d} = \arccos \dfrac{1-\overline{\omega}^2}{\sqrt{(1-\overline{\omega}^2)^2 + (2\xi\overline{\omega})^2}}$
位移导纳	$\|H_d\| = \dfrac{1}{k\sqrt{(1-\overline{\omega}^2)^2 + (2\xi\overline{\omega})^2}}$	$\theta_{H_d} = -\arccos \dfrac{1-\overline{\omega}^2}{\sqrt{(1-\overline{\omega}^2)^2 + (2\xi\overline{\omega})^2}}$
速度阻抗	$\|Z_v\| = \dfrac{k}{\omega}\sqrt{(1-\overline{\omega}^2)^2 + (2\xi\overline{\omega})^2}$	$\theta_{Z_v} = -\arccos \dfrac{2\xi\overline{\omega}}{\sqrt{(1-\overline{\omega}^2)^2 + (2\xi\overline{\omega})^2}} \ (\overline{\omega} \leqslant 1)$ $\theta_{Z_v} = \arccos \dfrac{2\xi\overline{\omega}}{\sqrt{(1-\overline{\omega}^2)^2 + (2\xi\overline{\omega})^2}} \ (\overline{\omega} > 1)$
速度导纳	$\|H_v\| = \dfrac{\omega}{k\sqrt{(1-\overline{\omega}^2)^2 + (2\xi\overline{\omega})^2}}$	$\theta_{H_v} = \arccos \dfrac{2\xi\overline{\omega}}{\sqrt{(1-\overline{\omega}^2)^2 + (2\xi\overline{\omega})^2}} \ (\overline{\omega} \leqslant 1)$ $\theta_{H_v} = -\arccos \dfrac{2\xi\overline{\omega}}{\sqrt{(1-\overline{\omega}^2)^2 + (2\xi\overline{\omega})^2}} \ (\overline{\omega} > 1)$
加速度阻抗	$\|Z_a\| = \dfrac{m}{\overline{\omega}^2}\sqrt{(1-\overline{\omega}^2)^2 + (2\xi\overline{\omega})^2}$	$\theta_{Z_a} = -\arccos \dfrac{\overline{\omega}^2-1}{\sqrt{(1-\overline{\omega}^2)^2 + (2\xi\overline{\omega})^2}}$
加速度导纳	$\|H_a\| = \dfrac{\overline{\omega}^2}{m\sqrt{(1-\overline{\omega}^2)^2 + (2\xi\overline{\omega})^2}}$	$\theta_{H_a} = \arccos \dfrac{\overline{\omega}^2-1}{\sqrt{(1-\overline{\omega}^2)^2 + (2\xi\overline{\omega})^2}}$

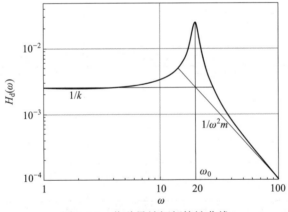

图 1.9.1　位移导纳幅频特性曲线

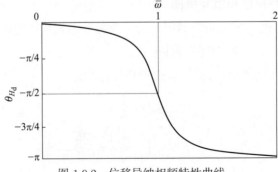

图 1.9.2　位移导纳相频特性曲线

（1）在低频段（$\overline{\omega} \ll 1$ 时），$|H_d| \approx 1/k$，$\log|H_d| \approx -\log k$，$\theta_{H_d} \approx 0$，这说明位移和激振力的相位基本相同，而位移导纳的幅值近似为系统的静柔度，因此图 1.9.1 中的低频

段近似为一条直线。

（2）在高频段（$\overline{\omega} \gg 1$ 时），$|H_{\mathrm{d}}| \approx 1/(m\omega^2)$，$\log|H_{\mathrm{d}}| \approx -(\log m + 2\log\omega)$，$\theta_{H_{\mathrm{d}}} \approx -\pi$，这说明位移与激振力基本反相，而位移导纳的幅值随着激振频率的增加逐渐趋近于零。

（3）在共振点（$\overline{\omega} = 1$ 时），$|H_{\mathrm{d}}| = Q/k$，$\log|H_{\mathrm{d}}| = \log Q - \log k$，$\theta_{H_{\mathrm{d}}} = -\pi/2$，$Q = 1/(2\xi)$，为品质因子。此时位移滞后激振力 $90°$，称 $\theta_{H_{\mathrm{d}}} = -\pi/2$ 为**相位共振点**，也就是速度共振点。值得指出的是，该共振点并不对应位移导纳的峰值，位移导纳的峰值发生在 $\overline{\omega} = \sqrt{1 - 2\xi^2}$ 处，称为**位移共振点**，参见 1.6 节。通常阻尼比 ξ 比较小，因此相位共振点和位移共振点之间的距离近似为 ξ^2。

3. 导纳圆

机械阻抗为复数，因此可以用复平面上的点来代表机械阻抗。随着激振频率 ω 或频率比 $\overline{\omega}$ 的变化，这些点就描绘成为一条曲线。不同形式的机械阻抗对应不同的曲线。下面以速度导纳为例，来说明如何利用复平面上的曲线或实频特性和虚频特性来表征动态特性。

从表 1.9.2 可知速度导纳的表达式为

$$H_{\mathrm{v}} = \frac{\omega_0}{2k\xi} \frac{\mathrm{i}2\xi\overline{\omega}}{(1 - \overline{\omega}^2) + \mathrm{i}2\xi\overline{\omega}}$$

它的实部 $\mathrm{Re}(H_{\mathrm{v}})$ 和虚部 $\mathrm{Im}(H_{\mathrm{v}})$ 分别为

$$\mathrm{Re}(H_{\mathrm{v}}) = \frac{\omega_0}{2k\xi} \frac{(2\xi\overline{\omega})^2}{(1 - \overline{\omega}^2)^2 + (2\xi\overline{\omega})^2} \tag{1.9.10}$$

$$\mathrm{Im}(H_{\mathrm{v}}) = \frac{\omega_0}{2k\xi} \frac{2\xi\overline{\omega}(1 - \overline{\omega}^2)}{(1 - \overline{\omega}^2)^2 + (2\xi\overline{\omega})^2} \tag{1.9.11}$$

从上述两个方程消去 $\overline{\omega}$ 得

$$\left[\mathrm{Re}(H_{\mathrm{v}}) - \frac{\omega_0}{4k\xi}\right]^2 + [\mathrm{Im}(H_{\mathrm{v}})]^2 = \left(\frac{\omega_0}{4k\xi}\right)^2 \tag{1.9.12}$$

它表明速度导纳在复平面上随 $\overline{\omega}$ 变化的曲线是一个半径为 $\omega_0/(4k\xi)$、圆心在 $(\omega_0/(4k\xi),\, 0)$ 的圆，称为速度导纳圆，简称为**导纳圆**，也称为**奈奎斯特（Nyquist）图**。而 $\omega_0/(4k\xi) = 1/(2c)$，因此阻尼性质决定了导纳圆的性质，参见图 1.9.3。利用振动实验设备可以精确显示出导纳圆，进而根据导纳圆半径确定阻尼系数 c。

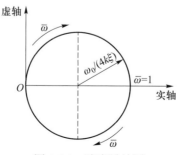

图 1.9.3　速度导纳圆

下面从 3 个频段来分析导纳圆的特性：

（1）当 $\varpi = 0$ 时，速度导纳在复平面上的位置是坐标原点 $(0,0)$。当 ϖ 增加时，速度导纳沿着导纳圆顺时针方向运动；当频率比趋于无穷大时，速度导纳又回到了零点。

（2）当 $\varpi = 1$ 时，虚部为零，实部最大，该点位于导纳圆的最右端。通常可以用这个性质来确定相位共振频率，也就是系统固有频率。

（3）当 ϖ 继续增大时，速度导纳又回到坐标原点，从而构成一个封闭曲线。

值得指出的是，位移导纳和加速度导纳在复平面上不是精确的圆。一般地讲，阻尼越小，它们的导纳图形就越接近圆形。但在共振点附近，导纳图形总是接近于圆形。

1.10　振动的隔离与测量

工程中的振动现象是多种多样的。振动的作用具有双重性，其消极方面是：影响仪器设备功能，降低机械设备的工作精度，甚至引起结构疲劳破坏等，如大气湍流会使飞行器产生振动，这种振动会降低乘坐的舒适性，会使机载设备和仪表工作不正常。振动的积极方面是：有许多利用振动的设备和工艺，如振动传输、振动研磨、振动筛选、振动沉桩和振动消除结构内应力等。在实际工程中，应该尽可能降低振动的消极作用，充分发挥其积极作用。振动的控制方法包括主动控制方法和被动控制方法。本书第 8 章介绍了线性振动系统的一种主动控制——最优控制。被动控制方法包括减振、隔振和动力消振等。减振方法主要是通过阻尼来减低自由振动水平；隔振和吸振是降低受迫振动水平。下面介绍隔振，本书第 2 章将介绍动力消振。

1.10.1　振动的隔离

振动的隔离也简称隔振，其主要目的是通过在仪器设备和基础（如支座）之间设置减振器，来减少它们之间能量的传递，也就是降低振动的消极作用。下面介绍常见的两类隔振，即隔力和隔幅。

1. 第一类隔振

因为转子的质量不平衡，所以飞行器、汽车等的发动机相当于振源，而机体和车身相当于基础。一般不把发动机直接刚性安装在基础上，而是通过隔振器连接到基础上，以减少传到基础上的激振力，这就是第一类隔振的例子。这类隔振称为**隔力**。人们通常把这种减少动力传递的隔振称为**主动隔振**。

图 1.10.1 是第一类隔振的原理图。质量为 m 的振源产生按正弦规律变化的激振力 $F_0 \sin \omega t$，其中 F_0 和 ω 分别为激振力的幅值和频率。如果转子的转速是 n（单位为 r/s），则频率为 $\omega = 2\pi n$。

为了减小传递到基础结构上的力，需要在振源和基础之间安置隔振元件。由于阻尼器

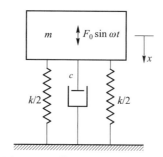

图 1.10.1　第一类隔振的原理图

吸收并耗散能量，弹簧吸收并储存能量，因此通常用弹簧和阻尼器构成隔振器。把隔振器安置于振源和基础结构之间，则传递到基础上的力为弹簧力和阻尼力的合力。由于隔力原理图 1.10.1 和单自由度系统受迫振动示意图 1.6.1 相同，因此由式 (1.6.20) 可知，振源或质点 m 在简谐激励作用下的稳态响应为

$$x = A\sin(\omega t - \theta) \tag{1.10.1}$$

式中幅值 A 和相位差 θ 分别为

$$A = \frac{F_0}{k\sqrt{(1 - \overline{\omega}^2)^2 + (2\xi\overline{\omega})^2}} \tag{1.10.2}$$

$$\theta = \arccos\frac{1 - \overline{\omega}^2}{\sqrt{(1 - \overline{\omega}^2)^2 + (2\xi\overline{\omega})^2}} \tag{1.10.3}$$

弹性力和阻尼力分别由式 (1.6.21) 和式 (1.6.22) 给出，即

$$-kx = -kA\sin(\omega t - \theta) \tag{1.10.4}$$

$$-c\dot{x} = -c\omega A\sin\left(\omega t - \theta + \frac{\pi}{2}\right) \tag{1.10.5}$$

二者合力的幅值为

$$F = \sqrt{(kA)^2 + (c\omega A)^2} = A\sqrt{k^2 + (c\omega)^2} \tag{1.10.6}$$

为了衡量隔振效果，把传递到基础上的合力幅值 F 与激振力幅值 F_0 之比定义为**力传递率**，记为 T_{F}，其表达式为

$$T_{\mathrm{F}} = \frac{F}{F_0} = \sqrt{\frac{1 + (2\xi\overline{\omega})^2}{(1 - \overline{\omega}^2)^2 + (2\xi\overline{\omega})^2}} \tag{1.10.7}$$

式中下标 F 表示力（force）。式 (1.10.7) 与绝对运动传递率 T_{A} 的公式 (1.6.42) 相同，因此 T_{F} 的幅频特性曲线也就与图 1.6.8 中的相同。由此可知，当 $\omega > \sqrt{2}\omega_0$ 时，$T_{\mathrm{F}} < 1$，这时隔振器有隔振效果。

2. 第二类隔振

对安装在飞行器和汽车上的仪表而言，机体和车身就是基础，其振动就是振源。当基础发生振动时，必然导致仪表振动。在仪表和基础之间配置隔振器，就可以降低仪表的振

动，这是第二类隔振的例子。这类隔振称为**隔幅**。人们通常把这种减小运动传递的隔振称为**被动隔振**。

图 1.10.2 是第二类隔振的原理图，与基础激励作用下的单自由度系统的示意图 1.6.7 相同。设振源的振动规律是 $Y_0 \sin \omega t$，则绝对运动传递率 T_A 可以用来衡量隔幅效果，式 (1.6.42) 给出了其数学表达式，即

$$T_A = \sqrt{\frac{1 + (2\xi\overline{\omega})^2}{(1 - \overline{\omega}^2)^2 + (2\xi\overline{\omega})^2}} \tag{1.10.8}$$

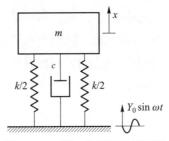

图 1.10.2　第二类隔振的原理图

由于力传递率 T_F 和绝对运动传递率 T_A 的表达式相同，因此，不论是第一类隔振还是第二类隔振，它们的隔振要求是相同的，即只有当 $\overline{\omega} > \sqrt{2}$ 时，隔振器才有隔振效果。于是，为了起到隔振作用，隔振器弹簧的刚度系数应该满足

$$\overline{\omega} > \sqrt{2} \Rightarrow k < \frac{1}{2}m\omega^2 \tag{1.10.9}$$

从图 1.6.8 可以看出，阻尼越小隔振效果越好，建议读者思考其理由。但实际上为了降低系统越过共振区时的振动强烈程度，配置适当阻尼是必要的。

1.10.2　惯性式测振仪

图 1.10.3 为惯性式测量振动仪器的原理图，它由质量为 m 的振子、刚度系数为 k 的弹簧、阻尼系数为 c 的阻尼器和仪器的外壳组成。实际上图 1.10.3 与图 1.10.2 相同。将振动测量仪器安装在待测对象的基座等结构上，测量仪器就可以记录下来待测对象的振动状态。

设待测的基础结构作简谐振动，即

$$y = Y_0 \sin \omega t \tag{1.10.10}$$

式 (1.6.46) 给出了振子相对仪器的外壳（也就是相对基础）的运动方程，即

$$\ddot{z} + 2\xi\omega_0\dot{z} + \omega_0^2 z = Y_0\omega^2 \sin \omega t \tag{1.10.11}$$

其稳态解为

$$z(t) = A\sin(\omega t - \theta) \tag{1.10.12}$$

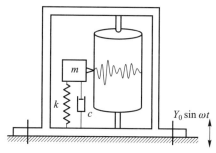

图 1.10.3　惯性式测振仪原理图

式 (1.6.48) 和式 (1.6.49) 分别给出了振子的相对运动幅值 A（测量值）与基础运动的幅值 Y_0（待测量值）之间的传递关系以及二者之间的相位差 θ，即

$$A = \frac{\overline{\omega}^2}{\sqrt{(1-\overline{\omega}^2)^2 + (2\xi\overline{\omega})^2}} Y_0 = \beta\overline{\omega}^2 Y_0 \tag{1.10.13}$$

$$\theta = \arccos \frac{1-\overline{\omega}^2}{\sqrt{(1-\overline{\omega}^2)^2 + (2\xi\overline{\omega})^2}} \tag{1.10.14}$$

1. 加速度计

从式 (1.10.13) 可以看出

$$\lim_{\overline{\omega}\to 0} A \approx \omega^2 Y_0 / \omega_0^2$$

式中 $\omega^2 Y_0$ 为基础运动的加速度幅值。这说明当测振仪的固有频率 ω_0 远高于基础运动频率 ω 时，测振仪的输出信号正比于基础运动的加速度。根据此原理设计出来的测振仪称为**加速度传感器**，或**加速度计**。加速度计是一种高固有频率的仪器，固有频率 ω_0 越高，测量的精度越高。广泛采用的压电晶体式加速度计具有测量范围大、灵敏度高和体积小等特点。

在使用频率范围之内，加速度计要求 A 与 $Y_0\overline{\omega}^2$ 成正比。根据式 (1.10.13) 可知，位移振幅放大系数 β 应该与频率比 $\overline{\omega}$ 的变化无关，即 β 应该基本为常数。对于不同的阻尼比 ξ，图 1.10.4 给出了 β 随着 $\overline{\omega}$ 变化的曲线。可以看出，在低频段 ($\overline{\omega} = 0 \sim 0.3$)，当阻尼比

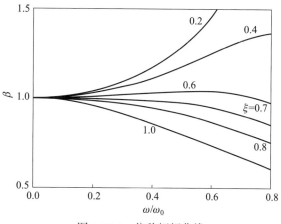

图 1.10.4　位移幅频曲线

$\xi = 0.7$ 时，β 基本为 1，因此传感器内装有特制阻尼油。传感器装有阻尼油的另外一个目的是避免相位畸变，见图 1.10.5。从中可以看出，在 $\xi = 0.7$ 时，相频特性曲线在低频段 $(\overline{\omega} = 0 \sim 0.3)$ 近似为直线，因此传感器不会发生相位畸变。

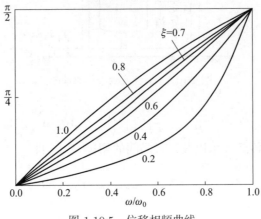

图 1.10.5　位移相频曲线

2. 位移计

从式 (1.10.13) 还可以看出

$$\underset{\overline{\omega} \to \infty}{A} \approx Y_0$$

这说明当测振仪固有频率 ω_0 远小于基础振动频率 ω 时，测振仪的输出信号近似为基础运动的位移，根据此原理设计出来的测振仪称为**位移传感器**，或**位移计**。位移计是一种低固有频率仪器。由于位移计中质量 m 的振幅与被测对象的振幅处于同一数量级，因此这种位移计尺寸大而笨重，降低了它的实用价值。

习　题

1.1　下列运动是否为周期振动？若是，求其周期。

（1）$x(t) = 8\sin^2 6t$

（2）$x(t) = \tan^2 t$

（3）$x(t) = \cos 3t + 6\sin 3.5t$

（4）$x(t) = 8\sin 4t + 6\sin^2 2.4t$

1.2　求 $x_1 = 5\mathrm{e}^{\mathrm{i}(\omega t + 30°)}$ 与 $x_2 = 7\mathrm{e}^{\mathrm{i}(\omega t + 90°)}$ 的合成运动 x，并且求 x 与 x_1 的相位差。

1.3　求图示系统的等效刚度。

1.4　计算图示系统的等效刚度、等效质量和固有频率，并列出运动微分方程。

1.5　如图所示为质点–弹簧系统，两对弹簧的刚度系数分别为 $k_1 = 1$ 和 $k_2 = 2$。为了让该系统在平面内任何方向的等效弹簧刚度都相同，需要增加一对弹簧。试设计这对弹簧的刚度系数 k_3 和角度，并求出该等效刚度。经过质点的水平线为弹簧角度的基准线。

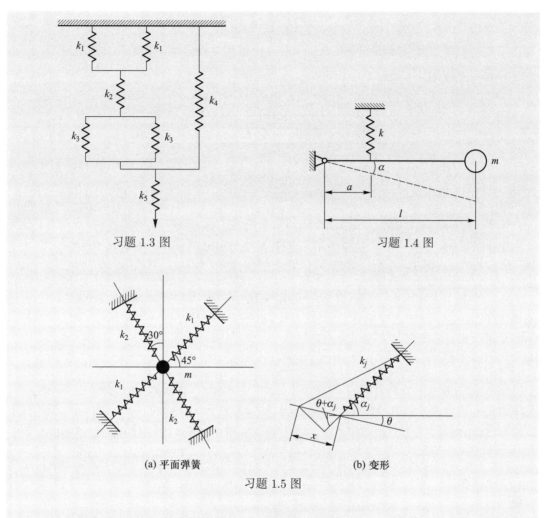

习题 1.3 图

习题 1.4 图

(a) 平面弹簧

(b) 变形

习题 1.5 图

1.6 如图所示，用三根长度均为 l 的细线将一质量为 m、半径为 r 的刚性圆板吊在天花板上，三根细线与板的连接点等分圆板之圆周。

（1）求圆板围绕其垂直中心线作回转运动的固有频率；

（2）求圆板仅作水平横向振动（不旋转）的固有频率。

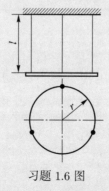

习题 1.6 图

1.7 如图所示，用两根相同的刚性杆把两个相同的刚性圆板销接在一起。每个刚性杆和圆板的质量都是 m，圆板的半径为 R，圆板上两个销接点的距离为 r。圆板在水平基础上只滚动而不滑动。若圆板在其静平衡位置附近作微幅运动，求系统的固有频率。

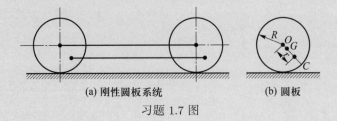

(a) 刚性圆板系统　　　　(b) 圆板

习题 1.7 图

1.8　求图示系统的固有频率，滑轮的质量忽略不计。

1.9　图示倒置摆，摆球质量为 m，刚杆质量可忽略，每个弹簧的刚度系数为 $k/2$。

（1）求倒置摆作微幅振动时的固有频率；

（2）摆球质量 m 为 0.9 kg 时，测得频率为 1.5 Hz，摆球质量 m 为 1.8 kg 时，测得频率为 0.75 Hz，问摆球质量为多大时恰使系统处于不稳定平衡状态？

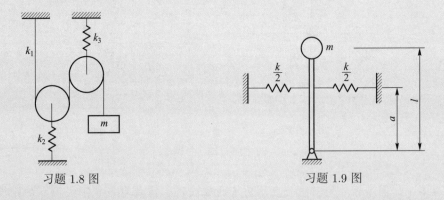

习题 1.8 图　　　　　　　　　　习题 1.9 图

1.10　图中均匀刚性杆长为 l，质量为 m，求下列情况的系统固有频率：

（1）平衡时杆处于水平位置；

（2）平衡时杆处于铅垂位置。

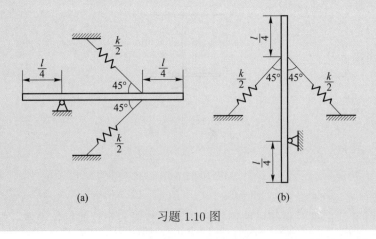

(a)　　　　　　　　　(b)

习题 1.10 图

1.11 求齿轮齿条传动系统的等效质量和等效转动惯量。

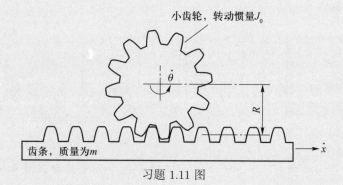

习题 1.11 图

1.12 图示均质圆柱体半径为 R，质量为 m，作无滑动的微幅摆动。求其固有频率。

1.13 图示系统中，重物 C 的质量为 m，刚性杆 AB 的质量忽略不计，长为 l，均质轮的半径为 R，转动惯量为 J，弹簧的刚度系数为 k。当杆 AB 处于水平时为系统的静平衡位置。试采用能量法求系统的等效刚度、等效质量及微振动时的固有频率，并列出系统运动微分方程。

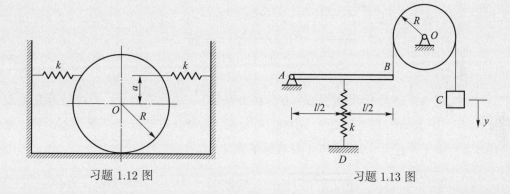

习题 1.12 图　　　　　　　习题 1.13 图

1.14 某重物从距离地面高度为 h 的位置自由下落，撞击地面后反弹跳离地面，如图所示。已知系统的质量为 m，刚度系数为 k，求系统的振动响应规律，以及从接触地面到跳离地面的时间。

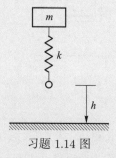

习题 1.14 图

1.15 质量为 $2\,000\,\text{kg}$ 的重物以 $3\,\text{cm/s}$ 的速度匀速运动，与弹簧及阻尼器相撞后一起作自由运动。已知 $k = 48\,020\,\text{N/m}$, $c = 1\,960\,\text{N}\cdot\text{s/m}$，问重物在碰撞后多少时间达到最大振幅？最大振幅是多少？

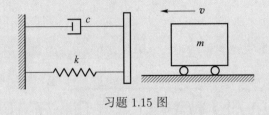

习题 1.15 图

1.16　建立图示刚性杆系统的运动方程，确定阻尼固有频率以及系统存在微幅振动需要满足的条件。

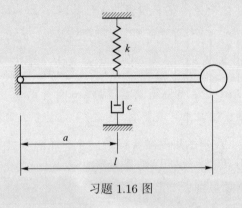

习题 1.16 图

1.17　图示锻锤重 $1\,000\,\text{N}$，工件安装在工作台上，其总重量为 $5\,000\,\text{N}$，地基的刚度系数为 $5 \times 10^6\,\text{N/m}$，阻尼系数为 $10\,000\,\text{N}\cdot\text{s/m}$。锻锤从高 $2\,\text{m}$ 处下落击打工件，冲击过程之后的恢复系数为 0.4。求工作台的位移响应。

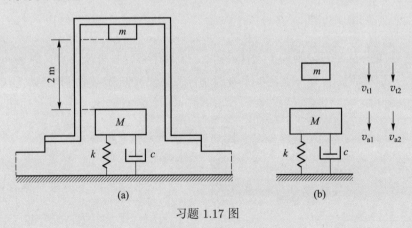

习题 1.17 图

1.18　图示系统中的均质杆杆长为 l，质量不计，杆端有集中质量 m，杆端集中质量处作用有向下的激励 $F_0 \sin \omega t$。试写出运动微分方程，并求出临界阻尼系数、阻尼固有频率、品质因子及稳态响应。

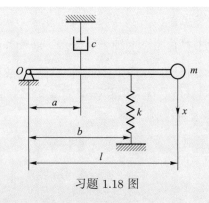

习题 1.18 图

1.19 实验测出了具有黏性阻尼的单自由度系统的固有频率 ω_d 和在简谐激励作用下发生位移共振的频率 ω。试求系统的固有频率 ω_0、阻尼系数 c 和对数衰减率 δ。

1.20 建立如图所示系统的动力学平衡方程并求系统的稳态响应。

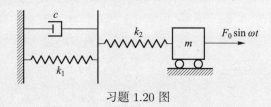

习题 1.20 图

1.21 试用能量方法求系统 $m\ddot{x}+kx=F_0\sin\omega t$ 稳态位移响应的幅值。

1.22 求图示运动基础的位移阻抗。

1.23 求图示激振点处的位移导纳。

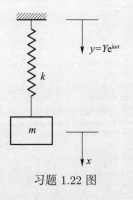 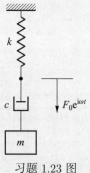

习题 1.22 图　　　　习题 1.23 图

1.24 考虑具有黏性阻尼的单自由度系统，其质量为 $m=10$ kg，刚度系数为 $k=1\,000$ N/m，令其作简谐振动 $x(t)=0.2\sin\omega_d t$（单位为 m），考虑如下两种阻尼，求阻尼器在一个周期内消耗的能量。

（1）$c_1=50$ N·s/m；

（2）$c_2=150$ N·s/m。

1.25　一有阻尼弹簧质量系统，已知 $k = 4\,000\,\text{N/m}$，$m = 10\,\text{kg}$，$c = 40\,\text{N}\cdot\text{s/m}$，受到激励 $F(t) = 200\cos 10t$（单位为 N）而产生振动。求该系统的频率比、阻尼比、稳态振动规律及最大幅值。

1.26　一重量为 $50\,\text{N}$ 的物体悬挂在刚度系数为 $4\,000\,\text{N/m}$ 的弹簧下面，受到的简谐外力的幅值为 $60\,\text{N}$，频率为 $6\,\text{Hz}$。求：

（1）物体重量导致的弹簧伸长量；

（2）最大外力引起的弹簧静变形；

（3）物体在简谐外力作用下作受迫运动的幅值。

1.27　考虑一弹簧质量系统，弹簧刚度系数为 $4\,000\,\text{N/m}$，简谐激励的幅值为 $F_0 = 100\,\text{N}$、频率为 $f = 5\,\text{Hz}$。观测到系统的受迫运动幅值为 $A = 20\,\text{mm}$。求系统的质量 m。

1.28　弹簧质量系统受到简谐力 $F_0\sin\omega t$ 激振，在共振时量得的振幅为 $5.8\,\text{mm}$。在 0.8 倍共振频率时，量得的振幅为 $4.6\,\text{mm}$。求系统的阻尼系数。

1.29　图示轴系中，轴直径 $d = 2\,\text{cm}$，长度 $l = 40\,\text{cm}$，剪切模量 $G = 7.84\times 10^6\,\text{N/cm}^2$，圆盘绕轴线的转动惯量为 $J = 98\,\text{kg}\cdot\text{m}^2$，求在力矩 $M = 49\pi\sin 2\pi t$（单位为 N·m）作用下扭振的振幅。

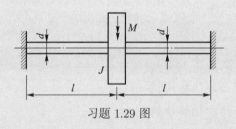

习题 1.29 图

1.30　图示机构中凸轮以等角速度转动，顶杆的运动规律为周期函数 $x_\text{s}(t)$，求质量块 m 的稳态响应。

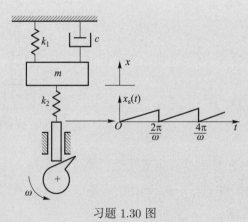

习题 1.30 图

1.31　图示系统的基础有阶跃加速度 $b\vartheta(t)$，初始位移和初始速度均为零，求质量 m 的相对位移。阶跃函数的定义为

$$\vartheta(t) = \begin{cases} 1, & t \geqslant 0 \\ 0, & t < 0 \end{cases}$$

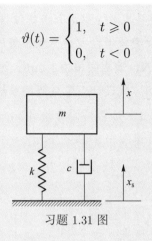

习题 1.31 图

1.32 锻造机包括锻锤、框架和工作台，其总质量为 m，地基弹性垫的刚度系数为 k，机器受到的作用力如图所示，求砧座的受迫振动响应。

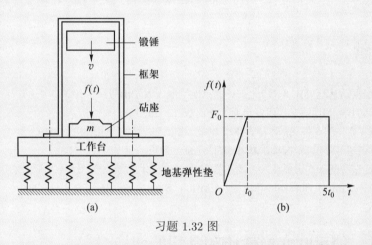

习题 1.32 图

1.33 图示车辆系统的质量为 m，悬挂弹簧刚度系数为 k，车辆水平行驶速度为 v，道路前方有一凸起的曲形地面 $y_s = a\left(1 - \cos\dfrac{2\pi}{l}x\right)$。

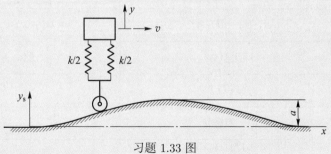

习题 1.33 图

（1）求车辆通过曲形地面过程的振动；

（2）求车辆通过曲形地面后的振动。

1.34　在实验中用振动锤测得某黏性阻尼系统的位移信号，发现 10 个振动周期后振幅由 10 mm 减到 1 mm，求对数衰减率，并估算该系统的阻尼比。

1.35　已知仪器自重 8 000 N，地板振幅 0.1 mm、振动频率为 3 Hz，系统的绝对运动传递率（被动隔振系数）≤ 0.2。试设计无阻尼隔振系统的刚度。

1.36　机器安装在弹性支承上，已测得固有频率 $f_0 = 15$ Hz，阻尼比 $\xi = 0.15$，参与振动的质量 $m = 980$ kg。机器转速 $n = 2\,400$ r/min，不平衡力的幅值 $F_0 = 1690$ N。求：

（1）机器振幅；

（2）力传递率（主动隔振系数）；

（3）传到地基上的力幅。

1.37　某灵敏仪器安装在基座上，由于外界干扰基座产生了频率为 20 Hz、加速度幅值为 0.152 4 m/s^2 的简谐振动。已知仪器质量 $m = 113$ kg，基座的刚度系数 $k = 28\,000$ N/m，阻尼比 $\xi = 0.1$。求传到仪器上的加速度。

参考文献

[1] 邢誉峰. 工程振动基础 [M]. 3 版. 北京：北京航空航天大学出版社，2020

[2] 倪振华. 振动力学 [M]. 西安：西安交通大学出版社，1989

[3] 刘延柱，陈文良，陈立群. 振动力学 [M]. 3 版. 北京：高等教育出版社，2019

[4] 张世基，诸德超，张思骅. 振动学基础 [M]. 北京：国防工业出版社，1982

[5] 邢誉峰. 工程振动基础知识要点及习题解答 [M]. 北京：北京航空航天大学出版社，2007

[6] RAO S S. Mechanical vibrations[M]. 5th Edition. New York: Prentice Hall, 2010.

附录 A　傅里叶变换性质和常用的变换对

表 A.1　傅里叶变换的性质

性质	原函数 $f(t)$, $f_1(t)$ 和 $f_2(t)$	象函数 $F(\omega)$, $F_1(\omega)$ 和 $F_2(\omega)$
线性	$\alpha f_1(t) + \beta f_2(t)$	$\alpha F_1(\omega) + \beta F_2(\omega)$
频移	$\mathrm{e}^{\mathrm{i}\omega_0 t} f(t)$	$F(\omega - \omega_0)$
时移	$f(t - \tau)$	$\mathrm{e}^{-\mathrm{i}\omega\tau} F(\omega)$
积分	$\displaystyle\int_{-\infty}^{t} f(t)\mathrm{d}t$	$\dfrac{F(\omega)}{\mathrm{i}\omega}$
时域导数	$\dfrac{\mathrm{d}^n f(t)}{\mathrm{d}t^n}$	$(\mathrm{i}\omega)^n F(\omega)$
频域导数	$(\mathrm{i}t)^n f(t)$	$\dfrac{\mathrm{d}^n F(\omega)}{\mathrm{d}\omega^n}$
卷积	$f_1(t) * f_2(t) = \displaystyle\int_{0}^{t} f_1(t-\tau) f_2(\tau)\mathrm{d}\tau$	$F_1(\omega) F_2(\omega)$

表 A.2　常用的傅里叶变换

原函数 $f(t)$	象函数 $F(\omega)$
$\delta(t)$ (Dirac delta function)	1
$\delta(t - t_0)$ (Dirac delta function)	$\mathrm{e}^{-\mathrm{i}\omega t_0}$
1	$2\pi\delta(\omega)$
$\cos\omega_0 t$	$\pi[\delta(\omega + \omega_0) + \delta(\omega - \omega_0)]$
$\sin\omega_0 t$	$\mathrm{i}\pi[\delta(\omega + \omega_0) - \delta(\omega - \omega_0)]$
$\mathrm{e}^{\mathrm{i}\omega_0 t}$	$2\pi\delta(\omega - \omega_0)$
$\vartheta(t) = \begin{cases} 1, & t \geqslant 0 \\ 0, & t < 0 \end{cases}$	$\dfrac{1}{\mathrm{i}\omega} + \pi\delta(\omega)$
$\vartheta(t)\mathrm{e}^{\mathrm{i}\omega_0 t}$	$\dfrac{1}{\mathrm{i}(\omega - \omega_0)}$
$\vartheta(t)\cos\omega_0 t$	$\dfrac{\mathrm{i}\omega}{\omega_0^2 - \omega^2}$
$\vartheta(t)\sin\omega_0 t$	$\dfrac{\omega_0}{\omega_0^2 - \omega^2}$
$\vartheta(t - \tau)\mathrm{e}^{\mathrm{i}\omega_0(t - \tau)}$	$\dfrac{\mathrm{e}^{-\mathrm{i}\omega\tau}}{\mathrm{i}(\omega - \omega_0)}$
$\mathrm{e}^{-\beta t}\ (\beta > 0)$	$\dfrac{2\beta}{\omega^2 + \beta^2}$
$\vartheta(t)\mathrm{e}^{-\beta t}\ (\beta > 0)$	$\dfrac{1}{\mathrm{i}\omega + \beta}$
$\vartheta(t)\mathrm{e}^{-\beta t}\cos\omega_0 t\ (\beta > 0)$	$\dfrac{(\mathrm{i}\omega + \beta)}{\omega_0^2 - (\omega - \mathrm{i}\beta)^2}$
$\vartheta(t)\mathrm{e}^{-\beta t}\sin\omega_0 t\ (\beta > 0)$	$\dfrac{\omega_0}{\omega_0^2 - (\omega - \mathrm{i}\beta)^2}$

习题答案 A1

第 2 章
多自由度线性系统的振动

第 1 章讨论了单自由度系统的振动分析方法和动态特性，介绍了两个重要函数，即频响函数和脉冲响应函数，二者构成了傅里叶变换对，分别被用来在频域和时域内分析系统的动态特性。单自由度系统是实际振动系统中最简单的模型，只需要一个独立坐标来描述它的位形。

自由度或独立坐标数大于 1 的系统为**多自由度系统**，它是由多个集中质量（惯性元件）、阻尼器（阻尼元件）和无质量弹簧（弹性元件）构成的。实际工程系统是复杂的、连续的，为了分析其动态特性，通常需要将其简化并离散成为多自由度系统，因此多自由度系统的振动理论及方法是解决工程振动问题的基础。

多自由度线性系统振动问题的求解方法包括**振型叠加方法**和**时间积分方法**。可以把"振型"理解为线性代数中的本征向量。人们通常用"模态"来描述系统的振动，因此振型叠加方法也称为**模态叠加方法**，它是以线性代数中本征向量展开方法和第 1 章的内容作为基础的解析解法，且直接用到了频响函数和单位脉冲响应函数。时间积分方法是基于差分技术的用于求解动力学常微分方程的通用数值解法，它用位移的时间差分来表示速度和加速度，将在本书第 4 章进行介绍。独立坐标数为 n 的线性多自由度无阻尼系统具有 n 阶固有频率和固有振型，固有频率和固有振型合在一起称为**固有模态**。本章主要介绍多自由度线性系统的模态分析方法，主要内容包括固有模态和模态叠加方法。

2.1　无阻尼系统的自由振动

2.1.1　振动微分方程的建立

为了建立多自由度系统的动力学平衡方程，首先要确定系统的自由度，也就是独立坐标或广义坐标数。在确定广义坐标后，可以选择如下三种方法来建立系统运动方程：

（1）达朗贝尔原理或牛顿运动定律，即矢量力学方法，这种方法以质点的受力分析为基础；

（2）柔度影响系数方法，这种方法以分析系统在单位力作用下产生的变形为基础；

（3）拉格朗日方程方法，这是一种分析力学方法，它需要给出系统的动能和势能函数，并利用虚功等方法确定广义力。

第 1 章介绍了用牛顿运动定律、机械能守恒定律和拉格朗日方程建立单自由度系统运动方程的方法。对于多自由度系统，虽然上面仅列出了矢量力学方法、柔度影响系数方法和分析力学方法，但机械能守恒定律对多自由度保守系统同样有效。

下面以一个具有代表性的两自由度系统为例来说明如何用牛顿运动定律、柔度影响系数方法和拉格朗日方程方法来建立多自由度系统的运动方程。图 2.1.1 为不考虑水平方向运动且没有外载荷作用的刚硬翼段系统，它由刚度系数为 K_h 的线弹簧和刚度系数为 K_α 的扭转弹簧支撑。翼段质量为 m，绕质心的转动惯量为 J_0。为了描述翼段的运动，选翼段弯心偏离平衡位置的距离 h 和翼段绕弯心的转角 α 作为广义坐标，图上标注的广义坐标方向为正。

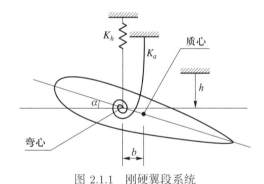

图 2.1.1　刚硬翼段系统

1. 达朗贝尔原理

图 2.1.2 是刚硬翼段的受力图。根据翼段的平移和转动平衡条件可求得如下运动方程：

$$m\ddot{h} + mb\ddot{\alpha} + K_h h = 0$$
$$mb\ddot{h} + (J_0 + mb^2)\ddot{\alpha} + K_\alpha \alpha = 0$$

(2.1.1)

或写成

$$m\ddot{h} + S_\alpha \ddot{\alpha} + K_h h = 0$$
$$S_\alpha \ddot{h} + J_\alpha \ddot{\alpha} + K_\alpha \alpha = 0$$

(2.1.2)

式中：S_α 为质量对弯心的静矩，$J_\alpha = J_0 + mb^2$ 为翼段对弯心的转动惯量。式 (2.1.2) 也可以写成如下矩阵形式：

$$M\ddot{x} + Kx = 0$$

(2.1.3)

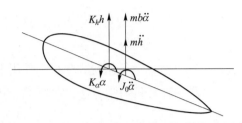

图 2.1.2　以弯心为坐标原点的刚硬翼段受力图

式中：质量矩阵 $\boldsymbol{M}$、刚度矩阵 $\boldsymbol{K}$ 和广义位移坐标列向量 $\boldsymbol{x}$ 为

$$\boldsymbol{x} = \begin{bmatrix} h \\ \alpha \end{bmatrix}, \quad \boldsymbol{M} = \begin{bmatrix} m & S_\alpha \\ S_\alpha & J_\alpha \end{bmatrix}, \quad \boldsymbol{K} = \begin{bmatrix} K_h & 0 \\ 0 & K_\alpha \end{bmatrix} \tag{2.1.4}$$

式 (2.1.3) 就是刚硬翼段系统矩阵形式的振动微分方程。与方程 (2.1.2) 相比，方程 (2.1.3) 的形式更加简洁、美观。矩阵 $\boldsymbol{M}$ 为由惯性参数组成的矩阵，也称惯性矩阵，其元素也称为**质量影响系数**。质量影响系数 m_{ij} 是指系统仅在坐标 j 产生单位加速度，其余各个坐标的加速度等于零，在坐标 i 上施加的力，并且 $m_{ij} = m_{ji}$。利用质量影响系数方法可以确定质量矩阵。矩阵 $\boldsymbol{K}$ 为由弹性参数组成的矩阵，也称弹性矩阵，其元素为**刚度影响系数**。刚度影响系数 k_{ij} 是指要使坐标 j 产生单位位移，其余各个坐标的位移等于零，在坐标 i 上施加的力，并且 $k_{ij} = k_{ji}$。利用刚度影响系数方法可以确定刚度矩阵。注意：$\boldsymbol{x}$ 中两个元素的位置与 $\boldsymbol{M}$ 及 $\boldsymbol{K}$ 各元素的位置是互相制约的。矩阵 $\boldsymbol{M}$ 和 $\boldsymbol{K}$ 都是对称矩阵，对角线元素称为主项，非对角线元素称为耦合项。$\boldsymbol{M}$ 的非对角线元素不等于零，说明该系统存在惯性耦合。$\boldsymbol{K}$ 的非对角线元素为零，说明该系统不存在刚度耦合或弹性耦合。系统是否存在坐标耦合，或者是否存在惯性耦合和弹性耦合取决于广义坐标的选择，因此坐标耦合不是系统的固有特征。例如，若以质心为坐标原点（h 指到质心位置），则运动方程为

$$m\ddot{h} + K_h(h - b\alpha) = 0$$
$$J_0\ddot{\alpha} + K_\alpha\alpha + K_h(b\alpha - h)b = 0 \tag{2.1.5}$$

或

$$\begin{bmatrix} m & 0 \\ 0 & J_0 \end{bmatrix} \begin{bmatrix} \ddot{h} \\ \ddot{\alpha} \end{bmatrix} + \begin{bmatrix} K_h & -K_h b \\ -K_h b & K_\alpha + K_h b \end{bmatrix} \begin{bmatrix} h \\ \alpha \end{bmatrix} = \begin{bmatrix} 0 \\ 0 \end{bmatrix} \tag{2.1.6}$$

此时只有弹性耦合，而没有惯性耦合。这意味着存在这样一个坐标系：在这个坐标系中，系统的质量矩阵和刚度矩阵都是对角矩阵，即各个坐标位移彼此线性无关，于是可以按照第 1 章介绍的方法去独立求解坐标，这样的坐标称为**主坐标**，或**模态坐标**，但都是**广义坐标**，参见下面各节。

2. 影响系数方法

在结构静力学分析中，广泛采用影响系数方法。所谓柔度影响系数，是指在单位外力作用下系统产生的位移。例如，在广义坐标 j 上作用单位力，在广义坐标 i 上产生的位移

就是柔度影响系数 F_{ij}，并且 $F_{ij} = F_{ji}$。对于图 2.1.1 所示系统，设 Q_1 和 Q_2 是分别与广义坐标 h 和 α 对应的广义力，那么弯心所产生的位移与翼段绕弯心的转角就分别为

$$
\begin{aligned}
h &= F_{11}Q_1 + F_{12}Q_2 \\
\alpha &= F_{21}Q_1 + F_{22}Q_2
\end{aligned}
\tag{2.1.7}
$$

式中：下标 1 表示弯心，下标 2 表示质心。根据柔度影响系数和弯心的力学含义，容易得到 $F_{12} = F_{21} = 0$，$F_{11} = 1/K_h$，$F_{22} = 1/K_\alpha$。对于自由振动，只有惯性力作用在系统上，因此

$$
\begin{aligned}
Q_1 &= -m(\ddot{h} + b\ddot{\alpha}) \\
Q_2 &= -m\ddot{h}b - (J_0 + mb^2)\ddot{\alpha}
\end{aligned}
\tag{2.1.8}
$$

把式 (2.1.8) 代入式 (2.1.7) 中得

$$
\begin{aligned}
h &= -\frac{1}{K_h}(m\ddot{h} + mb\ddot{\alpha}) \\
\alpha &= -\frac{1}{K_\alpha}\left[m\ddot{h}b + \left(J_0 + mb^2\right)\right]\ddot{\alpha}
\end{aligned}
\tag{2.1.9}
$$

可以将上式写成矩阵形式，即

$$
\boldsymbol{FM\ddot{x}} + \boldsymbol{x} = \boldsymbol{0}
\tag{2.1.10}
$$

式中：$\boldsymbol{F}$ 为柔度影响系数矩阵，即柔度矩阵，它是对称矩阵并与刚度矩阵 $\boldsymbol{K}$ 互为逆矩阵，其形式为

$$
\boldsymbol{F} = \begin{bmatrix} 1/K_h & 0 \\ 0 & 1/K_\alpha \end{bmatrix}
\tag{2.1.11}
$$

方程 (2.1.10) 还可以写成

$$
\boldsymbol{D\ddot{x}} + \boldsymbol{x} = \boldsymbol{0}
\tag{2.1.12}
$$

式中：$\boldsymbol{D} = \boldsymbol{FM}$ 称为**动力矩阵**，虽然它是两个对称矩阵的乘积，但通常不是对称矩阵。前面用柔度影响系数建立了系统的动力学平衡方程，但在振动分析中，常用的是刚度影响系数。对于图 2.1.1 所示系统，根据刚度影响系数的定义，有下列关系存在：

$$
\begin{aligned}
Q_1 &= k_{11}h + k_{12}\alpha \\
Q_2 &= k_{21}h + k_{22}\alpha
\end{aligned}
\tag{2.1.13}
$$

式中：$k_{12} = k_{21} = 0$，$k_{11} = K_h$，$k_{22} = K_\alpha$，并且与广义坐标 h 和 α 对应的广义力 Q_1 和 Q_2 已经在式 (2.1.8) 中给出。把式 (2.1.8) 和 k_{ij} 代入式 (2.1.13) 中得

$$
\begin{aligned}
K_h h &= -m(\ddot{h} + b\ddot{\alpha}) \\
K_\alpha \alpha &= -mb\ddot{h} - (J_0 + mb^2)\ddot{\alpha}
\end{aligned}
\tag{2.1.14}
$$

此式与式 (2.1.1) 完全相同。虽然柔度影响系数方法和刚度影响系数方法都可以用来建立系

统振动微分方程，但根据二者的定义可知，柔度影响系数方法的可行性远好于刚度影响系数方法。

值得指出的是，柔度矩阵 $\boldsymbol{F}$ 是刚度矩阵 $\boldsymbol{K}$ 的逆矩阵，即 $\boldsymbol{F} = \boldsymbol{K}^{-1}$，但该关系并不总是确定的。当系统存在刚体自由度时，若只让一个坐标产生单位位移而其他坐标都被固定，则可以确定各个坐标上施加的力，因此说刚度矩阵 $\boldsymbol{K}$ 一般总是存在的。然而，若系统存在刚体运动模式，则 $\boldsymbol{K}$ 奇异，其逆矩阵 $\boldsymbol{K}^{-1}$ 不存在，或者说无法通过计算 $\boldsymbol{K}^{-1}$ 确定 $\boldsymbol{F}$。另外，当系统具有刚体自由度时，受到力的作用将产生刚体位移，从而无法确定弹性位移，也就无法确定柔度矩阵 $\boldsymbol{F}$。因此，在进行结构力学分析时，主要采用刚度矩阵 $\boldsymbol{K}$，方程 (2.1.3) 是用来研究无阻尼多自由度系统振动特性的主要形式。

3. 拉格朗日方程方法

与第 1 章的情况相同，为了用拉格朗日方程来建立多自由度系统的运动方程，首先要用选择的广义坐标写出系统的动能和势能。对于图 2.1.1 所示系统，自由度 $n = 2$，选择广义坐标 $q_1 = h$，$q_2 = \alpha$。动能函数 T 包括翼段平移动能和转动动能两部分，即

$$T = \frac{1}{2}m(\dot{h} + \dot{\alpha}b)^2 + \frac{1}{2}J_0\dot{\alpha}^2 = \frac{1}{2}\dot{\boldsymbol{x}}^{\mathrm{T}}\boldsymbol{M}\dot{\boldsymbol{x}} \tag{2.1.15}$$

势能函数 V 包含两个弹簧储存的应变能

$$V = \frac{1}{2}K_h h^2 + \frac{1}{2}K_\alpha \alpha^2 = \frac{1}{2}\boldsymbol{x}^{\mathrm{T}}\boldsymbol{K}\boldsymbol{x} \tag{2.1.16}$$

式中向量 $\boldsymbol{x}$、质量矩阵 $\boldsymbol{M}$ 和刚度矩阵 $\boldsymbol{K}$ 的表达式与式 (2.1.4) 中的相同。对于无阻尼多自由度系统的自由振动问题，广义力等于零。把 T 和 V 代入拉格朗日方程 (1.1.6) 可得与方程 (2.1.3) 相同的运动方程。

前面介绍了 3 种建立多自由度系统运动方程的方法，其中达朗贝尔原理和影响系数方法的物理概念清晰，若系统的自由度比较少，用这两种方法可以方便地建立运动方程。但对于复杂多自由度系统，分析质点的受力状态以及力与位移的矢量关系是复杂的，但写出系统的动能和势能函数是比较容易的，因此拉格朗日方程方法具有优越性。

2.1.2　振动微分方程的本征解

下面介绍求解多自由度系统自由振动微分方程的方法。考虑一个 n 自由度无阻尼系统，用拉格朗日方程等方法可以建立它的自由振动方程，即

$$\boldsymbol{M}\ddot{\boldsymbol{x}} + \boldsymbol{K}\boldsymbol{x} = \boldsymbol{0} \tag{2.1.17}$$

式中：质量矩阵 $\boldsymbol{M}$ 和刚度矩阵 $\boldsymbol{K}$ 为 n 阶对称方阵，向量 $\boldsymbol{x}^{\mathrm{T}} = \begin{bmatrix} x_1 & x_2 & \cdots & x_n \end{bmatrix}$ 为位移列向量，也可称为广义坐标列向量。方程 (2.1.17) 和方程 (2.1.3) 具有相同的形式，但方程 (2.1.17) 描述的是一般结构动力学系统的自由振动问题，因此方程 (2.1.17) 的求解方法自然适用于方程 (2.1.3)。

1. 广义本征方程

结构动力学系统自由振动的齐次控制方程 (2.1.17) 的特解可以写成复指数形式 $\boldsymbol{x} = \boldsymbol{\varphi}\mathrm{e}^{\mathrm{i}\omega t}$，见 1.1.2 节，也可以写成如下形式:

$$\boldsymbol{x} = a\boldsymbol{\varphi}\sin(\omega t + \theta) \tag{2.1.18}$$

式中 $\boldsymbol{\varphi}^{\mathrm{T}} = \begin{bmatrix} \varphi_1 & \varphi_2 & \cdots & \varphi_n \end{bmatrix}$ 是由各坐标简谐振动振幅的比值组成的 n 维向量。特解 (2.1.18) 表示各个坐标在同时偏离平衡位置后，均以相同的固有频率 ω 和初相位 θ 作具有不同振幅的简谐振动。将式 (2.1.18) 代入方程 (2.1.17) 并令 $\omega^2 = \lambda$ 得

$$\boldsymbol{K}\boldsymbol{\varphi} = \lambda\boldsymbol{M}\boldsymbol{\varphi} \tag{2.1.19}$$

这就是线性振动系统的广义本征方程。$\boldsymbol{\varphi}$ 和 λ 分别称为系统的**本征向量**和**本征值**，$(\boldsymbol{\varphi}, \lambda)$ 称为**本征对**（eigenpair）或**本征解**（eigensolution）。若 $\boldsymbol{M}^{-1}$ 存在，则可以将式 (2.1.19) 变成 $\boldsymbol{M}^{-1}\boldsymbol{K}\boldsymbol{\varphi} = \lambda\boldsymbol{\varphi}$，这就是线性系统的标准本征方程。在线性代数课程中已经介绍了标准本征方程的本征向量和本征值的求解方法以及本征向量的正交性。若 $\boldsymbol{K}$ 非奇异，则 λ 不等于零，也可以把式 (2.1.19) 变为 $\lambda^{-1}\boldsymbol{\varphi} = \boldsymbol{D}\boldsymbol{\varphi}$，这是另外一种形式的标准本征方程。

下面介绍一种常用的把广义本征方程 (2.1.19) 转化为标准本征方程的矩阵三角分解方法。之所以要介绍这个方法，一是因为一些本征解的求解方法只适用于标准本征方程，二是可以利用标准本征方程解的一些性质来证明广义本征方程的解也具有类似的性质。一种常用的矩阵三角分解方法是楚列斯基（Cholesky）方法。若 $\boldsymbol{M}$ 对称正定，则可以把它进行楚列斯基分解为

$$\boldsymbol{M} = \boldsymbol{L}\boldsymbol{L}^{\mathrm{T}} \tag{2.1.20}$$

式中矩阵 $\boldsymbol{L}$ 为对角线元素为正的下三角矩阵。引入新的列向量 $\widetilde{\boldsymbol{\varphi}} = \boldsymbol{L}^{\mathrm{T}}\boldsymbol{\varphi}$，式 (2.1.19) 可以变为

$$\widetilde{\boldsymbol{K}}\widetilde{\boldsymbol{\varphi}} = \lambda\widetilde{\boldsymbol{\varphi}} \tag{2.1.21}$$

式中对称矩阵 $\widetilde{\boldsymbol{K}} = \boldsymbol{L}^{-1}\boldsymbol{K}\boldsymbol{L}^{-\mathrm{T}}$ 为 $\boldsymbol{K}$ 的合同变换矩阵。

2. 固有模态和主振动

把方程 (2.1.19) 写成如下形式:

$$(\boldsymbol{K} - \lambda\boldsymbol{M})\boldsymbol{\varphi} = \boldsymbol{0} \tag{2.1.22}$$

它是一个齐次线性代数方程组，其非零解的条件是系数矩阵行列式等于零，即

$$p(\lambda) = \det(\boldsymbol{K} - \lambda\boldsymbol{M}) = 0 \tag{2.1.23}$$

这是关于本征值 λ 的 n 次代数方程，或是关于固有频率 ω 的 $2n$ 次代数方程，也称为频率方程。由方程 (2.1.23) 可以解得本征值 λ_j 或**固有频率** $\omega_j = \sqrt{\lambda_j}$，$j = 1, 2, \cdots, n$。通常将固有频率 ω_j 从小到大排列成为

$$\omega_1 \leqslant \omega_2 \leqslant \cdots \leqslant \omega_n \tag{2.1.24}$$

称 ω_1 为系统的第一阶固有频率或**基频**，非零基频对结构系统的设计是非常重要的。一般情况下，刚度矩阵 $\boldsymbol{K}$ 是半正定对称矩阵，即 $\det(\boldsymbol{K}) = 0$；质量矩阵 $\boldsymbol{M}$ 是正定对称矩阵，即 $\det(\boldsymbol{M}) > 0$，因此固有频率大于等于零。

把任意一个本征值 λ_j 代入齐次方程 (2.1.22) 就可以求得与之对应的本征向量 $\boldsymbol{\varphi}_j$。如前所述，本征向量 $\boldsymbol{\varphi}_j$ 表达了各个坐标在系统以固有频率 ω_j 作简谐振动时各个坐标幅值的相对大小，称为系统的第 j 阶**固有振型**，也称为**主振型**或**模态向量**。通常把无阻尼系统的第 j 阶固有频率 ω_j 和第 j 阶固有振型 $\boldsymbol{\varphi}_j$ 合在一起称为第 j 阶**固有模态**，它是无阻尼系统的固有特性。把 ω_j 和 $\boldsymbol{\varphi}_j$ 代入式 (2.1.18) 得

$$\boldsymbol{x}_j = a_j \boldsymbol{\varphi}_j \sin(\omega_j t + \theta_j) \tag{2.1.25}$$

上式就是多自由度系统以 ω_j 为振动频率、以 $\boldsymbol{\varphi}_j$ 为振型的第 j 阶**主振动**，也称为**模态振动**或**固有振动**。或者说，第 j 阶主振动的振动频率是固有频率 ω_j，振动形式是固有振型 $\boldsymbol{\varphi}_j$。在同一阶主振动中，各个坐标位移之间的相位是单相的，或者说它们之间的相位差不是 0 就是 π，各个质点同时通过平衡位置，同时达到振动幅值。若 $\boldsymbol{\varphi}_j$ 的两个元素同为正或同为负，则对应的两个质点的简谐振动之间的相位差是 0；若两个元素的符号相反，则相位差是 π。

根据常微分方程理论，系统响应是各阶主振动的叠加，即

$$\begin{aligned}
\boldsymbol{x} &= \sum_{j=1}^{n} \boldsymbol{x}_j = \sum_{j=1}^{n} a_j \boldsymbol{\varphi}_j \sin(\omega_j t + \theta_j) \\
&= \sum_{j=1}^{n} \boldsymbol{\varphi}_j (A_j \cos \omega_j t + B_j \sin \omega_j t)
\end{aligned} \tag{2.1.26}$$

式中积分常数 a_j 和 θ_j 或 A_j 和 B_j 由如下初始条件来确定：

$$\begin{aligned}
\boldsymbol{x}(0) &= \boldsymbol{x}_0 \\
\dot{\boldsymbol{x}}(0) &= \dot{\boldsymbol{x}}_0
\end{aligned} \tag{2.1.27}$$

为了有效确定式 (2.1.26) 中的积分常数和建立方程 (2.1.17) 的振型叠加求解方法，下面介绍固有振型的正交性质。

3. 固有振型正交性和主坐标

因为 $\widetilde{\boldsymbol{K}}$ 是实对称矩阵，因此标准本征方程 (2.1.21) 的本征向量具有正交性 $\widetilde{\boldsymbol{\varphi}}_i^{\mathrm{T}} \widetilde{\boldsymbol{\varphi}}_j = 0$ ($i \neq j$)，读者据此可以分析广义本征方程 (2.1.19) 的本征向量或固有振型的正交性。与此不同，下面通过方程 (2.1.19) 直接证明固有振型的正交性。

固有模态 $(\boldsymbol{\varphi}_j, \omega_j)$ 是方程 (2.1.19) 的解，它自然满足方程 (2.1.19)，即

$$\boldsymbol{K}\boldsymbol{\varphi}_j = \omega_j^2 \boldsymbol{M}\boldsymbol{\varphi}_j \tag{2.1.28}$$

把该式等号两端前乘 $\boldsymbol{\varphi}_i^{\mathrm{T}}$ 得

$$\boldsymbol{\varphi}_i^{\mathrm{T}} \boldsymbol{K} \boldsymbol{\varphi}_j = \omega_j^2 \boldsymbol{\varphi}_i^{\mathrm{T}} \boldsymbol{M} \boldsymbol{\varphi}_j \tag{2.1.29}$$

再把另外一阶固有模态 $(\boldsymbol{\varphi}_i, \omega_i)$ 代入方程 (2.1.19) 并前乘 $\boldsymbol{\varphi}_j^{\mathrm{T}}$ 给出

$$\boldsymbol{\varphi}_j^{\mathrm{T}} \boldsymbol{K} \boldsymbol{\varphi}_i = \omega_i^2 \boldsymbol{\varphi}_j^{\mathrm{T}} \boldsymbol{M} \boldsymbol{\varphi}_i \tag{2.1.30}$$

由于 $\boldsymbol{M}$ 和 $\boldsymbol{K}$ 是实对称矩阵,把式 (2.1.30) 两端同时进行转置,得到

$$\boldsymbol{\varphi}_i^{\mathrm{T}} \boldsymbol{K} \boldsymbol{\varphi}_j = \omega_i^2 \boldsymbol{\varphi}_i^{\mathrm{T}} \boldsymbol{M} \boldsymbol{\varphi}_j \tag{2.1.31}$$

把式 (2.1.29) 和式 (2.1.31) 左右两端对应相减有

$$(\omega_j^2 - \omega_i^2)\boldsymbol{\varphi}_i^{\mathrm{T}} \boldsymbol{M} \boldsymbol{\varphi}_j = 0 \tag{2.1.32}$$

当系统没有重频时,若 $i \neq j$,则有

$$\boldsymbol{\varphi}_i^{\mathrm{T}} \boldsymbol{M} \boldsymbol{\varphi}_j = 0 \tag{2.1.33}$$

此式就是固有振型关于质量矩阵 $\boldsymbol{M}$ 的正交性。将式 (2.1.33) 代回式 (2.1.29) 得

$$\boldsymbol{\varphi}_i^{\mathrm{T}} \boldsymbol{K} \boldsymbol{\varphi}_j = 0 \tag{2.1.34}$$

这就是固有振型关于刚度矩阵 $\boldsymbol{K}$ 的正交性。式 (2.1.33) 和式 (2.1.34) 是对振动固有振型之间以及振动固有振型与刚体固有振型之间正交性的数学表达式。关于固有振型正交性的上述证明方法,并不适用于具有重频的情况。然而利用线性代数中的舒尔(Schur)定理,仍然可以证明,即使系统具有重频,只要 $\boldsymbol{M}$ 是正定对称矩阵而 $\boldsymbol{K}$ 为半正定对称矩阵,同样可以得到与重频对应的满足正交性的振型。固有振型的正交性在线性系统振动分析中具有重要的作用,如用于式 (2.1.26) 中积分常数 A_j 和 B_j 的确定,参见下一节内容。

当 $i = j$ 时,$\boldsymbol{\varphi}_j^{\mathrm{T}} \boldsymbol{M} \boldsymbol{\varphi}_j \neq 0$,$\boldsymbol{\varphi}_j^{\mathrm{T}} \boldsymbol{K} \boldsymbol{\varphi}_j \neq 0$,记

$$M_{\mathrm{p}j} = \boldsymbol{\varphi}_j^{\mathrm{T}} \boldsymbol{M} \boldsymbol{\varphi}_j \tag{2.1.35}$$

$$K_{\mathrm{p}j} = \boldsymbol{\varphi}_j^{\mathrm{T}} \boldsymbol{K} \boldsymbol{\varphi}_j \tag{2.1.36}$$

式中下标 p 表示主坐标(principal coordinate)。从式 (2.1.29) 可知

$$\omega_j = \sqrt{\frac{K_{\mathrm{p}j}}{M_{\mathrm{p}j}}} \tag{2.1.37}$$

该式与单自由度系统固有频率的公式具有相同的形式,按照类比的方法,$M_{\mathrm{p}j}$ 和 $K_{\mathrm{p}j}$ 分别相当于单自由度质点–弹簧系统中的质量 m 和弹簧刚度系数 k。把求得的 n 阶固有振型按列排列组成一个矩阵 $\boldsymbol{\Phi}$,其形式为

$$\boldsymbol{\Phi} = \begin{bmatrix} \boldsymbol{\varphi}_1 & \boldsymbol{\varphi}_2 & \cdots & \boldsymbol{\varphi}_n \end{bmatrix} = \begin{bmatrix} \varphi_{11} & \varphi_{12} & \cdots & \varphi_{1n} \\ \varphi_{21} & \varphi_{22} & \cdots & \varphi_{2n} \\ \vdots & \vdots & & \vdots \\ \varphi_{n1} & \varphi_{n2} & \cdots & \varphi_{nn} \end{bmatrix} \tag{2.1.38}$$

称 $\boldsymbol{\Phi}$ 为**振型矩阵**或**模态矩阵**。由于固有振型是相互正交、线性无关的,因此振型矩阵 $\boldsymbol{\Phi}$ 是

满秩的，即 $\boldsymbol{\Phi}$ 的逆矩阵存在，且 n 阶固有振型构成 n 维向量空间的一组正交基。于是任意一个 n 维位移向量 $\boldsymbol{x}$ 都可以用这组正交基来线性表示，即

$$\boldsymbol{x} = \sum_{j=1}^{n} q_j \boldsymbol{\varphi}_j = \boldsymbol{\Phi}\boldsymbol{q} \tag{2.1.39}$$

式中 $\boldsymbol{q}$ 为广义坐标列向量。式 (2.1.39) 为**坐标变换**公式，它把物理意义明确的位移坐标 $\boldsymbol{x}$ 变换为广义坐标 $\boldsymbol{q}$，坐标 $\boldsymbol{x}$ 也称为物理坐标。把式 (2.1.39) 代入式 (2.1.17) 并前乘 $\boldsymbol{\Phi}^{\mathrm{T}}$ 得

$$\boldsymbol{M}_{\mathrm{p}}\ddot{\boldsymbol{q}} + \boldsymbol{K}_{\mathrm{p}}\boldsymbol{q} = \boldsymbol{0} \tag{2.1.40}$$

式中

$$\begin{aligned} \boldsymbol{M}_{\mathrm{p}} &= \boldsymbol{\Phi}^{\mathrm{T}}\boldsymbol{M}\boldsymbol{\Phi} \\ \boldsymbol{K}_{\mathrm{p}} &= \boldsymbol{\Phi}^{\mathrm{T}}\boldsymbol{K}\boldsymbol{\Phi} \end{aligned} \tag{2.1.41}$$

由振型关于 $\boldsymbol{M}$ 和 $\boldsymbol{K}$ 的正交性可知，$\boldsymbol{M}_{\mathrm{p}} = \mathrm{diag}(M_{\mathrm{p}j})$ 和 $\boldsymbol{K}_{\mathrm{p}} = \mathrm{diag}(K_{\mathrm{p}j})$ 都是对角矩阵。由此可见，广义坐标系 $\boldsymbol{q}$ 就是期望的**主坐标系**，或**模态坐标系**，它以固有振型为基底。$\boldsymbol{q}$ 的元素 q_j 称为**主坐标**或**模态坐标**，也可以称为主坐标位移或模态位移。与 $\boldsymbol{q}$ 的不同名称相对应，$\boldsymbol{M}_{\mathrm{p}}$ 称为**广义质量矩阵**、**主质量矩阵**或**模态质量矩阵**，$\boldsymbol{K}_{\mathrm{p}}$ 称为**广义刚度矩阵**、**主刚度矩阵**或**模态刚度矩阵**；$M_{\mathrm{p}j}$ 称为**广义质量**、**主质量**和**模态质量**，$K_{\mathrm{p}j}$ 称为**广义刚度**、**主刚度**或**模态刚度**。

由于 $\boldsymbol{M}_{\mathrm{p}}$ 和 $\boldsymbol{K}_{\mathrm{p}}$ 是对角矩阵，因此式 (2.1.40) 等效为

$$\ddot{q}_j + \omega_j^2 q_j = 0 \quad (j = 1, 2, \cdots, n) \tag{2.1.42}$$

根据第 1 章内容可知，对于无阻尼自由振动而言，主坐标为

$$q_j = A_j \cos\omega_j t + B_j \sin\omega_j t \tag{2.1.43}$$

可见 $q_j\boldsymbol{\varphi}_j$ 表示第 j 阶主振动，参见式 (2.1.25)。受迫振动情况的主坐标 q_j 的形式可参见下面有关章节。下面说明固有振型正交性的物理意义。对于线性定常系统，动能和势能具有如下形式：

$$T = \frac{1}{2}\dot{\boldsymbol{x}}^{\mathrm{T}}\boldsymbol{M}\dot{\boldsymbol{x}}, \quad V = \frac{1}{2}\boldsymbol{x}^{\mathrm{T}}\boldsymbol{K}\boldsymbol{x} \tag{2.1.44}$$

把式 (2.1.39) 代入式 (2.1.44) 并根据固有振型正交性得

$$T = \frac{1}{2}\dot{\boldsymbol{q}}^{\mathrm{T}}\boldsymbol{M}_{\mathrm{p}}\dot{\boldsymbol{q}} = \frac{1}{2}\sum_{j=1}^{n}M_{\mathrm{p}j}\dot{q}_j^2, \quad V = \frac{1}{2}\dot{\boldsymbol{q}}^{\mathrm{T}}\boldsymbol{K}_{\mathrm{p}}\dot{\boldsymbol{q}} = \frac{1}{2}\sum_{j=1}^{n}K_{\mathrm{p}j}q_j^2 \tag{2.1.45}$$

上式说明，系统的动能等于各阶主振动的动能之和，系统的势能等于各阶主振动的势能之和。在线性保守系统自由振动过程中，每一阶主振动的动能和势能之和保持不变，或各阶主振动能量互不交换，这就是固有振型正交性的物理含义。还可以从另外一个角度来理解固有振型的正交性：若在主坐标系下建立系统的运动方程，则不存在弹性耦合和惯性耦合，即

模态刚度矩阵和模态质量矩阵皆是对角矩阵。这是模态叠加方法得以成立的理论基础，见式 (2.1.26) 和式 (2.1.39)。

通过求解方程 (2.1.19) 或方程 (2.1.22) 可以得到固有振型或模态向量，它具有确定的方向，但其长度是任意的，即固有振型乘上任意一个常数仍然为固有振型。虽然模态质量 $M_{\mathrm{p}j} = \boldsymbol{\varphi}_j^{\mathrm{T}} \boldsymbol{M} \boldsymbol{\varphi}_j$ 和模态刚度 $K_{\mathrm{p}j} = \boldsymbol{\varphi}_j^{\mathrm{T}} \boldsymbol{K} \boldsymbol{\varphi}_j$ 与固有振型 $\boldsymbol{\varphi}_j$ 的长度相关，但它们之间的比例关系式 (2.1.37) 保持不变。

通常有两种方法来确定固有振型的长度。第一种方法是：在从方程 (2.1.19) 求解固有振型时，令 $\boldsymbol{\varphi}_j$ 的第一个分量为单位值，即 $\varphi_{j1} = 1$，那么其他分量的大小都可以根据 φ_{j1} 来确定，这样也就确定了固有振型的长度。当然，也可以令固有振型的其他任何一个非零分量等于单位值，但得到的固有振型所表达的各个坐标振幅的相对大小关系是不变的。第二种方法是：用模态质量归一化来确定固有振型的长度，即令

$$M_{\mathrm{p}j} = 1 \quad (j = 1, 2, \cdots, n) \tag{2.1.46}$$

用模态质量归一化的固有振型为

$$\boldsymbol{\varphi}_{\mathrm{N}j} = \frac{1}{\sqrt{M_j}} \boldsymbol{\varphi}_j \tag{2.1.47}$$

式中下标 N 表示归一化（normalization）。由归一化之后的固有振型构成的振型矩阵记为 $\boldsymbol{\Phi}_{\mathrm{N}}$，于是有

$$\boldsymbol{\Phi}_{\mathrm{N}}^{\mathrm{T}} \boldsymbol{M} \boldsymbol{\Phi}_{\mathrm{N}} = \boldsymbol{I} \tag{2.1.48}$$

$$\boldsymbol{\Phi}_{\mathrm{N}}^{\mathrm{T}} \boldsymbol{K} \boldsymbol{\Phi}_{\mathrm{N}} = \boldsymbol{\Omega} \tag{2.1.49}$$

式中：$\boldsymbol{I}$ 为 n 维单位矩阵，$\boldsymbol{\Omega} = \mathrm{diag}(\omega_j^2)$ 是对角线元素为各阶固有频率平方的对角矩阵。

例 2.1.1 考虑三自由度无阻尼质点弹簧系统，如图 2.1.3 所示。弹簧的刚度系数均为 k，质点的质量均为 m。求系统的固有频率、固有振型，画出固有振型示意图，并对固有振型进行模态质量归一化。

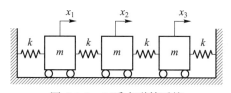

图 2.1.3　三质点弹簧系统

解： 用达朗贝尔原理、影响系数方法和拉格朗日方程三种方法的任何一种都可以建立系统的运动方程。选质点的位移 x_1，x_2 和 x_3 作为广义坐标，下面用拉格朗日方程建立系统的运动方程。系统的动能函数为

$$T = \frac{1}{2} m (\dot{x}_1^2 + \dot{x}_2^2 + \dot{x}_3^2)$$

系统的势能函数为

$$V = \frac{1}{2}kx_1^2 + \frac{1}{2}k(x_2 - x_1)^2 + \frac{1}{2}k(x_3 - x_2)^2 + \frac{1}{2}kx_3^2$$

把 T 和 V 代入拉格朗日方程得

$$\boldsymbol{M\ddot{x}} + \boldsymbol{Kx} = \boldsymbol{0}$$

式中质量矩阵 $\boldsymbol{M}$、刚度矩阵 $\boldsymbol{K}$ 和位移坐标列向量 $\boldsymbol{x}$ 分别为

$$\boldsymbol{M} = m\begin{bmatrix} 1 & 0 & 0 \\ 0 & 1 & 0 \\ 0 & 0 & 1 \end{bmatrix}, \quad \boldsymbol{K} = k\begin{bmatrix} 2 & -1 & 0 \\ -1 & 2 & -1 \\ 0 & -1 & 2 \end{bmatrix}, \quad \boldsymbol{x} = \begin{bmatrix} x_1 \\ x_2 \\ x_3 \end{bmatrix}$$

根据式 (2.1.22) 可知广义本征方程为

$$\begin{bmatrix} 2k - \lambda m & -k & 0 \\ -k & 2k - \lambda m & -k \\ 0 & -k & 2k - \lambda m \end{bmatrix} \begin{bmatrix} \varphi_1 \\ \varphi_2 \\ \varphi_3 \end{bmatrix} = \begin{bmatrix} 0 \\ 0 \\ 0 \end{bmatrix} \tag{a}$$

因此系统的本征方程为

$$p(\lambda) = \begin{vmatrix} 2k - \lambda m & -k & 0 \\ -k & 2k - \lambda m & -k \\ 0 & -k & 2k - \lambda m \end{vmatrix} = 0 \tag{b}$$

从方程 (b) 可以求解出本征值

$$\lambda_1 = (2 - \sqrt{2})\frac{k}{m}, \quad \lambda_2 = \frac{2k}{m}, \quad \lambda_3 = (2 + \sqrt{2})\frac{k}{m}$$

固有频率为

$$\omega_1 = \sqrt{(2 - \sqrt{2})\frac{k}{m}}, \quad \omega_2 = \sqrt{\frac{2k}{m}}, \quad \omega_3 = \sqrt{(2 + \sqrt{2})\frac{k}{m}} \tag{c}$$

将 λ_1 代入方程 (a) 并令 $\varphi_{11} = 1$ 得

$$\begin{bmatrix} \sqrt{2} & -1 & 0 \\ -1 & \sqrt{2} & -1 \\ 0 & -1 & \sqrt{2} \end{bmatrix} \begin{bmatrix} 1 \\ \varphi_{21} \\ \varphi_{31} \end{bmatrix} = \begin{bmatrix} 0 \\ 0 \\ 0 \end{bmatrix}$$

由此式可以求得 $\varphi_{21} = \sqrt{2}$，$\varphi_{31} = 1$。于是得到与固有频率 ω_1 对应的第一阶固有振型，即

$$\boldsymbol{\varphi}_1^{\mathrm{T}} = \begin{bmatrix} 1 & \sqrt{2} & 1 \end{bmatrix} \tag{d}$$

同样，可以求得第二阶和第三阶固有振型

$$\boldsymbol{\varphi}_2^{\mathrm{T}} = \begin{bmatrix} 1 & 0 & -1 \end{bmatrix}, \quad \boldsymbol{\varphi}_3^{\mathrm{T}} = \begin{bmatrix} 1 & -\sqrt{2} & 1 \end{bmatrix} \tag{e}$$

图 2.1.4 为各阶固有振型的几何表示。模态质量为

$$M_{p1} = \boldsymbol{\varphi}_1^{\mathrm{T}} \boldsymbol{M} \boldsymbol{\varphi}_1 = \begin{bmatrix} 1 & \sqrt{2} & 1 \end{bmatrix} \begin{bmatrix} m & 0 & 0 \\ 0 & m & 0 \\ 0 & 0 & m \end{bmatrix} \begin{bmatrix} 1 \\ \sqrt{2} \\ 1 \end{bmatrix} = 4m$$

$$M_{p2} = \boldsymbol{\varphi}_2^{\mathrm{T}} \boldsymbol{M} \boldsymbol{\varphi}_2 = \begin{bmatrix} 1 & 0 & -1 \end{bmatrix} \begin{bmatrix} m & 0 & 0 \\ 0 & m & 0 \\ 0 & 0 & m \end{bmatrix} \begin{bmatrix} 1 \\ 0 \\ -1 \end{bmatrix} = 2m$$

$$M_{p3} = \boldsymbol{\varphi}_3^{\mathrm{T}} \boldsymbol{M} \boldsymbol{\varphi}_3 = \begin{bmatrix} 1 & -\sqrt{2} & 1 \end{bmatrix} \begin{bmatrix} m & 0 & 0 \\ 0 & m & 0 \\ 0 & 0 & m \end{bmatrix} \begin{bmatrix} 1 \\ -\sqrt{2} \\ 1 \end{bmatrix} = 4m$$

利用模态质量归一化后的固有振型分别为

$$\boldsymbol{\varphi}_{1N}^{\mathrm{T}} = \frac{1}{\sqrt{M_{p1}}} \boldsymbol{\varphi}_1^{\mathrm{T}} = \frac{1}{\sqrt{m}} \begin{bmatrix} 0.5 & 0.707 & 0.5 \end{bmatrix}$$

$$\boldsymbol{\varphi}_{2N}^{\mathrm{T}} = \frac{1}{\sqrt{M_{p2}}} \boldsymbol{\varphi}_2^{\mathrm{T}} = \frac{1}{\sqrt{m}} \begin{bmatrix} 0.707 & 0 & -0.707 \end{bmatrix}$$

$$\boldsymbol{\varphi}_{3N}^{\mathrm{T}} = \frac{1}{\sqrt{M_{p3}}} \boldsymbol{\varphi}_3^{\mathrm{T}} = \frac{1}{\sqrt{m}} \begin{bmatrix} 0.5 & -0.707 & 0.5 \end{bmatrix}$$

根据式 (2.1.25) 可知三阶主振动分别为

$$\boldsymbol{x}_1 = \begin{bmatrix} x_1 \\ x_2 \\ x_3 \end{bmatrix}_1 = a_1 \boldsymbol{\varphi}_1 \sin(\omega_1 t + \theta_1) = a_1 \begin{bmatrix} 1 \\ \sqrt{2} \\ 1 \end{bmatrix} \sin(\omega_1 t + \theta_1)$$

$$\boldsymbol{x}_2 = \begin{bmatrix} x_1 \\ x_2 \\ x_3 \end{bmatrix}_2 = a_2 \boldsymbol{\varphi}_2 \sin(\omega_2 t + \theta_2) = a_2 \begin{bmatrix} 1 \\ 0 \\ -1 \end{bmatrix} \sin(\omega_2 t + \theta_2)$$

$$\boldsymbol{x}_3 = \begin{bmatrix} x_1 \\ x_2 \\ x_3 \end{bmatrix}_3 = a_3 \boldsymbol{\varphi}_3 \sin(\omega_3 t + \theta_3) = a_3 \begin{bmatrix} 1 \\ -\sqrt{2} \\ 1 \end{bmatrix} \sin(\omega_3 t + \theta_3)$$

在主振动中，$\sin(\omega_j t + \theta_j) = 0$ 对应平衡位置，$\sin(\omega_j t + \theta_j) = \pm 1$ 对应主位移响应的幅值位置。根据上面主振动表达式和图 2.1.4，可以看出：

（1）在第一阶主振动中，各个质点作同相位运动（相位差为零），各个坐标振幅的连线与静平衡位置没有交点。

（2）在第二阶主振动中，$\varphi_{12} = 1$ 和 $\varphi_{32} = -1$，二者符号相反，因此质点 1 和质点 3 作反方向运动或反相运动（相位差为 $\boldsymbol{\pi}$），即质点 1 的位移为正时质点 3 的位移为负，质点

1 的位移为负时质点 3 的位移为正，但二者始终同时经过平衡位置，同时达到幅值；而质点 2 位于平衡位置而不运动。各个坐标的振幅连线与平衡位置有一个交点，称为节点，也称为不动点。

（3）在第三阶主振动中，质点 1 和质点 3 作同相运动（二者相位差为 0），而质点 2 与质点 1 和质点 3 作反相运动（相位差为 π），此时共有两个节点。

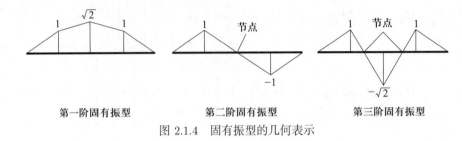

第一阶固有振型　　　　　第二阶固有振型　　　　　第三阶固有振型

图 2.1.4　固有振型的几何表示

2.1.3　自由振动的振型叠加分析方法

在 2.1.1 节中已经指出，选择合适的坐标可以改变振动微分方程的弹性耦合和惯性耦合性质，但不会改变系统的固有振动特性，即系统固有模态具有坐标变换不变性。2.1.2 节中已经找到了主坐标或模态坐标，在其框架之下，系统的质量矩阵 $\boldsymbol{M}_{\mathrm{p}}$ 和刚度矩阵 $\boldsymbol{K}_{\mathrm{p}}$ 都是对角矩阵，从而实现了坐标解耦。于是一个多自由度系统振动问题就转化为 n 个彼此独立的单自由度系统振动问题，也就是 n 个主振动问题。而 n 个主振动之和就是系统总的振动响应，见式 (2.1.26) 和式 (2.1.39)，这就是**振型叠加方法**或**模态叠加方法**。

在主坐标系下的系统振动微分方程为式 (2.1.40)，其等效形式为式 (2.1.42)，主坐标由式 (2.1.43) 给出。把式 (2.1.43) 代入式 (2.1.39) 得到

$$\boldsymbol{x} = \sum_{j=1}^{n} \boldsymbol{\varphi}_j q_j = \sum_{j=1}^{n} \boldsymbol{\varphi}_j (A_j \cos\omega_j t + B_j \sin\omega_j t) \tag{2.1.50}$$

将上式代入初始条件 (2.1.27) 中，有

$$\boldsymbol{x}_0 = \sum_{j=1}^{n} \boldsymbol{\varphi}_j A_j, \quad \dot{\boldsymbol{x}}_0 = \sum_{j=1}^{n} \boldsymbol{\varphi}_j B_j \omega_j \tag{2.1.51}$$

用 $\boldsymbol{\varphi}_i^{\mathrm{T}} \boldsymbol{M}$ 分别前乘式 (2.1.51) 中两式的两端，利用固有振型关于质量矩阵的正交性得

$$A_j = \frac{\boldsymbol{\varphi}_j^{\mathrm{T}} \boldsymbol{M} \boldsymbol{x}_0}{M_{\mathrm{p}j}}, \quad B_j = \frac{\boldsymbol{\varphi}_j^{\mathrm{T}} \boldsymbol{M} \dot{\boldsymbol{x}}_0}{\omega_j M_{\mathrm{p}j}} \tag{2.1.52}$$

把上式代入式 (2.1.43) 可得自由振动情况的主坐标位移为

$$q_j(t) = \frac{1}{M_{\mathrm{p}j}} \left(\boldsymbol{\varphi}_j^{\mathrm{T}} \boldsymbol{M} \boldsymbol{x}_0 \cos\omega_j t + \frac{\boldsymbol{\varphi}_j^{\mathrm{T}} \boldsymbol{M} \dot{\boldsymbol{x}}_0}{\omega_j} \sin\omega_j t \right) \tag{2.1.53}$$

主坐标速度 $\dot{q}_j$ 和加速度 $\ddot{q}_j$ 可由式 (2.1.53) 对时间 t 分别求一阶导数和两阶导数得到。对于固有频率 $\omega_j = 0$ 或系统具有刚体自由度这一特殊情况，根据洛必达法则（L'Hospital's rule）有

$$q_j(t) = \frac{1}{M_{\mathrm{p}j}}(\boldsymbol{\varphi}_j^{\mathrm{T}}\boldsymbol{M}\boldsymbol{x}_0 + \boldsymbol{\varphi}_j^{\mathrm{T}}\boldsymbol{M}\dot{\boldsymbol{x}}_0 t) \tag{2.1.54}$$

注意，这个主坐标位移已经不是振动位移，而是随着时间持续增大的刚体位移。把式 (2.1.52) 代入式 (2.1.50) 得系统的自由振动响应为

$$\boldsymbol{x} = \sum_{j=1}^n \frac{\boldsymbol{\varphi}_j}{M_{\mathrm{p}j}}\left(\boldsymbol{\varphi}_j^{\mathrm{T}}\boldsymbol{M}\boldsymbol{x}_0\cos\omega_j t + \frac{\boldsymbol{\varphi}_j^{\mathrm{T}}\boldsymbol{M}\dot{\boldsymbol{x}}_0}{\omega_j}\sin\omega_j t\right) \tag{2.1.55}$$

上面介绍的就是用振型叠加方法求解多自由度系统自由振动问题的过程，它包括如下 3 个主要步骤：

第一步，求解广义本征方程 (2.1.19) 得到固有频率和固有振型；

第二步，根据固有振型正交性和初始条件确定模态坐标 q_j，见式 (2.1.53)；

第三步，根据坐标变换公式 (2.1.39) 得到物理坐标位移响应，见式 (2.1.55)，该式也适用于刚体运动。

讨论：

（1）若初始位移 $\boldsymbol{x}_0$ 和第 i 阶固有振型 $\boldsymbol{\varphi}_i$ 成比例，即 $\boldsymbol{x}_0 = a\boldsymbol{\varphi}_i$，$a$ 为一常数，而初始速度为零，则

$$\boldsymbol{x} = a\boldsymbol{\varphi}_i\cos\omega_i t \tag{2.1.56}$$

此时系统作第 i 阶简谐主振动。

（2）若某阶固有频率 $\omega_j = 0$，则模态刚度 $K_{\mathrm{p}j} = M_{\mathrm{p}j}\omega_j^2 = 0$，根据式 (2.1.42) 可知对应的主坐标位移为 $q_j = a_j + b_j t$，对应的主振动为 $q_j\boldsymbol{\varphi}_j = \boldsymbol{\varphi}_j(a_j + b_j t)$。根据式 (2.1.54) 可知，$a_j = \boldsymbol{\varphi}_j^{\mathrm{T}}\boldsymbol{M}\boldsymbol{x}_0/M_{\mathrm{p}j}$，$b_j = \boldsymbol{\varphi}_j^{\mathrm{T}}\boldsymbol{M}\dot{\boldsymbol{x}}_0/M_{\mathrm{p}j}$。对应刚体运动的势能函数等于零，即 $K_{\mathrm{p}j}q_j^2/2 = 0$；动能函数为常数，即 $M_{\mathrm{p}j}\dot{q}_j^2/2 = M_{\mathrm{p}j}b^2/2$。

（3）虽然无阻尼线性系统的每一阶主振动都是简谐振动，但各阶固有频率通常不可通约，因此主振动之和通常是一般运动，而不再具有周期性，参见例 2.1.2。

例 2.1.2 用振型叠加方法求图 2.1.3 所示系统的自由振动响应。初始条件为

$$\boldsymbol{x}_0^{\mathrm{T}} = \begin{bmatrix} 0 & 1 & 0 \end{bmatrix}, \quad \dot{\boldsymbol{x}}_0^{\mathrm{T}} = \begin{bmatrix} 0 & 0 & 0 \end{bmatrix}$$

解： 例 2.1.1 已经得到了质量矩阵 $\boldsymbol{M}$、刚度矩阵 $\boldsymbol{K}$ 和位移列向量 $\boldsymbol{x}$，即

$$\boldsymbol{M} = m\begin{bmatrix} 1 & 0 & 0 \\ 0 & 1 & 0 \\ 0 & 0 & 1 \end{bmatrix}, \quad \boldsymbol{K} = k\begin{bmatrix} 2 & -1 & 0 \\ -1 & 2 & -1 \\ 0 & -1 & 2 \end{bmatrix}, \quad \boldsymbol{x} = \begin{bmatrix} x_1 \\ x_2 \\ x_3 \end{bmatrix}$$

第一步：求固有频率和固有振型。例 2.1.1 中已经求出了固有频率和固有振型，它们是

$$\omega_1 = \sqrt{(2-\sqrt{2})\frac{k}{m}}, \quad \omega_2 = \sqrt{\frac{2k}{m}}, \quad \omega_3 = \sqrt{(2+\sqrt{2})\frac{k}{m}} \tag{a}$$

$$\boldsymbol{\varphi}_1^{\mathrm{T}} = \begin{bmatrix} 1 & \sqrt{2} & 1 \end{bmatrix}, \quad \boldsymbol{\varphi}_2^{\mathrm{T}} = \begin{bmatrix} 1 & 0 & -1 \end{bmatrix}, \quad \boldsymbol{\varphi}_3^{\mathrm{T}} = \begin{bmatrix} 1 & -\sqrt{2} & 1 \end{bmatrix} \tag{b}$$

第二步：根据固有振型正交性和初始条件求主坐标位移。例 2.1.1 已经求出了模态质量，即

$$M_{\mathrm{p}1} = 4m, \quad M_{\mathrm{p}2} = 2m, \quad M_{\mathrm{p}3} = 4m$$

根据式 (2.1.52) 求待定系数 A_j，得

$$A_1 = \frac{1}{M_{\mathrm{p}1}} \begin{bmatrix} 1 & \sqrt{2} & 1 \end{bmatrix} \begin{bmatrix} m & 0 & 0 \\ 0 & m & 0 \\ 0 & 0 & m \end{bmatrix} \begin{bmatrix} 0 \\ 1 \\ 0 \end{bmatrix} = \frac{\sqrt{2}}{4}$$

$$A_2 = \frac{1}{M_{\mathrm{p}2}} \begin{bmatrix} 1 & 0 & -1 \end{bmatrix} \begin{bmatrix} m & 0 & 0 \\ 0 & m & 0 \\ 0 & 0 & m \end{bmatrix} \begin{bmatrix} 0 \\ 1 \\ 0 \end{bmatrix} = 0$$

$$A_3 = \frac{1}{M_{\mathrm{p}3}} \begin{bmatrix} 1 & -\sqrt{2} & 1 \end{bmatrix} \begin{bmatrix} m & 0 & 0 \\ 0 & m & 0 \\ 0 & 0 & m \end{bmatrix} \begin{bmatrix} 0 \\ 1 \\ 0 \end{bmatrix} = -\frac{\sqrt{2}}{4}$$

而 $B_1 = B_2 = B_3 = 0$。然后把 A_j 和 B_j 代入式 (2.1.43) 得到主坐标位移响应为

$$q_1 = \frac{\sqrt{2}}{4}\cos\omega_1 t, \quad q_2 = 0, \quad q_3 = -\frac{\sqrt{2}}{4}\cos\omega_3 t$$

第三步：把主坐标位移响应代入坐标变换公式 (2.1.39)，得到物理坐标位移响应为

$$\boldsymbol{x} = \sum_{j=1}^{n} \boldsymbol{\varphi}_j q_j = \boldsymbol{\varphi}_1 q_1 + \boldsymbol{\varphi}_3 q_3 \tag{c}$$

或

$$\begin{bmatrix} x_1 \\ x_2 \\ x_3 \end{bmatrix} = \begin{bmatrix} \dfrac{\sqrt{2}}{4}(\cos\omega_1 t - \cos\omega_3 t) \\ \dfrac{1}{2}(\cos\omega_1 t + \cos\omega_3 t) \\ \dfrac{\sqrt{2}}{4}(\cos\omega_1 t - \cos\omega_3 t) \end{bmatrix} \tag{d}$$

对于无阻尼线性系统的自由振动问题，由此例题可以得出如下结论：

（1）在主振动 $q_j\boldsymbol{\varphi}_j$ 中，各坐标以固有频率 ω_j 作单相简谐振动，或是同相位或是反相位。根据固有振型正交性有

$$q_j = \frac{\boldsymbol{\varphi}_j^{\mathrm{T}} \boldsymbol{M} \boldsymbol{x}}{M_{\mathrm{p}j}} \tag{e}$$

由此可知，主坐标位移表示在系统响应中第 j 阶主振动作用的大小。

（2）如果固有频率之间存在如下关系：

$$c_1\omega_1 = c_2\omega_2 = \cdots = c_n\omega_n \tag{f}$$

式中：$c_1, c_2, \cdots, c_n$ 为有理数，则主振动之和为周期振动，否则为非周期振动。一般情况下，固有频率之间不存在有理公因数，主振动之和为非周期振动。

2.1.4 重频、零频和高频

一个振动系统，不但可能有重频，其固有频率还可以为零和无穷大。下面简单讨论与重频、零频和无穷大频率相关的问题。

1. 与重频对应的振型向量的正交性

从式 (2.1.32) 可知，固有振型关于质量矩阵的正交性 (2.1.33) 和关于刚度矩阵的正交性 (2.1.34) 都是在系统没有重频的前提下证明的。实际上，存在重频的振动系统是普遍存在的，譬如对称的板壳自由振动系统，参见第 3 章和第 4 章中的有关内容。

从 2.1.3 节关于固有振型的正交性的证明过程可以看出，如果系统存在重频，振型向量的正交性不一定成立。不过根据线性代数的舒尔定理可知，对于广义本征方程 (2.1.19)，如果存在 r 个相同的固有频率，也可以找到与这 r 个重频对应的一组满足正交性的振型向量。下面给出一种实现正交化的方法。

设 $\omega_1 = \omega_2 = \cdots = \omega_r$，与这 r 个重频对应的振型向量为 $\varphi_1, \varphi_2, \cdots, \varphi_r$，它们彼此之间不一定正交，但它们都与 $\varphi_{r+1}, \cdots, \varphi_n$ 正交。下面用 $\tilde{\varphi}_1, \tilde{\varphi}_2, \cdots, \tilde{\varphi}_r$ 表示与这 r 个重频对应的彼此正交的振型向量。

第一步，选择 $\tilde{\varphi}_1 = \varphi_1$；

第二步，令

$$\tilde{\varphi}_2 = c_1\tilde{\varphi}_1 + \varphi_2 \tag{2.1.57}$$

用 $\tilde{\varphi}_1^{\mathrm{T}}M$ 前乘上式两端得

$$\tilde{\varphi}_1^{\mathrm{T}}M\tilde{\varphi}_2 = c_1\tilde{\varphi}_1^{\mathrm{T}}M\tilde{\varphi}_1 + \tilde{\varphi}_1^{\mathrm{T}}M\varphi_2 \tag{2.1.58}$$

因为 $\tilde{\varphi}_1^{\mathrm{T}}M\tilde{\varphi}_2 = 0$，所以有

$$c_1 = -\frac{\tilde{\varphi}_1^{\mathrm{T}}M\varphi_2}{\tilde{\varphi}_1^{\mathrm{T}}M\tilde{\varphi}_1} \tag{2.1.59}$$

把求得的 c_1 代入式 (2.1.57) 即得满足要求的 $\tilde{\varphi}_2$。

第三步，同理，令

$$\tilde{\varphi}_3 = c_2\tilde{\varphi}_1 + c_3\tilde{\varphi}_2 + \varphi_3 \tag{2.1.60}$$

用 $\tilde{\varphi}_1^{\mathrm{T}}M$ 和 $\tilde{\varphi}_2^{\mathrm{T}}M$ 分别前乘上式两端得

$$\widetilde{\boldsymbol{\varphi}}_1^{\mathrm{T}} \boldsymbol{M} \widetilde{\boldsymbol{\varphi}}_3 = c_2 \widetilde{\boldsymbol{\varphi}}_1^{\mathrm{T}} \boldsymbol{M} \widetilde{\boldsymbol{\varphi}}_1 + c_3 \widetilde{\boldsymbol{\varphi}}_1^{\mathrm{T}} \boldsymbol{M} \widetilde{\boldsymbol{\varphi}}_2 + \widetilde{\boldsymbol{\varphi}}_1^{\mathrm{T}} \boldsymbol{M} \boldsymbol{\varphi}_3 \tag{2.1.61a}$$

$$\widetilde{\boldsymbol{\varphi}}_2^{\mathrm{T}} \boldsymbol{M} \widetilde{\boldsymbol{\varphi}}_3 = c_2 \widetilde{\boldsymbol{\varphi}}_2^{\mathrm{T}} \boldsymbol{M} \widetilde{\boldsymbol{\varphi}}_1 + c_3 \widetilde{\boldsymbol{\varphi}}_2^{\mathrm{T}} \boldsymbol{M} \widetilde{\boldsymbol{\varphi}}_2 + \widetilde{\boldsymbol{\varphi}}_2^{\mathrm{T}} \boldsymbol{M} \boldsymbol{\varphi}_3 \tag{2.1.61b}$$

由于 $\widetilde{\boldsymbol{\varphi}}_1^{\mathrm{T}} \boldsymbol{M} \widetilde{\boldsymbol{\varphi}}_2 = 0$, $\widetilde{\boldsymbol{\varphi}}_1^{\mathrm{T}} \boldsymbol{M} \widetilde{\boldsymbol{\varphi}}_3 = 0$ 和 $\widetilde{\boldsymbol{\varphi}}_3^{\mathrm{T}} \boldsymbol{M} \widetilde{\boldsymbol{\varphi}}_2 = 0$, 因此有

$$c_2 = -\frac{\widetilde{\boldsymbol{\varphi}}_1^{\mathrm{T}} \boldsymbol{M} \boldsymbol{\varphi}_3}{\widetilde{\boldsymbol{\varphi}}_1^{\mathrm{T}} \boldsymbol{M} \widetilde{\boldsymbol{\varphi}}_1}, \quad c_3 = -\frac{\widetilde{\boldsymbol{\varphi}}_2^{\mathrm{T}} \boldsymbol{M} \boldsymbol{\varphi}_3}{\widetilde{\boldsymbol{\varphi}}_2^{\mathrm{T}} \boldsymbol{M} \widetilde{\boldsymbol{\varphi}}_2} \tag{2.1.62}$$

依次按照上面的流程可以确定余下的各阶彼此正交的振型向量 $\widetilde{\boldsymbol{\varphi}}_4, \widetilde{\boldsymbol{\varphi}}_5, \cdots, \widetilde{\boldsymbol{\varphi}}_r$。值得指出的是, 无论是自己编程还是利用已有平台 (如 MATLAB) 计算固有模态, 验证振型正交性都是例行工作, 它是检验系统模型正确性和求解算法正确性的客观标准。利用 MATLAB 的模块 eig 求得的振型向量是彼此正交的, 并且振型质量矩阵为单位矩阵, 即 $\boldsymbol{\Phi}^{\mathrm{T}} \boldsymbol{M} \boldsymbol{\Phi} = \boldsymbol{I}$, 也就是说各阶模态质量等于 1。

2. 零频主振动

从广义本征方程 (2.1.19) 的形式可以看出, 若本征值或固有频率等于零, 则

$$\boldsymbol{K} \boldsymbol{\varphi} = \boldsymbol{0} \tag{2.1.63}$$

此即为与零频对应的振型向量 (简称零频振型向量) 满足的方程, 从中可以求解出零频振型向量。为了使方程 (2.1.63) 具有非零解, 要求刚度矩阵 $\boldsymbol{K}$ 的行列式等于零, 即 $\det(\boldsymbol{K}) = 0$。也就是说 $\det(\boldsymbol{K}) = 0$ 是系统存在零频的必要条件。如果矩阵 $\boldsymbol{K}$ 的秩 (rank) 等于 $n-1$, 即 $\mathrm{rank}(\boldsymbol{K}) = n-1$, 则零频数为 1; 若 $\mathrm{rank}(\boldsymbol{K}) = n-2$, 则零频数等于 2, 依此类推。振动系统的零频数通常不超过 6 个, 对应 3 个刚体平移振型和 3 个刚体转动振型。

下面以只有一个零频情况 (即 $\omega_1 = 0$), 来说明零频主振动形式。设 $\boldsymbol{\varphi}_1$ 是与 $\omega_1 = 0$ 对应的刚体振型。从主坐标微分方程 (2.1.42) 可以看出, 零频主坐标控制方程为

$$\ddot{q}_1 = 0 \tag{2.1.64}$$

其解为

$$q_1 = a_1 + b_1 t \tag{2.1.65}$$

式中 a_1 和 b_2 由初始条件来确定。实际上, 式 (2.1.54) 已经给出零频主坐标的具体形式, 即

$$q_1(t) = \frac{1}{M_{\mathrm{p}1}} [\boldsymbol{\varphi}_1^{\mathrm{T}} \boldsymbol{M} \boldsymbol{x}_0 + (\boldsymbol{\varphi}_1^{\mathrm{T}} \boldsymbol{M} \dot{\boldsymbol{x}}_0) t] \tag{2.1.66}$$

比较式 (2.1.65) 和式 (2.1.66) 可知

$$a_1 = \frac{1}{M_{\mathrm{p}1}} \boldsymbol{\varphi}_1^{\mathrm{T}} \boldsymbol{M} \boldsymbol{x}_0, \quad b_1 = \frac{1}{M_{\mathrm{p}1}} \boldsymbol{\varphi}_1^{\mathrm{T}} \boldsymbol{M} \dot{\boldsymbol{x}}_0$$

零频主振动的表达式为

$$\boldsymbol{x}_1(t) = \boldsymbol{\varphi}_1 q_1 = \frac{\boldsymbol{\varphi}_1}{M_{\mathrm{p}1}} [\boldsymbol{\varphi}_1^{\mathrm{T}} \boldsymbol{M} \boldsymbol{x}_0 + (\boldsymbol{\varphi}_1^{\mathrm{T}} \boldsymbol{M} \dot{\boldsymbol{x}}_0) t] \tag{2.1.67}$$

虽然零频主振动不是往复运动，但它是振动系统的真解。譬如飞行中的飞行器的动力学状态就包括刚体运动和振动。有如下几点值得强调：

（1）如果利用模态叠加方法求解系统的振动响应，只要不包括零频主振动，即可去除零频贡献，即响应成分中只包括振动，不包括刚体运动。

（2）若通过方程降阶方法去除零频，而又不影响非零频率，则可先利用约束条件

$$\boldsymbol{\varphi}_1^{\mathrm{T}} \boldsymbol{M} \boldsymbol{x} = 0 \tag{2.1.68}$$

找到各个自由度之间的关系，然后把这个关系代入动能函数和势能函数，再根据拉格朗日方程可以得到降阶系统的常微分方程，求解之可得不含零频的固有模态和动态响应。约束条件 $\boldsymbol{\varphi}_1^{\mathrm{T}} \boldsymbol{M} \boldsymbol{x} = 0$ 的物理意义就是让系统的位移响应与刚体振型正交，从而使响应中不包含刚体运动成分。这种降阶后的系统没有零频，并且其固有频率与原系统的非零固有频率相同，参见例 2.1.3。

上面是以系统具有一个零频的情况说明了零频主振动的具体形式，和利用约束条件实现系统降阶以消除零频主振动的方法。若系统具有 r 个零频，则具有 r 个形如式 (2.1.68) 的约束条件，即

$$\boldsymbol{\varphi}_j^{\mathrm{T}} \boldsymbol{M} \boldsymbol{x} = 0 \quad (j = 1, \cdots, r) \tag{2.1.69}$$

（3）构造拉格朗日函数 $L = T - V - \lambda \boldsymbol{\varphi}_1^{\mathrm{T}} \boldsymbol{M} \boldsymbol{x}$，其中动能 $T = \dot{\boldsymbol{x}}^{\mathrm{T}} \boldsymbol{M} \dot{\boldsymbol{x}}/2$，势能 $V = \boldsymbol{x}^{\mathrm{T}} \boldsymbol{K} \boldsymbol{x}/2$，$\lambda$ 是拉格朗日乘子。利用哈密顿（Hamilton）变分原理（参见第 4 章内容），可以得到考虑约束方程 (2.1.68) 的动力学平衡方程，即

$$\boldsymbol{M}\ddot{\boldsymbol{x}} + \boldsymbol{K}\boldsymbol{x} + \lambda \boldsymbol{M} \boldsymbol{\varphi}_1 = \boldsymbol{0}$$
$$\boldsymbol{\varphi}_1^{\mathrm{T}} \boldsymbol{M} \boldsymbol{x} = 0 \tag{2.1.70}$$

式中 $\boldsymbol{M}\boldsymbol{\varphi}_1$ 是 $\boldsymbol{\varphi}_1^{\mathrm{T}} \boldsymbol{M} \boldsymbol{x}$ 的雅可比（Jacobi）矩阵的转置。若利用时间积分方法求解方程 (2.1.70)，首先要把加速度、速度（如果包含阻尼项）用位移的差分来表示，于是式 (2.1.70) 就变成了关于 $n+1$ 个未知数 $\boldsymbol{x}$ 和 λ 的 $n+1$ 个方程。

若利用第 4 章介绍的平均加速度方法（见 4.8.2 节）求解方程 (2.1.70)，其递推计算格式为

$$\begin{bmatrix} \boldsymbol{x}_{t+\Delta t} \\ \lambda_{t+\Delta t} \end{bmatrix} = \begin{bmatrix} \dfrac{4}{\Delta t^2} \boldsymbol{M} + \boldsymbol{K} & \boldsymbol{M}\boldsymbol{\varphi}_1 \\ \boldsymbol{\varphi}_1^{\mathrm{T}} \boldsymbol{M} & 0 \end{bmatrix}^{-1} \begin{bmatrix} \left(\dfrac{4}{\Delta t^2} \boldsymbol{M} - \boldsymbol{K} \right) \boldsymbol{x}_t + \dfrac{4}{\Delta t} \boldsymbol{M}\dot{\boldsymbol{x}}_t - \lambda_t \boldsymbol{M}\boldsymbol{\varphi}_1 \\ 0 \end{bmatrix} \tag{2.1.71}$$

式中：等号右端的带有下标 t 的变量值都是已知的，它们是 t 时刻的变量值；Δt 是时间步长，左端带有下标 $t + \Delta t$ 的变量值都是未知的，它们是当前时刻变量值，需要通过方程 (2.1.71) 来计算。

3. 频率很大情况

在方程 (2.1.17) 中，质量矩阵和刚度矩阵的维数都是 $n \times n$ 的，其中 n 尽管可以很大，但也是有限值。也就是说，多自由度振动系统的固有频率虽然可以很大，但不会是无穷大。对于第 3 章介绍的连续系统，由于其自由度为无穷大，因此有无穷多阶固有频率，其固有频率可以为无穷大。从方程 (2.1.19) 可知，若固有频率很大，则有

$$M\varphi \approx 0 \tag{2.1.72}$$

由于质量矩阵通常是正定的，因此方程 (2.1.72) 只有唯一的零解，即

$$\varphi \approx 0 \tag{2.1.73}$$

另外，从式 (2.1.42) 可知，当固有频率较大时，其对应的主坐标近似等于零。因此高频主振动在线性系统响应中的贡献没有低频主振动的大，甚至可以忽略不计。这也是利用模态截断方法计算系统响应的根据。

例 2.1.3　如图 2.1.5 所示，各圆盘绕转动轴的转动惯量皆为 J，两段轴的扭转刚度皆为 k，圆盘的转角分别为 α_1，α_2 和 α_3。

（1）求系统的固有频率和固有振型，并验证固有振型的正交性。

（2）利用降阶方法求系统非零固有模态。

（3）给定如下初始条件：

$$\boldsymbol{x}_0 = \begin{bmatrix} \alpha_1 \\ \alpha_2 \\ \alpha_3 \end{bmatrix}\bigg|_{t=0} = \begin{bmatrix} 1 \\ 2 \\ 3 \end{bmatrix}, \quad \dot{\boldsymbol{x}}_0 = \begin{bmatrix} \dot{\alpha}_1 \\ \dot{\alpha}_2 \\ \dot{\alpha}_3 \end{bmatrix}\bigg|_{t=0} = \begin{bmatrix} 1 \\ 0 \\ 0 \end{bmatrix} \tag{2.1.74}$$

利用式 (2.1.71) 计算系统不考虑零频主振动贡献的动态响应。

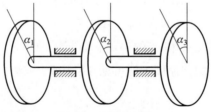

图 2.1.5　圆盘系统

解：（1）求系统的固有频率和固有振型，并验证固有振型的正交性

选 α_1，α_2 和 α_3 为广义坐标，系统的动能函数 T 和势能函数 V 分别为

$$
\begin{aligned}
T &= \frac{1}{2}J(\dot{\alpha}_1^2 + \dot{\alpha}_2^2 + \dot{\alpha}_3^2) \\
V &= \frac{1}{2}k[(\alpha_1 - \alpha_2)^2 + (\alpha_3 - \alpha_2)^2]
\end{aligned}
\tag{a}
$$

将 T 和 V 代入拉格朗日方程得运动微分方程为

$$\boldsymbol{M}\ddot{\boldsymbol{x}} + \boldsymbol{K}\boldsymbol{x} = \boldsymbol{0} \tag{b}$$

式中

$$\boldsymbol{M} = J\begin{bmatrix} 1 & 0 & 0 \\ 0 & 1 & 0 \\ 0 & 0 & 1 \end{bmatrix}, \quad \boldsymbol{K} = k\begin{bmatrix} 1 & -1 & 0 \\ -1 & 2 & -1 \\ 0 & -1 & 1 \end{bmatrix}, \quad \boldsymbol{x} = \begin{bmatrix} \alpha_1 \\ \alpha_2 \\ \alpha_3 \end{bmatrix} \tag{c}$$

频率方程为

$$p(\omega) = \det(\boldsymbol{K} - \omega^2 \boldsymbol{M}) = \begin{vmatrix} k - J\omega^2 & -k & 0 \\ -k & 2k - J\omega^2 & -k \\ 0 & -k & k - J\omega^2 \end{vmatrix} = 0$$

由此可得前 3 阶固有频率分别为

$$\omega_1 = 0, \quad \omega_2 = \sqrt{\frac{k}{J}}, \quad \omega_3 = \sqrt{\frac{3k}{J}} \tag{d}$$

系统出现了零频率,则系统刚度矩阵一定是奇异的,即 $\det(\boldsymbol{K}) = 0$,因此系统是半正定的,说明系统存在刚体运动模式。令各阶固有振型的第一个分量为 1,求得的各阶固有振型为

$$\boldsymbol{\varphi}_1 = \begin{bmatrix} 1 \\ 1 \\ 1 \end{bmatrix}, \quad \boldsymbol{\varphi}_2 = \begin{bmatrix} 1 \\ 0 \\ -1 \end{bmatrix}, \quad \boldsymbol{\varphi}_3 = \begin{bmatrix} 1 \\ -2 \\ 1 \end{bmatrix} \tag{e}$$

图 2.1.6 给出了固有振型示意图,第一阶固有振动形式是刚体运动,各个自由度幅值和相位都是相同的。下面验证固有振型关于质量矩阵的正交性:

$$\boldsymbol{\varphi}_1^{\mathrm{T}}\boldsymbol{M}\boldsymbol{\varphi}_2 = \begin{bmatrix} 1 & 1 & 1 \end{bmatrix}\begin{bmatrix} J & 0 & 0 \\ 0 & J & 0 \\ 0 & 0 & J \end{bmatrix}\begin{bmatrix} 1 \\ 0 \\ -1 \end{bmatrix} = 0$$

$$\boldsymbol{\varphi}_1^{\mathrm{T}}\boldsymbol{M}\boldsymbol{\varphi}_3 = \begin{bmatrix} 1 & 1 & 1 \end{bmatrix}\begin{bmatrix} J & 0 & 0 \\ 0 & J & 0 \\ 0 & 0 & J \end{bmatrix}\begin{bmatrix} 1 \\ -2 \\ 1 \end{bmatrix} = 0$$

$$\boldsymbol{\varphi}_2^{\mathrm{T}}\boldsymbol{M}\boldsymbol{\varphi}_3 = \begin{bmatrix} 1 & 0 & -1 \end{bmatrix}\begin{bmatrix} J & 0 & 0 \\ 0 & J & 0 \\ 0 & 0 & J \end{bmatrix}\begin{bmatrix} 1 \\ -2 \\ 1 \end{bmatrix} = 0$$

同样可以验证固有振型关于刚度矩阵的正交性。由此例可以看出,振动振型之间以及振动振型与刚体振型之间都是相互正交的。由于 $K_{\mathrm{p1}} = \omega_1^2 M_{\mathrm{p1}}$,因此与刚体振型对应的模态刚度等于零,即 $K_{\mathrm{p1}} = 0 \times M_{\mathrm{p1}} = 0$。由式 (2.1.42) 可知主坐标运动方程为 $\ddot{q}_1 = 0$,由此得

$q_1 = a_1 + b_1 t$，对应的主运动为

$$\boldsymbol{x}_1 = \boldsymbol{\varphi}_1 q_1 = \begin{bmatrix} 1 \\ 1 \\ 1 \end{bmatrix} (a_1 + b_1 t)$$

因此，对应于零频的运动已不是在平衡位置附近的往复运动，而是离开平衡位置的刚体转动。

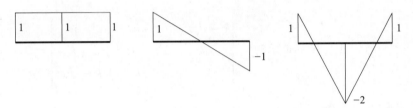

第一阶固有振型　　　　　　第二阶固有振型　　　　　　第三阶固有振型

图 2.1.6　圆盘系统的固有振型示意图

（2）利用降阶方法求系统非零固有模态

根据约束条件 $\boldsymbol{\varphi}_1^{\mathrm{T}} \boldsymbol{M} \boldsymbol{x} = 0$ 可得各个坐标的关系为

$$\alpha_1 + \alpha_2 + \alpha_3 = 0 \tag{a1}$$

把上式变为 $\alpha_3 = -(\alpha_1 + \alpha_2)$ 并代入式 (a) 得

$$\begin{aligned}
T &= \frac{1}{2} J \left[\dot{\alpha}_1^2 + \dot{\alpha}_2^2 + (\dot{\alpha}_1 + \dot{\alpha}_2)^2 \right] \\
V &= \frac{1}{2} k \left[(\alpha_1 - \alpha_2)^2 + (\alpha_1 + 2\alpha_2)^2 \right]
\end{aligned} \tag{b1}$$

将 T 和 V 代入拉格朗日方程得系统运动微分方程为

$$\overline{\boldsymbol{M}} \ddot{\overline{\boldsymbol{x}}} + \overline{\boldsymbol{K}} \overline{\boldsymbol{x}} = \boldsymbol{0} \tag{c1}$$

式中

$$\overline{\boldsymbol{M}} = J \begin{bmatrix} 2 & 1 \\ 1 & 2 \end{bmatrix}, \quad \overline{\boldsymbol{K}} = k \begin{bmatrix} 2 & 1 \\ 1 & 5 \end{bmatrix}, \quad \overline{\boldsymbol{x}} = \begin{bmatrix} \alpha_1 \\ \alpha_2 \end{bmatrix} \tag{d1}$$

频率方程为

$$p(\overline{\omega}) = \det(\overline{\boldsymbol{K}} - \overline{\omega}^2 \overline{\boldsymbol{M}}) = J \begin{vmatrix} \dfrac{2k}{J} - 2\overline{\omega}^2 & \dfrac{k}{J} - \overline{\omega}^2 \\ \dfrac{k}{J} - \overline{\omega}^2 & \dfrac{5k}{J} - 2\overline{\omega}^2 \end{vmatrix} = 0$$

由此可得前 2 阶固有频率为

$$\overline{\omega}_1 = \sqrt{\frac{k}{J}}, \quad \overline{\omega}_2 = \sqrt{\frac{3k}{J}} \tag{e1}$$

它们与式 (d) 给出的原系统的非零固有频率相同，与它们对应的振型向量为

$$\overline{\boldsymbol{\varphi}}_1 = \begin{bmatrix} 1 \\ 0 \end{bmatrix}, \quad \overline{\boldsymbol{\varphi}}_2 = \begin{bmatrix} 1 \\ -2 \end{bmatrix} \tag{f1}$$

把式 (d1) 与式 (a1) 组合可以得到与式 (e) 中 $\boldsymbol{\varphi}_2$ 和 $\boldsymbol{\varphi}_3$ 相同的振型向量。值得指出的是，由于本系统只有一个零频，因此只有一个约束方程 (a1)。利用 $\alpha_2 = -(\alpha_1 + \alpha_3)$ 或 $\alpha_1 = -(\alpha_2 + \alpha_3)$ 与利用 $\alpha_3 = -(\alpha_1 + \alpha_2)$ 实现系统降阶的结果是相同的。

（3）令 $J = 1, k = 1$。根据系统初始条件 (2.1.74) 和振型叠加方法公式 (2.1.55) 得到系统振动的解析解，即

$$\boldsymbol{x} = \begin{bmatrix} \alpha_1 \\ \alpha_2 \\ \alpha_3 \end{bmatrix} = \begin{bmatrix} 2 - \cos t \\ 2 \\ 2 + \cos t \end{bmatrix} + \begin{bmatrix} \dfrac{t}{3} + \dfrac{1}{2}\sin t + \dfrac{1}{6\sqrt{3}}\sin\sqrt{3}t \\ \dfrac{t}{3} - \dfrac{1}{3\sqrt{3}}\sin\sqrt{3}t \\ \dfrac{t}{3} - \dfrac{1}{2}\sin t + \dfrac{1}{6\sqrt{3}}\sin\sqrt{3}t \end{bmatrix} \tag{a2}$$

若不考虑刚体主振动，则上式变为

$$\begin{bmatrix} \alpha_1 \\ \alpha_2 \\ \alpha_3 \end{bmatrix} = \begin{bmatrix} -\cos t + \dfrac{1}{2}\sin t + \dfrac{1}{6\sqrt{3}}\sin\sqrt{3}t \\ -\dfrac{1}{3\sqrt{3}}\sin\sqrt{3}t \\ \cos t - \dfrac{1}{2}\sin t + \dfrac{1}{6\sqrt{3}}\sin\sqrt{3}t \end{bmatrix} \tag{b2}$$

令时间步长 $\Delta t = (2\pi/\omega_3)/20$，$\lambda$ 的初值为零。图 2.1.7 给出了根据式 (b2) 得到的解析解和根据式 (2.1.71) 得到的数值解的比较。从中可以看出，通过求解包括约束的系统 (2.1.70) 可以得到不含零频主振动的动态响应。

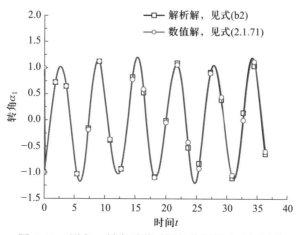

图 2.1.7　圆盘 1 转角随着时间的往复振动时间历程

2.2　无阻尼系统的受迫振动

下面介绍无阻尼多自由度线性系统受迫振动的分析方法，包括振型叠加方法、机械阻抗分析方法和拉普拉斯变换方法。

2.2.1　振型叠加分析方法

在上一节中，借助自由振动问题，介绍了振型叠加方法，这是一种解析方法。这种方法也适用于多自由度系统的受迫振动分析。利用达朗贝尔原理等方法可以建立无阻尼 n 自由度系统在外力 $\boldsymbol{f}(t)$ 作用下的振动微分方程为

$$\boldsymbol{M}\ddot{\boldsymbol{x}} + \boldsymbol{K}\boldsymbol{x} = \boldsymbol{f} \tag{2.2.1}$$

式中：$\boldsymbol{f}^{\mathrm{T}} = \begin{bmatrix} f_1 & f_2 & \cdots & f_n \end{bmatrix}$，$f_j$ 为作用在坐标 x_j 上的外力，二者方向相同。为了用振型叠加方法求解方程 (2.2.1)，首先要对其进行坐标解耦。为此将式 (2.1.39) 代入方程 (2.2.1) 并前乘振型矩阵的转置 $\boldsymbol{\Phi}^{\mathrm{T}}$，得到

$$\boldsymbol{M}_{\mathrm{p}}\ddot{\boldsymbol{q}} + \boldsymbol{K}_{\mathrm{p}}\boldsymbol{q} = \boldsymbol{\Phi}^{\mathrm{T}}\boldsymbol{f} \tag{2.2.2}$$

式中 $\boldsymbol{\Phi}^{\mathrm{T}}\boldsymbol{f}$ 称为**模态力**向量，其元素为 $P_j = \boldsymbol{\varphi}_j^{\mathrm{T}}\boldsymbol{f}$。式 (2.2.2) 还可以写成

$$M_{\mathrm{p}j}\ddot{q}_j + K_{\mathrm{p}j}q_j = P_j \tag{2.2.3}$$

该式与第 1 章介绍的单自由度系统受迫振动微分方程 (1.8.20) 在无阻尼情况的形式完全类似，故它们的解法完全相同。方程 (2.2.3) 的解包括两部分，即

$$q_j(t) = q_{1j}(t) + q_{2j}(t) \tag{2.2.4}$$

式中：q_{2j} 为由外力引起的主坐标位移；q_{1j} 为由初始条件引起的主坐标位移，它是方程 (2.2.3) 对应的齐次方程的通解，如式 (2.1.53) 所示，即

$$q_{1j} = \frac{1}{M_{\mathrm{p}j}} \left(\boldsymbol{\varphi}_j^{\mathrm{T}} \boldsymbol{M} \boldsymbol{x}_0 \cos \omega_j t + \frac{\boldsymbol{\varphi}_j^{\mathrm{T}} \boldsymbol{M} \dot{\boldsymbol{x}}_0}{\omega_j} \sin \omega_j t \right) \tag{2.2.5}$$

而 q_{2j} 可以用杜哈梅积分表达如下：

$$q_{2j}(t) = \frac{1}{M_{\mathrm{p}j}\omega_j} \int_0^t \boldsymbol{\varphi}_j^{\mathrm{T}} \boldsymbol{f}(\tau) \sin \omega_j(t - \tau) \mathrm{d}\tau \tag{2.2.6}$$

若固有频率 $\omega_j = 0$，则根据洛必达法则有

$$q_{2j}(t) = \frac{1}{M_{\mathrm{p}j}} \int_0^t (t - \tau) \boldsymbol{\varphi}_j^{\mathrm{T}} \boldsymbol{f}(\tau) \mathrm{d}\tau \tag{2.2.7}$$

根据式 (2.1.39) 把主坐标变换到物理坐标，就得到了系统总位移响应

$$x(t) = \sum_{j=1}^{n} \frac{\varphi_j}{M_{\mathrm{p}j}} \left(\varphi_j^{\mathrm{T}} M x_0 \cos \omega_j t + \frac{\varphi_j^{\mathrm{T}} M \dot{x}_0}{\omega_j} \sin \omega_j t \right) +$$
$$\sum_{j=1}^{n} \frac{\varphi_j}{M_{\mathrm{p}j} \omega_j} \int_0^t \varphi_j^{\mathrm{T}} f(\tau) \sin \omega_j (t - \tau) \mathrm{d}\tau \tag{2.2.8}$$

上式也适用于固有频率等于零或很大的情况。

若外部激励为简谐激励 $f = F \sin \omega t$，其中 $F^{\mathrm{T}} = \begin{bmatrix} F_1 & F_2 & \cdots & F_n \end{bmatrix}$ 为作用在各个坐标上外力的幅值，作用在各个坐标上外力频率皆为 ω。此时受迫振动主位移响应为

$$q_{2j}(t) = \frac{1}{M_{\mathrm{p}j} \omega_j} \int_0^t \varphi_j^{\mathrm{T}} F \sin \omega \tau \sin \omega_j (t - \tau) \mathrm{d}\tau \tag{2.2.9}$$

积分出来结果是

$$q_{2j} = \frac{\varphi_j^{\mathrm{T}} F}{K_{\mathrm{p}j}(1 - \overline{\omega}_j^2)} \sin \omega t - \frac{\varphi_j^{\mathrm{T}} F \overline{\omega}_j}{K_{\mathrm{p}j}(1 - \overline{\omega}_j^2)} \sin \omega_j t \tag{2.2.10}$$

式中第 j 阶频率比为 $\overline{\omega}_j = \omega / \omega_j$，等号右端第一项为稳态响应，第二项为简谐激励引起的伴随自由振动，参见式 (1.6.16)。因此，简谐激励 $f = F \sin \omega t$ 引起的稳态位移响应为

$$x = \sum_{j=1}^{n} \frac{\varphi_j}{K_{\mathrm{p}j}(1 - \overline{\omega}_j^2)} \varphi_j^{\mathrm{T}} F \sin \omega t \tag{2.2.11}$$

稳态速度响应为

$$\dot{x} = \sum_{j=1}^{n} \frac{\varphi_j}{K_{\mathrm{p}j}(1 - \overline{\omega}_j^2)} \varphi_j^{\mathrm{T}} F \omega \sin \left(\omega t + \frac{\pi}{2} \right) \tag{2.2.12}$$

稳态位移和稳态速度响应之间的相位差为 $\pi/2$。由式 (2.2.11) 可以看出，在简谐激励作用下，稳态响应是由 n 个不同的稳态主振动响应叠加而成，并且系统具有 n 个共振点，n 阶固有频率都是共振频率。当激励频率 ω 趋近于某一阶固有频率 ω_r 或 $\overline{\omega}_r$ 趋近于 1 时，主坐标位移响应振幅迅速增大，出现共振现象。这时其他主坐标位移响应的振幅与之相比可忽略，于是稳态响应可以近似地认为是

$$x \approx \frac{\varphi_r}{K_{\mathrm{p}r}(1 - \overline{\omega}_r^2)} \varphi_r^{\mathrm{T}} F \sin \omega_r t$$

也就是说，此时系统位移振幅的分布规律与第 r 阶固有振型 φ_r 一致。利用这个现象，可以根据共振实验方法来测定多自由度系统的固有频率和固有振型。

系统受到非简谐周期力激励时，可以把它展开成傅里叶级数，求出各谐波分量引起的受迫振动响应，然后利用线性常微分方程解的叠加性，可以得到受迫振动响应，参见第 1 章有关内容，此处不予赘述。

上面介绍的就是用振型叠加方法求解多自由度系统受迫振动问题的过程，类似于自由振动情况，也包括如下 3 个步骤：

第一步，求解广义本征方程 (2.1.19) 获得固有频率和固有振型；

第二步，根据固有振型正交性和初始条件确定主坐标位移 q_{1j}，见式 (2.2.5)；根据杜哈梅积分确定主坐标位移 q_{2j}，见式 (2.2.6)；

第三步，根据坐标变换式 (2.1.39) 得到物理坐标位移响应，见式 (2.2.8)。

例 2.2.1　求图 2.1.1 所示系统在简谐激励 $\boldsymbol{f}^{\mathrm{T}} = \begin{bmatrix} F_1 & F_2 & F_3 \end{bmatrix} \sin \omega t$ 作用下的稳态响应。

解：第一步，例 2.1.1 已经求出了固有频率、固有振型、模态质量和模态刚度，它们是

$$\omega_1 = 0.765\sqrt{\frac{k}{m}}, \quad \omega_2 = 1.414\sqrt{\frac{k}{m}}, \quad \omega_3 = 1.848\sqrt{\frac{k}{m}}$$

$$\boldsymbol{\varphi}_1^{\mathrm{T}} = \begin{bmatrix} 1 & \sqrt{2} & 1 \end{bmatrix}, \quad \boldsymbol{\varphi}_2^{\mathrm{T}} = \begin{bmatrix} 1 & 0 & -1 \end{bmatrix}, \quad \boldsymbol{\varphi}_3^{\mathrm{T}} = \begin{bmatrix} 1 & -\sqrt{2} & 1 \end{bmatrix}$$

$$M_{\mathrm{p}1} = 4m, \quad M_{\mathrm{p}2} = 2m, \quad M_{\mathrm{p}3} = 4m$$

$$K_{\mathrm{p}1} = 4(2-\sqrt{2})k, \quad K_{\mathrm{p}2} = 4k, \quad K_{\mathrm{p}3} = 4(2+\sqrt{2})k$$

第二步，由式 (2.2.10) 等号右端第一项求主坐标稳态位移响应如下：

$$q_1 = \frac{F_1 + \sqrt{2}F_2 + F_3}{K_{\mathrm{p}1}(1 - \overline{\omega}_1^2)} \sin \omega t$$

$$q_2 = \frac{F_1 - F_3}{K_{\mathrm{p}2}(1 - \overline{\omega}_2^2)} \sin \omega t$$

$$q_3 = \frac{F_1 - \sqrt{2}F_2 + F_3}{K_{\mathrm{p}3}(1 - \overline{\omega}_3^2)} \sin \omega t$$

主坐标稳态速度响应为

$$\dot{q}_1 = \frac{F_1 + \sqrt{2}F_2 + F_3}{K_{\mathrm{p}1}(1 - \overline{\omega}_1^2)} \omega \sin \left(\omega t + \frac{\pi}{2}\right)$$

$$\dot{q}_2 = \frac{F_1 - F_3}{K_{\mathrm{p}2}(1 - \overline{\omega}_2^2)} \omega \sin \left(\omega t + \frac{\pi}{2}\right)$$

$$\dot{q}_3 = \frac{F_1 - \sqrt{2}F_2 + F_3}{K_{\mathrm{p}3}(1 - \overline{\omega}_3^2)} \omega \sin \left(\omega t + \frac{\pi}{2}\right)$$

由此可见，无阻尼系统的主坐标稳态位移和速度响应之间的相位差是 $\pi/2$。

第三步，根据坐标变换式 (2.1.39) 或根据式 (2.2.11) 和式 (2.2.12) 可求得稳态位移和速度响应，即

$$x_1 = \varphi_{11}q_1 + \varphi_{12}q_2 + \varphi_{13}q_3 = q_1 + q_2 + q_3$$

$$x_2 = \varphi_{21}q_1 + \varphi_{22}q_2 + \varphi_{23}q_3 = \sqrt{2}(q_1 - q_3)$$

$$x_3 = \varphi_{31}q_1 + \varphi_{32}q_2 + \varphi_{33}q_3 = q_1 - q_2 + q_3$$

$$\dot{x}_1 = \dot{q}_1 + \dot{q}_2 + \dot{q}_3$$

$$\dot{x}_2 = \sqrt{2}(\dot{q}_1 - \dot{q}_3)$$

$$\dot{x}_3 = \dot{q}_1 - \dot{q}_2 + \dot{q}_3$$

2.2.2 机械阻抗分析方法

机械系统受激振动后的响应与系统本身的固有特性和激振性质有关，正如第 1 章所述，可以用机械阻抗来综合描述系统的动态特性。机械阻抗方法是一种理论结合实验的方法。多自由度系统的机械阻抗用矩阵形式表示。阻抗矩阵中的对角线元素表示同一点的简谐力与简谐响应之比，称为**原点阻抗**或**直接阻抗**；非对角线元素表示不同点的力与响应之比，称为**跨点阻抗**或**交叉阻抗**。在测出激振力和运动响应后，可用机械阻抗检验系统数学模型的正确性并提高其精度、识别模态参数（如固有频率、固有振型）和从事振动监控或故障诊断等。

机械阻抗是频率的复函数，其性质可用幅频特性、相频特性、实频特性、虚频特性、矢端图等表示。下面介绍机械阻抗分析方法在多自由度系统中的应用。设简谐激振力为

$$\boldsymbol{f} = \boldsymbol{F}\mathrm{e}^{\mathrm{i}\omega t} \tag{2.2.13}$$

式中：$\boldsymbol{F}^{\mathrm{T}} = \begin{bmatrix} F_1 & F_2 & \cdots & F_n \end{bmatrix}$ 为简谐激振力的复力幅向量。系统的稳态振动为同频率的简谐振动，即

$$\boldsymbol{x} = \boldsymbol{X}\mathrm{e}^{\mathrm{i}\omega t} \tag{2.2.14}$$

式中：$\boldsymbol{X}^{\mathrm{T}} = \begin{bmatrix} X_1 & X_2 & \cdots & X_n \end{bmatrix}$ 为简谐位移响应的复振幅向量。把式 (2.2.13) 和式 (2.2.14) 代入方程 (2.2.1) 得到

$$\boldsymbol{Z}\boldsymbol{X} = \boldsymbol{F} \tag{2.2.15}$$

式中：$\boldsymbol{Z}$ 为系统的**位移阻抗矩阵**，其形式为

$$\boldsymbol{Z} = \boldsymbol{K} - \omega^2\boldsymbol{M} \tag{2.2.16}$$

矩阵 $\boldsymbol{Z}$ 也称系统的**动刚度矩阵**，其逆矩阵 $\boldsymbol{H} = \boldsymbol{Z}^{-1}$ 称为系统的**位移导纳矩阵**或**动柔度矩阵**，也就是位移**频响矩阵**。动刚度矩阵 $\boldsymbol{Z}$ 和动柔度矩阵 $\boldsymbol{H}$ 的元素都有明确的物理含义，它们的对角线元素为原点位移阻抗和原点位移导纳，而非对角线元素分别称为跨点位移阻抗和跨点位移导纳，也可以理解为动刚度影响系数和动柔度影响系数。当 $\omega = 0$ 时它们退化为静刚度影响系数和静柔度影响系数。

根据刚度影响系数的物理意义，可知阻抗矩阵元素难以分析也难以测量，因为它要求系统中只能一点有响应。而导纳矩阵元素的分析只要求在一点施加力，因此它们容易分析也容易测量。根据式 (2.2.15) 可知位移响应振幅为

$$\boldsymbol{X} = \boldsymbol{H}\boldsymbol{F} \tag{2.2.17}$$

把上式代入式 (2.2.14) 得到稳态响应为

$$\boldsymbol{x} = \boldsymbol{H}\boldsymbol{F}\mathrm{e}^{\mathrm{i}\omega t} \tag{2.2.18}$$

下面说明当 $\boldsymbol{f} = \boldsymbol{F}\sin\omega t$ 时，式 (2.2.18) 与式 (2.2.11) 是完全相同的。此时，式 (2.2.18)

变为

$$\boldsymbol{x} = \boldsymbol{HF}\sin\omega t \qquad (2.2.19)$$

将 $\boldsymbol{K} = \boldsymbol{\Phi}^{-\mathrm{T}}\boldsymbol{K}_{\mathrm{p}}\boldsymbol{\Phi}^{-1}$，$\boldsymbol{M} = \boldsymbol{\Phi}^{-\mathrm{T}}\boldsymbol{M}_{\mathrm{p}}\boldsymbol{\Phi}^{-1}$ 代入式 (2.2.15) 有

$$\boldsymbol{\Phi}^{-\mathrm{T}}(\boldsymbol{K}_{\mathrm{p}} - \omega^2 \boldsymbol{M}_{\mathrm{p}})\boldsymbol{\Phi}^{-1}\boldsymbol{X} = \boldsymbol{F} \qquad (2.2.20)$$

对上式进行简单变换得

$$\boldsymbol{X} = \boldsymbol{\Phi}(\boldsymbol{K}_{\mathrm{p}} - \omega^2 \boldsymbol{M}_{\mathrm{p}})^{-1}\boldsymbol{\Phi}^{\mathrm{T}}\boldsymbol{F} \qquad (2.2.21)$$

比较式 (2.2.17) 与式 (2.2.21) 可得

$$\begin{aligned}\boldsymbol{H} &= \boldsymbol{\Phi}(\boldsymbol{K}_{\mathrm{p}} - \omega^2 \boldsymbol{M}_{\mathrm{p}})^{-1}\boldsymbol{\Phi}^{\mathrm{T}} \\ &= \sum_{j=1}^{n}\frac{\boldsymbol{\varphi}_j\boldsymbol{\varphi}_j^{\mathrm{T}}}{K_{\mathrm{p}j} - \omega^2 M_{\mathrm{p}j}} = \sum_{j=1}^{n}\frac{\boldsymbol{\varphi}_j\boldsymbol{\varphi}_j^{\mathrm{T}}}{K_{\mathrm{p}j}(1 - \overline{\omega}_j^2)}\end{aligned} \qquad (2.2.22)$$

其元素为

$$H_{rs} = \sum_{j=1}^{n}\frac{\varphi_{rj}\varphi_{sj}}{K_{\mathrm{p}j}(1 - \overline{\omega}_j^2)} \qquad (2.2.23)$$

它表示的是：在第 s 自由度上施加一个幅值为 1 的简谐激振力，在第 r 自由度上产生的简谐响应。把式 (2.2.22) 代入式 (2.2.17) 得

$$\boldsymbol{X} = \sum_{j=1}^{n}\frac{\boldsymbol{\varphi}_j\boldsymbol{\varphi}_j^{\mathrm{T}}}{K_{\mathrm{p}j}(1 - \overline{\omega}_j^2)}\boldsymbol{F} \qquad (2.2.24)$$

把上式代入式 (2.2.19) 得到稳态响应为

$$\boldsymbol{x} = \sum_{j=1}^{n}\frac{\boldsymbol{\varphi}_j\boldsymbol{\varphi}_j^{\mathrm{T}}}{K_{\mathrm{p}j}(1 - \overline{\omega}_j^2)}\boldsymbol{F}\sin\omega t \qquad (2.2.25)$$

因此，上式与式 (2.2.11) 是完全相同的。

无阻尼系统稳态响应的频率等于激振频率，稳态位移的相位与简谐激振力的相位成单相关系，即同相或反相。各个物理坐标位移响应与激励之间的相位关系由 $\boldsymbol{HF}$ 元素的符号来决定：正号表明响应与激振力同相，负号表明响应与激振力反相。各个稳态物理坐标位移响应之间的相位关系由 $\boldsymbol{X}$ 元素的符号来决定：同为正号或同为负号都表示彼此同相，异号表示彼此之间反相。

2.2.3　拉普拉斯变换方法

拉普拉斯（Laplace）变换是在复数域内描述时域函数的线性变换方法。对一个实变量函数做拉普拉斯变换，并在复数域中进行分析，再将结果做拉普拉斯反变换求得时域中的

相应结果, 往往比直接在实数域中求出同样的结果容易。

下面用拉普拉斯变换来讨论一般激振力作用下的情况。拉普拉斯变换公式为

$$
\begin{aligned}
F(s) &= \int_0^\infty f(t) \mathrm{e}^{-st} \mathrm{d}t \\
f(t) &= \frac{1}{2\pi\mathrm{i}} \int_{\alpha-\mathrm{i}\infty}^{\alpha+\mathrm{i}\infty} F(s) \mathrm{e}^{st} \mathrm{d}s
\end{aligned}
\tag{2.2.26}
$$

式中 $s = \alpha + \mathrm{i}\omega$ $(\alpha \geqslant 0)$ 为复数, 说明拉普拉斯变换是在复数域内分析系统的动态特性。若 $s = \mathrm{i}\omega$, 拉普拉斯变换即为傅里叶变换。拉普拉斯变换性质及基本公式列于附录 B 中。

根据拉普拉斯变换基本公式可知方程 (2.2.1) 的拉普拉斯变换为

$$
[\boldsymbol{M}s^2 \boldsymbol{X}(s) - s\boldsymbol{x}(0) - \dot{\boldsymbol{x}}(0)] + \boldsymbol{K}\boldsymbol{X}(s) = \boldsymbol{F}(s)
\tag{2.2.27}
$$

式中 $\boldsymbol{X}(s)$ 和 $\boldsymbol{F}(s)$ 分别为 $\boldsymbol{x}(t)$ 和 $\boldsymbol{f}(t)$ 的拉普拉斯变换。若初始条件等于零, 则式 (2.2.27) 变为

$$
(\boldsymbol{M}s^2 + \boldsymbol{K})\boldsymbol{X}(s) = \boldsymbol{F}(s)
\tag{2.2.28}
$$

令

$$
\boldsymbol{H}(s) = (\boldsymbol{M}s^2 + \boldsymbol{K})^{-1}
\tag{2.2.29}
$$

称为**传递函数矩阵**, 因此式 (2.2.28) 可以写为

$$
\boldsymbol{X}(s) = \boldsymbol{H}(s)\boldsymbol{F}(s)
\tag{2.2.30}
$$

利用 $\boldsymbol{K} = \boldsymbol{\Phi}^{-\mathrm{T}}\boldsymbol{K}_\mathrm{p}\boldsymbol{\Phi}^{-1}$, $\boldsymbol{M} = \boldsymbol{\Phi}^{-\mathrm{T}}\boldsymbol{M}_\mathrm{p}\boldsymbol{\Phi}^{-1}$, 式 (2.2.29) 可以变换为

$$
\boldsymbol{H}(s) = \boldsymbol{\Phi}(\boldsymbol{K}_\mathrm{p} + s^2\boldsymbol{M}_\mathrm{p})^{-1}\boldsymbol{\Phi}^{\mathrm{T}} = \sum_{j=1}^{n} \frac{\boldsymbol{\varphi}_j \boldsymbol{\varphi}_j^{\mathrm{T}}}{K_{\mathrm{p}j} + s^2 M_{\mathrm{p}j}}
\tag{2.2.31}
$$

若 $s = \mathrm{i}\omega$, 则 $\boldsymbol{H}(\mathrm{i}\omega)$ 就是前面介绍的动柔度矩阵或位移频响矩阵。把式 (2.2.31) 代入式 (2.2.30) 得

$$
\boldsymbol{X}(s) = \sum_{j=1}^{n} \frac{\boldsymbol{\varphi}_j \boldsymbol{\varphi}_j^{\mathrm{T}}}{K_{\mathrm{p}j} + s^2 M_{\mathrm{p}j}} \boldsymbol{F}(s) = \sum_{j=1}^{n} \frac{\boldsymbol{\varphi}_j \boldsymbol{\varphi}_j^{\mathrm{T}}}{M_{\mathrm{p}j}(\omega_j^2 + s^2)} \boldsymbol{F}(s)
\tag{2.2.32}
$$

为了得到位移响应的时间历程, 把式 (2.2.32) 做拉普拉斯逆变换, 根据卷积公式得到系统在零初始条件下的位移响应为

$$
\boldsymbol{x}(t) = \sum_{j=1}^{n} \frac{\boldsymbol{\varphi}_j}{M_{\mathrm{p}j}\omega_j} \int_0^t \boldsymbol{\varphi}_j^{\mathrm{T}} \boldsymbol{f}(\tau) \sin\omega_j(t-\tau)\mathrm{d}\tau
\tag{2.2.33}
$$

此式与 2.2.1 节得到的结果相同。这里没有直接用第 1 章介绍的杜哈梅积分或卷积方法, 而是用拉普拉斯变换得到了同样的结果。与第 1 章推导卷积方法的过程相比, 拉普拉斯变换方法更加简单。值得指出的是, 上面用拉普拉斯变换方法给出的结果不包括初始扰动引

起的自由振动，但拉普拉斯变换方法可以考虑初始条件，这与卷积方法和傅里叶变换方法不同。

总之，系统受迫振动的分析可以在时域（用杜哈梅积分方法）、频域（用傅里叶变换方法）和复数域（用拉普拉斯变换方法）进行。在三个域内，分别用脉冲响应函数、频响函数和传递函数来描述系统的动力学特性。频响函数和脉冲响应函数构成傅里叶变换对，脉冲响应函数和传递函数构成拉普拉斯变换对，当 $s = \mathrm{i}\omega$ 时频响函数和传递函数相同。因此借助变换方法，三种分析方法的结果可以互相转化。

2.3　比例黏性阻尼和实模态理论

1877 年，瑞利出版了著名的《声学理论》（Theory of Sound）一书，系统地讲述了保守弹性系统的振动理论，这是对此书出版之前这方面研究工作的总结。人们发现，在不考虑阻尼的情况下，当系统以固有频率作振动（即为主振动，模态振动或固有振动）时，各个自由度的振动不是处于同相状态（相位差为 0），就是处于反相状态（相位差为 π），并且节点静止不动。此时，主振动呈现驻波性质，在共振实验中可以清晰地看到固有振型或模态图像。在数学上，可以用实函数或实向量来表示这样的固有振型或模态向量。有关理论称为**实模态理论**。

模态分析的主要目的是识别出系统的固有频率和模态向量，为系统振动特性分析、振动故障诊断和预报以及动力特性的优化设计提供依据。实模态理论内容丰富，包括模态向量正交性、模态叠加方法、频响函数和脉冲响应函数等。对于无阻尼多自由度系统的实模态分析理论，前面两节已经做了介绍。

2.3.1　系统阻尼

实际系统总存在阻尼。阻尼系统中的自由振动响应是暂态响应，它随时间不断衰减。阻尼又能限制共振响应峰值，因此阻尼对振动系统是重要的。如第 1 章所述，常用的阻尼模型是线性黏性阻尼模型或等效线性黏性阻尼模型，其中黏性阻尼力的大小与速度的大小成正比。具有黏性阻尼的系统动力学方程为

$$M\ddot{x} + C\dot{x} + Kx = f \tag{2.3.1}$$

式中：C 为黏性阻尼矩阵。阻尼性质远比系统惯性和弹性性质复杂。人们已经了解质量矩阵 M 和刚度矩阵 K 的特性，但对阻尼矩阵 C 的特性的了解还很不充分。通常只能根据工程经验和实验判断 C 是否是对称的。当系统具有局部阻尼或人工阻尼时，矩阵 C 往往不是正定的。

对于动力学方程 (2.3.1)，通用的解法是时间积分方法，参见第 4 章。时间积分方法对阻

尼矩阵的性质没有限制。如果期望用前两节介绍的实模态叠加解析方法来求解方程 (2.3.1)，则要求如下计算的 C_p 也是对角矩阵：

$$C_\mathrm{p} = \boldsymbol{\Phi}^\mathrm{T} \boldsymbol{C} \boldsymbol{\Phi} \tag{2.3.2}$$

式中：$\boldsymbol{\Phi}$ 为由式 (2.1.38) 定义的固有振型矩阵或模态矩阵，C_p 称为**模态阻尼矩阵**。若 C_p 为对角矩阵，则方程 (2.3.1) 不但没有弹性和惯性耦合，也没有阻性耦合。人们习惯把能够对角化的黏性阻尼称为**比例黏性阻尼**，也称为**经典阻尼**。为了成为比例阻尼矩阵，矩阵 $\boldsymbol{C}$ 需要满足下面三个条件之一[1]：

$$\boldsymbol{K}\boldsymbol{M}^{-1}\boldsymbol{C} = \boldsymbol{C}\boldsymbol{M}^{-1}\boldsymbol{K} \tag{2.3.3a}$$

$$\boldsymbol{K}\boldsymbol{C}^{-1}\boldsymbol{M} = \boldsymbol{M}\boldsymbol{C}^{-1}\boldsymbol{K} \tag{2.3.3b}$$

$$\boldsymbol{C}\boldsymbol{K}^{-1}\boldsymbol{M} = \boldsymbol{M}\boldsymbol{K}^{-1}\boldsymbol{C} \tag{2.3.3c}$$

常用的比例黏性阻尼是**瑞利阻尼**，其定义为

$$\boldsymbol{C} = a\boldsymbol{M} + b\boldsymbol{K} \tag{2.3.4}$$

式中 a 和 b 是比例系数，通常由实验确定。用 $\boldsymbol{\Phi}^\mathrm{T}$ 和 $\boldsymbol{\Phi}$ 分别前乘和后乘式 (2.3.4) 等号两端得

$$C_\mathrm{p} = a\boldsymbol{M}_\mathrm{p} + b\boldsymbol{K}_\mathrm{p} \tag{2.3.5}$$

则 $C_\mathrm{p} = \mathrm{diag}(C_{\mathrm{p}j})(j = 1, 2, \cdots, n)$ 为对角矩阵，$C_{\mathrm{p}j}$ 称为**模态阻尼系数**。根据 $C_{\mathrm{p}j}$，a 和 b 计算的模态阻尼比为

$$\xi_j = \frac{C_{\mathrm{p}j}}{2M_{\mathrm{p}j}\omega_j} = \frac{1}{2}\left(\frac{a}{\omega_j} + b\omega_j\right) \tag{2.3.6}$$

瑞利阻尼对小物理阻尼情况具有较好的精度。由于通过实验可以测得模态阻尼比，因此根据它们可以反过来确定比例阻尼矩阵，当 $\xi_j \leqslant 0.2$ 时，这种方法具有较好的实用性[2]。根据式 (2.3.2) 可得

$$\begin{aligned}
\boldsymbol{C} &= \boldsymbol{\Phi}^{-\mathrm{T}} C_\mathrm{p} \boldsymbol{\Phi}^{-1} = (\boldsymbol{M}\boldsymbol{\Phi}\boldsymbol{M}_\mathrm{p}^{-1})C_\mathrm{p}(\boldsymbol{M}_\mathrm{p}^{-1}\boldsymbol{\Phi}^\mathrm{T}\boldsymbol{M}) \\
&= \boldsymbol{M}\boldsymbol{\Phi}(\boldsymbol{M}_\mathrm{p}^{-1}C_\mathrm{p}\boldsymbol{M}_\mathrm{p}^{-1})(\boldsymbol{M}\boldsymbol{\Phi})^\mathrm{T}
\end{aligned} \tag{2.3.7}$$

式中：$\boldsymbol{M}_\mathrm{p}^{-1}C_\mathrm{p}\boldsymbol{M}_\mathrm{p}^{-1} = \mathrm{diag}(2\xi_j\omega_j/M_{\mathrm{p}j})$ 是一个对角矩阵。另外，可以推测：**只要实验观察到的固有振型是驻波，则可用比例黏性阻尼模型来模拟系统真实阻尼。**

当 $\boldsymbol{C}$ 不能完全被实固有振型完全对角化时，为了简化振动分析，可以令 C_p 中非零对角线元素为零，不过这种做法有时会引起不可忽略的误差[3]。人们通常称这种处理的阻尼为振型阻尼。

由于用实固有振型可以将比例阻尼矩阵 $\boldsymbol{C}$ 对角化，因此可以用实模态理论来分析具有比例黏性阻尼的多自由度系统的自由振动和受迫振动。前两节介绍的关于无阻尼系统振动的实模态分析方法可以直接用来分析具有比例阻尼系统的振动。下面从时域和频域两个

角度介绍有关内容。

2.3.2　时域特性分析

这一节内容的介绍方法与 2.2.1 节是类似的。由于考虑了阻尼，因此自由振动都是随时间衰减的振动，并且稳态响应和简谐激励之间存在相位差。

1. 自由振动的模态叠加方法

令式 (2.3.1) 中 $\boldsymbol{f}(t)$ 为零，利用模态矩阵可将该方程解耦为

$$M_{\mathrm{p}j}\ddot{q}_j + C_{\mathrm{p}j}\dot{q}_j + K_{\mathrm{p}j}q_j = 0 \tag{2.3.8}$$

或

$$\ddot{q}_j + 2\xi_j\omega_j\dot{q}_j + \omega_j^2 q_j = 0 \tag{2.3.9}$$

上式就是在模态坐标系下 n 个独立的有阻尼单自由度系统自由振动方程。方程 (2.3.9) 的解与式 (1.3.11) 具有相同的形式，即

$$q_j(t) = \mathrm{e}^{-\xi_j\omega_j t}\left(q_{j0}\cos\omega_{\mathrm{d}j}t + \frac{\dot{q}_{j0} + \xi_j\omega_j q_{j0}}{\omega_{\mathrm{d}j}}\sin\omega_{\mathrm{d}j}t\right) \tag{2.3.10}$$

式中：$\omega_{\mathrm{d}j}$ 为有阻尼时的第 j 阶固有频率

$$\omega_{\mathrm{d}j} = \omega_j\sqrt{1 - \xi_j^2} \tag{2.3.11}$$

而 q_{j0} 和 $\dot{q}_{j0}$ 分别为第 j 个主坐标初始位移和初始速度。根据坐标变换公式 (2.1.39) 和模态向量关于质量的正交性，q_{j0} 和 $\dot{q}_{j0}$ 可以用物理坐标系下的初始位移 $\boldsymbol{x}_0$ 和初始速度 $\dot{\boldsymbol{x}}_0$ 确定，即

$$q_{j0} = \boldsymbol{\varphi}_j^{\mathrm{T}}\boldsymbol{M}\boldsymbol{x}_0/M_{\mathrm{p}j}, \quad \dot{q}_{j0} = \boldsymbol{\varphi}_j^{\mathrm{T}}\boldsymbol{M}\dot{\boldsymbol{x}}_0/M_{\mathrm{p}j} \tag{2.3.12}$$

于是

$$q_j(t) = \frac{\mathrm{e}^{-\xi_j\omega_j t}}{M_{\mathrm{p}j}}\left(\boldsymbol{\varphi}_j^{\mathrm{T}}\boldsymbol{M}\boldsymbol{x}_0\cos\omega_{\mathrm{d}j}t + \frac{\boldsymbol{\varphi}_j^{\mathrm{T}}\boldsymbol{M}\dot{\boldsymbol{x}}_0 + \xi_j\omega_j\boldsymbol{\varphi}_j^{\mathrm{T}}\boldsymbol{M}\boldsymbol{x}_0}{\omega_{\mathrm{d}j}}\sin\omega_{\mathrm{d}j}t\right) \tag{2.3.13}$$

把上式代入坐标变换式 (2.1.39) 可得物理坐标系下的自由振动位移响应

$$\boldsymbol{x}(t) = \sum_{j=1}^{n}\frac{\mathrm{e}^{-\xi_j\omega_j t}\boldsymbol{\varphi}_j}{M_{\mathrm{p}j}}\left(\boldsymbol{\varphi}_j^{\mathrm{T}}\boldsymbol{M}\boldsymbol{x}_0\cos\omega_{\mathrm{d}j}t + \frac{\boldsymbol{\varphi}_j^{\mathrm{T}}\boldsymbol{M}\dot{\boldsymbol{x}}_0 + \xi_j\omega_j\boldsymbol{\varphi}_j^{\mathrm{T}}\boldsymbol{M}\boldsymbol{x}_0}{\omega_{\mathrm{d}j}}\sin\omega_{\mathrm{d}j}t\right) \tag{2.3.14}$$

例 2.3.1　图 2.3.1 为两自由度系统，阻尼系数 $c_1 = c_2 = c_3 = c_0$。初始条件为 $\boldsymbol{x}_0^{\mathrm{T}} = \begin{bmatrix} 0 & 0 \end{bmatrix}$，$\dot{\boldsymbol{x}}_0^{\mathrm{T}} = \begin{bmatrix} v & 0 \end{bmatrix}$。用模态叠加方法和直接求解方法确定系统的自由振动。

解： 利用达朗贝尔原理容易建立系统的运动微分方程为

$$\begin{bmatrix} m & 0 \\ 0 & m \end{bmatrix}\begin{bmatrix} \ddot{x}_1 \\ \ddot{x}_2 \end{bmatrix} + \begin{bmatrix} 2c & -c \\ -c & 2c \end{bmatrix}\begin{bmatrix} \dot{x}_1 \\ \dot{x}_2 \end{bmatrix} + \begin{bmatrix} 2k & -k \\ -k & 2k \end{bmatrix}\begin{bmatrix} x_1 \\ x_2 \end{bmatrix} = \begin{bmatrix} 0 \\ 0 \end{bmatrix} \tag{a}$$

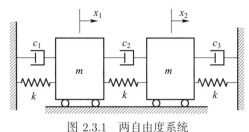

图 2.3.1　两自由度系统

阻尼矩阵 $\boldsymbol{C} = c\boldsymbol{K}/k$ 满足比例阻尼条件 $\boldsymbol{K}\boldsymbol{M}^{-1}\boldsymbol{C} = \boldsymbol{C}\boldsymbol{M}^{-1}\boldsymbol{K}$，可以用实模态理论来分析系统的振动。先用模态叠加方法来求解自由振动。

（1）求模态参数

广义本征方程为

$$\begin{bmatrix} 2k - m\omega^2 & -k \\ -k & 2k - m\omega^2 \end{bmatrix} \begin{bmatrix} \varphi_1 \\ \varphi_2 \end{bmatrix} = \begin{bmatrix} 0 \\ 0 \end{bmatrix} \tag{b}$$

频率方程为

$$\det(\boldsymbol{K} - \omega^2 \boldsymbol{M}) = \begin{vmatrix} 2k - m\omega^2 & -k \\ -k & 2k - m\omega^2 \end{vmatrix} = (m\omega^2 - k)(m\omega^2 - 3k) = 0 \tag{c}$$

因此固有频率为

$$\omega_1 = \sqrt{\frac{k}{m}}, \quad \omega_2 = \sqrt{\frac{3k}{m}}$$

把固有频率代入式 (b)，并令模态向量的第二个分量等于 1，有

$$\boldsymbol{\varphi}_1 = \begin{bmatrix} 1 \\ 1 \end{bmatrix}, \quad \boldsymbol{\varphi}_2 = \begin{bmatrix} -1 \\ 1 \end{bmatrix} \tag{d}$$

根据模态向量可以计算得到如下参数：

$$M_{p1} = 2m, \quad M_{p2} = 2m, \quad K_{p1} = 2k, \quad K_{p2} = 6k$$
$$C_{p1} = \boldsymbol{\varphi}_1^{\mathrm{T}} \boldsymbol{C} \boldsymbol{\varphi}_1 = 2c, \quad C_{p2} = \boldsymbol{\varphi}_2^{\mathrm{T}} \boldsymbol{C} \boldsymbol{\varphi}_2 = 6c$$
$$\xi_1 = \frac{C_{p1}}{2\omega_1 M_{p1}} = \frac{c}{2\sqrt{mk}}, \quad \xi_2 = \frac{C_{p2}}{2\omega_2 M_{p2}} = \frac{3c}{\sqrt{3mk}}$$

（2）确定主坐标位移

根据式 (2.3.12) 计算模态初始位移和初始速度，得

$$q_{10} = \boldsymbol{\varphi}_1^{\mathrm{T}} \boldsymbol{M} \boldsymbol{x}_0 / M_{p1} = 0, \quad \dot{q}_{10} = \boldsymbol{\varphi}_1^{\mathrm{T}} \boldsymbol{M} \dot{\boldsymbol{x}}_0 / M_{p1} = v/2$$
$$q_{20} = \boldsymbol{\varphi}_2^{\mathrm{T}} \boldsymbol{M} \boldsymbol{x}_0 / M_{p2} = 0, \quad \dot{q}_{20} = \boldsymbol{\varphi}_2^{\mathrm{T}} \boldsymbol{M} \dot{\boldsymbol{x}}_0 / M_{p2} = -v/2$$

根据式 (2.3.10) 计算主坐标位移响应，得

$$q_j(t) = \mathrm{e}^{-\xi_j \omega_j t} \frac{\dot{q}_{j0}}{\omega_{\mathrm{d}j}} \sin \omega_{\mathrm{d}j} t \quad (j = 1, 2) \tag{e}$$

(3) 确定物理坐标下的位移

将式 (e) 代入式 (2.1.39) 得

$$\begin{bmatrix} x_1 \\ x_2 \end{bmatrix} = \begin{bmatrix} 1 \\ 1 \end{bmatrix} q_1 + \begin{bmatrix} -1 \\ 1 \end{bmatrix} q_2 = \begin{bmatrix} \dfrac{v}{2} \left(\dfrac{\mathrm{e}^{-\xi_1 \omega_1 t}}{\omega_{\mathrm{d}1}} \sin \omega_{\mathrm{d}1} t + \dfrac{\mathrm{e}^{-\xi_2 \omega_2 t}}{\omega_{\mathrm{d}2}} \sin \omega_{\mathrm{d}2} t \right) \\ \dfrac{v}{2} \left(\dfrac{\mathrm{e}^{-\xi_1 \omega_1 t}}{\omega_{\mathrm{d}1}} \sin \omega_{\mathrm{d}1} t - \dfrac{\mathrm{e}^{-\xi_2 \omega_2 t}}{\omega_{\mathrm{d}2}} \sin \omega_{\mathrm{d}2} t \right) \end{bmatrix}$$

下面直接求解方程 (a)。令该齐次方程的解为

$$\begin{bmatrix} x_1 \\ x_2 \end{bmatrix} = \begin{bmatrix} \varphi_1 \\ \varphi_2 \end{bmatrix} \mathrm{e}^{\lambda t} \tag{f}$$

把式 (f) 代入方程 (a) 有

$$\begin{bmatrix} m\lambda^2 + 2c\lambda + 2k & -c\lambda - k \\ -c\lambda - k & m\lambda^2 + 2c\lambda + 2k \end{bmatrix} \begin{bmatrix} \varphi_1 \\ \varphi_2 \end{bmatrix} = \begin{bmatrix} 0 \\ 0 \end{bmatrix} \tag{g}$$

由上式系数矩阵行列式为零得本征方程为

$$(m\lambda^2 + 3c\lambda + 3k)(m\lambda^2 + c\lambda + k) = 0 \tag{h}$$

求解方程 (h) 得到本征值为

$$\lambda_{1,2} = -\xi\omega \pm \mathrm{i}\omega\sqrt{1 - \xi^2}, \quad \lambda_{3,4} = -3\xi\omega \pm \mathrm{i}\omega\sqrt{3(1 - 3\xi^2)} \tag{i}$$

式中：$\xi = c/(2m\omega)$，$\omega^2 = k/m$。对于对称系统，本征值为两对共轭复根，本征向量也应该是共轭的。把本征值代入式 (g) 得

$$\boldsymbol{\varphi}_{1,2} = \begin{bmatrix} 1 \\ 1 \end{bmatrix}, \quad \boldsymbol{\varphi}_{3,4} = \begin{bmatrix} -1 \\ 1 \end{bmatrix} \tag{j}$$

式 (j) 和式 (d) 是相同的。由此可以看出，当系统阻尼是比例黏性阻尼时，无论用什么方法求出来的本征向量都是由实数组成的向量。因此，**只要系统具有比例黏性阻尼，则可用实模态理论分析**。式 (i) 中的复本征值也可以用前面的模态参数来表达，即

$$\begin{aligned} \lambda_{1,2} &= -\xi_1 \omega_1 \pm \mathrm{i}\omega_1 \sqrt{1 - \xi_1^2} = -\xi_1 \omega_1 \pm \mathrm{i}\omega_{\mathrm{d}1} \\ \lambda_{3,4} &= -\xi_2 \omega_2 \pm \mathrm{i}\omega_2 \sqrt{1 - \xi_2^2} = -\xi_2 \omega_2 \pm \mathrm{i}\omega_{\mathrm{d}2} \end{aligned} \tag{k}$$

根据常微分方程理论，有

$$\begin{aligned} \boldsymbol{x} = \sum_{j=1}^{4} b_j \boldsymbol{\varphi}_j \mathrm{e}^{\lambda_j t} &= \mathrm{e}^{-\xi_1 \omega_1 t} (a_1 \boldsymbol{\varphi}_1 \cos \omega_{\mathrm{d}1} t + a_2 \boldsymbol{\varphi}_1 \sin \omega_{\mathrm{d}1} t) + \\ &\quad \mathrm{e}^{-\xi_2 \omega_2 t} (a_3 \boldsymbol{\varphi}_3 \cos \omega_{\mathrm{d}2} t + a_4 \boldsymbol{\varphi}_3 \sin \omega_{\mathrm{d}2} t) \end{aligned} \tag{l}$$

把式 (l) 代入初始条件 (2.1.27) 中，得到

$$a_1\boldsymbol{\varphi}_1 + a_3\boldsymbol{\varphi}_3 = \boldsymbol{x}_0$$

$$-\xi_1\omega_1 a_1\boldsymbol{\varphi}_1 - \xi_2\omega_2 a_3\boldsymbol{\varphi}_3 + a_2\boldsymbol{\varphi}_1\omega_{d1} + a_4\boldsymbol{\varphi}_3\omega_{d2} = \dot{\boldsymbol{x}}_0$$

因此 $a_1 = a_3 = 0$，$a_2 = v/(2\omega_{d1})$，$a_4 = -v/(2\omega_{d2})$，把它们代入式 (l) 得

$$\boldsymbol{x} = \frac{v}{2}\left(\frac{\mathrm{e}^{-\xi_1\omega_1 t}}{\omega_{d1}}\boldsymbol{\varphi}_1\sin\omega_{d1}t - \frac{\mathrm{e}^{-\xi_2\omega_2 t}}{\omega_{d2}}\boldsymbol{\varphi}_3\sin\omega_{d2}t\right) \tag{m}$$

显然模态叠加方法和直接解法的结果是相同的。

2. 受迫振动的模态叠加方法

利用模态矩阵可将受迫振动方程 (2.3.1) 解耦成为

$$M_{pj}\ddot{q}_j + C_{pj}\dot{q}_j + K_{pj}q_j = P_j \tag{2.3.15}$$

式中 $P_j = \boldsymbol{\varphi}_j^{\mathrm{T}}\boldsymbol{f}$ 为第 j 阶模态力。方程 (2.3.15) 可以变成

$$\ddot{q}_j + 2\xi_j\omega_j\dot{q}_j + \omega_j^2 q_j = \frac{P_j}{M_{pj}} \tag{2.3.16}$$

其对应的齐次方程 (2.3.9) 的通解 q_{1j} 已经在式 (2.3.13) 中给出。方程 (2.3.16) 的特解 q_{2j} 由杜哈梅积分给出，参见式 (1.8.16)，即

$$q_{2j}(t) = \int_0^t P_j(\tau)h_j(t-\tau)\mathrm{d}\tau \tag{2.3.17}$$

式中 h_j 为主坐标脉冲响应函数，其形式为

$$h_j(t-\tau) = \frac{\mathrm{e}^{-\xi_j\omega_j(t-\tau)}}{M_{pj}\omega_{dj}}\sin\omega_{dj}(t-\tau) \tag{2.3.18}$$

因此根据坐标变换式 (2.1.39) 可得一般激励作用下的物理坐标位移响应

$$\boldsymbol{x}(t) = \sum_{j=1}^n \frac{\boldsymbol{\varphi}_j}{M_{pj}\omega_{dj}}\int_0^t \boldsymbol{\varphi}_j^{\mathrm{T}}\boldsymbol{f}(\tau)\mathrm{e}^{-\xi_j\omega_j(t-\tau)}\sin\omega_{dj}(t-\tau)\mathrm{d}\tau \tag{2.3.19}$$

如果初始条件非零，物理坐标位移响应还应该包括式 (2.3.13) 给出的由初始条件引起的自由振动响应。读者可以尝试利用拉普拉斯变换方法得到式 (2.3.19)。

如果考虑正弦激励 $\boldsymbol{f}(t) = \boldsymbol{F}\sin\omega t$，其中 $\boldsymbol{F}^{\mathrm{T}} = \begin{bmatrix} F_1 & F_2 & \cdots & F_n \end{bmatrix}$ 为激振力幅值向量，则式 (2.3.17) 变为

$$q_{2j}(t) = \frac{\boldsymbol{\varphi}_j^{\mathrm{T}}\boldsymbol{F}}{M_{pj}\omega_{dj}}\int_0^t \mathrm{e}^{-\xi_j\omega_j(t-\tau)}\sin\omega\tau\sin\omega_{dj}(t-\tau)\mathrm{d}\tau = \frac{\boldsymbol{\varphi}_j^{\mathrm{T}}\boldsymbol{F}}{K_{pj}}\beta_j\sin(\omega t-\theta_j)+$$
$$\frac{\boldsymbol{\varphi}_j^{\mathrm{T}}\boldsymbol{F}}{K_{pj}}\beta_j\mathrm{e}^{-\xi_j\omega_j t}\left[\sin\theta_j\cos\omega_{dj}t + \frac{1}{\omega_{dj}}(\xi_j\omega_j\sin\theta_j - \omega\cos\theta_j)\sin\omega_{dj}t\right] \tag{2.3.20}$$

式中：θ_j 为第 j 阶主坐标稳态位移响应与激振力之间的相位差，β_j 为第 j 阶主坐标位移响应的振幅放大因数，它们的形式为

$$\theta_j = \arccos \frac{1-\overline{\omega}_j^2}{\sqrt{(1-\overline{\omega}_j^2)^2 + (2\xi_j\overline{\omega}_j)^2}}, \quad \beta_j = \frac{1}{\sqrt{(1-\overline{\omega}_j^2)^2 + (2\xi_j\overline{\omega}_j)^2}} \tag{2.3.21}$$

为了更好地理解式 (2.3.20)，可以参见式 (1.6.16)。式 (2.3.20) 等号右端第一项是简谐激励引起的主坐标稳态响应，第二项是伴随自由振动响应。根据坐标变换公式 (2.1.39) 可得物理坐标稳态位移响应为

$$\boldsymbol{x} = \sum_{j=1}^n \boldsymbol{\varphi}_j \frac{\boldsymbol{\varphi}_j^{\mathrm{T}} \boldsymbol{F}}{K_{\mathrm{p}j}} \beta_j \sin(\omega t - \theta_j) \tag{2.3.22}$$

2.3.3 频域特性分析

这一节内容的介绍方法与 2.2.2 节是类似的。机械阻抗方法是通过分析简谐力与简谐响应（稳态响应）之间的关系实现的。与简谐力 $\boldsymbol{f} = \boldsymbol{F}\mathrm{e}^{\mathrm{i}\omega t}$ 对应的稳态响应是 $\boldsymbol{x} = \boldsymbol{X}\mathrm{e}^{\mathrm{i}\omega t}$，把它们代入方程 (2.3.1) 得

$$(\boldsymbol{K} - \omega^2 \boldsymbol{M} + \mathrm{i}\omega \boldsymbol{C})\boldsymbol{X} = \boldsymbol{F} \tag{2.3.23}$$

由此式可得系统的动刚度矩阵为

$$\boldsymbol{Z}(\omega) = \boldsymbol{K} - \omega^2 \boldsymbol{M} + \mathrm{i}\omega \boldsymbol{C} \tag{2.3.24}$$

把式 (2.3.23) 写为

$$\boldsymbol{X} = \boldsymbol{H}(\omega)\boldsymbol{F} \tag{2.3.25}$$

式中动柔度矩阵或位移频响矩阵 $\boldsymbol{H}$ 为 $\boldsymbol{Z}$ 的逆矩阵，其形式为

$$\boldsymbol{H}(\omega) = [\boldsymbol{K} - \omega^2 \boldsymbol{M} + \mathrm{i}\omega \boldsymbol{C}]^{-1} \tag{2.3.26}$$

式 (2.3.25) 建立了激振力幅值向量和稳态位移响应幅值向量之间的关系。利用 $\boldsymbol{H}$ 把稳态位移响应表示为

$$\boldsymbol{x} = \boldsymbol{H}\boldsymbol{F}\mathrm{e}^{\mathrm{i}\omega t} \tag{2.3.27}$$

在振动分析中，经常采用动柔度矩阵来分析系统的动态特性。下面用模态叠加方法来表示动柔度矩阵 $\boldsymbol{H}$。将 $\boldsymbol{K} = \boldsymbol{\Phi}^{-\mathrm{T}} \boldsymbol{K}_{\mathrm{p}} \boldsymbol{\Phi}^{-1}$，$\boldsymbol{M} = \boldsymbol{\Phi}^{-\mathrm{T}} \boldsymbol{M}_{\mathrm{p}} \boldsymbol{\Phi}^{-1}$ 和 $\boldsymbol{C} = \boldsymbol{\Phi}^{-\mathrm{T}} \boldsymbol{C}_{\mathrm{p}} \boldsymbol{\Phi}^{-1}$ 代入式 (2.3.26) 有

$$\boldsymbol{H}(\omega) = \boldsymbol{\Phi}(\boldsymbol{K}_{\mathrm{p}} - \omega^2 \boldsymbol{M}_{\mathrm{p}} + \mathrm{i}\omega \boldsymbol{C}_{\mathrm{p}})^{-1} \boldsymbol{\Phi}^{\mathrm{T}} \tag{2.3.28}$$

因此

$$H(\omega) = \sum_{j=1}^{n} \frac{\varphi_j \varphi_j^{\mathrm{T}}}{K_{\mathrm{p}j} - \omega^2 M_{\mathrm{p}j} + \mathrm{i}\omega C_{\mathrm{p}j}} = \sum_{j=1}^{n} \frac{\varphi_j \varphi_j^{\mathrm{T}}}{K_{\mathrm{p}j}(1 - \overline{\omega}_j^2 + 2\mathrm{i}\overline{\omega}_j \xi_j)}$$

$$= \sum_{j=1}^{n} \frac{\varphi_j \varphi_j^{\mathrm{T}}}{K_{\mathrm{p}j}} \beta_j \mathrm{e}^{-\mathrm{i}\theta_j} \qquad (2.3.29)$$

式中 θ_j 和 β_j 的表达式参见式 (2.3.21)。矩阵 H 的元素为

$$H_{rs} = \sum_{j=1}^{n} \frac{\varphi_{rj}\varphi_{sj}}{K_{\mathrm{p}j}(1 - \overline{\omega}_j^2 + 2\mathrm{i}\overline{\omega}_j \xi_j)} \qquad (2.3.30)$$

用叠加方法表示的位移稳态响应的振幅为

$$X = HF = \sum_{j=1}^{n} \frac{\varphi_j \varphi_j^{\mathrm{T}} F}{K_{\mathrm{p}j}} \beta_j \mathrm{e}^{-\mathrm{i}\theta_j} \qquad (2.3.31)$$

于是

$$x = X\mathrm{e}^{\mathrm{i}\omega t} = \sum_{j=1}^{n} \frac{\varphi_j \varphi_j^{\mathrm{T}} F}{K_{\mathrm{p}j}} \beta_j \mathrm{e}^{\mathrm{i}(\omega - \theta_j)} \qquad (2.3.32)$$

如果外力为 $f(t) = F\sin\omega t$，则位移稳态响应就是式 (2.3.32) 的虚部，与式 (2.3.22) 相同。

2.4 非比例黏性阻尼和复模态理论

一般情况下，结构的质量矩阵 M 是正定对称矩阵，刚度矩阵 K 是半正定对称矩阵。当黏性阻尼矩阵 C 为正定对称矩阵时，系统本征值可以为实数，也可以为复数。若为复数，则一定以共轭复数形式出现。并且，系统在作自由振动时，由于正定阻尼的作用振幅将持续衰减，故本征值不可能为正实数。此外，在第 1 章中已经指出，当正的黏性阻尼（阻尼系数 $c > 0$）比较小时，本征值为共轭复数且其实部必为负值。当阻尼增加到某一临界值时，本征值将由一对共轭复根转变为负实数重根，随着阻尼的继续增加而转变为两个相异的负实根。

对于无阻尼和具有比例黏性阻尼的多自由度系统的振动问题，可以用实模态理论进行分析。在实模态理论中，主振动中的节点位置是固定不变的，主振动呈现**驻波**性质。然而，对于具有非比例黏性阻尼的系统，即使在同一阶主振动中，节点位置也是变化的，振动呈现**行波**性质而有别于实模态振动的驻波性质。在这种情况下，引入状态变量进行分析更加方便。有关的模态理论称为**复模态理论**，但它对 C 是比例黏性阻尼情况也是适用的。

下面只对具有非比例阻尼系统的复模态叠加分析方法进行介绍，不再讨论机械阻抗分析方法和拉普拉斯变换方法。

2.4.1　对称系统

对称系统的含义是指质量矩阵 M、刚度矩阵 K 和阻尼矩阵 C 都是实对称矩阵。考虑如下系统运动微分方程:

$$M\ddot{x} + C\dot{x} + Kx = f \tag{2.4.1}$$

引入恒等式 $M\dot{x} - M\dot{x} = 0$ 和状态变量

$$q = \begin{bmatrix} \dot{x} \\ x \end{bmatrix} \tag{2.4.2}$$

把方程 (2.4.1) 变换成如下形式:

$$\widetilde{M}\dot{q} + \widetilde{K}q = \widetilde{f} \tag{2.4.3}$$

式中

$$\widetilde{M} = \begin{bmatrix} 0 & M \\ M & C \end{bmatrix}, \quad \widetilde{K} = \begin{bmatrix} -M & 0 \\ 0 & K \end{bmatrix}, \quad \widetilde{f} = \begin{bmatrix} 0 \\ f \end{bmatrix} \tag{2.4.4}$$

因为矩阵 M、K 和 C 是 $n \times n$ 维实对称矩阵,因此矩阵 $\widetilde{M}$ 和 $\widetilde{K}$ 是 $2n \times 2n$ 维实对称矩阵。

1. 自由振动情况

令 $f = 0$,方程 (2.4.3) 变为

$$\widetilde{M}\dot{q} + \widetilde{K}q = 0 \tag{2.4.5}$$

它的解具有如下形式:

$$q = \psi e^{\lambda t} \tag{2.4.6}$$

式中: λ 为复本征值,ψ 为**复本征列向量**,或称为**复模态向量**。若 $x = \varphi e^{\lambda t}$,则

$$\psi = \begin{bmatrix} \lambda\varphi \\ \varphi \end{bmatrix} \tag{2.4.7}$$

上式中的 φ 和 $\lambda\varphi$ 分别是位移和速度模态向量。值得指出的是,由于有 n 对共轭本征值 λ,因此有 n 对对应的共轭本征向量 φ,但 φ 的元素个数只有 n 个,因此 $2n$ 个 φ_j ($j = 1, 2, \cdots, 2n$) 之间存在 n 个线性关系。每对共轭复根的虚部都是固有频率,实部是衰减指数,因此系统仍然只具有 n 阶固有频率。

把式 (2.4.7) 代入式 (2.4.6),再把所得结果代入方程 (2.4.5) 得

$$\widetilde{K}\psi = -\lambda\widetilde{M}\psi \tag{2.4.8}$$

因为 $\widetilde{M}$ 和 $\widetilde{K}$ 是实对称矩阵,可以证明存在下面的复模态正交性:

$$\boldsymbol{\psi}_i^{\mathrm{T}}\widetilde{\boldsymbol{M}}\boldsymbol{\psi}_j = 0 \quad (\lambda_i \neq \lambda_j)$$
$$\boldsymbol{\psi}_i^{\mathrm{T}}\widetilde{\boldsymbol{K}}\boldsymbol{\psi}_j = 0 \quad (\lambda_i \neq \lambda_j)$$

(2.4.9)

式中：$i, j = 1, 2, \cdots, 2n$。并且

$$\widetilde{M}_{\mathrm{p}j} = \boldsymbol{\psi}_j^{\mathrm{T}}\widetilde{\boldsymbol{M}}\boldsymbol{\psi}_j$$
$$\widetilde{K}_{\mathrm{p}j} = \boldsymbol{\psi}_j^{\mathrm{T}}\widetilde{\boldsymbol{K}}\boldsymbol{\psi}_j$$

(2.4.10)

称 $\widetilde{M}_{\mathrm{p}j}$ 和 $\widetilde{K}_{\mathrm{p}j}$ 为**复模态质量**和**复模态刚度**。利用式 (2.4.4) 和式 (2.4.7) 可以把式 (2.4.10) 变成为

$$\widetilde{M}_{\mathrm{p}j} = \boldsymbol{\varphi}_j^{\mathrm{T}}(2\lambda_j\boldsymbol{M} + \boldsymbol{C})\boldsymbol{\varphi}_j$$
$$\widetilde{K}_{\mathrm{p}j} = \boldsymbol{\varphi}_j^{\mathrm{T}}(-\lambda_j^2\boldsymbol{M} + \boldsymbol{K})\boldsymbol{\varphi}_j$$

(2.4.11)

并且有

$$\lambda_j = -\frac{\widetilde{K}_{\mathrm{p}j}}{\widetilde{M}_{\mathrm{p}j}}$$

(2.4.12)

也可以组成复模态矩阵 $\boldsymbol{\Psi} = \begin{bmatrix} \boldsymbol{\psi}_1 & \boldsymbol{\psi}_1 & \cdots & \boldsymbol{\psi}_{2n} \end{bmatrix}$ 和如下对角复模态质量矩阵和对角复模态刚度矩阵：

$$\widetilde{\boldsymbol{M}}_{\mathrm{p}} = \boldsymbol{\Psi}^{\mathrm{T}}\widetilde{\boldsymbol{M}}\boldsymbol{\Psi} = \mathrm{diag}(\widetilde{M}_{\mathrm{p}j})$$
$$\widetilde{\boldsymbol{K}}_{\mathrm{p}} = \boldsymbol{\Psi}^{\mathrm{T}}\widetilde{\boldsymbol{K}}\boldsymbol{\Psi} = \mathrm{diag}(\widetilde{K}_{\mathrm{p}j})$$

(2.4.13)

做如下坐标变换：

$$\boldsymbol{q} = \sum_{j=1}^{2n}\boldsymbol{\psi}_j r_j = \boldsymbol{\Psi}\boldsymbol{r}$$

(2.4.14)

式中：$\boldsymbol{r}^{\mathrm{T}} = \begin{bmatrix} r_1 & r_2 & \cdots & r_{2n} \end{bmatrix}$ 称为**复主坐标**或**复模态坐标**向量，$\boldsymbol{\psi}_j r_j$ 是第 j 阶复主振动，$\boldsymbol{\psi}_{2k-1}r_{2k-1} + \boldsymbol{\psi}_{2k}r_{2k}$ $(k = 1, 2, \cdots, n)$ 是实向量，它表示第 k 阶实际主振动。把式 (2.4.14) 代入方程 (2.4.5) 并前乘 $\boldsymbol{\Psi}^{\mathrm{T}}$ 得到解耦的方程

$$\widetilde{\boldsymbol{M}}_{\mathrm{p}}\dot{\boldsymbol{r}} + \widetilde{\boldsymbol{K}}_{\mathrm{p}}\boldsymbol{r} = \boldsymbol{0}$$

(2.4.15)

或

$$\dot{r}_j - \lambda_j r_j = 0$$

(2.4.16)

该方程的解为

$$r_j = r_{j0}\mathrm{e}^{\lambda_j t}$$

(2.4.17)

已知初始条件

$$\boldsymbol{q}_0 = \begin{bmatrix} \dot{\boldsymbol{x}}_0 \\ \boldsymbol{x}_0 \end{bmatrix}$$

(2.4.18)

根据式 (2.4.14) 有

$$\boldsymbol{q}_0 = \boldsymbol{\Psi} \boldsymbol{r}_0 \qquad (2.4.19)$$

把式 (2.4.19) 前乘 $\boldsymbol{\Psi}^{\mathrm{T}} \widetilde{\boldsymbol{M}}$，根据复模态向量的正交性可得

$$\boldsymbol{r}_0 = \widetilde{\boldsymbol{M}}_{\mathrm{p}}^{-\mathrm{T}}(\boldsymbol{\Psi}^{\mathrm{T}} \boldsymbol{M} \boldsymbol{q}_0) \quad \text{或} \quad r_{j0} = \boldsymbol{\psi}_j^{\mathrm{T}} \widetilde{\boldsymbol{M}} \boldsymbol{q}_0 / \widetilde{M}_{\mathrm{p}j} \qquad (2.4.20)$$

因此复模态坐标响应为

$$r_j = \frac{\boldsymbol{\psi}_j^{\mathrm{T}} \widetilde{\boldsymbol{M}} \boldsymbol{q}_0}{\widetilde{M}_{\mathrm{p}j}} \mathrm{e}^{\lambda_j t} = \frac{\boldsymbol{\varphi}_j^{\mathrm{T}} \boldsymbol{M} \dot{\boldsymbol{x}}_0 + \boldsymbol{\varphi}_j^{\mathrm{T}} (\lambda_j \boldsymbol{M} + \boldsymbol{C}) \boldsymbol{x}_0}{\widetilde{M}_{\mathrm{p}j}} \mathrm{e}^{\lambda_j t} \qquad (2.4.21)$$

根据式 (2.4.14) 得物理坐标系下的自由振动响应为

$$\boldsymbol{q} = \sum_{j=1}^{2n} \boldsymbol{\psi}_j r_j = \sum_{j=1}^{2n} \frac{\boldsymbol{\psi}_j \boldsymbol{\psi}_j^{\mathrm{T}} \widetilde{\boldsymbol{M}} \boldsymbol{q}_0}{\widetilde{M}_{\mathrm{p}j}} \mathrm{e}^{\lambda_j t} \qquad (2.4.22\mathrm{a})$$

或

$$\boldsymbol{q} = \sum_{j=1}^{2n} \begin{bmatrix} \lambda_j \boldsymbol{\varphi}_j \\ \boldsymbol{\varphi}_j \end{bmatrix} \frac{\boldsymbol{\varphi}_j^{\mathrm{T}} \boldsymbol{M} \dot{\boldsymbol{x}}_0 + \boldsymbol{\varphi}_j^{\mathrm{T}} (\lambda_j \boldsymbol{M} + \boldsymbol{C}) \boldsymbol{x}_0}{\widetilde{M}_{\mathrm{p}j}} \mathrm{e}^{\lambda_j t} \qquad (2.4.22\mathrm{b})$$

2. 简谐激励情况

设简谐激励为 $\boldsymbol{f} = \boldsymbol{F} \mathrm{e}^{\mathrm{i}\omega t}$，复模态力向量为

$$\boldsymbol{P} = \boldsymbol{\Psi}^{\mathrm{T}} \begin{bmatrix} \boldsymbol{0} \\ \boldsymbol{F} \end{bmatrix} \mathrm{e}^{\mathrm{i}\omega t}$$

其分量为 $P_j = \boldsymbol{\varphi}_j^{\mathrm{T}} \boldsymbol{F} \mathrm{e}^{\mathrm{i}\omega t}$。因此方程 (2.4.3) 解耦形式为

$$\dot{r}_j - \lambda_j r_j = \frac{P_j}{\widetilde{M}_{\mathrm{p}j}} \qquad (2.4.23)$$

该方程的解包含其特解和对应齐次方程的通解 (2.4.21)。与简谐力 $\boldsymbol{f} = \boldsymbol{F} \mathrm{e}^{\mathrm{i}\omega t}$ 对应的特解为

$$r_{2j} = R_j \mathrm{e}^{\mathrm{i}\omega t} \qquad (2.4.24)$$

把上式代入方程 (2.4.23) 有

$$R_j = \frac{\boldsymbol{\varphi}_j^{\mathrm{T}} \boldsymbol{F}}{\widetilde{M}_{\mathrm{p}j}(\mathrm{i}\omega - \lambda_j)}$$

因此方程 (2.4.23) 的通解为

$$r_j = r_{j0} \mathrm{e}^{\lambda_j t} + R_j \mathrm{e}^{\mathrm{i}\omega t} \qquad (2.4.25)$$

设零初始条件为零，则 $r_{j0} = -R_j$，因此

$$r_j = R_j(\mathrm{e}^{\mathrm{i}\omega t} - \mathrm{e}^{\lambda_j t}) \qquad (2.4.26)$$

上式右端项中的 $R_j\mathrm{e}^{\mathrm{i}\omega t}$ 和 $R_j\mathrm{e}^{\lambda_j t}$ 分别表示稳态振动和衰减振动, 后者随时间衰减可以忽略不计, 因此只考虑稳态振动, 于是根据坐标变换式 (2.4.14) 得稳态响应为

$$\boldsymbol{q} = \sum_{j=1}^{2n} \boldsymbol{\psi}_j R_j \mathrm{e}^{\mathrm{i}\omega t} \tag{2.4.27a}$$

或

$$\boldsymbol{q} = \sum_{j=1}^{2n} \begin{bmatrix} \lambda_j \boldsymbol{\varphi}_j \\ \boldsymbol{\varphi}_j \end{bmatrix} \frac{\boldsymbol{\varphi}_j^{\mathrm{T}} \boldsymbol{F}}{\widetilde{M}_{\mathrm{p}j}(\mathrm{i}\omega - \lambda_j)} \mathrm{e}^{\mathrm{i}\omega t} \tag{2.4.27b}$$

3. 一般激励情况

此时复模态力向量分量为 $P_j = \boldsymbol{\varphi}_j^{\mathrm{T}} \boldsymbol{f}$, 解耦的受迫振动方程仍然为式 (2.4.23), 对应的齐次方程 (2.4.16) 的通解为 (2.4.21), 受迫振动响应为

$$r_{2j} = \frac{1}{\widetilde{M}_{\mathrm{p}j}} \int_0^t P_j \mathrm{e}^{\lambda_j(t-\tau)} \mathrm{d}\tau \tag{2.4.28}$$

对于这种情况, 方程 (2.4.23) 的通解为

$$r_j = \frac{\boldsymbol{\psi}_j^{\mathrm{T}} \widetilde{\boldsymbol{M}} \boldsymbol{q}_0}{\widetilde{M}_{\mathrm{p}j}} \mathrm{e}^{\lambda_j t} + \frac{1}{\widetilde{M}_{\mathrm{p}j}} \int_0^t P_j \mathrm{e}^{\lambda_j(t-\tau)} \mathrm{d}\tau \tag{2.4.29}$$

由坐标变换式 (2.4.14) 可得物理坐标系下的动态响应为

$$\boldsymbol{q} = \sum_{j=1}^{2n} \frac{\boldsymbol{\psi}_j}{\widetilde{M}_{\mathrm{p}j}} \left(\boldsymbol{\psi}_j^{\mathrm{T}} \widetilde{\boldsymbol{M}} \boldsymbol{q}_0 \mathrm{e}^{\lambda_j t} + \boldsymbol{\varphi}_j^{\mathrm{T}} \int_0^t \boldsymbol{f}(\tau) \mathrm{e}^{\lambda_j(t-\tau)} \mathrm{d}\tau \right) \tag{2.4.30}$$

这是考虑初始条件和任意激励的系统响应。

例 2.4.1 考虑图 2.3.1 所示的两自由度系统, $c=1$, $k=9$, $m=1$。试求系统的固有模态, 并分析主振动位移特性。考虑比例阻尼情况: $c_1 = c_2 = c_3 = c$ 和非比例阻尼情况: $c_1 = c_2 = c$, $c_3 = 2c$。初始条件为 $\boldsymbol{x}_0^{\mathrm{T}} = [1 \quad 0]$, $\dot{\boldsymbol{x}}_0^{\mathrm{T}} = [0 \quad 0]$。

解: 系统运动微分方程为

$$\begin{bmatrix} m & 0 \\ 0 & m \end{bmatrix} \begin{bmatrix} \ddot{x}_1 \\ \ddot{x}_2 \end{bmatrix} + \begin{bmatrix} c_1+c_2 & -c_2 \\ -c_2 & c_2+c_3 \end{bmatrix} \begin{bmatrix} \dot{x}_1 \\ \dot{x}_2 \end{bmatrix} + \begin{bmatrix} 2k & -k \\ -k & 2k \end{bmatrix} \begin{bmatrix} x_1 \\ x_2 \end{bmatrix} = \boldsymbol{0} \tag{a}$$

状态变量 $\boldsymbol{q}$ 和矩阵 $\widetilde{\boldsymbol{K}}$ 分别为

$$\boldsymbol{q} = \begin{bmatrix} \dot{x}_1 \\ \dot{x}_2 \\ x_1 \\ x_2 \end{bmatrix}, \quad \widetilde{\boldsymbol{K}} = \begin{bmatrix} -m & 0 & 0 & 0 \\ 0 & -m & 0 & 0 \\ 0 & 0 & 2k & -k \\ 0 & 0 & -k & 2k \end{bmatrix}$$

比例阻尼情况: 阻尼矩阵 $\boldsymbol{C}$ 和矩阵 $\widetilde{\boldsymbol{M}}$ 分别为

$$C = \begin{bmatrix} 2c & -c \\ -c & 2c \end{bmatrix}, \quad \widetilde{M} = \begin{bmatrix} 0 & 0 & m & 0 \\ 0 & 0 & 0 & m \\ m & 0 & 2c & -c \\ 0 & m & -c & 2c \end{bmatrix}$$

此情况可以用实模态理论来分析，但本例采用复模态理论来分析。根据方程 (2.4.8) 有

$$\begin{bmatrix} -m & 0 & m\lambda & 0 \\ 0 & -m & 0 & m\lambda \\ m\lambda & 0 & 2(c\lambda + k) & -(c\lambda + k) \\ 0 & m\lambda & -(c\lambda + k) & 2(c\lambda + k) \end{bmatrix} \begin{bmatrix} \psi_1 \\ \psi_2 \\ \psi_3 \\ \psi_4 \end{bmatrix} = \mathbf{0} \qquad (b)$$

由此得本征方程为

$$(m\lambda^2 + 3c\lambda + 3k)(m\lambda^2 + c\lambda + k) = 0$$

求解此方程得本征值为

$$\lambda_{1,2} = -\xi\omega \pm \mathrm{i}\omega\sqrt{1 - \xi^2}, \quad \lambda_{3,4} = -3\xi\omega \pm \mathrm{i}\omega\sqrt{3(1 - 3\xi^2)} \qquad (c)$$

式中：$\xi = c/(2m\omega)$，$\omega^2 = k/m$。本征值为两对共轭复根，对应的本征向量或模态向量也是共轭的。把式 (c) 代入式 (b) 得到本征向量为

$$\boldsymbol{\psi}_{1,2} = \begin{bmatrix} \lambda_{1,2}\boldsymbol{\varphi}_{1,2} \\ \boldsymbol{\varphi}_{1,2} \end{bmatrix} = \begin{bmatrix} \lambda_{1,2} \\ \lambda_{1,2} \\ 1 \\ 1 \end{bmatrix}, \quad \boldsymbol{\psi}_{3,4} = \begin{bmatrix} \lambda_{3,4}\boldsymbol{\varphi}_{3,4} \\ \boldsymbol{\varphi}_{3,4} \end{bmatrix} = \begin{bmatrix} -\lambda_{3,4} \\ \lambda_{3,4} \\ -1 \\ 1 \end{bmatrix} \qquad (d)$$

把 k, m 和 c 的数值代入式 (d) 得

$$\boldsymbol{\psi}_{1,2} = \begin{bmatrix} -0.5 \pm \mathrm{i}2.958\,0 \\ -0.5 \pm \mathrm{i}2.958\,0 \\ 1 \\ 1 \end{bmatrix}, \quad \boldsymbol{\psi}_{3,4} = \begin{bmatrix} 1.5 \mp \mathrm{i}4.974\,9 \\ -1.5 \pm \mathrm{i}4.974\,9 \\ -1 \\ 1 \end{bmatrix}$$

根据式 (2.4.11) 计算复模态质量

$$\widetilde{M}_{\mathrm{p}j} = \boldsymbol{\varphi}_j^{\mathrm{T}} \begin{bmatrix} 2 + 2\lambda_j & -1 \\ -1 & 2 + 2\lambda_j \end{bmatrix} \boldsymbol{\varphi}_j$$

因此

$$\widetilde{M}_{\mathrm{p1,p2}} = 2 + 4\lambda_{1,2} = \pm\mathrm{i}11.83, \quad \widetilde{M}_{\mathrm{p3,p4}} = 6 + 4\lambda_{3,4} = \pm\mathrm{i}19.9$$

对于比例阻尼系统，复模态质量为纯虚数，利用复模态理论和实模态理论可以得到如下相同的结论：

（1）若阻尼比 $\xi = 0$，则 $\lambda_{1,2} = \pm\mathrm{i}\omega$，$\lambda_{3,4} = \pm\mathrm{i}\omega\sqrt{3}$，因此在自由主振动中，位移和速

度之间的相位差是 $\pi/2$。参见例 2.2.1。

（2）从 $\boldsymbol{\varphi}_{1,2}$ 和 $\boldsymbol{\varphi}_{3,4}$ 的形式可以看出，实际主振动的相位关系是单向的。具体分析如下：根据式 (2.4.21) 可以计算复主坐标为

$$r_1 = \mathrm{e}^{(-0.5-\mathrm{i}2.958\,0)t}(0.25 + \mathrm{i}0.042\,3)$$
$$r_2 = \mathrm{e}^{(-0.5+\mathrm{i}2.958\,0)t}(0.25 - \mathrm{i}0.042\,3)$$
$$r_3 = \mathrm{e}^{(-1.5-\mathrm{i}4.974\,9)t}(-0.25 - \mathrm{i}0.075\,4)$$
$$r_4 = \mathrm{e}^{(-1.5+\mathrm{i}4.974\,9)t}(-0.25 + \mathrm{i}0.075\,4)$$

第一阶实际主振动为前两阶复主振动之和，即

$$\boldsymbol{\varphi}_1 r_1 + \boldsymbol{\varphi}_2 r_2 = \mathrm{e}^{-0.5t}\begin{bmatrix} 1 \\ 1 \end{bmatrix}[0.5\cos(2.958\,0t) + 0.084\,6\sin(2.958\,0t)]$$

此时，两个自由度振动的幅值和相位完全相同。

第二阶实际主振动为后两阶复主振动之和，即

$$\boldsymbol{\varphi}_3 r_3 + \boldsymbol{\varphi}_4 r_4 = -\mathrm{e}^{-1.5t}\begin{bmatrix} -1 \\ 1 \end{bmatrix}[0.5\cos(4.974\,9t) + 0.150\,8\sin(4.974\,9t)]$$

此时，两个自由度振动的幅值相同，相位差为 π 或振动方向相反，参见图 2.4.1。由此可见，对于比例阻尼系统，两阶实际主振动的形式都是驻波。

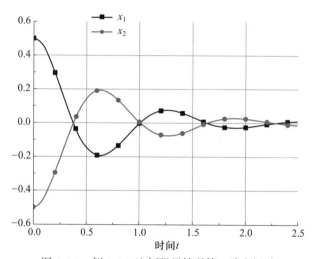

图 2.4.1 例 2.4.1 比例阻尼情况第二阶主振动

非比例阻尼情况：此时阻尼矩阵 $\boldsymbol{C}$ 和矩阵 $\widetilde{\boldsymbol{M}}$ 分别为

$$\boldsymbol{C} = \begin{bmatrix} 2c & -c \\ -c & 3c \end{bmatrix}, \quad \widetilde{\boldsymbol{M}} = \begin{bmatrix} 0 & 0 & m & 0 \\ 0 & 0 & 0 & m \\ m & 0 & 2c & -c \\ 0 & m & -c & 3c \end{bmatrix}$$

阻尼矩阵不满足比例阻尼要求，因此只能用复模态理论来分析。广义本征方程为

$$
\begin{bmatrix}
-m & 0 & m\lambda & 0 \\
0 & -m & 0 & m\lambda \\
m\lambda & 0 & 2(c\lambda+k) & -(c\lambda+k) \\
0 & m\lambda & -(c\lambda+k) & 3c\lambda+2k
\end{bmatrix}
\begin{bmatrix}
\psi_1 \\
\psi_2 \\
\psi_3 \\
\psi_4
\end{bmatrix}
= \mathbf{0}
\tag{e}
$$

方程 (e) 具有非零解要求其系数矩阵行列式为零，即

$$
\begin{vmatrix}
-m & 0 & m\lambda & 0 \\
0 & -m & 0 & m\lambda \\
m\lambda & 0 & 2(c\lambda+k) & -(c\lambda+k) \\
0 & m\lambda & -(c\lambda+k) & 3c\lambda+2k
\end{vmatrix}
= 0
\tag{f}
$$

把 k, m 和 c 的数值代入方程 (f)，解之得到本征值为

$$
\lambda_{1,2} = -0.753\,6 \pm \mathrm{i}2.927\,0
$$

$$
\lambda_{3,4} = -1.746\,4 \pm \mathrm{i}4.852\,9
$$

把本征值代入方程 (e) 得到对应的本征向量为

$$
\boldsymbol{\psi}_{1,2} =
\begin{bmatrix}
\lambda_{1,2}\boldsymbol{\varphi}_{1,2} \\
\boldsymbol{\varphi}_{1,2}
\end{bmatrix}
=
\begin{bmatrix}
-1.265\,3 \pm \mathrm{i}2.797\,0 \\
-0.753\,6 \pm \mathrm{i}2.927\,0 \\
1.000\,6 \pm \mathrm{i}0.174\,7 \\
1
\end{bmatrix}
$$

$$
\boldsymbol{\psi}_{3,4} =
\begin{bmatrix}
\lambda_{3,4}\boldsymbol{\varphi}_{3,4} \\
\boldsymbol{\varphi}_{3,4}
\end{bmatrix}
=
\begin{bmatrix}
-0.265\,4 \mp \mathrm{i}4.780\,0 \\
-1.746\,4 \pm \mathrm{i}4.852\,9 \\
-0.889\,5 \pm \mathrm{i}0.265\,4 \\
1
\end{bmatrix}
$$

计算复模态质量：

$$
\widetilde{M}_{\mathrm{p}j} = \boldsymbol{\varphi}_j^{\mathrm{T}}
\begin{bmatrix}
2+2\lambda_j & -1 \\
-1 & 3+2\lambda_j
\end{bmatrix}
\boldsymbol{\varphi}_j
$$

得到

$$
\widetilde{M}_{\mathrm{p}1,\mathrm{p}2} = -2.076\,7 \pm \mathrm{i}11.359\,0, \quad \widetilde{M}_{\mathrm{p}3,\mathrm{p}4} = 4.792\,7 \pm \mathrm{i}16.874\,9
$$

根据 $\boldsymbol{\varphi}_{1,2}$ 和 $\boldsymbol{\varphi}_{3,4}$ 的形式可以得出结论：对于非比例阻尼系统，在同一阶实际模态振动中，不同自由度位移之间的相位关系已经不再是单相的，速度之间的相位关系同样也不是单相的。各个质点不再同时通过平衡位置和达到振动幅值，节点位置不固定，因此复模态振动呈现行波性质。具体分析如下：

复主坐标为

$$r_1 = \mathrm{e}^{(-0.753\,6-\mathrm{i}2.927\,0)t}(0.272\,2+\mathrm{i}0.026\,5)$$

$$r_2 = \mathrm{e}^{(-0.753\,6+\mathrm{i}2.927\,0)t}(0.272\,2-\mathrm{i}0.026\,5)$$

$$r_3 = \mathrm{e}^{(-1.746\,4-\mathrm{i}4.852\,9)t}(-0.272\,2-\mathrm{i}0.071\,7)$$

$$r_4 = \mathrm{e}^{(-1.746\,4+\mathrm{i}4.852\,9)t}(-0.272\,2+\mathrm{i}0.071\,7)$$

第一阶实际主振动为

$$\boldsymbol{\varphi}_1 r_1 + \boldsymbol{\varphi}_2 r_2 = \begin{bmatrix} (1.000\,6-\mathrm{i}0.174\,7)r_1 + (1.000\,6+\mathrm{i}0.174\,7)r_2 \\ r_1 + r_2 \end{bmatrix}$$

$$= \mathrm{e}^{-0.753\,6t} \begin{bmatrix} (0.277\,0-0.021\,0\mathrm{i})\mathrm{e}^{-\mathrm{i}2.927\,0t} + (0.277\,0+0.021\,0\mathrm{i})\mathrm{e}^{\mathrm{i}2.927\,0t} \\ 0.438\,2\cos(2.927\,0t) + 0.213\,6\sin(2.927\,0t) \end{bmatrix}$$

$$= \mathrm{e}^{-0.753\,6t} \begin{bmatrix} 0.554\,0\cos(2.927\,0t) - 0.042\,0\sin(2.927\,0t) \\ 0.544\,4\cos(2.927\,0t) + 0.053\,0\sin(2.927\,0t) \end{bmatrix}$$

第二阶实际主振动为

$$\boldsymbol{\varphi}_3 r_3 + \boldsymbol{\varphi}_4 r_4 = \begin{bmatrix} (-0.889\,5-\mathrm{i}0.265\,4)r_3 + (-0.889\,5+\mathrm{i}0.265\,4)r_4 \\ r_3 + r_4 \end{bmatrix}$$

$$= \mathrm{e}^{-1.746\,4t} \begin{bmatrix} (0.223\,1+\mathrm{i}0.136\,0)\mathrm{e}^{-\mathrm{i}4.852\,9t} + (0.223\,1-\mathrm{i}0.136\,0)\mathrm{e}^{\mathrm{i}4.852\,9t} \\ r_3 + r_4 \end{bmatrix}$$

$$= \mathrm{e}^{-1.746\,4t} \begin{bmatrix} 0.446\,0\cos(4.852\,9t) + 0.272\,0\sin(4.852\,9t) \\ -0.544\,4\cos(4.852\,9t) - 0.143\,4\sin(4.852\,9t) \end{bmatrix}$$

由此可见，两个主位移响应之间存在相位差，不是作同步振动。如图 2.4.2 所示，在第二阶主振动中，两个自由度不再同时到达位移峰值，也不再同时通过静平衡位置。

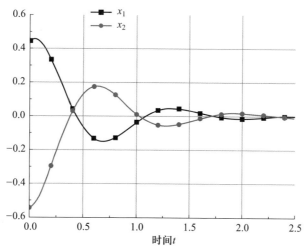

图 2.4.2 例 2.4.1 非比例阻尼情况第二阶主振动

物理坐标位移响应为

$$
\begin{bmatrix} x_1 \\ x_2 \end{bmatrix} = \boldsymbol{\varphi}_1 r_1 + \boldsymbol{\varphi}_2 r_2 + \boldsymbol{\varphi}_3 r_3 + \boldsymbol{\varphi}_4 r_4
$$

$$
= \mathrm{e}^{-0.753\,6t} \begin{bmatrix} 0.554\,0\cos(2.927\,0t) - 0.042\,0\sin(2.927\,0t) \\ 0.544\,4\cos(2.927\,0t) + 0.053\,0\sin(2.927\,0t) \end{bmatrix} +
$$

$$
\mathrm{e}^{-1.746\,4t} \begin{bmatrix} 0.446\,0\cos(4.852\,9t) + 0.272\,0\sin(4.852\,9t) \\ -0.544\,4\cos(4.852\,9t) - 0.143\,4\sin(4.852\,9t) \end{bmatrix}
$$

可以验证该位移响应满足已知的初始位移条件。

例 2.4.2　针对例 2.4.1 的两种情况，用复模态叠加方法分析在简谐激励 $\boldsymbol{f}^{\mathrm{T}} = \begin{bmatrix} F_1 & 0 \end{bmatrix}\mathrm{e}^{\mathrm{i}\omega t}$ 作用下系统的稳态响应。

解：　在例 2.4.1 中已经求出了比例阻尼和非比例阻尼两种情况下系统的复本征值、复模态向量以及复模态质量。本例直接利用式 (2.4.27) 计算稳态响应。

比例阻尼情况：

根据式 (2.4.26) 可得复主坐标为

$$
r_{1,2} = \frac{F_1}{\pm\mathrm{i}11.83[(0.5+\mathrm{i}\omega)\mp\mathrm{i}2.958\,0]}\mathrm{e}^{\mathrm{i}\omega t}
$$

$$
r_{3,4} = \frac{-F_1}{\pm\mathrm{i}19.90[(1.5+\mathrm{i}\omega)\mp\mathrm{i}4.974\,9]}\mathrm{e}^{\mathrm{i}\omega t}
$$

第一阶主坐标稳态位移和速度分别为

$$
\boldsymbol{\varphi}_1 r_1 + \boldsymbol{\varphi}_2 r_2 = \begin{bmatrix} 1 \\ 1 \end{bmatrix}(r_1+r_2) = \begin{bmatrix} 1 \\ 1 \end{bmatrix}\frac{0.5F_1\mathrm{e}^{\mathrm{i}\omega t}}{9-\omega^2+\mathrm{i}\omega}
$$

$$
\lambda_1\boldsymbol{\varphi}_1 r_1 + \lambda_2\boldsymbol{\varphi}_2 r_2 = \begin{bmatrix} 1 \\ 1 \end{bmatrix}(r_1\lambda_1+r_2\lambda_2) = \begin{bmatrix} 1 \\ 1 \end{bmatrix}\mathrm{i}\omega(r_1+r_2)
$$

第二阶主坐标稳态位移和速度分别为

$$
\boldsymbol{\varphi}_3 r_3 + \boldsymbol{\varphi}_4 r_4 = \begin{bmatrix} -1 \\ 1 \end{bmatrix}(r_3+r_4) = \begin{bmatrix} -1 \\ 1 \end{bmatrix}\frac{-0.5F_1\mathrm{e}^{\mathrm{i}\omega t}}{27-\omega^2+\mathrm{i}3\omega}
$$

$$
\lambda_3\boldsymbol{\varphi}_3 r_3 + \lambda_4\boldsymbol{\varphi}_4 r_4 = \begin{bmatrix} -1 \\ 1 \end{bmatrix}(r_3\lambda_3+r_4\lambda_4) = \begin{bmatrix} -1 \\ 1 \end{bmatrix}\mathrm{i}\omega(r_3+r_4)
$$

由此可见，两阶主坐标稳态位移响应和速度响应之间的相位差为 $\pi/2$。根据式 (2.4.27) 得到

$$
\begin{bmatrix} x_1 \\ x_2 \end{bmatrix} = \sum_{j=1}^{4}\begin{bmatrix} \varphi_{1j} \\ \varphi_{2j} \end{bmatrix}r_j = \begin{bmatrix} r_1+r_2-r_3-r_4 \\ r_1+r_2+r_3+r_4 \end{bmatrix}
$$

$$\begin{bmatrix} \dot{x}_1 \\ \dot{x}_2 \end{bmatrix} = \sum_{j=1}^{4} \begin{bmatrix} \varphi_{1j} \\ \varphi_{2j} \end{bmatrix} r_j \lambda_j = \begin{bmatrix} r_1\lambda_1 + r_2\lambda_2 - r_3\lambda_3 - r_4\lambda_4 \\ r_1\lambda_1 + r_2\lambda_2 + r_3\lambda_3 + r_4\lambda_4 \end{bmatrix} = \mathrm{i}\omega \begin{bmatrix} x_1 \\ x_2 \end{bmatrix}$$

因此对比例阻尼系统, 物理坐标稳态位移响应和速度响应之间的相位差也是 $\pi/2$。

非比例阻尼情况:

根据式 (2.4.26) 可得复主坐标为

$$r_{1,2} = \frac{0.489\,1 F_1 \mathrm{e}^{\mathrm{i}(\omega t \mp 170°)}}{0.753\,6 + \mathrm{i}(\omega \mp 2.927\,0)}, \quad r_{1,2}\lambda_{1,2} = \frac{1.478\,3 F_1 \mathrm{e}^{\mathrm{i}(\omega t \mp 65.7°)}}{0.753\,6 + \mathrm{i}(\omega \mp 2.927\,0)}$$

$$r_{3,4} = \frac{0.193\,7 F_1 \mathrm{e}^{\mathrm{i}(\omega t \pm 163.4°)}}{-1.746\,4 + \mathrm{i}(\omega \mp 4.852\,9)}, \quad r_{3,4}\lambda_{3,4} = \frac{0.999\,0 F_1 \mathrm{e}^{\mathrm{i}(\omega t \mp 86.8°)}}{-1.746\,4 + \mathrm{i}(\omega \mp 4.852\,9)}$$

式中: $r_{1,2}\lambda_{1,2}$ 的含义为 $r_1\lambda_1$ 和 $r_2\lambda_2$, $r_{3,4}\lambda_{3,4}$ 与 $r_{1,2}\lambda_{1,2}$ 类同。物理坐标响应为

$$\begin{bmatrix} x_1 \\ x_2 \end{bmatrix} = \sum_{j=1}^{4} \begin{bmatrix} \varphi_{1j} \\ \varphi_{2j} \end{bmatrix} r_j = \begin{bmatrix} \varphi_{11}r_1 + \varphi_{12}r_2 + \varphi_{13}r_3 + \varphi_{14}r_4 \\ r_1 + r_2 + r_3 + r_4 \end{bmatrix}$$

$$\begin{bmatrix} \dot{x}_1 \\ \dot{x}_2 \end{bmatrix} = \sum_{j=1}^{4} \begin{bmatrix} \varphi_{1j} \\ \varphi_{2j} \end{bmatrix} r_j \lambda_j = \begin{bmatrix} \varphi_{11}r_1\lambda_1 + \varphi_{12}r_2\lambda_2 + \varphi_{13}r_3\lambda_3 + \varphi_{14}r_4\lambda_4 \\ r_1\lambda_1 + r_2\lambda_2 + r_3\lambda_3 + r_4\lambda_4 \end{bmatrix}$$

由此可见, 对非比例阻尼系统, 简谐激励作用下的稳态位移响应和速度响应的相位差不再是 $\pi/2$, 这是与比例阻尼系统和无阻尼系统的区别。

2.4.2 非对称系统

非对称系统在工程中是常见的。例如大型火箭的薄壁燃料储箱、海上平台、船舶以及管道系统, 都存在流固耦合问题。采用压力作为流体变量, 将导致不对称的流固耦合系统矩阵方程。在轴和旋翼等旋转机械结构中, 由科里奥利 (Goriolis G.G.) 加速度引起的科里奥利力与反对称矩阵相联系。

非对称系统的含义是指质量矩阵、刚度矩阵和阻尼矩阵等结构矩阵中至少有一个是不对称的。由于系统的不对称性, 原系统与转置系统不再相同, 但仍然可以用复模态理论对这类问题进行分析。非对称系统与对称系统具有相同形式的振动微分方程, 见式 (2.4.1)~式 (2.4.4)。因为矩阵 $\boldsymbol{K}$、$\boldsymbol{M}$ 和 $\boldsymbol{C}$ 的不对称性, 因此矩阵 $\widetilde{\boldsymbol{M}}$ 和 $\widetilde{\boldsymbol{K}}$ 也是不对称的。

虽然系统是非对称的, 但其响应分析方法却和对称系统的类似。下面仅对非对称系统的自由振动和简谐激励作用下的受迫振动进行分析, 对于在一般激励作用下的响应分析方法不再赘述, 读者可以仿照对称系统的有关方法进行分析。

1. 自由振动

令 $\boldsymbol{f} = \boldsymbol{0}$, 方程 (2.4.3) 变为

$$\widetilde{\boldsymbol{M}}\dot{\boldsymbol{q}} + \widetilde{\boldsymbol{K}}\boldsymbol{q} = \boldsymbol{0} \tag{2.4.31}$$

建立该齐次方程的伴随方程, 其形式为

$$\widetilde{M}^{\mathrm{T}} \dot{q} + \widetilde{K}^{\mathrm{T}} q = 0 \tag{2.4.32}$$

或

$$\dot{q}^{\mathrm{T}} \widetilde{M} + q^{\mathrm{T}} \widetilde{K} = 0 \tag{2.4.33}$$

如果伴随方程 (2.4.32) 与原方程 (2.4.31) 实质上是相同的, 那么称系统为**自伴随系统**, 否则为**非自伴随系统**。对称系统是自伴随系统。设方程 (2.4.31) 的解为 $q = \psi \mathrm{e}^{\lambda_{\mathrm{r}} t}$, 其中下标 r 表示右 (right)。把其代入方程 (2.4.31) 得

$$(\widetilde{M} \lambda_{\mathrm{r}} + \widetilde{K}) \psi = 0 \tag{2.4.34}$$

在线性代数中, 称 ψ 为**右本征向量**。方程 (2.4.34) 的本征方程为

$$\det(\widetilde{M} \lambda_{\mathrm{r}} + \widetilde{K}) = 0 \tag{2.4.35}$$

设方程 (2.4.33) 的解为 $q = \chi \mathrm{e}^{\lambda_{\mathrm{l}} t}$, 其中下标 l 表示左 (left), 把它代入方程 (2.4.33) 有

$$\chi^{\mathrm{T}} (\lambda_{\mathrm{l}} \widetilde{M} + \widetilde{K}) = 0 \tag{2.4.36}$$

或

$$(\widetilde{M} \lambda_{\mathrm{l}} + \widetilde{K})^{\mathrm{T}} \chi = 0 \tag{2.4.37}$$

称 χ 为**左本征向量**。方程 (2.4.37) 的本征方程为

$$\det(\widetilde{M} \lambda_{\mathrm{l}} + \widetilde{K})^{\mathrm{T}} = 0 \tag{2.4.38}$$

比较方程 (2.4.35) 和方程 (2.4.38) 可知, 两个本征行列式是相同的, 因此, 方程 (2.4.34) 和方程 (2.4.36) 的复本征值是相同的, 不妨记为 λ。对任意右本征解 (λ_i, ψ_i) 和左本征解 (λ_j, χ_j), 有

$$-\lambda_i \widetilde{M} \psi_i = \widetilde{K} \psi_i \tag{2.4.39}$$

$$-\lambda_j \chi_j^{\mathrm{T}} \widetilde{M} = \chi_j^{\mathrm{T}} \widetilde{K} \tag{2.4.40}$$

用 χ_j^{T} 前乘式 (2.4.39), 用 ψ_i 后乘 (2.4.40) 得

$$-\lambda_i \chi_j^{\mathrm{T}} \widetilde{M} \psi_i = \chi_j^{\mathrm{T}} \widetilde{K} \psi_i \tag{2.4.41}$$

$$-\lambda_j \chi_j^{\mathrm{T}} \widetilde{M} \psi_i = \chi_j^{\mathrm{T}} \widetilde{K} \psi_i \tag{2.4.42}$$

式 (2.4.41) 减去式 (2.4.42) 给出如下正交关系:

$$\chi_j^{\mathrm{T}} \widetilde{M} \psi_i = 0 \quad (\lambda_i \neq \lambda_j) \tag{2.4.43a}$$

$$\chi_j^{\mathrm{T}} \widetilde{K} \psi_i = 0 \quad (\lambda_i \neq \lambda_j) \tag{2.4.43b}$$

这就是左右本征向量的正交条件。当 $i = j$ 时, 令

$$\widetilde{M}_{\mathrm{p}j} = \chi_j^{\mathrm{T}} \widetilde{M} \psi_j, \quad \widetilde{K}_{\mathrm{p}j} = \chi_j^{\mathrm{T}} \widetilde{K} \psi_j \tag{2.4.44}$$

根据式 (2.4.41) 或式 (2.4.42) 可得

$$\lambda_j = -\frac{\widetilde{K}_{\mathrm{p}j}}{\widetilde{M}_{\mathrm{p}j}} \tag{2.4.45}$$

也可以组成右本征向量矩阵 $\boldsymbol{\Psi}$ 和左本征向量矩阵 $\boldsymbol{\Xi}$，即

$$\boldsymbol{\Psi} = \begin{bmatrix} \boldsymbol{\psi}_1 & \boldsymbol{\psi}_2 & \cdots & \boldsymbol{\psi}_{2n} \end{bmatrix}, \quad \boldsymbol{\Xi} = \begin{bmatrix} \boldsymbol{\chi}_1 & \boldsymbol{\chi}_2 & \cdots & \boldsymbol{\chi}_{2n} \end{bmatrix}$$

并且有

$$\widetilde{\boldsymbol{M}}_{\mathrm{p}} = \boldsymbol{\Xi}^{\mathrm{T}}\widetilde{\boldsymbol{M}}\boldsymbol{\Psi} = \mathrm{diag}(\widetilde{M}_{\mathrm{p}j}) \tag{2.4.46a}$$

$$\widetilde{\boldsymbol{K}}_{\mathrm{p}} = \boldsymbol{\Xi}^{\mathrm{T}}\widetilde{\boldsymbol{K}}\boldsymbol{\Psi} = \mathrm{diag}(\widetilde{K}_{\mathrm{p}j}) \tag{2.4.46b}$$

利用右本征向量进行坐标变换，有

$$\boldsymbol{q} = \sum_{j=1}^{2n} \boldsymbol{\psi}_j r_j = \boldsymbol{\Psi r} \tag{2.4.47}$$

把式 (2.4.47) 代入方程 (2.4.31)，并前乘 $\boldsymbol{\Xi}^{\mathrm{T}}$ 得到

$$\widetilde{\boldsymbol{M}}_{\mathrm{p}}\dot{\boldsymbol{r}} + \widetilde{\boldsymbol{K}}_{\mathrm{p}}\boldsymbol{r} = \boldsymbol{0} \tag{2.4.48a}$$

或

$$\dot{r}_j - \lambda_j r_j = 0 \tag{2.4.48b}$$

上式的解为

$$r_j = r_{j0}\mathrm{e}^{\lambda_j t} \tag{2.4.49}$$

根据初始条件 $\boldsymbol{q}_0^{\mathrm{T}} = \begin{bmatrix} \dot{\boldsymbol{x}}_0 & \boldsymbol{x}_0 \end{bmatrix}$ 和式 (2.4.47) 有

$$\boldsymbol{q}_0 = \boldsymbol{\Psi r}_0 \tag{2.4.50}$$

把式 (2.4.50) 前乘 $\boldsymbol{\Xi}^{\mathrm{T}}\widetilde{\boldsymbol{M}}$，根据左右本征向量的正交性得到

$$r_{j0} = \boldsymbol{\chi}_j^{\mathrm{T}}\widetilde{\boldsymbol{M}}\boldsymbol{q}_0/\widetilde{M}_{\mathrm{p}j} \tag{2.4.51}$$

因此，物理坐标下的自由振动为

$$\boldsymbol{q} = \sum_{j=1}^{2n} \boldsymbol{\psi}_j r_j = \sum_{j=1}^{2n} \boldsymbol{\psi}_j \frac{\boldsymbol{\chi}_j^{\mathrm{T}}\widetilde{\boldsymbol{M}}\boldsymbol{q}_0}{\widetilde{M}_{\mathrm{p}j}}\mathrm{e}^{\lambda_j t} \tag{2.4.52}$$

2. 简谐激励

设简谐激励为 $\boldsymbol{f} = \boldsymbol{F}\mathrm{e}^{\mathrm{i}\omega t}$，复模态力向量为

$$\boldsymbol{P} = \boldsymbol{\Xi}^{\mathrm{T}}\begin{bmatrix} \boldsymbol{0} \\ \boldsymbol{F} \end{bmatrix}\mathrm{e}^{\mathrm{i}\omega t} \tag{2.4.53}$$

其分量为 $P_j = \boldsymbol{\chi}_j^{\mathrm{T}}\boldsymbol{F}\mathrm{e}^{\mathrm{i}\omega t}$。解耦的受迫振动方程与式 (2.4.23) 相同，特解为 $r_{2j} = R_j\mathrm{e}^{\mathrm{i}\omega t}$，其

系数为

$$R_j = \frac{\boldsymbol{\chi}_j^{\mathrm{T}} \boldsymbol{F}}{\widetilde{M}_{\mathrm{p}j}(\mathrm{i}\omega - \lambda_j)} \tag{2.4.54}$$

根据坐标变换式 (2.4.47) 可得稳态响应为

$$\boldsymbol{q} = \sum_{j=1}^{2n} \boldsymbol{\psi}_j \frac{\boldsymbol{\chi}_j^{\mathrm{T}} \boldsymbol{F}}{\widetilde{M}_{\mathrm{p}j}(\mathrm{i}\omega - \lambda_j)} \mathrm{e}^{\mathrm{i}\omega t} \tag{2.4.55}$$

2.5　动力消振器

随着社会发展和科技进步，机械设备趋于高速、高效和自动化，其引起的振动、噪声和振动疲劳等问题越来越突出。振动和噪声限制了设备性能的提高，破坏了设备运行的稳定性和可靠性，并污染环境，因此减振降噪、改善人机环境是重要的工程问题。已有多种解决工程中振动和噪声问题的方法，其中阻尼技术是减振、降噪的重要手段。阻尼耗散能量，其形式大概包括系统阻尼、结构阻尼和材料阻尼。系统阻尼是指在系统中设置专用阻尼减振器，如减振弹簧和冲击阻尼器等。结构阻尼是在系统部分结构上附加材料或形成附加结构而增加的阻尼，如库仑摩擦阻尼和复合结构阻尼等。材料阻尼是依靠材料本身所具有的高阻尼特性。

本节介绍一种振动控制方法，它是在原系统上附加一个质量–弹簧来达到减振的目的，即通过动力平衡来实现减振，因此可以把附加的系统称为**动力消振器**（或**减振器**），但人们习惯称其为吸振器。

设有一个系统，例如支撑在弹性基础上的电机，可以把它简化为一个质量–弹簧系统，质量为 m_1，弹簧刚度系数为 k_1，不考虑阻尼，如图 2.5.1 所示。由于电机转子的不平衡，电机在旋转时将产生简谐激振力 $F_1 \sin \omega t$，其中 $\omega = 2\pi n$（n 为转速）。这是一个单自由度

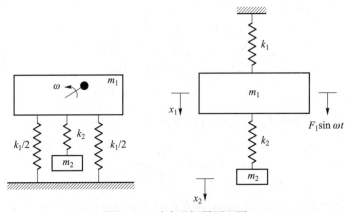

图 2.5.1　动力吸振器原理图

系统，称为原系统，当激振频率 ω 等于系统固有频率，即 $\omega = \sqrt{k_1/m_1}$ 时，原系统将发生共振。为了消除原系统的共振，可以在原系统上附加一个质量–弹簧系统，其质量和刚度系数分别为 m_2 和 k_2。下面介绍附加系统的设计方法。

1. 无阻尼吸振器

原系统和附加系统组成一个新系统。新系统为两自由度系统，其振动微分方程为

$$\begin{bmatrix} m_1 & 0 \\ 0 & m_2 \end{bmatrix} \begin{bmatrix} \ddot{x}_1 \\ \ddot{x}_2 \end{bmatrix} + \begin{bmatrix} k_1+k_2 & -k_2 \\ -k_2 & k_2 \end{bmatrix} \begin{bmatrix} x_1 \\ x_2 \end{bmatrix} = \begin{bmatrix} F_1 \\ 0 \end{bmatrix} \sin\omega t \tag{2.5.1}$$

新系统稳态响应的频率为激振频率。设稳态位移响应为

$$\begin{bmatrix} x_1 \\ x_2 \end{bmatrix} = \begin{bmatrix} X_1 \\ X_2 \end{bmatrix} \sin\omega t \tag{2.5.2}$$

式中 X_1 和 X_2 分别表示电机和附加质量稳态响应的幅值。把式 (2.5.2) 代入式 (2.5.1) 中得

$$\begin{bmatrix} X_1 \\ X_2 \end{bmatrix} = \frac{F_1}{\Delta(\omega)} \begin{bmatrix} k_2 - \omega^2 m_2 \\ k_2 \end{bmatrix} \tag{2.5.3}$$

式中本征行列式 $\Delta(\omega)$ 为

$$\Delta(\omega) = \det(\boldsymbol{K} - \omega^2\boldsymbol{M}) = (k_1+k_2-\omega^2 m_1)(k_2-\omega^2 m_2) - k_2^2 \tag{2.5.4}$$

其中

$$\boldsymbol{M} = \begin{bmatrix} m_1 & 0 \\ 0 & m_2 \end{bmatrix}, \quad \boldsymbol{K} = \begin{bmatrix} k_1+k_2 & -k_2 \\ -k_2 & k_2 \end{bmatrix} \tag{2.5.5}$$

方程 $\Delta(\omega) = 0$ 为频率方程，解之可得固有频率 ω_1 和 ω_2。当激振频率 ω 趋于 ω_1 或 ω_2 时，系统将发生共振。

从式 (2.5.3) 可知，当激振频率 $\omega = \sqrt{k_2/m_2}$ 时，振幅 $X_1 = 0$，即原系统不动，但附加系统作简谐振动。这种现象称为**反共振**，反共振频率就是 $\omega = \sqrt{k_2/m_2}$。因此，只要吸振系统（即附加的质量–弹簧系统）的参数满足下列条件：

$$\frac{k_2}{m_2} = \frac{k_1}{m_1} \tag{2.5.6}$$

即使激励频率等于原系统的固有频率 $(\omega = \sqrt{k_1/m_1})$，原系统也不动或振幅为零，下面分析其原因。在新系统的反共振点 $\omega = \sqrt{k_2/m_2}$ 处，$X_1 = 0$，$\Delta(\omega) = -k_2^2$，因此 $X_2 = -F_1/k_2$。

于是，吸振器的稳态位移响应为

$$x_2 = X_2\sin\omega t = -\frac{F_1}{k_2}\sin\omega t \tag{2.5.7}$$

它与简谐激振力反相。附加弹簧的弹性力为

$$k_2 x_2 = -F_1 \sin \omega t \tag{2.5.8}$$

该力与作用在原系统上的简谐激振力平衡, 从而使原系统处于不动状态, 参见方程 (2.5.1)。事实上, 在简谐力作用下, 系统被激起的响应除了稳态响应之外, 还包含伴随自由振动响应。如果系统没有阻尼, 原系统是不会静止的, 其运动将是伴随自由振动。但真实系统总会有阻尼, 伴随自由振动会逐渐衰减, 直至忽略不计。因此, 吸振器在刚开始工作时, 原系统作衰减振动。

下面讨论无阻尼吸振器适用的频率范围。

式 (2.5.4) 等于零就是新系统的频率方程, 即

$$\overline{\omega}^4 - (2 + \overline{m})\overline{\omega}^2 + 1 = 0 \tag{2.5.9}$$

式中

$$\overline{\omega} = \frac{\omega}{\omega_0}, \quad \omega_0 = \sqrt{\frac{k_1}{m_1}}, \quad \frac{k_2}{k_1} = \frac{m_2}{m_1} = \overline{m} \tag{2.5.10}$$

由式 (2.5.9) 可解出频率比为

$$\overline{\omega}_{1,2} = 1 + \frac{\overline{m}}{2} \mp \sqrt{\overline{m}\left(1 + \frac{\overline{m}}{4}\right)} \tag{2.5.11}$$

根据吸振器的设计条件可知, 在反共振频率处, $\overline{\omega} = 1$。由于 $\overline{m}$ 比较小, 或者说与原系统相比吸振器比较小, 也就是 m_2 和 k_2 与 m_1 和 k_1 相比较小, 参见式 (2.5.10)。从式 (2.5.11) 可以看出, 这时两个共振频率很接近反共振频率。这使得无阻尼吸振器能起作用的频率范围很窄, 为 $\overline{\omega}_2 - \overline{\omega}_1 = 2\sqrt{\overline{m}(1 + \overline{m}/4)}$。为了扩大动力吸振器的使用频率范围, 需要在动力吸振器上附加阻尼。

2. 阻尼吸振器

增加了黏性阻尼的吸振系统如图 2.5.2 所示, 系统的运动方程为

$$\begin{bmatrix} m_1 & 0 \\ 0 & m_2 \end{bmatrix} \begin{bmatrix} \ddot{x}_1 \\ \ddot{x}_2 \end{bmatrix} + \begin{bmatrix} c_2 & -c_2 \\ -c_2 & c_2 \end{bmatrix} \begin{bmatrix} \dot{x}_1 \\ \dot{x}_2 \end{bmatrix} + \begin{bmatrix} k_1 + k_2 & -k_2 \\ -k_2 & k_2 \end{bmatrix} \begin{bmatrix} x_1 \\ x_2 \end{bmatrix} = \begin{bmatrix} F_1 \\ 0 \end{bmatrix} \sin \omega t \tag{2.5.12}$$

由于系统存在黏性阻尼, 因此系统稳态响应与简谐力之间存在相位差, 故可设方程 (2.5.12) 的稳态位移响应为

$$x_1 = A_1 \cos(\omega t - \theta_1), \quad x_2 = A_2 \cos(\omega t - \theta_2) \tag{2.5.13}$$

式中 A_1, A_2, θ_1 和 θ_2 与系统固有参数和激励参数有关。设计吸振器的目的是控制原系统的振动, 因此下面分析 A_1 与各参数的关系。振幅 A_1 的表达式为

$$\beta^2 = \frac{(2\overline{\omega}\xi)^2 + (\overline{\omega}^2 - \delta^2)^2}{(2\overline{\omega}\xi)^2(\overline{\omega}^2 - 1 + \overline{m}\,\overline{\omega}^2)^2 + [\overline{m}(\overline{\omega}\delta)^2 - 6(\overline{\omega}^2 - \delta^2)(\overline{\omega}^2 - 1)]^2} \tag{2.5.14}$$

式中: $\beta = A_1/(F_1/k_1)$ 是原系统质量 m_1 的振幅与其静位移之比; $\overline{\omega} = \omega/\omega_0$ 是激励频

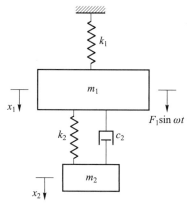

图 2.5.2　阻尼吸振器原理图

率与原系统本身固有频率之比，见式 (2.5.10)；$\delta = \omega_a/\omega_0$ 是吸振器本身的固有频率 $\omega_a = \sqrt{k_2/m_2}$ 与原系统固有频率之比，下标 a 表示附加的（attached）；$\overline{m} = m_2/m_1$ 是吸振器质量与原系统质量之比，见式 (2.5.10)；$\xi = c_2/(2m_2\omega_0)$ 是阻尼比。

利用式 (2.5.14) 可以分析各种参数对吸振效果的影响。图 2.5.3 给出了当 $\overline{m} = 1/20$（小吸振器）和 $\delta = 1$ 时，β 与 ξ 和 $\overline{\omega}$ 的关系曲线。

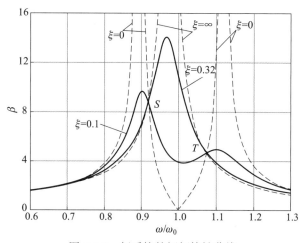

图 2.5.3　新系统的幅频特性曲线

对于无阻尼情况，即 $\xi = 0$ 时，式 (2.5.14) 退化为式 (2.5.3) 的第一式，即

$$\beta^2 = \frac{(\overline{\omega}^2 - \delta^2)^2}{[\overline{m}(\overline{\omega}\delta)^2 - (\overline{\omega}^2 - \delta^2)(\overline{\omega}^2 - 1)]^2} \tag{2.5.15}$$

其结果对应图 2.5.3 中标注有 $\xi = 0$ 的虚线。

对于黏性阻尼无穷大情况，即 $\xi = \infty$ 时，质量 m_1 和 m_2 黏结在一起，它们之间不可能发生相对运动，整个系统退化成质量为 $m_1 + m_2$ 而刚度系数为 k_1 的单自由度系统。式 (2.5.14) 变为

$$\beta^2 = \frac{1}{(\overline{\omega}^2 - 1 + \overline{m}\,\overline{\omega}^2)^2} \tag{2.5.16}$$

其结果对应图 2.5.3 中标注有 $\xi = \infty$ 的虚线。

除了上述两种极限情况之外，在图 2.5.3 中还画出了 $\xi = 0.1$ 和 $\xi = 0.32$ 时的 $\beta - \overline{\omega}$ 曲线。值得注意的是，无论 ξ 为何值，曲线都通过 S 和 T 两点。令式 (2.5.15) 和式 (2.5.16) 的右端项相等，得

$$(2 + \overline{m})\overline{\omega}^4 - 2(1 + \delta^2 + \overline{m}\delta^2)\overline{\omega}^2 + 2\delta^2 = 0 \tag{2.5.17}$$

求解此方程可以得到 S 和 T 的横坐标 $\overline{\omega}_1$ 和 $\overline{\omega}_2$。把二者代入式 (2.5.16) 得到了对应的 β 值，即

$$\beta_1 = -\frac{1}{\overline{\omega}_1^2 - 1 + \overline{m}\,\overline{\omega}_1^2}, \quad \beta_2 = \frac{1}{\overline{\omega}_2^2 - 1 + \overline{m}\,\overline{\omega}_2^2} \tag{2.5.18}$$

因此，通过选择合适的 ξ，可使幅频曲线 $\beta - \overline{\omega}$ 在通过 S 和 T 后就达到极值，这样的幅频特性具有最小的峰值，这也正是阻尼吸振器应该具有的性能。若 $\beta_1 = \beta_2$，则效果最佳。令 $\beta_1 = \beta_2$，从式 (2.5.18) 可以导出如下关系：

$$\overline{\omega}_1^2 + \overline{\omega}_2^2 = \frac{2}{1 + \overline{m}} \tag{2.5.19}$$

根据代数方程的根与系数的关系，从式 (2.5.17) 可以得到

$$\overline{\omega}_1^2 + \overline{\omega}_2^2 = \frac{2(1 + \delta^2 + \overline{m}\delta^2)}{2 + \overline{m}} \tag{2.5.20}$$

由上面两式右端项相等可得

$$\frac{1}{1 + \overline{m}} = \frac{1 + \delta^2 + \overline{m}\delta^2}{2 + \overline{m}} \tag{2.5.21}$$

由此式可得

$$\delta = \frac{1}{1 + \overline{m}} \tag{2.5.22}$$

把式 (2.5.22) 代入式 (2.5.17) 可解得

$$\overline{\omega}_{1,2}^2 = \frac{1}{1 + \overline{m}}\left(1 \pm \sqrt{\frac{\overline{m}}{2 + \overline{m}}}\right) \tag{2.5.23}$$

这就是 S 和 T 的横坐标 $\overline{\omega}_1$ 和 $\overline{\omega}_2$。由式 (2.5.23) 可以看出，阻尼吸振器的工作频率范围要远大于无阻尼情况，见式 (2.5.11)。把式 (2.5.23) 代入式 (2.5.18) 得

$$\beta_1 = \beta_2 = \sqrt{\frac{2 + \overline{m}}{\overline{m}}} \tag{2.5.24}$$

把由式 (2.5.22) 得到的 δ、由式 (2.5.23) 得到的 $\overline{\omega}$ 和由式 (2.5.24) 得到的 β 一起代入式

(2.5.14) 中，可以得到阻尼比 ξ 和质量比 $\overline{m}$ 的关系：

$$\xi^2 = \frac{(\overline{\omega}^2 - \delta^2)^2 - [\overline{m}(\overline{\omega}\delta)^2 - (\overline{\omega}^2 - \delta^2)(\overline{\omega}^2 - 1)]^2\beta^2}{(2\overline{\omega})^2[(\overline{\omega}^2 - 1 + \overline{m}\,\overline{\omega}^2)^2\beta^2 - 1]} \tag{2.5.25}$$

若给定质量比 $\overline{m}$，理论上可以根据上式计算出设计吸振器需要的阻尼比。但由于式 (2.5.17) 和式 (2.5.18) 的缘故，式 (2.5.25) 的分子和分母中均包含有为 0 的因子，因此不能直接从式 (2.5.25) 得到需要的阻尼比。但只要把 $\overline{\omega}_1$ 和 $\overline{\omega}_2$ 作小幅度的人为调整，就可以从式 (2.5.25) 中得到设计吸振器需要的阻尼比。

综上所述，动力吸振器的设计步骤是：首先选定质量比 $\overline{m}$；然后根据式 (2.5.22)~式 (2.5.25) 计算 δ、$\overline{\omega}_{1,2}$、β 和 ξ。令 $\overline{m} = 0.25$，$\overline{\omega}_1$ 和 $\overline{\omega}_2$ 的大小被人为增加了 10^{-6}，图 2.5.4 给出了有关的幅频曲线。

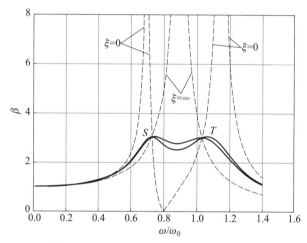

图 2.5.4　改进的新系统的幅频特性曲线

动力吸振器通常只适用于激励频率比较稳定的情况。吸振技术已广泛用于船舶、内燃机、拖拉机和直升机等系统。若激励频率变化的幅度比较大，需要用可变参数的动力吸振器，这是主动控制和被动控制的结合。

习　题

2.1　在图示振动系统中，已知物体的质量 m_1、m_2 及弹簧的刚度系数 k_1、k_2、k_3、k_4。采用影响系数方法建立系统的振动微分方程。

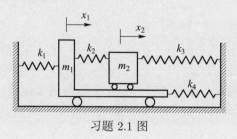

习题 2.1 图

2.2 图示双摆系统带有两个约束弹簧，刚度系数分别为 k_1, k_2，刚性杆的质量忽略不计，长度分别为 l_1, l_2。写出系统运动微分方程。

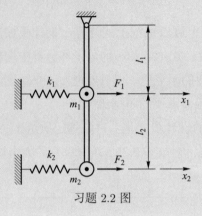

习题 2.2 图

2.3 图中悬臂梁的质量不计，梁的截面抗弯刚度为 EI，利用柔度影响系数方法建立系统运动微分方程。

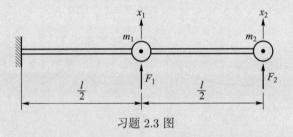

习题 2.3 图

2.4 图示均匀刚性杆质量为 m_1，重物的质量为 m_2，建立系统的运动微分方程。

2.5 采用拉格朗日方程建立图示系统的运动微分方程。

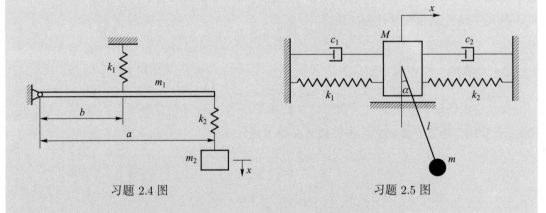

习题 2.4 图 习题 2.5 图

2.6 建立图示系统的运动微分方程，分析系统的耦合性质，并求系统的固有频率和固有振型。

2.7 在图示振动系统中，重物质量为 m，刚性外壳质量为 $2m$，弹簧刚度系数均为 k。设外壳只能沿铅垂方向运动。采用影响系数方法：

（1）以 x_1 和 x_2 为广义坐标，建立系统的微分方程；

（2）求系统的固有频率。

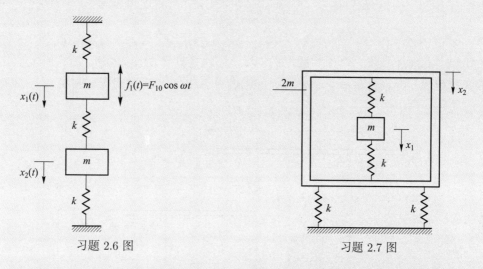

习题 2.6 图　　　　　　　　　习题 2.7 图

2.8 在图示振动系统中，物体 A、B 的质量均为 m，弹簧的刚度系数均为 k，刚杆 AD 的质量忽略不计，杆水平时为系统的静平衡位置。采用影响系数方法，要求：

（1）以 x_1 和 x_2 为广义坐标，建立系统微振动的微分方程；

（2）求固有频率。

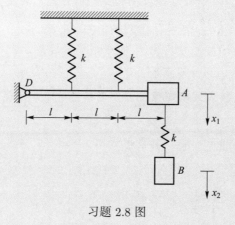

习题 2.8 图

2.9 在习题 2.2 中，设 $m_1 = m_2 = m$，$l_1 = l_2 = l$，$k_1 = k_2 = 0$，求系统的固有频率和固有振型。

2.10 图中刚性杆的质量不计，按图示坐标建立系统运动微分方程，并求出固有频率和固有振型。

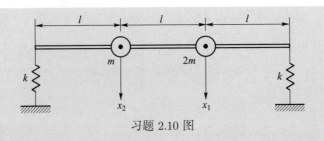

习题 2.10 图

2.11　图示系统中，两根长度为 l 的均匀刚性杆质量为 m_1 及 m_2，求系统的刚度矩阵和柔度矩阵，并求出当 $m_1 = m_2 = m$ 和 $k_1 = k_2 = k$ 时系统的固有频率。

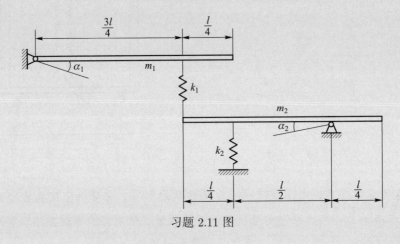

习题 2.11 图

2.12　已知图示系统中的滑轮半径为 R，绕中心的转动惯量为 $2mR^2$，物块质量为 m，弹簧刚度系数均为 k，不计轴承处摩擦和绳子的弹性和质量。推导系统的运动微分方程，分析系统的耦合性质，并求固有频率和固有振型。

2.13　如图所示，由刚度系数均为 k 的两个弹簧连接三个相同的单摆。单摆的长度和质量分别为 l 和 m。系统作微幅摆动。

（1）试用刚度影响系数方法确定系统的刚度矩阵，建立系统的振动微分方程，并分析耦合性质；

（2）求出固有频率和模态向量，画出模态图。

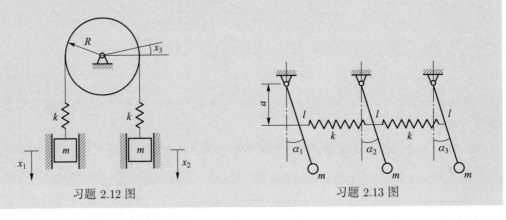

习题 2.12 图　　　　习题 2.13 图

2.14 图示系统中，假设各个质量绕轴 O 的转动惯量为 $J_1 = J_2 = J_3 = J$，弹簧刚度系数为 $k_1 = k_2 = k_3 = k$，求系统的固有频率和振型向量。

2.15 求图示系统的固有频率和振型向量。

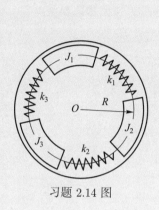

习题 2.14 图

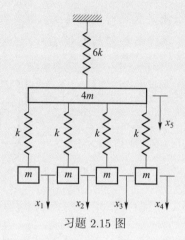

习题 2.15 图

2.16 如图所示一多自由度弹簧质量系统。

（1）求各阶固有频率和固有振型，并画出各阶振型图；

（2）验证固有振型的正交性；

（3）用振型叠加法计算该系统受迫振动的稳态响应。

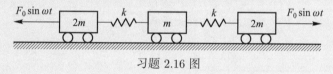

习题 2.16 图

2.17 在图示系统中，$f_1(t) = F_1 \sin \omega t, f_2(t) = F_2 \sin \omega t$。用模态叠加方法求系统的稳态响应。

2.18 求图示系统激振点的位移阻抗。

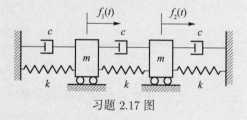

习题 2.17 图

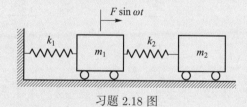

习题 2.18 图

2.19 求图示系统激振点的位移导纳。

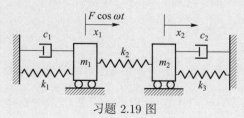

习题 2.19 图

2.20 如图所示，已知机器质量为 $m_1 = 90\,\text{kg}$，吸振器质量为 $m_2 = 2.25\,\text{kg}$，若机器上有一偏心质量 $m' = 0.5\,\text{kg}$，偏心距 $e = 1\,\text{cm}$，机器转速 $n = 1800\,\text{r/min}$。试问：

（1）吸振器的弹簧刚度系数 k_2 为多大，才能使机器的振幅为零？

（2）此时吸振器的振幅 B_2 为多大？

（3）若使吸振器的振幅 B_2 不超过 $2\,\text{mm}$，应如何改变吸振器的参数？

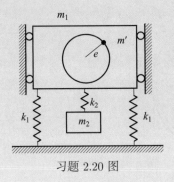

习题 2.20 图

2.21 如图所示，一个质量为 m_2 的机器安装在质量为 m_1 的柜子内，柜子的重心在两个刚度系数均为 k 的弹性支撑中间。若机器受到一个简谐力矩 $M = M_0 \sin\omega t$ 的作用，试问：

（1）要使柜子不发生摆动，k 应该等于多少？

（2）要使柜子不产生垂直运动，机器安装的位置 a 应该等于多少？

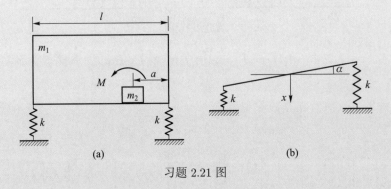

(a) (b)

习题 2.21 图

2.22 质量为 m_1 的滑块用两个刚度系数为 k_1 及 k_2 的弹簧连接在基础上，滑块上通过铰接连着质量为 m_2、摆长为 l 的单摆。假设 $m_1 = m_2 = m$，$k_1 = k_2 = k$。基础作水平方向的简谐振动 $x_\text{s} = A\sin\omega t$，其中 $\omega = \sqrt{k/m}$，试求：

（1）单摆的最大摆角 α_max；

（2）系统的共振频率。

2.23 图示系统中，阻尼系数 $c < \dfrac{1}{2}\sqrt{3km}$，左端的质量块受阶跃载荷 F 的作用，初始条件为零，求系统响应。

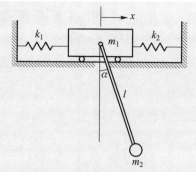

习题 2.22 图

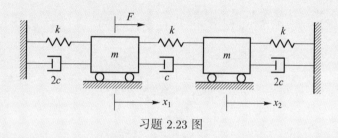

习题 2.23 图

2.24 图示简支梁上，三等分处有两个质量 $m_1 = m_2 = m$，每个质量下方安装一阻尼器，阻尼系数 $c_1 = c_2 = c = \sqrt{k_0 m/30}$，其中 $k_0 = 486EI/l^3$，EI 为梁的截面抗弯刚度，l 为长度。假定梁的自重忽略不计。

（1）试求各阶阻尼比；

（2）若质量 m_1 上受到一个单位脉冲力 $\delta(t)$，试求系统响应。

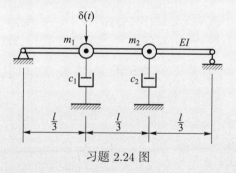

习题 2.24 图

2.25 写出图示系统的势能和动能表达式。令 $x_1/x_2 = n$，根据保守系统的机械能守恒定律，求出 ω^2 的最大值 $\omega_{\max}^2$ 和最小值 $\omega_{\min}^2$ 以及相应的 n 值。验证 $\omega_{\max}$ 和 $\omega_{\min}$ 分别等于系统的固有频率 ω_2 和 ω_1。

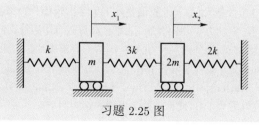

习题 2.25 图

2.26 设多自由度系统的质量矩阵 M 和刚度矩阵 K 都是正定的。证明：

（1）多自由度正定系统频率方程的根是正实数；

（2）$\varphi_i^{\mathrm{T}}(MK^{-1})^n M\varphi_j = 0$，$\varphi_i^{\mathrm{T}}(KM^{-1})^n K\varphi_j = 0$，式中 φ_i 和 φ_j 为模态向量，n 是自然数。

2.27 如图所示，用两个刚度系数均为 k 的弹簧把一个质量 m 吊在天花板上，质量 m 与天花板的距离为 l，两个弹簧关于通过质量中心的铅垂线对称，夹角为 α。限制质量在垂直于天花板并包含两个弹簧的平面内运动。

（1）求质量只作上下运动的固有频率；

（2）求质量只作水平运动的固有频率。

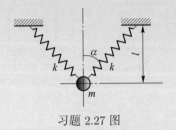

习题 2.27 图

2.28 求图示系统的固有模态。已知初始条件为 $x_0^{\mathrm{T}} = \begin{bmatrix} 0 & 0 & 0 & 0 \end{bmatrix}$，$\dot{x}_0^{\mathrm{T}} = \begin{bmatrix} v & 0 & 0 & v \end{bmatrix}$，求系统的自由振动响应。

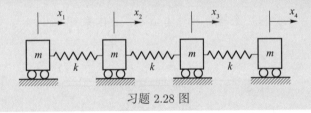

习题 2.28 图

参考文献

[1] CAUGHEY T K, O'KELLY M E J. Classical normal modes in damped linear dynamic systems[J]. Journal of Applied Mechanics, 1965, 32(3): 583–588

[2] 倪振华. 振动力学 [M]. 西安：西安交通大学出版社，1989

[3] HWANG J H, MA F. On the approximate solution of nonclassically damped linear systems[J]. Journal of Applied Mechanics, 1993, 60(3): 695–701

[4] 邢誉峰. 工程振动基础 [M]. 3 版. 北京：北京航空航天大学出版社，2020

[5] 刘延柱，陈文良，陈立群. 振动力学 [M]. 3 版. 北京：高等教育出版社，2019

[6] 张世基，诸德超，张思骙. 振动学基础 [M]. 北京：国防工业出版社，1982

[7] 邢誉峰. 工程振动基础知识要点及习题解答 [M]. 北京：北京航空航天大学出版社，2007

[8] RAO S S. Mechanical vibrations[M]. 5th Edition. New York: Prentice Hall, 2010

[9] 胡海岩. 振动力学：研究性教程 [M]. 北京：科学出版社，2020

附录 B　拉普拉斯变换公式

表 B.1　拉普拉斯变换性质

性质	原函数 $f(t)$, $f_1(t)$ 和 $f_2(t)$	象函数 $F(s)$, $F_1(s)$ 和 $F_2(s)$
线性	$\alpha f_1(t) + \beta f_2(t)$	$\alpha F_1(s) + \beta F_2(s)$
频移	$\mathrm{e}^{\alpha t} f(t)$	$F(s - \alpha)$
时移	$f(t - \tau)$	$\mathrm{e}^{-s\tau} F(s)$
时域积分	$\displaystyle\int_0^t f(t)\mathrm{d}t$	$\dfrac{F(s)}{s}$
时域导数	$f^{(n)}(t)$, n 为正整数	$s^n F(s) - \displaystyle\sum_{r=0}^{n-1} s^{n-r-1} f^{(r)}(0)$
复数域积分	$\dfrac{f(t)}{t}$	$\displaystyle\int_s^\infty F(s)\mathrm{d}s$
复数域导数	$t^n f(t)$	$(-1)^n F^{(n)}(s)$
卷积	$\displaystyle\int_0^t f_1(t-\tau) f_2(\tau)\mathrm{d}\tau$	$F_1(s) F_2(s)$

表 B.2　拉普拉斯变换基本公式

原函数 $f(t)$	象函数 $F(s)$
$\delta(t)$ (Dirac delta function)	1
$\delta(t - t_0)$ (Dirac delta function)	$\mathrm{e}^{-t_0 s}$
$\mathrm{e}^{at} f(t)$	$F(s - a)$
1	$\dfrac{1}{s}$
$\dfrac{t^{n-1}}{(n-1)!}$	$\dfrac{1}{s^n}$, n 为正整数
$\dfrac{1}{\sqrt{\pi t}}$	$\dfrac{1}{\sqrt{s}}$
e^{at}	$\dfrac{1}{s - a}$
$\dfrac{1}{(n-1)!} t^{n-1} \mathrm{e}^{at}$	$\dfrac{1}{(s-a)^n}$, n 为正整数

续表

原函数 $f(t)$	象函数 $F(s)$
$\dfrac{1}{a-b}(\mathrm{e}^{at}-\mathrm{e}^{bt})$	$\dfrac{1}{(s-a)(s-b)}$
$\dfrac{1}{a-b}(a\mathrm{e}^{at}-b\mathrm{e}^{bt})$	$\dfrac{s}{(s-a)(s-b)}$
$\dfrac{1}{a}\sin at$	$\dfrac{1}{s^2+a^2}$
$\cos at$	$\dfrac{s}{s^2+a^2}$
$\dfrac{1}{a}\sinh at$	$\dfrac{1}{s^2-a^2}$
$\cosh at$	$\dfrac{s}{s^2-a^2}$
$\dfrac{1}{b}\mathrm{e}^{at}\sin bt$	$\dfrac{1}{(s-a)^2+b^2}$
$\mathrm{e}^{at}\cos bt$	$\dfrac{s-a}{(s-a)^2+b^2}$
$\dfrac{1}{\omega_{\mathrm{d}}}\mathrm{e}^{-\xi\omega_0 t}\sin\omega_{\mathrm{d}}t$	$\dfrac{1}{s^2+2\xi\omega_0 s+\omega_0^2}$

习题答案 A2

第 3 章
连续系统的振动

在前两章讨论的离散系统中，惯性参数集中在有限个质点或刚体上，系统具有有限个自由度，这种系统也称为**集中参数系统**，其数学模型是常微分方程。然而，实际工程结构系统的物理参数都是连续分布的，建立参数连续分布的力学模型更符合实际，相应的系统称为**连续系统**或**分布参数系统**，其动态响应既是时间坐标的函数，也是空间坐标的函数，因此其数学模型是偏微分方程。并且，基于理想弹性体和小变形假设，在材料力学、弹性力学中针对静力问题建立的位移–应变、应变–应力、应力–内力关系，在动力问题中的任一个时刻都成立。

与第 2 章讨论的离散系统类似，连续系统也存在固有模态概念和模态叠加方法。对于复杂连续系统，难以求得其固有特性和响应的解析解，通常是利用第 4 章介绍的近似方法来求解。因此，本章主要介绍几何形状规则的杆状弹性结构的轴向（纵向）、扭转、弯曲（横向）振动以及薄板的横向振动，内容主要包括其固有模态的解析求解方法，以及用于求解动态响应的模态叠加方法。

3.1　杆的纵向自由振动

3.1.1　杆纵向振动微分方程

除了理想弹性体和小变形假设外，本节讨论的杆是细长的，并附加如下假设：

（1）杆的任一横截面在纵向振动过程中始终保持为平面，且截面上各点的轴向位移相同。

（2）杆的纵向伸缩引起的横向变形是高阶小量，忽略不计。

依照习惯，以杆左端为坐标原点，沿着轴线向右为正建立坐标系 x。设细长直杆的横截面面积是随位置坐标 x 变化的，用 $A(x)$ 来表示，杆材料的弹性模量和密度分别用 E 和 ρ 表示。在坐标 x 处取一微元 $\mathrm{d}x$，在任一时刻 t，微元两端的位移如图 3.1.1a 所示，微元受力如图 3.1.1b 所示。

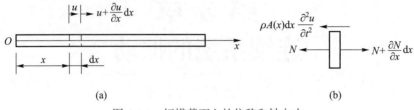

图 3.1.1　杆横截面上的位移和轴向力

截面 x 处的应变与位移关系为 $\varepsilon = \partial u/\partial x$，应力与应变的关系满足胡克（Robert Hooke）定律，则截面 x 处的轴向力为

$$N = A\sigma = EA\varepsilon = EA\frac{\partial u}{\partial x} \tag{3.1.1}$$

式中包含的内力-应力、应力-应变、应变-位移关系在任一瞬时都成立，并且位移 u、应变 ε、应力 σ、内力（轴力）N 都是位置 x 和时间 t 的函数，如位移应该写成 $u(x,t)$。但为了书写简便，这里略去了自变量部分。除非特殊说明，本章后续内容采用相同的处理方法。

由于微元振动，其惯性力为 $\rho A\mathrm{d}x\dfrac{\partial^2 u}{\partial t^2}$，根据达朗贝尔（d'Alembert）原理，可将惯性力看作静力，其方向与运动方向相反，如图 3.1.1b 所示，因此微元的平衡微分方程为

$$-\rho A\mathrm{d}x\frac{\partial^2 u}{\partial t^2} + N + \frac{\partial N}{\partial x}\mathrm{d}x - N = 0 \tag{3.1.2}$$

也可由牛顿第二定律得

$$\rho A\mathrm{d}x\frac{\partial^2 u}{\partial t^2} = N + \frac{\partial N}{\partial x}\mathrm{d}x - N = \frac{\partial N}{\partial x}\mathrm{d}x \tag{3.1.3}$$

将式 (3.1.1) 的内力 N 与位移 u 的关系代入式 (3.1.3)，可得杆纵向振动的微分方程为

$$\rho A\frac{\partial^2 u}{\partial t^2} = \frac{\partial}{\partial x}\left(EA\frac{\partial u}{\partial x}\right) \tag{3.1.4}$$

由于截面面积 A 是坐标 x 的函数，这类变系数偏微分方程仅在某些特殊情况下才可以得到解析解，其中一种特殊情况是等截面直杆，即 A 是常数，则方程 (3.1.4) 简化为

$$\frac{\partial^2 u}{\partial t^2} = c^2\frac{\partial^2 u}{\partial x^2} \tag{3.1.5}$$

式中参数 $c = \sqrt{E/\rho}$ 是波在杆内沿着轴向的传播速度。对于本节讨论的杆的纵向振动，当杆上某处受到载荷作用时，该处质点最先开始沿轴向产生振动位移、应力等，然后以波的

形式向远处传播，由于质点振动方向与波传播方向平行，所以这种波称为**纵波**，其传播速度为 c。描述波的演化规律的方程 (3.1.5) 称为**波动方程**。分析波的传播、反射等变化规律的理论称为波动理论。采用波动理论求解波动方程 (3.1.5) 时，通常将通解写成

$$u(x, t) = f(x - ct) + g(x + ct) \tag{3.1.6}$$

式中：$f(x - ct)$ 表示波从载荷作用点向 x 正向的传播，$g(x + ct)$ 表示波从载荷作用点向 x 负向的传播。在载荷作用点正方向上的任意两个固定点 x_1, x_2 $(x_2 > x_1)$ 处，质点的位移可分别写为 $u(x_1, t) = f(x_1 - ct)$ 和 $u(x_2, t) = f(x_2 - ct)$。将 $u(x_2, t)$ 中的自变量 $x_2 - ct$ 做如下变换：

$$u(x_2, t) = f(x_2 - ct) = f\left[x_1 - c\left(t - \frac{x_2 - x_1}{c}\right)\right] \tag{3.1.7}$$

由此可以看到 x_1 和 x_2 处位移随时间的变化规律完全相同，只不过在时间上 $u(x_2, t)$ 滞后了 $(x_2 - x_1)/c$，也就是振动从 x_1 传到 x_2 所用的时间。这说明杆不同位置的振动不是同时产生的，其时间差取决于两个位置的距离以及波的传播速度。工程常用的金属材料铝合金和钢材中波的传播速度均大于 $5\,000$ m/s，远大于基于小变形假设的弹性体质点振动速度（一般最大振动速度为几米每秒）。因此，对工程中大多数长度有限的弹性体，振动能够快速传遍整个弹性体，不同位置开始振动的时间差很小。上述波动理论虽然能够得到波动过程的精确解，但这种波动分析方法仅适用于等截面杆纵向冲击分析、等截面圆轴扭转冲击等简单问题分析，并且推导过程冗长复杂。实际上，可以采用第 2 章多自由度系统模态叠加方法的思想，对连续系统振动特性进行分析。感兴趣的读者可参考文献 [1] 第 7 章，其中给出了杆这种典型一维结构的波动分析方法和模态叠加方法的详细分析和对比，以及波动理论专著 [11]。

3.1.2 直杆纵向自由振动分析

求解振动微分方程 (3.1.5) 的常用数学方法是分离变量法，解的形式为

$$u(x, t) = U(x)T(t) \tag{3.1.8}$$

可以对式 (3.1.8) 做出如下合理解释：对于弹性杆，通过集中质量的办法建立的离散模型，当集中质量点数量趋于无穷时，离散模型趋于连续模型 [2]，这个结论也适用于其他连续系统，因此连续系统也称为无穷多自由度系统。那么可以推测，连续系统与离散系统相同，存在各点随时间有相同变化规律的主振动形式，也就是式 (3.1.8) 描述的空间和时间变量分离的形式。将式 (3.1.8) 代入方程 (3.1.5) 得

$$U(x)\ddot{T}(t) = c^2 T(t)U''(x) \tag{3.1.9}$$

式中 $U(x)$ 和 $T(t)$ 都不能恒为零，因此上式两边同除 $U(x)T(t)$ 得

$$\frac{1}{T(t)}\ddot{T}(t) = \frac{c^2}{U(x)}U''(x) \tag{3.1.10}$$

该式左端仅是 t 的函数，右端仅是 x 的函数。若上式在任意时刻、任意位置都相等，则左端和右端只能同时等于一个与时间和空间坐标都无关的常数，于是可以分别得到一个关于空间坐标的常微分方程和一个关于时间坐标的常微分方程。需要强调的是，这个常数不能大于零。若这个常数大于零，则关于时间 t 的方程将存在正指数函数形式的解，即运动是随时间指数增长的，这与小变形假设相悖，也不符合保守系统能量守恒条件，故在求解方程 (3.1.10) 时不考虑这种情况。不失一般性，将该常数表示为 $-\omega^2$，本章在对其他弹性体的自由振动进行分析时都采用这种方式处理，不再重复说明。于是，仅关于时间坐标的常微分方程为

$$\ddot{T}(t) + \omega^2 T(t) = 0 \tag{3.1.11}$$

该方程与第 1 章中介绍的质量–弹簧系统的振动方程具有相同的形式。关于空间坐标的方程为

$$U''(x) + \left(\frac{\omega}{c}\right)^2 U(x) = 0 \tag{3.1.12}$$

在数学上，方程 (3.1.12) 和方程 (3.1.11) 有相同形式的解。令 $T(t) = \mathrm{e}^{\lambda t}$ 得 $\lambda_{1,2} = \pm \mathrm{i}\omega$（其中 $\mathrm{i} = \sqrt{-1}$），于是可得方程 (3.1.11) 的解为

$$T(t) = C\sin\omega t + D\cos\omega t = B\sin(\omega t + \theta) \tag{3.1.13}$$

类似地，令 $U(x) = \mathrm{e}^{\mu x}$ 可得 $\mu_{1,2} = \pm \mathrm{i}\omega/c$，故方程 (3.1.12) 的解为

$$U(x) = a\sin\frac{\omega x}{c} + b\cos\frac{\omega x}{c} \tag{3.1.14}$$

将上面两式代入方程 (3.1.8) 可得振动位移为

$$u(x,t) = U(x)T(t) = \left(a\sin\frac{\omega x}{c} + b\cos\frac{\omega x}{c}\right)\sin(\omega t + \theta) \tag{3.1.15}$$

式中 $T(t)$ 用了式 (3.1.13) 中的后一个表达式，是为了更直观地表示振动随时间的简谐变化规律。此外，式 (3.1.13) 和式 (3.1.14) 中的待定系数分别乘除一个常系数，仍然分别是方程 (3.1.11) 和方程 (3.1.12) 的解，所以在式 (3.1.15) 中仍然用 a, b 表示 $a \times B, b \times B$。从式 (3.1.15) 可以看出，ω 是杆上各点随着时间的振动频率，称为固有圆（或角）频率，简称固有频率。

　　在分析连续结构振动问题时，需先利用边界条件得到结构的固有振动特性，然后根据初始条件（初始位移和初始速度）得到响应的具体形式。杆纵向振动问题的**基本**（或**简单**）**边界条件**包括固定和自由两种：固定端轴向位移为零，自由端轴力为零。下面以左端固定、右端自由的杆振动问题为例，根据边界条件得到固有振动特性。

　　如图 3.1.2 所示，已知杆长为 l，密度为 ρ，弹性模量为 E，截面面积为 A。左端为坐

标 x 的原点。杆左端位移等于零, 右端轴力等于零, 即

$$u(0, t) = 0, \quad EA\frac{\partial u}{\partial x}(l, t) = 0 \tag{3.1.16}$$

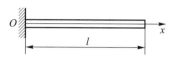

图 3.1.2 左端固定、右端自由的杆

把分离变量表达式 (3.1.8) 代入上式有

$$u(0, t) = U(0)T(t) = 0, \quad \frac{\partial u}{\partial x}(l, t) = U'(l)T(t) = 0 \tag{3.1.17}$$

由于 $T(t)$ 不恒为零, 而式 (3.1.17) 对任意时刻 t 都成立, 只能有

$$U(0) = 0, \quad U'(l) = 0 \tag{3.1.18}$$

将式 (3.1.14) 中的 $U(x)$ 代入式 (3.1.18) 中的位移为零的条件可得

$$U(x) = a\sin\frac{\omega x}{c} \tag{3.1.19}$$

把上式对 x 求一阶导数后再代入式 (3.1.18) 中轴力为零的条件可得

$$a\frac{\omega}{c}\cos\frac{\omega l}{c} = 0 \tag{3.1.20}$$

可以看出, 若 a 和 ω 任何一个等于零, 根据式 (3.1.19) 可知都有 $U(x) = 0$, 这是没有意义的零解, 因此式 (3.1.20) 中的余弦项为零, 即

$$\cos\frac{\omega l}{c} = 0 \tag{3.1.21}$$

由该方程可解出无穷多阶固有频率, 即

$$\omega_n = \frac{n\pi c}{2l} = \frac{n\pi}{2l}\sqrt{\frac{E}{\rho}} \quad (n = 1, 3, 5, \cdots) \tag{3.1.22}$$

将其代回式 (3.1.19) 可得

$$U_n(x) = a_n\sin\frac{n\pi x}{2l} \quad (n = 1, 3, 5, \cdots) \tag{3.1.23}$$

将式 (3.1.22) 和式 (3.1.23) 代入式 (3.1.15) 可得与各阶固有频率对应的位移为

$$u_n(x, t) = U_n\sin(\omega_n t + \theta_n) = a_n\sin\frac{n\pi x}{2l}\sin(\omega_n t + \theta_n) \quad (n = 1, 3, 5, \cdots) \tag{3.1.24}$$

各阶固有频率对应位移的叠加即为满足边界条件的杆自由振动位移响应

$$u(x, t) = \sum_{n=1,3,5,\cdots}^{\infty} u_n(x, t) = \sum_{n=1,3,5,\cdots}^{\infty} a_n\sin\frac{n\pi x}{2l}\sin(\omega_n t + \theta_n) \tag{3.1.25}$$

该式类似于第 2 章介绍的离散多自由度系统自由振动响应的模态叠加形式。只要给定合适的初始条件，物理上可实现式 (3.1.24) 所表示的振动规律。类似于离散多自由度系统情况，式 (3.1.24) 表示的振动称为一端自由、一端固定杆的第 n 阶**主振动**，只不过这里的主振动有无穷多阶。式 (3.1.22) 中的频率仅与材料的弹性模量、长度及边界条件有关，称为第 n 阶**固有频率**，方程 (3.1.21) 称为**频率方程**。式 (3.1.23) 中的 $U_n(x)$ 称为该连续系统的第 n 阶**振型函数**或**模态函数**，简称振型或模态，它描述了每一阶主振动的振动形状，即连续系统上各点主振动位移有固定的相对比值。由此可见，主振动频率是系统的固有频率，其振动形式由对应的振型函数刻画。若仅关注某一阶主振动，振型函数式中的待定系数 a_n 可取任意值，为方便起见一般取 1。

对于两端固定杆、两端自由杆情况，读者可仿照上述步骤得到各自的各阶固有频率、振型函数以及主振动叠加形式的自由振动位移响应表达式。需要说明的是，这些结论可以推广到更一般的连续系统。连续系统有无穷多阶固有频率、振型函数，其自由振动响应可以表示成无穷多阶主振动叠加的形式，此即连续系统的模态叠加方法。

例 3.1.1　图 3.1.3 所示的是一端固定、一端自由的弹性杆，已知杆长为 l，密度为 ρ，弹性模量为 E，横截面面积为 A。在自由端常力 F 作用下，杆处于静平衡状态。若突然释放 F，求杆的自由振动响应。

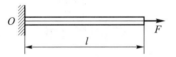

图 3.1.3　自由端有常力 F 作用的杆

解：前面已经给出了一端固定、一端自由弹性杆的自由振动位移响应一般表达式 (3.1.25)，为求自由振动响应的定解，还需根据初始条件来确定其中的待定常数 a_n, θ_n。在轴向常力 F 作用下，杆上各点应变相同，即 $\varepsilon = F/(EA)$。把外力突然释放的一瞬间定为 $t = 0$，此时各点的位移仍然与静平衡时相同，但速度为零，因此初始条件为

$$u(x, 0) = \varepsilon x, \quad \dot{u}(x, 0) = 0 \tag{a}$$

将该初始条件代入式 (3.1.25) 得

$$u(x, 0) = \sum_{n=1,3,5,\cdots}^{\infty} a_n \sin \frac{n\pi x}{2l} \sin \theta_n = \varepsilon x \tag{b}$$

$$\dot{u}(x, 0) = \sum_{n=1,3,5,\cdots}^{\infty} a_n \omega_n \sin \frac{n\pi x}{2l} \cos \theta_n = 0 \tag{c}$$

式 (c) 要求对任意的 x 都成立，只能 $a_n \omega_n \cos \theta_n = 0$。由于 a_n 和 ω_n 不能为零，否则得到的是不需要的零解，所以只能 $\cos \theta_n = 0$，则 $\sin \theta_n = \pm 1$。先把 $\sin \theta_n = 1$ 代入式 (b)，得

$$\sum_{n=1,3,5,\cdots}^{\infty} a_n \sin \frac{n\pi x}{2l} = \varepsilon x \tag{d}$$

将上式两边同乘以 $\sin(m\pi x/2l)$，其中 m 与 n 均为正的奇数且取值范围相同，然后沿杆长积分

$$\sum_{n=1,3,5,\cdots}^{\infty} \int_0^l a_n \sin \frac{m\pi x}{2l} \sin \frac{n\pi x}{2l} \mathrm{d}x = \int_0^l \varepsilon x \sin \frac{m\pi x}{2l} \mathrm{d}x \tag{e}$$

可以证明，这里的振型函数具有如下正交性：

$$\int_0^l \sin \frac{m\pi x}{2l} \sin \frac{n\pi x}{2l} \mathrm{d}x = \begin{cases} 0, & m \neq n \\ l/2, & m = n \end{cases} \tag{f}$$

这样等式 (e) 左边的无穷多项求和，只有 $n = m$ 项不为零，于是

$$a_n = \frac{2\varepsilon}{l} \int_0^l x \sin \frac{n\pi x}{2l} \mathrm{d}x = \frac{8l\varepsilon}{n^2\pi^2} \sin \frac{n\pi}{2} = \frac{8l\varepsilon}{n^2\pi^2} (-1)^{\frac{n-1}{2}} \quad (n = 1, 3, 5, \cdots) \tag{g}$$

由于 $\sin \theta_n = 1$，因此

$$\theta_n = \frac{(2n-1)\pi}{2} \quad (n = 1, 3, 5, \cdots) \tag{h}$$

把式 (g)、式 (h) 和式 (3.1.22) 一起代入位移响应表达式 (3.1.25) 得

$$u(x, t) = \frac{8lF}{\pi^2 AE} \sum_{n=1,3,5,\cdots}^{\infty} \frac{(-1)^{\frac{n-1}{2}}}{n^2} \sin \frac{n\pi x}{2l} \cos \frac{n\pi ct}{2l} \tag{i}$$

不难验证，对于 $\sin \theta_n = -1$ 情况，所得结果与式 (i) 相同。从式 (i) 可以看出，杆的自由振动位移响应与 F、长细比 (l/A) 成正比，与弹性模量成反比，这类似于静力情况。不同的是，每一点的位移都是无穷多项谐波函数的和，但从第二项开始，后面的项都是以 $1/n^2$ 为比例衰减的，因此起主要作用的是前面的低阶项。对于工程问题，忽略高阶项也能满足精度需求。

如果杆端有集中质量、纵向弹性支撑或二者同时存在，则对应的边界条件称为**非基本（或复杂）边界条件**。如图 3.1.4a 所示，其中左端固支（为基本边界条件），右端同时有集中质量和弹性支撑。把右端质量块分离出来，其受力情况和杆右端受力情况如图 3.1.4b 所示。质量块的惯性力和弹簧的弹性恢复力构成了边界力，它们阻碍杆右端的运动，它们的

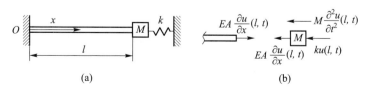

图 3.1.4 左端固定、右端有集中质量和弹性支撑的杆及杆右端部受力分析

方向均与杆右端截面的轴力方向相反且相互平衡，因此有

$$EA\frac{\partial u}{\partial x}(l, t) = -ku(l, t) - M\frac{\partial^2 u}{\partial t^2}(l, t) \tag{3.1.26}$$

若右端固定，左端同时有集中质量和弹性支撑，集中质量及杆左端部受力分析见图 3.1.5。质量块的惯性力和弹簧的弹性恢复力阻碍杆左端运动，方向仍均向左，它们与杆左端截面轴力方向相同且彼此平衡，故有

$$EA\frac{\partial u}{\partial x}(0, t) = ku(0, t) + M\frac{\partial^2 u}{\partial t^2}(0, t) \tag{3.1.27}$$

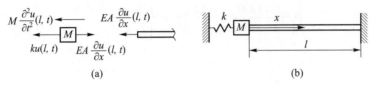

图 3.1.5 右端固定、左端有集中质量和弹性支撑的杆及杆左端部受力分析

例 3.1.2 如图 3.1.5b 所示的细直弹性杆长为 l、截面面积为 A、弹性模量为 E、密度为 ρ，杆右端固定，左端仅有刚度系数为 k 的弹簧支撑，求该系统的固有频率。

解： 以杆左端点为原点建立坐标系，图示 x 方向为正。右端固定，即轴向位移等于零，作用在左端面上的弹簧恢复力与轴力相等，因此边界条件为

$$u(l, t) = 0, \quad EA\frac{\partial u}{\partial x}(0, t) = ku(0, t) \tag{a}$$

把位移 $u(x, t)$ 的表达式 (3.1.15) 代入式 (a) 得

$$\begin{aligned} aEA\frac{\omega}{c} - bk = 0 \\ a\sin\frac{\omega l}{c} + b\cos\frac{\omega l}{c} = 0 \end{aligned} \tag{b}$$

这两个方程构成了以 a 和 b 为未知数的方程组。由于 a 和 b 具有非零解，因此该方程组系数行列式为零，即有

$$EA\frac{\omega}{c}\cos\frac{\omega l}{c} + k\sin\frac{\omega l}{c} = 0 \tag{c}$$

针对 k 取不同的值，下面分三种情况进行讨论。

情况 1：$k = 0$。这时有

$$\cos\frac{\omega l}{c} = 0 \tag{d}$$

这与例 3.1.1 中的右端自由左端固定杆的频率方程相同，这是因为二者的区别仅仅是坐标原点位置不同，坐标系变换不影响固有频率，因此各阶固有频率即为式 (3.1.22)。由方程 (b) 可知，若 $k = 0$，则有 $a = 0$，因此由式 (3.1.14) 可得这种情况的振型函数为

$$U_n(x) = \cos \frac{n\pi x}{2l} \quad (n = 1, 3, 5, \cdots) \tag{e}$$

情况 2：$k = \infty$。意味着左端也固定，系统变为两端固定的杆。由式 (c) 可得

$$\sin \frac{\omega l}{c} = 0 \tag{f}$$

由此解得两端固定杆的各阶固有频率为

$$\omega_n = \frac{n\pi c}{l} \quad (n = 1, 2, 3, \cdots) \tag{g}$$

与例 3.1.1 中得到的一端固定一端自由的杆的固有频率 $\omega_n = n\pi c/(2l)(n = 1, 3, 5, \cdots)$ 相比可以发现，两端固定杆的固有频率大，这是因为系统增加了位移约束，导致刚度变大，所以频率变大。各阶振型函数为

$$U_n(x) = \sin \frac{n\pi x}{l} \quad (n = 1, 2, 3, \cdots) \tag{h}$$

与例 3.1.1 中振型函数的正交性类似，可以证明这种情况的振型函数具有如下正交性：

$$\int_0^l U_n(x)U_m(x)\mathrm{d}x = \begin{cases} 0, & m \neq n \\ l/2, & m = n \end{cases}$$

图 3.1.6 中的虚线给出了两端固定杆的前 2 阶振型形状，第二阶振型在 $x = l/2$ 这个截面的主振动始终为零，称为主振动的节点。图 3.1.6 中的实线是左端固定右端自由杆的振型，其第二阶振型也有一个节点，但不在杆的中间。可以总结出，一维均匀结构的第 n 阶振型有 $n-1$ 个节点。

(a) 一阶振型　　　　　　　　(b) 二阶振型

图 3.1.6　杆的前 2 阶振型：实线对应一端固定一端自由杆，虚线对应两端固定杆

情况 3：k 为有限正值，由式 (c) 得

$$\frac{\omega l}{c} \bigg/ \tan \frac{\omega l}{c} + \frac{k}{EA/l} = 0 \tag{i}$$

这是一个以无因次固有频率 $\beta = \omega l/c$ 为未知数的超越方程（方程中有无法用自变量的多项式或开方表示的函数）。超越方程是非线性代数方程，通常得不到解析解，只能用作图法，或者数值分析类教材中介绍的诸如二分法、牛顿迭代法等求解。注意到方程 (i) 中的 $k/(EA/l)$ 是边界弹簧和弹性杆的拉压刚度比。设该比值为 0.1，表 3.1.1 列出了求解超越方程 (i) 得到的前 4 阶无因次固有频率 β_n。

表 3.1.1　一端弹性支撑（边界弹簧和杆的拉压刚度比为 0.1）、一端固定杆的前 4 阶无因次固有频率

n	1	2	3	4
β_n	1.632 0	4.733 5	7.866 7	11.004 7

由此可给出该系统前 4 阶固有频率为

$$\omega_n = \beta_n \frac{c}{l} = \beta_n \frac{1}{l} \sqrt{\frac{E}{\rho}} \quad (n = 1, 2, 3, 4) \tag{j}$$

读者可选取不同的 k 值进行计算，分析所得结果可以发现：求得的各阶固有频率都介于情况 1 和情况 2 之间，且随着 k 的增大，各阶固有频率都随之变大，这是因为随着 k 的增大，系统抵抗轴向变形的能力增强，即轴向刚度变大，因而固有频率变大。

由式 (b) 中的第一个方程可把 b 用 a 表示，再将式 (j) 代入得

$$b = a \frac{EA}{lk} \beta_n \quad (n = 1, 2, 3, 4) \tag{k}$$

然后把上式连同式 (j) 一起代入振型函数式 (3.1.14)，并令 $a = 1$，可得

$$U_n(x) = \sin \beta_n \frac{x}{l} + \beta_n \frac{EA}{lk} \cos \beta_n \frac{x}{l} \quad (n = 1, 2, 3, 4) \tag{l}$$

将 $k/(EA/l) = 0.1$ 代入上式，据此可画出这种情况的各阶振型函数曲线，图 3.1.7 给出了前 2 阶振型函数曲线。

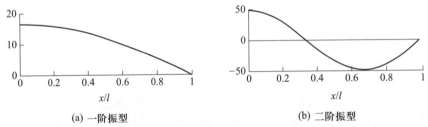

(a) 一阶振型　　　　　　　　　　　(b) 二阶振型

图 3.1.7　右端固定、左端弹性支撑杆的前 2 阶振型函数曲线

3.2　圆轴的扭转振动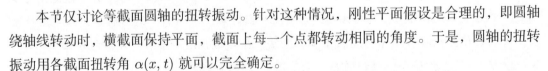

本节仅讨论等截面圆轴的扭转振动。针对这种情况，刚性平面假设是合理的，即圆轴绕轴线转动时，横截面保持平面，截面上每一个点都转动相同的角度。于是，圆轴的扭转振动用各截面扭转角 $\alpha(x, t)$ 就可以完全确定。

圆轴及坐标系如图 3.2.1a 所示。设 x 处截面在某一时刻相对平衡位置逆时针转动了 α。注意，这里的逆时针是从左向右看的，而且规定这个逆时针方向为正。然后在该处取微

元 $\mathrm{d}x$，这个微元两端截面上的扭矩及微元扭转惯性矩如图 3.2.1b 所示。

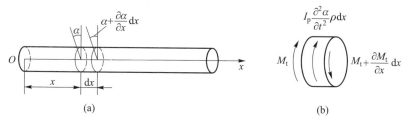

图 3.2.1　等截面圆轴扭转

由达朗贝尔原理，列出如下微元体力矩平衡方程：

$$M_{\mathrm{t}} + \frac{\partial M_{\mathrm{t}}}{\partial x}\mathrm{d}x - M_{\mathrm{t}} - \rho I_{\mathrm{p}}\mathrm{d}x\frac{\partial^2 \alpha}{\partial t^2} = 0 \qquad (3.2.1)$$

即

$$\frac{\partial M_{\mathrm{t}}}{\partial x} - \rho I_{\mathrm{p}}\frac{\partial^2 \alpha}{\partial t^2} = 0 \qquad (3.2.2)$$

其中扭矩与扭转角的关系在任一瞬时都满足材料力学给出的如下关系式：

$$M_{\mathrm{t}} = GI_{\mathrm{p}}\frac{\partial \alpha}{\partial x} \qquad (3.2.3)$$

式中：G 是剪切模量，I_{p} 是截面的极惯性矩。将式 (3.2.3) 代入式 (3.2.2) 得

$$\frac{\partial^2 \alpha}{\partial t^2} = c^2\frac{\partial^2 \alpha}{\partial x^2} \qquad (3.2.4)$$

与杆纵向运动情况不同，上式中 $c = \sqrt{G/\rho}$，表示弹性剪切波传播速度。剪切波沿纵向传播，与扭转运动方向垂直，所以剪切波也称**横波**。方程 (3.2.4) 与杆纵向振动方程 (3.1.5) 的形式完全相同，因此主振动的形式也相同，即

$$\alpha(x, t) = \left(a\sin\frac{\omega}{c}x + b\cos\frac{\omega}{c}x\right)\sin(\omega t + \theta) \qquad (3.2.5)$$

　　边界条件也与纵向振动问题类似，有两类基本边界条件：固定和自由。端部固定时，端面扭转角为零；端部自由时，端面上的扭矩为零。也有非基本边界条件：端部有扭转弹性支撑（扭转刚度为 k_{t}）以及转动惯量不可忽略的刚性圆盘（转动惯量为 J_0），或者只有其中的一个。设轴水平放置，此时非基本边界条件形式与式 (3.1.26) 和式 (3.1.27) 中的形式类似，即

$$GI_{\mathrm{p}}\frac{\partial \alpha}{\partial x}(0, t) = k_{\mathrm{t}}\alpha(0, t) + J_0\frac{\partial^2 \alpha}{\partial t^2}(0, t) \quad \text{（刚性圆盘和扭簧在左端面）} \qquad (3.2.6)$$

$$GI_{\mathrm{p}}\frac{\partial \alpha}{\partial x}(l, t) = -k_{\mathrm{t}}\alpha(l, t) - J_0\frac{\partial^2 \alpha}{\partial t^2}(l, t) \quad \text{（刚性圆盘和扭簧在右端面）} \qquad (3.2.7)$$

例 **3.2.1**　如图 3.2.2 所示，等直圆杆上端固定，下端装有转动惯量为 J_0 的刚性圆盘，杆长为 l，单位长度密度为 ρ，剪切模量为 G。试求杆扭转振动固有频率。

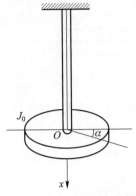

图 3.2.2　一端有刚性圆盘的扭转杆

解：假设在某一时刻 t，坐标为 x（其原点在杆的上端）处的杆截面转动了角度 $\alpha(x,t)$，如图 3.2.2 所示。边界条件为

$$\alpha(0,t)=0 \tag{a}$$

$$GI_{\mathrm p}\frac{\partial\alpha}{\partial x}(l,t)=-J_0\frac{\partial^2\alpha}{\partial t^2}(l,t) \tag{b}$$

把式 (3.2.5) 代入式 (a) 得 $b=0$，于是有

$$\alpha(x,t)=a\sin\frac{\omega x}{c}\sin(\omega t+\theta) \tag{c}$$

将上式代入式 (b) 可得

$$GI_{\mathrm p}a\frac{\omega}{c}\cos\left(\frac{\omega l}{c}\right)\sin(\omega t+\theta)=J_0\omega^2 a\sin\left(\frac{\omega l}{c}\right)\sin(\omega t+\theta) \tag{d}$$

若要使式 (d) 在任意时刻都成立，则要求 $\sin(\omega t+\theta)$ 前的系数相等。又由 a 不能等于零（$a=0$ 得到的是不需要的零解），可得

$$GI_{\mathrm p}\frac{\omega}{c}\cos\left(\frac{\omega l}{c}\right)=J_0\omega^2\sin\left(\frac{\omega l}{c}\right) \tag{e}$$

或

$$\frac{\omega l}{c}\tan\left(\frac{\omega l}{c}\right)=\frac{I_{\mathrm p}\rho l}{J_0} \tag{f}$$

可以看出，方程 (f) 右端的分子恰好是整个圆杆绕轴线的转动惯量，因此右端就是杆与圆盘的转动惯量之比。与例 3.1.2 一端有弹性支撑情况类似，频率方程 (f) 也是超越方程，可以用二分法求出高精度数值解。

3.3 梁横向自由振动

与前两节的情况相同，本节讨论的梁的轴线也为直线，且具有纵向（轴向）对称平面，外力也仅作用在此平面内并垂直于轴线，因此梁只在该平面内作横向弯曲振动。由材料力学可知，细长梁弯曲时可以忽略截面剪切变形，即弯曲变形后，横截面保持平面且仍与轴线垂直，基于该平面假设建立的梁理论称为**欧拉－伯努利**（Euler-Bernoulli）**梁理论**。当用欧拉－伯努利梁理论分析动力学问题时，不考虑转动惯量作用。本节主要介绍欧拉－伯努利梁的横向自由振动规律。

3.3.1 梁横向振动微分方程

图 3.3.1a 所示一细长梁，x 轴位于梁中性轴上，y 轴在纵向对称平面内，通常把坐标 (x, y) 原点选在梁左端面与中性轴的交点处，因此不同截面处的 y 表示该截面处的横向变形大小，也就是挠度。下面用 $I(x)$ 表示横截面的惯性矩，$A(x)$ 表示横截面面积，E 为弹性模量，ρ 为密度，l 为长度。考虑距左端面为 x 的微元，其受力情况如图 3.3.1b 所示，其中剪力 Q、弯矩 M 及挠度 y 都是 x 和 t 的函数，f_I 为微元上的惯性力。

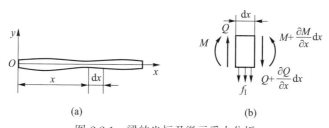

(a)　　　　　　　(b)

图 3.3.1　梁的坐标及微元受力分析

将微元右端剪力 $Q(x + \mathrm{d}x, t)$ 和弯矩 $M(x + \mathrm{d}x, t)$ 在 x 点进行泰勒展开，并略去 $\mathrm{d}x$ 的二阶及以上小量，可以得到图 3.3.1b 中微元右截面的剪力、弯矩表达式，即

$$
\begin{aligned}
Q(x + \mathrm{d}x, t) &= Q(x, t) + \frac{\partial Q(x, t)}{\partial x}\mathrm{d}x \\
M(x + \mathrm{d}x, t) &= M(x, t) + \frac{\partial M(x, t)}{\partial x}\mathrm{d}x
\end{aligned}
\tag{3.3.1}
$$

梁单位长度的质量为 $\rho A(x)$，则微元 $\mathrm{d}x$ 上的惯性力合力 f_I 为

$$
f_\mathrm{I} = \frac{\partial^2 y(x, t)}{\partial t^2}\rho A \mathrm{d}x
\tag{3.3.2}
$$

利用达朗贝尔原理，可得横向力平衡方程为

$$
Q(x, t) - \left[Q(x, t) + \frac{\partial Q(x, t)}{\partial x}\mathrm{d}x \right] - \rho A \frac{\partial^2 y(x, t)}{\partial t^2}\mathrm{d}x = 0
\tag{3.3.3}
$$

整理得

$$\frac{\partial Q(x,t)}{\partial x} + \rho A \frac{\partial^2 y(x,t)}{\partial t^2} = 0 \tag{3.3.4}$$

以右端面形心为矩心，则力矩平衡方程为

$$M(x,t) + \frac{\partial M(x,t)}{\partial x}\mathrm{d}x - M(x,t) - Q(x,t)\mathrm{d}x + \rho A \frac{\partial^2 y(x,t)}{\partial t^2}\mathrm{d}x\frac{\mathrm{d}x}{2} = 0 \tag{3.3.5}$$

忽略 $\mathrm{d}x$ 的二阶量，从上式可得如下弯矩-剪力关系：

$$\frac{\partial M(x,t)}{\partial x} = Q(x,t) \tag{3.3.6}$$

根据材料力学可知，弯矩和曲率的关系为

$$M(x,t) = EI\frac{\partial^2 y(x,t)}{\partial x^2} \tag{3.3.7}$$

将式 (3.3.7) 代入方程 (3.3.6)，可得剪力和挠度的关系式

$$Q(x,t) = \frac{\partial}{\partial x}\left[EI\frac{\partial^2 y(x,t)}{\partial x^2}\right] \tag{3.3.8}$$

将式 (3.3.8) 代入方程 (3.3.4) 可得用挠度表示的横向自由振动微分方程

$$\rho A \frac{\partial^2 y(x,t)}{\partial t^2} + \frac{\partial^2}{\partial x^2}\left[EI\frac{\partial^2 y(x,t)}{\partial x^2}\right] = 0 \tag{3.3.9}$$

此式相当于材料力学中分布载荷作用下的挠曲线方程，只是这里的分布载荷为单位长度惯性力 $\rho A\dfrac{\partial^2 y(x,t)}{\partial t^2}$。方程 (3.3.9) 适合于任意变截面直梁，其刚度系数 $EI(x)$ 和质量系数 $\rho A(x)$ 都是坐标 x 的函数。通常只有在等截面等少数情况下才能求得方程 (3.3.9) 的解析解。

3.3.2　等截面直梁自由振动

本节讨论等截面直梁的自由振动规律。对于等截面梁，运动方程 (3.3.9) 简化为

$$\frac{\partial^2 y(x,t)}{\partial t^2} + a^2\frac{\partial^4 y(x,t)}{\partial x^4} = 0, \quad a = \sqrt{\frac{EI}{\rho A}} \tag{3.3.10}$$

与杆和轴的情况相同，采用分离变量方法求解。设

$$y(x,t) = Y(x)T(t) \tag{3.3.11}$$

将上式代入振动方程 (3.3.10) 后，两边再同除 $Y(x)T(t)$ 得

$$\frac{1}{T(t)}\ddot{T}(t) = -\frac{a^2}{Y(x)}Y^{(4)}(x) \tag{3.3.12}$$

式中 $Y^{(4)}(x)$ 表示 Y 对坐标 x 求四阶导数。式 (3.3.12) 中等号左边仅为时间 t 的函数，右边仅为空间变量 x 的函数，若该等式对任意的 t 和 x 都相等，等式两端只能同时等于一个与 t 和 x 无关的常数，且该常数为负，不妨设为 $-\omega^2$。因此，关于时间的方程应为 $\ddot{T}(t)+\omega^2 T(t)=0$，即每个截面的振动关于时间都具有简谐形式，其解的形式与式 (3.1.13) 相同，即

$$T(t) = B\sin(\omega t + \theta)$$

关于空间变量 x 的方程为

$$Y^{(4)}(x) - k^4 Y(x) = 0, \quad k = \sqrt{\frac{\omega}{a}} \tag{3.3.13}$$

这是一个四阶线性常系数齐次常微分方程，将其特解 $Y(x)=Ce^{\lambda x}$ 代入可得关于本征值 λ 的四次代数方程

$$\lambda^4 - k^4 = 0 \tag{3.3.14}$$

该方程有一对共轭复根和两个实根，即

$$\lambda_1 = ik, \quad \lambda_2 = -ik, \quad \lambda_3 = k, \quad \lambda_4 = -k \tag{3.3.15}$$

则微分方程 (3.3.13) 的通解可写为

$$Y(x) = c_1 \sin kx + c_2 \cos kx + c_3 e^{kx} + c_4 e^{-kx} \tag{3.3.16}$$

推导上式时利用了欧拉公式 $e^{\pm ikx} = \cos kx \pm i\sin kx$。再利用 $e^{\pm kx} = \cosh kx \pm \sinh kx$，可将上式改写为

$$Y(x) = c_1 \sin kx + c_2 \cos kx + c_3 \sinh kx + c_4 \cosh kx \tag{3.3.17}$$

式中

$$\sinh x = \frac{e^x - e^{-x}}{2} \text{（双曲正弦）}, \quad \cosh x = \frac{e^x + e^{-x}}{2} \text{（双曲余弦）} \tag{3.3.18}$$

其具有如下性质：

$$\sinh' x = \cosh x, \quad \cosh' x = \sinh x, \quad \cosh^2 x - \sinh^2 x = 1 \tag{3.3.19}$$

于是，梁横向自由振动方程 (3.3.10) 的分离变量解为

$$\begin{aligned} y(x,t) &= Y(x)T(t) \\ &= (c_1 \sin kx + c_2 \cos kx + c_3 \sinh kx + c_4 \cosh kx)A\sin(\omega t + \theta) \\ &= (c_1 \sin kx + c_2 \cos kx + c_3 \sinh kx + c_4 \cosh kx)\sin(\omega t + \theta) \end{aligned} \tag{3.3.20}$$

为了书写方便，上式中待定常数 A 与前面 4 个待定常数相乘后仍用 c_1, c_2, c_3, c_4 表示，这 4 个待定系数及 ω, θ 需要用 4 个边界条件和 2 个初始条件确定。为了利用振型叠加方法得到梁的自由振动响应，首先要根据边界条件求解梁的固有频率和振型函数，也就是固有

模态。

梁的边界条件与杆相同，也分基本边界条件和非基本边界条件，其中基本齐次边界条件包括：

（1）简支（铰支）——挠度、弯矩为零

$$y(x,t) = 0, \quad M(x,t) = EI\frac{\partial^2 y(x,t)}{\partial x^2} = 0 \quad (x=0 \text{ 或 } l) \tag{3.3.21}$$

将式 (3.3.11) 代入上式得

$$Y(x) = 0, \quad Y''(x) = 0 \quad (x=0 \text{ 或 } l) \tag{3.3.22}$$

（2）固支——平移和转动均被限制，即挠度和转角均为零

$$y(x,t) = 0, \quad \frac{\partial y(x,t)}{\partial x} = 0 \quad (x=0 \text{ 或 } l) \tag{3.3.23}$$

利用式 (3.3.11)，上式变为

$$Y(x) = 0, \quad Y'(x) = 0 \quad (x=0 \text{ 或 } l) \tag{3.3.24}$$

（3）自由——剪力与弯矩均为零

$$Q(x,t) = EI\frac{\partial^3 y(x,t)}{\partial x^3} = 0, \quad M(x,t) = EI\frac{\partial^2 y(x,t)}{\partial x^2} = 0 \quad (x=0 \text{ 或 } l) \tag{3.3.25}$$

或

$$Y''(x) = 0, \quad Y'''(x) = 0 \quad (x=0 \text{ 或 } l) \tag{3.3.26}$$

（4）滑移——转角和剪力为零

$$\frac{\partial y(x,t)}{\partial x} = 0, \quad Q(x,t) = EI\frac{\partial^3 y(x,t)}{\partial x^3} = 0 \quad (x=0 \text{ 或 } l) \tag{3.3.27}$$

或

$$Y'(x) = 0, \quad Y'''(x) = 0 \quad (x=0 \text{ 或 } l) \tag{3.3.28}$$

以简支梁为例，给出求解固有频率和振型函数的过程。将式 (3.3.17) 的 $Y(x)$ 求二阶导数得

$$Y''(x) = k^2(-c_1\sin kx - c_2\cos kx + c_3\sinh kx + c_4\cosh kx) \tag{3.3.29}$$

将 $Y(x)$ 和上式代入式 (3.3.22) 中 $x=0$ 处的边界条件可得

$$c_2 + c_4 = 0, \quad -c_2 + c_4 = 0 \tag{3.3.30}$$

由此解得 $c_2 = c_4 = 0$，于是式 (3.3.17) 和式 (3.3.29) 变为

$$Y(x) = c_1\sin kx + c_3\sinh kx, \quad Y''(x) = k^2(-c_1\sin kx + c_3\sinh kx) \tag{3.3.31}$$

式中，若 $k=0$，则 $Y(x)=0$，即梁不产生振动，这是不需要的零解，所以 $k \neq 0$，即

$\omega \neq 0$。将上式代入式 (3.3.22) 中 $x = l$ 处的边界条件可得

$$c_1 \sin kl + c_3 \sinh kl = 0, \quad -c_1 \sin kl + c_3 \sinh kl = 0 \qquad (3.3.32)$$

由于 c_1 和 c_3 不能同时为零，所以上式两个方程系数矩阵行列式必为零，即

$$\begin{vmatrix} \sin kl & \sinh kl \\ -\sin kl & \sinh kl \end{vmatrix} = 0 \qquad (3.3.33)$$

或

$$\sin kl \sinh kl = 0 \qquad (3.3.34)$$

由于 $k \neq 0$，所以 $\sinh kl \neq 0$，因此有

$$\sin kl = 0 \qquad (3.3.35)$$

于是

$$k_i = \frac{i\pi}{l} \quad (i = 1, 2, 3, \cdots) \qquad (3.3.36)$$

式中 k_i 表示与 i 对应的 k。由式 (3.3.13) 中的 ω 和 k 的关系得

$$\omega_i = a k_i^2 = \left(\frac{i\pi}{l}\right)^2 \sqrt{\frac{EI}{\rho A}} \qquad (3.3.37)$$

把式 (3.3.32) 两个等式的两边对应相加得 $c_3 \sinh kl = 0$，由于 $\sinh kl \neq 0$，可知 $c_3 = 0$，因此 c_1 不能再等于零，则振型函数变为 $Y(x) = c_1 \sin kx$。为了更清楚地表示其与 k_i 或 ω_i 的对应关系，把振型函数写成如下形式：

$$Y_i(x) = c_{1i} \sin k_i x = c_{1i} \sin \frac{i\pi x}{l} \qquad (3.3.38)$$

将该式和式 (3.3.37) 一起代入式 (3.3.20) 得第 i 阶主振动

$$y_i(x, t) = Y_i(x) \sin(\omega_i t + \theta_i) = c_{1i} \sin \frac{i\pi x}{l} \sin(\omega_i t + \theta_i) \qquad (3.3.39)$$

而梁的自由振动方程 (3.3.10) 的解为各阶主振动的叠加，即

$$y(x, t) = \sum_{i=1}^{\infty} y_i(x, t) = \sum_{i=1}^{\infty} c_{1i} \sin \frac{i\pi x}{l} \sin(\omega_i t + \theta_i) \qquad (3.3.40)$$

式中 c_{1i} 和 θ_i 由初始条件来确定。若选择合适的初始条件，则式 (3.3.40) 中的无穷多项求和可能只剩下一项，譬如只剩下第 i 项，即第 i 阶主振动，则该阶主振动表达式 (3.3.39) 就确定了梁的振动规律，即主振动所描述的规律在物理上是可以被实现的，见例 3.3.1。

梁的自由振动响应是各阶主振动的叠加，而主振动随时间的变化规律是简谐的，振动频率为 ω_i，其表达式 (3.3.37) 是一个精确的解析式，且仅与结构的几何、材料参数等固有属性有关，因此又称为简支梁的**第 i 阶固有频率**。坐标为 x 处的振幅为 $Y_i(x)$，且不同位

置处振幅的比值是固定的，也就是 $Y_i(x)$ 描述了第 i 阶主振动的振动形式，称为**第 i 阶振型函数**或模态函数，见式 (3.3.38)。若仅做主振动分析，振型函数的系数 c_{1i} 可以是任意常数，为简便起见，这里各阶振型函数系数 c_{1i} 都取 1，这种处理振型函数的方法称为最大值归一化。于是，简支梁的振型函数又可简写为

$$Y_i(x) = \sin \frac{i\pi x}{l} \tag{3.3.41}$$

也可以采用第 2 章中介绍的振型质量归一化方法对振型函数进行归一化。

由式 (3.3.20) 可知，适用于任意齐次边界条件的主振动的一般表达式可写为

$$y(x, t) = Y(x)\sin(\omega t + \theta) \tag{3.3.42}$$

式 (3.3.17) 给出了上式中振型函数 $Y(x)$ 的一般表达式。

例 3.3.1　考虑一长为 l、抗弯刚度为 EI、密度为 ρ、截面面积为 A 的等截面均质简支梁，在梁中间有常力 F 作用，如图 3.3.2 所示。当 F 突然撤掉后，分析弹性梁的自由振动响应。

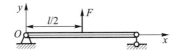

图 3.3.2　中间有常力 F 作用的简支梁

解：　因常力 F 的作用，简支梁发生弹性弯曲变形。当 F 突然撤掉后，由于弹性恢复力作用，梁将发生横向自由振动。在常力 F 作用下简支梁的弯曲变形曲线即为梁自由振动的初始位移。由材料力学可知

$$y(x, 0) = \begin{cases} \dfrac{Fx}{48EI}(3l^2 - 4x^2), & 0 \leqslant x \leqslant \dfrac{l}{2} \\[3mm] \dfrac{F(l-x)}{48EI}[3l^2 - 4(l-x)^2], & \dfrac{l}{2} \leqslant x \leqslant l \end{cases} \tag{a}$$

由于梁初始时刻静止（静平衡状态），因此梁初始速度为零，即

$$\frac{\partial y}{\partial t}(x, 0) = 0 \tag{b}$$

把式 (3.3.40) 对时间求一阶导数，然后代入上式得

$$\frac{\partial y}{\partial t}(x, 0) = \sum_{i=1}^{\infty} c_{1i}\omega_i \cos\theta_i \sin\frac{i\pi x}{l} = 0 \tag{c}$$

上式对任意的 x 都要成立，因此只能 $\sin(i\pi x/l)$ 前的系数为零。由于 c_{1i}, ω_i 都不等于零，则只能 $\cos\theta_i = 0$，由此得 $\sin\theta_i = \pm 1$。先把 $\sin\theta_i = 1$ 代入式 (3.3.40) 在 $t = 0$ 时的表达式得

$$y(x,0) = \sum_{i=1}^{\infty} c_{1i} \sin \frac{i\pi x}{l} \tag{d}$$

上式两边同乘 $\sin(j\pi x/l)(j=1,2,3,\cdots)$ 并沿梁长积分得

$$\int_0^l \sin \frac{j\pi x}{l} y(x,0)\mathrm{d}x = \sum_{i=1}^{\infty} c_{1i} \int_0^l \sin \frac{j\pi x}{l} \sin \frac{i\pi x}{l}\mathrm{d}x \tag{e}$$

该式右端的积分函数是两阶不同振型函数的乘积，不难证明其存在如下正交性：

$$\int_0^l \sin \frac{j\pi x}{l} \sin \frac{i\pi x}{l}\mathrm{d}x = \begin{cases} 0, & i \neq j \\ l/2, & i = j \end{cases} \tag{f}$$

由此式 (e) 变为

$$\int_0^l \sin \frac{j\pi x}{l} y(x,0)\mathrm{d}x = \frac{l}{2}c_{1j} \tag{g}$$

从式 (a) 可知上式左边积分函数中的 $y(x,0)$ 是对称的，振型函数 $\sin(j\pi x/l)$ 在 j 为偶数时是反对称的，二者相乘后积分为零，即 j 为偶数时 $c_{1j}=0$。当 j 取奇数时振型函数是对称的，因此振型函数与 $y(x,0)$ 相乘后的积分可化为沿着半梁长积分的 2 倍，即

$$2 \times \int_0^{l/2} \sin \frac{j\pi x}{l} \frac{Fx}{48EI}(3l^2 - 4x^2)\mathrm{d}x = c_{1j} \frac{l}{2} \tag{h}$$

由此得

$$c_{1j} = \frac{2Fl^3(-1)^{\frac{i-1}{2}}}{j^4\pi^4 EI} \quad (j = 1,3,5,\cdots) \tag{i}$$

将上式以及 $\cos\theta_i = 0$, $\sin\theta_i = 1$ 一起代入式 (3.3.40) 中有

$$y(x,t) = \frac{2Fl^3}{\pi^4 EI} \sum_{i=1,3,5,\cdots}^{\infty} \frac{(-1)^{\frac{i-1}{2}}}{i^4} \sin \frac{i\pi x}{l} \cos\omega_i t \tag{j}$$

不难验证，用 $\sin\theta_i = -1$ 得到的结果与式 (j) 相同。从上式可明显看到，梁的振动挠度与其长度的三次方成正比，说明长度对挠度响应影响很大。另外，由于上式中分母存在主振动阶次 i 的 4 次幂，所以随着主振动阶次升高，其对自由振动响应的贡献迅速减小；第一阶主振动贡献最大，并且从第一项的表达式可以看出，梁中间位置 $x = l/2$ 的振幅最大。

本例中，若外力使得初始位移是某一阶振型函数形式，响应会怎样？下面以初始位移是第 j_0 阶振型函数为例进行说明，此时初始位移函数为

$$y(x,0) = \sin \frac{j_0\pi x}{l} \tag{a1}$$

将其代入式 (g) 得

$$\int_0^l \sin\frac{j\pi x}{l}y(x,0)\mathrm{d}x = \int_0^l \sin\frac{j\pi x}{l}\sin\frac{j_0\pi x}{l}\mathrm{d}x = \frac{l}{2}c_{1j} \tag{b1}$$

由上式可得

$$c_{1j} = \begin{cases} 1, & j = j_0 \\ 0, & j \neq j_0 \end{cases} \tag{c1}$$

于是，在无穷多项求和中只剩下 $j = j_0$ 这一项，即

$$y(x,t) = \sum_{j=1,3,5,\cdots}^{\infty} c_{1j}\sin\frac{j\pi x}{l}\cos\omega_j t = \sin\frac{j_0\pi x}{l}\cos\omega_{j_0}t \tag{d1}$$

由此可见，自由振动响应中只有与初始位移形式相同的那一阶主振动，也就是说，根据适当的初始条件，物理上可以实现连续系统的主振动，这与多自由度系统情况类似。

对于具有其他基本边界条件的梁的自由振动，分析步骤同上，结论也类似。

下面考虑两端同时都有弹性元件及惯性元件的一般情况，图 3.3.3a 所示为端部附有直线弹簧支撑和平移惯性的情况，其中 k_1, k_2 分别为直线弹簧的刚度系数，m_1, m_2 分别为惯性元件的质量。端部有扭转弹性支撑和转动惯性的情况如图 3.3.3b 所示，其中 k_{t1}, k_{t2} 分别为扭转弹簧的刚度系数，J_1, J_2 分别为惯性元件的转动惯量。

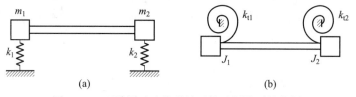

图 3.3.3　两端同时连接弹性元件及惯性元件的梁

利用图 3.3.1a 所示坐标系，左端 $x = 0$，右端 $x = l$，截面剪力和弯矩的正方向如图 3.3.1b 所示。不失一般性，假设两端截面都发生了正向位移。将左端的惯性元件分离出来，受力分析如图 3.3.4 所示。

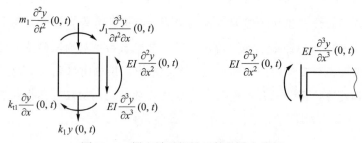

图 3.3.4　梁左端及惯性元件的受力分析

根据图 3.3.4 中的受力分析，梁左端面的剪力和弯矩条件为

$$EI\frac{\partial^3 y}{\partial x^3}(0, t) = -k_1 y(0, t) - m_1\frac{\partial^2 y}{\partial t^2}(0, t)$$
$$EI\frac{\partial^2 y}{\partial x^2}(0, t) = k_{\mathrm{t}1}\frac{\partial y}{\partial x}(0, t) + J_1\frac{\partial^3 y}{\partial t^2 \partial x}(0, t)$$

$$(3.3.43)$$

将右端的惯性元件分离出来, 受力分析如图 3.3.5 所示。

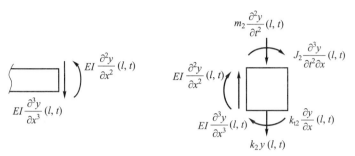

图 3.3.5 梁右端及惯性元件的受力分析

根据图 3.3.5 中的受力分析, 梁右端面的剪力和弯矩条件为

$$EI\frac{\partial^3 y}{\partial x^3}(l, t) = k_2 y(l, t) + m_2\frac{\partial^2 y}{\partial t^2}(l, t)$$
$$EI\frac{\partial^2 y}{\partial x^2}(l, t) = -k_{\mathrm{t}2}\frac{\partial y}{\partial x}(l, t) - J_2\frac{\partial^3 y}{\partial t^2 \partial x}(l, t)$$

$$(3.3.44)$$

把主振动 $y(x, t) = Y(x)\sin(\omega t + \theta)$ 代入上述非基本边界条件, 则可以用振型函数来表达这些边界条件, 即

$$EIY'''(0) = -k_1 Y(0) - m_1\omega^2 Y(0)$$
$$EIY''(0) = k_{\mathrm{t}1}Y'(0) - J_1\omega^2 Y'(0)$$

$$(3.3.45)$$

$$EIY'''(l) = k_2 Y(l) - m_2\omega^2 Y(l)$$
$$EIY''(l) = -k_{\mathrm{t}2}Y'(l) + J_2\omega^2 Y'(l)$$

$$(3.3.46)$$

例 3.3.2 如图 3.3.6 所示, 有一长为 l、抗弯刚度为 EI、截面面积为 A、密度为 ρ 的悬臂梁, 自由端质量块的质量为梁的 n 倍, 即 $m = n\rho Al$。给出梁的频率方程、振型函数, 并计算当 n 分别取 $0, 0.08, 0.25, 0.5, 1.0, 2.0, \infty$ 时的前 3 阶固有频率。

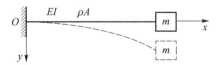

图 3.3.6 左端固定、右端附有集中质量的梁

解: 左端固定边界条件为

$$Y(0) = 0, \quad Y'(0) = 0 \tag{a}$$

把振型函数式 (3.3.17) 代入上式得

$$Y(0) = c_2 + c_4 = 0, \quad Y'(0) = k(c_1 + c_3) = 0 \tag{b}$$

由此得 $c_2 = -c_4$, $c_1 = -c_3$，并且振型函数变为

$$Y(x) = c_3(-\sin kx + \sinh kx) + c_4(-\cos kx + \cosh kx) \tag{c}$$

由此式可知，若 $k = 0$，则 $Y(x) = 0$ 为不需要的解，因此 $k \neq 0$，也就是固有频率不等于零。右端截面弯矩为零，由 (3.3.46) 式第一式可得剪力平衡条件，因此右端边界条件的数学表达式为

$$EIY''(l) = 0, \quad EIY'''(l) = -M\omega^2 Y(l) \tag{d}$$

将式 (c) 代入上式并整理得

$$(\sin kl + \sinh kl)c_3 + (\cos kl + \cosh kl)c_4 = 0 \tag{e}$$

$$\left[\frac{EIk^3}{M\omega^2}(\cos kl + \cosh kl) + \sinh kl - \sin kl \right] c_3 +$$
$$\left[\frac{EIk^3}{M\omega^2}(\sinh kl - \sin kl) + \cosh kl - \cos kl \right] c_4 = 0 \tag{f}$$

根据式 (3.3.13) 可得 k 与 ω 的关系 $k^4 = \omega^2/(EI/\rho A)$，因此式 (f) 中 $EIk^3/(M\omega^2) = 1/(nkl)$。此外，方程 (e) 和 (f) 是关于 c_3, c_4 的代数方程组，方程组有非零解要求其系数矩阵行列式为零，于是可得频率方程为

$$\begin{vmatrix} \sin kl + \sinh kl & \cos kl + \cosh kl \\ \dfrac{\cos kl + \cosh kl}{nkl} + \sinh kl - \sin kl & \dfrac{\sinh kl - \sin kl}{nkl} + \cosh kl - \cos kl \end{vmatrix} = 0 \tag{g}$$

上式可以简化为

$$1 + \cos kl \cosh kl - nkl(\sin kl \cosh kl - \cos kl \sinh kl) = 0 \tag{h}$$

下面分几种情况进行分析。

（1）$n = 0$ 情况，右端无附加质量块，即悬臂梁右端处于完全自由状态，频率方程 (h) 变为

$$\cos kl \cosh kl = -1 \tag{i}$$

该超越方程的解可表示为 $\beta_i = k_i l (i = 1, 2, 3, \cdots)$，$i$ 表示阶次，表 3.3.1 给出了前 4 阶无因次频率 β_i 的数值。

表 3.3.1　悬臂梁右端没有附加质量时频率方程的解

i	1	2	3	4
β_i	1.875	4.694	7.855	10.996

根据式 (3.3.13) 中固有频率 ω 和 k 的关系得

$$\omega_i = ak_i^2 = \beta_i^2 \frac{1}{l^2}\sqrt{\frac{EI}{\rho A}} \tag{j}$$

从式 (i) 可以看出，当 kl 大于 1 并且越来越大时，方程 (i) 中的 $\cosh kl$ 以 e^{kl} 形式增长并趋于无穷大，因此 $\cos kl = -1/\cosh kl$ 以 e^{-kl} 形式减小并趋近于零。因此，当 kl 比较大时，方程 (i) 的解近似为方程 $\cos kl = 0$ 的根，于是得到悬臂梁固有频率的近似解析表达式，即

$$\omega_i = \left(\frac{2i-1}{2}\pi\right)^2 \frac{1}{l^2}\sqrt{\frac{EI}{\rho A}} \quad (i \geqslant 2) \tag{k}$$

上式与简支梁固有频率公式 (3.3.37) 具有类似形式。当 $i=1$ 时，上式计算结果小于式 (j) 的结果，相差约 30%，但 $i \geqslant 2$ 时两式计算结果的差异可忽略不计。

（2）n 为非零有限值情况，将频率方程式 (h) 改写为

$$\frac{1 + \cos kl \cosh kl}{kl(\sin kl \cosh kl - \cos kl \sinh kl)} = n \tag{l}$$

把 $n = 0.08, 0.25, 0.5, 1.0, 2.0$ 分别代入上式，以 kl 为未知数求解该方程，表 3.3.2 给出了该方程的前 4 个根。可以看出，随着附加质量的增大，各阶固有频率均呈单调下降的趋势。

表 3.3.2　自由端附加质量为梁质量 n 倍的悬臂梁无因次频率 $\beta_i = k_i l$

n	i			
	1	2	3	4
0.08	1.748 6	4.439 2	7.496 0	10.566 0
0.25	1.573 8	4.225 1	7.281 2	10.370 5
0.5	1.420 0	4.111 1	7.190 3	10.298 4
1.0	1.247 9	4.031 1	7.134 1	10.256 6
2.0	1.076 2	3.982 6	7.102 7	10.234 0

（3）当 n 为无穷大时，由式 (h) 可得

$$\sin kl \cosh kl - \cos kl \sinh kl = 0 \tag{a1}$$

或

$$\tan kl - \tanh kl = 0 \tag{b1}$$

这种情况相当于右端惯性无限大，致使右端挠度等于零，但转动是自由的，这时右端相当于铰支或简支，式 (a1) 或式 (b1) 即为这种固定（左端）–简支（右端）梁的频率方程。

上面讨论了三种情况，无论哪种情况，都可以借助式 (e) 和式 (f) 得到统一的归一化的振型函数表达式

$$Y_i(x) = \sinh k_i x - \sin k_i x + \frac{\sin k_i l + \sinh k_i l}{\cos k_i l + \cosh k_i l}(\cos k_i x - \cosh k_i x) \tag{c1}$$

只不过不同边界条件下的 k_i 是不同的。

为了对比,下面直接给出两端固定梁的频率方程和振型函数:

$$\cos kl \cosh kl = 1 \tag{d1}$$

$$Y_i(x) = \cosh k_i x - \cos k_i x - \frac{\sinh k_i l + \sin k_i l}{\cosh k_i l - \cos k_i l}(\sinh k_i x - \sin k_i x) \tag{e1}$$

表 3.3.3 中给出了悬臂梁、固定–简支梁、固定–固定梁的无因次固有频率 β_i 和振型函数几何图。表 3.3.3 中,后一种边界情况的梁比相邻的前一种边界情况的梁多一个位移约束。可以看出,随着约束增加,刚度变大,各阶固有频率也随之增大,而且每增加一个约束,新系统的某阶固有频率值一定位于原系统的对应阶和下一阶固有频率之间。该结论具有一般性,若增加了 r 个独立约束,新系统固有频率 $\widetilde{\omega}_i$ 与原系统固有频率 ω_i 的关系为

$$\omega_i \leqslant \widetilde{\omega}_i \leqslant \omega_{i+r} \quad (i = 1, 2, \cdots, n-r) \tag{f1}$$

从表 3.3.3 还可以总结出,梁的第 n 阶振型函数有 $n-1$ 个节点。关于这些结论的证明,可参见文献 [3]。

表 3.3.3　几种常用边界条件的梁横向振动固有频率和振型函数图

	悬臂梁	一端固定、一端简支	两端固定
β_1	1.875 0	3.926 6	4.730 0
β_2	4.694 1	7.068 6	7.853 2
β_3	7.854 8	10.210 2	10.995 6
β_4	10.995 5	13.351 8	14.137 2
$Y_1(x)$			
$Y_2(x)$			
$Y_3(x)$			
$Y_4(x)$			

此外,从高阶振型函数曲线可以看出:随着阶次升高,梁上节点之间的距离缩短,截面转动更加剧烈,转动动能与平移动能相比可能不再可忽略,所以高阶主振动分析需要考虑转动惯量的影响。

例 3.3.3　置于弹性基础上的简支梁,如图 3.3.7 所示。梁长为 l,弹性基础单位长度的弹性恢复系数为 k_0,求其横向弯曲振动固有频率和振型函数。

解: 单位长度弹性基础对简支梁提供的分布弹性恢复力为 $k_0 y(x,t)$,其作用与惯性力

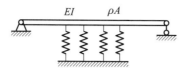

图 3.3.7 弹性基础上的简支梁

作用类似，将其引入横向力平衡方程 (3.3.4) 得

$$\frac{\partial Q(x,t)}{\partial x} + \rho A \frac{\partial^2 y(x,t)}{\partial t^2} + k_0 y(x,t) = 0 \tag{a}$$

把剪力和挠度关系式 (3.3.8) 代入式 (a) 有

$$EI\frac{\partial^4 y(x,t)}{\partial x^4} + \rho A \frac{\partial^2 y(x,t)}{\partial t^2} + k_0 y(x,t) = 0 \tag{b}$$

上式的主振动响应仍然具有分离变量形式，参见式 (3.3.11)，其本征值微分方程为

$$Y^{(4)} - k^4 Y = 0$$

$$k^4 = \frac{\rho A \omega^2 - k_0}{EI} \tag{c}$$

方程 (c) 与无弹性基础情况的本征值微分方程 (3.3.10) 相同，即频率表达式和振型函数形式都与无弹性基础简支梁的相同，只是其中的 k 不同。将式 (c) 中的 k 代入式 (3.3.36) 有

$$\left(\frac{i\pi}{l}\right)^4 = \frac{\rho A \omega_i^2 - k_0}{EI} \quad (i = 1, 2, \cdots) \tag{d}$$

因此固有频率为

$$\omega_i = \sqrt{\left(\frac{i\pi}{l}\right)^4 \frac{EI}{\rho A} + \frac{k_0}{\rho A}} \quad (i = 1, 2, \cdots) \tag{e}$$

式中根号里面第一项就是无弹性基础简支梁固有频率的平方，因此，弹性基础的存在相当于提高了抗弯刚度，所以固有频率变大。

关于梁的自由振动问题，如下两点值得强调：

（1）若梁有横向常力（如重力）引起的初始静弯曲，则梁的振动都是以这个静平衡曲线为中心的。因此，与离散系统情况相同，通常以静平衡位置为振动位移参考点。本章默认所有连续系统振动问题的坐标系都是以静平衡位置为参考位置，建立振动微分方程时都不考虑重力及其引起的静变形。下面以梁为例进行说明。

由材料力学知，在重力作用下，水平放置的梁的静平衡方程为

$$EI\frac{\partial^4 y_{\mathrm{g}}(x)}{\partial x^4} = \rho A g \tag{3.3.47}$$

式中 y_{g} 是以梁轴线未变形时的位置为参考位置的由重力引起的挠度。考虑水平放置的梁

的重力作用，其微元横向振动平衡方程 (3.3.3) 为

$$Q(x,t) - \left[Q(x,t) + \frac{\partial Q(x,t)}{\partial x}\mathrm{d}x \right] - \rho A \frac{\partial^2 y(x,t)}{\partial t^2}\mathrm{d}x - \rho A g\mathrm{d}x = 0 \qquad (3.3.48)$$

上式可以简化为

$$\frac{\partial Q(x,t)}{\partial x} + \rho A \frac{\partial^2 y(x,t)}{\partial t^2} + \rho A g = 0 \qquad (3.3.49)$$

振动产生的截面弯矩与挠度之间的关系变为

$$M(x,t) = EI \frac{\partial^2 \left[y(x,t) - y_{\mathrm{g}}(x) \right]}{\partial x^2} \qquad (3.3.50)$$

因为重力是分布力，它和惯性力相同，所引起的力矩是关于微元长度的高阶量，可以忽略，参见式 (3.3.5)，因此截面弯矩与剪力之间的一阶导数关系 (3.3.6) 不变，将其和式 (3.3.50) 代入平衡方程 (3.3.49) 得

$$EI \frac{\partial^4 y(x,t)}{\partial x^4} - EI \frac{\partial^4 y_{\mathrm{g}}(x)}{\partial x^4} + \rho A \frac{\partial^2 y(x,t)}{\partial t^2} + \rho A g = 0 \qquad (3.3.51)$$

把式 (3.3.47) 代入上式可知，上式不再包含重力及其引起的变形项。

（2）对于两端自由，或者一端自由、一端滑移这样的边界，由于约束不完全或约束力个数少于刚体位移个数或静平衡方程个数（对于梁而言为 2），除了弹性变形外，梁还会发生刚体运动。这种情况的主振动响应也具有分离变量形式，但变量分离后的等式 (3.3.12) 等于的那个常数 $-\omega^2$，在这种情况下可以等于零，即

$$\frac{1}{T}\ddot{T} = -\frac{a^2}{Y}Y^{(4)} = -\omega^2 = 0 \qquad (3.3.52)$$

于是有 $\ddot{T}(t) = 0, Y^{(4)}(x) = 0$，它们的解可分别写为

$$T(t) = ct + d, \quad Y(x) = a_3 x^3 + a_2 x^2 + a_1 x + a_0 \qquad (3.3.53)$$

若两端自由，将 $Y(x)$ 代入边界条件式 (3.3.26) 可得 $a_3 = 0, a_2 = 0$，于是横向刚体运动位移为

$$y(x,t) = (a_1 x + a_0)(ct + d) \qquad (3.3.54)$$

上式描述了梁的平面刚体运动。注意，本节内容有一个假设：梁轴线不产生 x 方向的运动，于是这个平面刚体运动可以分解为铅垂平面内的任意两个独立的平移和转动的叠加，而且都是匀速的，相当于频率为零的运动，对应的模态也称**刚体模态**。第一阶刚体模态是横向整体平移，第二阶刚体模态是绕转动中心的转动。而第三阶则为自由梁的第一阶弹性振动模态，读者可自行给出其振型函数表达式，画出第三阶振型函数曲线，可以发现其有 2 个节点，也就是说自由梁也满足第 n 阶振型有 $n-1$ 个节点的规律。

3.4 有轴向常力作用的梁及弦的横向自由振动

工程中有些情况需要考虑细长结构受轴力作用的振动问题。高速巡航状态的飞行器，轴向阻力与推力平衡，当轴力比较大时，需要考虑其对横向振动的影响。悬索桥的悬索、各种乐器的弦、输电线等这类超细长构件的横向振动问题非常普遍，悬索、琴弦和输电线这类构件统称弦。与梁不同的是，弦的抗弯能力弱，可以看成抗弯刚度趋近于零的梁。由于弦与梁的这种联系，本书将二者放在一起讨论。

3.4.1 轴向常力对梁横向振动的影响

考虑两端受到轴力 N 作用的梁，并且在振动过程中把 N 看作常数。梁产生挠度后，轴力 N 将产生弯矩，由此对横向振动产生影响。假设轴力 N 是压力，并一直作用在梁的轴线上，不考虑截面剪切变形和微元转动惯量影响，图 3.4.1 给出了梁的任意截面位置 x 处微元 $\mathrm{d}x$ 的受力情况。值得指出的是，这里不考虑轴力 N 引起的轴向变形。

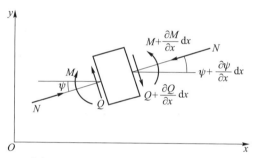

图 3.4.1 考虑轴力的梁微元受力分析

将剪力 Q 和轴力 N 都分解到梁的横向或 y 坐标方向上，根据牛顿第二定律可得横向力平衡方程为

$$\rho A \mathrm{d}x \frac{\partial^2 y}{\partial t^2} = Q\cos\psi - \left(Q + \frac{\partial Q}{\partial x}\mathrm{d}x\right)\cos\left(\psi + \frac{\partial \psi}{\partial x}\mathrm{d}x\right) + N\sin\psi - N\sin\left(\psi + \frac{\partial \psi}{\partial x}\mathrm{d}x\right)$$

$$(3.4.1)$$

式中 ψ 是截面转角，在欧拉–伯努利梁理论中，ψ 是挠度 y 对轴向坐标 x 的一阶导数。基于微幅振动假设，微元两端截面的转角都很小，因此有

$$\cos\psi \approx 1, \quad \cos\left(\psi + \frac{\partial \psi}{\partial x}\mathrm{d}x\right) \approx 1, \quad \sin\psi \approx \psi, \quad \sin\left(\psi + \frac{\partial \psi}{\partial x}\mathrm{d}x\right) \approx \psi + \frac{\partial \psi}{\partial x}\mathrm{d}x \quad (3.4.2)$$

因此，横向力平衡方程 (3.4.1) 变为

$$\rho A \frac{\partial^2 y}{\partial t^2} + \frac{\partial Q}{\partial x} + N\frac{\partial \psi}{\partial x} = 0 \tag{3.4.3}$$

以微元右截面形心为矩心，力矩平衡方程为

$$M + \frac{\partial M}{\partial x}dx - M - dxQ\cos\psi - dxN\sin\psi + \left(\rho A\frac{\partial^2 y}{\partial t^2}dx\right)\frac{dx}{2} = 0 \tag{3.4.4}$$

将式 (3.4.2) 代入上式，忽略其中后两项（二阶小量）得

$$\frac{\partial M(x,t)}{\partial x} = Q(x,t) \tag{3.4.5}$$

由于欧拉 – 伯努利梁在任一瞬时都有

$$M(x,t) = EI\frac{\partial \psi(x,t)}{\partial x}, \quad \psi(x,t) = \frac{\partial y(x,t)}{\partial x} \tag{3.4.6}$$

将上式和式 (3.4.5) 一起代入平衡方程 (3.4.3) 得

$$\frac{\partial^2}{\partial x^2}\left(EI\frac{\partial^2 y}{\partial x^2}\right) + N\frac{\partial^2 y}{\partial x^2} + \rho A\frac{\partial^2 y}{\partial t^2} = 0 \tag{3.4.7}$$

式中左端中间项就是轴力对梁横向平衡的作用。对变截面梁，推导过程同上，把上式中的 I 和 A 换成 $I(x)$ 和 $A(x)$ 就是所得结果。与不考虑轴力的情况相同，利用边界条件可以确定固有频率和振型函数，若求自由振动响应，还需利用初始条件。

本节仅讨论等截面两端简支的欧拉 – 伯努利梁，这样从得到的固有频率解析表达式中，可直观看到轴力的影响，且其影响规律可以推广到其他边界条件情况。

考虑方程 (3.4.7) 分离变量形式的解。把 $y(x,t) = Y(x)T(t)$ 代入方程 (3.4.7) 得

$$EIY^{(4)}(x)T(t) + NY''(x)T(t) + \rho AY(x)\ddot{T}(t) = 0 \tag{3.4.8}$$

两边同除 $\rho AY(x)T(t)$ 得

$$-\frac{1}{\rho AY(x)}[EIY^{(4)}(x) + NY''(x)] = \frac{1}{T(t)}\ddot{T}(t) \tag{3.4.9}$$

为求振动解，令式 (3.4.9) 等于一个小于零的常数，不妨设为 $-\omega^2$。可以看到，关于时间的方程形式与不考虑轴力的情况相同，反映了梁上各点主振动规律仍是简谐的。而本征值微分方程为

$$Y^{(4)}(x) + \frac{N}{EI}Y''(x) - k^2Y(x) = 0$$
$$k^2 = \frac{\rho A\omega^2}{EI} \tag{3.4.10}$$

把特解 $Y(x) = Ce^{\lambda x}$ 代入方程 (3.4.10) 得本征方程为

$$\lambda^4 + \frac{N}{EI}\lambda^2 - k^2 = 0 \tag{3.4.11}$$

本征值为

$$\lambda_1 = \sqrt{\sqrt{\left(\frac{N}{2EI}\right)^2 + k^2} - \frac{N}{2EI}}, \quad \lambda_2 = -\lambda_1, \quad \lambda_3 = \mathrm{i}\beta, \quad \lambda_4 = -\mathrm{i}\beta$$

$$(3.4.12)$$

$$\beta = \sqrt{\sqrt{\left(\frac{N}{2EI}\right)^2 + k^2} + \frac{N}{2EI}}$$

因此方程 (3.4.10) 的通解为

$$Y(x) = c_1 \mathrm{e}^{\lambda_1 x} + c_2 \mathrm{e}^{-\lambda_1 x} + c_3 \cos \beta x + c_4 \sin \beta x \qquad (3.4.13)$$

把式 (3.4.13) 代入式 (3.3.21) 中 $x = 0$ 端的简支边界条件, 得

$$Y(0) = c_1 + c_2 + c_3 = 0, \quad Y''(0) = c_1 \lambda_1^2 + c_2 \lambda_1^2 - c_3 \beta^2 = 0 \qquad (3.4.14)$$

由此得 $c_3 = 0, c_1 = -c_2$, 于是式 (3.4.13) 变为

$$Y(x) = c_2(\mathrm{e}^{-\lambda_1 x} - \mathrm{e}^{\lambda_1 x}) + c_4 \sin \beta x \qquad (3.4.15)$$

把式 (3.4.15) 代入式 (3.3.21) 中 $x = l$ 端的简支边界条件, 得

$$\begin{aligned} c_2(\mathrm{e}^{-\lambda_1 l} - \mathrm{e}^{\lambda_1 l}) + c_4 \sin \beta l = 0 \\ c_2 \lambda_1^2(\mathrm{e}^{-\lambda_1 l} - \mathrm{e}^{\lambda_1 l}) - c_4 \beta^2 \sin \beta l = 0 \end{aligned} \qquad (3.4.16)$$

解此方程组可得 $c_2 = 0$ 以及频率方程

$$\sin \beta l = 0 \qquad (3.4.17)$$

该方程的解为

$$\beta_i = \frac{i\pi}{l} \quad (i = 1, 2, \cdots) \qquad (3.4.18)$$

对应的振型函数为

$$Y_i(x) = c_{4i} \sin \frac{i\pi x}{l} \qquad (3.4.19)$$

把式 (3.4.12) 中的 β 表达式代入式 (3.4.18) 得

$$\sqrt{\sqrt{\left(\frac{N}{2EI}\right)^2 + k_i^2} + \frac{N}{2EI}} = \frac{i\pi}{l} \qquad (3.4.20)$$

再将式 (3.4.10) 中的 k 表达式代入式 (3.4.20), 得

$$\rho A \omega_i^2 - EI \left(\frac{i\pi}{l}\right)^4 + N \left(\frac{i\pi}{l}\right)^2 = 0 \qquad (3.4.21)$$

由此式得固有频率表达式为

$$\omega_i = \left(\frac{i^2 \pi^2}{l^2} \sqrt{\frac{EI}{\rho A}}\right) \sqrt{1 - \frac{Nl^2}{i^2 \pi^2 EI}} \quad (i = 1, 2, \cdots) \qquad (3.4.22)$$

由此可以看出，轴向压力降低了固有频率，可以解释为：由于轴向压力的存在，梁承受弯曲载荷的能力降低，相当于降低了梁的弯曲刚度。随着轴向压力逐渐增大，第一阶固有频率会逐渐减小到零，相当于梁失去抵抗弯曲变形的能力，导致失稳，此时的压力称为临界压力，用 N_c 表示。令式 (3.4.22) 中根号下的表达式为零和 $i=1$，可得临界压力为

$$N_c = \frac{\pi^2 EI}{l^2} \qquad (3.4.23)$$

如果轴力是拉力，运动方程的建立和求解过程同前，只不过式 (3.4.22) 中轴力 N 前的负号变为正号，即

$$\omega_i = \left(\frac{i^2 \pi^2}{l^2} \sqrt{\frac{EI}{\rho A}} \right) \sqrt{1 + \frac{N l^2}{i^2 \pi^2 EI}} \quad (i = 1, 2, \cdots) \qquad (3.4.24)$$

因此，拉力提高了梁抵抗弯曲变形的能力，相当于增加了梁的弯曲刚度，进而固有频率变大，直升机旋翼转动就属于这种情况。因此，可以用轴向拉力来提高梁的横向承载能力。梁弯曲刚度为零这种极端情况就是下一节要讨论的弦。

🦢 3.4.2　弦的横向自由振动

当结构细长时，其抗弯刚度可以忽略不计，此时结构只能承受拉力（张力），这种结构称为弦。略去梁弯曲振动微分方程 (3.4.7) 中的弯曲刚度项，并在 N 前加一个负号，即得弦的振动微分方程为

$$N \frac{\partial^2 y}{\partial x^2} = \rho A \frac{\partial^2 y}{\partial t^2} \qquad (3.4.25)$$

该方程形式上和标准的一维波动方程 (3.1.5) 类似，N 相当于拉压杆中的截面刚度 EA，波速平方变为 $N/\rho A$。方程 (3.4.25) 的求解方法与方程 (3.1.5) 的相同，这里不再赘述，只给出重要结论。弦一般是两端固定的，其固有频率表达式与两端固定杆的固有频率表达式类似，见例 3.1.2 中的式 (g)，因此弦的固有频率为

$$\omega_i = \frac{i\pi}{l} \sqrt{\frac{N}{\rho A}} \quad (i = 1, 2, \cdots) \qquad (3.4.26)$$

式中 ω_1 称为基频。弦以高阶频率振动发出的声音称为泛音，是基频的整数倍，也称高次谐波。从式 (3.4.26) 可以看出，轴向拉力（张力）越大，固有频率越高。琴师就是通过调整琴弦的张力，来调整琴的音色。

其振型函数与两端固定杆的振型函数形式相同，见例 3.1.2 中的式 (h)，即

$$Y_i(x) = \sin \frac{i\pi x}{l} \quad (i = 1, 2, \cdots) \qquad (3.4.27)$$

3.5 剪切变形与转动惯量对梁横向振动的影响

长细比较小的短粗梁，剪切变形不可忽略，并且需要考虑转动惯量的影响。1921 年，在欧拉–伯努利梁假设的基础上，铁摩辛柯（Timoshenko）提出了同时考虑剪切变形和转动惯量的梁的振动理论，该理论称为**铁摩辛柯梁理论**，也称为**一阶剪切梁理论**。本节主要讨论其振动特性。

若忽略剪切变形影响，则变形之前与轴线垂直的截面在变形后仍然与轴线垂直。如图 3.5.1 所示，考虑剪切变形影响时，梁轴线不再与截面垂直，即轴线偏离截面法线。在截面中性轴处二者之间的角度为 γ，称为剪切角或**剪应变**，并且存在如下关系：

$$\frac{\partial y}{\partial x} = \psi - \gamma \tag{3.5.1}$$

式中 ψ 为截面转角。若剪应变 γ 为零，则式 (3.5.1) 给出的就是欧拉–伯努利梁中挠度 y 和截面转角 ψ 之间的关系，即截面转角等于挠曲线的斜率。

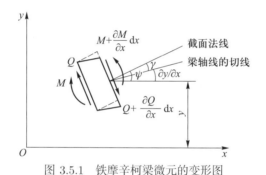

图 3.5.1 铁摩辛柯梁微元的变形图

在一阶剪切梁理论中，剪力与剪应变的关系为

$$Q = \mu A G \gamma = \mu A G \left(\psi - \frac{\partial y}{\partial x} \right) \tag{3.5.2}$$

式中 μ 为剪切修正系数，对于矩形截面梁 $\mu = 5/6$。根据达朗贝尔原理，可以得到微元在 y 向的平衡方程，其形式上与欧拉–伯努利梁的相同，即

$$\rho A \frac{\partial^2 y}{\partial t^2} + \frac{\partial Q}{\partial x} = 0 \tag{3.5.3}$$

只不过其中剪力与挠度的关系为式 (3.5.2)。将式 (3.5.2) 代入式 (3.5.3) 得

$$\rho A \frac{\partial^2 y}{\partial t^2} + \frac{\partial}{\partial x} \left[\mu A G \left(\psi - \frac{\partial y}{\partial x} \right) \right] = 0 \tag{3.5.4}$$

剪力使图 3.5.1 中的微元由矩形变成平行四边形，并不使截面发生转动。截面转动仍然是由弯矩作用产生的，所以截面转角 ψ 与弯矩 M 的关系与欧拉–伯努利梁情况相同，即

$$M = EI\frac{\partial \psi}{\partial x} = EI\frac{\partial}{\partial x}\left(\frac{\partial y}{\partial x} + \gamma\right) \tag{3.5.5}$$

从式 (3.5.5) 可以看出，考虑了剪切变形后，截面弯矩与挠度之间不再是简单的二阶导数关系，多出了剪切变形作用项，参见式 (3.3.7)。以微元质心为矩心，仍用达朗贝尔原理，列出微元的力矩平衡方程为

$$-\rho I\mathrm{d}x\frac{\partial^2 \psi}{\partial t^2} - M + \left(M + \frac{\partial M}{\partial x}\mathrm{d}x\right) - \frac{\mathrm{d}x}{2}\left(Q + \frac{\partial Q}{\partial x}\mathrm{d}x\right) - \frac{\mathrm{d}x}{2}Q = 0 \tag{3.5.6}$$

式中等号左侧第一项为微元体转动惯性力矩，表征了转动惯量的影响。忽略二阶小量，并注意到 $I = Ar^2$ (r 为截面惯性半径) 或 $r = \sqrt{I/A}$，于是上式可化简为

$$-\rho Ar^2\frac{\partial^2 \psi}{\partial t^2} + \frac{\partial M}{\partial x} - Q = 0 \tag{3.5.7}$$

考虑转动惯量的影响，弯矩与剪力之间不再是简单的一阶导数关系，多出了一个转动惯性力项，参见式 (3.3.6)。将剪力与位移的关系式 (3.5.2) 及弯矩与位移的关系式 (3.5.5) 代入式 (3.5.7) 得

$$\rho Ar^2\frac{\partial^2 \psi}{\partial t^2} - \frac{\partial}{\partial x}\left(EI\frac{\partial \psi}{\partial x}\right) + \mu AG\left(\psi - \frac{\partial y}{\partial x}\right) = 0 \tag{3.5.8}$$

方程 (3.5.4) 和方程 (3.5.8) 一同构成了铁摩辛柯梁的自由振动微分方程，其中截面转角 ψ 和挠度 y 是两个独立的变量。考虑等截面梁，通过消元法从方程 (3.5.4) 和方程 (3.5.8) 可以得到关于挠度 y 的四阶微分方程。首先由方程 (3.5.4) 得

$$\frac{\partial \psi}{\partial x} = \frac{\partial^2 y}{\partial x^2} - \frac{\rho}{\mu G}\frac{\partial^2 y}{\partial t^2} \tag{3.5.9}$$

将方程 (3.5.8) 对 x 求一阶导数，然后把上式代入得

$$EI\frac{\partial^4 y}{\partial x^4} + \rho A\frac{\partial^2 y}{\partial t^2} - \rho Ar^2\frac{E}{\mu G}\frac{\partial^4 y}{\partial t^2\partial x^2} - \rho Ar^2\frac{\partial^4 y}{\partial t^2\partial x^2} + \frac{\rho^2 Ar^2}{\mu G}\frac{\partial^4 y}{\partial t^4} = 0 \tag{3.5.10}$$

式中等号左侧第三项体现了剪切变形的作用，第四项体现了转动惯量的影响，最后一项体现了二者的耦合作用。由方程 (3.5.10) 可得单独考虑剪切变形影响的方程为

$$EI\frac{\partial^4 y}{\partial x^4} + \rho A\frac{\partial^2 y}{\partial t^2} - \rho Ar^2\frac{E}{\mu G}\frac{\partial^4 y}{\partial t^2\partial x^2} = 0 \tag{3.5.11}$$

单独考虑转动惯量影响的方程为

$$EI\frac{\partial^4 y}{\partial x^4} + \rho A\frac{\partial^2 y}{\partial t^2} - \rho Ar^2\frac{\partial^4 y}{\partial t^2\partial x^2} = 0 \tag{3.5.12}$$

下面用分离变量法求解方程 (3.5.10)～方程 (3.5.12)。

对于仅考虑转动惯量的情况，将 $y(x,t) = Y(x)T(t)$ 代入方程 (3.5.12) 得

$$EIY^{(4)}(x)T(t) + \rho A[Y(x) - r^2 Y''(x)]\ddot{T}(t) = 0 \tag{3.5.13}$$

用 $\rho A Y(x)T(t)$ 除方程 (3.5.13) 各项，并将变量分离到等号两边得

$$-\frac{EI}{\rho A}\frac{Y^{(4)}(x)}{Y(x) - r^2 Y''(x)} = \frac{\ddot{T}(t)}{T(t)} \tag{3.5.14}$$

式中等式左边项分母不恒为零，否则由方程 (3.5.13) 可得到 $Y^{(4)}$ 恒为零，进一步可推得方程 (3.5.12) 第一项恒为零，这已不是梁的振动问题。与欧拉–伯努利梁相同，等式 (3.5.14) 左右两端只能等于一个小于或等于零的常数，仍然设为 $-\omega^2$，得到的响应关于时间的变化规律仍然是简谐的，这与杆的纵向和欧拉–伯努利梁的横向主振动相同。关于振型函数的方程为

$$Y^{(4)}(x) + \frac{r^2\omega^2}{a^2}Y''(x) - \frac{\omega^2}{a^2}Y(x) = 0, \quad a^2 = \frac{EI}{\rho A} \tag{3.5.15}$$

对于仅考虑剪切变形的情况，其分离变量解的求解步骤同上，其结果就是将上式中的 r^2 替换为 $r^2 E/\mu G$ 即可。

式 (3.5.15) 与欧拉–伯努利梁有轴力作用时的本征值微分方程 (3.4.10) 的形式相同，本征方程也具有相同形式，其本征值包含一对符号相反的实根和一对实部为零的共轭复根。因此，方程 (3.5.15) 和方程 (3.4.10) 的通解具有相同的形式，见式 (3.4.13)，如果边界条件也相同，最后得到的振型函数也相同。

转动惯量不影响剪力、弯矩与挠度的关系，但剪切变形影响这些关系。常用的几种齐次基本边界条件包括：

（1）简支——挠度和弯矩为零，即

$$y(x, t) = 0, \quad M(x, t) = EI\frac{\partial \psi(x, t)}{\partial x} = 0 \quad (x = 0 \text{ 或 } l) \tag{3.5.16}$$

（2）固支——挠度、截面转角均为零，即

$$y(x, t) = 0, \quad \psi(x, t) = 0 \quad (x = 0 \text{ 或 } l) \tag{3.5.17}$$

（3）自由——剪力、弯矩为零，即

$$Q(x, t) = \mu AG\left(\psi - \frac{\partial y}{\partial x}\right) = 0, \quad M(x, t) = EI\frac{\partial \psi(x, t)}{\partial x} = 0 \quad (x = 0 \text{ 或 } l) \tag{3.5.18}$$

（4）滑移——剪力与转角均为零，即

$$Q(x, t) = \mu AG\left(\psi - \frac{\partial y}{\partial x}\right) = 0, \quad \psi(x, t) = 0 \quad (x = 0 \text{ 或 } l) \tag{3.5.19}$$

为了利用边界条件从本征值微分方程中求解振型函数 $Y(x)$，需要把边界条件用振型函数 $Y(x)$ 来表示。以简支边界为例，将转角导数表达式 (3.5.9) 代入弯矩为零的条件，得

$$M(x, t) = EI \frac{\partial \psi(x, t)}{\partial x} = EI \left(\frac{\partial^2 y}{\partial x^2} - \frac{\rho}{\mu G} \frac{\partial^2 y}{\partial t^2} \right) = 0 \quad (x = 0 \text{ 或 } l) \tag{3.5.20}$$

将 $y(x, t) = Y(x) T(t)$ 代入上式得

$$Y''(x) T(t) - \frac{\rho}{\mu G} Y(x) \ddot{T}(t) = 0 \quad (x = 0 \text{ 或 } l) \tag{3.5.21}$$

由于简支边界上的挠度 $y(x, t) = 0$，即 $Y(x) = 0$，于是由式 (3.5.21) 可得 $Y''(x) = 0$，也就是简支边界条件对 Y 的限制和欧拉–伯努利梁情况的相同。其他边界条件，读者可自行分析。

通过上面分析可知，无论单独考虑剪切变形还是单独考虑转动惯量，两种情况关于 $Y(x)$ 的本征值微分方程都与欧拉–伯努利梁有轴向力作用情况的相同，用 $Y(x)$ 表示的简支边界条件也相同，所以振型函数仍为 $Y_i(x) = \sin(i\pi x / l)$，参见式 (3.4.19)，对应的主振动挠度表达式为 $y_i(x, t) = \sin(i\pi x / l) \sin(\omega_i t + \theta_i)$，将其分别代入方程 (3.5.11) 和 (3.5.12) 可得两种单独影响情况的频率方程，即

$$\frac{EI}{\rho A} \left(\frac{i\pi}{l} \right)^4 - \left[1 + (i\pi)^2 \left(\frac{r}{l} \right)^2 \right] \omega_i^2 = 0 \quad (单独考虑转动惯量影响) \tag{3.5.22}$$

$$\frac{EI}{\rho A} \left(\frac{i\pi}{l} \right)^4 - \left[1 + \frac{E}{\mu G} (i\pi)^2 \left(\frac{r}{l} \right)^2 \right] \omega_i^2 = 0 \quad (单独考虑剪切变形影响) \tag{3.5.23}$$

由式 (3.5.22) 可解出单独考虑转动惯量影响的固有频率为

$$\omega_i = \left(\frac{i\pi}{l} \right)^2 \sqrt{\frac{EI}{\rho A}} \Big/ \sqrt{1 + \pi^2 i^2 \left(\frac{r}{l} \right)^2} \tag{3.5.24}$$

由式 (3.5.23) 可解出单独考虑剪切变形影响的固有频率为

$$\omega_i = \left(\frac{i\pi}{l} \right)^2 \sqrt{\frac{EI}{\rho A}} \Big/ \sqrt{1 + \frac{E}{\mu G} \pi^2 i^2 \left(\frac{r}{l} \right)^2} \tag{3.5.25}$$

从式 (3.5.24) 和式 (3.5.25) 可以看出：

（1）两式的分子都是简支欧拉–伯努利梁的固有频率，分母都大于 1，所以不考虑剪切变形或转动惯量得到的固有频率都偏大。考虑剪切变形相当于降低了抵抗弯曲变形的能力，考虑转动惯量相当于增加了惯性的影响而使频率变小。或者说，不考虑剪切变形相当于增大了刚度，不考虑转动惯量相当于减小了惯性作用。

（2）从两式的分母可以看出，阶次 i 越高或细长比 r/l 越大，剪切变形和转动惯量的作用越大，即对高频问题或细长比大的梁，欧拉–伯努利梁模型计算的结果更加偏大，这时更需要考虑转动惯量和剪切变形的作用。

（3）两式分母里的 $(i\pi r/l)^2$ 前的系数相差 $E/(\mu G)$ 倍。对各向同性材料有 $E/G = 2(1+\nu)$，泊松比 ν 大约为 0.3。对矩形截面，剪切修正系数 $\mu = 5/6$，圆形截面的 $\mu = 9/10$[4]。

所以 $E/(\mu G)$ 近似等于 3，故剪切变形的影响要大于转动惯量的影响。

对同时考虑剪切变形和转动惯量影响的振动微分方程 (3.5.10)，直接利用 $y(x,t) = Y(x)T(t)$ 难以进行分离变量，这时需要把挠度 $y(x,t)$ 和截面转角 $\psi(x,t)$ 同时进行分离变量，并联立求解方程 (3.5.4) 和方程 (3.5.8)，而不是求解方程 (3.5.10)。不过观察发现，与式 (3.5.11) 和式 (3.5.12) 相比，方程 (3.5.10) 多出了关于时间 t 的四阶导数项，但 3 个方程都是仅有关于自变量 (包括 x,t) 的偶阶或零阶导数的线性齐次偏微分方程，这类方程有如下分离变量形式的解：

$$y(x,t) = Y(x)\sin(\omega t + \theta) \tag{3.5.26}$$

此外，从大量的物理实验观察及理论分析发现，对于线弹性系统，主振动都是如式 (3.5.26) 所描述的简谐振动形式。将式 (3.5.26) 代入方程 (3.5.10) 得

$$Y^{(4)} + \frac{r^2\omega^2}{a^2}\left(1 + \frac{E}{\mu G}\right)Y'' - \frac{\omega^2}{a^2}\left(1 - \frac{\rho r^2\omega^2}{\mu G}\right)Y = 0 \tag{3.5.27}$$

当 $\omega^2 < \mu G/(\rho r^2)$ 时，与前述考虑轴向力、剪切变形和转动惯量的情况相同，其本征方程都有一对符号相反的实根和一对实部为零的共轭复根。若两端简支，振型函数为 $\sin(i\pi x/l)$。当待求频率相对较大，即 $\omega^2 > \mu G/(\rho r^2)$ 时，方程的本征值是两对实部为零的共轭复根，但简支边界条件下的振型函数仍为 $\sin(i\pi x/l)$。所以，对简支边界，无论所求频率范围如何，第 i 阶挠度主振动都可以写成 $y_i(x,t) = \sin(i\pi x/l)\sin(\omega_i t + \theta_i)$，将其代入同时考虑剪切变形和转动惯量的振动微分方程 (3.5.10) 得

$$\frac{\rho r^2}{\mu G}\omega_i^4 - \left[1 + (i\pi)^2\left(1 + \frac{E}{\mu G}\right)\left(\frac{r}{l}\right)^2\right]\omega_i^2 + \frac{EI}{\rho A}\left(\frac{i\pi}{l}\right)^4 = 0 \tag{3.5.28}$$

式中第一项体现了剪切变形和转动惯量的耦合影响，这种耦合对低频影响小，对高频影响大。具体地说，当第一项 $(\rho r^2/\mu G)\omega_i^4 \ll \omega_i^2$，即

$$\omega_i^2 \ll \mu G/\rho r^2 \tag{3.5.29}$$

时，第一项远小于其他项，耦合的影响可以忽略，这时方程 (3.5.28) 变为

$$\omega_i^2 = \frac{EI}{\rho A}\left(\frac{i\pi}{l}\right)^4 \bigg/ \left[1 + (i\pi)^2\left(\frac{r}{l}\right)^2 + (i\pi)^2\frac{E}{\mu G}\left(\frac{r}{l}\right)^2\right] \tag{3.5.30}$$

从中可以看出，对低阶固有频率，转动惯量和剪切变形对固有频率的共同影响近似为二者单独影响之和。一般情况下，由于 G/ρ 较大，工程上更关注低频问题，通常式 (3.5.29) 都会得到满足；对于 r 较大的大尺度结构，且关注高频振动问题，或者需要给出更精确的固有频率表达式时，可求解方程 (3.5.28) 的两个根，其中小的对应以弯曲变形为主的振动，大的对应以剪切变形为主的振动。对于铁摩辛柯梁在其他齐次边界条件下的频率方程和振型函数，可参见文献 [10]。

3.6 薄板横向自由振动

工程中除杆、梁这种轴向尺寸大于横截面尺寸的构件外，还有一大类是由两个平行面（**板面**）和垂直于它们的柱面围成，且沿平行面的两个方向最小尺寸大于厚度的构件，这类构件称为板。当板厚度远小于几何**中面**（平分厚度的平面）的最小尺寸，如二者比值小于 $1/5$，这样的板被定义为**薄板**[5]。薄板在横向（垂直于板面）动载荷作用下发生的弯曲振动特性是学者和工程上广为关注的问题。薄板典型的形状主要有矩形和圆形两种，本节主要介绍这两种形状薄板的弯曲振动特性。

3.6.1 薄板振动微分方程

图 3.6.1a 给出了矩形薄板几何形状及其坐标系，坐标 $x - y$ 平面位于中面上，板的厚度为 h，x 向边长为 a，y 向边长为 b。在板中任意位置 (x, y) 处取出一微元体，微元体三边的长度分别为 $\mathrm{d}x, \mathrm{d}y, h$，图 3.6.1b 给出了截面上的应力和内力。板内任一点在 x, y, z 三个坐标方向上的位移分别用 u, v, w 表示。

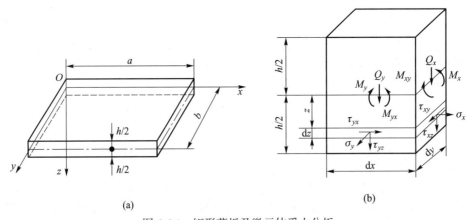

(a)

(b)

图 3.6.1 矩形薄板及微元体受力分析

在理想弹性体、微幅振动假设基础上，薄板理论还包括如下假设：

（1）厚度方向的弹性变形可忽略不计，即垂直于中面方向的正应变 $\varepsilon_z = 0$，意味着板内各点的横向位移或挠度 w 与 z 无关。

（2）厚度方向的 3 个应力远小于其他 3 个面内应力，它们引起的变形可以忽略不计，因此有

$$\gamma_{yz} = \frac{\partial w}{\partial y} + \frac{\partial v}{\partial z} = 0, \quad \gamma_{zx} = \frac{\partial u}{\partial z} + \frac{\partial w}{\partial x} = 0 \tag{3.6.1}$$

于是中面法线在板的变形过程中不伸缩，保持为直线，且仍为变形后中面的法线，这条假设也称为薄板的直法线假设。

（3）中面内各点没有平行于中面的位移或没有面内位移，即中面内各点面内应变为零，也就是说，即便中面弯曲成弹性曲面，但其在 $x-y$ 平面内的投影仍然不变，这与欧拉-伯努利梁理论和一阶剪切梁理论轴线长度不变假设是类似的。

根据假设（1）和（3），对式 (3.6.1) 沿着厚度进行积分，可得

$$u = -z\frac{\partial w}{\partial x}, \quad v = -z\frac{\partial w}{\partial y} \tag{3.6.2}$$

（4）不考虑转动惯量的影响。

前 3 个假设是基尔霍夫（G.R.Kirchhoff）1850 年提出来的，因此薄板理论也称为基尔霍夫板理论。尽管板的弹性弯曲变形分析属于空间问题，但根据假设（2），薄板理论仅包括 3 个物理方程 [5]：

$$\varepsilon_x = \frac{1}{E}(\sigma_x - \nu\sigma_y), \quad \varepsilon_y = \frac{1}{E}(\sigma_y - \nu\sigma_x), \quad \gamma_{xy} = \frac{2(1+\nu)}{E}\tau_{xy} \tag{3.6.3}$$

式中：E 是杨氏弹性模量，ν 是泊松比。实际上，式 (3.6.3) 就是弹性力学中介绍的平面应力本构关系，也就是说，薄板弯曲变形分析通常采用平面应力问题的本构关系。利用式 (3.6.2)，几何方程变为

$$\varepsilon_x = \frac{\partial u}{\partial x} = -z\frac{\partial^2 w}{\partial x^2}, \quad \varepsilon_y = \frac{\partial v}{\partial y} = -z\frac{\partial^2 w}{\partial y^2}, \quad \gamma_{xy} = \frac{\partial u}{\partial y} + \frac{\partial v}{\partial x} = -2z\frac{\partial^2 w}{\partial x\partial y} \tag{3.6.4}$$

将式 (3.6.4) 代入式 (3.6.3) 可给出用 w 表示的 3 个面内应力分量

$$\sigma_x = \frac{Ez}{\nu^2-1}\left(\frac{\partial^2 w}{\partial x^2} + \nu\frac{\partial^2 w}{\partial y^2}\right), \quad \sigma_y = \frac{Ez}{\nu^2-1}\left(\frac{\partial^2 w}{\partial y^2} + \nu\frac{\partial^2 w}{\partial x^2}\right), \quad \tau_{xy} = -\frac{Ez}{1+\nu}\frac{\partial^2 w}{\partial x\partial y} \tag{3.6.5}$$

从上式可以看出 $\sigma_x, \sigma_y, \tau_{xy}$ 都和 z 成正比，即它们沿厚度方向线性分布。把它们对 z 坐标的一次矩定义为弯矩或扭矩。

在 x 为常量的横截面上，单位宽度内的正应力分量 σ_x 合成的弯矩为

$$M_x = \int_{-h/2}^{h/2} z\sigma_x \mathrm{d}z = -D\left(\frac{\partial^2 w}{\partial x^2} + \nu\frac{\partial^2 w}{\partial y^2}\right) \tag{3.6.6}$$

式中

$$D = \frac{Eh^3}{12(1-\nu^2)}$$

为薄板的抗弯刚度。横截面上的剪应力 τ_{xy} 合成的是扭矩，即

$$M_{xy} = \int_{-h/2}^{h/2} z\tau_{xy} \mathrm{d}z = -\frac{E}{1+\nu}\frac{\partial^2 w}{\partial x\partial y}\int_{-h/2}^{h/2} z^2 \mathrm{d}z = D(\nu-1)\frac{\partial^2 w}{\partial x\partial y} \tag{3.6.7}$$

类似地，在 y 为常量的横截面上，单位宽度内的应力分量合成的弯矩、扭矩分别为

$$M_y = \int_{-h/2}^{h/2} z\sigma_y \mathrm{d}z = -D\left(\frac{\partial^2 w}{\partial y^2} + \nu\frac{\partial^2 w}{\partial x^2}\right) \tag{3.6.8}$$

$$M_{yx} = \int_{-h/2}^{h/2} z\tau_{yx}\mathrm{d}z = M_{xy} \tag{3.6.9}$$

由上述定义给出的弯矩和扭矩的单位为 N（牛顿），而不是 N·m（牛顿·米）。

需要强调的是，式 (3.6.1) ∼ 式 (3.6.9) 虽然是依据弹性薄板在静载荷作用下的小变形理论得到的，但这些关系在线性振动过程中也成立。有了弯矩和扭矩与横向位移 w 的关系，根据达朗贝尔原理或牛顿第二定律就可以建立薄板的振动微分方程。

为方便微元体的受力分析，取微元体中面，内力都画在中面上，见图 3.6.2，其中按右手螺旋法则用矩矢表示力矩。设板受到横向分布载荷 $p(x, y, t)$ 作用，其正向与 z 轴正向相同，单位面积上作用有惯性力 $-\rho h\partial^2 w/\partial t^2$，将该惯性力看作静力，应用达朗贝尔原理可得 z 向力的平衡方程，即

$$\left(Q_x + \frac{\partial Q_x}{\partial x}\mathrm{d}x\right)\mathrm{d}y - Q_x\mathrm{d}y + \left(Q_y + \frac{\partial Q_y}{\partial y}\mathrm{d}y\right)\mathrm{d}x - Q_y\mathrm{d}x + p\mathrm{d}x\mathrm{d}y - \rho h\frac{\partial^2 w}{\partial t^2}\mathrm{d}x\mathrm{d}y = 0 \tag{3.6.10}$$

整理得

$$\frac{\partial Q_x}{\partial x} + \frac{\partial Q_y}{\partial y} + p - \rho h\frac{\partial^2 w}{\partial t^2} = 0 \tag{3.6.11}$$

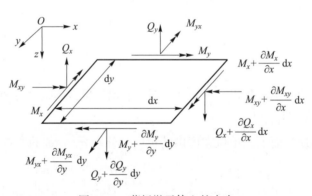

图 3.6.2　薄板微元体上的内力

微元体绕平行于 y 轴的直线存在转动，以其中任意一条直线为矩轴，都可以建立转动平衡方程。为方便起见，以通过微元体中面中心的直线为矩轴，建立力矩平衡方程。惯性力均匀分布，其合力中心通过矩轴；由于微元体中面面积 $\mathrm{d}x\mathrm{d}y$ 微小，作用于其上的分布外力可看成均匀分布，其合力中心也通过矩轴，所以它们对矩轴的力矩均为零，由此有

$$\left(M_x + \frac{\partial M_x}{\partial x}\mathrm{d}x\right)\mathrm{d}y - M_x\mathrm{d}y + \left(M_{yx} + \frac{\partial M_{yx}}{\partial y}\mathrm{d}y\right)\mathrm{d}x - M_{yx}\mathrm{d}x -$$
$$\left(Q_x + \frac{\partial Q_x}{\partial x}\mathrm{d}x\right)\mathrm{d}y\frac{\mathrm{d}x}{2} - Q_x\mathrm{d}y\frac{\mathrm{d}x}{2} = 0 \tag{3.6.12}$$

微元体绕平行于 x 轴的直线也存在转动, 可同样建立如下力矩平衡方程:

$$
\left(M_y + \frac{\partial M_y}{\partial y}\mathrm{d}y\right)\mathrm{d}x - M_y\mathrm{d}x + \left(M_{xy} + \frac{\partial M_{xy}}{\partial x}\mathrm{d}x\right)\mathrm{d}y - M_{xy}\mathrm{d}y - \\
\left(Q_y + \frac{\partial Q_y}{\partial y}\mathrm{d}y\right)\mathrm{d}x\frac{\mathrm{d}y}{2} - Q_y\mathrm{d}x\frac{\mathrm{d}y}{2} = 0
$$

(3.6.13)

化简上面两个力矩平衡方程得

$$
Q_x = \frac{\partial M_x}{\partial x} + \frac{\partial M_{yx}}{\partial y}, \quad Q_y = \frac{\partial M_y}{\partial y} + \frac{\partial M_{xy}}{\partial x}
$$

(3.6.14)

将式 (3.6.14)、式 (3.6.6)~式 (3.6.9) 联合代入平衡方程 (3.6.11) 得

$$
D\left(\frac{\partial^4 w}{\partial x^4} + 2\frac{\partial^4 w}{\partial x^2 \partial y^2} + \frac{\partial^4 w}{\partial y^4}\right) + \rho h\frac{\partial^2 w}{\partial t^2} = p
$$

(3.6.15)

或简写为

$$
D\nabla^2\nabla^2 w + \rho h\frac{\partial^2 w}{\partial t^2} = p, \quad \nabla^2 = \frac{\partial^2}{\partial x^2} + \frac{\partial^2}{\partial y^2}
$$

(3.6.16)

式中: ∇^2 称为调和算子, $\nabla^2\nabla^2$ 为双调和算子。方程 (3.6.16) 就是用挠度表示的薄板在分布动载荷 p 作用下的振动微分方程; 若 $p = 0$, 方程 (3.6.16) 为自由振动微分方程; 若不考虑惯性力, 且 p 与时间无关, 则方程 (3.6.16) 就是薄板在分布静载荷 p 作用下的挠曲微分方程。假设外载荷仅为重力, 用 G 表示, 挠曲函数用 w_g 表示, 则有

$$
D\nabla^2\nabla^2 w_\mathrm{g} = G
$$

(3.6.17)

式中 w_g 是板仅在自重作用下偏离中面平面的挠度。在薄板振动微分方程的上述推导中, 不加说明地或默认挠度 w 为零的位置是静平衡位置。建立平衡方程时应该考虑重力或常值分布静载荷项, 挠度应为 $w + w_\mathrm{g}$, 因此完整的微分方程为

$$
D\nabla^2\nabla^2(w + w_\mathrm{g}) + \rho h\frac{\partial^2(w + w_\mathrm{g})}{\partial t^2} = G + p
$$

(3.6.18)

把静变形方程 (3.6.17) 代入方程 (3.6.18) 即可得到方程 (3.6.16)。因此在板振动微分方程推导过程中, 与梁、杆振动问题相同, 也是以静平衡位置为参考位置, 不用考虑重力或常值分布静载荷及其引起的静挠度。

当 $p = 0$ 时, 自由振动方程 (3.6.16) 也可以采用如下方式推导: 将惯性力看作分布静载荷, 用它替换静平衡微分方程 (3.6.17) 中的 G 即可。事实上, 若读者知道如何建立薄板静挠曲微分方程, 在学习薄板振动问题时, 可以直接按照这种方法建立其振动微分方程。

3.6.2 四边简支矩形薄板横向自由振动分析

横向振动方程 (3.6.15) 适用于任意形状的薄板, 令 $p = 0$ 把它变成如下自由振动方程:

$$\frac{\partial^4 w}{\partial x^4} + 2\frac{\partial^4 w}{\partial x^2 \partial y^2} + \frac{\partial^4 w}{\partial y^4} = -\frac{1}{\beta^2}\frac{\partial^2 w}{\partial t^2}, \quad \beta = \sqrt{\frac{D}{\rho h}} \tag{3.6.19}$$

设其具有如下分离变量形式的解：

$$w(x, y, t) = W(x, y)T(t) \tag{3.6.20}$$

把该式代入方程 (3.6.19) 后，两边同除 WT 得

$$-\frac{\beta^2}{W}\left(\frac{\partial^4 W}{\partial x^4} + 2\frac{\partial^4 W}{\partial x^2 \partial y^2} + \frac{\partial^4 W}{\partial y^4}\right) = \frac{\ddot{T}}{T} \tag{3.6.21}$$

上式对任意位置、任意时刻都成立，且等号左端项只与空间坐标相关、右端项只与时间坐标相关，因此式 (3.6.21) 等式两边只能都等于一个常数，为能得到振动解，该常数只能是负数，不妨设为 $-\omega^2$，于是有

$$\ddot{T} + \omega^2 T = 0 \tag{3.6.22}$$

$$\frac{\partial^4 W}{\partial x^4} + 2\frac{\partial^4 W}{\partial x^2 \partial y^2} + \frac{\partial^4 W}{\partial y^4} - \frac{\omega^2}{\beta^2}W = 0 \tag{3.6.23}$$

由方程 (3.6.22) 可以看出，w 随时间的变化是简谐的，而 $W(x, y)$ 表示板内任意一点的振幅，所以方程 (3.6.23) 也称薄板振型微分方程或本征值微分方程，需要借助边界条件来求解。

受两端简支梁可以得到固有频率精确解析解的启发，下面先考虑四边简支板。矩形薄板简支边界处的挠度及法向弯矩均为 0，即

$$w = 0, \quad \frac{\partial^2 w}{\partial x^2} + \nu\frac{\partial^2 w}{\partial y^2} = 0 \quad (x = 0, a) \tag{3.6.24a}$$

$$w = 0, \quad \frac{\partial^2 w}{\partial y^2} + \nu\frac{\partial^2 w}{\partial x^2} = 0 \quad (y = 0, b) \tag{3.6.24b}$$

在 x 等于 0 或 a 的边界上 $w = 0$，即 w 沿 y 轴没有变化，则 w 关于 y 的偏导数为零。同理，在 y 等于 0 或 b 的边界上 $w = 0$，w 沿 x 轴也没有变化，则 w 关于 x 的偏导数也为零。因此，式 (3.6.24) 变为

$$w = 0, \quad \frac{\partial^2 w}{\partial x^2} = 0 \quad (x = 0, a) \tag{3.6.25a}$$

$$w = 0, \quad \frac{\partial^2 w}{\partial y^2} = 0 \quad (y = 0, b) \tag{3.6.25b}$$

将分离变量表达式 (3.6.20) 代入式 (3.6.25) 得到用振型函数表达的简支边界条件，即

$$W(x, y)|_{x=0,a} = 0, \quad \left.\frac{\partial^2 W(x, y)}{\partial x^2}\right|_{x=0,a} = 0 \tag{3.6.26a}$$

$$W(x, y)|_{y=0,b} = 0, \quad \left.\frac{\partial^2 W(x, y)}{\partial y^2}\right|_{y=0,b} = 0 \tag{3.6.26b}$$

与简支梁振型函数类似, 满足振型方程 (3.6.23) 和简支边界条件 (3.6.26) 的解可设为

$$W_{mn}(x, y) = A_{mn} \sin \frac{m\pi x}{a} \sin \frac{n\pi y}{b} \quad (m, n = 1, 2, 3, \cdots) \tag{3.6.27}$$

将其代入振型方程 (3.6.23) 得

$$A_{mn} \left[\left(\frac{m\pi}{a} \right)^4 + 2 \left(\frac{m\pi}{a} \right)^2 \left(\frac{n\pi}{b} \right)^2 + \left(\frac{n\pi}{b} \right)^4 - \frac{\omega^2}{\beta^2} \right] \sin \frac{m\pi x}{a} \sin \frac{n\pi y}{b} = 0 \tag{3.6.28}$$

要求该式对任意的 x 及 y 都成立, 且 A_{mn} 不能为零, 因此得到

$$\left(\frac{m\pi}{a} \right)^4 + 2 \left(\frac{m\pi}{a} \right)^2 \left(\frac{n\pi}{b} \right)^2 + \left(\frac{n\pi}{b} \right)^4 - \frac{\omega^2}{\beta^2} = 0 \tag{3.6.29}$$

由此方程可解出

$$\omega_{mn} = \pi^2 \left(\frac{m^2}{a^2} + \frac{n^2}{b^2} \right) \sqrt{\frac{D}{\rho h}} \tag{3.6.30}$$

式中 m, n 的一个组合对应该阶固有频率 ω_{mn} 或本征值 ω_{mn}^2, 以 ω_{mn} 作为振动频率的主振动或方程 (3.6.23) 的一个特解为

$$w_{mn}(x, y, t) = A_{mn} \sin \frac{m\pi x}{a} \sin \frac{n\pi y}{b} \sin(\omega_{mn} t + \theta_{mn}) \quad (m, n = 1, 2, 3, \cdots) \tag{3.6.31}$$

各阶固有频率对应的特解之和即为方程 (3.6.23) 的通解

$$w(x, y, t) = \sum_{m=1}^{\infty} \sum_{n=1}^{\infty} A_{mn} \sin \frac{m\pi x}{a} \sin \frac{n\pi y}{b} \sin(\omega_{mn} t + \theta_{mn}) \tag{3.6.32}$$

式中待定系数 A_{mn} 和 θ_{mn} 由初始条件来确定。假定初始位移和速度分别为

$$w(x, y, 0) = w_0(x, y), \quad \frac{\partial w}{\partial t}(x, y, 0) = v_0(x, y) \tag{3.6.33}$$

把式 (3.6.32) 代入上式得

$$\sum_{m=1}^{\infty} \sum_{n=1}^{\infty} A_{mn} \sin \theta_{mn} \sin \frac{m\pi x}{a} \sin \frac{n\pi y}{b} = w_0(x, y) \tag{3.6.34a}$$

$$\sum_{m=1}^{\infty} \sum_{n=1}^{\infty} \omega_{mn} A_{mn} \cos \theta_{mn} \sin \frac{m\pi x}{a} \sin \frac{n\pi y}{b} = v_0(x, y) \tag{3.6.34b}$$

把上面两式左右两端同乘 $W_{ij} = \sin(i\pi x/a)\sin(j\pi x/b)$, 然后对 x 从 0 到 a 积分, 对 y 从 0 到 b 积分, 并交换等式左边积分与求和的运算次序, 得

$$\sum_{m=1}^{\infty} \sum_{n=1}^{\infty} A_{mn} \sin \theta_{mn} \int_0^a \int_0^b \sin \frac{m\pi x}{a} \sin \frac{i\pi x}{a} \sin \frac{n\pi y}{b} \sin \frac{j\pi y}{b} \mathrm{d}x\mathrm{d}y$$
$$= \int_0^a \int_0^b w_0(x, y) \sin \frac{i\pi x}{a} \sin \frac{j\pi y}{b} \mathrm{d}x\mathrm{d}y \tag{3.6.35a}$$

$$\sum_{m=1}^{\infty}\sum_{n=1}^{\infty}\omega_{mn}A_{mn}\cos\theta_{mn}\int_0^a\int_0^b\sin\frac{m\pi x}{a}\sin\frac{i\pi x}{a}\sin\frac{n\pi y}{b}\sin\frac{j\pi y}{b}\mathrm{d}x\mathrm{d}y$$

$$=\int_0^a\int_0^b v_0(x,y)\sin\frac{i\pi x}{a}\sin\frac{j\pi y}{b}\mathrm{d}x\mathrm{d}y \tag{3.6.35b}$$

式 (3.6.27) 给出的振型函数 W_{mn} 具有如下正交性:

$$\int_0^a\int_0^b\sin\frac{m\pi x}{a}\sin\frac{i\pi x}{a}\sin\frac{n\pi y}{b}\sin\frac{j\pi y}{b}\mathrm{d}x\mathrm{d}y=\begin{cases}0, & m\neq i\ \text{或}\ n\neq j\\ ab/4, & m=i\ \text{和}\ n=j\end{cases} \tag{3.6.36}$$

把式 (3.6.36) 代入式 (3.6.35) 得

$$A_{ij}\sin\theta_{ij}=\frac{4}{ab}\int_0^a\int_0^b w_0(x,y)\sin\frac{i\pi x}{a}\sin\frac{j\pi y}{b}\mathrm{d}x\mathrm{d}y \tag{3.6.37a}$$

$$A_{ij}\cos\theta_{ij}=\frac{4}{ab\omega_{ij}}\int_0^a\int_0^b v_0(x,y)\sin\frac{i\pi x}{a}\sin\frac{j\pi y}{b}\mathrm{d}x\mathrm{d}y \tag{3.6.37b}$$

从中可解出待定系数 A_{ij} 和 θ_{ij}。因为 i,j 和 m,n 取值范围相同，所以可直接将 A_{ij} 和 θ_{ij} 的下标换回 m,n，然后把 A_{mn} 和 θ_{mn} 代入 (3.6.32)，即可得薄板横向自由振动位移响应的定解。

上面得到的四边简支矩形板自由振动解称为纳维（Navier）解。值得强调的是，在适当的初始条件下，在物理上可实现式 (3.6.31) 表示的主振动，故称为**四边简支矩形薄板的第 mn 阶主振动**。式 (3.6.30) 给出的 ω_{mn} 为第 mn 阶主振动的频率，称为**四边简支矩形薄板第 mn 阶固有频率**。式 (3.6.27) 给出的 W_{mn} 描述了主振动时板上各点振幅成固定比例的特性，即该阶主振动形式，称为**四边简支矩形薄板第 mn 阶振型函数**。当然，其他边界、其他形状的薄板，都有与此类似的定义或称谓。

主振动有无穷多阶，但实际应用中，外部输入的能量难以将高频主振动激励起来，因此通常可以忽略自由响应的模态叠加表达式 (3.6.32) 中的高阶项。在固有特性分析中，通常也主要关心低阶固有模态。

下面进一步讨论四边简支矩形薄板前几阶固有频率和固有振型特性。

不失一般性，将坐标轴 x 建在矩形薄板长边 a 上，即有 $a>b$，a/b 称为长宽比或长短边比。由式 (3.6.30) 可推知，由于 $a>b$，因此若 $m>n$，则有 $\omega_{mn}<\omega_{nm}$，即固有频率按从小到大的顺序为 $\omega_{11}<\omega_{21}<\omega_{12}<\omega_{22}$，对应的振型函数分别为

$$\begin{aligned}W_{11}=\sin\frac{\pi x}{a}\sin\frac{\pi y}{b}, && W_{21}=\sin\frac{2\pi x}{2}\sin\frac{\pi y}{b}\\ W_{12}=\sin\frac{\pi x}{a}\sin\frac{2\pi y}{b}, && W_{22}=\sin\frac{2\pi x}{a}\sin\frac{2\pi y}{b}\end{aligned} \tag{3.6.38}$$

图 3.6.3 给出了式 (3.6.38) 中 4 个振型函数的平面投影，从中可以看出：在板的内部，W_{21} 振型图有一条平行于 y 轴的直线，振动时该直线处的挠度始终为 0，称为**节线**；W_{12}

振型图有一条平行于 x 轴的节线；W_{22} 振型图有相互垂直的两条节线。除了边界外，振型函数等于零的方程，求解得到的坐标即为节线位置，该方程称为**节线方程**。具有分离变量型振型函数的矩形板的主振动具有与板边平行的节线，如这里讨论的四边简支矩形板和下面将讨论的对边简支矩形板。值得指出的是，由于重频情况可以具有不同的振型函数组合，因此对应的节线既可以是平行于板边的直线，也可以是其他几何形式，见下面的讨论。

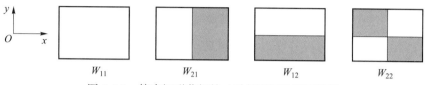

图 3.6.3　简支矩形薄板的 4 阶振型函数平面投影

下面讨论与图 3.6.3 中振型图或与式 (3.6.38) 中振型函数对应的 4 阶固有频率 ω_{11}，ω_{21}，ω_{12} 和 ω_{22} 是否是最低的 4 阶频率问题。为此，将固有频率表达式 (3.6.30) 改写成如下形式：

$$\omega_{mn} = s_{mn}\pi^2\sqrt{\frac{D}{\rho h}}, \quad s_{mn} = \frac{m^2}{a^2} + \frac{n^2}{b^2} \tag{3.6.39}$$

于是，只要分析系数 s_{mn} 就可以得到确切答案。先将 s_{13} 与 s_{22} 比较，即

$$s_{13} - s_{22} = \frac{1}{a^2} + \frac{9}{b^2} - \frac{4}{a^2} - \frac{4}{b^2} = \frac{5a^2 - 3b^2}{a^2 b^2} \tag{3.6.40}$$

上式显然大于零，即有 $\omega_{13} > \omega_{22}$。接着比较 s_{31} 与 s_{22}，即

$$s_{31} - s_{22} = \frac{9}{a^2} + \frac{1}{b^2} - \frac{4}{a^2} - \frac{4}{b^2} = \frac{5b^2 - 3a^2}{a^2 b^2} \tag{3.6.41}$$

由此可以看出，当 $a/b < (5/3)^{1/2} \approx 1.3$ 时，上式大于零，即 $\omega_{31} > \omega_{22}$，也就是说当长宽比处于 $1 \sim 1.3$ 这个范围时，$\omega_{31} > \omega_{22}$。但当长宽比超出这个范围，$x$ 方向的更高阶频率就会低于 ω_{22}，这是因为薄板 x 向变长或 a 变大时，其抵抗弯曲能力变弱，相应的弯曲振动频率变低。读者可以自行验证，当 $a/b > (8/3)^{1/2} \approx 1.6$ 时，ω_{31} 还会小于 ω_{12}；当 $a/b > 2$ 时，ω_{41} 也小于 ω_{22}。

一种特殊的情况是正方形板，长宽比固定为 1，此时固有频率为

$$\omega_{mn} = (m^2 + n^2)\frac{\pi^2}{a^2}\sqrt{\frac{D}{\rho h}} \tag{3.6.42}$$

由此式可知，当 $m \neq n$ 时，$\omega_{mn} = \omega_{nm}$ 为重根或称重频，此种情况下，$\omega_{11}, \omega_{21}, \omega_{12}, \omega_{22}$ 确实为前 4 阶频率，只不过中间的 2 阶 $\omega_{21} = \omega_{12}$，但二者对应的主振动方向不同，不过 W_{21} 与 W_{12} 仍然正交，式 (3.6.38) 给出的是一组可选的振型函数。根据线性代数，与这对重频对应的振型函数不止这一组，在 W_{12} 和 W_{21} 的线性组合 $AW_{12} + BW_{21}$ 里，任选两个相互正交的函数都可以作为振型函数，用来描述振动频率相同但振动方向不同的主振动

形式。下面介绍一种正交振型函数组的构造方法。

将 W_{12} 和 W_{21} 的线性组合写成如下向量相乘的形式：

$$AW_{12} + BW_{21} = \varphi \begin{bmatrix} W_{21} \\ W_{12} \end{bmatrix}, \quad \varphi = \begin{bmatrix} A & B \end{bmatrix} \tag{3.6.43}$$

式中 φ 为系数向量。只要两个系数向量正交，按上式组合获得的两个函数即满足正交性。例如，取 $\begin{bmatrix} 1 & 0 \end{bmatrix}$ 和 $\begin{bmatrix} 0 & 1 \end{bmatrix}$ 为两个正交系数向量，按上式组合后获得的 W_{21}, W_{12} 就是一组正交的振型函数，节线方程分别为 $x = a/2, y = a/2$，这组振型函数图像的节线平行于板边，见图 3.6.4。也可以选取相互正交的系数向量 $\varphi_1 = \begin{bmatrix} 1 & 1 \end{bmatrix}$ 和 $\varphi_2 = \begin{bmatrix} 1 & -1 \end{bmatrix}$，据此按照式 (3.6.43) 组合后获得的振型函数为

$$W_{21}^* = \varphi_1 \begin{bmatrix} W_{21} \\ W_{12} \end{bmatrix} = W_{21} + W_{12}$$
$$W_{12}^* = \varphi_2 \begin{bmatrix} W_{21} \\ W_{12} \end{bmatrix} = W_{21} - W_{12} \tag{3.6.44}$$

不难验证它们是正交的，分别令它们等于零得

$$W_{21}^* = \sin \frac{2\pi x}{a} \sin \frac{\pi y}{a} + \sin \frac{\pi x}{a} \sin \frac{2\pi y}{a} = 0$$
$$W_{12}^* = \sin \frac{2\pi x}{a} \sin \frac{\pi y}{a} - \sin \frac{\pi x}{a} \sin \frac{2\pi y}{a} = 0 \tag{3.6.45}$$

从中可得节线方程为

$$x + y = a, \quad x - y = 0 \tag{3.6.46}$$

这两个节线为相互垂直的对角线，见图 3.6.4。若取 $\varphi_1 = \begin{bmatrix} 1 & 2 \end{bmatrix}$ 和 $\varphi_2 = \begin{bmatrix} 1 & -1/2 \end{bmatrix}$ 来组合两个振型函数，得到的节线为曲线，见图 3.6.4 中第三个图。节线与板边的两个交点满足如下直线方程：

$$x + 3y = 2a, \quad 3x - y = a \tag{3.6.47}$$

$\varphi_1=[1\ 0]$和$\varphi_2=[0\ 1]$　　$\varphi_1=[1\ 1]$和$\varphi_2=[1\ -1]$　　$\varphi_1=[1\ 2]$和$\varphi_2=[1\ -1/2]$

图 3.6.4　正方形薄板与重频 $\omega_{21} = \omega_{12}$ 对应的 3 组振型函数节线

关于矩形板、正方形板的重频问题，更详细更全面的讨论请读者参考文献 [1] 的第 6 章，这里不再赘述。

3.6.3 对边简支矩形薄板横向自由振动分析

对于四边简支矩形薄板横向自由振动问题，3.6.2 节利用纳维方法得到了精确满足微分方程和边界条件的固有模态。本节考虑有一组对边简支的矩形板的自由振动问题。

假定振型函数存在空间分离变量形式 $W(x,y) = X(x)Y(y)$，简写为 $W = XY$，把它代入振型微分方程 (3.6.23) 得

$$Y\frac{\mathrm{d}^4X}{\mathrm{d}x^4} + 2\frac{\mathrm{d}^2X}{\mathrm{d}x^2}\frac{\mathrm{d}^2Y}{\mathrm{d}y^2} + X\frac{\mathrm{d}^4Y}{\mathrm{d}y^4} - \frac{\omega^2}{\beta^2}XY = 0 \tag{3.6.48}$$

可以看出，若 X 或 Y 的二阶和四阶导数都能表示成其本身的线性关系，如

$$\frac{\mathrm{d}^2X}{\mathrm{d}x^2} = cX, \quad \frac{\mathrm{d}^4X}{\mathrm{d}x^4} = c^2X \tag{3.6.49}$$

则 W 可进行空间变量分离，式 (3.6.49) 中的 c 为常数。满足式 (3.6.49) 的函数包括三角函数和超越函数。若 $x=0$ 和 $x=a$ 的边是简支边，其边界条件是挠度和法向弯矩等于零。联想四边简支问题，可以猜得 $X = \sin(m\pi x/a)$ 满足简支边界条件和变量分离条件 (3.6.49)，由此可知对边简支矩形板分离变量形式的振型函数为

$$W = Y\sin\frac{m\pi x}{a} \quad (m = 1, 2, 3, \cdots) \tag{3.6.50}$$

把该式代入振型微分方程 (3.6.23)，得

$$\frac{\mathrm{d}^4Y}{\mathrm{d}y^4} - 2\frac{m^2\pi^2}{a^2}\frac{\mathrm{d}^2Y}{\mathrm{d}y^2} + \left(\frac{m^4\pi^4}{a^4} - \frac{\omega^2}{\beta^2}\right)Y = 0 \tag{3.6.51}$$

把 $Y(y) = Ce^{\lambda y}$ 代入方程 (3.6.51) 可得其本征方程为

$$\lambda^4 - 2\frac{m^2\pi^2}{a^2}\lambda^2 + \left(\frac{m^4\pi^4}{a^4} - \frac{\omega^2}{\beta^2}\right) = 0 \tag{3.6.52}$$

下面讨论方程 (3.6.52) 根的性质。若 $m^2\pi^2/a^2 - \omega/\beta > 0$，即

$$\omega < \frac{m^2\pi^2}{a^2}\sqrt{\frac{D}{\rho h}} = \frac{m^2\pi^2}{\sqrt{12(1-\nu^2)}}\frac{h}{a^2}\sqrt{\frac{E}{\rho}} \tag{3.6.53}$$

则方程 (3.6.52) 有 4 个实根，即

$$\lambda_{1,2} = \pm\sqrt{\frac{m^2\pi^2}{a^2} + \frac{\omega}{\beta}}, \quad \lambda_{3,4} = \pm\sqrt{\frac{m^2\pi^2}{a^2} - \frac{\omega}{\beta}} \tag{3.6.54}$$

此时方程 (3.6.51) 的通解为

$$Y(y) = c_1\sinh\lambda_1 y + c_2\cosh\lambda_1 y + c_3\sinh\lambda_3 y + c_4\cosh\lambda_3 y \tag{3.6.55}$$

反之，若 $m^2\pi^2/a^2 - \omega/\beta < 0$，$\lambda_1$ 和 λ_2 不变，但 λ_3 和 λ_4 变为一对实部为零的共轭复根，即

$$\lambda_{3,4} = \pm \mathrm{i}\lambda_0, \quad \lambda_0 = \sqrt{\frac{\omega}{\beta} - \frac{m^2\pi^2}{a^2}} \tag{3.6.56}$$

式中 $\mathrm{i} = \sqrt{-1}$。这种情况的解为

$$Y(y) = c_1 \sinh \lambda_1 y + c_2 \cosh \lambda_1 y + c_3 \sin \lambda_0 y + c_4 \cos \lambda_0 y \tag{3.6.57}$$

无论哪种情况，都可以通过把式 (3.6.55) 或式 (3.6.57) 代入垂直于 y 轴的两边（$y = 0$ 和 $y = b$）的 4 个边界条件中，来建立关于 $c_1, \cdots, c_4$ 的齐次线性代数方程组。对于二维矩形板，需要考虑沿 y 向的横向变形，所以 Y 不能恒为零，即方程组必须有非零解，则方程组的系数矩阵行列式必等于零，从而得到频率方程。把求得的固有频率，代回关于 $c_1, \cdots, c_4$ 的方程组中，可得到 $c_1, \cdots, c_4$ 之间的关系式；再把这些关系式一起代回到式 (3.6.50)，就得到了振型函数。

如果两边（$y = 0$ 和 $y = b$）也是简支，就是四边简支板情况，见 3.6.2 节。下面讨论 $y = 0$ 和 $y = b$ 边为固定和自由情况。

在固定边界处，位移为零，沿 y 向或边界外法向的斜率也就是绕 x 轴的转角为 0，即

$$w = 0, \quad \frac{\partial w}{\partial y} = 0 \quad (y = 0, b) \tag{3.6.58}$$

在自由边界处，弯矩、剪力和扭矩均为零，但只需两个条件，所以扭矩被等效为剪力，与原来的剪力合成为一个剪力，称为等效剪力条件，因此自由边界条件为 [5]

$$\frac{\partial^2 w}{\partial y^2} + \nu \frac{\partial^2 w}{\partial x^2} = 0, \quad \frac{\partial^3 w}{\partial y^3} + (2 - \nu)\frac{\partial^3 w}{\partial x^2 \partial y} = 0 \quad (y = 0, b) \tag{3.6.59}$$

将 $w = Y(y)\sin(m\pi x/a)T(t)$ 代入式 (3.6.58) 和式 (3.6.59)，基于这些等式对任意的 t 和 x 都成立的要求，可把边界条件转换为对 Y 的限制条件。对固定边界为

$$Y = 0, \quad Y' = 0 \quad (y = 0, b) \tag{3.6.60}$$

对自由边界为

$$Y'' - \nu \frac{m^2\pi^2}{a^2} Y = 0, \quad Y''' - (2 - \nu)\frac{m^2\pi^2}{a^2} Y' = 0 \quad (y = 0, b) \tag{3.6.61}$$

上述处理对边简支矩形板自由振动问题的方法为莱维（Levy）方法，所得结果称为莱维解。对于对边简支矩形均匀板固有模态的精确解，还可以参见文献 [8, 11]。对于没有简支对边的矩形板自由振动的分离变量及级数展开等解析解法，可以参见文献 [7, 8, 12]。

3.6.4　圆板横向自由振动

对于圆板这种轴对称结构，采用极坐标分析其振动更为方便，如图 3.6.5 所示。

为了用极坐标表示，需要将挠度 w 关于直角坐标 x 和 y 的导数变换为关于极坐标 r

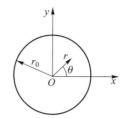

图 3.6.5　圆板的极坐标

和 θ 的导数，即

$$\frac{\partial w}{\partial x} = \frac{\partial w}{\partial r}\frac{\partial r}{\partial x} + \frac{\partial w}{\partial \theta}\frac{\partial \theta}{\partial x}, \quad \frac{\partial w}{\partial y} = \frac{\partial w}{\partial r}\frac{\partial r}{\partial y} + \frac{\partial w}{\partial \theta}\frac{\partial \theta}{\partial y} \tag{3.6.62}$$

关于 x 和 y 的二阶偏导数变换式为

$$\frac{\partial^2 w}{\partial x^2} = \frac{\partial}{\partial x}\left(\frac{\partial w}{\partial x}\right) = \frac{\partial}{\partial r}\left(\frac{\partial w}{\partial r}\frac{\partial r}{\partial x} + \frac{\partial w}{\partial \theta}\frac{\partial \theta}{\partial x}\right)\frac{\partial r}{\partial x} + \frac{\partial}{\partial \theta}\left(\frac{\partial w}{\partial r}\frac{\partial r}{\partial x} + \frac{\partial w}{\partial \theta}\frac{\partial \theta}{\partial x}\right)\frac{\partial \theta}{\partial x}$$

$$\frac{\partial^2 w}{\partial y^2} = \frac{\partial}{\partial y}\left(\frac{\partial w}{\partial y}\right) = \frac{\partial}{\partial r}\left(\frac{\partial w}{\partial r}\frac{\partial r}{\partial y} + \frac{\partial w}{\partial \theta}\frac{\partial \theta}{\partial y}\right)\frac{\partial r}{\partial y} + \frac{\partial}{\partial \theta}\left(\frac{\partial w}{\partial r}\frac{\partial r}{\partial y} + \frac{\partial w}{\partial \theta}\frac{\partial \theta}{\partial y}\right)\frac{\partial \theta}{\partial y} \tag{3.6.63}$$

利用直角坐标和极坐标之间的关系

$$x = r\cos\theta, \quad y = r\sin\theta \tag{3.6.64}$$

可以得到 r 和 θ 分别关于 x 和 y 的偏导数为

$$\frac{\partial r}{\partial x} = \cos\theta, \quad \frac{\partial r}{\partial y} = \sin\theta, \quad \frac{\partial \theta}{\partial x} = -\frac{\sin\theta}{r}, \quad \frac{\partial \theta}{\partial y} = \frac{\cos\theta}{r} \tag{3.6.65}$$

把上面这些关系代入薄板振动微分方程 (3.6.19) 得

$$\nabla^2\nabla^2 w = -\frac{1}{\beta^2}\frac{\partial^2 w}{\partial t^2}, \quad \nabla^2 = \frac{\partial^2}{\partial r^2} + \frac{1}{r}\frac{\partial}{\partial r} + \frac{1}{r^2}\frac{\partial^2}{\partial \theta^2} \tag{3.6.66}$$

其分离变量形式的解为

$$w(r, \theta, t) = W(r, \theta)T(t) \tag{3.6.67}$$

把上式代入方程 (3.6.66) 可得一个关于 $T(t)$ 的常微分方程和一个关于 $W(r, \theta)$ 的偏微分方程。T 随着时间的变化规律仍是简谐的。关于 $W(r, \theta)$ 的方程为

$$\left(\nabla^2 - \frac{\omega}{\beta}\right)\left(\nabla^2 + \frac{\omega}{\beta}\right)W = 0 \tag{3.6.68}$$

即

$$\frac{\partial^2 W}{\partial r^2} + \frac{1}{r}\frac{\partial W}{\partial r} + \frac{1}{r^2}\frac{\partial^2 W}{\partial \theta^2} \pm \frac{\omega}{\beta}W = 0 \tag{3.6.69}$$

设其空间分离变量形式的解具有如下形式：

$$W(r, \theta) = R(r)\cos n\theta \quad (n = 0, 1, 2\cdots) \tag{3.6.70}$$

把式 (3.6.70) 代入方程 (3.6.69) 得如下两个方程：

$$\frac{\mathrm{d}^2 R}{\mathrm{d}r^2} + \frac{1}{r}\frac{\mathrm{d}R}{\mathrm{d}r} + \left(\frac{\omega}{\beta} - \frac{n^2}{r^2}\right)R = 0 \tag{3.6.71a}$$

$$\frac{\mathrm{d}^2 R}{\mathrm{d}r^2} + \frac{1}{r}\frac{\mathrm{d}R}{\mathrm{d}r} - \left(\frac{\omega}{\beta} + \frac{n^2}{r^2}\right)R = 0 \tag{3.6.71b}$$

令 $k^2 = \omega/\beta$，则方程 (3.6.71a) 为 n 阶贝塞尔（Bessel）方程，方程 (3.6.71b) 为 n 阶修正贝塞尔方程。方程 (3.6.71a) 的解为

$$R(r) = A_n \mathrm{J}_n(kr) + B_n \mathrm{N}_n(kr) \tag{3.6.72a}$$

方程 (3.6.71b) 的解为

$$R(r) = C_n \mathrm{I}_n(kr) + D_n \mathrm{K}_n(kr) \tag{3.6.72b}$$

式中：$\mathrm{J}_n, \mathrm{N}_n$ 分别为 n 阶第一类、第二类贝塞尔函数；$\mathrm{I}_n, \mathrm{K}_n$ 分别为 n 阶第一类、第二类修正贝塞尔函数。方程 (3.6.69) 的通解可写为如下线性组合形式：

$$W(r, \theta) = [A_n \mathrm{J}_n(kr) + B_n \mathrm{N}_n(kr) + C_n \mathrm{I}_n(kr) + D_n \mathrm{K}_n(kr)]\cos n\theta \tag{3.6.73}$$

如果圆板是实心的，在原点处 $r = 0$，则 $\mathrm{N}_n, \mathrm{K}_n$ 趋于无穷大，而实际板中心的变形都为有限值，所以只能令它们的系数 B_n 和 D_n 等于零。于是，利用圆板外缘的两个边界条件可以确定剩下的 2 个系数 A_n 和 C_n。若板中心有圆孔，则可根据孔边和外缘两处共 4 个边界条件得到关于 4 个待定系数的齐次线性方程组，利用非零解的条件，可得频率方程。把求出的频率代回齐次方程组，可得与该频率对应的 4 个系数比例关系，从而求得振型函数。

与矩形板相同，常用的圆板边界条件有固定、简支和自由等形式。把直角坐标系下的边界条件变换到极坐标系下，可得：

（1）固定边界条件

$$R = 0, \quad \frac{\mathrm{d}R}{\mathrm{d}r} = 0 \quad (r = r_0) \tag{3.6.74}$$

（2）简支边界条件

$$R = 0, \quad \frac{\mathrm{d}^2 R}{\mathrm{d}r^2} + \nu\left(\frac{1}{r}\frac{\mathrm{d}R}{\mathrm{d}r} - \frac{n^2}{r^2}R\right) = 0 \quad (r = r_0) \tag{3.6.75}$$

（3）自由边界条件

$$\frac{\mathrm{d}^2 R}{\mathrm{d}r^2} + \nu\left(\frac{1}{r}\frac{\mathrm{d}R}{\mathrm{d}r} - \frac{n^2}{r^2}R\right) = 0 \quad (r = r_0) \tag{3.6.76}$$

$$\frac{\mathrm{d}}{\mathrm{d}r}\left(\frac{\mathrm{d}^2 R}{\mathrm{d}r^2} + \frac{1}{r}\frac{\mathrm{d}R}{\mathrm{d}r} - \frac{n^2}{r^2}R\right) + \frac{(1-\nu)n^2}{r^2}\left(\frac{R}{r} - \frac{\mathrm{d}R}{\mathrm{d}r}\right) = 0 \quad (r = r_0) \tag{3.6.77}$$

此外，无论何种边界条件，从振型函数表达式 (3.6.73) 可以看出：当 $n = 0$ 时，板上相同半径的各点位移相同，与角度无关，具有轴对称性，节线出现在等半径的圆上，称为

节圆；$n=1$ 表示在任意一个圆上，位移随角度按一个完整余弦波变化，当角度为 $\pi/2$ 和 $3\pi/2$ 时，径向所有点位移为零，于是出现一条径向节线，称为**节径**；$n=2$ 表示在任意一个圆上，位移随角度按两个完整余弦波变化，当角度为 $\pi/4$ 和 $3\pi/4$ 及它们的反向（$5\pi/4$ 和 $7\pi/4$）时，径向所有点位移为零，这时有两条节径。

例 3.6.1 试求外缘固定的实心圆形薄板前 3 阶轴对称振型（$n=0$）及固有频率。已知圆板半径为 r_0，密度为 ρ，厚度为 h，抗弯刚度为 D。

解： 对于实心圆板，若 $n=0$，则没有节径。此时振型函数表达式为

$$W(r,\theta) = R(r)\cos n\theta = A_0\mathrm{J}_0(kr) + C_0\mathrm{I}_0(kr) \tag{a}$$

把式 (a) 代入外缘固定的两个边界条件表达式 (3.6.74) 中可得

$$R(r_0) = A_0\mathrm{J}_0(kr_0) + C_0\mathrm{I}_0(kr_0) = 0 \tag{b}$$

$$\frac{\mathrm{d}R}{\mathrm{d}r}(r_0) = \frac{\mathrm{d}[A_0\mathrm{J}_0(kr) + C_0\mathrm{I}_0(kr)]}{\mathrm{d}r}(r_0) = 0 \tag{c}$$

式中贝塞尔函数 J_n 和 I_n 有如下性质：

$$\begin{aligned} \frac{\mathrm{d}\mathrm{J}_n(kr)}{\mathrm{d}r} &= k\left[\frac{n}{kr}\mathrm{J}_n(kr) - \mathrm{J}_{n+1}(kr)\right] \\ \frac{\mathrm{d}\mathrm{I}_n(kr)}{\mathrm{d}r} &= k\left[\frac{n}{kr}\mathrm{I}_n(kr) + \mathrm{I}_{n+1}(kr)\right] \end{aligned} \tag{d}$$

利用上述性质，导数边界条件 (c) 可以变为

$$-A_0\mathrm{J}_1(kr_0) + C_0\mathrm{I}_1(kr_0) = 0 \tag{e}$$

式 (e) 和式 (b) 组成关于 A_0 和 C_0 的齐次线性方程组，为保证有非零解，其系数矩阵行列式为零，由此得频率方程为

$$\mathrm{J}_0(kr_0)\mathrm{I}_1(kr_0) + \mathrm{J}_1(kr_0)\mathrm{I}_0(kr_0) = 0 \tag{f}$$

该方程的前 3 个根，由小到大排列为

$$k_{00}r_0 = 3.196, \quad k_{01}r_0 = 6.306, \quad k_{02}r_0 = 9.44 \tag{g}$$

根据 $\omega = \beta k^2$ 可得与这些根对应的固有频率为

$$\omega_{00} = \frac{10.21}{r_0^2}\sqrt{\frac{D}{\rho h}}, \quad \omega_{01} = \frac{39.78}{r_0^2}\sqrt{\frac{D}{\rho h}}, \quad \omega_{02} = \frac{88.9}{r_0^2}\sqrt{\frac{D}{\rho h}} \tag{h}$$

式中固有频率的第一个下标表示这些频率对应 $n=0$，即对应的振型都是没有节径的，第二个下标对应节圆情况，0 表示板内没有节圆，1 表示板内有一个节圆，依此类推。

不同边界条件下的圆形薄板固有频率都可以表示为

$$\omega_{ns} = \frac{\alpha_{ns}}{r_0^2}\sqrt{\frac{D}{\rho h}} \tag{i}$$

式中系数 α_{ns} 与边界条件和阶次有关。表 3.6.1 给出了 n 分别取 $0,1,2$ 时外缘固定圆板的前 3 阶固有频率表达式中的系数 α_{ns}，表中左起第二列对应式 (h) 的结果。从表 3.6.1 中可以看出，圆板的相邻两阶固有频率的比值远比梁情况的小，也就是说圆板的固有频率分布比梁的密集。图 3.6.6 给出了与这些固有频率对应的振型函数在平面上的投影。

表 3.6.1　外缘固定圆板固有频率表达式中的系数 α_{ns}

s	n		
	0	1	2
0	10.21	21.22	34.84
1	39.78	61.00	88.36

注：n 表示径向节线数，s 表示环向节线数。

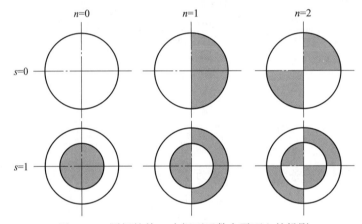

图 3.6.6　圆板的前 6 个振型函数在平面上的投影

3.7　连续系统的受迫振动

3.1 节和 3.3 节分别介绍了杆纵向和梁横向自由振动响应的振型叠加求解方法，所给出的求解过程也适用于其他连续系统。本节首先给出杆、梁振型函数正交性的一般性表述和证明，然后利用这些正交性，以欧拉 – 伯努利梁为例，采用模态叠加方法分析连续系统的受迫振动，但分析方法可以直接推广到其他连续系统。

3.7.1　连续系统振型函数正交性

在前几节连续系统自由振动响应分析中，都直接利用振型函数的正交性简化了计算，例如例 3.1.1 中的式 (f) 和例 3.3.1 中的式 (f)。下面以梁为例，给出连续系统振型函数正交性的一般性表述和证明。

考虑具有基本边界条件（包括固定、简支、滑移和自由）的梁，第 i 阶固有频率和振

型函数分别为 $\omega_i, Y_i(x)$，第 j 阶固有频率和振型函数分别为 $\omega_j, Y_j(x)$。若 $i \neq j$，则有

$$\int_0^l \rho A(x) Y_i(x) Y_j(x) \mathrm{d}x = 0$$

$$\int_0^l EI(x) Y_i''(x) Y_j''(x) \mathrm{d}x = 0 \tag{3.7.1}$$

证明： 第 i 阶和第 j 主振动位移表达式分别为

$$y_i(x, t) = Y_i(x) \sin(\omega_i t + \theta_i) \tag{3.7.2a}$$

$$y_j(x, t) = Y_j(x) \sin(\omega_j t + \theta_j) \tag{3.7.2b}$$

将主振动函数分别代入梁的本征值微分方程 (3.3.9) 得

$$[EI(x) Y_i''(x)]'' = \omega_i^2 \rho A(x) Y_i(x) \tag{3.7.3}$$

$$[EI(x) Y_j''(x)]'' = \omega_j^2 \rho A(x) Y_j(x) \tag{3.7.4}$$

式 (3.7.3) 两边同乘 $Y_j(x)$，然后沿梁长积分，并对等式左边进行两次分部积分得

$$Y_j(x)[EI(x) Y_i''(x)]' \Big|_0^l - Y_j'(x) EI(x) Y_i''(x) \Big|_0^l + \int_0^l EI(x) Y_i''(x) Y_j''(x) \mathrm{d}x =$$
$$\omega_i^2 \int_0^l \rho A(x) Y_i(x) Y_j(x) \mathrm{d}x \tag{3.7.5}$$

式中等号左边的 2 个边界项对 4 种基本边界条件都等于零。例如第一项，若其中的横向位移量不为零，则只能是自由或滑移，无论是哪一种情况，该项里的剪力都为零，所以第一项必为零。第二项中的转角若不为零，则边界只能是自由或简支，因此弯矩为零，即第二项也必为零。于是，式 (3.7.5) 变为

$$\int_0^l EI(x) Y_i''(x) Y_j''(x) \mathrm{d}x = \omega_i^2 \int_0^l \rho A(x) Y_i(x) Y_j(x) \mathrm{d}x \tag{3.7.6}$$

再对式 (3.7.4) 两边同乘 $Y_i(x)$，沿梁长积分，并对等式左边进行两次分部积分得

$$Y_i(x)[EI(x) Y_j''(x)]' \Big|_0^l - Y_i'(x) EI(x) Y_j''(x) \Big|_0^l + \int_0^l EI(x) Y_i''(x) Y_j''(x) \mathrm{d}x =$$
$$\omega_j^2 \int_0^l \rho A(x) Y_i(x) Y_j(x) \mathrm{d}x \tag{3.7.7}$$

上式等号左边的 2 个边界项对 4 种基本边界条件也都等于零。因此，式 (3.7.7) 变为

$$\int_0^l EI(x) Y_i''(x) Y_j''(x) \mathrm{d}x = \omega_j^2 \int_0^l \rho A(x) Y_i(x) Y_j(x) \mathrm{d}x \tag{3.7.8}$$

式 (3.7.6) 和式 (3.7.8) 两边对应相减得

$$(\omega_i^2 - \omega_j^2) \int_0^l \rho A(x) Y_i(x) Y_j(x) \mathrm{d}x = 0 \tag{3.7.9}$$

由于平面直梁的不同阶固有频率不会相同，或者平面直梁没有重频，因此有

$$\int_0^l \rho A(x) Y_i(x) Y_j(x) \mathrm{d}x = 0 \tag{3.7.10}$$

该式表示不同阶振型函数关于单位长度质量是加权正交的，称为振型函数关于质量的正交性。将其代入式 (3.7.6) 或式 (3.7.8)，可得

$$\int_0^l EI(x) Y_i''(x) Y_j''(x) \mathrm{d}x = 0 \tag{3.7.11}$$

上式表明，不同阶振型函数的二阶导数关于梁的抗弯刚度是加权正交的，即振型函数具有关于刚度的正交性。

当 $i = j$ 时，令

$$\int_0^l \rho A(x) [Y_i(x)]^2 \mathrm{d}x = M_{\mathrm{p}i} \tag{3.7.12}$$

$$\int_0^l EI(x) [Y_i''(x)]^2 \mathrm{d}x = K_{\mathrm{p}i} \tag{3.7.13}$$

根据式 (3.7.6) 或式 (3.7.8) 则有

$$\omega_i^2 = K_{\mathrm{p}i}/M_{\mathrm{p}i} \tag{3.7.14}$$

式中 $M_{\mathrm{p}i}$ 和 $K_{\mathrm{p}i}$ 分别称为连续梁系统的第 i 阶模态质量和第 i 阶模态刚度。

上述证明针对的是 4 种基本边界条件，具有一定的普遍性。当梁的边界有弹性支撑或有集中质量等，即针对非基本边界条件时，振型函数同样具有正交性，其表达式与复杂边界性质有关。例如，梁的左端仍然具有基本边界条件，但右端有线弹簧支撑，这时只有当原右端边界是自由或滑移时，附加线弹簧支撑才起作用，此种情况的右端边界条件为

$$[EI(x)Y''(x)]'\big|_{x=l} = k_0 Y(l), \quad EI(l)Y''(l) = 0 \text{ 或 } Y'(l) = 0 \tag{3.7.15}$$

由于 $x = l$ 的边界条件有变化，所以需要保留式 (3.7.5) 和式 (3.7.7) 边界项中 $x = l$ 的部分，即有

$$Y_j(l)[EI(x)Y_i''(x)]'\big|_{x=l} - Y_j'(l)EI(l)Y_i''(l) + \int_0^l EI(x)Y_i''(x)Y_j''(x)\mathrm{d}x =$$
$$\omega_i^2 \int_0^l \rho A(x) Y_i(x) Y_j(x) \mathrm{d}x \tag{3.7.16}$$

$$Y_i(l)[EI(x)Y_j''(x)]'\big|_{x=l} - Y_i'(l)EI(l)Y_j''(l) + \int_0^l EI(x)Y_i''(x)Y_j''(x)\mathrm{d}x =$$
$$\omega_j^2 \int_0^l \rho A(x) Y_i(x) Y_j(x) \mathrm{d}x \tag{3.7.17}$$

再将边界条件 (3.7.15) 式分别代入上面两式得

$$\int_0^l Y_j(x)[EI(x)Y_i''(x)]''\mathrm{d}x = k_0Y_j(l)Y_i(l) + \int_0^l EI(x)Y_i''(x)Y_j''(x)\mathrm{d}x$$

$$= \omega_i^2 \int_0^l \rho A(x)Y_i(x)Y_j(x)\mathrm{d}x \tag{3.7.18}$$

$$\int_0^l Y_i(x)[EI(x)Y_j''(x)]''\mathrm{d}x = k_0Y_i(l)Y_j(l) + \int_0^l EI(x)Y_i''(x)Y_j''(x)\mathrm{d}x$$

$$= \omega_j^2 \int_0^l \rho A(x)Y_i(x)Y_j(x)\mathrm{d}x \tag{3.7.19}$$

式 (3.7.18) 和式 (3.7.19) 等号两边对应相减，并注意两阶固有频率不等，可得关于质量分布的正交性，它与基本边界情况的相同。但关于刚度分布的正交性条件变为

$$k_0Y_j(l)Y_i(l) + \int_0^l EI(x)Y_i''(x)Y_j''(x)\mathrm{d}x = 0 \tag{3.7.20}$$

下面分析振型函数正交性的物理含义。关于质量分布正交性可改写为

$$\omega_i^2 \int_0^l \rho A(x)Y_i(x)Y_j(x)\mathrm{d}x = \int_0^l Y_j(x)[\rho A(x)\omega_i^2 Y_i(x)\mathrm{d}x] = 0 \tag{3.7.21}$$

上式中括号里的项相当于第 i 阶主振动中的微元惯性力，与 Y_j 相乘并沿梁长积分，表示第 i 阶主振动上的惯性力在第 j 阶主振型上所做的功，则关于质量分布的正交性表明：某阶主振动中的惯性力在另外一阶主振动上做功为零。

关于刚度分布正交性可改写为

$$\int_0^l EI(x)Y_i''(x)Y_j''(x)\mathrm{d}x = \int_0^l [EI(x)Y_i''(x)]\mathrm{d}Y_j'(x) = 0 \tag{3.7.22}$$

上式中括号里的项相当于微元在第 i 阶主振动上的弯矩，与转角微分相乘并沿梁长积分，表示第 i 阶主振动上的弯矩在第 j 阶转角振型上所做的功，则关于刚度分布的正交性表明：某阶主振动中的弹性力在另外一阶主振动上做功为零。

振型函数正交性表明各阶主振动能量没有交换，也就是各阶主振动能量相互独立。该结论也适用于非基本边界条件情况，也可以推广到其他连续系统振动问题上，如板壳振动等。

3.7.2　连续系统受迫振动分析

本节以梁为例，考虑阻尼连续系统的受迫振动问题。设某一梁受横向动载荷 $p(x,t)$ 作用而产生受迫振动，振动过程中有阻力作用。与离散系统相同，这里重点关注常用的黏性阻力。假设分布的黏性阻力系数为 $c(x)$，则梁横向振动时所受到的分布阻力为

$$f_\mathrm{d} = -c(x)\frac{\partial y}{\partial t} \tag{3.7.23}$$

在方程 (3.3.3) 中考虑分布外载荷和分布阻力得

$$Q(x,t) - \left[Q(x,t) + \frac{\partial Q(x,t)}{\partial x}\mathrm{d}x \right] - \rho A(x)\frac{\partial^2 y(x,t)}{\partial t^2}\mathrm{d}x + p\mathrm{d}x + f_\mathrm{d}\mathrm{d}x = 0 \qquad (3.7.24)$$

或

$$\frac{\partial Q}{\partial x} + \rho A(x)\frac{\partial^2 y}{\partial t^2} + c(x)\frac{\partial y}{\partial t} = p \qquad (3.7.25)$$

由力矩平衡方程 (3.3.5) 可知，分布力只带来了高阶小量的力矩，可忽略不计，所以剪力与弯矩关系不变。于是，梁的受迫振动微分方程为

$$\frac{\partial^2}{\partial x^2}\left(EI(x)\frac{\partial^2 y}{\partial x^2} \right) + \rho A(x)\frac{\partial^2 y}{\partial t^2} + c(x)\frac{\partial y}{\partial t} = p \qquad (3.7.26)$$

对于等截面梁，梁各处横向振动阻力均匀，即 c 为常数，则有

$$EI\frac{\partial^4 y}{\partial x^4} + \rho A\frac{\partial^2 y}{\partial t^2} + c\frac{\partial y}{\partial t} = p \qquad (3.7.27)$$

由于振型函数存在正交性，针对多自由度系统受迫振动的模态叠加步骤可以推广到连续系统。首先，求出不考虑阻尼的各阶固有频率和振型函数，然后写出方程 (3.7.27) 的模态叠加形式的一般解为

$$y(x,t) = \sum_{i=1}^{\infty} Y_i(x)T_i(t) \qquad (3.7.28)$$

把该式代入方程 (3.7.27) 得

$$\sum_{i=1}^{\infty} EI\frac{\mathrm{d}^4 Y_i}{\mathrm{d}x^4}T_i + \sum_{i=1}^{\infty} \rho A Y_i\frac{\mathrm{d}^2 T_i}{\mathrm{d}t^2} + \sum_{i=1}^{\infty} c Y_i\frac{\mathrm{d}T_i}{\mathrm{d}t} = p \qquad (3.7.29)$$

上式两边同乘 $Y_j(x)$，沿梁长积分，利用振型函数正交性得

$$M_{\mathrm{p}j}\ddot{T}_j + C_{\mathrm{p}j}\dot{T}_j + K_{\mathrm{p}j}T_j = P_{\mathrm{p}j}(t) \qquad (3.7.30)$$

$$P_{\mathrm{p}j}(t) = \int_0^l p(x,t)Y_j\mathrm{d}x \qquad (3.7.31)$$

式中 $P_{\mathrm{p}j}(t)$ 称为第 j 阶模态力，而

$$C_{\mathrm{p}j} = \int_0^l cY_j^2\mathrm{d}x = \frac{c}{\rho A}\int_0^l \rho A Y_j^2\mathrm{d}x = \frac{c}{\rho A}M_{\mathrm{p}j} \qquad (3.7.32)$$

称为第 j 阶黏性模态阻尼系数。与离散系统相同，定义第 j 阶黏性模态阻尼比为 $\xi_j = C_{\mathrm{p}j}/(2\omega_j M_{\mathrm{p}j})$，将式 (3.7.32) 代入这个表达式可以得到黏性阻力系数 c 与阻尼比 ξ_j 的关系为

$$\omega_j\xi_j = \frac{c}{2\rho A} \qquad (3.7.33)$$

上式的含义是：模态阻尼比随着阶次的升高而逐渐减小。

如果初始条件不为零，还需要考虑初始条件引起的振动。设梁的初始位移和速度分别为

$$y(x, 0) = \sum_{i=1}^{\infty} T_i(0)Y_i(x) = f(x)$$

$$\frac{\partial y}{\partial t}(x, 0) = \sum_{j=1}^{\infty} \dot{T}_i(0)Y_i(x) = g(x)$$

(3.7.34)

将这两个方程的两边分别乘 $\rho A Y_j(x)$ 并沿梁长积分，得

$$\int_0^l \sum_{i=1}^{\infty} T_i(0)\rho A Y_i(x)Y_j(x)\mathrm{d}x = \int_0^l f(x)\rho A Y_j(x)\mathrm{d}x \triangleq f_j$$

(3.7.35)

$$\int_0^l \sum_{i=1}^{\infty} \dot{T}_i(0)\rho A Y_i(x)Y_j(x)\mathrm{d}x = \int_0^l g(x)\rho A Y_j(x)\mathrm{d}x \triangleq g_j$$

(3.7.36)

交换求和与积分次序，把上式左端变成无穷多积分项的求和，利用振型函数的正交性，其中只有求和指标与 j 相同的那一项非零，由此得第 j 阶主振动的初始条件为

$$T_j(0) = f_j/M_{\mathrm{p}j}, \quad \dot{T}_j(0) = g_j/M_{\mathrm{p}j}$$

(3.7.37)

非齐次方程 (3.7.30) 的解包括其特解和对应齐次方程的通解，具体求解方法参见前两章有关内容。从方程 (3.7.30) 求出主坐标位移 T_j 后，再将其代入模态叠加表达式 (3.7.28) 中，即可得到梁上任一点横向位移变化规律。

例 3.7.1 一均质简支梁，长为 l、密度为 ρ、横截面面积为 A、抗弯刚度为 EI，简支梁在 $x = x_1$ 处作用有正弦集中力 $p\sin\omega t$。梁初始静止，不考虑阻尼作用。求梁的受迫振动响应。

解： 简支梁的受迫振动响应一般表达式为

$$y(x, t) = \sum_{i=1}^{\infty} \sin\left(\frac{i\pi x}{l}\right) T_i(t)$$

(a)

首先计算第 j 阶主振动的模态力。利用式 (3.7.31) 计算模态力的外载荷是分布形式的，所以需要将集中力转换成分布力形式。对集中载荷，利用第 1 章讲脉冲激励问题时引入的狄拉克函数，可以将其转变为分布载荷，即做如下转换：

$$p(x, t) = p\sin\omega t\delta(x - x_1)$$

(b)

注意 δ 函数是定义在 x 轴上的，所以具有长度倒数的量纲，乘集中力后就是分布力的量纲。于是第 j 阶模态力为

$$P_{\mathrm{p}j}(t) = \int_0^l Y_j p(x, t)\mathrm{d}x = \int_0^l p\sin\omega t\delta(x - x_1)\sin\frac{j\pi x}{l}\mathrm{d}x = p\sin\omega t\sin\frac{j\pi x_1}{l}$$

(c)

第 j 阶模态质量为

$$M_{\mathrm{p}j} = \int_0^l \rho A Y_j^2 \mathrm{d}x = \rho A \int_0^l \sin^2 \frac{j\pi x}{l} \mathrm{d}x = \frac{\rho Al}{2} = \frac{m_0}{2} \tag{d}$$

式中 m_0 是梁的总质量。第 j 阶主振动方程为

$$\ddot{T}_j + \omega_j^2 T_j = \frac{P_{\mathrm{p}j}}{M_{\mathrm{p}j}} = \frac{2p}{m_0} \sin \frac{j\pi x_1}{l} \sin \omega t \tag{e}$$

梁初始静止，即初始速度为零，参考位置选在梁的静平衡位置，因此梁的初始位移也为零，进而可推得每一阶主振动的初始条件也都为零。方程 (e) 在零初始条件下的解包括伴随自由振动和稳态振动，根据杜哈梅积分可得该解为

$$T_j(t) = \frac{2p}{m_0(\omega_j^2 - \omega^2)} \sin \frac{j\pi x_1}{l} \left(\sin \omega t - \frac{\omega}{\omega_j} \sin \omega_j t \right) \tag{f}$$

将其代入模态叠加公式 (3.7.28) 中可得

$$y(x,t) = \sum_{j=1}^{\infty} \frac{2p \sin(j\pi x_1/l)}{m_0(\omega_j^2 - \omega^2)} \sin \frac{j\pi x_1}{l} \left(\sin \omega t - \frac{\omega}{\omega_j} \sin \omega_j t \right) \tag{g}$$

从上式可以看出，当激励频率 ω 接近某阶主振动频率或固有频率 ω_j 时，将产生共振。若系统没有阻尼，共振时系统响应为无穷大。实际振动系统都存在阻尼，共振频率对应的主振动响应是系统响应的重要成分，或占的比例较大，并且伴随自由振动逐渐衰减，最后只剩下稳态响应。

上述用模态叠加方法求解受迫振动的步骤可以总结如下：

步骤 1，求系统的固有模态（固有频率和固有振型）；

步骤 2，求主振动响应（模态响应或主坐标响应）；

步骤 3，各阶主振动响应的叠加就是系统的真实响应或物理响应。

上述求解步骤同样适用于求解自由振动响应，区别仅在于步骤 2。对于自由振动而言，步骤 2 求的是主坐标自由振动响应；对于受迫振动问题，步骤 2 求的是主坐标受迫振动响应。实际上，前面各节采用分离变量方法求解系统自由振动响应的过程利用的都是模态叠加方法的思想。本节总结的求解振动响应的模态叠加方法，适用于一般线弹性连续系统。

下面进一步讨论利用模态叠加方法求解自由振动响应的过程。首先利用模态叠加方法确定主振动初始位移，然后给出两个例题。

梁受静载荷而产生变形，当载荷突然移去，梁产生自由振动，例 3.3.1 给出了该自由振动的求解步骤，需要用到静变形表达式。下面基于模态叠加方法思想，介绍一种不需要用静变形表达式的计算方法。

类似式 (3.7.28)，梁自由振动响应模态叠加表达式也可写为

$$y(x,t) = \sum_{i=1}^{\infty} Y_i(x) T_i(t) \tag{3.7.38}$$

式中 $Y_i(x)$ 是第 i 阶振型函数，与其对应的无阻尼固有频率为 ω_i。由分布载荷 $p(x)$ 引起的静变形为 $y(x,0)$，也是自由振动的初始位移，由式 (3.7.38) 得

$$y(x,0) = \sum_{i=1}^{\infty} Y_i(x) T_i(0) \tag{3.7.39}$$

这个初始位移和分布静外载荷 $p(x)$ 的关系，自然满足梁弯曲静平衡方程，即

$$EI \frac{\partial^4 y(x,0)}{\partial x^4} = p \tag{3.7.40}$$

将初始位移表达式 (3.7.39) 代入上式有

$$\sum_{i=1}^{\infty} EI \frac{\mathrm{d}^4 Y_i}{\mathrm{d}x^4} T_i(0) = p \tag{3.7.41}$$

上式两端分别乘第 j 阶振型函数 Y_j，沿梁长积分，并交换积分与求和运算次序得

$$\sum_{i=1}^{\infty} \left(\int_0^l EI \frac{\mathrm{d}^4 Y_i}{\mathrm{d}x^4} Y_j \mathrm{d}x \right) T_i(0) = \int_0^l p Y_j \mathrm{d}x \tag{3.7.42}$$

根据振型函数正交性，等式左边只有 $i=j$ 那一项积分不为零，对于基本边界条件该非零项等于第 j 阶模态刚度 $K_{\mathrm{p}j}$，于是上式变为

$$T_j(0) = \frac{1}{K_{\mathrm{p}j}} \int_0^l p Y_j \mathrm{d}x \tag{3.7.43}$$

这就是各阶主振动的初始位移。由于初始时刻梁静止，初始速度为零，转换到模态坐标下，各阶主振动初始速度 $\dot{T}_j(0)$ 也为零。由式 (3.7.30) 可得第 j 阶主自由振动控制方程为

$$\ddot{T}_j + \omega_j^2 T_j = 0 \tag{3.7.44}$$

将这个方程的解代入式 (3.7.38)，就得到了梁的自由振动响应。上面整个步骤都没有用到静载荷作用下的挠曲线具体形式，仅把静变形写成模态叠加或级数展开的形式 (3.7.39)。

例 3.7.2 采用上述用模态叠加方法处理静变形的方式，重新求解例 3.3.1，计算简支梁的自由振动响应。

解： 步骤 1：求固有模态

简支梁各阶固有频率、振型函数分别为

$$Y_i(x) = \sin \frac{i\pi x}{l}, \quad \omega_i = \frac{i^2 \pi^2}{l^2} \sqrt{\frac{EI}{\rho A}} \tag{a}$$

步骤 2：求主振动响应

利用狄拉克函数将集中载荷转换成分布载荷，代入模态坐标下初始位移表达式 (3.7.43) 得

$$T_j(0) = \frac{1}{K_{\mathrm{p}j}} \int_0^l F\delta\left(x - \frac{l}{2}\right) Y_j \,\mathrm{d}x \tag{b}$$

式中模态刚度 $K_{\mathrm{p}j}$ 为模态质量 $M_{\mathrm{p}j}$ 与固有频率平方 ω_j^2 的乘积，而模态质量为

$$M_{\mathrm{p}j} = \int_0^l \rho A Y_j^2 \,\mathrm{d}x = \frac{\rho A l}{2} = \frac{m_0}{2} \tag{c}$$

所以，模态坐标下的初始位移为

$$T_j(0) = \frac{1}{M_{\mathrm{p}j}\omega_j^2} \int_0^l F\delta\left(x - \frac{l}{2}\right) \sin\frac{j\pi x}{l} \,\mathrm{d}x = \frac{2F}{m_0\omega_j^2} \sin\frac{j\pi}{2} \tag{d}$$

仅有初始位移的主坐标自由振动响应表达式为

$$T_j(t) = T_j(0)\cos\omega_j t = \frac{2F}{m_0\omega_j^2}\sin\frac{j\pi}{2}\cos\omega_j t \tag{e}$$

步骤 3：求系统物理坐标响应

将式 (e) 代入模态叠加公式 (3.7.38) 得

$$y(x, t) = \sum_{j=1}^{\infty} \frac{2F}{m_0\omega_j^2} \sin\frac{j\pi}{2} \sin\frac{j\pi x}{l} \cos\omega_j t \tag{f}$$

将简支梁固有频率平方表达式代入上式，整理得

$$y(x, t) = \frac{2Fl^3}{\pi^4 EI} \sum_{j=1,3,5,\cdots}^{\infty} \frac{(-1)^{\frac{j-1}{2}}}{j^4} \sin\frac{j\pi x}{l} \cos\omega_j t \tag{g}$$

其与例题 3.3.1 中的式 (k) 相同，但这里步骤更为简单，也不涉及复杂积分计算。

例 3.7.3　车辆过桥引起的振动是土木工程中的典型问题之一，桥梁可看作简支梁，车辆可简化为质点，通常车的质量远小于桥，所以可忽略车的质量。当车辆以匀速 v 过桥时，相当于车的重力 F 匀速移动地作用在桥上，如图 3.7.1 所示。假设车刚上桥时，桥处于静止状态，即初始位移、速度均为零，求梁的响应。

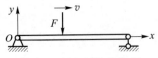

图 3.7.1　车桥简化模型

解：　例 3.7.2 中已经给出简支梁的固有模态。下面先求主振动响应。

车辆上桥后，对每一个位置，都相当于突然加载了一个集中载荷，所以集中力载荷可用脉冲函数表示为 $-F\delta(x - vt)$，则梁的振动微分方程为

$$\rho A \frac{\partial^2 y(x, t)}{\partial t^2} + EI \frac{\partial^4 y(x, t)}{\partial x^4} = -F\delta(x - vt) \tag{a}$$

第 j 阶模态力计算公式为

$$P_{\mathrm{p}j}(t) = \int_0^l -F\delta(x-vt)\sin\frac{j\pi x}{l}\mathrm{d}x = -F\sin\frac{j\pi vt}{l} \tag{b}$$

由例 3.7.2 式 (c) 可知第 j 阶模态质量为梁质量 m_0 的一半，第 j 阶主振动方程为

$$\ddot{T}_j + \omega_j^2 T_j = \frac{P_{\mathrm{p}j}}{M_{\mathrm{p}j}} = -\frac{2F}{m_0}\sin\frac{j\pi vt}{l} \tag{c}$$

初始条件为零，由杜哈梅积分可得无阻尼简谐激励作用下的位移响应表达式为

$$T_j(t) = -\frac{2F}{m_0}\frac{1}{\omega_j^2 - (j\pi v/l)^2}\left(\sin\frac{j\pi vt}{l} - \frac{j\pi v}{l}\frac{1}{\omega_j}\sin\omega_j t\right) \tag{d}$$

根据模态叠加方法得受迫振动响应为

$$y(x,t) = \sum_{j=1}^{\infty}\frac{2F}{m_0[(j\pi v/l)^2 - \omega_j^2]}\left(\sin\frac{j\pi vt}{l} - \frac{j\pi v}{l\omega_j}\sin\omega_j t\right)\sin\frac{j\pi x}{l} \tag{e}$$

式中振动频率为系统固有频率的项为伴随自由振动，另外一项为稳态响应。当车出桥后，桥的响应就变为以车出桥的那一时刻 $t = l/v$ 的振动位移和速度为初始条件的自由振动响应。工程上更关注车在桥上时的共振响应。由式 (c) 可知 $j\pi v/l$ 相当于外激励频率，当它等于桥（即简支梁）的第 j 阶固有频率时，将引发共振，此时车辆的速度为

$$v = \frac{\omega_j}{j\pi/l} = \frac{j\pi}{l}\sqrt{\frac{EI}{\rho A}} \tag{f}$$

此外，受迫振动响应级数表达式 (e) 的分母中含有关于阶次 j 的二次方，表明该级数收敛很快，第一阶主振动起主要作用。若只考虑第一阶共振情况，此时引起共振的车的移动速度以及通过桥的时间分别为

$$v_1 = \frac{\omega_1}{\pi/l} = \frac{\pi}{l}\sqrt{\frac{EI}{\rho A}}, \quad t_1 = \frac{l}{v_1} = \frac{\pi}{\omega_1} = \frac{l^2}{\pi}\bigg/\sqrt{\frac{EI}{\rho A}} \tag{g}$$

对第一阶主振动求极限，即求当速度 v 趋于 v_1 时的极限。求极限过程中使用洛必达法则，对 $0/0$ 型的分子分母以 v 为自变量分别求导，得

$$\begin{aligned}
\lim_{v\to v_1} y_1(x,t) &= \lim_{v\to v_1}\frac{2F}{m_0[(\pi v/l)^2 - \omega_1^2]}\left(\sin\frac{\pi vt}{l} - \frac{\pi v}{l\omega_1}\sin\omega_1 t\right)\sin\frac{\pi x}{l} \\
&= \lim_{v\to v_1}\frac{2F}{m_0(\pi v/l + \omega_1)}\left(\frac{\sin\pi vt/l - \pi v\sin\omega_1 t/l\omega_1}{\pi v/l - \omega_1}\right)\sin\frac{\pi x}{l} \\
&= \frac{F}{m_0\omega_1^2}(t\omega_1\cos\omega_1 t - \sin\omega_1 t)\sin\frac{\pi x}{l}
\end{aligned} \tag{h}$$

在第一个共振出现的时刻，为了求最大位移，将上式对时间求导并令其等于零，即

$$\omega_1^2 t\sin\omega_1 t = 0 \tag{i}$$

因此使正弦函数等于零的时刻即为所求，用 t_0 表示，即 $t_0 = \pi/\omega_1 = t_1$，也就是说，恰好是在出桥的那一刻，桥上各点出现了第一个共振峰，此时桥的横向位移为

$$y(x, t_0) = -\frac{F\pi}{m_0\omega_1^2}\sin\frac{\pi x}{l} \tag{j}$$

最大动位移出现在桥中间位置，为

$$y\left(\frac{l}{2}, t_0\right) = -\frac{F\pi}{m_0\omega_1^2} = -\frac{Fl^3}{EI\pi^3} \tag{k}$$

简支梁在中间受集中静载荷 F 作用时，最大挠度为

$$y\left(\frac{l}{2}\right) = -\frac{Fl^3}{48EI} \tag{l}$$

二者之比为 $48/\pi^3$，约为 1.55，即最大动位移比最大静位移大了约 55%。

　　本章介绍的连续系统和边界条件都比较简单，都可以给出精确解答。对于复杂连续系统，难以获得精确解。为了求复杂连续系统的精确或近似解析解，学者们做了大量努力，取得了一些理论研究成果。例如，非对称截面或截面形心与质心不重合的梁，将发生弯扭耦合振动[6]，各种变截面或功能梯度梁的振动、薄板的大挠度弯曲振动、厚板的振动问题[7]，非简支矩形板和壳自由振动的封闭解析解问题[8]，复合材料构件的振动[9]，等等。虽然这些成果具有重要的理论意义，但多数复杂动力学问题都需要用近似方法求解，详见下一章内容。

习　题

　　3.1　均质细直弹性杆长为 l、截面面积为 A、密度为 ρ、弹性模量为 E，杆上端固定，下端有质量为 m 的质量块。给出该系统的固有频率方程，当质量块的质量为杆的 1/5 时，给出前 2 阶固有频率表达式。

　　3.2　均质细直弹性杆长为 l、截面面积为 A、密度为 ρ、弹性模量为 E，杆两端都是自由的，只考虑其轴向振动。开始时在两端用相等的力 F 压缩，若将力 F 突然移去，求其纵向振动响应。

　　3.3　密度为 ρ，弹性模量为 E 的阶梯轴，如图所示，给出该系统的固有频率方程，并给出当 $A_1/A_2 = 2, l_1/l_2 = 2$ 时的前 3 阶固有频率表达式。

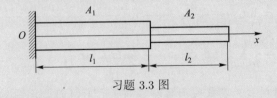

习题 3.3 图

　　3.4　长为 l、截面面积为 A、密度为 ρ、抗弯刚度为 EI 的等截面均质悬臂梁，右端

自由但有横向弹性支撑，其刚度系数为 k_1，给出固有频率方程及振型函数表达式。

3.5 长为 l、截面面积为 A、密度为 ρ、抗弯刚度为 EI 的等截面均质简支梁，受正弦分布横向干扰力 $q(x,t)=F_0\sin\dfrac{\pi}{l}x\sin\omega t$ 作用，求梁的响应。

3.6 长为 l、截面面积为 A、密度为 ρ、抗弯刚度为 EI 的等截面均质悬臂梁，其自由端附加有质量为 m 的质量块，证明振型函数关于质量分布和刚度分布的正交性。

3.7 长为 l、截面面积为 A、密度为 ρ、抗弯刚度为 EI 的等截面均质简支梁，在梁中间附加有质量为 m 的质量块，分析给出前两阶固有频率，以及振型函数表达式。

3.8 如图所示，长为 l、截面面积为 A、密度为 ρ、抗弯刚度为 EI 的等截面均质悬臂梁，自由端作用有正弦力 $F\sin\omega t$，给出梁的稳态振动以及梁自由端的响应表达式。

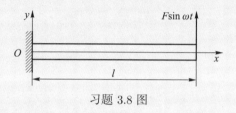

习题 3.8 图

3.9 两端固定的梁，仅考虑剪切变形的影响，用分离变量法写出完整的求解步骤，给出固有频率方程以及振型函数表达式。

3.10 画出四边简支矩形板 m,n 取值都在 2 以内的 4 个三维振型图。

3.11 边长为 a 的简支正方形薄板，板的抗弯刚度为 D、密度为 ρ、厚度为 h，受到垂直于板面的均匀分布的正弦激振力 $p=p_0\sin\omega t$，求稳态响应表达式。

参考文献

习题答案 A3

[1] 胡海岩. 振动力学：研究性教程 [M]. 北京：科学出版社，2020

[2] 邱吉宝，张正平，向树红，等. 结构动力学及其在航天工程中的应用 [M]. 合肥：中国科学技术大学出版社，2015(01): 41–44

[3] 王大钧，王其申，何北昌. 结构力学中的定性理论 [M]. 北京：北京大学出版社，2014

[4] COWPER G R. The shear coefficient in Timoshenko beam theory[J]. Journal of Applied Mechanics, 1966, 33: 335–340

[5] 徐芝纶. 弹性力学：上册，下册 [M]. 5 版. 北京：高等教育出版社，2016

[6] TIMOSHENKO S, YOUNG D H, WEAVER W. Vibration problems in engineering[M]. New York: Wiley, 1974

[7] 曹志远. 板壳振动理论 [M]. 北京：中国铁道出版社，1989

[8] 邢誉峰，刘波. 板壳自由振动的精确解 [M]. 北京：科学出版社，2015

[9] 孟光，瞿叶高. 复合材料结构振动与声学 [M]. 北京：国防工业出版社，2017

[10] 邢誉峰. 工程振动基础 [M]. 3 版. 北京：北京航空航天大学出版社，2020

[11] GRAFF K F. Wave motion in elastic solids[M]. Clarendon Press Oxford, 1975

[12] XING Y F, LI G, YUAN Y. A review of the analytical solution methods for the eigenvalue problems of rectangular plates[J]. International Journal of Mechanical Sciences, 2022

第 4 章
振动近似计算方法

如何求得振动偏微分方程的解析解，一直是数学、力学工作者关注的问题。但事实上只有少数连续结构振动问题能得到解析解，如第 3 章介绍的材料均匀、几何形状规则的杆、梁和矩形板等的振动问题。大多数复杂连续结构振动问题只能采用近似方法进行分析，这说明近似求解方法具有重要的实用价值。

从第 3 章内容可知，难以求得复杂连续结构振动问题解析解的原因之一，是难以求得同时满足本征值微分方程和边界条件的振型函数。近似计算固有模态（固有频率和振型函数）的一个基本思路是：假设出满足部分边界条件（主要是位移边界条件）且能较真实反映振动形态的近似振型函数。相关的方法包括瑞利（Rayleigh）法、里茨（Ritz）法、伽辽金（Galerkin）法以及假设模态法等。但对于复杂连续结构，难以构造出这样的振型函数。

有多种解决复杂连续结构振动问题的方法，如将连续结构离散成多自由度系统的集中质量法；将连续结构划分成有限个简单区域的有限区域法或子区域法，如传递矩阵法、子结构法和有限元法等。这两类方法都是把复杂连续结构离散成为多自由度系统。若多自由度系统的规模较大，则难以求解出其全部固有模态。对于复杂连续结构振动问题，多数情况只需要部分固有模态尤其是低阶固有模态。为此，人们建立了用于求解大型离散系统固有模态的子空间迭代方法、兰乔斯（Lanczos）方法等。对于多自由度系统的振动响应分析问题，可以采用第 2 章介绍的基于坐标变换的振型叠加方法，也可以采用本章介绍的基于差分技术的时间积分方法。振型叠加方法仅适用于线性系统，但时间积分方法既适用于线性系统，也适用于非线性系统。

本章 4.2 节至 4.7 节介绍常用的固有模态近似计算方法，4.8 节介绍具有代表性的时间积分方法，包括中心差分方法、纽马克（Newmark）方法和广义 $-\alpha$ 方法。

4.1 哈密顿变分原理

能量方法可用于推导静力学和动力学问题的控制微分方程和力的边界条件，也是建立各种近似方法的理论基础。动力学问题的主要能量方法包括哈密顿（Hamilton）变分原理和瑞利商变分原理，二者既适用于连续系统，又适用于离散多自由度系统。本节介绍利用哈密顿变分原理建立连续系统振动微分方程的方法。

哈密顿变分原理是 1834 年哈密顿针对保守系统提出的，其中系统动能和势能的差在初 (t_1)、末 (t_2) 时刻内的积分被定义为一个作用量 H（也称为**哈密顿作用量**），即

$$H = \int_{t_1}^{t_2} L \mathrm{d}t = \int_{t_1}^{t_2} (T - V) \mathrm{d}t \tag{4.1.1}$$

式中 $L = T - V$ 为拉格朗日函数。哈密顿变分原理指出，保守系统的真实位形使得作用量 H 的变分为零，即

$$\delta H = \delta \int_{t_1}^{t_2} L \mathrm{d}t = \delta \int_{t_1}^{t_2} (T - V) \mathrm{d}t = 0 \tag{4.1.2}$$

该原理提供了从所有可能的位形里找到真实位形的一条途径。之后该原理又被推广到非保守系统

$$\delta \int_{t_1}^{t_2} (T - V) \mathrm{d}t + \int_{t_1}^{t_2} \delta W \mathrm{d}t = 0 \tag{4.1.3}$$

式中 δW 是所有非保守力的虚功。

本节以欧拉–伯努利梁为例，给出利用哈密顿变分原理推导振动微分方程和力边界条件的方法。图 4.1.1 为坐标 x 处梁的横截面变形前和变形后的示意图，以及截面非中性轴上任意一点 a 的横向位移（挠度）w_a 和轴向位移 u_a。图中点 a 与中性轴的距离为 y_a。根据刚性平面假设，截面上所有点的挠度都相等，因此该截面上各点的挠度 y 都等于 w_a，截面转角为 $\partial y / \partial x$。截面逆时针转动而产生与 x 正向相反的位移 u_a，基于小转角假设，u_a 的大小约等于 y_a 乘以截面转角，即

$$u_a = -y_a \frac{\partial y}{\partial x} \tag{4.1.4}$$

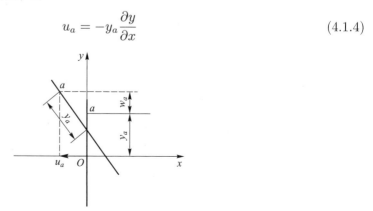

图 4.1.1　变形后梁截面上点 a 的位移

该点轴向应变为

$$\varepsilon_x = \frac{\partial u_a}{\partial x} = \frac{\partial}{\partial x}\left(-y_a\frac{\partial y}{\partial x}\right) = -y_a\frac{\partial^2 y}{\partial x^2} \tag{4.1.5}$$

对应点的轴向应力为

$$\sigma_x = E\varepsilon_x \tag{4.1.6}$$

由于不考虑截面剪切变形, 梁的应变能只由弯曲变形引起, 可表示为

$$V = \frac{1}{2}\int_\Omega \sigma_x\varepsilon_x \mathrm{d}\Omega = \frac{1}{2}\int_\Omega E\left(-y_a\frac{\partial^2 y}{\partial x^2}\right)^2 \mathrm{d}\Omega$$
$$= \frac{1}{2}\int_0^l E\left(\frac{\partial^2 y}{\partial x^2}\right)^2 \int_S y_a^2 \mathrm{d}S\mathrm{d}x = \frac{1}{2}\int_0^l EI\left(\frac{\partial^2 y}{\partial x^2}\right)^2 \mathrm{d}x \tag{4.1.7}$$

式中: Ω 表示体积分域, S 表示面积分域。梁的应变能也可用内力做功求得。由于不考虑剪应变, 因此不考虑剪力做功, 只有弯矩在转角上做功, 即

$$V = \frac{1}{2}\int_0^l M\mathrm{d}\theta = \frac{1}{2}\int_0^l EI\frac{\partial^2 y}{\partial x^2}\mathrm{d}\frac{\partial y}{\partial x} = \frac{1}{2}\int_0^l EI\left(\frac{\partial^2 y}{\partial x^2}\right)^2 \mathrm{d}x \tag{4.1.8}$$

由于不考虑转动惯量影响, 即忽略了转动动能, 则梁的动能就是其横向平移动能, 即

$$T = \int_\Omega \frac{1}{2}\rho\left(\frac{\partial y}{\partial t}\right)^2 \mathrm{d}\Omega = \frac{1}{2}\int_0^l \rho A\left(\frac{\partial y}{\partial t}\right)^2 \mathrm{d}x \tag{4.1.9}$$

动能泛函的变分为

$$\delta\int_{t_1}^{t_2} T\mathrm{d}t = \int_{t_1}^{t_2}\int_0^l \rho A\frac{\partial y}{\partial t}\delta\frac{\partial y}{\partial t}\mathrm{d}x\mathrm{d}t = \int_0^l\int_{t_1}^{t_2}\rho A\frac{\partial y}{\partial t}\mathrm{d}\delta y\mathrm{d}x$$
$$= \int_0^l \left(\rho A\frac{\partial y}{\partial t}\delta y\right)\bigg|_{t_1}^{t_2}\mathrm{d}x - \int_0^l\int_{t_1}^{t_2}\rho A\frac{\partial^2 y}{\partial t^2}\delta y\mathrm{d}t\mathrm{d}x \tag{4.1.10}$$
$$= -\int_{t_1}^{t_2}\int_0^l \rho A\frac{\partial^2 y}{\partial t^2}\delta y\mathrm{d}x\mathrm{d}t$$

式中最后一个等号左边第一项的积分函数, 由于初、末时刻位移给定, 所以对应变分为零, 即积分函数为零, 则该项积分结果为零。

势能泛函的变分为

$$\delta\int_{t_1}^{t_2} V\mathrm{d}t = \delta\int_{t_1}^{t_2}\frac{1}{2}\int_0^l EI\left(\frac{\partial^2 y}{\partial x^2}\right)^2 \mathrm{d}x\mathrm{d}t = \int_{t_1}^{t_2}\int_0^l EI\frac{\partial^2 y}{\partial x^2}\delta\frac{\partial^2 y}{\partial x^2}\mathrm{d}x\mathrm{d}t$$
$$= \int_{t_1}^{t_2}\left[EI\frac{\partial^2 y}{\partial x^2}\delta\frac{\partial y}{\partial x}\right]\bigg|_0^l \mathrm{d}t - \int_{t_1}^{t_2}\left[\frac{\partial}{\partial x}\left(EI\frac{\partial^2 y}{\partial x^2}\right)\delta y\right]\bigg|_0^l \mathrm{d}t + \tag{4.1.11}$$
$$\int_{t_1}^{t_2}\int_0^l \frac{\partial^2}{\partial x^2}\left(EI\frac{\partial^2 y}{\partial x^2}\right)\delta y\mathrm{d}x\mathrm{d}t$$

分布载荷 q 在虚位移 δy 上的虚功的时间积分为

$$\int_{t_1}^{t_2}\int_0^l q\delta y\mathrm{d}x\mathrm{d}t \tag{4.1.12}$$

设作用在梁左端 $x=0$ 处的弯矩和剪力为 M_0 和 Q_0, 作用在梁右端 $x=l$ 处的弯矩和剪力为 M_l 和 Q_l, 如图 4.1.2 所示。这些力和力矩在边界虚位移上所做虚功的时间积分为

$$\int_{t_1}^{t_2}\left[Q_0\delta y(0,t)-Q_l\delta y(l,t)-M_0\delta\frac{\partial y}{\partial x}(0,t)+M_l\delta\frac{\partial y}{\partial x}(l,t)\right]\mathrm{d}t \tag{4.1.13}$$

图 4.1.2 梁两端的弯矩和剪力示意图

在不考虑阻尼力的情况下，外载荷及边界载荷的虚功构成了全部非保守力的虚功。把非保守力虚功的积分和动能、势能泛函的变分一起代入哈密顿变分原理公式 (4.1.3) 得

$$\int_{t_1}^{t_2}\int_0^l\left[\frac{\partial^2}{\partial x^2}\left(EI\frac{\partial^2 y}{\partial x^2}\right)+\rho A\frac{\partial^2 y}{\partial t^2}-q\right]\delta y\mathrm{d}x\mathrm{d}t-$$

$$\int_{t_1}^{t_2}\left[\frac{\partial}{\partial x}\left(EI\frac{\partial^2 y}{\partial x^2}\right)\bigg|_{x=l}-Q_l\right]\delta y(l,t)\mathrm{d}t+\int_{t_1}^{t_2}\left[\frac{\partial}{\partial x}\left(EI\frac{\partial^2 y}{\partial x^2}\right)\bigg|_{x=0}-Q_0\right]\delta y(0,t)\mathrm{d}t+ \tag{4.1.14}$$

$$\int_{t_1}^{t_2}\left[EI\frac{\partial^2 y}{\partial x^2}\bigg|_{x=l}-M_l\right]\delta\frac{\partial y}{\partial x}(l,t)\mathrm{d}t-\int_{t_1}^{t_2}\left[EI\frac{\partial^2 y}{\partial x^2}\bigg|_{x=0}-M_0\right]\delta\frac{\partial y}{\partial x}(0,t)\mathrm{d}t=0$$

若梁两端只具有**几何边界条件**（或位移边界条件），即两端位移和转角给定，则其变分为零，于是上式中后 4 项等于零，于是有

$$\int_{t_1}^{t_2}\int_0^l\left[\frac{\partial^2}{\partial x^2}\left(EI\frac{\partial^2 y}{\partial x^2}\right)+\rho A\frac{\partial^2 y}{\partial t^2}-q\right]\delta y\mathrm{d}x\mathrm{d}t=0 \tag{4.1.15}$$

由于变分 δy 的任意性，可得

$$\frac{\partial^2}{\partial x^2}\left(EI\frac{\partial^2 y}{\partial x^2}\right)+\rho A\frac{\partial^2 y}{\partial t^2}-q=0 \tag{4.1.16}$$

这就是欧拉–伯努利梁的振动微分方程，与不考虑阻尼时方程 (3.7.26) 的形式相同。如果两端自由或只具有力的边界条件，即位移和转角没有给定，则其变分任意，于是方程 (4.1.14) 中 5 个积分项中的被积函数均必须为零，由此可得到方程 (4.1.16) 和 4 个力边界条件，即

$$\frac{\partial}{\partial x}\left(EI\frac{\partial^2 y}{\partial x^2}\right)\bigg|_{x=l}=Q_l,\quad\frac{\partial}{\partial x}\left(EI\frac{\partial^2 y}{\partial x^2}\right)\bigg|_{x=0}=Q_0$$

$$EI\frac{\partial^2 y}{\partial x^2}\bigg|_{x=l}=M_l,\quad EI\frac{\partial^2 y}{\partial x^2}\bigg|_{x=0}=M_0 \tag{4.1.17}$$

也就是说，对于满足几何边界条件的位移场，根据哈密顿变分原理可以得到对应的振动微分方程和两端力的边界条件。因此，可以方便地用哈密顿变分原理建立近似解的控制方程。

若梁的抗弯刚度和质量都是位置 x 的函数，由梁的势能和动能推导过程可知

$$V = \frac{1}{2}\int_0^l EI(x)\left(\frac{\partial^2 y}{\partial x^2}\right)^2 \mathrm{d}x, \quad T = \frac{1}{2}\int_0^l \rho A(x)\left(\frac{\partial y}{\partial t}\right)^2 \mathrm{d}x \tag{4.1.18}$$

对于这种情况，前述由哈密顿变分原理推导欧拉–伯努利梁平衡方程的过程仍然成立。值得指出的是，用哈密顿变分原理同样可以推导出第 3 章讲的杆、轴、薄板等连续系统的振动微分方程和力的边界条件。

4.2　瑞利法

本节介绍基于瑞利商变分原理来估算连续系统和离散系统基频（第一阶固有频率）的方法，也称为瑞利法。

4.2.1　连续系统基频估计的瑞利法

下面以欧拉–伯努利梁为例来介绍瑞利法。欧拉–伯努利梁的主振动形式为

$$y(x, t) = Y(x)\sin(\omega t + \theta) \tag{4.2.1}$$

把上式分别代入梁的势能和动能表达式 (4.1.8) 和式 (4.1.9) 得

$$V = \frac{1}{2}\int_0^l EI(x)\left(\frac{\partial^2 y}{\partial x^2}\right)^2 \mathrm{d}x = \sin^2(\omega t + \theta)\frac{1}{2}\int_0^l EI(x)(Y'')^2 \mathrm{d}x \tag{4.2.2}$$

$$T = \frac{1}{2}\int_0^l \rho A(x)\left(\frac{\partial y}{\partial t}\right)^2 \mathrm{d}x = \cos^2(\omega t + \theta)\frac{\omega^2}{2}\int_0^l \rho A(x)Y^2 \mathrm{d}x \tag{4.2.3}$$

由此可知，针对某一阶主振动，系统最大动能和势能分别为

$$T_{\max} = \frac{\omega^2}{2}\int_0^l \rho A(x)Y^2 \mathrm{d}x, \quad V_{\max} = \frac{1}{2}\int_0^l EI(x)(Y'')^2 \mathrm{d}x \tag{4.2.4}$$

若不考虑阻尼力和外力作用，系统为保守系统，其动能和势能幅值相等，于是可得

$$\omega^2 = \frac{\displaystyle\int_0^l EI(x)(Y'')^2 \mathrm{d}x}{\displaystyle\int_0^l \rho A(x)Y^2 \mathrm{d}x} \tag{4.2.5}$$

该式称为欧拉–伯努利梁的**瑞利商**。从此式可以看出，如果 $Y(x)$ 为某阶真实的振型函数，瑞利商给出的就是对应阶的固有频率。实际上，在 3.7.1 节里关于梁振型函数正交性证明过程中，就给出了式 (4.2.5)，其分母是模态质量，分子是模态刚度。

若将 $Y(x)$ 看作自变函数，则瑞利商 (4.2.5) 或固有频率的平方就是这个自变函数的函数，也称泛函。对保守系统的自由振动，瑞利商在各阶振型函数处取驻值，且驻值为对应阶的固有频率的平方，这也称为**瑞利商的驻值原理** [2]。由此给出了估计系统基频的**瑞利法**。

理论上可以用瑞利商估算任意一阶固有频率，但高阶振型函数难以构造，因此一般只用瑞利法估计基频。考虑到基频在工程结构减振等设计问题中的重要性，给出基频的快速估算方法具有实用价值。

为了利用瑞利法估计基频，首先需要构造出满足几何边界条件的第一阶近似振型函数，也称**试函数**。要求该试函数对第一阶振型函数有一定精度的逼近且具有足够的光滑性，然后将其代入瑞利商 (4.2.5) 即可求得基频的近似值。基频的估计精度取决于近似振型函数对真实振型函数的逼近程度。

下面证明，对于任意满足几何边界条件的近似位移函数，瑞利商 (4.2.5) 给出基频的上限，或瑞利商泛函在真实的一阶振型函数处取最小驻值，且最小驻值为系统基频的平方。证明前先给出如下定理。

展开定理：任意一个满足几何边界条件的可能位移 $Y_e(x)$，可以展成为收敛的振型函数级数

$$Y_e(x) = \sum_{i=1}^{\infty} c_i Y_i(x) \tag{4.2.6}$$

式中：c_i 是不全为零的常系数，$Y_i(x)$ 是系统真实的第 i 阶振型函数。文献 [2] 针对欧拉 – 伯努利梁给出了证明，同时也指出该定理具有普适性。

将式 (4.2.6) 代入式 (4.2.5) 得估计的基频为

$$\omega_e^2 = \frac{\displaystyle\sum_{i=1}^{\infty}\sum_{j=1}^{\infty} c_i c_j \int_0^l EI(x)Y_i''(x)Y_j''(x)\mathrm{d}x}{\displaystyle\sum_{i=1}^{\infty}\sum_{j=1}^{\infty} c_i c_j \int_0^l \rho A(x)Y_i(x)Y_j(x)\mathrm{d}x} \tag{4.2.7}$$

利用振型函数关于刚度和质量的正交性化简上式，然后再减去基频的平方得

$$\omega_e^2 - \omega_1^2 = \frac{\displaystyle\sum_{i=1}^{\infty} K_{pi} c_i^2}{\displaystyle\sum_{i=1}^{\infty} M_{pi} c_i^2} - \omega_1^2 = \frac{\displaystyle\sum_{i=2}^{\infty} (\omega_i^2 - \omega_1^2) M_{pi} c_i^2}{\displaystyle\sum_{i=1}^{\infty} M_{pi} c_i^2} \geqslant 0 \tag{4.2.8}$$

式中 K_{pi} 和 M_{pi} 分别为第 i 阶主振动的模态刚度和模态质量。只有当下标 i 从 2 开始后的常系数 c_i 全为零（注意，c_1 不能再等于零）时，式 (4.2.8) 取等号，从式 (4.2.6) 可知此时的试函数就是第一阶振型函数。式 (4.2.8) 可以从物理上解释为：若使系统按假设的一阶振型振动，需要给系统附加额外的约束才能实现，附加约束相当于增加刚度，因此计算出的一阶固有频率偏大。

瑞利法要求假设的一阶振型函数至少满足几何边界条件，当然如果能同时满足力的边界条件，估算的基频精度通常会更高。实践观测发现，多数结构的一阶振型与结构在自重作用下的变形相似，如此得到的梁的挠曲函数不但满足位移边界条件，也满足力的边界条件。因此，在估计基频时，可以将自重作用下的挠曲函数作为近似的一阶振型函数。此时，重力做功等于弹性体最大应变能的 2 倍，即

$$\frac{1}{2}\int_0^l \rho A(x)gY(x)\mathrm{d}x = V_{\max} \tag{4.2.9}$$

则瑞利商表达式变为

$$\omega^2 = \frac{g\displaystyle\int_0^l \rho A(x)Y(x)\mathrm{d}x}{\displaystyle\int_0^l \rho A(x)Y(x)^2\mathrm{d}x} \tag{4.2.10}$$

若梁是竖直状态，可以在水平方向上施加具有重力性质的分布力。

若梁上还附加有 s 个集中质量，则需要考虑这些集中质量的动能，因此梁的总动能变为

$$T = \frac{1}{2}\int_0^l \rho A(x)\left(\frac{\partial y(x,t)}{\partial t}\right)^2 \mathrm{d}x + \frac{1}{2}\sum_{i=1}^s M_i\left(\frac{\partial y(x_i,t)}{\partial t}\right)^2 \tag{4.2.11}$$

动能最大值变为

$$T_{\max} = \frac{\omega^2}{2}\int_0^l \rho A(x)Y^2(x)\mathrm{d}x + \frac{\omega^2}{2}\sum_{i=1}^s M_i Y^2(x_i) \tag{4.2.12}$$

此时势能最大值可用二者的重力做功之和来代替，于是瑞利商变为

$$\omega^2 = g\frac{\displaystyle\int_0^l \rho A(x)Y\mathrm{d}x + \sum_{i=1}^s M_i Y(x_i)}{\displaystyle\int_0^l \rho A(x)Y^2\mathrm{d}x + \sum_{i=1}^s M_i Y^2(x_i)} \tag{4.2.13}$$

若分布质量与集中质量相比可以忽略，式 (4.2.13) 变为

$$\omega^2 = g\frac{\displaystyle\sum_{i=1}^s M_i Y(x_i)}{\displaystyle\sum_{i=1}^s M_i Y^2(x_i)} \tag{4.2.14}$$

此式可用于估计无质量弹性梁上附有若干集中质量这种多自由度系统的基频。

例 4.2.1　考虑图示单位长度质量为 ρA，抗弯刚度为 EI，长为 l 的悬臂梁，其自由端质量块的质量 m 是梁质量的 n 倍，即 $m = n\rho Al$。试用瑞利法估计系统基频，并分析当

n 分别取 0.08, 0.25, 0.5, 1.0, 2.0 时估计结果的误差。

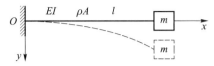

图 4.2.1 自由端附加质量的悬臂梁

解： 采用悬臂梁在自重作用下的挠曲函数作为一阶近似振型 Y，即

$$Y(x) = \frac{\rho A g}{24EI}(x^4 - 4x^3 l + 6x^2 l^2) \tag{a}$$

瑞利商的分母包括集中质量和悬臂梁分布质量对动能的贡献，即

$$
\begin{aligned}
\int_0^l \rho A Y^2(x)\mathrm{d}x + mY^2(l) &= \rho A\left(\frac{\rho A g}{24EI}\right)^2 \int_0^l (x^4 - 4x^3 l + 6x^2 l^2)^2 \mathrm{d}x + n\rho A l Y^2(l) \\
&= \rho A l^9 \left(\frac{\rho A g}{24EI}\right)^2 \left(\frac{104}{45} + 9n\right)
\end{aligned}
\tag{b}
$$

由于采用的近似振型仅是重力引起的，没有考虑集中质量的影响，因此式 (4.2.13) 分子仅包含分布重力做功，即

$$g\int_0^l \rho A Y(x)\mathrm{d}x = \rho A g\frac{\rho A g}{24EI}\int_0^l (x^4 - 4x^3 l + 6x^2 l^2)\mathrm{d}x = \frac{6}{5}l^5\frac{(\rho A g)^2}{24EI} \tag{c}$$

由此可得基频估计值的平方为

$$\omega_{\mathrm{e}}^2 = \frac{144}{45n + 104/9}\frac{EI}{\rho A}\frac{1}{l^4} \tag{d}$$

下面采用由端部集中质量块重力单独作用下的挠曲函数作为一阶近似振型函数，即

$$Y(x) = \frac{n\rho A l g}{6EI}(3x^2 l - x^3) \tag{e}$$

式 (4.2.13) 的分母为

$$
\begin{aligned}
\int_0^l \rho A Y^2(x)\mathrm{d}x + mY^2(l) &= \rho A\left(\frac{n\rho A g}{6EI}\right)^2 \int_0^l (3x^2 l^2 - x^3 l)^2 \mathrm{d}x + n\rho A l Y^2(l) \\
&= \rho A l^9 \left(\frac{n\rho A g}{6EI}\right)^2 \left(\frac{33}{35} + 4n\right)
\end{aligned}
\tag{f}
$$

由于采用的近似振型函数仅考虑了质量块重力的作用，因此式 (4.2.13) 的分子为

$$gmY(l) = gn\rho A l Y(l) = 2l^5 n\rho A g\frac{n\rho A g}{6EI} = 12EIl^5\left(\frac{n\rho A g}{6EI}\right)^2 \tag{g}$$

由此可得基频估计值的平方为

$$\omega_{\mathrm{e}}^2 = \frac{12}{4n + 33/35}\frac{EI}{\rho A}\frac{1}{l^4} \tag{h}$$

上述两种情况的基频估计值可统一表示为

$$\omega_{\mathrm{e}} = \frac{s}{l^2}\sqrt{\frac{EI}{\rho A}} \tag{i}$$

式中 s 为基频估计值表达式的系数，例 3.3.2 给出了该系数的精确值。基频估计值和精确值的比较及相对误差见表 4.2.1，其中相对误差计算公式为 $(\omega_{\mathrm{e}} - \omega_1)/\omega_1 \times 100\%$，$\omega_1$ 为精确值。从表 4.2.1 可以看出，集中质量超过梁质量的 8% 后，采用单独由质量块重力引起的挠曲函数作为近似振型函数，得到的基频更精确，这是因为悬臂端的集中质量对固有频率的影响更大，并且集中质量越大，其结果的精度越高。

表 4.2.1　瑞利法估计的基频系数 s 及与精确值的比较

n	精确解	仅考虑分布质量	相对误差/%	仅考虑质量块	相对误差/%
0.08	3.057 5	3.082 4	0.815	3.082 6	0.819
0.25	2.476 7	2.512 8	1.460	2.485 3	0.350
0.5	2.016 3	2.056 3	1.980	2.019 3	0.150
1.0	1.557 3	1.595 7	2.460	1.558 1	0.053
2.0	1.158 2	1.190 8	2.810	1.158 4	0.016

例 4.2.2　用瑞利法求图示楔形等宽梁的固有频率。梁的横截面宽度 $b = 1$，在根部的高度为 $2h$，弹性模量为 E，密度为 ρ。

解：　坐标系如图 4.2.2 所示，坐标 x 处的横截面面积为

$$A(x) = 2\frac{h}{l}xb = A_0\frac{x}{l} \tag{a}$$

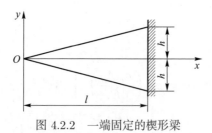

图 4.2.2　一端固定的楔形梁

式中 A_0 为梁根部横截面面积。坐标 x 处的截面惯性矩为

$$I(x) = \frac{1}{12}b\left(2\frac{h}{l}x\right)^3 = I_0\frac{x^3}{l^3} \tag{b}$$

式中 I_0 为根部截面的惯性矩。构造近似振型函数为

$$Y(x) = \left(1 - \frac{x}{l}\right)^2, \quad Y''(x) = \frac{2}{l^2} \tag{c}$$

该函数满足在根部 $x = l$ 处的位移和转角等于零的几何边界条件，但不满足自由端弯矩为零的力边界条件。根据瑞利商估计的基频平方为

$$\omega_1^2 = \frac{\int_0^l EI(x)(Y'')^2 \mathrm{d}x}{\int_0^l \rho A(x) Y^2 \mathrm{d}x} = \frac{4}{l^7} \frac{\int_0^l EI_0 x^3 \mathrm{d}x}{\int_0^l \rho A_0 \frac{x}{l}\left(1 - \frac{x}{l}\right)^4 \mathrm{d}x} = \frac{30}{l^4} \frac{EI_0}{\rho A_0} \tag{d}$$

基频精确解 [3] 为

$$\omega_1 = \frac{5.315}{l^2} \sqrt{\frac{EI_0}{\rho A_0}} \tag{e}$$

相对误差为

$$\Delta = \frac{\sqrt{30} - 5.315}{5.315} \times 100\% = 3.05\% \tag{f}$$

4.2.2 多自由度系统基频估计的瑞利法

用 M 和 K 分别表示 n 自由度系统的质量矩阵、刚度矩阵，系统的瑞利商定义为

$$R(\boldsymbol{X}) = \frac{\boldsymbol{X}^\mathrm{T} \boldsymbol{K} \boldsymbol{X}}{\boldsymbol{X}^\mathrm{T} \boldsymbol{M} \boldsymbol{X}} \tag{4.2.15}$$

式中 $\boldsymbol{X}$ 为近似振型向量。由第 2 章多自由度系统振型正交性证明过程可知，若 $\boldsymbol{X}$ 为某阶实际振型 $\boldsymbol{\varphi}_i$，则瑞利商给出的结果就是对应阶的固有频率 ω_i 的平方，此时式 (4.2.15) 的分子和分母分别是对应的模态刚度和模态质量。

任何可能的振动都可以表示为模态向量（振型向量）空间一组基的线性组合，所以近似振型向量 $\boldsymbol{X}$ 可表示为如下各阶模态向量的线性组合形式：

$$\boldsymbol{X} = \sum_{i=1}^n a_i \boldsymbol{\varphi}_i = \boldsymbol{\Phi} \boldsymbol{a} \tag{4.2.16}$$

式中 a_i 是常系数，$\boldsymbol{\Phi} = \begin{bmatrix} \boldsymbol{\varphi}_1 & \boldsymbol{\varphi}_2 & \cdots & \boldsymbol{\varphi}_n \end{bmatrix}$ 是模态矩阵，该式可以理解为**多自由度系统的展开定理**。把式 (4.2.16) 代入式 (4.2.15) 并令 $\boldsymbol{\Phi}^\mathrm{T} \boldsymbol{M} \boldsymbol{\Phi}$ 为单位矩阵（各阶模态质量都等于 1），得

$$R(\boldsymbol{X}) = \frac{\boldsymbol{a}^\mathrm{T} \boldsymbol{\Phi}^\mathrm{T} \boldsymbol{K} \boldsymbol{\Phi} \boldsymbol{a}}{\boldsymbol{a}^\mathrm{T} \boldsymbol{\Phi}^\mathrm{T} \boldsymbol{M} \boldsymbol{\Phi} \boldsymbol{a}} = \frac{\boldsymbol{a}^\mathrm{T} \boldsymbol{\Lambda} \boldsymbol{a}}{\boldsymbol{a}^\mathrm{T} \boldsymbol{a}} = \sum_{i=1}^n a_i^2 \omega_i^2 \Bigg/ \sum_{i=1}^n a_i^2$$

式中 $\boldsymbol{\Lambda}$ 是以各阶固有频率平方为对角线元素的对角矩阵。上式可以变成如下形式：

$$R(\boldsymbol{X}) = \omega_1^2 + \sum_{i=1}^n a_i^2(\omega_i^2 - \omega_1^2) \Bigg/ \sum_{i=1}^n a_i^2 = \omega_n^2 + \sum_{i=1}^n a_i^2(\omega_i^2 - \omega_n^2) \Bigg/ \sum_{i=1}^n a_i^2 \tag{4.2.17}$$

由于其他阶固有频率都大于第一阶固有频率，所以由上式第一个等号右端项可知，瑞利商大于等于基频的平方。由于其他阶频率都小于最高阶频率 ω_n，由第二个等号右端项可知，瑞利商小于等于最高阶频率的平方，即有

$$\omega_1^2 \leqslant R(\boldsymbol{X}) \leqslant \omega_n^2 \tag{4.2.18}$$

对于多自由度系统，还可以用柔度矩阵定义瑞利商。考虑系统惯性力 $\boldsymbol{f}$ 与由其引起的振动位移向量 $\boldsymbol{x}$ 之间的关系

$$\boldsymbol{x} = \boldsymbol{F}\boldsymbol{f} = -\boldsymbol{F}\boldsymbol{M}\ddot{\boldsymbol{x}}$$

式中 $\boldsymbol{F}$ 为柔度矩阵。根据功能原理，系统势能等于惯性力做功，即

$$V = \frac{1}{2}\boldsymbol{f}^{\mathrm{T}}\boldsymbol{x} = \frac{1}{2}(-\boldsymbol{M}\ddot{\boldsymbol{x}})^{\mathrm{T}}(-\boldsymbol{F}\boldsymbol{M}\ddot{\boldsymbol{x}}) = \frac{1}{2}\ddot{\boldsymbol{x}}^{\mathrm{T}}\boldsymbol{M}\boldsymbol{F}\boldsymbol{M}\ddot{\boldsymbol{x}} \tag{4.2.19}$$

无阻尼主振动位移向量可表示为 $\boldsymbol{x} = \boldsymbol{X}\sin(\omega t + \theta)$，对应的速度和加速度向量为

$$\dot{\boldsymbol{x}} = \omega\boldsymbol{X}\cos(\omega t + \theta), \quad \ddot{\boldsymbol{x}} = -\omega^2\boldsymbol{X}\sin(\omega t + \theta)$$

将加速度向量代入势能表达式得

$$V = \frac{1}{2}\ddot{\boldsymbol{x}}^{\mathrm{T}}\boldsymbol{M}\boldsymbol{F}\boldsymbol{M}\ddot{\boldsymbol{x}} = \frac{1}{2}\omega^4\boldsymbol{X}^{\mathrm{T}}\boldsymbol{M}\boldsymbol{F}\boldsymbol{M}\boldsymbol{X}\sin^2(\omega t + \theta) \tag{4.2.20}$$

将速度向量代入动能表达式得

$$T = \frac{1}{2}\dot{\boldsymbol{x}}^{\mathrm{T}}\boldsymbol{M}\dot{\boldsymbol{x}} = \frac{1}{2}\omega^2\boldsymbol{X}^{\mathrm{T}}\boldsymbol{M}\boldsymbol{X}\cos^2(\omega t + \theta) \tag{4.2.21}$$

无阻尼主振动的势能最大值等于动能最大值，由此得到利用柔度矩阵定义的瑞利商

$$\omega^2 = \frac{\boldsymbol{X}^{\mathrm{T}}\boldsymbol{M}\boldsymbol{X}}{\boldsymbol{X}^{\mathrm{T}}\boldsymbol{M}\boldsymbol{F}\boldsymbol{M}\boldsymbol{X}} = R_F(\boldsymbol{X}) \tag{4.2.22}$$

若 $\boldsymbol{X}$ 为某阶实际的振型向量，用柔度矩阵定义的瑞利商给出的也是该阶真实固有频率的平方，下面给出证明。

对多自由度系统，把广义本征方程 $(\boldsymbol{K} - \omega_i^2\boldsymbol{M})\boldsymbol{\varphi}_i = \boldsymbol{0}$ 前乘 $\boldsymbol{K}^{-1}/\omega_i^2$ 得

$$\frac{1}{\omega_i^2}\boldsymbol{\varphi}_i = \boldsymbol{K}^{-1}\boldsymbol{M}\boldsymbol{\varphi}_i = \boldsymbol{F}\boldsymbol{M}\boldsymbol{\varphi}_i \tag{4.2.23}$$

令式 (4.2.22) 中的 $\boldsymbol{X}$ 为第 i 阶振型向量 $\boldsymbol{\varphi}_i$，并将式 (4.2.23) 代入其中得

$$R_F(\boldsymbol{\varphi}_i) = \frac{\boldsymbol{\varphi}_i^{\mathrm{T}}\boldsymbol{M}\boldsymbol{\varphi}_i}{\boldsymbol{\varphi}_i^{\mathrm{T}}\boldsymbol{M}\boldsymbol{F}\boldsymbol{M}\boldsymbol{\varphi}_i} = \frac{\boldsymbol{\varphi}_i^{\mathrm{T}}\boldsymbol{M}\boldsymbol{\varphi}_i}{\boldsymbol{\varphi}_i^{\mathrm{T}}\boldsymbol{M}\dfrac{1}{\omega_i^2}\boldsymbol{\varphi}_i} = \omega_i^2 \tag{4.2.24}$$

下面再证明，用柔度矩阵定义的瑞利商大于等于基频的平方，但小于用刚度矩阵定义的瑞利商。将式 (4.2.23) 扩展为

$$\boldsymbol{F}\boldsymbol{M}\boldsymbol{\Phi} = \boldsymbol{\Phi}\boldsymbol{\Lambda}^{-1}, \quad \boldsymbol{\Lambda}^{-1} = \mathrm{diag}(1/\omega_i^2) \quad (i = 1, 2, \cdots, n) \tag{4.2.25}$$

式中 diag 表示以括号里元素为对角线元素的对角矩阵。将式 (4.2.16) 和式 (4.2.25) 依次代入式 (4.2.22) 得

$$R_F(\boldsymbol{X}) = \frac{\boldsymbol{a}^{\mathrm{T}}\boldsymbol{\Phi}^{\mathrm{T}}\boldsymbol{M}\boldsymbol{\Phi}\boldsymbol{a}}{\boldsymbol{a}^{\mathrm{T}}\boldsymbol{\Phi}^{\mathrm{T}}\boldsymbol{M}\boldsymbol{F}\boldsymbol{M}\boldsymbol{\Phi}\boldsymbol{a}} = \frac{\boldsymbol{a}^{\mathrm{T}}\boldsymbol{\Phi}^{\mathrm{T}}\boldsymbol{M}\boldsymbol{\Phi}\boldsymbol{a}}{\boldsymbol{a}^{\mathrm{T}}\boldsymbol{\Phi}^{\mathrm{T}}\boldsymbol{M}\boldsymbol{\Phi}\boldsymbol{\Lambda}^{-1}\boldsymbol{a}} = \frac{\boldsymbol{a}^{\mathrm{T}}\boldsymbol{a}}{\boldsymbol{a}^{\mathrm{T}}\boldsymbol{\Lambda}^{-1}\boldsymbol{a}} = \sum_{i=1}^{n} a_i^2 \Bigg/ \sum_{i=1}^{n} \frac{a_i^2}{\omega_i^2} \qquad (4.2.26)$$

若用基频 ω_1 代替上式中所有的频率，则分母变大，因此有

$$R_F(\boldsymbol{X}) = \sum_{i=1}^{n} a_i^2 \Bigg/ \sum_{i=1}^{n} \frac{a_i^2}{\omega_i^2} \geqslant \sum_{i=1}^{n} a_i^2 \Bigg/ \left(\frac{1}{\omega_1^2}\sum_{i=1}^{n} a_i^2\right) = \omega_1^2 \qquad (4.2.27)$$

若用最高阶频率 ω_n 来替换式 (4.2.26) 中的频率，则分母变小，因此有

$$R_F(\boldsymbol{X}) = \sum_{i=1}^{n} a_i^2 \Bigg/ \sum_{i=1}^{n} \frac{a_i^2}{\omega_i^2} \leqslant \sum_{i=1}^{n} a_i^2 \Bigg/ \left(\frac{1}{\omega_n^2}\sum_{i=1}^{n} a_i^2\right) = \omega_n^2 \qquad (4.2.28)$$

因此基于柔度矩阵定义的瑞利商给出的各阶固有频率的估计值一定在最小和最大固有频率的平方之间，这与式 (4.2.18) 给出的结论相同。下面比较两种瑞利商给出的估计值的大小，二者的差为

$$R_F(\boldsymbol{X}) - R(\boldsymbol{X}) = \frac{\displaystyle\sum_{i=1}^{n} a_i^2}{\displaystyle\sum_{i=1}^{n}(a_i^2/\omega_i^2)} - \frac{\displaystyle\sum_{j=1}^{n} \omega_j^2 a_j^2}{\displaystyle\sum_{j=1}^{n} a_j^2} = \frac{\displaystyle\sum_{i=1}^{n} a_i^2 \sum_{j=1}^{n} a_j^2 - \sum_{i=1}^{n}(a_i^2/\omega_i^2)\sum_{j=1}^{n}\omega_j^2 a_j^2}{\displaystyle\sum_{i=1}^{n}(a_i^2/\omega_i^2)\sum_{j=1}^{n} a_j^2}$$

式中分母大于零，分子中求和指标相同的项相互抵消，只剩下交叉项，因此有

$$R_F(\boldsymbol{X}) - R(\boldsymbol{X}) = \frac{\displaystyle\sum_{i=1}^{n-1}\sum_{j=i+1}^{n} 2a_i^2 a_j^2 - \sum_{i=1}^{n-1}\sum_{j=i+1}^{n}(\omega_j^2/\omega_i^2 + \omega_i^2/\omega_j^2)a_i^2 a_j^2}{\displaystyle\sum_{i=1}^{n}(a_i^2/\omega_i^2)\sum_{j=1}^{n} a_j^2} \qquad (4.2.29)$$

由于其中的 $(\omega_j^2/\omega_i^2 + \omega_i^2/\omega_j^2) \geqslant 2$，所以上式小于等于零，因此有

$$\omega_1^2 \leqslant R_F(\boldsymbol{X}) \leqslant R(\boldsymbol{X}) \qquad (4.2.30)$$

由此可知，基于柔度矩阵定义的瑞利商给出的近似结果更接近系统真实的基频，或精度更高。

与连续系统情况相同，对于多自由度系统，同样难以构造满足精度要求的高阶振型向量，所以瑞利法也主要用于基频的估计。

针对以下几类典型多自由度系统，介绍一种选取第一阶近似振型向量的方法，即选取重力作用下各自由度静位移相对比值作为近似的第一阶振型向量。

（1）弹簧质量块、多层框架类移动振动系统

如图 4.2.3 所示，若质量块水平运动，施加与坐标方向相同的重力，则各质量块所受重

力之比为 $f_1 : f_2 : f_3 = m_1 : m_2 : m_3$。根据质量块的受力分析，各质量块的弹性位移关系为 $x_1 = (f_1 + f_2 + f_3)/k_1$，$x_2 - x_1 = (f_2 + f_3)/k_2$，$x_3 - x_2 = f_3/k_3$，见例 4.2.3。用同样的方法可确定图 4.2.4 所示的多层框架系统的静位移与施加的水平重力间的关系。

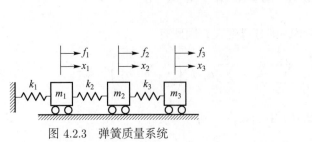
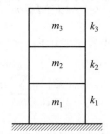

图 4.2.3 弹簧质量系统   图 4.2.4 多层框架系统

（2）圆盘扭转系统

与平移系统类似，在图 4.2.5 所示各圆盘上施加同向扭矩，且各扭矩比值为各圆盘转动惯量之比，即有 $M_1 : M_2 : M_3 = J_1 : J_2 : J_3$，各圆盘转角分别为 $\alpha_1 = (M_1 + M_2 + M_3)/k_{t1}$，$\alpha_2 - \alpha_1 = (M_2 + M_3)/k_{t2}$，$\alpha_3 - \alpha_2 = M_3/k_{t3}$，其中 k_{t1}，k_{t2}，k_{t3} 分别是三段轴的扭转刚度。

以上几类典型多自由度系统的位移可统一写成如下形式：

$$x_1 = \frac{1}{k_1} \sum_{i=1}^{n} f_i, \quad x_i - x_{i-1} = \frac{1}{k_i} \sum_{j=i}^{n} f_j \tag{4.2.31}$$

若各力之间存在固定比例，则由上式可得各自由度位移之间的固定比例，即得到了第一阶近似振型向量。

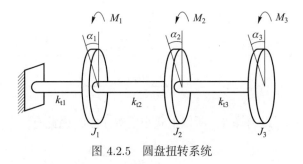

图 4.2.5 圆盘扭转系统

例 4.2.3 图 4.2.6 所示三自由度弹簧质量块系统，质量分别为 $m_1 = m_2 = m, m_3 = 2m$，弹簧刚度系数分别为 $k_1 = k_2 = k, k_3 = 2k$，用两种瑞利商定义式分别估计系统的第一阶固有频率。

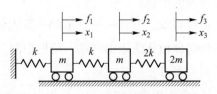

图 4.2.6 三自由度弹簧质量块系统

解： 该系统的质量矩阵和刚度矩阵分别为

$$
\boldsymbol{M} = \begin{bmatrix} m_1 & 0 & 0 \\ 0 & m_2 & 0 \\ 0 & 0 & m_3 \end{bmatrix} = m \begin{bmatrix} 1 & 0 & 0 \\ 0 & 1 & 0 \\ 0 & 0 & 2 \end{bmatrix}
$$

$$
\boldsymbol{K} = \begin{bmatrix} k_1+k_2 & -k_2 & 0 \\ -k_2 & k_2+k_3 & -k_3 \\ 0 & -k_3 & k_3 \end{bmatrix} = k \begin{bmatrix} 2 & -1 & 0 \\ -1 & 3 & -2 \\ 0 & -2 & 2 \end{bmatrix} \tag{a}
$$

由此可得本例第一阶固有频率的精确解为 $0.3731\sqrt{k/m}$。将重力作用方向变成水平方向，比例为 $f_1:f_2:f_3 = m_1:m_2:m_3 = 1:1:2$，根据式 (4.2.31) 可知质量块的位移分别为

$$
x_1 = \frac{1}{k_1}\sum_{i=1}^{n} f_i = \frac{f_1+f_2+f_3}{k_1} = \frac{4f_1}{k}, \quad x_2 = x_1 + \frac{f_2+f_3}{k_2} = \frac{7f_1}{k}, \quad x_3 = x_2 + \frac{f_3}{k_3} = \frac{8f_1}{k} \tag{b}
$$

由此可求出近似的第一阶振型向量为

$$
\boldsymbol{x}_1 = \begin{bmatrix} 1 & \dfrac{x_2}{x_1} & \dfrac{x_3}{x_1} \end{bmatrix}^{\mathrm{T}} = \begin{bmatrix} 1 & \dfrac{7}{4} & 2 \end{bmatrix}^{\mathrm{T}} \tag{c}
$$

将其代入瑞利商公式 (4.2.15) 得

$$
\omega_1 = \sqrt{\frac{\boldsymbol{x}_1^{\mathrm{T}}\boldsymbol{K}\boldsymbol{x}_1}{\boldsymbol{x}_1^{\mathrm{T}}\boldsymbol{M}\boldsymbol{x}_1}} = 0.374\sqrt{\frac{k}{m}} \tag{d}
$$

该结果与精确解的相对误差为 0.24%。

根据定义，柔度矩阵 $\boldsymbol{F}$ 的元素 F_{ij} 是由作用在第 j 个自由度上的单位力引起的第 i 个自由度的位移，据此对系统做静力和变形关系分析可得柔度矩阵，再将其代入瑞利商定义式 (4.2.22) 得

$$
\omega_1 = \sqrt{\frac{\boldsymbol{x}_1^{\mathrm{T}}\boldsymbol{M}\boldsymbol{x}_1}{\boldsymbol{x}_1^{\mathrm{T}}\boldsymbol{M}\boldsymbol{F}\boldsymbol{M}\boldsymbol{x}_1}} = 0.3732\sqrt{\frac{k}{m}} \tag{e}
$$

该结果的相对误差为 0.03%。由此可见，两个瑞利商估计精度都比较高，但基于柔度矩阵的结果精度更高，建议读者思考其原因。

4.3 里茨法和伽辽金法

里茨法和伽辽金法都是针对瑞利法不适用于估计更高阶固有频率而提出的，里茨法也称为瑞利-里茨。对于连续系统，**里茨法**和**伽辽金法**的主要思路是：令近似振型函数是一系列满足几何边界条件且彼此线性无关的已知试函数的线性组合，起到连续系统的离散

化作用或自由度的减缩作用。本节以梁为例介绍这两种方法。

4.3.1　固有振动特性计算的里茨法

为能求得更加精确的基频，同时还能得到有一定精度的高阶频率，里茨发展了瑞利法，建立了里茨法，它将近似振型函数写成一系列已知的满足几何边界条件的**基函数**的线性组合形式，即

$$Y(x) = \sum_{i=1}^{n} a_i \overline{Y}_i(x) \tag{4.3.1}$$

式中 a_i 为待定系数，满足几何边界条件的 n 个基函数 $\overline{Y}_i(x)$ 连续且存在二阶导数。上式也可写为

$$Y(x) = \boldsymbol{a}^{\mathrm{T}}\overline{\boldsymbol{Y}}(x), \quad \boldsymbol{a} = \begin{bmatrix} a_1 & a_2 & \cdots & a_n \end{bmatrix}^{\mathrm{T}}, \quad \overline{\boldsymbol{Y}} = \begin{bmatrix} \overline{Y}(x)_1 & \overline{Y}_2(x) & \cdots & \overline{Y}_n(x) \end{bmatrix}^{\mathrm{T}} \tag{4.3.2}$$

将近似振型函数表达式 (4.3.1) 代入瑞利商公式 (4.2.5) 可得

$$\overline{\omega}^2 = \frac{\int_0^l EI(x)\left[\overline{Y}''(x)\right]^2 \mathrm{d}x}{\int_0^l \rho A(x)\overline{Y}^2(x)\mathrm{d}x} = \frac{\sum_{i=1}^{n}\sum_{j=1}^{n} k_{ij}a_i a_j}{\sum_{i=1}^{n}\sum_{j=1}^{n} m_{ij}a_i a_j} = \frac{\boldsymbol{a}^{\mathrm{T}}\boldsymbol{K}\boldsymbol{a}}{\boldsymbol{a}^{\mathrm{T}}\boldsymbol{M}\boldsymbol{a}} \tag{4.3.3}$$

式中

$$k_{ij} = \int_0^l EI(x)\overline{Y}''_i(x)\overline{Y}''_j(x)\mathrm{d}x, \quad m_{ij} = \int_0^l \rho A(x)\overline{Y}_i(x)\overline{Y}_j(x)\mathrm{d}x \tag{4.3.4}$$

分别为广义刚度矩阵 $\boldsymbol{K}$、广义质量矩阵 $\boldsymbol{M}$ 的第 i 行第 j 列元素。于是，瑞利商变为

$$R(\boldsymbol{a}) = \overline{\omega}^2 = \frac{\boldsymbol{a}^{\mathrm{T}}\boldsymbol{K}\boldsymbol{a}}{\boldsymbol{a}^{\mathrm{T}}\boldsymbol{M}\boldsymbol{a}} \tag{4.3.5}$$

在 4.2 节中，把构造的第一阶近似振型函数（或振型向量）代入瑞利商就可以计算得到基频的平方。但式 (4.3.5) 中的向量 $\boldsymbol{a}$ 是未知的，因此 4.2 节的方法不适用。为了能够从式 (4.3.5) 中求出更加精确的基频和具有一定精度的其他阶频率，可以根据瑞利商的驻值性质进行变分运算，或进行求导运算，两种运算是等价的。于是得到关于频率和 $\boldsymbol{a}$ 的齐次方程组，从中可以求出 n 组待定系数 $\boldsymbol{a}$ 及与之对应的 n 阶近似固有频率。

把式 (4.3.5) 对向量 $\boldsymbol{a}$ 进行求导运算并且令其结果等于零，有

$$\frac{\partial R(\boldsymbol{a})}{\partial \boldsymbol{a}} = \frac{2}{\boldsymbol{a}^{\mathrm{T}}\boldsymbol{M}\boldsymbol{a}}\boldsymbol{K}\boldsymbol{a} - \frac{2\boldsymbol{a}^{\mathrm{T}}\boldsymbol{K}\boldsymbol{a}}{(\boldsymbol{a}^{\mathrm{T}}\boldsymbol{M}\boldsymbol{a})^2}\boldsymbol{M}\boldsymbol{a} = \frac{2}{\boldsymbol{a}^{\mathrm{T}}\boldsymbol{M}\boldsymbol{a}}(\boldsymbol{K}\boldsymbol{a} - \overline{\omega}^2\boldsymbol{M}\boldsymbol{a}) = \boldsymbol{0}$$

式中 $\boldsymbol{a}^{\mathrm{T}}\boldsymbol{M}\boldsymbol{a} > 0$，因此得到一个与多自由度问题类似的广义本征方程，即

$$(\boldsymbol{K} - \overline{\omega}^2 \boldsymbol{M})\boldsymbol{a} = \boldsymbol{0} \tag{4.3.6}$$

从这个广义本征方程可以求出 n 阶近似固有频率及相应的本征向量 $\boldsymbol{a}$，即 n 组待定系数。把求得的待定系数代回式 (4.3.1)，即可得到与各阶近似固有频率对应的近似振型函数。

由以上步骤可以看出，里茨法相当于将连续系统离散为 n 个自由度的多自由度系统，也可以理解为里茨法将无穷自由度系统降为有限自由度系统，起到了**降维**或称**自由度缩聚**的作用。上述里茨法也适用于多自由度系统，即通过降维实现只求多自由度系统的少数低阶固有模态的目的。只不过此时假设的是近似振型向量，即事先构造 m（依赖于待求解的固有频率个数）个线性无关的 n（原多自由度系统的自由度）维列向量 $\overline{\boldsymbol{\varphi}}_1, \cdots, \overline{\boldsymbol{\varphi}}_m$，以它们的线性组合作为振型向量的近似，即

$$\boldsymbol{X} = a_1\overline{\boldsymbol{\varphi}}_1 + \cdots + a_m\overline{\boldsymbol{\varphi}}_m = \boldsymbol{\Phi}\boldsymbol{a}, \quad \boldsymbol{a} = [a_1 \quad \cdots \quad a_m]^{\mathrm{T}}, \quad \boldsymbol{\Phi} = [\overline{\boldsymbol{\varphi}}_1 \quad \cdots \quad \overline{\boldsymbol{\varphi}}_m] \tag{4.3.7}$$

将式 (4.3.7) 代入多自由度系统的瑞利商公式 (4.2.15) 得

$$R(\boldsymbol{X}) = \frac{\boldsymbol{a}^{\mathrm{T}}\boldsymbol{\Phi}^{\mathrm{T}}\boldsymbol{K}\boldsymbol{\Phi}\boldsymbol{a}}{\boldsymbol{a}^{\mathrm{T}}\boldsymbol{\Phi}^{\mathrm{T}}\boldsymbol{M}\boldsymbol{\Phi}\boldsymbol{a}} = \frac{\boldsymbol{a}^{\mathrm{T}}\overline{\boldsymbol{K}}\boldsymbol{a}}{\boldsymbol{a}^{\mathrm{T}}\overline{\boldsymbol{M}}\boldsymbol{a}} = \overline{\omega}^2 \tag{4.3.8}$$

式中 $\overline{\boldsymbol{K}} = \boldsymbol{\Phi}^{\mathrm{T}}\boldsymbol{K}\boldsymbol{\Phi}, \overline{\boldsymbol{M}} = \boldsymbol{\Phi}^{\mathrm{T}}\boldsymbol{M}\boldsymbol{\Phi}$ 分别为缩聚的刚度矩阵和质量矩阵。与推导式 (4.3.6) 的方法相同，可以得到如下广义本征方程：

$$(\overline{\boldsymbol{K}} - \overline{\omega}^2\overline{\boldsymbol{M}})\boldsymbol{a} = \boldsymbol{0} \tag{4.3.9}$$

把所求的本征向量 $\boldsymbol{a}$ 代回式 (4.3.7) 可得与频率对应的振型，即

$$\boldsymbol{X}_r = \boldsymbol{\Phi}\boldsymbol{a}_r \tag{4.3.10}$$

式中 r 表示频率和振型的阶次。可以验证，任意两个不同阶振型向量 $\boldsymbol{X}_r, \boldsymbol{X}_q$ 之间存在关于原多自由度系统的质量矩阵和刚度矩阵的正交关系，即

$$\begin{aligned} \boldsymbol{X}_r^{\mathrm{T}}\boldsymbol{M}\boldsymbol{X}_q &= \boldsymbol{a}_r^{\mathrm{T}}\boldsymbol{\Phi}^{\mathrm{T}}\boldsymbol{M}\boldsymbol{\Phi}\boldsymbol{a}_q = \boldsymbol{a}_r^{\mathrm{T}}\overline{\boldsymbol{M}}\boldsymbol{a}_q = 0 \\ \boldsymbol{X}_r^{\mathrm{T}}\boldsymbol{K}\boldsymbol{X}_q &= \boldsymbol{a}_r^{\mathrm{T}}\boldsymbol{\Phi}^{\mathrm{T}}\boldsymbol{K}\boldsymbol{\Phi}\boldsymbol{a}_q = \boldsymbol{a}_r^{\mathrm{T}}\overline{\boldsymbol{K}}\boldsymbol{a}_q = 0 \end{aligned} \tag{4.3.11}$$

从上述里茨法的实施过程可以看出，该方法利用了瑞利商驻值原理，是瑞利法的一个自然推广，所以也称瑞利–里茨法。事实上，也可以用本章第一节介绍的哈密顿变分原理代替瑞利商驻值原理来获得缩聚后的广义本征方程，下面以梁为例来介绍该方法。

将欧拉–伯努利梁势能表达式 (4.2.2) 和动能表达式 (4.2.3) 代入无阻尼自由振动系统哈密顿作用量表达式 (4.1.1) 中，并在一个振动周期 ($T_0 = 2\pi/\omega$) 内积分得

$$\begin{aligned} H &= \int_{t_1}^{t_1+T_0} (T - V)\mathrm{d}t \\ &= \int_{t_1}^{t_1+T_0} \left[\frac{\cos^2(\omega t + \theta)}{2} \int_0^l \rho A(x)\omega^2 Y^2\mathrm{d}x - \frac{\sin^2(\omega t + \theta)}{2} \int_0^l EI(x)(Y'')^2\mathrm{d}x \right]\mathrm{d}t \\ &= \frac{T_0}{4} \int_0^l \left[\rho A(x)\omega^2 Y^2 - EI(x)(Y'')^2 \right]\mathrm{d}x \end{aligned} \tag{4.3.12}$$

这是一个关于振型函数的泛函。把满足几何边界条件的近似振型函数表达式 (4.3.2) 代入式 (4.3.12) 得

$$
\begin{aligned}
H &= \frac{T_0}{4}\boldsymbol{a}^{\mathrm{T}} \int_0^l \left[\rho A(x)\omega^2 \sum_{i=1}^{n}\sum_{j=1}^{n} a_i a_j \overline{Y}_i(x)\overline{Y}_j(x) - EI(x)\sum_{i=1}^{n}\sum_{j=1}^{n} a_i a_j \overline{Y}_i''(x)\overline{Y}_j''(x) \right] \mathrm{d}x \\
&= \frac{T_0}{4}\boldsymbol{a}^{\mathrm{T}} \left[\omega^2 \int_0^l \rho A(x)\overline{\boldsymbol{Y}}\,\overline{\boldsymbol{Y}}^{\mathrm{T}}\mathrm{d}x - \int_0^l EI(x)\overline{\boldsymbol{Y}}''\overline{\boldsymbol{Y}}''^{\mathrm{T}}\mathrm{d}x \right]\boldsymbol{a} \qquad (4.3.13)\\
&= \frac{T_0}{4}\boldsymbol{a}^{\mathrm{T}}(\omega^2\boldsymbol{M}-\boldsymbol{K})\boldsymbol{a}
\end{aligned}
$$

式中质量矩阵 $\boldsymbol{M}$ 和刚度矩阵 $\boldsymbol{K}$ 的元素 m_{ij} 和 k_{ij} 的表达式与式 (4.3.4) 中的相同。对 H 进行变分运算或对 $\boldsymbol{a}$ 求导，并令所得结果等于零，有

$$
(\boldsymbol{K}-\omega^2\boldsymbol{M})\boldsymbol{a}=\boldsymbol{0} \qquad (4.3.14)
$$

哈密顿变分原理也适用于多自由度系统。此外，利用拉格朗日方程也可得到广义本征方程，读者可自行推导。

例 4.3.1　用里茨法求例 4.2.2 楔形梁的第一阶固有频率。

解：　由例 4.2.2 已知，楔形梁坐标 x 处的横截面面积、惯性矩分别为

$$
A(x) = A_0\frac{x}{l}, \quad I(x) = I_0\frac{x^3}{l^3} \qquad \text{(a)}
$$

为了与例 4.2.2 中的结果进行比较，按照其中的方式构造基函数

$$
Y_1(x) = \left(1-\frac{x}{l}\right)^2, \quad Y_2(x) = \left(1-\frac{x}{l}\right)^2\frac{x}{l} \qquad \text{(b)}
$$

$$
Y_1''(x) = \frac{2}{l^2}, \quad Y_2''(x) = -\frac{4}{l^2}+\frac{6x}{l^3} \qquad \text{(c)}
$$

两个函数都满足在根部 $x=l$ 处的位移和转角等于零的几何边界条件，但不满足自由端 $x=0$ 处的力边界条件。里茨法的近似振型函数为

$$
Y(x) = a_1 Y_1(x) + a_2 Y_2(x) = a_1\left(1-\frac{x}{l}\right)^2 + a_2\left(1-\frac{x}{l}\right)^2\frac{x}{l} \qquad \text{(d)}
$$

利用广义质量矩阵和广义刚度矩阵元素计算公式 (4.3.4) 可得

$$
m_{11} = \int_0^l \rho A(x)Y_1 Y_1 \mathrm{d}x = \int_0^l \rho A_0\frac{x}{l}\left(1-\frac{x}{l}\right)^4 \mathrm{d}x = \frac{\rho A_0 l}{30}
$$

$$
m_{12} = m_{21} = \int_0^l \rho A(x)Y_1 Y_2 \mathrm{d}x = \int_0^l \rho A_0\frac{x}{l}\left(1-\frac{x}{l}\right)^4\frac{x}{l}\mathrm{d}x = \frac{\rho A_0 l}{105}
$$

$$
m_{22} = \int_0^l \rho A(x)Y_2 Y_2 \mathrm{d}x = \int_0^l \rho A_0\frac{x}{l}\left(1-\frac{x}{l}\right)^4\left(\frac{x}{l}\right)^2\mathrm{d}x = \frac{\rho A_0 l}{280}
$$

$$
k_{11} = \int_0^l EI(x)Y_1'' Y_1'' \mathrm{d}x = \int_0^l EI_0\frac{x^3}{l^3}\left(\frac{2}{l^2}\right)^2\mathrm{d}x = \frac{EI_0}{l^3}
$$

$$k_{12} = k_{21} = \int_0^l EI(x)Y_1''Y_2'' \mathrm{d}x = \int_0^l EI_0 \frac{x^3}{l^3}\left(\frac{6x}{l^3} - \frac{4}{l^2}\right)\frac{2}{l^2}\mathrm{d}x = \frac{2EI_0}{5l^3}$$

$$k_{22} = \int_0^l EI_0 \frac{x^3}{l^3}\left(\frac{6x}{l^3} - \frac{4}{l^2}\right)^2 \mathrm{d}x = \frac{2EI_0}{5l^3}$$

因此，频率方程为

$$\left|\boldsymbol{K} - \omega^2 \boldsymbol{M}\right| = \begin{vmatrix} \dfrac{EI_0}{l^3} - \omega^2 \dfrac{\rho A_0 l}{30} & \dfrac{2EI_0}{5l^3} - \omega^2 \dfrac{\rho A_0 l}{105} \\ \dfrac{2EI_0}{5l^3} - \omega^2 \dfrac{\rho A_0 l}{105} & \dfrac{2EI_0}{5l^3} - \omega^2 \dfrac{\rho A_0 l}{280} \end{vmatrix} = 0 \tag{e}$$

此方程的第一个根或基频为

$$\omega_1 = \frac{5.319}{l^2}\sqrt{\frac{EI_0}{\rho A_0}} \tag{f}$$

它与精确解的相对误差为

$$\Delta = \frac{5.319 - 5.315}{5.315} \times 100\% = 0.075\% \tag{g}$$

由此可以看出，该结果比例 4.2.2 中用瑞利法得到的结果更加精确。

本例选择了两个基函数，因此还可以得到第二阶固有频率，但误差较大。

关于里茨法给出几点总结和说明：

（1）一般情况下，基函数或基向量的个数越多，近似计算的精度越高，但也同时带来计算量的增大，为平衡精度与计算量，通常选基函数或基向量的个数为待估计频率数的 2 倍。

（2）与瑞利法类似，里茨法估计的频率也比真实值大。

（3）里茨法是一种通过缩减系统自由度来求固有模态的近似方法。如果只选取一个基函数或基向量，则其退化为瑞利法。

4.3.2 连续系统固有模态计算的伽辽金法

仍以梁为例来介绍伽辽金方法。对给定了几何边界条件的变截面梁的无阻尼自由振动问题，由哈密顿变分原理得到的变分式 (4.1.15) 变为

$$\int_{t_1}^{t_2}\int_0^l \left[\frac{\partial^2}{\partial x^2}\left(EI(x)\frac{\partial^2 y}{\partial x^2}\right) + \rho A(x)\frac{\partial^2 y}{\partial t^2}\right]\delta y \mathrm{d}x \mathrm{d}t = 0 \tag{4.3.15}$$

由于 δy 的任意性，可得

$$\int_0^l \left[\frac{\partial^2}{\partial x^2}\left(EI(x)\frac{\partial^2 y}{\partial x^2}\right) + \rho A(x)\frac{\partial^2 y}{\partial t^2}\right]\delta y \mathrm{d}x = 0 \tag{4.3.16}$$

在伽辽金方法中，先将梁的主振动位移函数 $y(x,t) = Y(x)\sin(\omega t + \theta)$ 代入上式，进而得

$$\int_0^l \left\{ [EI(x)Y'']'' - \rho A(x)\omega^2 Y \right\} \delta Y \mathrm{d}x = 0 \tag{4.3.17}$$

根据 δY 的任意性，上式积分函数大括号里的项应等于零，即有

$$[EI(x)Y'']'' - \omega^2 \rho A(x)Y = 0 \tag{4.3.18}$$

这就是变截面梁的本征值微分方程，若其中 $Y(x)$ 是某一阶真实的振型函数，则它严格满足该方程，但若是某阶近似振型函数，上式等号左端的差不为零，称为残差或残值或残量。

与里茨法相同，为得到有一定精度的近似振型函数，伽辽金方法也是把近似振型函数表达成满足几何边界条件且相互独立的基函数的线性组合形式，同式 (4.3.1)，对其进行变分有

$$\delta Y = \sum_{i=1}^{n} \overline{Y}_i \delta a_i \tag{4.3.19}$$

由于基函数是确定的，因此在对式 (4.3.1) 进行变分时，只对待定系数进行变分。为了得到使残值最小的待定系数 a_i，把近似振型函数式 (4.3.1) 及其变分式 (4.3.19) 一起代入式 (4.3.17)，其含义就是令残值的加权积分等于零，δY 为加权函数，由此得

$$\int_0^l \left\{ \sum_{j=1}^{n} a_j \left[EI(x)\overline{Y}_j'' \right]'' - \omega^2 \rho A(x) \sum_{j=1}^{n} a_j \overline{Y}_j \right\} \sum_{i=1}^{n} \overline{Y}_i \delta a_i \mathrm{d}x = 0 \tag{4.3.20}$$

式中大括号里外分别用了不同的求和指标 j 和 i，这是为了方便把上式中先求和再相乘的运算转换成先相乘再求和的运算，即

$$\int_0^l \left[\sum_{i=1}^{n} \sum_{j=1}^{n} \overline{Y}_i \left[EI(x)\overline{Y}_j'' \right]'' a_j \delta a_i - \omega^2 \sum_{i=1}^{n} \sum_{j=1}^{n} \rho A(x) \overline{Y}_i \overline{Y}_j a_j \delta a_i \right] \mathrm{d}x = 0 \tag{4.3.21}$$

交换积分和双重求和运算次序有

$$\sum_{i=1}^{n} \left[\sum_{j=1}^{n} (k'_{ij} - \omega^2 m_{ij}) a_j \right] \delta a_i = 0 \tag{4.3.22}$$

式中

$$m_{ij} = \int_0^l \rho A(x) \overline{Y}_i \overline{Y}_j \mathrm{d}x, \quad k'_{ij} = \int_0^l \overline{Y}_i \left[EI(x)\overline{Y}_j'' \right]'' \mathrm{d}x \tag{4.3.23}$$

由于 a_i 为待定系数，其变分 δa_i 是任意的，所以由式 (4.3.22) 可得

$$\sum_{j=1}^{n} (k'_{ij} - \omega^2 m_{ij}) a_j = 0 \quad (i = 1, 2, \cdots, n) \tag{4.3.24}$$

可以把上式写成矩阵向量形式

$$(\boldsymbol{K}' - \omega^2 \boldsymbol{M}) \boldsymbol{a} = \boldsymbol{0} \tag{4.3.25}$$

求解该广义本征方程，可以得到 n 个频率和 n 个本征向量。所得频率即为系统前 n 阶固有频率的近似值，将本征向量代入近似振型函数表达式 (4.3.1) 中，即可得连续系统前 n 阶近似振型函数。

从上述过程可以看出，伽辽金方法的特点是：

（1）直接利用本征值微分方程残量的加权积分等于零，见式 (4.3.17)，不需要计算动能和势能；

（2）如果问题仅有几何边界条件，例如两端固定梁，则要求基函数满足几何边界条件即可；若还有力边界条件，例如悬臂梁，原则上基函数也应该满足力边界条件，但在多数情况下，只需要基函数满足几何边界条件，就可以得到可靠的结果。

读者可自行用伽辽金法重算例 4.3.1，会发现结果与里茨法相同，也就是说，虽然基函数没有满足力边界条件，但也得到了足够精确的结果。

4.4　假设模态法

假设模态法的思路是将系统振动位移表示成前 n 阶主振动之和的形式，即

$$y(x, t) = \sum_{i=1}^{n} Y_i(x)q_i(t) = \boldsymbol{Y}^{\mathrm{T}}(x)\boldsymbol{q}(t) \tag{4.4.1}$$

式中：$Y_i(x)$ 是至少满足几何边界条件的假设（或近似）振型函数，$q_i(t)$ 为待定的广义坐标，而 $\boldsymbol{Y}(x)$ 是假设振型函数列向量，$\boldsymbol{q}(t)$ 是待定广义坐标列向量。在第 3 章介绍的模态叠加方法中，振动响应被表示为无穷个主振动叠加的形式，并指出一般情况下模态叠加方法收敛较快，用前 n 项之和就可以得到可靠的结果，这也是假设模态方法的依据。

本节还是以梁为例说明假设模态法的步骤，但其应用范围不局限于梁。将式 (4.4.1) 代入式 (4.1.18) 中的动能函数得

$$\begin{aligned}
T_{\mathrm{b}} &= \frac{1}{2}\int_0^l \rho A(x)\left(\frac{\partial y}{\partial t}\right)^2 \mathrm{d}x \\
&= \frac{1}{2}\int_0^l \rho A(x)\sum_{i=1}^{n} Y_i(x)\dot{q}_i(t)\sum_{j=1}^{n} Y_j(x)\dot{q}_j(t)\mathrm{d}x \\
&= \frac{1}{2}\sum_{i=1}^{n}\sum_{j=1}^{n} m_{ij}^{\mathrm{b}}\dot{q}_i(t)\dot{q}_j(t) = \frac{1}{2}\dot{\boldsymbol{q}}^{\mathrm{T}}\boldsymbol{M}^{\mathrm{b}}\dot{\boldsymbol{q}}
\end{aligned} \tag{4.4.2}$$

式中 $\dot{\boldsymbol{q}}$ 为梁的广义速度列向量，而

$$m_{ij}^{\mathrm{b}} = \int_0^l \rho A(x)Y_i(x)Y_j(x)\mathrm{d}x \tag{4.4.3}$$

为对称广义质量矩阵 $\boldsymbol{M}^{\mathrm{b}}$ 的元素。把式 (4.4.1) 再代入式 (4.1.18) 中的势能函数可得

$$V_{\mathrm{b}} = \frac{1}{2} \int_0^l EI(x) \left(\frac{\partial^2 y}{\partial x^2} \right)^2 \mathrm{d}x$$

$$= \frac{1}{2} \int_0^l EI(x) \sum_{i=1}^n Y_i''(x) q_i(t) \sum_{j=1}^n Y_j''(x) q_j(t) \mathrm{d}x \qquad (4.4.4)$$

$$= \frac{1}{2} \sum_{i=1}^n \sum_{j=1}^n k_{ij}^{\mathrm{b}} q_i(t) q_j(t) = \frac{1}{2} \boldsymbol{q}^{\mathrm{T}} \boldsymbol{K}^{\mathrm{b}} \boldsymbol{q}$$

式中

$$k_{ij}^{\mathrm{b}} = \int_0^l EI(x) Y_i''(x) Y_j''(x) \mathrm{d}x \qquad (4.4.5)$$

为对称广义刚度矩阵 $\boldsymbol{K}^{\mathrm{b}}$ 的元素。可以看出，由式 (4.4.3) 和式 (4.4.5) 给出的广义质量矩阵和广义刚度矩阵的元素与里茨法中得到的完全相同。

此外，梁上 x_r 处有附加质量 m，x_p 处有刚度系数为 k 的无质量弹性支撑，还有分布力 $f(x, t)$ 和 s 个集中力 $p(x_k, t)(k = 1, 2, \cdots, s)$ 的作用，如图 4.4.1 所示。

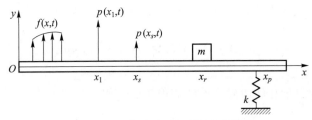

图 4.4.1　有附加质量和弹性支撑的梁

附加质量的动能为

$$T_r = \frac{1}{2} m \left[\frac{\partial y}{\partial t}(x_r, t) \right]^2 = \frac{1}{2} \sum_{i=1}^n \sum_{j=1}^n m_{ij}^r \dot{q}_i(t) \dot{q}_j(t) \qquad (4.4.6)$$

式中

$$m_{ij}^r = m Y_i(x_r) Y_j(x_r) \qquad (4.4.7)$$

附加的弹性支撑元件的势能为

$$V_p = \frac{1}{2} k y_p^2 = \frac{1}{2} \sum_{i=1}^n \sum_{j=1}^n k_{ij}^p q_i(t) q_j(t) \qquad (4.4.8)$$

式中

$$k_{ij}^p = k Y_i(x_p) Y_j(x_p) \qquad (4.4.9)$$

如果附加质量和支撑弹簧不止一个，计算步骤同上。外力在对应虚位移上所做的虚功为

$$\delta W = \int_0^l \left[f(x, t) + \sum_{k=1}^s p(x_k, t)\delta(x - x_k) \right] \delta y \mathrm{d}x$$

$$= \int_0^l \left[\sum_{i=1}^n f(x, t)Y_i(x) + \sum_{i=1}^n \sum_{k=1}^s p(x_k, t)\delta(x - x_k)Y_i(x) \right] \delta q_i(t)\mathrm{d}x \tag{4.4.10}$$

交换其中的积分与求和运算顺序，并利用 δ 函数的积分性质得

$$\delta W = \sum_{i=1}^n \left[\int_0^l f(x, t)Y_i(x)\mathrm{d}x + \sum_{k=1}^s \int_0^l p(x_k, t)\delta(x - x_k)Y_i(x)\mathrm{d}x \right] \delta q_i(t)$$

$$= \sum_{i=1}^n \left[\int_0^l Y_i(x)f(x, t)\mathrm{d}x + \sum_{k=1}^s p(x_k, t)Y_i(x_k) \right] \delta q_i(t) \tag{4.4.11}$$

$$= \sum_{i=1}^n Q_i \delta q_i(t) = \boldsymbol{Q}^{\mathrm{T}} \delta \boldsymbol{q}$$

式中 Q_i 是与第 i 个广义坐标 q_i 对应的广义力，$\boldsymbol{Q}$ 是由 n 个广义力构成的广义力列向量。梁系统的总动能为梁本身动能和附加质量动能之和，即 $T = T_{\mathrm{b}} + T_r$，同理总势能 $V = V_{\mathrm{b}} + V_p$。把总动能、总势能和广义力一起代入如下非保守系统的拉格朗日方程：

$$\frac{\mathrm{d}}{\mathrm{d}t}\left(\frac{\partial L}{\partial \dot{q}_i} \right) - \frac{\partial L}{\partial q_i} = Q_i \quad (i = 1, 2, \cdots, n; \ L = T - V) \tag{4.4.12}$$

得

$$\boldsymbol{M}\ddot{\boldsymbol{q}}(t) + \boldsymbol{K}\boldsymbol{q}(t) = \boldsymbol{Q}(t) \tag{4.4.13}$$

该式定义了一个多自由度系统振动问题，其中 $\boldsymbol{M}$ 和 $\boldsymbol{K}$ 分别为广义总质量矩阵和广义总刚度矩阵，二者的元素分别为

$$m_{ij} = m_{ij}^{\mathrm{b}} + m_{ij}^r, \quad k_{ij} = k_{ij}^{\mathrm{b}} + k_{ij}^p \quad (i, j = 1, 2, \cdots, n) \tag{4.4.14}$$

求解 $\boldsymbol{M}$ 和 $\boldsymbol{K}$ 构成的广义本征方程，可以得到 n 个本征值和本征向量（或广义振型向量）$\boldsymbol{a}_r$ $(r = 1, 2, \cdots, n)$，所得本征值即为梁固有频率近似值的平方。针对该多自由度系统，利用模态叠加法可把广义坐标表示成

$$\boldsymbol{q}(t) = \sum_{r=1}^n \xi_r(t)\boldsymbol{a}_r \tag{4.4.15}$$

再把上式代入主振动位移近似表达式 (4.4.1) 得

$$y(x, t) = \boldsymbol{Y}^{\mathrm{T}}(x) \sum_{r=1}^n \boldsymbol{a}_r \xi_r(t) = \sum_{r=1}^n \boldsymbol{Y}^{\mathrm{T}}(x)\boldsymbol{a}_r \xi_r(t) = \sum_{r=1}^n Y_r^{\mathrm{o}}(x)\xi_r(t) \tag{4.4.16}$$

式中 $Y_r^{\mathrm{o}}(x)$ 为原系统的第 r 阶近似振型函数，即

$$Y_r^{\mathrm{o}}(x) = \boldsymbol{Y}^{\mathrm{T}}(x)\boldsymbol{a}_r = \sum_{i=1}^n a_{ir}Y_i(x) \tag{4.4.17}$$

下面证明该振型函数关于分布质量和刚度的正交性。先不考虑有附加质量和附加弹性支撑情况，则 $\boldsymbol{a}_r$ 是通过求解由 $\boldsymbol{M}^{\mathrm{b}}$ 和 $\boldsymbol{K}^{\mathrm{b}}$ 构成的广义本征方程得到的本征向量，所以有

$$\boldsymbol{a}_r^{\mathrm{T}}\boldsymbol{M}^{\mathrm{b}}\boldsymbol{a}_s = 0, \quad \boldsymbol{a}_r^{\mathrm{T}}\boldsymbol{K}^{\mathrm{b}}\boldsymbol{a}_s = 0 \quad (r \neq s;\ r, s = 1, 2, \cdots, n) \tag{4.4.18}$$

近似振型函数关于分布质量的加权积分为

$$\int_0^l \rho A(x)Y_r^{\mathrm{o}}(x)Y_s^{\mathrm{o}}(x)\mathrm{d}x = \boldsymbol{a}_r^{\mathrm{T}}\left[\int_0^l \rho A(x)\boldsymbol{Y}(x)\boldsymbol{Y}^{\mathrm{T}}(x)\mathrm{d}x\right]\boldsymbol{a}_s \tag{4.4.19}$$

式中方括号里的积分项就是 $\boldsymbol{M}^{\mathrm{b}}$，由此即可推得振型函数关于分布质量的正交性，即

$$\int_0^l \rho A(x)Y_r^{\mathrm{o}}(x)Y_s^{\mathrm{o}}(x)\mathrm{d}x = \boldsymbol{a}_r^{\mathrm{T}}\boldsymbol{M}^{\mathrm{b}}\boldsymbol{a}_s = 0 \tag{4.4.20}$$

同理可证关于分布刚度的正交性。读者可以尝试证明有附加质量和附加刚度情况的振型函数的正交性。

从以上步骤可以看出，假设模态法是用有限个相互独立的假设振型函数的线性组合逼近精确解，参见式 (4.4.1)，随着 n 的增加，精度也会增加，当然计算量也会增加。该方法与里茨法类似，不考虑高阶主振动，相当于对系统额外施加了约束，导致系统刚度增加，进而估计的固有频率偏大。

例 4.4.1 如图 4.4.2 所示，密度为 ρ、弹性模量为 E 的截锥形悬臂梁，截面有单位宽度，自由端截面面积和截面惯性矩分别为 A_0 和 I_0，质量和刚度分布分别为

$$\rho A(x) = \rho A_0(1 + x/l), \quad EI(x) = EI_0(1 + x/l)^3$$

在自由端作用有集中的正弦载荷。试用假设模态法求该结构前 2 阶固有频率和振型函数，以及梁横向振动稳态响应。

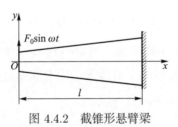

图 4.4.2　截锥形悬臂梁

解： 针对这类悬臂结构问题，可以选取例 4.2.2 或例 4.3.1 的试函数作为假设振型函数，将其写成一般形式为

$$Y_i(x) = \left(1 - \frac{x}{l}\right)^2\left(\frac{x}{l}\right)^{i-1} \quad (i = 1, 2, \cdots, n) \tag{a}$$

为了求解前 2 阶固有模态，至少需选取 2 个假设振型函数。为简便起见，本例只选 2 个，即

$$Y_1(x) = \left(1 - \frac{x}{l}\right)^2, \quad Y_2(x) = \left(1 - \frac{x}{l}\right)^2\frac{x}{l} \tag{b}$$

对其分别求二阶导数得

$$Y_1''(x) = \frac{2}{l^2}, \quad Y_2''(x) = \frac{2}{l^2}\left(\frac{3x}{l} - 2\right) \tag{c}$$

由广义质量矩阵和广义刚度矩阵元素的计算公式 (4.4.3) 和式 (4.4.5) 得

$$m_{11} = \int_0^l \rho A(x)Y_1Y_1\mathrm{d}x = \int_0^l \rho A_0\left(1+\frac{x}{l}\right)\left(1-\frac{x}{l}\right)^4\mathrm{d}x = \frac{7\rho A_0 l}{30}$$

$$m_{12} = m_{21} = \int_0^l \rho A(x)Y_1Y_2\mathrm{d}x = \int_0^l \rho A_0\left(1+\frac{x}{l}\right)\left(1-\frac{x}{l}\right)^4\frac{x}{l}\mathrm{d}x = \frac{3\rho A_0 l}{70}$$

$$m_{22} = \int_0^l \rho A(x)Y_2Y_2\mathrm{d}x = \int_0^l \rho A_0\left(1+\frac{x}{l}\right)\left(1-\frac{x}{l}\right)^4\left(\frac{x}{l}\right)^2\mathrm{d}x = \frac{11\rho A_0 l}{840}$$

$$k_{11} = \int_0^l EI(x)Y_1''Y_1''\mathrm{d}x = \int_0^l EI_0\left(1+\frac{x}{l}\right)^3\left(\frac{2}{l^2}\right)^2\mathrm{d}x = \frac{15EI_0}{l^3}$$

$$k_{12} = k_{21} = \int_0^l EI(x)Y_1''Y_2''\mathrm{d}x = \int_0^l EI_0\left(1+\frac{x}{l}\right)^3\left(\frac{6x}{l^3}-\frac{4}{l^2}\right)\frac{2}{l^2}\mathrm{d}x = -\frac{3EI_0}{5l^3}$$

$$k_{22} = \int_0^l EI_0\left(1+\frac{x}{l}\right)^3\left(\frac{6x}{l^3}-\frac{4}{l^2}\right)^2\mathrm{d}x = \frac{9EI_0}{l^3}$$

频率方程为

$$|\boldsymbol{K}-\omega^2\boldsymbol{M}| = \begin{vmatrix} \dfrac{15EI_0}{l^3}-\omega^2\dfrac{7\rho A_0 l}{30} & -\dfrac{3EI_0}{5l^3}-\omega^2\dfrac{3\rho A_0 l}{70} \\[3mm] -\dfrac{3EI_0}{5l^3}-\omega^2\dfrac{3\rho A_0 l}{70} & \dfrac{9EI_0}{l^3}-\omega^2\dfrac{11\rho A_0 l}{840} \end{vmatrix} = 0 \tag{d}$$

由此解出前 2 阶固有频率及广义振型向量分别为

$$\omega_1 = \frac{7.6917}{l^2}\sqrt{\frac{EI_0}{\rho A_0}}, \quad \omega_2 = \frac{43.2108}{l^2}\sqrt{\frac{EI_0}{\rho A_0}} \tag{e}$$

$$\boldsymbol{a}_1 = \begin{bmatrix} 1 \\ 0.3816 \end{bmatrix}, \quad \boldsymbol{a}_2 = \begin{bmatrix} 1 \\ -5.2179 \end{bmatrix} \tag{f}$$

据此可得原系统振型函数为

$$Y_1^{\mathrm{o}}(x) = \boldsymbol{Y}^{\mathrm{T}}(x)\boldsymbol{a}_1 = Y_1(x)+0.3816Y_2(x) = \left(1-\frac{x}{l}\right)^2\left(1+0.3816\frac{x}{l}\right)$$
$$Y_2^{\mathrm{o}}(x) = \boldsymbol{Y}^{\mathrm{T}}(x)\boldsymbol{a}_2 = Y_1(x)-5.2179Y_2(x) = \left(1-\frac{x}{l}\right)^2\left(1-5.2179\frac{x}{l}\right) \tag{g}$$

与广义坐标 q_i 对应的广义力为

$$Q_i(t) = \int_0^l Y_i(x)F_0\sin\omega t\delta(x)\mathrm{d}x = Y_i(0)F_0\sin\omega t \tag{h}$$

则有

$$Q_1(t) = Y_1(0)F_0 \sin \omega t = F_0 \sin \omega t, \quad Q_2(t) = Y_2(0)F_0 \sin \omega t = 0 \tag{a1}$$

多自由度系统动力学方程为

$$\boldsymbol{M}\ddot{\boldsymbol{q}}(t) + \boldsymbol{K}\boldsymbol{q}(t) = \boldsymbol{Q}(t) = \begin{bmatrix} Q_1(t) & Q_2(t) \end{bmatrix}^{\mathrm{T}} \tag{b1}$$

用模态叠加法将广义坐标写成模态叠加形式，即

$$\boldsymbol{q}(t) = \sum_{r=1}^{2} \xi_r(t)\boldsymbol{a}_r \tag{c1}$$

将其代入多自由度系统动力学方程 (b1)，并分别前乘各阶广义振型向量的转置，利用正交性可得

$$
\begin{aligned}
\ddot{\xi}_1(t) + \omega_1^2 \xi_1(t) &= \boldsymbol{a}_1^{\mathrm{T}} \boldsymbol{Q}(t) / \boldsymbol{a}_1^{\mathrm{T}} \boldsymbol{M} \boldsymbol{a}_1 = 3.7321 \frac{F_0 \sin \omega t}{\rho A_0 l} \\
\ddot{\xi}_2(t) + \omega_2^2 \xi_2(t) &= \boldsymbol{a}_2^{\mathrm{T}} \boldsymbol{Q}(t) / \boldsymbol{a}_2^{\mathrm{T}} \boldsymbol{M} \boldsymbol{a}_2 = 7.0115 \frac{F_0 \sin \omega t}{\rho A_0 l}
\end{aligned}
\tag{d1}
$$

该方程的特解为

$$\xi(t) = \begin{bmatrix} \xi_1(t) \\ \xi_2(t) \end{bmatrix} = \frac{F_0 \sin \omega t}{\rho A_0 l} \begin{bmatrix} 3.7321/(\omega_1^2 - \omega^2) \\ 7.0115/(\omega_2^2 - \omega^2) \end{bmatrix} \tag{e1}$$

将其代入式 (c1) 得

$$\boldsymbol{q}(t) = \begin{bmatrix} \boldsymbol{a}_1 & \boldsymbol{a}_2 \end{bmatrix} \boldsymbol{\xi}(t) = \begin{bmatrix} 1 & 1 \\ 0.3816 & -5.2179 \end{bmatrix} \begin{bmatrix} 3.7321/(\omega_1^2 - \omega^2) \\ 7.0115/(\omega_2^2 - \omega^2) \end{bmatrix} \frac{F_0 \sin \omega t}{\rho A_0 l} \tag{f1}$$

把上式代入式 (4.4.1) 即得物理系统稳态响应为

$$
\begin{aligned}
y(x, t) &= \boldsymbol{Y}^{\mathrm{T}}(x)\boldsymbol{q}(t) \\
&= \left(1 - \frac{x}{l}\right)^2 \begin{bmatrix} 1 & \dfrac{x}{l} \end{bmatrix} \begin{bmatrix} 1 & 1 \\ 0.3816 & -5.2179 \end{bmatrix} \begin{bmatrix} 3.7321/(\omega_1^2 - \omega^2) \\ 7.0115/(\omega_2^2 - \omega^2) \end{bmatrix} \frac{F_0 \sin \omega t}{\rho A_0 l} \\
&= \frac{F_0}{\rho A_0 l} \left(1 - \frac{x}{l}\right)^2 \left[\left(1 + 0.3816\frac{x}{l}\right) \frac{3.7321}{\omega_1^2 - \omega^2} + \left(1 - 5.2179\frac{x}{l}\right) \frac{7.0115}{\omega_2^2 - \omega^2} \right] \sin \omega t
\end{aligned}
\tag{g1}
$$

例 4.4.2　图 4.4.3 所示为一均匀简支梁，抗弯刚度为 EI，分布质量为 ρA，中点处附有集中质量，且 $m = \rho A l$。试用假设模态法估计梁的前 3 阶固有频率和振型。

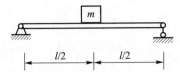

图 4.4.3　中点处有附加集中质量的等截面均匀简支梁

解： 选取等截面均匀简支梁的振型函数为假设模态函数，为了简化计算过程，下面只选取前 3 阶，即

$$y(x, t) = \sum_{i=1}^{3} Y_i(x) q_i(t) = \boldsymbol{Y}^{\mathrm{T}}(x) \boldsymbol{q}(t) \tag{a}$$

式中

$$Y_1 = \sin \frac{\pi x}{l}, \quad Y_2 = \sin \frac{2\pi x}{l}, \quad Y_3 = \sin \frac{3\pi x}{l} \tag{b}$$

广义质量矩阵和广义刚度矩阵元素计算公式为

$$m_{ij} = \int_0^l \rho A Y_i(x) Y_j(x) \mathrm{d}x + \rho A l Y_i \left(\frac{l}{2}\right) Y_j \left(\frac{l}{2}\right), \quad k_{ij} = \int_0^l EI Y_i''(x) Y_j''(x) \mathrm{d}x \tag{c}$$

由此得

$$\boldsymbol{M} = \frac{\rho A l}{2} \begin{bmatrix} 3 & 0 & -2 \\ 0 & 1 & 0 \\ -2 & 0 & 3 \end{bmatrix}, \quad \boldsymbol{K} = \frac{\pi^4 EI}{2l^3} \begin{bmatrix} 1 & 0 & 0 \\ 0 & 16 & 0 \\ 0 & 0 & 81 \end{bmatrix} \tag{d}$$

广义本征方程为

$$(\boldsymbol{K} - \omega^2 \boldsymbol{M}) \boldsymbol{a} = \boldsymbol{0} \tag{e}$$

从上式可求解前 3 阶固有频率

$$\omega_1 = \frac{0.576 \pi^2}{l^2} \sqrt{\frac{EI}{\rho A}}, \quad \omega_2 = \frac{4.00 \pi^2}{l^2} \sqrt{\frac{EI}{\rho A}}, \quad \omega_3 = \frac{6.991 \pi^2}{l^2} \sqrt{\frac{EI}{\rho A}} \tag{f}$$

和对应的 3 阶广义振型向量

$$\boldsymbol{a}_1 = \begin{bmatrix} 0.574\,2 \\ 0.000\,0 \\ -0.004\,8 \end{bmatrix}, \quad \boldsymbol{a}_2 = \begin{bmatrix} 0.000\,0 \\ 1.000\,0 \\ 0.000\,0 \end{bmatrix}, \quad \boldsymbol{a}_3 = \begin{bmatrix} 0.519\,9 \\ 0.000\,0 \\ 0.774\,6 \end{bmatrix} \tag{g}$$

原系统的近似振型函数为

$$Y_r^{\circ}(x) = \boldsymbol{Y}^{\mathrm{T}}(x) \boldsymbol{a}_r = \begin{bmatrix} Y_1(x) & Y_2(x) & Y_3(x) \end{bmatrix} \boldsymbol{a}_r \quad (r = 1, 2, 3) \tag{h}$$

即

$$Y_1^{\circ}(x) = 0.574\,2 \sin \frac{\pi x}{l} - 0.004\,8 \sin \frac{3\pi x}{l}$$
$$Y_2^{\circ}(x) = \sin \frac{2\pi x}{l} \tag{i}$$
$$Y_3^{\circ}(x) = 0.519\,9 \sin \frac{\pi x}{l} + 0.774\,6 \sin \frac{3\pi x}{l}$$

可以看出，第二阶固有频率和振型函数均与没有附加质量的两端简支梁的相同，这是

因为附加质量正好在均匀简支梁第二阶振型的节点上。附加质量对第一、三阶固有频率和振型的影响明显，与无附加质量情况相比，质量增加使这两阶频率降低。从图 4.4.4 中可以看出，因为附加质量正好位于这两阶振型的波峰或波谷，相比其他位置，梁中点更不容易发生位移，即附加质量降低了该处模态位移的幅值。

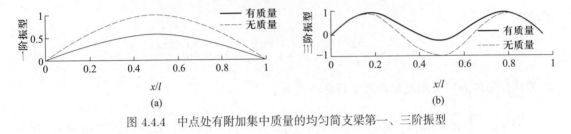

图 4.4.4 中点处有附加集中质量的均匀简支梁第一、三阶振型

4.5 传递矩阵法

麦克莱斯塔德（N.O.Myklestad，1944）和普罗尔（M.A.Prohl，1945）将霍尔茨（H. Holzer，1921）法用来解决多圆盘轴扭振问题的**初参数法**推广到轴的横向振动问题，后来发展成为传递矩阵法 [4]。该方法主要用于求解细长链式结构的振动问题，常用于汽轮机、发电机转子的临界转速分析，以及导弹、火箭等细长结构的振动特性分析。

传递矩阵法的思想是将细长连续结构分成若干段，将重点关注的位置设成每段的端点，按照力系平衡原则将每一段的质量集中到其两端，每一段都是理想弹性元件，利用相邻两段之间的位移和力的协调条件，建立起每一段两端面的位移与力从一端向另一端的传递关系，最终利用边界条件得到频率方程。

本节以发电设备中常见的刚性圆盘-轴系统为例介绍传递矩阵法。其基本思路是把每一个圆盘都当作某一段轴的端点，也称为站点或结点，若轴的质量远小于圆盘的质量，可以把该段轴看成无质量的弹性轴。若轴的质量不可忽略，则可用平行力分解方法将其质量叠加到刚性圆盘上。简化后的盘轴横向振动系统如图 4.5.1 所示，下面利用欧拉-伯努利梁理论来建立相邻两站点状态向量之间的传递关系。

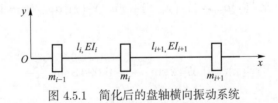

图 4.5.1 简化后的盘轴横向振动系统

首先考虑第 i 个站点的质量为 m_i 的刚性圆盘两侧状态向量的关系，该圆盘的受力情况如图 4.5.2 所示。圆盘左右两侧作用有剪力和弯矩，考虑主振动或固有振动 $y_i = Y_i e^{i\omega t}$，$\theta_i = \Theta_i e^{i\omega t}$，则第 i 个站点的刚性圆盘横向也即 y 方向的惯性力及圆盘绕 z 轴的转动惯性力矩

分别为

$$m_i \frac{\partial^2 y_i}{\partial t^2} = -m_i \omega^2 y_i, \quad J_{zi} \frac{\partial^2 \theta_i}{\partial t^2} = -J_{zi} \omega^2 \theta_i \tag{4.5.1}$$

式中 ω 为主振动频率（固有频率），J_{zi} 为圆盘绕 z 向中性轴的转动惯量。

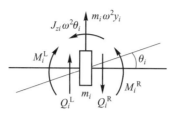

图 4.5.2　第 i 个站点受力分析

第 i 个站点的刚性圆盘左右两侧的挠度与转角相等，即

$$y_i^{\mathrm{R}} = y_i^{\mathrm{L}} = y_i, \quad \theta_i^{\mathrm{R}} = \theta_i^{\mathrm{L}} = \theta_i \tag{4.5.2}$$

利用达朗贝尔原理，由图 4.5.2 可得力及力矩平衡方程

$$Q_i^{\mathrm{R}} = Q_i^{\mathrm{L}} + m_i \omega^2 y_i^{\mathrm{L}}, \quad M_i^{\mathrm{R}} = M_i^{\mathrm{L}} - J_{zi} \omega^2 \theta_i^{\mathrm{L}} \tag{4.5.3}$$

可将第 i 个站点的刚性圆盘左右状态向量的传递关系写成矩阵形式

$$\begin{bmatrix} y_i \\ \theta_i \\ M_i \\ Q_i \end{bmatrix}^{\mathrm{R}} = \begin{bmatrix} 1 & 0 & 0 & 0 \\ 0 & 1 & 0 & 0 \\ 0 & -J_{zi}\omega^2 & 1 & 0 \\ m_i\omega^2 & 0 & 0 & 1 \end{bmatrix} \begin{bmatrix} y_i \\ \theta_i \\ M_i \\ Q_i \end{bmatrix}^{\mathrm{L}} \tag{4.5.4}$$

再考虑第 i 段无质量弹性轴两端状态向量的关系，见图 4.5.3，其中轴两端的力及力矩是用与之相连的圆盘左右端的力及力矩符号来表示的。注意，在第 i 个圆盘和第 i 段轴的连接面上，圆盘左端的力与力矩和轴右端的大小相等方向相反；同样在第 $i-1$ 个圆盘和第 i 段轴的连接面上，圆盘右端的力与力矩和轴左端的大小相等方向相反。由图 4.5.3 可以看出，该段弹性轴的力及力矩平衡条件为

$$Q_i^{\mathrm{L}} = Q_{i-1}^{\mathrm{R}}, \quad M_i^{\mathrm{L}} = M_{i-1}^{\mathrm{R}} + Q_{i-1}^{\mathrm{R}} l_i \tag{4.5.5}$$

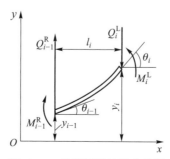

图 4.5.3　轴段两端的受力分析

该段弹性轴两端的位移关系为

$$\theta_i = \theta_{i-1} + \frac{l_i}{EI_i}M_i^{\mathrm{L}} - \frac{l_i^2}{2EI_i}Q_i^{\mathrm{L}}, \quad y_i = y_{i-1} + l_i\theta_{i-1} + \frac{l_i^2}{2EI_i}M_i^{\mathrm{L}} - \frac{l_i^3}{3EI_i}Q_i^{\mathrm{L}} \tag{4.5.6}$$

式中，后两项是右端相对左端的转角及挠度，即假设左端固定，右端在剪力和弯矩共同作用下产生的转角和挠度，如图 4.5.4 所示。由材料力学公式得

$$\theta = \frac{Ml}{EI} - \frac{Ql^2}{2EI}, \quad y = \frac{Ml^2}{2EI} - \frac{Ql^3}{3EI} \tag{4.5.7}$$

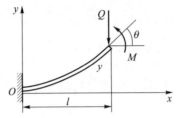

图 4.5.4　自由端有剪力和弯矩共同作用的悬臂梁

将轴段两端力平衡关系式 (4.5.5) 代入式 (4.5.6)，并且把式 (4.5.6) 中的位移用与轴段相连的圆盘两侧位移来表示，于是有

$$
\begin{aligned}
y_i^{\mathrm{L}} &= y_{i-1}^{\mathrm{R}} + l_i\theta_{i-1}^{\mathrm{R}} + \frac{l_i^2}{2EI_i}M_{i-1}^{\mathrm{R}} + \frac{l_i^3}{6EI_i}Q_{i-1}^{\mathrm{R}} \\
\theta_i^{\mathrm{L}} &= \theta_{i-1}^{\mathrm{R}} + \frac{l_i}{EI_i}M_{i-1}^{\mathrm{R}} + \frac{l_i^2}{2EI_i}Q_{i-1}^{\mathrm{R}}
\end{aligned}
\tag{4.5.8}
$$

由上式及式 (4.5.5) 可得第 i 个轴段左端状态向量和右端状态向量之间的关系，即

$$
\begin{bmatrix} y_i \\ \theta_i \\ M_i \\ Q_i \end{bmatrix}^{\mathrm{L}} =
\begin{bmatrix}
1 & l_i & \dfrac{l_i^2}{2EI_i} & \dfrac{l_i^3}{6EI_i} \\
0 & 1 & \dfrac{l_i}{EI_i} & \dfrac{l_i^2}{2EI_i} \\
0 & 0 & 1 & l_i \\
0 & 0 & 0 & 1
\end{bmatrix}
\begin{bmatrix} y_{i-1} \\ \theta_{i-1} \\ M_{i-1} \\ Q_{i-1} \end{bmatrix}^{\mathrm{R}}
\tag{4.5.9}
$$

式中的方阵称为第 i 段轴的场传递矩阵，它表达了弹性轴两端状态向量间的传递关系。将上式代入式 (4.5.4) 可得出第 i 个站点右侧的状态向量与第 $i-1$ 个站点右侧的状态向量之间的传递关系，即

$$
\begin{bmatrix} y_i \\ \theta_i \\ M_i \\ Q_i \end{bmatrix}^{\mathrm{R}} =
\begin{bmatrix}
1 & l_i & \dfrac{l_i^2}{2EI_i} & \dfrac{l_i^3}{6EI_i} \\
0 & 1 & \dfrac{l_i}{EI_i} & \dfrac{l_i^2}{2EI_i} \\
0 & -J_{zi}\omega^2 & 1 - \dfrac{J_{zi}\omega^2 l_i}{EI_i} & l_i - \dfrac{J_{zi}\omega^2 l_i^2}{2EI_i} \\
m_i\omega^2 & m_i\omega^2 l_i & \dfrac{m_i\omega^2 l_i^2}{2EI_i} & 1 + \dfrac{m_i\omega^2 l_i^3}{6EI_i}
\end{bmatrix}
\begin{bmatrix} y_{i-1} \\ \theta_{i-1} \\ M_{i-1} \\ Q_{i-1} \end{bmatrix}^{\mathrm{R}}
\tag{4.5.10}
$$

式中的方阵称为右端固连有刚性圆盘的第 i 段轴的传递矩阵, 用 $\boldsymbol{H}_i$ 表示。上式可简写为

$$\boldsymbol{Z}_i^{\mathrm{R}} = \boldsymbol{H}_i \boldsymbol{Z}_{i-1}^{\mathrm{R}} \tag{4.5.11}$$

式中

$$\boldsymbol{Z}_i^{\mathrm{R}} = \begin{bmatrix} y_i \\ \theta_i \\ M_i \\ Q_i \end{bmatrix}^{\mathrm{R}}, \quad \boldsymbol{Z}_{i-1}^{\mathrm{R}} = \begin{bmatrix} y_{i-1} \\ \theta_{i-1} \\ M_{i-1} \\ Q_{i-1} \end{bmatrix}^{\mathrm{R}}$$

假设细长结构总共分了 n 段, 即 i 从 1 变化到 n, 于是从左端边界传递到最后一个刚性圆盘或者弹性轴的右端的递推关系为

$$\boldsymbol{Z}_n^{\mathrm{R}} = \boldsymbol{H}_n \boldsymbol{H}_{n-1} \cdots \boldsymbol{H}_1 \boldsymbol{Z}_0^{\mathrm{R}} = \boldsymbol{H} \boldsymbol{Z}_0^{\mathrm{R}} \tag{4.5.12}$$

或

$$\begin{bmatrix} y_n \\ \theta_n \\ M_n \\ Q_n \end{bmatrix}^{\mathrm{R}} = \begin{bmatrix} H_{11} & H_{12} & H_{13} & H_{14} \\ H_{21} & H_{22} & H_{23} & H_{24} \\ H_{31} & H_{32} & H_{33} & H_{34} \\ H_{41} & H_{42} & H_{43} & H_{44} \end{bmatrix} \begin{bmatrix} y_0 \\ \theta_0 \\ M_0 \\ Q_0 \end{bmatrix}^{\mathrm{R}} \tag{4.5.13}$$

将细长结构两端已知的位移和力的边界条件代入传递关系式 (4.5.13) 即可得到频率方程。例如, 考虑两端简支梁, 其边界条件为

$$y_0 = y_n = 0, \quad M_0 = M_n = 0 \tag{4.5.14}$$

将其代入传递关系式 (4.5.13) 得

$$\begin{bmatrix} 0 \\ \theta_n \\ 0 \\ Q_n \end{bmatrix}^{\mathrm{R}} = \begin{bmatrix} H_{11} & H_{12} & H_{13} & H_{14} \\ H_{21} & H_{22} & H_{23} & H_{24} \\ H_{31} & H_{32} & H_{33} & H_{34} \\ H_{41} & H_{42} & H_{43} & H_{44} \end{bmatrix} \begin{bmatrix} 0 \\ \theta_0 \\ 0 \\ Q_0 \end{bmatrix}^{\mathrm{R}} \tag{4.5.15}$$

利用其中第一和第三个方程可得

$$\begin{bmatrix} 0 \\ 0 \end{bmatrix} = \begin{bmatrix} H_{12} & H_{14} \\ H_{32} & H_{34} \end{bmatrix} \begin{bmatrix} \theta_0 \\ Q_0 \end{bmatrix}^{\mathrm{R}} \tag{4.5.16}$$

梁左边界未知的剪力 Q_0 和转角 θ_0 不同时为零, 则其系数矩阵行列式等于零, 即

$$\begin{vmatrix} H_{12} & H_{14} \\ H_{32} & H_{34} \end{vmatrix} = 0 \tag{4.5.17}$$

这个等式中的未知数只有频率, 这就是用传递矩阵法得到的频率方程。

前面以刚性圆盘-轴横向振动系统为例介绍了传递矩阵法。传递矩阵的思想适用于更广泛的问题，如轴的扭转振动、杆的轴向振动以及离散元件构成的多自由度系统等。不同问题的传递变量和传递矩阵是不同的。

值得注意的是，传递矩阵方法的一个显著特点是其矩阵维数不随系统自由度的增加而增加，因此计算代价小且易于编程，不过可能出现数值不稳定现象。

例 4.5.1　用传递矩阵法求例 4.2.1 中悬臂梁自由端具有集中质量情况的固有频率，本例中集中质量大小为 m，并且忽略梁的质量。

解：梁的左端固支，右端为没有惯性力矩的集中质量，则式 (4.5.10) 变为

$$
\begin{bmatrix} y_1 \\ \theta_1 \\ M_1 \\ Q_1 \end{bmatrix}^{\mathrm{R}} = \begin{bmatrix} 1 & l & \dfrac{l^2}{2EI} & \dfrac{l^3}{6EI} \\ 0 & 1 & \dfrac{l}{EI} & \dfrac{l^2}{2EI} \\ 0 & 0 & 1 & l_i \\ m\omega^2 & m\omega^2 l & \dfrac{m\omega^2 l^2}{2EI} & 1+\dfrac{m\omega^2 l^3}{6EI} \end{bmatrix} \begin{bmatrix} y_0 \\ \theta_0 \\ M_0 \\ Q_0 \end{bmatrix}^{\mathrm{R}} \tag{a}
$$

边界条件为

$$
y_0 = 0, \quad \theta_0 = 0, \quad Q_1 = 0, \quad M_1 = 0 \tag{b}
$$

将其代入传递关系式 (a) 得

$$
\begin{bmatrix} y_1 \\ \theta_1 \\ 0 \\ 0 \end{bmatrix}^{\mathrm{R}} = \begin{bmatrix} 1 & l & \dfrac{l^2}{2EI} & \dfrac{l^3}{6EI} \\ 0 & 1 & \dfrac{l}{EI} & \dfrac{l^2}{2EI} \\ 0 & 0 & 1 & l_i \\ m\omega^2 & m\omega^2 l & \dfrac{m\omega^2 l^2}{2EI} & 1+\dfrac{m\omega^2 l^3}{6EI} \end{bmatrix} \begin{bmatrix} 0 \\ 0 \\ M_0 \\ Q_0 \end{bmatrix}^{\mathrm{R}} \tag{c}
$$

简化其中第三和第四个方程得

$$
\begin{bmatrix} 0 \\ 0 \end{bmatrix} = \begin{bmatrix} 1 & l \\ \dfrac{m\omega^2 l^2}{2EI} & 1+\dfrac{m\omega^2 l^3}{6EI} \end{bmatrix} \begin{bmatrix} M_0 \\ Q_0 \end{bmatrix} \tag{d}
$$

于是可得频率方程为

$$
\begin{vmatrix} 1 & l \\ \dfrac{m\omega^2 l^2}{2EI} & 1+\dfrac{m\omega^2 l^3}{6EI} \end{vmatrix} = 0 \tag{e}
$$

由此方程可得固有频率为

$$
\omega^2 = \frac{3EI}{ml^3} \tag{f}
$$

该结果和第 1 章将该系统视为单自由度系统的结果相同，更精确的分析要求更多阶频率，可将梁划分更多段，并且考虑梁的质量，建议读者分析并把所得结果与例 3.3.2 的结果进行比较。

4.6　有限元法

有限元法（FEM，finite element method）是一种求解偏微分方程边值问题近似解的数值方法。求解时先把复杂连续结构划分（或离散）成为有限个简单子区域（或子结构），这些简单子区域称为单元。然后以单元结点位移为待求参数，构造满足单元位移边界条件的单元容许函数，并求出单元刚度矩阵、质量矩阵和载荷列向量等。最后对所有单元进行组装，再利用能量原理，如虚位移原理、拉格朗日第二类方程、哈密顿变分原理等，建立结构系统振动常微分方程。这就是有限元法的实现过程，该方法是瑞利–里茨法的发展，也可以看成是假设模态法的拓展，其中结点位移参数相当于广义坐标。

本节仅以梁为例，说明有限元法在结构振动问题分析中的应用步骤。这里考虑的梁具有纵向对称平面 $x-y$，横向外载荷也作用在这个纵向平面内。

将梁划分成若干个单元，每个单元可看作是等截面直梁，由于单元可划分得足够小，所以在每个单元上，可以认为物理参数是均匀分布的。由于只考虑梁在纵向对称平面内的振动，因此这种梁单元也称**平面梁单元**。

最简单的平面梁单元有 2 个结点，每个结点有 3 个独立位移参数，即轴向、横向位移以及转角。单元截面面积 A、长度 l，弹性模量 E、密度 ρ 均已知。若不考虑轴向变形，每个结点有 2 个位移参数，如图 4.6.1 所示，其中 u_1, u_3 分别为两结点的横向位移，而 u_2, u_4 分别为两结点各自所在截面的转动位移，该平面梁单元有 4 个独立位移参数（或广义坐标），即有 4 个自由度。

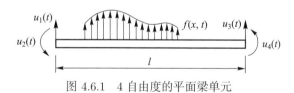

图 4.6.1　4 自由度的平面梁单元

以单元左端点为原点向右为正建立局部坐标系。将梁单元的横向位移（挠度）函数表示为

$$y(x, t) = \sum_{i=1}^{4} N_i(x) u_i(t) \tag{4.6.1}$$

式中基函数 $N_i(x)$ 在有限元方法中称为**形函数**。单元位移函数 (4.6.1) 满足单元两端的位移边界条件，即

$$y(0, t) = N_1(0)u_1(t) + N_2(0)u_2(t) + N_3(0)u_3(t) + N_4(0)u_4(t) = u_1(t) \tag{4.6.2a}$$

$$\frac{\partial y}{\partial x}(0, t) = N_1'(0)u_1(t) + N_2'(0)u_2(t) + N_3'(0)u_3(t) + N_4'(0)u_4(t) = u_2(t) \tag{4.6.2b}$$

$$y(l, t) = N_1(l)u_1(t) + N_2(l)u_2(t) + N_3(l)u_3(t) + N_4(l)u_4(t) = u_3(t) \tag{4.6.2c}$$

$$\frac{\partial y}{\partial x}(l, t) = N_1'(l)u_1(t) + N_2'(l)u_2(t) + N_3'(l)u_3(t) + N_4'(l)u_4(t) = u_4(t) \tag{4.6.2d}$$

由于式 (4.6.2) 对任意时刻 t 都成立,因此可得如下四组关系:

$$N_1(0) = 1, \quad N_2(0) = 0, \quad N_3(0) = 0, \quad N_4(0) = 0 \tag{4.6.3a}$$

$$N_1'(0) = 0, \quad N_2'(0) = 1, \quad N_3'(0) = 0, \quad N_4'(0) = 0 \tag{4.6.3b}$$

$$N_1(l) = 0, \quad N_2(l) = 0, \quad N_3(l) = 1, \quad N_4(l) = 0 \tag{4.6.3c}$$

$$N_1'(l) = 0, \quad N_2'(l) = 0, \quad N_3'(l) = 0, \quad N_4'(l) = 1 \tag{4.6.3d}$$

也就是每一个形函数都要满足 4 个条件。由 4 个条件可以确定一个具有 4 个待定系数的一元三次代数多项式,即

$$N_i(x) = a_3^i x^3 + a_2^i x^2 + a_1^i x + a_0^i \quad (i = 1, 2, 3, 4) \tag{4.6.4}$$

把上式中的形函数分别代入式 (4.6.3a)~式 (4.6.3d) 中,可求得每一个形函数表达式中的 4 个待定系数,因此得

$$N_1(x) = 1 - \frac{3x^2}{l^2} + \frac{2x^3}{l^3}, \quad N_2(x) = x - \frac{2x^2}{l} + \frac{x^3}{l^2}$$
$$N_3(x) = \frac{3x^2}{l^2} - \frac{2x^3}{l^3}, \qquad N_4(x) = \frac{x^3}{l^2} - \frac{x^2}{l} \tag{4.6.5}$$

把该式代入式 (4.6.1) 可得梁单元的位移函数,其中单元结点位移为待求的未知量,这种单元称为位移有限单元。梁单元动能函数为

$$\begin{aligned}
T_e &= \frac{1}{2} \int_0^l \rho A \left[\frac{\partial y}{\partial t}(x, t) \right]^2 \mathrm{d}x \\
&= \frac{1}{2} \int_0^l \rho A \sum_{i=1}^4 N_i(x) \dot{u}_i(t) \sum_{j=1}^4 N_j(x) \dot{u}_j(t) \mathrm{d}x \\
&= \frac{1}{2} \sum_{i=1}^4 \sum_{j=1}^4 m_{ij} \dot{u}_i(t) \dot{u}_j(t) = \frac{1}{2} \dot{\boldsymbol{u}}_e^{\mathrm{T}}(t) \boldsymbol{M}_e \dot{\boldsymbol{u}}_e(t)
\end{aligned} \tag{4.6.6}$$

式中: $\boldsymbol{M}_e$ 称为单元质量矩阵,$\boldsymbol{u}_e$ 称为单元结点位移列向量,$\boldsymbol{M}_e$ 的元素和 $\boldsymbol{u}_e$ 的形式为

$$m_{ij} = \int_0^l \rho A N_i(x) N_j(x) \mathrm{d}x, \quad \boldsymbol{u}_e(t) = \begin{bmatrix} u_1(t) & u_2(t) & u_3(t) & u_4(t) \end{bmatrix}^{\mathrm{T}} \tag{4.6.7}$$

梁单元势能为

$$V_e = \frac{1}{2} \int_0^l EI \left[\frac{\partial^2 y}{\partial x^2}(x, t) \right]^2 \mathrm{d}x$$

$$= \frac{1}{2} \int_0^l EI \sum_{i=1}^n N_i''(x)u_i(t) \sum_{j=1}^n N_j''(x)u_j(t)\mathrm{d}x \tag{4.6.8}$$

$$= \frac{1}{2} \sum_{i=1}^n \sum_{j=1}^n k_{ij}u_i(t)u_j(t) = \frac{1}{2}\boldsymbol{u}_{\mathrm{e}}^{\mathrm{T}}\boldsymbol{K}_{\mathrm{e}}\boldsymbol{u}_{\mathrm{e}}$$

式中 $\boldsymbol{K}_{\mathrm{e}}$ 称为单元刚度矩阵，其元素为

$$k_{ij} = \int_0^l EIN_i''(x)N_j''(x)\mathrm{d}x \tag{4.6.9}$$

将形函数表达式 (4.6.5) 分别代入式 (4.6.7) 和式 (4.6.9)，可得到该单元质量矩阵和刚度矩阵的具体形式，即

$$\boldsymbol{M}_{\mathrm{e}} = \frac{\rho Al}{420}\begin{bmatrix} 156 & 22l & 54 & -13l \\ & 4l^2 & 13l & -3l^2 \\ & & 156 & -22l \\ & & & 4l^2 \end{bmatrix} \tag{4.6.10}$$

$$\boldsymbol{K}_{\mathrm{e}} = \frac{2EI}{l^3}\begin{bmatrix} 6 & 3l & -6 & 3l \\ & 2l^2 & -3l & l^2 \\ & & 6 & -3l \\ & & & 2l^2 \end{bmatrix} \tag{4.6.11}$$

值得指出的是，$\boldsymbol{M}_{\mathrm{e}}$ 通常是对称正定的，而 $\boldsymbol{K}_{\mathrm{e}}$ 是对称半正定的。

若单元上作用有分布载荷和若干集中外载荷，采用与假设模态法中相同的方法可获得与结点位移对应的结点载荷列向量。考虑外载荷在虚位移上所做的虚功

$$\delta W_{\mathrm{e}} = \int_0^l \left[f(x,t) + \sum_{k=1}^s p(x_k,t)\delta(x-x_k) \right] \delta y \mathrm{d}x$$

$$= \sum_{i=1}^4 \left[\int_0^l N_i(x)f(x,t)\mathrm{d}x + \sum_{k=1}^s p(x_k,t)N_i(x_k) \right] \delta u_i(t) = \boldsymbol{Q}_{\mathrm{e}}^{\mathrm{T}}\delta\boldsymbol{u}_{\mathrm{e}} \tag{4.6.12}$$

式中 $\boldsymbol{Q}_{\mathrm{e}}$ 为与单元结点位移列向量 $\boldsymbol{u}_{\mathrm{e}}$ 对应的单元结点载荷列向量，其形式为

$$\boldsymbol{Q}_{\mathrm{e}}^{\mathrm{T}} = \begin{bmatrix} Q_1 & Q_2 & Q_3 & Q_4 \end{bmatrix}, \quad Q_i = \int_0^l N_i(x)f(x,t)\mathrm{d}x + \sum_{k=1}^s p(x_k,t)N_i(x_k) \tag{4.6.13}$$

把所有单元的动能、势能以及外力虚功叠加在一起就是梁的总动能、总势能和总外力虚功，这个过程称为单元组装。下面以图 4.6.2 所示的悬臂阶梯梁为例来说明单元组装过程。

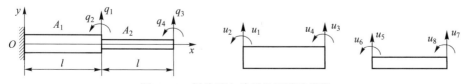

图 4.6.2 划分两个单元的悬臂阶梯梁

把梁划分为两个单元，每个单元有相同的密度 ρ 和弹性模量 E，第一个单元的截面面积为第二个单元的 2 倍，即 $A_1 = 2A_2 = 2A$，截面惯性矩 $I_1 = 2I_2 = 2I$。系统的总动能和总势能分别为两个单元的动能及势能的和，即

$$T = T_{e_1} + T_{e_2} = \frac{1}{2}\dot{\boldsymbol{u}}_{e_1}^{\mathrm{T}}\boldsymbol{M}_{e_1}\dot{\boldsymbol{u}}_{e_1} + \frac{1}{2}\dot{\boldsymbol{u}}_{e_2}^{\mathrm{T}}\boldsymbol{M}_{e_2}\dot{\boldsymbol{u}}_{e_2} = \frac{1}{2}\dot{\boldsymbol{u}}^{\mathrm{T}}\boldsymbol{M}_u\dot{\boldsymbol{u}} \tag{4.6.14}$$

$$V = V_{e_1} + V_{e_2} = \frac{1}{2}\boldsymbol{u}_{e_1}^{\mathrm{T}}\boldsymbol{K}_{e_1}\boldsymbol{u}_{e_1} + \frac{1}{2}\boldsymbol{u}_{e_2}^{\mathrm{T}}\boldsymbol{K}_{e_2}\boldsymbol{u}_{e_2} = \frac{1}{2}\boldsymbol{u}^{\mathrm{T}}\boldsymbol{K}_u\boldsymbol{u} \tag{4.6.15}$$

式中两个单元的质量矩阵和刚度矩阵分别为

$$\boldsymbol{M}_{e_1} = \frac{2\rho Al}{420}\begin{bmatrix} 156 & 22l & 54 & -13l \\ & 4l^2 & 13l & -3l^2 \\ & & 156 & -22l \\ & & & 4l^2 \end{bmatrix}, \quad \boldsymbol{M}_{e_2} = \frac{\rho Al}{420}\begin{bmatrix} 156 & 22l & 54 & -13l \\ & 4l^2 & 13l & -3l^2 \\ & & 156 & -22l \\ & & & 4l^2 \end{bmatrix}$$

$$\boldsymbol{K}_{e_1} = \frac{4EI}{l^3}\begin{bmatrix} 6 & 3l & -6 & 3l \\ & 2l^2 & -3l & l^2 \\ & & 6 & -3l \\ & & & 2l^2 \end{bmatrix}, \quad \boldsymbol{K}_{e_2} = \frac{2EI}{l^3}\begin{bmatrix} 6 & 3l & -6 & 3l \\ & 2l^2 & -3l & l^2 \\ & & 6 & -3l \\ & & & 2l^2 \end{bmatrix}$$

而

$$\boldsymbol{M}_u = \begin{bmatrix} \boldsymbol{M}_{e_1} & 0 \\ 0 & \boldsymbol{M}_{e_2} \end{bmatrix}, \quad \boldsymbol{K}_u = \begin{bmatrix} \boldsymbol{K}_{e_1} & 0 \\ 0 & \boldsymbol{K}_{e_2} \end{bmatrix}$$

$$\boldsymbol{u} = \begin{bmatrix} \boldsymbol{u}_{e_1} \\ \boldsymbol{u}_{e_2} \end{bmatrix} = \begin{bmatrix} u_1 & u_2 & u_3 & u_4 & u_5 & u_6 & u_7 & u_8 \end{bmatrix}^{\mathrm{T}} \tag{4.6.16}$$

下面给出单元组装和施加位移边界条件的方法。两个单元之间有一个公共结点，为了保证这两个相邻单元的参数在公共结点处连续或协调，要求 $u_3 = u_5, u_4 = u_6$。此外，对于该具体问题，梁的左端固定，即位移 u_1, u_2 为零，于是整个离散系统只有 4 个独立位移或广义坐标，可以表示为 $\boldsymbol{q} = \begin{bmatrix} q_1 & q_2 & q_3 & q_4 \end{bmatrix}^{\mathrm{T}}$，也称为总体结点位移列向量。总体结点位移和各单元结点位移之间的关系为 $u_3 = u_5 = q_1, u_4 = u_6 = q_2, u_7 = q_3, u_8 = q_4$，或写成如下矩阵形式：

$$\boldsymbol{u} = \begin{bmatrix} u_1 \\ u_2 \\ u_3 \\ u_4 \\ u_5 \\ u_6 \\ u_7 \\ u_8 \end{bmatrix} = \begin{bmatrix} 0 & 0 & 0 & 0 \\ 0 & 0 & 0 & 0 \\ 1 & 0 & 0 & 0 \\ 0 & 1 & 0 & 0 \\ 1 & 0 & 0 & 0 \\ 0 & 1 & 0 & 0 \\ 0 & 0 & 1 & 0 \\ 0 & 0 & 0 & 1 \end{bmatrix}\begin{bmatrix} q_1 \\ q_2 \\ q_3 \\ q_4 \end{bmatrix} = \boldsymbol{\beta}\boldsymbol{q} \tag{4.6.17}$$

将动能和势能转换为用 $\boldsymbol{q}$ 表示，得

$$T = \frac{1}{2}\dot{\boldsymbol{u}}^{\mathrm{T}}\boldsymbol{M}_u\dot{\boldsymbol{u}} = \frac{1}{2}\dot{\boldsymbol{q}}^{\mathrm{T}}\boldsymbol{M}\dot{\boldsymbol{q}}, \quad V = \frac{1}{2}\boldsymbol{u}^{\mathrm{T}}\boldsymbol{K}_u\boldsymbol{u} = \frac{1}{2}\boldsymbol{q}^{\mathrm{T}}\boldsymbol{K}\boldsymbol{q} \tag{4.6.18}$$

式中

$$\boldsymbol{M} = \boldsymbol{\beta}^{\mathrm{T}}\boldsymbol{M}_u\boldsymbol{\beta}, \quad \boldsymbol{K} = \boldsymbol{\beta}^{\mathrm{T}}\boldsymbol{K}_u\boldsymbol{\beta} \tag{4.6.19}$$

分别为与 $\boldsymbol{q}$ 对应的**整体质量矩阵**、**整体刚度矩阵**，二者表征了系统动力学特性。由于已经引入了位移边界条件，因此式 (4.6.19) 中的刚度矩阵 $\boldsymbol{K}$ 是对称正定的。

若按照式 (4.6.19) 将单元矩阵变换到整体矩阵，需要存储 $\boldsymbol{\beta}$、$\boldsymbol{M}_u$ 和 $\boldsymbol{K}_u$，并对它们进行运算。这种方法既消耗存储资源又降低运算效率。因此，一般采用下面给出的存储和运算代价小的组装流程。先将变换阵 $\boldsymbol{\beta}$ 分块为

$$\boldsymbol{\beta}^{\mathrm{T}} = \begin{bmatrix} \boldsymbol{\beta}_1^{\mathrm{T}} & \boldsymbol{\beta}_2^{\mathrm{T}} \end{bmatrix} = \begin{bmatrix} 0 & 0 & 1 & 0 & 1 & 0 & 0 & 0 \\ 0 & 0 & 0 & 1 & 0 & 1 & 0 & 0 \\ 0 & 0 & 0 & 0 & 0 & 0 & 1 & 0 \\ 0 & 0 & 0 & 0 & 0 & 0 & 0 & 1 \end{bmatrix}$$

式中矩阵 $\boldsymbol{\beta}_1$ 和 $\boldsymbol{\beta}_2$ 的维数和单元刚度矩阵的相同。将上式代入式 (4.6.19) 得

$$\boldsymbol{K} = \boldsymbol{\beta}^{\mathrm{T}}\boldsymbol{K}_u\boldsymbol{\beta} = \begin{bmatrix} \boldsymbol{\beta}_1^{\mathrm{T}} & \boldsymbol{\beta}_2^{\mathrm{T}} \end{bmatrix} \begin{bmatrix} \boldsymbol{K}_{\mathrm{e}_1} & \boldsymbol{0} \\ \boldsymbol{0} & \boldsymbol{K}_{\mathrm{e}_2} \end{bmatrix} \begin{bmatrix} \boldsymbol{\beta}_1 \\ \boldsymbol{\beta}_2 \end{bmatrix} = \boldsymbol{\beta}_1^{\mathrm{T}}\boldsymbol{K}_{\mathrm{e}_1}\boldsymbol{\beta}_1 + \boldsymbol{\beta}_2^{\mathrm{T}}\boldsymbol{K}_{\mathrm{e}_2}\boldsymbol{\beta}_2 \tag{4.6.20}$$

上式右端第二项中的 $\boldsymbol{\beta}_2$ 是单位阵，左乘右乘都不改变单元 2 的刚度矩阵。对于上式右端第一项，因矩阵 $\boldsymbol{\beta}_1$ 前两列为单位列向量，后两列为零向量，因此第一项展开以后变为

$$\boldsymbol{\beta}_1^{\mathrm{T}}\boldsymbol{K}_{\mathrm{e}_1}\boldsymbol{\beta}_1 = \begin{bmatrix} k_{33}^{\mathrm{e}_1} & k_{34}^{\mathrm{e}_1} & 0 & 0 \\ k_{43}^{\mathrm{e}_1} & k_{44}^{\mathrm{e}_1} & 0 & 0 \\ 0 & 0 & 0 & 0 \\ 0 & 0 & 0 & 0 \end{bmatrix} \tag{4.6.21}$$

因此

$$\boldsymbol{K} = \begin{bmatrix} k_{33}^{\mathrm{e}_1} + k_{11}^{\mathrm{e}_2} & k_{34}^{\mathrm{e}_1} + k_{12}^{\mathrm{e}_2} & k_{13}^{\mathrm{e}_2} & k_{14}^{\mathrm{e}_2} \\ k_{43}^{\mathrm{e}_1} + k_{21}^{\mathrm{e}_2} & k_{44}^{\mathrm{e}_1} + k_{22}^{\mathrm{e}_2} & k_{23}^{\mathrm{e}_2} & k_{24}^{\mathrm{e}_2} \\ k_{31}^{\mathrm{e}_2} & k_{32}^{\mathrm{e}_2} & k_{33}^{\mathrm{e}_2} & k_{34}^{\mathrm{e}_2} \\ k_{41}^{\mathrm{e}_2} & k_{42}^{\mathrm{e}_2} & k_{43}^{\mathrm{e}_2} & k_{44}^{\mathrm{e}_2} \end{bmatrix} \tag{4.6.22}$$

此式具有明显的单元刚度矩阵叠加规律，即与相同广义坐标对应的相邻两个单元矩阵的分块矩阵进行叠加，称为**对号入座**。按照相同方法可以进行单元质量矩阵、单元结点载荷向量的叠加。最后，根据拉格朗日方程可以得到梁整体振动微分方程，即

$$\boldsymbol{M}\ddot{\boldsymbol{q}}(t) + \boldsymbol{K}\boldsymbol{q}(t) = \boldsymbol{Q}(t) \tag{4.6.23}$$

式中整体质量矩阵、整体刚度矩阵分别为

$$\boldsymbol{M} = \frac{\rho A l}{420}\begin{bmatrix} 468 & -22l & 54 & -13l \\ & 12l^2 & 13l & -3l^2 \\ & & 156 & -22l \\ & & & 4l^2 \end{bmatrix}, \quad \boldsymbol{K} = \frac{2EI}{l^3}\begin{bmatrix} 18 & -3l & -6 & 3l \\ & 6l^2 & -3l & l^2 \\ & & 6 & -3l \\ & & & 2l^2 \end{bmatrix} \quad (4.6.24)$$

在上述单元质量矩阵中，单元的惯性在每一个结点位移上都得到了体现，称该质量矩阵为**一致质量矩阵**，利用其得到的固有频率一般偏高。

与此不同的是，也可以按平行力分解方法将梁的质量直接集中到结点上，得到**集中质量矩阵**。悬臂阶梯梁的两个单元的集中质量矩阵分别为

$$\boldsymbol{M}_{e_1} = \rho A l \begin{bmatrix} 1 & & & \\ & 0 & & \\ & & 1 & \\ & & & 0 \end{bmatrix}, \quad \boldsymbol{M}_{e_2} = \rho A l \begin{bmatrix} 1/2 & & & \\ & 0 & & \\ & & 1/2 & \\ & & & 0 \end{bmatrix} \quad (4.6.25)$$

按照对号入座的方式组装的整体质量矩阵为

$$\boldsymbol{M} = \rho A l \begin{bmatrix} 3/2 & & & \\ & 0 & & \\ & & 1/2 & \\ & & & 0 \end{bmatrix} \quad (4.6.26)$$

这种方法相当于在保持单元总质量不变的前提下，将其分配到两端结点上，并且只考虑平移惯性，这相当于增加了系统的惯性，因此利用集中质量矩阵得到的固有频率一般偏低。如果单元的数量足够多，利用一致质量矩阵和集中质量矩阵得到的固有频率之间的差别可以忽略。

值得注意的是，式 (4.6.26) 给出的集中质量矩阵存在零对角线元素，这是因为忽略了截面转动位移或角位移上的惯性，也可以理解为转动惯性不重要以至于可以不考虑。

由于集中质量矩阵非正定，这使得要求质量矩阵正定的某些算法的应用受到限制，因此需要将质量矩阵变换为正定的，下面介绍两种常用方法。

在广义本征方程中，把集中质量矩阵中的零对角线元素集中在一起，形成一个零子矩阵，刚度矩阵元素也对应重排，即有

$$\begin{bmatrix} \boldsymbol{K}_{mm} & \boldsymbol{K}_{ms} \\ \boldsymbol{K}_{sm} & \boldsymbol{K}_{ss} \end{bmatrix}\begin{bmatrix} \boldsymbol{X}_m \\ \boldsymbol{X}_s \end{bmatrix} = \omega^2 \begin{bmatrix} \boldsymbol{M}_{mm} & \boldsymbol{0} \\ \boldsymbol{0} & \boldsymbol{0} \end{bmatrix}\begin{bmatrix} \boldsymbol{X}_m \\ \boldsymbol{X}_s \end{bmatrix} \quad (4.6.27)$$

展开得

$$\boldsymbol{K}_{ss}\boldsymbol{X}_s + \boldsymbol{K}_{sm}\boldsymbol{X}_m = \boldsymbol{0}, \quad \boldsymbol{K}_{ms}\boldsymbol{X}_s + \boldsymbol{K}_{mm}\boldsymbol{X}_m = \omega^2 \boldsymbol{M}_{mm}\boldsymbol{X}_m \quad (4.6.28)$$

由上式中第一个等式得

$$\boldsymbol{X}_{\mathrm{s}} = -\boldsymbol{K}_{\mathrm{ss}}^{-1}\boldsymbol{K}_{\mathrm{sm}}\boldsymbol{X}_{\mathrm{m}} \tag{4.6.29}$$

把上式代入式 (4.6.28) 中的第二个等式, 形成自由度降低了的本征方程, 即

$$\boldsymbol{K}_0\boldsymbol{X}_{\mathrm{m}} = \omega^2\boldsymbol{M}_0\boldsymbol{X}_{\mathrm{m}} \tag{4.6.30}$$

式中

$$\boldsymbol{K}_0 = \boldsymbol{K}_{\mathrm{mm}} - \boldsymbol{K}_{\mathrm{ms}}\boldsymbol{K}_{\mathrm{ss}}^{-1}\boldsymbol{K}_{\mathrm{sm}}, \quad \boldsymbol{M}_0 = \boldsymbol{M}_{\mathrm{mm}}$$

上面通过消除转动自由度把方程 (4.6.27) 变换成方程 (4.6.30) 的方法称为静力凝聚。下面说明这种凝聚过程也相当于从 $\boldsymbol{X}$ 到 $\boldsymbol{X}_{\mathrm{m}}$ 的变换, 即

$$\boldsymbol{X} = \begin{bmatrix} \boldsymbol{X}_{\mathrm{m}} \\ \boldsymbol{X}_{\mathrm{s}} \end{bmatrix} = \begin{bmatrix} \boldsymbol{I} \\ -\boldsymbol{K}_{\mathrm{ss}}^{-1}\boldsymbol{K}_{\mathrm{sm}} \end{bmatrix} \boldsymbol{X}_{\mathrm{m}} = \boldsymbol{T}_0\boldsymbol{X}_{\mathrm{m}} \tag{4.6.31}$$

将上式代入本征方程 $(\boldsymbol{K} - \omega^2\boldsymbol{M})\boldsymbol{X} = \boldsymbol{0}$ 后再将等式两边均前乘 $\boldsymbol{T}_0$ 的转置, 得

$$\boldsymbol{K}_0\boldsymbol{X}_{\mathrm{m}} = \omega^2\boldsymbol{M}_0\boldsymbol{X}_{\mathrm{m}} \tag{4.6.32}$$

式中

$$\boldsymbol{M}_0 = \boldsymbol{T}_0^{\mathrm{T}}\boldsymbol{M}\boldsymbol{T}_0 = \boldsymbol{M}_{\mathrm{mm}}, \quad \boldsymbol{K}_0 = \boldsymbol{T}_0^{\mathrm{T}}\boldsymbol{K}\boldsymbol{T}_0 = \boldsymbol{K}_{\mathrm{mm}} - \boldsymbol{K}_{\mathrm{ms}}\boldsymbol{K}_{\mathrm{ss}}^{-1}\boldsymbol{K}_{\mathrm{sm}} \tag{4.6.33}$$

由此可见, 式 (4.6.32) 与式 (4.6.30) 相同。

对于前述悬臂阶梯梁问题, 重排式 (4.6.26) 中的质量矩阵, 即先将第三行和第二行互换, 再将第三列和第二列互换可得

$$\boldsymbol{M}_{\mathrm{mm}} = \rho Al \begin{bmatrix} 3/2 & 0 \\ 0 & 1/2 \end{bmatrix} = \boldsymbol{M}_0 \tag{4.6.34}$$

把式 (4.6.24) 中的整体刚度矩阵元素也以同样方式重排, 得

$$\boldsymbol{K} = \frac{2EI}{l^3} \begin{bmatrix} 18 & -6 & -3l & 3l \\ -6 & 6 & -3l & -3l \\ -3l & -3l & 6l^2 & l^2 \\ 3l & -3l & l^2 & 2l^2 \end{bmatrix} \tag{4.6.35}$$

因此

$$\boldsymbol{K}_{\mathrm{mm}} = \frac{2EI}{l^3} \begin{bmatrix} 18 & -6 \\ -6 & 6 \end{bmatrix}, \quad \boldsymbol{K}_{\mathrm{ss}} = \frac{2EI}{l^3} \begin{bmatrix} 6l^2 & l^2 \\ l^2 & 2l^2 \end{bmatrix}, \quad \boldsymbol{K}_{\mathrm{ms}} = \frac{2EI}{l^3} \begin{bmatrix} -3l & 3l \\ -3l & -3l \end{bmatrix}$$

由式 (4.6.33) 可得变换后的刚度矩阵为

$$\boldsymbol{K}_0 = \boldsymbol{K}_{\mathrm{mm}} - \boldsymbol{K}_{\mathrm{ms}}\boldsymbol{K}_{\mathrm{ss}}^{-1}\boldsymbol{K}_{\mathrm{sm}} = \frac{12EI}{11l^3} \begin{bmatrix} 18 & -5 \\ -5 & 2 \end{bmatrix} \tag{4.6.36}$$

广义本征方程 (4.6.32) 具有非零解, 因此频率方程为

$$|\boldsymbol{K}_0 - \omega^2 \boldsymbol{M}_0| = 0 \tag{4.6.37}$$

或

$$\frac{11}{192}\frac{\omega^4}{a^4} - \frac{\omega^2}{a^2} + 1 = 0, \quad a = \frac{1}{l^2}\sqrt{\frac{EI}{\rho A}} \tag{4.6.38}$$

因此

$$\omega_1 = \frac{1.03}{l^2}\sqrt{\frac{EI}{\rho A}}, \quad \omega_2 = \frac{4.05}{l^2}\sqrt{\frac{EI}{\rho A}} \tag{4.6.39}$$

把上式代入本征方程 (4.6.32) 可得对应的本征向量 $\boldsymbol{X}_{\mathrm{m}}$，将其代入式 (4.6.29) 可得 $\boldsymbol{X}_{\mathrm{s}}$，二者合并即为 $\boldsymbol{X}$，参见式 (4.6.31)。注意，由于系数矩阵元素重排时交换了第二、三列，所以合并得到的 $\boldsymbol{X}$ 的第二、三行交换后才是最后要求的本征向量。

在上面形成集中质量矩阵时没有考虑转动惯性的影响，致使质量矩阵出现了零对角线元素。为了避免集中质量矩阵出现零对角线元素，可以采用 **HRZ 方法**[5]。在 HRZ 方法中，首先获得一致质量矩阵，然后只保留对角线元素，并将其中与平移对应的元素按比例增加使其总和为单元总质量，再将其他对应转动的元素都同时乘以这个比例。这样总质量不变且同时考虑了转动惯性，最后形成一个正定对角质量矩阵。利用对角质量矩阵，有利于提高数值计算效率，参见 4.8 节内容。

例 4.6.1　把两端固定的均质梁划分成两个单元，单元长均为 l。试分别用一致质量矩阵和集中质量矩阵计算固有频率，并进行比较分析。

解： 欧拉–伯努利梁单元刚度矩阵和一致质量矩阵分别为

$$\boldsymbol{K}_{\mathrm{e}_1} = \boldsymbol{K}_{\mathrm{e}_2} = \frac{2EI}{l^3}\begin{bmatrix} 6 & 3l & -6 & 3l \\ & 2l^2 & -3l & l^2 \\ & & 6 & -3l \\ & & & 2l^2 \end{bmatrix} \tag{a}$$

$$\boldsymbol{M}_{\mathrm{e}_1} = \boldsymbol{M}_{\mathrm{e}_2} = \frac{\rho Al}{420}\begin{bmatrix} 156 & 22l & 54 & -13l \\ & 4l^2 & 13l & -3l^2 \\ & & 156 & -22l \\ & & & 4l^2 \end{bmatrix} \tag{b}$$

值得注意的是，梁的两端都有位移边界条件，构造整体矩阵时需要把对应的行和列都划掉，因此只剩下与两个单元公共结点对应的行和列。于是整体刚度矩阵和总体一致质量矩阵分别为

$$\boldsymbol{K} = \frac{EI}{l^3}\begin{bmatrix} 24 & 0 \\ 0 & 8l^2 \end{bmatrix} \tag{c}$$

$$\boldsymbol{M} = \frac{\rho Al}{420}\begin{bmatrix} 312 & 0 \\ 0 & 8l^2 \end{bmatrix} \tag{d}$$

从 $|\boldsymbol{K} - \omega^2 \boldsymbol{M}| = 0$ 可得前 2 阶固有频率为

$$\omega_1 = \frac{22.735\,9}{L^2}\sqrt{\frac{EI}{\rho A}}, \quad \omega_2 = \frac{81.975\,6}{L^2}\sqrt{\frac{EI}{\rho A}}$$

二者与精确解的相对误差分别为 1.6%, 32.9%, 可见第二阶固有频率的误差相对较大。

若采用如下单元集中质量矩阵:

$$\boldsymbol{M}_{\mathrm{e}} = \rho Al \begin{bmatrix} 1/2 & & & \\ & 0 & & \\ & & 1/2 & \\ & & & 0 \end{bmatrix} \tag{e}$$

则得到的总体集中质量矩阵为

$$\boldsymbol{M} = \rho Al \begin{bmatrix} 1 & 0 \\ 0 & 0 \end{bmatrix} \tag{f}$$

则只能求得第一阶固有频率

$$\omega_1 = \frac{19.596}{L^2}\sqrt{\frac{EI}{\rho A}} \tag{g}$$

其相对误差为 -12.4%。可见,利用集中质量矩阵得到的固有频率偏小并且误差较大。

下面采用 HRZ 方法构造对角质量矩阵。先将单元一致质量矩阵第一、三两个对角线元素都乘以 420/312 使其都增加到 $\rho Al/2$,再用 420/312 乘以第二、四两个对角线元素,于是得到一个新的单元对角质量矩阵为

$$\boldsymbol{M}_{\mathrm{e}_1} = \rho Al \begin{bmatrix} 1/2 & 0 & 0 & 0 \\ & l^2/78 & 0 & 0 \\ & & 1/2 & 0 \\ & & & l^2/78 \end{bmatrix} \tag{h}$$

于是整体质量矩阵为

$$\boldsymbol{M} = \rho Al \begin{bmatrix} 1 & 0 \\ 0 & l^2/39 \end{bmatrix} \tag{i}$$

从 $|\boldsymbol{K} - \omega^2 \boldsymbol{M}| = 0$ 可得前 2 阶固有频率, 第一阶与式 (g) 给出的结果相同, 第二阶为

$$\omega_2 = \frac{\sqrt{8 \times 39}}{l^2}\sqrt{\frac{EI}{\rho A}} = \frac{70.654}{L^2}\sqrt{\frac{EI}{\rho A}} \tag{j}$$

该结果比精确解大 14.6%。本例采用 3 种质量矩阵得到的结果的精度都不高,主要原因是梁划分的单元数过少,增加单元数可显著提高固有频率的精度。

有限元方法利用了空间离散和位移场插值的思想，适应绝大多数复杂结构和物理场问题，并且已有成熟的商用软件，如国外的 NASTRAN、ANSYS 等，国内的 SiPESC 等。

4.7　固有模态数值计算方法

多自由度系统固有模态或固有振动特性的计算，即固有频率和振型的计算，是振动理论的核心问题。无论是第 2 章直接建立的多自由度系统，还是本章前几节介绍的用近似方法离散而成的多自由度问题，都需要求解如下广义本征方程：

$$(K - \omega^2 M)\varphi = 0 \tag{4.7.1}$$

以得到固有频率和振型。由上式中振型向量具有非零解的条件给出频率方程为

$$|K - \omega^2 M| = 0 \tag{4.7.2}$$

该方程是关于固有频率的高次代数方程。如果系统自由度大于 4，一般情况下方程 (4.7.2) 不存在解析解（或根式解），只能寻求近似计算方法。本章主要介绍广义本征方程 (4.7.1) 的数值求解方法。在多数结构振动问题中，质量矩阵 M 是实对称正定矩阵，刚度矩阵 K 是实对称半正定矩阵，本节也只考虑这种情况。

4.7.1　基本计算方法

先介绍计算固有模态常用的基本方法，包括广义本征方程转化为标准本征方程的楚列斯基分解法、求全部本征值和本征向量的雅可比法等。

1. 楚列斯基分解法

常用的直接求解广义本征方程 (4.7.1) 的方法是将其转化为标准本征方程。用 M^{-1} 前乘方程 (4.7.1) 得

$$(A - \omega^2 I)\varphi = 0 \tag{4.7.3}$$

式中 $A = M^{-1}K$。式 (4.7.3) 是典型的标准本征方程，如此得到的矩阵 A 通常不对称，其本征解的特性比较复杂。但楚列斯基分解方法可以保证所得矩阵的对称性。

对称正定矩阵的楚列斯基分解：任意一个对称正定矩阵都可以分解为一个正定三角矩阵与其转置的乘积。例如，质量矩阵 M（通常是对称正定的）的楚列斯基分解为

$$M = LL^{\mathrm{T}} \tag{4.7.4}$$

式中 L 为正定下三角矩阵，将其代入广义本征方程 (4.7.1) 得

$$(K - \omega^2 M)\varphi = (K - \omega^2 LL^{\mathrm{T}})\varphi = 0$$

用 L^{-1} 前乘上式，并将括号内的 L^{T} 向右提出得

$$[L^{-1}K(L^{\mathrm{T}})^{-1} - \omega^2 I]L^{\mathrm{T}}\varphi = 0 \tag{4.7.5}$$

令

$$\overline{A} = L^{-1}KL^{-T}, \quad \overline{\varphi} = L^{T}\varphi \tag{4.7.6}$$

则方程 (4.7.1) 变为如下标准本征方程:

$$(\overline{A} - \omega^2 I)\overline{\varphi} = 0 \tag{4.7.7}$$

式中 $\overline{A}$ 是对称的, 并且标准本征方程 (4.7.7) 和原方程 (4.7.1) 具有相同的本征值, 二者本征向量的关系为 $\varphi = L^{-T}\overline{\varphi}$, 参见式 (4.7.6)。楚列斯基分解后的下三角矩阵, 可由 M 的元素高效计算得到

$$LL^{T} = \begin{bmatrix} l_{11} & 0 & \cdots & 0 \\ l_{21} & l_{22} & \cdots & 0 \\ \vdots & \vdots & & \vdots \\ l_{n1} & l_{n2} & \cdots & l_{nn} \end{bmatrix} \begin{bmatrix} l_{11} & l_{21} & \cdots & l_{n1} \\ 0 & l_{22} & \cdots & l_{n2} \\ \vdots & \vdots & & \vdots \\ 0 & 0 & \cdots & l_{nn} \end{bmatrix} = M = \begin{bmatrix} m_{11} & m_{12} & \cdots & m_{1n} \\ m_{21} & m_{22} & \cdots & m_{2n} \\ \vdots & \vdots & & \vdots \\ m_{n1} & m_{n2} & \cdots & m_{nn} \end{bmatrix} \tag{4.7.8}$$

式中 M 矩阵的元素是已知的, L 矩阵的非零元素需要通过上面这个等式来确定。先用 L 矩阵的第一行分别乘 L^{T} 的各列, 得到 n 个等式

$$l_{11}^2 = m_{11}, \quad l_{11}l_{21} = m_{12}, \quad \cdots, \quad l_{11}l_{n1} = m_{1n} \tag{4.7.9}$$

归纳为

$$l_{11} = (m_{11})^{1/2}, \quad l_{i1} = m_{1i}/l_{11} \quad (i = 1, 2, \cdots, n) \tag{4.7.10}$$

再用 L 矩阵的第二行分别乘 L^{T} 的各列, 得到另一组关系式

$$l_{22}^2 + l_{21}^2 = m_{22}, \quad l_{21}l_{31} + l_{22}l_{32} = m_{32}, \quad \cdots, \quad l_{21}l_{n1} + l_{22}l_{n2} = m_{n2} \tag{4.7.11}$$

归纳为

$$l_{22}^2 = m_{22} - l_{21}^2, \quad l_{i2} = (m_{i2} - l_{21}l_{i1})/l_{22} \quad (i = 2, \cdots, n) \tag{4.7.12}$$

最后可以归纳总结出 L 下三角矩阵元素的一般表达式为

$$l_{jj} = \left(m_{jj} - \sum_{r=1}^{j-1} l_{jr}^2\right)^{1/2}, \quad l_{ij} = \frac{1}{l_{jj}}\left(m_{ij} - \sum_{r=1}^{j-1} l_{ir}l_{jr}\right), \quad (j = 1, \cdots, n; \ i = j+1, \cdots, n) \tag{4.7.13}$$

由于可逆的下三角矩阵在求逆后仍为下三角矩阵, 因此可以将 L 的逆表示为

$$L^{-1} = \begin{bmatrix} v_{11} & 0 & 0 & \cdots & 0 \\ v_{21} & v_{22} & 0 & \cdots & 0 \\ \vdots & \vdots & \vdots & & \vdots \\ v_{n1} & v_{n2} & v_{n3} & \cdots & v_{nn} \end{bmatrix} \tag{4.7.14}$$

该逆矩阵和原矩阵的乘积为单位阵，即

$$
\begin{bmatrix}
l_{11} & 0 & 0 & \cdots & 0 \\
l_{21} & l_{22} & 0 & \cdots & 0 \\
\vdots & \vdots & \vdots & & \vdots \\
l_{n1} & l_{n2} & l_{n3} & \cdots & l_{nn}
\end{bmatrix}
\begin{bmatrix}
v_{11} & 0 & 0 & \cdots & 0 \\
v_{21} & v_{22} & 0 & \cdots & 0 \\
\vdots & \vdots & \vdots & & \vdots \\
v_{n1} & v_{n2} & v_{n3} & \cdots & v_{nn}
\end{bmatrix}
= \boldsymbol{I}
\tag{4.7.15}
$$

用 $\boldsymbol{L}$ 矩阵的各行分别乘 $\boldsymbol{L}^{-1}$ 的各列，得到若干等式，从这些等式不难归纳总结出逆矩阵各元素的一般表达式

$$
v_{ii} = 1/l_{ii}, \quad v_{ij} = -\left(\sum_{r=1}^{i-1} l_{ir}v_{rj}/l_{ii}\right) \quad (i = 1, 2, \cdots, n; \ j = 1, 2, \cdots, i-1)
\tag{4.7.16}
$$

上式和式 (4.7.13) 给出了分解后的三角矩阵及其逆矩阵，将它们代入式 (4.7.6) 就确定了标准本征方程 (4.7.7)。

需要说明的是，对结构动力学问题而言，尽管 $\boldsymbol{K}$ 和 $\boldsymbol{M}$ 矩阵是带状稀疏的，但经过这种变换得到的矩阵 $\overline{\boldsymbol{A}}$ 可能为满阵，导致计算效率可能比直接求解方程 (4.7.1) 还低。但有一种特殊情况例外，即质量矩阵是对角矩阵情况。假定 $\boldsymbol{M}$ 是对角正定矩阵，则有 $\boldsymbol{M} = \boldsymbol{M}^{1/2}\boldsymbol{M}^{1/2}$，将其代入广义本征方程 (4.7.1) 并前乘 $\boldsymbol{M}^{-1/2}$ 得

$$
\left(\boldsymbol{M}^{-1/2}\boldsymbol{K} - \boldsymbol{M}^{-1/2}\omega^2\boldsymbol{M}^{1/2}\boldsymbol{M}^{1/2}\right)\boldsymbol{\varphi} = \boldsymbol{0}
\tag{4.7.17}
$$

把上式中的 $\boldsymbol{M}^{1/2}$ 向右提出得

$$
\left(\boldsymbol{M}^{-1/2}\boldsymbol{K}\boldsymbol{M}^{-1/2} - \omega^2\boldsymbol{I}\right)\boldsymbol{M}^{1/2}\boldsymbol{\varphi} = \boldsymbol{0}
\tag{4.7.18}
$$

令

$$
\boldsymbol{M}^{-1/2}\boldsymbol{K}\boldsymbol{M}^{-1/2} = \overline{\boldsymbol{A}}, \quad \boldsymbol{M}^{1/2}\boldsymbol{\varphi} = \overline{\boldsymbol{\varphi}}
\tag{4.7.19}
$$

式中 $\overline{\boldsymbol{A}}$ 的元素与 $\boldsymbol{K}$ 的元素具有相同的分布特性，也就是 $\overline{\boldsymbol{A}}$ 保持了 $\boldsymbol{K}$ 的带状稀疏性。

2. 求解矩阵标准本征方程的雅可比法

对于实对称矩阵 $\boldsymbol{A}$，可利用一个正交矩阵 $\boldsymbol{S}$（满足条件 $\boldsymbol{S}^{-1} = \boldsymbol{S}^{\mathrm{T}}$）经相似变换将其转化为一对角矩阵，即

$$
\boldsymbol{S}^{\mathrm{T}}\boldsymbol{A}\boldsymbol{S} = \boldsymbol{D} = \mathrm{diag}(\lambda_1, \lambda_2, \cdots, \lambda_n)
\tag{4.7.20}
$$

式中矩阵 $\boldsymbol{D}$ 的 n 个对角线元素是 $\boldsymbol{A}$ 的 n 个本征值 $\lambda_1, \lambda_2, \cdots, \lambda_n$，而 $\boldsymbol{S}$ 的第 i 列，就是 $\boldsymbol{D}$ 中第 i 个对角线元素所对应的本征向量。矩阵 $\boldsymbol{S}$ 的功能就是实现坐标系的旋转，使旋转后的 n 个坐标轴的方向，恰好是矩阵 $\boldsymbol{A}$ 的 n 个互相正交的本征向量的方向，但通常不能直接得到矩阵 $\boldsymbol{S}$。

雅可比法的思想是通过多次"小的旋转"来逐渐实现 $\boldsymbol{A}$ 的对角化，其中每次旋转都由一个正交矩阵 $\boldsymbol{S}^i$ 来实现。先令 $\boldsymbol{A} = \boldsymbol{A}^1$，第一次旋转有 $\boldsymbol{S}^{1\mathrm{T}}\boldsymbol{A}^1\boldsymbol{S}^1 = \boldsymbol{A}^2$，第二次 $\boldsymbol{S}^{2\mathrm{T}}\boldsymbol{A}^2\boldsymbol{S}^2 =$

$\boldsymbol{A}^3$，第 $i-1$ 次 $\boldsymbol{S}^{(i-1)\mathrm{T}}\boldsymbol{A}^{i-1}\boldsymbol{S}^{i-1} = \boldsymbol{A}^i$，第 i 次 $\boldsymbol{S}^{i\mathrm{T}}\boldsymbol{A}^i\boldsymbol{S}^i = \boldsymbol{A}^{i+1}$，以此类推。下面给出构造 $\boldsymbol{S}^i$ 的具体过程，也就是实现 $\boldsymbol{A}$ 对角化的过程。注意，这里的上标 $1, 2$ 和 i 的含义是旋转的次序，不是幂次。

经过 $i-1$ 次"小的旋转"后，$\boldsymbol{A}$ 变成了矩阵 $\boldsymbol{A}^i$。正交变换不改变原矩阵的对称性质，因此为了把 $\boldsymbol{A}$ 对角化，则只需要在 $\boldsymbol{A}^i$ 的上或下三角区域找到绝对值最大的非对角线元素 a_{pq} 并使其变成零即可。假设在上三角区域寻找 a_{pq}，即 $p < q$，则 $\boldsymbol{S}^i$ 可取如下形式：除了第 p, q 行和列交叉的四个位置，其他对角线元素全为 1，非对角线全为零，即有

$$S_{pp} = S_{qq} = \cos\theta, \quad S_{pq} = \sin\theta, \quad S_{qp} = -\sin\theta$$
$$S_{ii} = 1(i \neq p, q), \quad S_{ij} = 0 \ (i, j \neq p, q; \ i \neq j)$$

$$\boldsymbol{S}^i = \begin{bmatrix} 1 & \cdots & 0 & 0 & 0 & \cdots & 0 & 0 & 0 & \cdots & 0 \\ \vdots & & \vdots & \vdots & \vdots & & \vdots & \vdots & \vdots & & \vdots \\ 0 & \cdots & 1 & 0 & 0 & \cdots & 0 & 0 & 0 & \cdots & 0 \\ 0 & \cdots & 0 & \cos\theta & 0 & \cdots & 0 & \sin\theta & 0 & \cdots & 0 \\ 0 & \cdots & 0 & 0 & 1 & \cdots & 0 & 0 & 0 & \cdots & 0 \\ \vdots & & \vdots & \vdots & \vdots & & \vdots & \vdots & \vdots & & \vdots \\ 0 & \cdots & 0 & 0 & 0 & \cdots & 1 & 0 & 0 & \cdots & 0 \\ 0 & \cdots & 0 & -\sin\theta & 0 & \cdots & 0 & \cos\theta & 0 & \cdots & 0 \\ 0 & \cdots & 0 & 0 & 0 & \cdots & 0 & 0 & 1 & \cdots & 0 \\ \vdots & & \vdots & \vdots & \vdots & & \vdots & \vdots & \vdots & & \vdots \\ 0 & \cdots & 0 & 0 & 0 & \cdots & 0 & 0 & 0 & \cdots & 1 \end{bmatrix} \tag{4.7.21}$$

式中 θ 可以通过使 a_{pq} 变成零的条件来确定。把矩阵 $\boldsymbol{A}^i$ 表示成如下一般形式：

$$\boldsymbol{A}^i = \begin{bmatrix} a_{11}^i & \cdots & a_{1p}^i & \cdots & a_{1q}^i & \cdots & a_{1n}^i \\ \vdots & & \vdots & & \vdots & & \vdots \\ a_{p1}^i & \cdots & a_{pp}^i & \cdots & a_{pq}^i & \cdots & a_{pn}^i \\ \vdots & & \vdots & & \vdots & & \vdots \\ a_{q1}^i & \cdots & a_{qp}^i & \cdots & a_{qq}^i & \cdots & a_{qn}^i \\ \vdots & & \vdots & & \vdots & & \vdots \\ a_{n1}^i & \cdots & a_{np}^i & \cdots & a_{nq}^i & \cdots & a_{nn}^i \end{bmatrix} \tag{4.7.22}$$

在进行第 i 次旋转 $\boldsymbol{A}^{i+1} = \boldsymbol{S}^{i\mathrm{T}}\boldsymbol{A}^i\boldsymbol{S}^i$ 中，可先对 $\boldsymbol{A}^i$ 右乘 $\boldsymbol{S}^i$，即

$$\boldsymbol{A}^i \boldsymbol{S}^i = \begin{bmatrix} a_{11}^i & \cdots & a_{1p}^i \cos\theta - a_{1q}^i \sin\theta & \cdots & a_{1p}^i \sin\theta + a_{1q}^i \cos\theta & \cdots & a_{1n}^i \\ \vdots & & \vdots & & \vdots & & \vdots \\ a_{p1}^i & \cdots & a_{pp}^i \cos\theta - a_{pq}^i \sin\theta & \cdots & a_{pp}^i \sin\theta + a_{pq}^i \cos\theta & \cdots & a_{pn}^i \\ \vdots & & \vdots & & \vdots & & \vdots \\ a_{q1}^i & \cdots & a_{qp}^i \cos\theta - a_{qq}^i \sin\theta & \cdots & a_{qp}^i \sin\theta + a_{qq}^i \cos\theta & \cdots & a_{qn}^i \\ \vdots & & \vdots & & \vdots & & \vdots \\ a_{n1}^i & \cdots & a_{np}^i \cos\theta - a_{nq}^i \sin\theta & \cdots & a_{np}^i \sin\theta + a_{nq}^i \cos\theta & \cdots & a_{nn}^i \end{bmatrix} \tag{4.7.23}$$

右乘 $\boldsymbol{S}^i$ 改变了 $\boldsymbol{A}^i$ 的第 p 列和第 q 列; 而左乘 $\boldsymbol{S}^{i\mathrm{T}}$ 改变了 $\boldsymbol{A}^i$ 的第 p 行和第 q 行。因此, 经过先右乘 $\boldsymbol{S}^i$ 再左乘 $\boldsymbol{S}^{i\mathrm{T}}$ 旋转变换后得到的 $\boldsymbol{A}^{i+1}$ 与 $\boldsymbol{A}^i$ 只有第 p, q 行和列元素不同, 其他行、列元素都相同。矩阵 $\boldsymbol{A}^{i+1}$ 中的这些不同元素表达式为

$$a_{pp}^{i+1} = a_{pp}^i \cos^2\theta - 2a_{pq}^i \sin\theta \cos\theta + a_{qq}^i \sin^2\theta \tag{4.7.24a}$$

$$a_{qq}^{i+1} = a_{pp}^i \sin^2\theta + 2a_{pq}^i \sin\theta \cos\theta + a_{qq}^i \cos^2\theta \tag{4.7.24b}$$

$$a_{pj}^{i+1} = a_{pj}^i \cos\theta - a_{qj}^i \sin\theta \quad (j \neq p, q) \tag{4.7.24c}$$

$$a_{qj}^{i+1} = a_{pj}^i \sin\theta + a_{qj}^i \cos\theta \quad (j \neq p, q) \tag{4.7.24d}$$

$$a_{pq}^{i+1} = (a_{pp}^i - a_{qq}^i) \sin\theta \cos\theta + a_{pq}^i (\cos^2\theta - \sin^2\theta) \tag{4.7.24e}$$

为使原来绝对值最大的非对角线元素变为最小, 令

$$a_{pq}^{i+1} = a_{qp}^{i+1} = (a_{pp}^i - a_{qq}^i) \sin\theta \cos\theta + a_{pq}^i (\cos^2\theta - \sin^2\theta) = 0 \tag{4.7.25}$$

由此可解出满足要求的 θ 为

$$\theta = \frac{1}{2} \arctan\left(\frac{2a_{pq}^i}{a_{qq}^i - a_{pp}^i}\right) \tag{4.7.26}$$

于是得到了实现本次旋转的正交矩阵 $\boldsymbol{S}^i$。由于每次都是通过一个 "小的旋转" 来实现非对角线元素变小的目的, 所以通常将 θ 限制在区间 $[-\pi/4, \pi/4]$。重复进行 "小的旋转" 得

$$\boldsymbol{A}^2 = \boldsymbol{S}^{1\mathrm{T}} \boldsymbol{A}^1 \boldsymbol{S}^1, \quad \boldsymbol{A}^3 = \boldsymbol{S}^{2\mathrm{T}} \boldsymbol{A}^2 \boldsymbol{S}^2 = \boldsymbol{S}^{2\mathrm{T}} \boldsymbol{S}^{1\mathrm{T}} \boldsymbol{A}^1 \boldsymbol{S}^1 \boldsymbol{S}^2 = (\boldsymbol{S}^1 \boldsymbol{S}^2)^{\mathrm{T}} \boldsymbol{A}^1 (\boldsymbol{S}^1 \boldsymbol{S}^2) \tag{4.7.27a}$$

$$\boldsymbol{A}^{i+1} = \boldsymbol{S}^{i\mathrm{T}} \boldsymbol{A}^i \boldsymbol{S}^i = (\boldsymbol{S}^1 \boldsymbol{S}^2 \cdots \boldsymbol{S}^i)^{\mathrm{T}} \boldsymbol{A}^1 (\boldsymbol{S}^1 \boldsymbol{S}^2 \cdots \boldsymbol{S}^i) = \boldsymbol{S}^{\mathrm{T}} \boldsymbol{A}^1 \boldsymbol{S} \tag{4.7.27b}$$

可以证明, 这个旋转变换过程是收敛的, 并且能够实现使一个实对称矩阵 $\boldsymbol{A}$ 的非对角线元素远小于对角线元素的目的, 也就是把 $\boldsymbol{A}$ 变成了近似对角矩阵。总的变换矩阵 $\boldsymbol{S}$ 为所有 "小的旋转" 变换矩阵的乘积, 即

$$\boldsymbol{S} = \boldsymbol{S}^1 \boldsymbol{S}^2 \cdots \boldsymbol{S}^i \tag{4.7.28}$$

因为 $\boldsymbol{S}^i$ 都是正交矩阵, 所以 $\boldsymbol{S}$ 也为正交矩阵。

例 4.7.1 用雅可比法求下面矩阵 $\boldsymbol{A}$ 的全部本征值和本征向量：

$$\boldsymbol{A} = \begin{bmatrix} 1 & 1 & 1 \\ 1 & 1 & 1 \\ 1 & 1 & 1 \end{bmatrix}$$

解： 令 $\boldsymbol{A}^1 = \boldsymbol{A}$，矩阵 $\boldsymbol{A}$ 非对角线元素的绝对值大小都相同。不失一般性，选取非对角线元素 a_{12} 作为第一次旋转后变为零的元素，也就是 $p=1, q=2$。根据式 (4.7.26) 确定旋转角

$$\theta = \frac{1}{2}\arctan\left(\frac{2a_{pq}}{a_{qq}-a_{pp}}\right) = \frac{1}{2}\arctan\left(\frac{2}{1-1}\right) = \frac{\pi}{4} \tag{a}$$

因此实现第一次旋转的正交矩阵 $\boldsymbol{S}^1$，即

$$\boldsymbol{S}^1 = \begin{bmatrix} \cos\theta & \sin\theta & 0 \\ -\sin\theta & \cos\theta & 0 \\ 0 & 0 & 1 \end{bmatrix} = \begin{bmatrix} 1/\sqrt{2} & 1/\sqrt{2} & 0 \\ -1/\sqrt{2} & 1/\sqrt{2} & 0 \\ 0 & 0 & 1 \end{bmatrix} \tag{b}$$

经过了一次旋转后的矩阵 $\boldsymbol{A}^2$ 为

$$\boldsymbol{A}^2 = \boldsymbol{S}^{1\mathrm{T}}\boldsymbol{A}^1\boldsymbol{S}^1 = \begin{bmatrix} 1/\sqrt{2} & -1/\sqrt{2} & 0 \\ 1/\sqrt{2} & 1/\sqrt{2} & 0 \\ 0 & 0 & 1 \end{bmatrix}\begin{bmatrix} 1 & 1 & 1 \\ 1 & 1 & 1 \\ 1 & 1 & 1 \end{bmatrix}\begin{bmatrix} 1/\sqrt{2} & 1/\sqrt{2} & 0 \\ -1/\sqrt{2} & 1/\sqrt{2} & 0 \\ 0 & 0 & 1 \end{bmatrix} = \begin{bmatrix} 0 & 0 & 0 \\ 0 & 2 & \sqrt{2} \\ 0 & \sqrt{2} & 1 \end{bmatrix} \tag{c}$$

下一目标是将 $\boldsymbol{A}^2$ 中的非对角线元素 a_{23} 变为零，即 $p=2, q=3$。根据 $\boldsymbol{A}^2$ 的元素由式 (4.7.26) 确定实施第二次旋转的 θ 为

$$\theta = \frac{1}{2}\arctan\left(\frac{2a_{pq}}{a_{qq}-a_{pp}}\right) = \frac{1}{2}\arctan\left(\frac{2\sqrt{2}}{1-2}\right) \tag{d}$$

可以得到两组解

$$\sin\theta = \sqrt{2/3},\ \cos\theta = \sqrt{1/3} \quad \text{或} \quad \sin\theta = -\sqrt{1/3},\ \cos\theta = \sqrt{2/3} \tag{e}$$

取 θ 小的那一组，即第二组，得变换矩阵为

$$\boldsymbol{S}^2 = \begin{bmatrix} 1 & 0 & 0 \\ 0 & \sqrt{2/3} & -\sqrt{1/3} \\ 0 & \sqrt{1/3} & \sqrt{2/3} \end{bmatrix} \tag{f}$$

实施第二次旋转变换后，有

$$\boldsymbol{A}^3 = \boldsymbol{S}^{2\mathrm{T}}\boldsymbol{A}^2\boldsymbol{S}^2 = \begin{bmatrix} 0 & 0 & 0 \\ 0 & 0 & 0 \\ 0 & 0 & 3 \end{bmatrix} \tag{g}$$

总的变换矩阵为

$$\boldsymbol{S} = \boldsymbol{S}^1 \boldsymbol{S}^2 = \begin{bmatrix} 1/\sqrt{2} & 1/\sqrt{2} & 0 \\ -1/\sqrt{2} & 1/\sqrt{2} & 0 \\ 0 & 0 & 1 \end{bmatrix} \begin{bmatrix} 1 & 0 & 0 \\ 0 & \sqrt{2/3} & -\sqrt{1/3} \\ 0 & \sqrt{1/3} & \sqrt{2/3} \end{bmatrix} = \begin{bmatrix} \sqrt{1/2} & \sqrt{1/3} & \sqrt{1/6} \\ -\sqrt{1/2} & \sqrt{1/3} & -\sqrt{1/6} \\ 0 & \sqrt{1/3} & \sqrt{2/3} \end{bmatrix}$$

$$\text{(h)}$$

在这个算例中, 仅经过两次旋转变换就达到了把矩阵 $\boldsymbol{A}$ 变换为对角矩阵的目的。大型矩阵通常需要经过多次旋转变换才能得到满足精度要求的结果, 而且每次构造旋转矩阵都要搜索出前次变换所得矩阵中绝对值最大的非对角线元素, 因此这种方法的效率偏低。为此, 可根据矩阵 $\boldsymbol{A}$ 中非对角线元素绝对值的平均大小, 设定一个 "阈值 (threshold)", 如可选取阈值为

$$v_1 = \frac{1}{n} \left(\sum_{i=1}^{n-1} \sum_{j=i+1}^{n} a_{ij}^2 \right)^{1/2} \tag{4.7.29}$$

该阈值就是矩阵 $\boldsymbol{A}$ 上三角所有元素平方和的平方根再除以 n (矩阵 $\boldsymbol{A}$ 的维数)。矩阵 $\boldsymbol{A}$ 上三角区共有 $(n^2 - n)/2$ 个元素。确定了阈值后, 开始对 $\boldsymbol{A}$ 的上三角元素按行扫描, 依次检查每一非对角线元素的绝对值, 若其绝对值大于阈值, 就立即对它进行旋转消元。当确定已没有非对角线元素绝对值大于该阈值时, 进一步降低阈值, 取

$$v_2 = v_1/n \tag{4.7.30}$$

相当于按更严格的标准扫描, 直到阈值小到满足精度要求为止。算法流程为

（1）令 $\boldsymbol{A}^1 = \boldsymbol{A}, \boldsymbol{S} = \boldsymbol{I}$（单位矩阵）, 给定精度指标 ε, 如可选 $\varepsilon = 10^{-6}$, 令 $i = 1, m = 1$。

（2）计算 $v_m = \dfrac{1}{n^m} \left(\displaystyle\sum_{i=1}^{n-1} \sum_{j=i+1}^{n} a_{ij}^2 \right)^{1/2}$, 按行扫描 $\boldsymbol{A}^i$ 上三角区的非对角线元素, 若所有非对角线元素 $|a_{pq}^i| < v_m \; (q > p)$, 则转入步骤（6）; 反之记下绝对值最大元素所在行号 p 和列号 q。

（3）按式 (4.7.26) 计算 θ, 按式 (4.7.21) 确定 $\boldsymbol{S}^i$。

（4）计算 $\boldsymbol{A}^{i+1} = \boldsymbol{S}^{i\mathrm{T}} \boldsymbol{A}^i \boldsymbol{S}^i$。

（5）计算 $\boldsymbol{S} = \boldsymbol{S} \boldsymbol{S}^i$, 令 $i = i + 1$, 返回步骤（2）。

（6）若 $v_m \geqslant \varepsilon$, 则令 $m + 1 = m$, 返回步骤（2）, 若 $v_m < \varepsilon$, 则迭代结束。

3. 求解广义本征方程的雅可比法

上述相似变换思想可以直接推广用于广义本征方程, 只是需要对 $\boldsymbol{K}$ 和 $\boldsymbol{M}$ 同时实施变换, 即将两矩阵同时转化为对角矩阵, 然后将它们对角线上的元素对应相除, 就可以得到原问题的所有本征值, 而将各次变换矩阵连乘起来, 即为原问题的本征向量矩阵。

沿用前述 "阈值" 概念, 分别定出 $\boldsymbol{K}$ 和 $\boldsymbol{M}$ 的阈值, 并对 $\boldsymbol{K}$ 与 $\boldsymbol{M}$ 的上三角作同步

扫描，并依次检查每一对 (K_{pq}, M_{pq})，若两个数中有一个超过了阈值，则同时进行旋转变换。变换矩阵的形式也相同，不过由于 $\boldsymbol{K}$ 和 $\boldsymbol{M}$ 中各有一个非对角线元素需要变为零，所以需要两个待定系数，故变换矩阵为

$$
\boldsymbol{S}^i = \begin{bmatrix} 1 & \dots & 0 & \dots & 0 & \dots & 0 \\ \vdots & & \vdots & & \vdots & & \vdots \\ 0 & \dots & 1 & \dots & \alpha & \dots & 0 \\ \vdots & & \vdots & & \vdots & & \vdots \\ 0 & \dots & \gamma & \dots & 1 & \dots & 0 \\ \vdots & & \vdots & & \vdots & & \vdots \\ 0 & \dots & 0 & \dots & 0 & \dots & 1 \end{bmatrix} \tag{4.7.31}
$$

用该非正交矩阵对 $\boldsymbol{K}$ 和 $\boldsymbol{M}$ 同时变换，得

$$
\boldsymbol{K}^{i+1} = \boldsymbol{S}^{i\mathrm{T}}\boldsymbol{K}^i\boldsymbol{S}^i, \quad \boldsymbol{M}^{i+1} = \boldsymbol{S}^{i\mathrm{T}}\boldsymbol{M}^i\boldsymbol{S}^i \tag{4.7.32}
$$

两式可以统一地写成

$$
\boldsymbol{A}^{i+1} = \boldsymbol{S}^{i\mathrm{T}}\boldsymbol{A}^i\boldsymbol{S}^i = \begin{bmatrix} 1 & & & \\ & 1 & \gamma & \\ & \alpha & 1 & \\ & & & 1 \end{bmatrix}\begin{bmatrix} a_{11} & a_{1p} & a_{1q} & a_{1n} \\ a_{p1} & a_{pp} & a_{pq} & a_{pn} \\ a_{q1} & a_{qp} & a_{qq} & a_{qn} \\ a_{n1} & a_{np} & a_{nq} & a_{nn} \end{bmatrix}\begin{bmatrix} 1 & & & \\ & 1 & \alpha & \\ & \gamma & 1 & \\ & & & 1 \end{bmatrix}
$$

$$
= \begin{bmatrix} a_{11} & a_{1p}+\gamma a_{1q} & \alpha a_{1p}+a_{1q} & a_{1n} \\ a_{p1}+\gamma a_{q1} & a_{pp}+2\gamma a_{pq}+\gamma^2 a_{qq} & \alpha a_{pp}+(1+\alpha\gamma)a_{pq}+\gamma a_{qq} & a_{pn}+\gamma a_{qn} \\ \alpha a_{p1}+a_{q1} & \alpha a_{pp}+(1+\alpha\gamma)a_{pq}+\gamma a_{qq} & \alpha^2 a_{pp}+2\alpha a_{pq}+a_{qq} & \alpha a_{pn}+a_{qn} \\ a_{n1} & a_{np}+\gamma a_{nq} & \alpha a_{np}+a_{nq} & a_{nn} \end{bmatrix} \tag{4.7.33}
$$

注意：为了书写简洁，上式所有矩阵中略去了表示任意两行、两列之间的省略号，并且空白位置默认为零。各元素一般形式为

$$
a_{pl}^{i+1} = a_{lp}^{i+1} = a_{lp}^i + \gamma a_{lq}^i, \quad a_{ql}^{i+1} = a_{lq}^{i+1} = \alpha a_{lp}^i + a_{lq}^i \quad (l \neq p, q)
$$
$$
a_{pp}^{i+1} = a_{pp}^i + 2\gamma a_{pq}^i + \gamma^2 a_{qq}^i, \quad a_{qq}^{i+1} = \alpha a_{pp}^i + 2\alpha a_{pq}^i + \gamma^2 a_{qq}^i \tag{4.7.34}
$$
$$
a_{pq}^{i+1} = a_{qp}^{i+1} = \alpha a_{pp}^i + (1+\alpha\gamma)a_{pq}^i + \gamma a_{qq}^i
$$

令 p 行 q 列位置上的元素 $a_{pq}^{i+1} = a_{qp}^{i+1} = 0$，则有

$$
\alpha K_{pp}^i + (1+\alpha\gamma)K_{pq}^i + \gamma K_{qq}^i = 0, \quad \alpha M_{pp}^i + (1+\alpha\gamma)M_{pq}^i + \gamma M_{qq}^i = 0 \tag{4.7.35}
$$

若

$$
\frac{K_{pp}^i}{M_{pp}^i} = \frac{K_{pq}^i}{M_{pq}^i} = \frac{K_{qq}^i}{M_{qq}^i}
$$

则式 (4.7.35) 中的两个方程线性相关，只需取

$$\alpha = 0, \quad \gamma = -\frac{K_{pq}^i}{K_{qq}^i} \tag{4.7.36}$$

否则，从方程 (4.7.35) 中消去 $(1 + \alpha\gamma)$，可得

$$\gamma = -\frac{\overline{K}_{pp}^i}{\overline{K}_{qq}^i}\alpha \tag{4.7.37}$$

式中

$$\overline{K}_{pp}^i = K_{pp}^i M_{pq}^i - M_{pp}^i K_{pq}^i, \quad \overline{K}_{qq}^i = K_{qq}^i M_{pq}^i - M_{qq}^i K_{pq}^i \tag{4.7.38}$$

把 $\gamma = -\dfrac{\overline{K}_{pp}^i}{\overline{K}_{qq}^i}\alpha$ 代入式 (4.7.35) 中的任何一个等式，可得关于 α 的一元二次方程，例如代入第一个等式得

$$\overline{K}_{pp}^i\alpha^2 + \overline{K}^i\alpha - \overline{K}_{qq}^i = 0, \quad \overline{K}^i = K_{pp}^i M_{qq}^i - K_{qq}^i M_{pp}^i \tag{4.7.39}$$

由此可解出 α 的两个根，通常选取绝对值小的 α，即

$$\alpha = \frac{X}{\overline{K}_{pp}^i}, \quad \gamma = -\frac{X}{\overline{K}_{qq}^i}, \quad X = -\frac{\overline{K}^i}{2} + \sqrt{\left(\frac{\overline{K}^i}{2}\right)^2 + \overline{K}_{pp}^i\overline{K}_{qq}^i} \tag{4.7.40}$$

　　上述雅可比法概念清楚、简单且易于编程。自 1864 年问世以来，该方法至今仍被广泛应用，它适用于求解小型实对称矩阵的全部本征值和本征向量。对于大型、满阵问题，由于把非对角线元素变为零的变换计算量大，该方法的效率较低。

4.7.2　子空间迭代法

　　子空间迭代法（subspace iteration method）是大型结构固有振动特性数值计算的常用方法之一，它综合了广义本征方程求解的若干基本方法，如前述里茨法、雅可比法以及向量迭代技术。本节首先介绍一种典型的向量迭代技术——逆迭代（inverse iteration）法。

1. 逆迭代法

　　假设第一阶振型向量为 $\boldsymbol{x}_1$，代入广义本征方程 $\boldsymbol{Kx} = \lambda\boldsymbol{Mx}$ 的右端，将左端的向量 $\boldsymbol{x}$ 作为待求量，记为 $\boldsymbol{x}_2$，于是得到如下代数方程组：

$$\boldsymbol{Kx}_2 = \lambda^{(1)}\boldsymbol{Mx}_1 \tag{4.7.41}$$

式中上标 (1) 表示迭代次数，依此类推。由上式得到的 $\boldsymbol{x}_2$ 更加接近真实的第一阶主振型向量。可以证明，重复进行此迭代过程，直至该方程左端向量与右端向量之间的差别可以忽略不计，则得到的向量将收敛于系统真实的第一阶振型。此迭代方法称为**逆幂迭代法**，简称**逆迭代**。算法具体步骤如下：

（1）一般选初始第一阶振型向量和第一阶本征值为

$$\boldsymbol{x}_1 = \begin{bmatrix} 1 & 1 & \cdots & 1 \end{bmatrix}^{\mathrm{T}}, \quad \lambda^{(1)} = 1 \tag{4.7.42}$$

（2）令迭代步数 $k = 1, 2, \cdots$

（Ⅰ）通过三角分解，求解如下代数方程组：

$$\boldsymbol{K}\overline{\boldsymbol{x}}_{k+1} = \lambda^{(k)}\boldsymbol{M}\boldsymbol{x}_k \tag{4.7.43}$$

（Ⅱ）对得到的 $\overline{\boldsymbol{x}}_{k+1}$ 进行关于质量矩阵的归一化，可得下一次迭代初始向量

$$\boldsymbol{x}_{k+1} = \frac{\overline{\boldsymbol{x}}_{k+1}}{(\overline{\boldsymbol{x}}_{k+1}^{\mathrm{T}}\boldsymbol{M}\overline{\boldsymbol{x}}_{k+1})^{1/2}} \tag{4.7.44}$$

若一直使用非归一化向量，迭代过程中向量的元素可能太大或太小，会导致数值计算问题。用瑞利商估计的本征值为

$$\lambda^{(k+1)} = \boldsymbol{x}_{k+1}^{\mathrm{T}}\boldsymbol{K}\boldsymbol{x}_{k+1} = \frac{\overline{\boldsymbol{x}}_{k+1}^{\mathrm{T}}\boldsymbol{K}\overline{\boldsymbol{x}}_{k+1}}{\overline{\boldsymbol{x}}_{k+1}^{\mathrm{T}}\boldsymbol{M}\overline{\boldsymbol{x}}_{k+1}} \tag{4.7.45}$$

然后返回（Ⅰ）使 $k \to k+1$ 进行下一次迭代，直至相邻的两次迭代值满足

$$\left| \frac{\lambda^{(k+1)} - \lambda^{(k)}}{\lambda^{(k)}} \right| < \varepsilon \tag{4.7.46}$$

式中 ε 是精度指标，可根据精度要求选取，如可选 10^{-6}。

2. 逆迭代法收敛性证明

（1）振型收敛证明

第一阶初始振型向量 $\boldsymbol{x}_1$ 也称为试探向量，一般情况下不可能恰好满足 $\boldsymbol{K}\boldsymbol{x} = \lambda\boldsymbol{M}\boldsymbol{x}$。根据展开定理，试探向量 $\boldsymbol{x}_1$ 可以表示为各阶真实振型向量的线性组合，即

$$\boldsymbol{x}_1 = \sum_{i=1}^{n} a_i\boldsymbol{\varphi}_i \tag{4.7.47}$$

为后续推导方便，假设上式中的振型向量都是质量归一化向量。将上式代入迭代式 (4.7.43)，并两边前乘 $\boldsymbol{K}^{-1}$，得迭代一次的结果为

$$\overline{\boldsymbol{x}}_2 = \boldsymbol{K}^{-1}\boldsymbol{M}\boldsymbol{x}_1 = \sum_{i=1}^{n} a_i\boldsymbol{K}^{-1}\boldsymbol{M}\boldsymbol{\varphi}_i = \frac{1}{\lambda_1}\sum_{i=1}^{n} a_i\frac{\lambda_1}{\lambda_i}\boldsymbol{\varphi}_i \tag{4.7.48}$$

迭代两次的结果为

$$\overline{\boldsymbol{x}}_3 = \boldsymbol{K}^{-1}\boldsymbol{M}\overline{\boldsymbol{x}}_2 = \sum_{i=1}^{n} \frac{a_i}{\lambda_i}\boldsymbol{K}^{-1}\boldsymbol{M}\boldsymbol{\varphi}_i = \frac{1}{\lambda_1^2}\sum_{i=1}^{n} a_i\left(\frac{\lambda_1}{\lambda_i}\right)^2\boldsymbol{\varphi}_i \tag{4.7.49}$$

迭代第 j 次的结果为

$$\overline{\boldsymbol{x}}_{j+1} = \frac{1}{\lambda_1^j}\sum_{i=1}^{n}\left(\frac{\lambda_1}{\lambda_i}\right)^j a_i\boldsymbol{\varphi}_i = \frac{1}{\lambda_1^j}\left[a_1\boldsymbol{\varphi}_1 + \left(\frac{\lambda_1}{\lambda_2}\right)^j a_2\boldsymbol{\varphi}_2 + \cdots + \left(\frac{\lambda_1}{\lambda_n}\right)^j a_n\boldsymbol{\varphi}_n\right] \tag{4.7.50}$$

由于 $\lambda_1 < \lambda_2 < \cdots < \lambda_n$，因此随着迭代次数的逐渐增加，式 (4.7.50) 中括号内的后 $n-1$ 项逐渐减小直至可以忽略不计，是终 $\overline{\boldsymbol{x}}_{j+1}$ 收敛于第一阶振型。收敛速率取决于式 (4.7.50) 中括号内左起第二项：λ_1/λ_2 比值越小收敛越快。

（2）**本征值收敛证明**

本征值通过瑞利商来计算，因此其收敛性也可以通过瑞利商来证明。迭代一次后，由式 (4.7.43) 可得 $\boldsymbol{K}\overline{\boldsymbol{x}}_2 = \boldsymbol{M}\boldsymbol{x}_1$，把该式代入式 (4.7.45) 得

$$\lambda^{(2)} = \frac{\overline{\boldsymbol{x}}_2^{\mathrm{T}}\boldsymbol{K}\overline{\boldsymbol{x}}_2}{\overline{\boldsymbol{x}}_2^{\mathrm{T}}\boldsymbol{M}\overline{\boldsymbol{x}}_2} = \frac{\overline{\boldsymbol{x}}_2^{\mathrm{T}}\boldsymbol{M}\boldsymbol{x}_1}{\overline{\boldsymbol{x}}_2^{\mathrm{T}}\boldsymbol{M}\overline{\boldsymbol{x}}_2}$$

再把式 (4.7.48) 和式 (4.7.47) 代入上式得

$$\lambda^{(2)} = \frac{\overline{\boldsymbol{x}}_2^{\mathrm{T}}\boldsymbol{M}\boldsymbol{x}_1}{\overline{\boldsymbol{x}}_2^{\mathrm{T}}\boldsymbol{M}\overline{\boldsymbol{x}}_2} = \frac{\dfrac{1}{\lambda_1}\sum\limits_{i=1}^{n} a_i \dfrac{\lambda_1}{\lambda_i}\boldsymbol{\varphi}_i^{\mathrm{T}}\boldsymbol{M}\sum\limits_{i=1}^{n} a_i \boldsymbol{\varphi}_i}{\dfrac{1}{\lambda_1}\sum\limits_{i=1}^{n} a_i \dfrac{\lambda_1}{\lambda_i}\boldsymbol{\varphi}_i^{\mathrm{T}}\boldsymbol{M}\dfrac{1}{\lambda_1}\sum\limits_{i=1}^{n} a_i \dfrac{\lambda_1}{\lambda_i}\boldsymbol{\varphi}_i} = \frac{\sum\limits_{i=1}^{n}\dfrac{a_i^2}{\lambda_i}}{\sum\limits_{i=1}^{n}\dfrac{a_i^2}{\lambda_i^2}} \tag{4.7.51}$$

在化简上式最后一个等号左端项的分子、分母时利用了振型向量关于质量矩阵的正交性 $\boldsymbol{\varphi}_i^{\mathrm{T}}\boldsymbol{M}\boldsymbol{\varphi}_j = 0 \ (i \neq j)$。同理，将式 (4.7.48) 和式 (4.7.49) 一起代入式 (4.7.45) 可得迭代了两次的瑞利商

$$\lambda^{(3)} = \frac{\overline{\boldsymbol{x}}_3^{\mathrm{T}}\boldsymbol{K}\overline{\boldsymbol{x}}_3}{\overline{\boldsymbol{x}}_3^{\mathrm{T}}\boldsymbol{M}\overline{\boldsymbol{x}}_3} = \frac{\overline{\boldsymbol{x}}_3^{\mathrm{T}}\boldsymbol{M}\overline{\boldsymbol{x}}_2}{\overline{\boldsymbol{x}}_3^{\mathrm{T}}\boldsymbol{M}\overline{\boldsymbol{x}}_3} = \frac{\sum\limits_{i=1}^{n}\dfrac{a_i}{\lambda_i^2}\boldsymbol{\varphi}_i^{\mathrm{T}}\boldsymbol{M}\sum\limits_{i=1}^{n}\dfrac{a_i}{\lambda_i}\boldsymbol{\varphi}_i}{\sum\limits_{i=1}^{n}\dfrac{a_i}{\lambda_i^2}\boldsymbol{\varphi}_i^{\mathrm{T}}\boldsymbol{M}\sum\limits_{i=1}^{n}\dfrac{a_i}{\lambda_i^2}\boldsymbol{\varphi}_i} = \frac{\sum\limits_{i=1}^{n}\dfrac{a_i^2}{\lambda_i^3}}{\sum\limits_{i=1}^{n}\dfrac{a_i^2}{\lambda_i^4}} \tag{4.7.52}$$

继续迭代到第 $j-1$ 次得

$$\lambda^{(j)} = \frac{\sum\limits_{i=1}^{n}\dfrac{a_i^2}{(\lambda_i)^{2j-3}}}{\sum\limits_{i=1}^{n}\dfrac{a_i^2}{(\lambda_i)^{2j-2}}} = \frac{\lambda_1\sum\limits_{i=1}^{n} a_i^2\left(\dfrac{\lambda_1}{\lambda_i}\right)^{2j-3}}{\sum\limits_{i=1}^{n} a_i^2\left(\dfrac{\lambda_1}{\lambda_i}\right)^{2j-2}} \tag{4.7.53}$$

当 $j \to \infty$ 时，上式分子、分母的求和项都只剩下第一项，且二者相同，所以有

$$\lambda^{(j)} \to \lambda_1 \tag{4.7.54}$$

把迭代 j 次后的本征值表达式代入下面的收敛速率计算公式，并整理得

$$\lim_{j \to \infty}\frac{|\lambda^{(j+1)} - \lambda_1|}{|\lambda^{(j)} - \lambda_1|} = \lim_{j \to \infty}\frac{\left|a_2^2\left(\dfrac{\lambda_1^{2j-1}}{\lambda_2^{2j-1}} - \dfrac{\lambda_1^{2j}}{\lambda_2^{2j}}\right) + \sum\limits_{i=3}^{n} a_i^2\left(\dfrac{\lambda_1^{2j-1}}{\lambda_i^{2j-1}} - \dfrac{\lambda_1^{2j}}{\lambda_i^{2j}}\right)\right|}{\left|a_2^2\left(\dfrac{\lambda_1^{2j-3}}{\lambda_2^{2j-3}} - \dfrac{\lambda_1^{2j-2}}{\lambda_2^{2j-2}}\right) + \sum\limits_{i=3}^{n} a_i^2\left(\dfrac{\lambda_1^{2j-3}}{\lambda_i^{2j-3}} - \dfrac{\lambda_1^{2j-2}}{\lambda_i^{2j-2}}\right)\right|} = \left(\frac{\lambda_1}{\lambda_2}\right)^2$$

$$\tag{4.7.55}$$

若系统有重频, 也可以证明上述迭代过程是收敛的。式 (4.7.50) 已经说明振型收敛速率取决于 λ_1/λ_2, 也可以严格证明振型向量是以 λ_1/λ_2 为速率收敛的, 对这两个证明感兴趣的读者可参见文献 [6]。由于本征值以 λ_1/λ_2 平方的速率收敛, 因此它比本征向量收敛得快。

上面仅给出了逆迭代法的基本步骤, 下面简要补充说明应用该方法时需要注意的问题:

（1）可任意选取第一阶振型的试探向量。若试探向量接近真实第一阶振型向量, 则只需少量的迭代次数就可以取得满意的精度。

（2）逆迭代法是从低阶到高阶依次求得各阶振型和频率的, 因此高阶固有模态的精度依赖于低阶的计算精度, 并且高阶的精度通常比低阶的精度低。

（3）从迭代收敛性证明过程可以看出, 试探向量 $\boldsymbol{x}_1$ 收敛于最小本征值对应的振型, 通常是第一阶振型。但若 $a_1 = 0$, 即 $\boldsymbol{x}_1$ 恰好与 $\boldsymbol{\varphi}_1$ 关于质量矩阵正交, 理论上 $\boldsymbol{x}_1$ 就不能收敛到 $\boldsymbol{\varphi}_1$, 而会收敛到 $\boldsymbol{\varphi}_2$, 这为选取用于求第二阶振型的试探向量提供了方向, 即要求第二阶试探向量与求出的第一阶振型向量关于质量矩阵正交。文献 [6,8] 介绍了这种求高阶振型向量的**格拉姆–施密特**（Gram-Schmidt）**正交化**方法。另外一种称为**移轴法**, 即在原本征方程 $\boldsymbol{K}\boldsymbol{\varphi} = \lambda\boldsymbol{M}\boldsymbol{\varphi}$ 中, 把本征值任意移动一个正值 μ, 得

$$[(\boldsymbol{K} - \mu\boldsymbol{M}) - (\lambda - \mu)\boldsymbol{M})]\boldsymbol{\varphi} = \boldsymbol{0} \tag{4.7.56}$$

即

$$\boldsymbol{K}'\boldsymbol{\varphi} = \lambda'\boldsymbol{M}\boldsymbol{\varphi}, \quad \boldsymbol{K}' = (\boldsymbol{K} - \mu\boldsymbol{M}), \quad \lambda' = \lambda - \mu \tag{4.7.57}$$

把上式与原本征方程相比可以看出, 两个问题的本征向量相同, 只是本征值相差 μ。如果刚度矩阵奇异, 也就是系统有零频, 也可以采用这种移轴（也称**移频**）的方法来避免因刚度矩阵奇异而带来的计算困难。根据移轴后产生的新广义本征方程建立的逆迭代公式为

$$(\boldsymbol{K} - \mu\boldsymbol{M})\overline{\boldsymbol{x}}_{k+1} = \lambda'^{(k)}\boldsymbol{M}\boldsymbol{x}_k \tag{4.7.58}$$

按照前述逆迭代步骤, 迭代到第 j 次, 由式 (4.7.50) 有

$$\overline{\boldsymbol{x}}_{j+1} = \sum_{i=1}^{n}\left(\frac{1}{\lambda_i'}\right)^j a_i\boldsymbol{\varphi}_i = \sum_{i=1}^{n}\left(\frac{1}{\lambda_i - \mu}\right)^j a_i\boldsymbol{\varphi}_i \tag{4.7.59}$$

从上式可以看出, 该逆迭代过程也收敛于最小本征值 λ_1' 对应的振型, 也就是收敛于与移动值 μ 最接近的本征值对应的振型, 因此这种移频方法可以用于求解任意高阶固有模态。但在不知道待求本征值的情况下选择需要的 μ 也是困难的, 为此学者提出了相关解决方法, 例如文献 [7,8] 中介绍的瑞利商迭代法。

（4）与式 (4.7.43) 对应, 也可以建立如下迭代公式:

$$\boldsymbol{M}\overline{\boldsymbol{x}}_{k+1} = \frac{1}{\lambda^{(k)}}\boldsymbol{K}\boldsymbol{x}_k, \quad \boldsymbol{x}_{k+1} = \overline{\boldsymbol{x}}_{k+1}/(\overline{\boldsymbol{x}}_{k+1}^{\mathrm{T}}\boldsymbol{M}\overline{\boldsymbol{x}}_{k+1})^{1/2} \tag{4.7.60}$$

与逆迭代过程相反, 上式称为正迭代。由于上式相当于对 $\boldsymbol{M}\boldsymbol{x} = \lambda^{-1}\boldsymbol{K}\boldsymbol{x}$ 进行的逆迭代,

所以该迭代过程收敛于最小本征值 λ^{-1} 及对应的本征向量，也就是原问题的最大本征值和本征向量。因此，正迭代法可以用来计算最大固有频率和振型。

（5）从迭代过程看，逆迭代法有丢根的可能性。利用施图姆序列检查（Sturm sequence check），形成增强的逆幂（enhanced inverse power）迭代法可以解决丢根问题。

3. 子空间迭代步骤

对于自由度较少的动力学系统，可以单独使用前面介绍的逆迭代法、雅可比法和瑞利–里茨法求解系统的固有模态。但对于大型广义本征方程，则需要综合使用这些方法以期得到高效、高精度的实用方法，例如拜德（K.J.Bathe）[8] 改进的子空间迭代法。对于 n 自由度系统，利用子空间迭代法计算系统前 p 阶固有模态的步骤如下：

（1）形成刚度矩阵 $\boldsymbol{K}$ 和质量矩阵 $\boldsymbol{M}$。给定各阶固有频率的精度要求，即各阶固有频率误差向量 $\boldsymbol{\varepsilon} = \begin{bmatrix} \varepsilon_1 & \cdots & \varepsilon_i & \cdots & \varepsilon_p \end{bmatrix}^{\mathrm{T}}$。一般情况下，对低阶固有频率的精度要求高一些，对高阶的精度要求低一些。不过，计算精度要求越高，计算效率就越低。

（2）选取 q 个初始振型向量构成初始迭代矩阵

$$\boldsymbol{X}_0 = \begin{bmatrix} x_{10} & x_{20} & \cdots & x_{q0} \end{bmatrix} \tag{4.7.61}$$

式中 q 大于所需计算的本征向量的个数 p，可以选取 $q = \min(2p, p+8)$ [8,9]。令初始迭代次数指标 $k = 1$。

（3）对 q 个向量同时进行逆迭代

$$\boldsymbol{K}\overline{\boldsymbol{X}}_k = \boldsymbol{M}\boldsymbol{X}_{k-1} \tag{4.7.62}$$

由前述逆迭代法原理可知，随着迭代过程的进行，$\overline{\boldsymbol{X}}_k$ 的各列都向第一阶振型靠近，并最终收敛于第一阶振型。为避免这种现象发生，在 $k > 1$ 的每一次迭代前，采用瑞利–里茨法来保证下一次迭代的各阶初始振型向量彼此正交。

（4）将第 k 次迭代给出的振型向量矩阵 $\overline{\boldsymbol{X}}_k$ 作为里茨基，用其各列的线性组合表示原系统的振型，即

$$\boldsymbol{X}_k = \overline{\boldsymbol{X}}_k \boldsymbol{A}_k \tag{4.7.63}$$

式中 $\boldsymbol{A}_k$ 为待定的权系数矩阵。由 4.3.2 节内容可知，$\boldsymbol{A}_k$ 应使瑞利商 $R(\boldsymbol{X}_k)$ 取驻值，于是得到如下广义本征方程：

$$\boldsymbol{K}^* \boldsymbol{A}_k = \boldsymbol{M}^* \boldsymbol{A}_k \boldsymbol{\Lambda}_k \tag{4.7.64}$$

$$\boldsymbol{M}^* = \overline{\boldsymbol{X}}_k^{\mathrm{T}} \boldsymbol{M} \overline{\boldsymbol{X}}_k, \quad \boldsymbol{K}^* = \overline{\boldsymbol{X}}_k^{\mathrm{T}} \boldsymbol{K} \overline{\boldsymbol{X}}_k \tag{4.7.65}$$

式中 $\boldsymbol{A}_k$ 和 $\boldsymbol{\Lambda}_k$ 为广义本征方程 (4.7.64) 的本征向量矩阵和本征值对角矩阵，二者的形式为

$$\boldsymbol{A}_k = \begin{bmatrix} \boldsymbol{a}_{1k} & \cdots & \boldsymbol{a}_{rk} & \cdots & \boldsymbol{a}_{qk} \end{bmatrix}, \quad \boldsymbol{\Lambda}_k = \operatorname{diag}\left(\lambda_1^{(k)}, \cdots, \lambda_r^{(k)}, \cdots, \lambda_q^{(k)}\right) \tag{4.7.66}$$

（5）用式 (4.7.63) 计算原系统的振型矩阵 $\boldsymbol{X}_k$，原系统的近似本征值就是矩阵 $\boldsymbol{\Lambda}_k$ 的

对角线元素。

与 $\overline{\boldsymbol{X}}_k$ 相比，$\boldsymbol{X}_k$ 更接近系统真实振型矩阵或精度更高。在上一步计算中，由于利用了瑞利 – 里茨法，根据 4.3.2 节的讨论可知，振型矩阵 $\boldsymbol{X}_k$ 中包含的 q 个振型向量关于原系统的质量矩阵 $\boldsymbol{M}$ 和刚度矩阵 $\boldsymbol{K}$ 正交，而不再都向一阶振型向量收敛。以 q 阶振型向量为基张成一个子空间，在迭代过程中，这个子空间不断趋近于由系统前 q 阶真实振型向量张成的子空间，因此这种方法称为子空间迭代法。该方法联合使用了逆迭代法和里茨法，提高了计算效率和精度。

（6）若满足

$$\left|\lambda_i^{(k)} - \lambda_i^{(k-1)}\right|/\lambda_i^{(k)} < \varepsilon_i \quad (i = 1, 2, \cdots, p) \tag{4.7.67}$$

则迭代结束，否则 $k = k+1$，返回步骤 (3)，以 $\boldsymbol{X}_k$ 为初始矩阵，进行下一次迭代。

下面给出关于子空间迭代方法的补充说明：

（1）随着迭代次数不断增加，$\boldsymbol{K}^*$ 和 $\boldsymbol{M}^*$ 逐渐趋近于对角矩阵，于是用广义雅可比迭代法求广义本征方程 (4.7.64) 的效率会逐渐提高，因此一般用广义雅可比迭代法求解步骤（4）中的方程 (4.7.64)。

（2）初始迭代矩阵的选取对迭代效率有较大的影响，研究者们提出了一些类经验性的方法。一种方法是第一列所有元素全部取 1，第二至第 q 列，用下一节介绍的兰乔斯法生成。

4.7.3　兰乔斯法

前面介绍的子空间迭代法的计算效率取决于初始迭代向量组的个数和每个向量的具体形式。兰乔斯 [9] 于 1950 年提出了一种初始迭代向量组的构造方法，也是矩阵三角化的一种方法，下面介绍其具体过程。

为了生成 $q\,(q \leqslant n)$ 个相互正交的列向量 $\begin{bmatrix} x_1 & x_2 & \cdots & x_q \end{bmatrix}$，先给定一个初始的 n 阶向量 $\widehat{\boldsymbol{x}}_1$，并对其进行质量归一化，即

$$\boldsymbol{x}_1 = \widehat{\boldsymbol{x}}_1/\beta_1, \quad \beta_1 = \sqrt{\widehat{\boldsymbol{x}}_1^{\mathrm{T}} \boldsymbol{M} \widehat{\boldsymbol{x}}_1} \tag{4.7.68}$$

下面生成其他向量 $\boldsymbol{x}_i\,(i = 2, \cdots, q)$。先做一次逆迭代

$$\boldsymbol{K}\overline{\boldsymbol{x}}_i = \boldsymbol{M}\boldsymbol{x}_{i-1} \tag{4.7.69}$$

利用上式中生成的向量 $\overline{\boldsymbol{x}}_i$ 及已经生成的 $i-1$ 个向量的线性组合构成第 i 个向量的初始值

$$\widehat{\boldsymbol{x}}_i = \overline{\boldsymbol{x}}_i - \sum_{j=1}^{i-1} a_{ij} \boldsymbol{x}_j \tag{4.7.70}$$

再利用格拉姆 – 施密特正交化技术使 $\widehat{\boldsymbol{x}}_i$ 与前 $i-1$ 个向量关于质量矩阵正交，即把上式前

乘 $\boldsymbol{x}_j^{\mathrm{T}} \boldsymbol{M}$ $(j = 1, 2, \cdots, i-1)$ 并令其等于零, 有

$$\boldsymbol{x}_j^{\mathrm{T}} \boldsymbol{M} \widehat{\boldsymbol{x}}_i = \boldsymbol{x}_j^{\mathrm{T}} \boldsymbol{M} \overline{\boldsymbol{x}}_i - \boldsymbol{x}_j^{\mathrm{T}} \boldsymbol{M} \sum_{k=1}^{i-1} a_{ik} \boldsymbol{x}_k = 0 \tag{4.7.71}$$

因为已经生成的前 $i-1$ 个向量是相互正交的, 并都经过质量归一化, 所以上式求和项中只有指标 k 与 j 相同的那一项不为零且等于 1, 因此有

$$a_{ij} = \boldsymbol{x}_j^{\mathrm{T}} \boldsymbol{M} \overline{\boldsymbol{x}}_i = \overline{\boldsymbol{x}}_i^{\mathrm{T}} \boldsymbol{M} \boldsymbol{x}_j \tag{4.7.72}$$

于是, 利用式 (4.7.70) 确定了 $\widehat{\boldsymbol{x}}_i$, 再对其进行质量归一化得

$$\boldsymbol{x}_i = \widehat{\boldsymbol{x}}_i / \beta_i, \quad \beta_i = \sqrt{\widehat{\boldsymbol{x}}_i^{\mathrm{T}} \boldsymbol{M} \widehat{\boldsymbol{x}}_i} \tag{4.7.73}$$

至此, 构造了一组相互正交的向量, 这就是生成初始迭代向量的兰乔斯法。可以证明[8,10]如下等式成立:

$$\boldsymbol{T} = \boldsymbol{X}^{\mathrm{T}} \boldsymbol{M} \boldsymbol{K}^{-1} \boldsymbol{M} \boldsymbol{X} \tag{4.7.74}$$

式中 $\boldsymbol{X} = \begin{bmatrix} \boldsymbol{x}_1 & \boldsymbol{x}_2 & \cdots & \boldsymbol{x}_q \end{bmatrix}$, 矩阵 $\boldsymbol{T}$ 为三对角矩阵

$$\boldsymbol{T} = \begin{bmatrix} a_1 & \beta_2 & & & \\ \beta_2 & a_2 & \beta_3 & & \\ & \ddots & \ddots & \ddots & \\ & & \beta_{q-1} & a_{q-1} & \beta_q \\ & & & \beta_{q-1} & a_q \end{bmatrix} \tag{4.7.75}$$

系数可由如下公式计算:

$$a_{i-1} = \overline{\boldsymbol{x}}_i^{\mathrm{T}} \boldsymbol{M} \boldsymbol{x}_{i-1} \quad (i = 2, 3, \cdots, q+1) \tag{4.7.76}$$

$$\beta_i = \sqrt{\widehat{\boldsymbol{x}}_i^{\mathrm{T}} \boldsymbol{M} \widehat{\boldsymbol{x}}_i} \quad (i = 2, 3, \cdots, q) \tag{4.7.77}$$

式中第 i 列的初始值 $\widehat{\boldsymbol{x}}_i$ 可用如下递推公式计算:

$$\widehat{\boldsymbol{x}}_i = \overline{\boldsymbol{x}}_i - a_{i-1} \boldsymbol{x}_{i-1} - \beta_{i-1} \boldsymbol{x}_{i-2} \quad (i = 2, 3, \cdots, q) \tag{4.7.78}$$

由式 (4.7.70) 可知上式中 $\beta_1 = 0$ 或 $\boldsymbol{x}_0 = \boldsymbol{0}$。

选定正交的向量组后, 再用里茨法将本征方程 $\boldsymbol{K}\boldsymbol{\varphi} = \lambda \boldsymbol{M}\boldsymbol{\varphi}$ 变换到以选定向量组 $\boldsymbol{X}$ 为基的空间, 即做如下变换:

$$\boldsymbol{\varphi} = \boldsymbol{X}\overline{\boldsymbol{\varphi}} \tag{4.7.79}$$

于是有 $\boldsymbol{K}\boldsymbol{X}\overline{\boldsymbol{\varphi}} = \lambda \boldsymbol{M}\boldsymbol{X}\overline{\boldsymbol{\varphi}}$, 再将该式两边前乘 $\boldsymbol{X}^{\mathrm{T}} \boldsymbol{M} \boldsymbol{K}^{-1}$, 并利用式 (4.7.74) 以及 $\boldsymbol{X}$ 关于质量矩阵的正交性得

$$\boldsymbol{T}\overline{\boldsymbol{\varphi}} = \frac{1}{\lambda}\overline{\boldsymbol{\varphi}} \tag{4.7.80}$$

因此原问题 $K\varphi = \lambda M\varphi$ 被变换成上式给出的标准本征方程，其本征值是原问题本征值的倒数，通过式 (4.7.79) 可由该标准本征方程的本征向量得到原问题的本征向量 φ。由于矩阵 T 是三对角矩阵，因此标准本征方程 (4.7.80) 可用雅可比法或者 QR 迭代法（把一个矩阵分解为一个正交矩阵 Q 和一个上三角矩阵 R 乘积的一种方法）快速求解。

以上就是兰乔斯变换方法的基本步骤，可用于大型系统固有频率和振型的计算。研究者们已经提出了提高其计算精度、计算效率以及防止漏根的方法，感兴趣的读者可参考相关文献[6,8,10]。

把本章前几节和本节给出的固有振动特性分析方法总结如下：

（1）瑞利商是固有模态求解方法的理论基础。瑞利法主要用于估算第一阶固有频率，适用于小规模、构型相对简单的系统。

（2）里茨法、伽辽金法、假设模态法主要用于构型相对简单的结构的离散化和低阶振动特性的分析，但多用于理论研究，是发展新方法的基础。

（3）传递矩阵法主要用于分析链状结构的低阶固有频率和模态。

（4）有限元方法可以看成是瑞利–里茨法的发展，是把复杂连续系统离散成多自由度系统的最主要方法。

（5）若离散系统的规模较小，可使用雅可比方法求出全部固有频率和模态。当系统自由度较大，但仅关心低阶振动特性时，通常可采用子空间迭代法和兰乔斯方法进行求解，它们也是商用软件中的主流方法。兰乔斯方法计算效率比子空间迭代法更高，适用范围也更广。

4.8 时间积分方法

借助有限元等方法对结构进行空间离散化后，连续系统动响应计算归结于求解如下振动常微分方程：

$$M\ddot{x} + C\dot{x} + Kx = Q(t)$$
$$x(0) = x_0, \quad \dot{x}(0) = \dot{x}_0 \tag{4.8.1}$$

如果方程 (4.8.1) 是线性的，则可以根据第 2 章介绍的模态叠加方法来求其解析解。模态叠加方法适用于线性系统，主要用于低频响应的计算。另外一种通用的求解方法是基于有限差分离散概念的时间积分方法。在时间积分方法中，首先将感兴趣的时间范围 $[0, T]$ 离散成有限个小区间，各个离散点称为时间结点或样本点，每个小区间的大小为 Δt，称为时间步长，各个步长可以相等也可以不等。然后根据泰勒级数等方法建立时间步长内的位移、速度和加速度随时间变化的规律。最后从初始时刻开始逐步进行递推计算。在时间积分方法中，通常平衡方程 (4.8.1) 只在结点上得到满足。

在计算方法、数值分析这类课程中，通常会介绍求解常微分方程的典型时间积分方法，例如欧拉法、中点法、龙格 – 库塔（Runge-Kutta）法等。这些方法是针对一阶方程设计的。1959 年，出现了用于求解二阶结构动力学微分方程 (4.8.1) 的纽马克（N. M. Newmark）方法[12]，之后以其为基础的时间积分方法得到了快速发展。利用时间积分方法计算结构动响应时，需要考虑所用方法的精度、效率、稳定性和耗散特性等。本节重点介绍具有综合性能优势且被商用有限元分析软件广泛采用的中心差分法、纽马克法以及广义 – α 类方法等。关于时间积分方法的进展，读者可以参考文献 [20]。

4.8.1　中心差分方法

中心差分法（central difference method）利用了数学上差商近似导数的思想，将速度分别表示为位移的前向和后向差商，即

$$\dot{\boldsymbol{x}}(t) = \lim_{\Delta t \to 0} \frac{\boldsymbol{x}(t + \Delta t) - \boldsymbol{x}(t)}{\Delta t} \approx \frac{\boldsymbol{x}_{t+\Delta t} - \boldsymbol{x}_t}{\Delta t}$$

$$\dot{\boldsymbol{x}}(t) = \lim_{\Delta t \to 0} \frac{\boldsymbol{x}(t) - \boldsymbol{x}(t - \Delta t)}{\Delta t} \approx \frac{\boldsymbol{x}_t - \boldsymbol{x}_{t-\Delta t}}{\Delta t}$$

式中把时刻作为下角标的变量表示在该时刻的近似值，比如 $\boldsymbol{x}_t$ 表示对 t 时刻精确值 $\boldsymbol{x}(t)$ 的近似。利用这两种表示的平均值来近似当前时刻的速度，即

$$\dot{\boldsymbol{x}}_t = \frac{1}{2}\left(\frac{\boldsymbol{x}_{t+\Delta t} - \boldsymbol{x}_t}{\Delta t} + \frac{\boldsymbol{x}_t - \boldsymbol{x}_{t-\Delta t}}{\Delta t}\right) = \frac{1}{2\Delta t}\left(\boldsymbol{x}_{t+\Delta t} - \boldsymbol{x}_{t-\Delta t}\right) \tag{4.8.2}$$

上式是用以 t 为中心的前后时刻的位移的差分来计算 t 时刻的速度，这也是中心差分方法名字的由来。此外，用速度的前向差商来近似加速度，再把每一个时刻的速度用位移的前向差商表示，由此得

$$\ddot{\boldsymbol{x}}_t = \frac{\dot{\boldsymbol{x}}_{t+\Delta t} - \dot{\boldsymbol{x}}_t}{\Delta t} = \frac{1}{\Delta t}\left(\frac{\boldsymbol{x}_{t+\Delta t} - \boldsymbol{x}_t}{\Delta t} - \frac{\boldsymbol{x}_t - \boldsymbol{x}_{t-\Delta t}}{\Delta t}\right) = \frac{1}{(\Delta t)^2}(\boldsymbol{x}_{t+\Delta t} - 2\boldsymbol{x}_t + \boldsymbol{x}_{t-\Delta t})$$

$$\tag{4.8.3}$$

令中心时刻 t 的位移 $\boldsymbol{x}_t$、速度 $\dot{\boldsymbol{x}}_t$ 和加速度 $\ddot{\boldsymbol{x}}_t$ 满足 t 时刻的动力学平衡方程，有

$$\boldsymbol{M}\ddot{\boldsymbol{x}}_t + \boldsymbol{C}\dot{\boldsymbol{x}}_t + \boldsymbol{K}\boldsymbol{x}_t = \boldsymbol{Q}_t \tag{4.8.4}$$

将式 (4.8.2) 和式 (4.8.3) 代入上式并整理得

$$\left(\frac{1}{(\Delta t)^2}\boldsymbol{M} + \boldsymbol{C}\frac{1}{2\Delta t}\right)\boldsymbol{x}_{t+\Delta t} = \boldsymbol{Q}_t - \left(\boldsymbol{K} - \frac{2}{(\Delta t)^2}\boldsymbol{M}\right)\boldsymbol{x}_t - \left(\frac{1}{(\Delta t)^2}\boldsymbol{M} - \frac{1}{2\Delta t}\boldsymbol{C}\right)\boldsymbol{x}_{t-\Delta t}$$

$$\tag{4.8.5}$$

将其中各矩阵前的系数分别简记为

$$a_0 = \frac{1}{(\Delta t)^2}, \quad a_1 = \frac{1}{2\Delta t}, \quad a_2 = \frac{2}{(\Delta t)^2} \tag{4.8.6}$$

则方程 (4.8.5) 可简写为

$$\overline{\boldsymbol{K}}\boldsymbol{x}_{t+\Delta t} = \overline{\boldsymbol{Q}}_t \tag{4.8.7}$$

式中

$$\overline{\boldsymbol{K}} = a_0\boldsymbol{M} + a_1\boldsymbol{C} \tag{4.8.8}$$

具有刚度的量纲，称为**有效刚度矩阵**，而

$$\overline{\boldsymbol{Q}}_t = \boldsymbol{Q}_t - (\boldsymbol{K} - a_2\boldsymbol{M})\boldsymbol{x}_t - (a_0\boldsymbol{M} - a_1\boldsymbol{C})\boldsymbol{x}_{t-\Delta t} \tag{4.8.9}$$

称为有效载荷向量。在利用方程 (4.8.7) 对位移 $\boldsymbol{x}_{t+\Delta t}$ 进行递推计算时，需要前两个时刻的位移 $\boldsymbol{x}_t$ 和 $\boldsymbol{x}_{t-\Delta t}$。例如，令初始时刻 $t_0 = 0$，为了计算第一个时刻的位移 $\boldsymbol{x}_{\Delta t}$，除了需要初始位移 $\boldsymbol{x}_0$ 外，还需要知道 $\boldsymbol{x}_{-\Delta t}$ 的值，下面给出确定 $\boldsymbol{x}_{-\Delta t}$ 的方法。

从式 (4.8.2) 和式 (4.8.3) 中消去 $\boldsymbol{x}_{t+\Delta t}$，得

$$\boldsymbol{x}_{t-\Delta t} = \boldsymbol{x}_t - \Delta t\dot{\boldsymbol{x}}_t + \frac{1}{2}\Delta t^2\ddot{\boldsymbol{x}}_t \tag{4.8.10}$$

在初始时刻 $t = 0$，有

$$\boldsymbol{x}_{-\Delta t} = \boldsymbol{x}_0 - \Delta t\dot{\boldsymbol{x}}_0 + \frac{1}{2}\Delta t^2\ddot{\boldsymbol{x}}_0 \tag{4.8.11}$$

或

$$\boldsymbol{x}_{-\Delta t} = \boldsymbol{x}_0 - \frac{1}{2a_1}\dot{\boldsymbol{x}}_0 + \frac{1}{2a_0}\ddot{\boldsymbol{x}}_0 \tag{4.8.12}$$

式中零时刻的加速度可通过零时刻的动力学方程得到，即

$$\ddot{\boldsymbol{x}}_0 = \boldsymbol{M}^{-1}(\boldsymbol{Q}_0 - \boldsymbol{C}\dot{\boldsymbol{x}}_0 - \boldsymbol{K}\boldsymbol{x}_0) \tag{4.8.13}$$

下面是中心差分法的计算流程：

1. 初始值计算

（1）形成刚度矩阵 $\boldsymbol{K}$、质量矩阵 $\boldsymbol{M}$ 和阻尼矩阵 $\boldsymbol{C}$

（2）根据初始条件 $\boldsymbol{x}_0$、$\dot{\boldsymbol{x}}_0$ 计算初始加速度 $\ddot{\boldsymbol{x}}_0$

$$\ddot{\boldsymbol{x}}_0 = \boldsymbol{M}^{-1}(\boldsymbol{Q}_0 - \boldsymbol{C}\dot{\boldsymbol{x}}_0 - \boldsymbol{K}\boldsymbol{x}_0) \tag{4.8.14a}$$

（3）选择时间步长 Δt，计算系数

$$a_0 = \frac{1}{(\Delta t)^2}, \quad a_1 = \frac{1}{2\Delta t}, \quad a_2 = \frac{2}{(\Delta t)^2} \tag{4.8.14b}$$

（4）计算

$$\boldsymbol{x}_{-\Delta t} = \boldsymbol{x}_0 - \frac{1}{2a_1}\dot{\boldsymbol{x}}_0 + \frac{1}{2a_0}\ddot{\boldsymbol{x}}_0 \tag{4.8.14c}$$

（5）形成有效刚度矩阵并对其进行三角分解

$$\overline{\boldsymbol{K}} = a_0\boldsymbol{M} + a_1\boldsymbol{C}, \quad \overline{\boldsymbol{K}} = \boldsymbol{L}\boldsymbol{D}\boldsymbol{L}^{\mathrm{T}} \tag{4.8.14d}$$

式中 L 为三角矩阵，D 为对角矩阵。有效刚度矩阵 $\overline{K}$ 一般是实对称矩阵，根据高等代数可知实对称矩阵都可以做这种三角分解。如果 $\overline{K}$ 对称正定，也可直接进行楚列斯基分解成 LL^{T}。

2. 递推计算

（1）计算 t 时刻的有效载荷

$$\overline{Q}_t = Q_t - (K - a_2 M)x_t - (a_0 M - a_1 C)x_{t-\Delta t} \tag{4.8.14e}$$

（2）求解 $t + \Delta t$ 时刻的位移

$$(LDL^{\mathrm{T}})x_{t+\Delta t} = \overline{Q}_t \tag{4.8.14f}$$

（3）如需要计算时刻 t 的速度和加速度，可通过它们的位移差分表达式来计算，即

$$\dot{x}_t = a_1(x_{t+\Delta t} - x_{t-\Delta t}), \quad \ddot{x}_t = a_0(x_{t+\Delta t} - 2x_t + x_{t-\Delta t}) \tag{4.8.14g}$$

（4）将 t 和 $t + \Delta t$ 时刻的位移分别赋给各自前一时刻的位移，注意 x_t 要先赋值，即

$$x_{t-\Delta t} = x_t, \quad x_t = x_{t+\Delta t} \tag{4.8.14h}$$

（5）返回步骤（1）进行下一时刻的递推计算。

从上述算法流程可以看出，中心差分法需要通过质量矩阵求逆来计算初始加速度，也就是说质量矩阵的逆在进入时间循环之前已经求出。在中心差分法的有效刚度矩阵式（4.8.14d）中，仅有质量矩阵和阻尼矩阵，不含有刚度矩阵，若是无阻尼问题，或者阻尼矩阵仅与质量矩阵成比例，则相当于有效刚度矩阵的逆已知，于是求解 $t + \Delta t$ 时刻位移时不需要再进行一次矩阵求逆运算。若质量矩阵为对角矩阵（如集中质量矩阵），则其求逆计算也不需要。基于中心差分法的高效率特点，其在大规模、非线性动态响应计算中得到了广泛应用。

求 $t + \Delta t$ 时刻位移用的有效刚度矩阵中不包含刚度矩阵的方法，称为显式方法。因此，中心差分方法是一种显式方法。通常显式方法可以实现高效率计算，但显式方法是条件稳定的，即所用时间步长 Δt 不能超过临界值 Δt_{cr}。中心差分方法的临界时间步长为

$$\Delta t_{\mathrm{cr}} = \frac{T_n}{\pi}$$

式中 T_n 是多自由度系统的最小固有周期，$T_n = 2\pi/\omega_n$，ω_n 为最高阶固有频率。

4.8.2　纽马克方法

由于时间步长通常都比较小，所以可以把待求时刻 $t + \Delta t$ 的位移、速度和加速度在前一时刻 t 的动态响应附近进行泰勒展开：

$$x(t + \Delta t) = x(t) + \Delta t \dot{x}(t) + \frac{1}{2}\Delta t^2 \ddot{x}(t) + \frac{1}{6}\Delta t^3 \dddot{x}(t) + O(\Delta t^4) \tag{4.8.15}$$

$$\dot{\boldsymbol{x}}(t+\Delta t) = \dot{\boldsymbol{x}}(t) + \Delta t \ddot{\boldsymbol{x}}(t) + \frac{1}{2}\Delta t^2 \dddot{\boldsymbol{x}}(t) + O(\Delta t^3) \tag{4.8.16}$$

$$\ddot{\boldsymbol{x}}(t+\Delta t) = \ddot{\boldsymbol{x}}(t) + \Delta t \dddot{\boldsymbol{x}}(t) + O(\Delta t^2) \tag{4.8.17}$$

由式 (4.8.17) 可得位移的三阶导数表达式

$$\dddot{\boldsymbol{x}}(t_n) = \frac{\ddot{\boldsymbol{x}}(t+\Delta t) - \ddot{\boldsymbol{x}}(t)}{\Delta t} + O(\Delta t) \tag{4.8.18}$$

将该三阶导数表达式分别代入式 (4.8.15) 和式 (4.8.16) 得

$$\boldsymbol{x}(t+\Delta t) = \boldsymbol{x}(t) + \Delta t \dot{\boldsymbol{x}}(t) + \frac{\Delta t^2}{3}\ddot{\boldsymbol{x}}(t) + \frac{\Delta t^2}{6}\ddot{\boldsymbol{x}}(t+\Delta t) + O(\Delta t^4) \tag{4.8.19}$$

$$\dot{\boldsymbol{x}}(t+\Delta t) = \dot{\boldsymbol{x}}(t) + \frac{\Delta t}{2}\ddot{\boldsymbol{x}}(t) + \frac{\Delta t}{2}\ddot{\boldsymbol{x}}(t+\Delta t) + O(\Delta t^3) \tag{4.8.20}$$

略去上式中高阶项，并用近似值代替精确值，得

$$\boldsymbol{x}_{t+\Delta t} = \boldsymbol{x}_t + \Delta t \dot{\boldsymbol{x}}_t + \frac{\Delta t^2}{3}\ddot{\boldsymbol{x}}_t + \frac{\Delta t^2}{6}\ddot{\boldsymbol{x}}_{t+\Delta t} \tag{4.8.21}$$

$$\dot{\boldsymbol{x}}_{t+\Delta t} = \dot{\boldsymbol{x}}_t + \frac{\Delta t}{2}\ddot{\boldsymbol{x}}_t + \frac{\Delta t}{2}\ddot{\boldsymbol{x}}_{t+\Delta t} \tag{4.8.22}$$

在保证加速度的加权系数之和不变的前提下，引入两个可调算法参数，通过参数设计可弥补因截断时间步长的高阶项而带来的计算精度损失。于是式 (4.8.21) 和式 (4.8.22) 可改写为

$$\boldsymbol{x}_{t+\Delta t} = \boldsymbol{x}_t + \Delta t \dot{\boldsymbol{x}}_t + \left[\left(\frac{1}{2} - \beta\right)\ddot{\boldsymbol{x}}_t + \beta\ddot{\boldsymbol{x}}_{t+\Delta t}\right]\Delta t^2 \tag{4.8.23}$$

$$\dot{\boldsymbol{x}}_{t+\Delta t} = \dot{\boldsymbol{x}}_t + [(1-\gamma)\ddot{\boldsymbol{x}}_t + \gamma\ddot{\boldsymbol{x}}_{t+\Delta t}]\Delta t \tag{4.8.24}$$

式中算法参数 γ 和 β 可以理解为加权参数。令 $t+\Delta t$ 时刻的运动方程得到满足，即

$$\boldsymbol{M}\ddot{\boldsymbol{x}}_{t+\Delta t} + \boldsymbol{C}\dot{\boldsymbol{x}}_{t+\Delta t} + \boldsymbol{K}\boldsymbol{x}_{t+\Delta t} = \boldsymbol{Q}_{t+\Delta t} \tag{4.8.25}$$

从 3 个方程 (4.8.23)~(4.8.25) 可以解出 $t+\Delta t$ 时刻的位移、速度和加速度，它们一起构成**纽马克方法**递推计算公式。由方程 (4.8.23) 可得用 $\boldsymbol{x}_{t+\Delta t}$ 表示的 $t+\Delta t$ 时刻加速度的表达式

$$\ddot{\boldsymbol{x}}_{t+\Delta t} = \frac{1}{\beta\Delta t^2}(\boldsymbol{x}_{t+\Delta t} - \boldsymbol{x}_t) - \frac{1}{\beta\Delta t}\dot{\boldsymbol{x}}_t - \left(\frac{1}{2\beta} - 1\right)\ddot{\boldsymbol{x}}_t \tag{4.8.26}$$

将其代入方程 (4.8.24)，可以得到用 $\boldsymbol{x}_{t+\Delta t}$ 表示的 $t+\Delta t$ 时刻速度的表达式

$$\dot{\boldsymbol{x}}_{t+\Delta t} = \frac{\gamma}{\beta\Delta t}(\boldsymbol{x}_{t+\Delta t} - \boldsymbol{x}_t) + \left(1 - \frac{\gamma}{\beta}\right)\dot{\boldsymbol{x}}_t + \left(1 - \frac{\gamma}{2\beta}\right)\Delta t\ddot{\boldsymbol{x}}_t \tag{4.8.27}$$

将式 (4.8.26) 和式 (4.8.27) 代入方程 (4.8.25)，可以得到用于求解 $\boldsymbol{x}_{t+\Delta t}$ 的方程，即

$$\overline{\boldsymbol{K}}\boldsymbol{x}_{t+\Delta t} = \overline{\boldsymbol{Q}}_{t+\Delta t} \tag{4.8.28}$$

式中有效刚度矩阵 $\overline{\boldsymbol{K}}$ 和有效载荷向量 $\overline{\boldsymbol{Q}}_{t+\Delta t}$ 的表达式分别为

$$\overline{\boldsymbol{K}} = \boldsymbol{K} + \frac{1}{\beta\Delta t^2}\boldsymbol{M} + \frac{\gamma}{\beta\Delta t}\boldsymbol{C} \tag{4.8.29}$$

$$\begin{aligned}\overline{\boldsymbol{Q}}_{t+\Delta t} &= \boldsymbol{Q}_{t+\Delta t} + \boldsymbol{M}\left(\Delta t(1-\gamma)\boldsymbol{x}_t + \frac{1}{\beta\Delta t}\dot{\boldsymbol{x}}_t + \frac{1-2\beta}{2\beta}\ddot{\boldsymbol{x}}_t\right) + \\ &\quad \boldsymbol{C}\left(\frac{\gamma}{\beta\Delta t}\boldsymbol{x}_t + \frac{\gamma-\beta}{\beta}\dot{\boldsymbol{x}}_t + \frac{\Delta t}{2}\frac{\gamma-2\beta}{\beta}\ddot{\boldsymbol{x}}_t\right)\end{aligned} \tag{4.8.30}$$

把从方程 (4.8.28) 求解得到的 $\boldsymbol{x}_{t+\Delta t}$ 代入式 (4.8.26) 可以计算加速度 $\ddot{\boldsymbol{x}}_{t+\Delta t}$，代入式 (4.8.27) 可以计算速度 $\dot{\boldsymbol{x}}_{t+\Delta t}$。算法参数 γ 和 β 可以根据算法性能需求来确定。下面给出纽马克法的递推计算流程。

1. 初始值计算

（1）形成系统矩阵 $\boldsymbol{K}$、$\boldsymbol{M}$ 和 $\boldsymbol{C}$

（2）根据初始条件 $\boldsymbol{x}_0$、$\dot{\boldsymbol{x}}_0$ 计算初始加速度 $\ddot{\boldsymbol{x}}_0$

$$\ddot{\boldsymbol{x}}_0 = \boldsymbol{M}^{-1}(\boldsymbol{Q}_0 - \boldsymbol{C}\dot{\boldsymbol{x}}_0 - \boldsymbol{K}\boldsymbol{x}_0) \tag{4.8.31a}$$

（3）选择时间步长 Δt、算法参数 γ 和 β，并计算系数

$$\begin{aligned}&a_0 = \frac{1}{\beta\Delta t^2}, \quad a_1 = \frac{\gamma}{\beta\Delta t}, \quad a_2 = \frac{1}{\beta\Delta t}, \quad a_3 = \frac{1}{2\beta}-1, \quad a_4 = \frac{\gamma}{\beta}-1 \\ &a_5 = \left(\frac{\gamma}{2\beta}-1\right)\Delta t, \quad a_6 = (1-\gamma)\Delta t, \quad a_7 = \gamma\Delta t\end{aligned} \tag{4.8.31b}$$

（4）形成有效刚度矩阵

$$\overline{\boldsymbol{K}} = \boldsymbol{K} + a_0\boldsymbol{M} + a_1\boldsymbol{C} \tag{4.8.31c}$$

（5）对有效刚度矩阵进行三角分解

$$\overline{\boldsymbol{K}} = \boldsymbol{L}\boldsymbol{D}\boldsymbol{L}^{\mathrm{T}} \tag{4.8.31d}$$

2. 递推计算

（1）计算 $t+\Delta t$ 时刻的有效载荷向量

$$\overline{\boldsymbol{Q}}_{t+\Delta t} = \boldsymbol{Q}_{t+\Delta t} + \boldsymbol{M}(a_0\boldsymbol{x}_t + a_2\dot{\boldsymbol{x}}_t + a_3\ddot{\boldsymbol{x}}_t) + \boldsymbol{C}(a_1\boldsymbol{x}_t + a_4\dot{\boldsymbol{x}}_t + a_5\ddot{\boldsymbol{x}}_t) \tag{4.8.31e}$$

（2）求解 $t+\Delta t$ 时刻的位移

$$(\boldsymbol{L}\boldsymbol{D}\boldsymbol{L}^{\mathrm{T}})\boldsymbol{x}_{t+\Delta t} = \overline{\boldsymbol{Q}}_{t+\Delta t} \tag{4.8.31f}$$

（3）计算 $t+\Delta t$ 时刻的加速度和速度

$$\ddot{\boldsymbol{x}}_{t+\Delta t} = a_0(\boldsymbol{x}_{t+\Delta t} - \boldsymbol{x}_t) - a_2\dot{\boldsymbol{x}}_t - a_3\ddot{\boldsymbol{x}}_t \tag{4.8.31g}$$

$$\dot{\boldsymbol{x}}_{t+\Delta t} = a_1(\boldsymbol{x}_{t+\Delta t} - \boldsymbol{x}_t) - a_4\dot{\boldsymbol{x}}_t - a_5\ddot{\boldsymbol{x}}_t \tag{4.8.31h}$$

或者

$$\dot{\boldsymbol{x}}_{t+\Delta t} = \dot{\boldsymbol{x}}_t + a_6\ddot{\boldsymbol{x}}_t + a_7\ddot{\boldsymbol{x}}_{t+\Delta t} \tag{4.8.31i}$$

（4）将计算结果分别赋给前一时刻，用于下一步的递推计算

$$\boldsymbol{x}_t = \boldsymbol{x}_{t+\Delta t}, \quad \dot{\boldsymbol{x}}_t = \dot{\boldsymbol{x}}_{t+\Delta t}, \quad \ddot{\boldsymbol{x}}_t = \ddot{\boldsymbol{x}}_{t+\Delta t} \tag{4.8.31j}$$

（5）返回步骤（1）递推计算下一时刻的响应。

在执行纽马克方法时，也可以先计算加速度。将式 (4.8.23)、式 (4.8.24) 代入方程 (4.8.25)，就可以得到先计算 $t+\Delta t$ 时刻加速度的方程

$$\overline{\boldsymbol{M}}\ddot{\boldsymbol{x}}_{t+\Delta t} = \overline{\boldsymbol{Q}}_{t+\Delta t} \tag{4.8.32}$$

式中

$$\overline{\boldsymbol{M}} = \boldsymbol{M} + \gamma\Delta t\boldsymbol{C} + \beta\Delta t^2\boldsymbol{K} \tag{4.8.33}$$

称为**有效质量矩阵**，式 (4.8.32) 右端仍称为有效载荷向量，其表达式为

$$\overline{\boldsymbol{Q}}_{t+\Delta t} = \boldsymbol{Q}_{t+\Delta t} - \boldsymbol{K}\boldsymbol{x}_t - (\Delta t\boldsymbol{K} + \boldsymbol{C})\dot{\boldsymbol{x}}_t - [(1/2 - \beta\Delta t^2)\boldsymbol{K} + (1-\gamma)\Delta t\boldsymbol{C}]\ddot{\boldsymbol{x}}_t \tag{4.8.34}$$

把 $\ddot{\boldsymbol{x}}_{t+\Delta t}$ 代入式 (4.8.23) 和式 (4.8.24) 可得到 $\boldsymbol{x}_{t+\Delta t}$ 和 $\dot{\boldsymbol{x}}_{t+\Delta t}$。

纽马克方法的有效刚度矩阵式 (4.8.31c) 或有效质量矩阵式 (4.8.33) 中包含刚度矩阵 $\boldsymbol{K}$，进行递推计算时需要分解刚度矩阵 $\boldsymbol{K}$，这类方法称为**隐式方法**。

上面给出了纽马克方法的格式和计算流程，下面对其数值性能进行表征。这部分工作是进行不同算法性能比较与选择算法的依据。参照常微分方程算法数值性能分析理论，对线性结构动力学问题，也建立了时间积分方法数值性能分析理论[13]，下面以纽马克方法为例，对其进行拟要介绍。

用时间积分方法对线性结构动力学方程 (4.8.1) 进行积分，等价于对模态解耦后的所有 n 个单自由度方程进行数值积分，然后再进行模态叠加。因此，时间积分方法对单自由度问题具有的特性，可直接推广到多自由度系统。考虑如下有阻尼单自由度自由振动方程：

$$\ddot{x} + 2\xi\omega\dot{x} + \omega^2 x = 0 \tag{4.8.35}$$

式中 ξ 和 ω 分别为系统的阻尼比和固有频率。对于该单自由度系统，纽马克方法的递推方程为

$$\ddot{x}_{t+\Delta t} + 2\xi\omega\dot{x}_{t+\Delta t} + \omega^2 x_{t+\Delta t} = 0 \tag{4.8.36}$$

$$x_{t+\Delta t} = x_t + \Delta t\dot{x}_t + [(1/2 - \beta)\ddot{x}_t + \beta\ddot{x}_{t+\Delta t}]\Delta t^2 \tag{4.8.37}$$

$$\dot{x}_{t+\Delta t} = \dot{x}_t + [(1-\gamma)\ddot{x}_t + \gamma\ddot{x}_{t+\Delta t}]\Delta t \tag{4.8.38}$$

根据上述 3 个方程和 t 时刻的运动方程可得如下递推计算格式：

$$\boldsymbol{y}_{t+\Delta t} = \boldsymbol{A}\boldsymbol{y}_t, \quad \boldsymbol{y}_t = \begin{bmatrix} x_t & \Delta t\dot{x}_t \end{bmatrix}^{\mathrm{T}} \tag{4.8.39}$$

$$\boldsymbol{A}=\frac{1}{D}\begin{bmatrix}1+2\gamma\xi\Omega+\left(\beta-\dfrac{1}{2}\right)Q^2+(2\beta-\gamma)\xi\Omega^3 & 1+(2\gamma-1)\xi\Omega+(4\beta-2\gamma)\xi^2\Omega^2\\[2mm] -\Omega^2-\left(\beta-\dfrac{\gamma}{2}\right)\Omega^4 & 1+(2\gamma-2)\xi\Omega-(\gamma-\beta)\Omega^2-(2\beta-\gamma)\xi\Omega^3\end{bmatrix}$$

$$(4.8.40)$$

式中：$\Omega=\omega\Delta t$, $D=1+2\gamma\xi\Omega+\beta\Omega^2$。利用式 (4.8.39)，从 $t_0=0$ 开始递推计算直至第 n 个时间步，有

$$\boldsymbol{y}_{n\Delta t}=\boldsymbol{A}^n\boldsymbol{y}_0 \tag{4.8.41}$$

由此可以看出，数值解的性质与矩阵 $\boldsymbol{A}$ 直接相关，雅可比矩阵 $\boldsymbol{A}$ 也称为**放大矩阵**或传递矩阵。放大矩阵的本征方程为

$$\det(\boldsymbol{A}-\lambda\boldsymbol{I})=\lambda^2-2A_1\lambda+A_2=0 \tag{4.8.42}$$

$$A_1=\frac{1}{2}\mathrm{tr}\,\boldsymbol{A}=\frac{1}{2}(a_{11}+a_{22})=\frac{1}{D}\left[1+(2\gamma-1)\xi\Omega+\left(\beta-\frac{\gamma}{2}-\frac{1}{4}\right)\Omega^2\right] \tag{4.8.43}$$

$$A_2=\det\boldsymbol{A}=a_{11}a_{22}-a_{12}a_{21}A_1=\frac{1}{D}\left[1+(2\gamma-2)\xi\Omega+\left(\beta-\gamma+\frac{1}{2}\right)\Omega^2\right] \tag{4.8.44}$$

式中 A_1 和 A_2 分别为矩阵 $\boldsymbol{A}$ 的迹和行列式。本征方程 (4.8.42) 的根为

$$\lambda_{1,2}=A_1\pm\sqrt{A_1^2-A_2} \tag{4.8.45}$$

在连续几个不同时刻应用算法，可以将方程中的速度和加速度消去，得到算法关于位移的差分方程 [13]。例如，对于纽马克方法，在 $t+\Delta t$ 和 t 两个时刻共有 6 个方程，再考虑 $t-\Delta t$ 时刻的运动方程，从这 7 个方程消去 3 个时刻的速度和加速度，最后得到只包含 3 个时刻位移的方程，即

$$(1+2\gamma\xi\Omega+\beta\Omega^2)x_{t+\Delta t}-2\left[1+(2\gamma-1)\xi\Omega+\left(\beta-\frac{\gamma}{2}-\frac{1}{4}\right)\Omega^2\right]x_t+$$
$$\left[1+(2\gamma-2)\xi\Omega+\left(\beta-\gamma+\frac{1}{2}\right)\Omega^2\right]x_{t-\Delta t}=0 \tag{4.8.46}$$

上式可以利用放大矩阵 $\boldsymbol{A}$ 的行列式 $\det\boldsymbol{A}$ 和迹的二分之一 $(\mathrm{tr}\,\boldsymbol{A})/2$ 改写为

$$x_{t+\Delta t}-2A_1x_t+A_2x_{t-\Delta t}=0 \tag{4.8.47}$$

该差分方程的本征方程与放大矩阵 $\boldsymbol{A}$ 的本征方程 (4.8.42) 相同，它们的本征值也就相同。为了能够反映振动现象，要求算法的本征值有一对共轭复根 $\lambda_{1,2}=a\pm\mathrm{i}b$，并且可以写为

$$\lambda_{1,2}=a\pm\mathrm{i}b=\mathrm{e}^{(-\bar{\xi}\bar{\omega}\pm\mathrm{i}\bar{\omega}_\mathrm{d})\Delta t}=\mathrm{e}^{-\bar{\xi}\bar{\omega}\Delta t}(\cos\bar{\omega}_\mathrm{d}\Delta t\pm\mathrm{i}\sin\bar{\omega}_\mathrm{d}\Delta t)\quad(\mathrm{i}=\sqrt{-1}) \tag{4.8.48}$$

而差分方程 (4.8.47) 的解具有如下形式 [13,19]：

$$x_t=\mathrm{e}^{-\bar{\xi}\bar{\omega}t}(\bar{c}_1\cos\bar{\omega}_\mathrm{d}t+\bar{c}_2\sin\bar{\omega}_\mathrm{d}t) \tag{4.8.49}$$

式中: $\overline{\xi}$ 称为算法阻尼比, $\overline{\omega}$ 称为算法频率, $\overline{\omega}_d = \overline{\omega}\sqrt{1-\overline{\xi}^2}$ 称为有阻尼算法频率, $\overline{T} = 2\pi/\overline{\omega}$ 称为算法周期。所有本征值模的最大值定义为**算法谱半径**，记为 $\rho = \max|\lambda_i|$。对仅有一对共轭复根的情况有

$$\rho = |\lambda_{1,2}| = \sqrt{a^2+b^2} = \mathrm{e}^{-\overline{\xi}\overline{\omega}\Delta t} \tag{4.8.50}$$

根据常微分方程数值方法理论，关于位移的差分方程 (4.8.47) 是一种线性多步法格式，根据其稳定性分析理论：当 $\rho \leqslant 1$ 时算法稳定；对于本征值有重根情况，$\rho < 1$ 时算法稳定。对纽马克方法，由本征值表达式 (4.8.45) 可得其谱半径为

$$\rho = |\lambda_{1,2}| = \left| A_1 \pm \mathrm{i}\sqrt{A_2 - A_1^2} \right| = \sqrt{|A_2|} \leqslant 1 \tag{4.8.51}$$

把式 (4.8.44) 中的 A_2 代入上式得

$$(\gamma - 1/2)\Omega^2 + 2\xi\Omega \geqslant 0 \tag{4.8.52}$$

由式 (4.8.45) 可知本征值为共轭复根的要求是

$$A_2 - A_1^2 = \Omega^2(1-\xi^2) + \Omega^3\xi\left(\gamma - \frac{1}{2}\right) + \Omega^4\left[\beta - \frac{1}{4}\left(\gamma - \frac{1}{2}\right)^2\right] \geqslant 0 \tag{4.8.53}$$

若算法稳定性与时间步长大小无关，称为**无条件稳定**；反之，称为**有条件稳定**。注意到振动问题阻尼比 $\xi \in (0,1)$，则由两个不等式 (4.8.52) 和 (4.8.53) 可解出纽马克方法无条件稳定的条件

$$\gamma \geqslant \frac{1}{2}, \quad \beta \geqslant \frac{1}{4}\left(\gamma + \frac{1}{2}\right)^2 \tag{4.8.54}$$

在递推计算中，虽然初始条件是精确的，但递推计算结果是近似的，其误差是由算法格式截断项引起的，称为**局部截断误差**。局部截断误差若为步长的 n 阶小量，则算法具有 n **阶精度**。若算法稳定，则其收敛，即当步长趋于零时，整体误差趋于零，近似解趋于精确解。用精确解代替位移差分方程 (4.8.47) 里的近似解，可得局部截断误差[13]，即

$$e(t) = [x(t+\Delta t) - 2A_1 x(t) + A_2 x(t-\Delta t)]/\Delta t^2 \tag{4.8.55}$$

将其中 $t+\Delta t$ 时刻和 $t-\Delta t$ 时刻的精确解在 t 时刻附近进行泰勒展开，可以得到

$$\begin{aligned}
e(t) = &\frac{1}{D}\left(\gamma - \frac{1}{2}\right)\left[\omega^2\dot{x}(t) + 2\xi\omega\ddot{x}(t)\right]\Delta t + \\
&\frac{1}{D}\left[\left(\beta - \frac{\gamma}{2} + \frac{1}{4}\right)\omega^2\ddot{x}(t) + \frac{\xi\omega}{3}\dddot{x}(t) + \frac{1}{12}x^{(4)}(t)\right]\Delta t^2 + O(\Delta t^3)
\end{aligned} \tag{4.8.56}$$

由此式可见：当 $\gamma = 1/2$ 时，纽马克方法具有二阶精度，此时由式 (4.8.54) 可知，$\beta \geqslant 1/4$ 时算法是无条件稳定的；当 $\beta < 1/4$ 时，算法是条件稳定的，由式 (4.8.53) 可解出最大时间步长或临界时间步长为

$$\Delta t_{\mathrm{cr}} = \frac{2}{\omega}\sqrt{\frac{1-\xi^2}{1-4\beta}} = \frac{T}{\pi}\sqrt{\frac{1-\xi^2}{1-4\beta}} \quad \left(T = \frac{2\pi}{\omega}\right) \tag{4.8.57a}$$

为保证纽马克方法有二阶精度，要求 $\gamma = 1/2$，β 可以根据需求选定，这种方法也常称为**纽马克-β 方法**；$\beta = 1/4$ 时的无条件稳定算法也称为**平均加速度法**[13]，或称为梯形法则；当 $\beta = 1/6$ 时，就是式 (4.8.19) 和式 (4.8.20) 中直接略去高阶项的算法，该算法也相当于假设 $[t, t+\Delta t]$ 内的加速度是线性变化的，称为**线加速度法**。

由式 (4.8.57a) 可得无阻尼情况 ($\xi = 0$) 的稳定条件为

$$\Delta t_{\mathrm{cr}} = \frac{T}{\pi}\sqrt{\frac{1}{1-4\beta}} \tag{4.8.57b}$$

当 $\beta = 0$ 时，上式给出的就是中心差分方法的临界时间步长。此时，纽马克方法的位移公式 (4.8.23) 变为

$$\boldsymbol{x}_{t+\Delta t} = \boldsymbol{x}_t + \Delta t \dot{\boldsymbol{x}}_t + \frac{1}{2}\Delta t^2 \ddot{\boldsymbol{x}}_t \tag{4.8.58}$$

在中心差分方法中，把式 (4.8.10) 代入式 (4.8.3) 得到的就是上式。纽马克方法的另外一个公式 (4.8.24) 在 $\gamma = 1/2$ 时变为

$$2\frac{\dot{\boldsymbol{x}}_{t+\Delta t} - \dot{\boldsymbol{x}}_t}{\Delta t} = \ddot{\boldsymbol{x}}_t + \ddot{\boldsymbol{x}}_{t+\Delta t} \tag{4.8.59}$$

上式为中心差分方法公式 (4.8.3) 使用两次的求和，一次是将 t 时刻加速度用速度的前向差商表示，即 $\ddot{\boldsymbol{x}}_t = (\dot{\boldsymbol{x}}_{t+\Delta t} - \dot{\boldsymbol{x}}_t)/\Delta t$，另一次是将 $t+\Delta t$ 时刻的加速度用速度的后向差商表示，即 $\ddot{\boldsymbol{x}}_{t+\Delta t} = (\dot{\boldsymbol{x}}_{t+\Delta t} - \dot{\boldsymbol{x}}_t)/\Delta t$，二者相加即为式 (4.8.59)。因此，$\gamma = 1/2$，$\beta = 0$ 时的纽马克方法蜕变为中心差分法，其稳定性条件由式 (4.8.57b) 给出，即 $\Delta t_{\mathrm{cr}} = T/\pi$。

对结构动力学问题，通常只需要保留低频响应成分，此时时间步长可选为截止频率 ω_p (p 为截止频率的阶次) 对应周期 T_p 的十分之一，即 $\Delta t = T_p/10$，利用这个步长，可相对准确地积分出周期大于或等于 T_p 的振动响应成分。这个步长比按系统最高阶频率对应的最小周期选取的 $T_n/10$ 大 T_p/T_n 倍。对于大型系统，T_p/T_n 通常会很大，因此难以满足条件稳定算法的稳定条件，如中心差分方法的 $\Delta t \leqslant T_n/\pi$。而无条件稳定算法对时间步长的大小没有限制，因此对于实际结构动态响应计算，多数情况选用无条件稳定算法。

为了定量刻画算法数值误差，下面介绍数值耗散、数值弥散等概念，以深入认识误差对振动振幅和频率等重要参数的影响。

对无阻尼单自由度系统的自由振动，系统响应是等幅振动，但由于算法阻尼比 $\bar{\xi}$ 不为零，导致计算得到的响应按照式 (4.8.49) 给出的规律衰减，相当于算法存在"阻尼"，称为"**人工阻尼**"或**算法阻尼**。这种由算法阻尼引起的振动衰减称为**数值耗散**，可用算法阻尼比 $\bar{\xi}$ 来描述。对式 (4.8.50) 两边求自然对数得

$$\bar{\xi} = -\frac{1}{\overline{\omega}\Delta t}\ln\rho = -\frac{1}{2\overline{\omega}\Delta t}\ln(a^2 + b^2) \tag{4.8.60}$$

由此式可以看出，数值耗散除了可用算法阻尼比表征外，还可以用谱半径来描述。如果谱半径恒等于 1，则算法阻尼比等于零，说明算法无数值耗散。

对于结构动力学问题，低频振动响应是主要的，因此希望低频段的算法阻尼尽量小。另外，经过有限元离散得到的多自由度系统的高频部分，通常是不准确的，这时又希望通过算法阻尼将其耗散掉。因此，对于大型系统动态响应计算问题，期望算法阻尼起到滤掉高频而保留低频响应成分的低通滤波器的作用。然而，有人工阻尼的算法，在各个频段都会不同程度地存在数值耗散作用，长时间递推计算后，暂态响应将被耗散得面目全非。因此，耗散方法适合计算稳态响应和相对短时间内的低频动态响应。

数值弥散是指计算出的周期与系统的真实周期存在误差，或者说，与情确解相比，数值解的周期变长或缩短。数值弥散可用算法周期和真实周期的相对误差 $(\overline{T}-T)/T$ 来表征，该相对误差也称为周期延长率或相位误差。

若已知算法共轭本征根的实部 a 和虚部 b，则由式 (4.8.48) 可得

$$\overline{\omega}_{\mathrm{d}}\Delta t = \arctan(b/a) \tag{4.8.61}$$

因此算法频率为

$$\overline{\omega}_{\mathrm{d}} = \frac{1}{\Delta t}\arctan(b/a) \tag{4.8.62}$$

$$\overline{\omega} = \frac{\overline{\omega}_{\mathrm{d}}}{\sqrt{1-\xi^2}} \tag{4.8.63}$$

通常是在没有物理阻尼 ($\xi=0$) 的情况下来考察算法数值耗散特性。对于纽马克方法，将式 (4.8.44) 代入式 (4.8.51) 可得

$$\rho^2 = A_2 = \frac{1+(\beta-\gamma+1/2)\Omega^2}{1+\beta\Omega^2} \tag{4.8.64}$$

因此，当 $\gamma=1/2$ 时，$\rho=1$，纽马克方法不但具有二阶精度，而且没有数值耗散，其误差体现在数值弥散上。当 $\gamma>1/2$ 时，纽马克方法有数值耗散，由式 (4.8.56) 可知此时算法只具有一阶精度。

例 4.8.1 考虑一无阻尼单自由度系统，其固有周期为 1 s，初始位移和速度分别为 $x_0=1$ mm, $v_0=0$，位移的精确解为 $x(t)=\cos 2\pi t$，用纽马克方法计算位移和速度，并讨论数值耗散和数值弥散特性。

解： 系统周期 $T=1$ s，时间步长可选为 $T/10=0.1$ s。算法参数取 $\gamma=1/2, \beta=1/4$ 时，计算结果如图 4.8.1a 所示；算法参数取 $\gamma=0.7$，为保证算法无条件稳定，将 $\gamma=0.7$ 代入式 (4.8.54) 中并令等号成立，因此 $\beta=0.36$，对应计算结果如图 4.8.1b 所示。

从图 4.8.1 可以看出，$\gamma=1/2$ 时纽马克方法无数值耗散，但有数值弥散；$\gamma>1/2$ 时的算法有数值耗散，也有数值弥散。

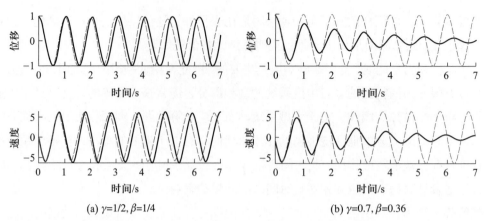

(a) $\gamma=1/2, \beta=1/4$ (b) $\gamma=0.7, \beta=0.36$

图 4.8.1　不同纽马克方法算法参数计算的位移和速度（虚线为精确解，实线为数值解）

4.8.3　广义 – α 类方法

纽马克方法中有 2 个加速度加权系数，而**广义 – α 类方法**（generalized-α method）[14] 中有 4 个算法参数，因此通过参数设计可以使算法具有更好的性能。这类方法在待求时刻 $t+\Delta t$ 的位移、速度分别为

$$\boldsymbol{x}_{t+\Delta t} = \boldsymbol{x}_t + \Delta t \dot{\boldsymbol{x}}_t + \Delta t^2 (\varepsilon \ddot{\boldsymbol{x}}_t + \beta \ddot{\boldsymbol{x}}_{t+\Delta t}) \tag{4.8.65}$$

$$\dot{\boldsymbol{x}}_{t+\Delta t} = \dot{\boldsymbol{x}}_t + \Delta t (\mu \ddot{\boldsymbol{x}}_t + \gamma \ddot{\boldsymbol{x}}_{t+\Delta t}) \tag{4.8.66}$$

广义 – α 类方法不要求在某一具体时刻满足平衡方程，而是两个时刻的物理量加权满足如下方程：

$$(1-\alpha)\boldsymbol{M}\ddot{\boldsymbol{x}}_{t+\Delta t} + \alpha \boldsymbol{M}\ddot{\boldsymbol{x}}_t + (1-\delta)\boldsymbol{C}\dot{\boldsymbol{x}}_{t+\Delta t} + \delta \boldsymbol{C}\dot{\boldsymbol{x}}_t + (1-\eta)\boldsymbol{K}\boldsymbol{x}_{t+\Delta t} + \eta \boldsymbol{K}\boldsymbol{x}_t$$
$$= (1-\eta)\boldsymbol{Q}_{t+\Delta t} + \eta \boldsymbol{Q}_t \tag{4.8.67}$$

在 3 个方程 (4.8.65)~(4.8.67) 中，共有 7 个设计参数，可依据算法性能要求来设计。

文献 [13] 指出，对结构动态响应数值计算问题，一个有竞争力的算法应该同时具有下述特性：

（1）至少二阶精度；

（2）对线性问题无条件稳定；

（3）在一个时间步内求解的隐式方程组不能超过一个；

（4）具有可以控制的高频数值耗散；

（5）自启动。

为了获得更适合结构动态响应计算的算法，学者又提出了更高的要求：在相同的高频数值耗散前提下具有最小的低频数值耗散。对于非零初始条件问题，由于无条件稳定算法步长可取得相对较大，使得在计算开始的几步内会出现动态响应及其误差被异常放大的现象，称为**超调**（Overshoot），所以学者们还希望无条件稳定算法无超调。

根据这些算法性能要求，表 4.8.1 中给出了广义-α 方法家族的 6 个算法，这些算法都具备上述 5 个特性。表 4.8.1 左列中列出的 7 个算法参数都是用高频极限的谱半径 $\rho_\infty = \rho|_{\omega t = \infty}$ 来表示，用以调节算法的耗散能力。当 $\rho_\infty = 1$ 时算法无耗散，$\rho_\infty = 0$ 时算法耗散能力最强。第三、五、七列对应早期发展的广义-α 类方法，与中心差分法、纽马克方法相同，也被商用有限元软件采用。文献 [14] 指出 3 种传统的 α 类方法有超调，并提出了第二、四、六列给出的没有超调的 3 种广义-α 类方法，但遗憾的是这 3 种方法在 $\rho_\infty \neq 1$ 时精度有所降低。表 4.8.1 中二、三两列，四、五两列，六、七两列分别是性能接近的算法，例如二、三两列给出的算法，在相同的高频耗散前提下都有最小的低频耗散。广义-α 方法 [15] 也就是由国外学者在 1993 年提出的 CH-α 方法，它与我国学者 1988 年提出的三参数法 [18] 相同。

广义-α 类方法，有如下统一的算法流程：

1. 初始值计算

（1）形成系统矩阵 $\boldsymbol{K}$、$\boldsymbol{M}$ 和 $\boldsymbol{C}$；

（2）确定初始值 $\boldsymbol{x}_0$，$\dot{\boldsymbol{x}}_0$ 和 $\ddot{\boldsymbol{x}}_0$，其中初始加速度的确定方法与中心差分法的相同；

（3）选择时间步长 Δt、算法参数 ρ_∞，根据表 4.8.1 的算法参数公式计算积分常数：

$$m_1 = \beta(1-\eta)\Delta t^2, \quad m_2 = \gamma(1-\delta)\Delta t, \quad m_3 = (1-\alpha), \quad m_4 = \beta\eta\Delta t^2, \quad m_5 = (1-\alpha)\Delta t$$
$$m_6 = [\varepsilon(1-\alpha) - \alpha\beta]\Delta t^2, \quad m_7 = [\gamma(1-\delta) - \beta]\Delta t^2, \quad m_8 = (1-\delta)(\varepsilon\gamma - \beta\mu)\Delta t^3$$
$$m_9 = -\beta\eta\Delta t^2, \quad m_{10} = \gamma/(\beta\Delta t), \quad m_{11} = (\beta-\gamma)/\beta, \quad m_{12} = (\beta\mu - \varepsilon\gamma)\Delta t/\beta$$
$$m_{13} = 1/(\beta\Delta t^2), \quad m_{14} = -1/(\beta\Delta t), \quad m_{15} = -\varepsilon/\beta$$

$$(4.8.68\text{a})$$

（4）形成有效刚度矩阵

$$\overline{\boldsymbol{K}} = m_1\boldsymbol{K} + m_2\boldsymbol{C} + m_3\boldsymbol{M} \tag{4.8.68b}$$

（5）对有效刚度矩阵进行三角分解

$$\overline{\boldsymbol{K}} = \boldsymbol{L}\boldsymbol{D}\boldsymbol{L}^{\mathrm{T}} \tag{4.8.68c}$$

2. 递推计算

（1）计算下一时刻的有效载荷

$$\begin{aligned}
\overline{\boldsymbol{Q}}_{t+\Delta t} = {} & m_1\boldsymbol{Q}_{t+\Delta t} + m_4\boldsymbol{Q}_t + \boldsymbol{M}(m_3\boldsymbol{x}_t + m_5\dot{\boldsymbol{x}}_t + m_6\ddot{\boldsymbol{x}}_t) + \\
& \boldsymbol{C}(m_2\boldsymbol{x}_t + m_7\dot{\boldsymbol{x}}_t + m_8\ddot{\boldsymbol{x}}_t) + m_9\boldsymbol{K}\boldsymbol{x}_t
\end{aligned} \tag{4.8.68d}$$

（2）计算下一时刻的位移

$$(\boldsymbol{L}\boldsymbol{D}\boldsymbol{L}^{\mathrm{T}})\boldsymbol{x}_{t+\Delta t} = \overline{\boldsymbol{Q}}_{t+\Delta t} \tag{4.8.68e}$$

（3）计算下一时刻的速度和加速度

$$\begin{aligned}
\dot{\boldsymbol{x}}_{t+\Delta t} &= m_{10}(\boldsymbol{x}_{t+\Delta t} - \boldsymbol{x}_t) + m_{11}\dot{\boldsymbol{x}}_t + m_{12}\ddot{\boldsymbol{x}}_t \\
\ddot{\boldsymbol{x}}_{t+\Delta t} &= m_{13}(\boldsymbol{x}_{t+\Delta t} - \boldsymbol{x}_t) + m_{14}\dot{\boldsymbol{x}}_t + m_{15}\ddot{\boldsymbol{x}}_t
\end{aligned} \tag{4.8.68f}$$

（4）将计算结果分别赋给前一时刻，用于下一步的递推计算

$$\boldsymbol{x}_t = \boldsymbol{x}_{t+\Delta t}, \quad \dot{\boldsymbol{x}}_t = \dot{\boldsymbol{x}}_{t+\Delta t}, \quad \ddot{\boldsymbol{x}}_t = \ddot{\boldsymbol{x}}_{t+\Delta t} \tag{4.8.68g}$$

（5）返回步骤（1）。

从算法流程看，广义-α 类方法的计算步骤和计算量与纽马克方法的几乎相同。

例 4.8.2 分别用表 4.8.1 中第二列给出的没有超调的 CH-α（NOCH-α）方法和第三列给出的 CH-α 方法重新计算例 4.8.1，考虑 $\rho_\infty = 1$ 和 $\rho_\infty = 0$ 两种情况，并讨论算法的耗散和弥散性能。

表 4.8.1 广义-α 类方法的算法参数

	No Overshoot CH-α $\rho_\infty \in [0,1]$	CH-α[15] $\rho_\infty \in [0,1]$	No Overshoot HHT-α $\rho_\infty \in [0.5,1]$	HHT-α[16] $\rho_\infty \in [0.5,1]$	No Overshoot WBZ-α $\rho_\infty \in [0,1]$	WBZ-α[17] $\rho_\infty \in [0,1]$
α	$\dfrac{2\rho_\infty - 1}{1 + \rho_\infty}$	$\dfrac{2\rho_\infty - 1}{1 + \rho_\infty}$	0	0	$\dfrac{\rho_\infty - 1}{1 + \rho_\infty}$	$\dfrac{\rho_\infty - 1}{1 + \rho_\infty}$
δ	$\dfrac{3\rho_\infty - 1}{2(1 + \rho_\infty)}$	$\dfrac{\rho_\infty}{1 + \rho_\infty}$	$\dfrac{1 - \rho_\infty}{2(1 + \rho_\infty)}$	$\dfrac{1 - \rho_\infty}{1 + \rho_\infty}$	$\dfrac{\rho_\infty - 1}{2(1 + \rho_\infty)}$	0
η	$\dfrac{\rho_\infty}{1 + \rho_\infty}$	$\dfrac{\rho_\infty}{1 + \rho_\infty}$	$\dfrac{1 - \rho_\infty}{1 + \rho_\infty}$	$\dfrac{1 - \rho_\infty}{1 + \rho_\infty}$	0	0
ε	$\dfrac{\rho_\infty}{(1 + \rho_\infty)^2}$	$\dfrac{\rho_\infty^2 + 2\rho_\infty - 1}{2(1 + \rho_\infty)^2}$	$\dfrac{\rho_\infty}{(1 + \rho_\infty)^2}$	$\dfrac{\rho_\infty^2 + 2\rho_\infty - 1}{2(1 + \rho_\infty)^2}$	$\dfrac{\rho_\infty}{(1 + \rho_\infty)^2}$	$\dfrac{\rho_\infty^2 + 2\rho_\infty - 1}{2(1 + \rho_\infty)^2}$
β	$\dfrac{1}{(1 + \rho_\infty)^2}$	$\dfrac{1}{(1 + \rho_\infty)^2}$	$\dfrac{1}{(1 + \rho_\infty)^2}$	$\dfrac{1}{(1 + \rho_\infty)^2}$	$\dfrac{1}{(1 + \rho_\infty)^2}$	$\dfrac{1}{(1 + \rho_\infty)^2}$
μ	$\dfrac{\rho_\infty}{1 + \rho_\infty}$	$\dfrac{3\rho_\infty - 1}{2(1 + \rho_\infty)}$	$\dfrac{\rho_\infty}{1 + \rho_\infty}$	$\dfrac{3\rho_\infty - 1}{2(1 + \rho_\infty)}$	$\dfrac{\rho_\infty}{1 + \rho_\infty}$	$\dfrac{3\rho_\infty - 1}{2(1 + \rho_\infty)}$
γ	$\dfrac{1}{1 + \rho_\infty}$	$\dfrac{3\rho_\infty - 1}{2(1 + \rho_\infty)}$	$\dfrac{1}{1 + \rho_\infty}$	$\dfrac{3\rho_\infty - 1}{2(1 + \rho_\infty)}$	$\dfrac{1}{1 + \rho_\infty}$	$\dfrac{3\rho_\infty - 1}{2(1 + \rho_\infty)}$

解： 与例 4.8.1 选择相同的时间步长 $T/10 = 0.1$ s，计算结果如图 4.8.2a 和图 4.8.2b 所示。

可以看出，无论选取哪种算法参数，都有可视的弥散误差。当 $\rho_\infty = 1$ 时，CH-α 和 NOCH-α 两种方法都无数值耗散，可以精确计算振幅。当 $\rho_\infty = 0$ 时两种方法都有显著的数值耗散，在这种情况下，两种算法都不适用于长时间的自由振动响应计算。

例 4.8.3 考虑如下两自由度无阻尼自由振动问题：

$$\begin{bmatrix} m_1 & 0 \\ 0 & m_2 \end{bmatrix} \begin{bmatrix} \ddot{x}_1 \\ \ddot{x}_2 \end{bmatrix} + \begin{bmatrix} k_1 + k_2 & -k_2 \\ -k_2 & k_2 \end{bmatrix} \begin{bmatrix} x_1 \\ x_2 \end{bmatrix} = \begin{bmatrix} 0 \\ 0 \end{bmatrix}$$

式中：$m_1 = m_2 = 1$，$k_1 = 10^4$，$k_2 = 1$。初始位移分别为 $x_1(0) = 1$ 和 $x_2(0) = 10$，初始速度为零。分别用表 4.8.1 中第二列给出的没有超调的 CH-α（NOCH-α）方法和第三列给

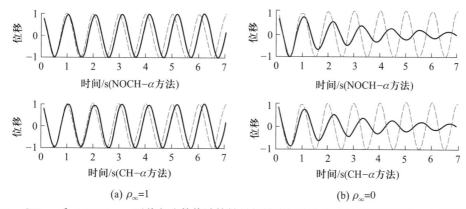

图 4.8.2　CH$-\alpha$ 和 NOCH$-\alpha$ 两种方法数值计算结果与精确解的比较（虚线为精确解，实线为数值解）

出的 CH$-\alpha$ 方法求解，并讨论两种算法的超调性能，算法参数 $\rho_\infty = 0.75$，表明算法有一定程度的数值耗散。

解： 通过求解系统广义本征方程，可得该系统的前 2 阶固有频率分别为 $\omega_1 = 0.9999$，$\omega_2 = 100.005$，前 2 阶固有频率相差约 100 倍。这个算例可以用来模拟工程结构系统的大尺度特性，这是因为工程结构系统在经过有限元离散后，通常其自由度规模很大，重要的低频与由空间离散误差导致的虚假高频相差很大。对于这类问题，通常需要采用无条件稳定耗散算法，时间步长可选为截止低频对应周期的十分之一。

图 4.8.3 给出了用 NOCH$-\alpha$ 方法和 CH$-\alpha$ 方法得到的自由度 1 的速度误差绝对值和绝对速度误差随时间变化的曲线，横坐标是时间步数 k。可以看出，在计算开始的时间段内 CH$-\alpha$ 方法误差大，超调现象明显，而 NOCH$-\alpha$ 方法误差小，没有超调。读者可自行验证，二者之间的这种差异随着算法参数 ρ_∞ 的减小而变大、随着时间步长的增大而变大。此外，采用表 4.8.1 中的其他两对算法（四、五两列为一对，六、七两列为一对），同样有上述结论。

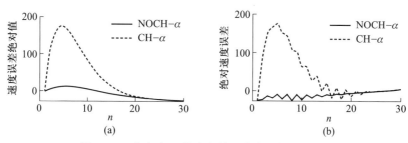

图 4.8.3　自由度 1 的速度误差随时间变化的曲线

习　题

4.1　试用哈密顿变分原理推导杆的纵向振动方程。

4.2　用瑞利法估计图 4.4.2 系统的基频。

4.3　用瑞利法估计图 4.4.3 系统的基频。

4.4　用里茨法求图 4.4.3 系统的前 2 阶固有频率，可选取与例 4.4.2 相同的基函数。

4.5　有一均匀简支梁，其抗弯刚度为 EI，线密度为 m，长为 l，在离左端 $l/3$ 处固连一刚度系数为 k 的线弹簧，试用假设模态法求该系统第一阶固有频率。提示：可选用无弹性支撑的简支梁的前 2 阶振型函数作为假设振型函数。

4.6　如图所示为附有两个质量 m 的简支梁，用传递矩阵法计算其前 2 阶固有频率，已知梁为等截面直梁，截面面积为 A，抗弯刚度为 EI，密度为 ρ。

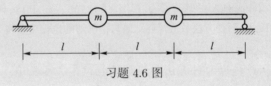

习题 4.6 图

4.7　若例 4.2.1 在自由端附加的质量块的质量为梁质量的一半。分别用假设模态法、传递矩阵法求该系统的前 2 阶固有频率。提示：为了简化计算，假设模态法可选用不带质量块的悬臂梁前 2 阶振型函数作为假设振型函数。利用传递矩阵法时，可以只把梁分成两段。

4.8　用有限元法计算图 4.4.3 系统前 2 阶固有频率，要求把梁划分成两个单元，并写出过程。分别用一致质量矩阵和集中质量矩阵计算，并对结果进行比较分析。

4.9　用有限元法编程计算图 4.4.3 系统的前 5 阶固有频率，假设梁的材料为普通钢材，梁长为 50 cm，矩形截面的宽为 5 cm，高为 5 mm。集中质量为总质量的一半。把梁划分为 10 个单元，要求计算该系统全部固有频率和振型，并考虑如下两种情况：

（1）用楚列斯基分解法把广义本征方程转化为标准本征方程，然后用求解标准本征值的雅可比法进行求解；

（2）用广义雅可比法直接求解广义本征方程。

4.10　利用习题 4.9 有限元方法的结果，采用子空间迭代法编程计算图 4.4.3 系统前 5 阶固有频率和振型。

4.11　利用习题 4.9 有限元方法的结果，采用兰乔斯算法编程计算图 4.4.3 系统前 5 阶固有频率和振型。

4.12　考虑图示 4 层楼的抗剪模型，其剪切刚度系数及楼板质量均如图所示，不考虑阻尼，初始静止，顶层作用有一水平简谐激振力 $F(t) = 10 \sin \Omega t$。考虑激励频率 Ω 分别取第一阶固有频率 1.1 倍和第四阶固有频率 1.2 倍两种情况，求顶层位移的稳态响应。要求：

（1）采用模态叠加法。

（2）采用中心差分法、平均加速度法以及表 4.8.1 中给出的前两个广义–α 法（算法参数 ρ_∞ 分别取 1 和 0）分别进行编程计算。时间步长取最短周期即第四阶主振动周期的

1/10。计算时间长度至少覆盖一个最长周期，即第一阶主振动周期。

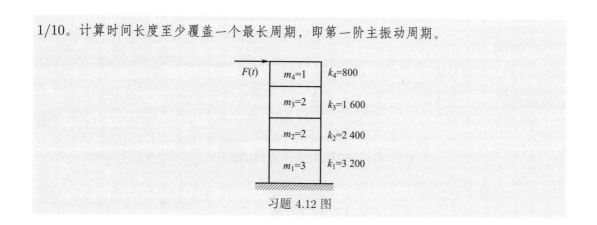

习题 4.12 图

参考文献

[1] 邢誉峰. 计算固体力学原理与方法 [M]. 2 版. 北京：航空航天大学出版社，2019

[2] 邱吉宝，张正平，向树红，等. 结构动力学及其在航天工程中的应用 [M]. 合肥：中国科学技术大学出版社，2015

[3] TIMOSHENKO S, YOUNG D H, WEAVER W. Vibration problems in engineering[M]. New York: Wiley, 1974

[4] 钟一谔，何衍宗，王正，等. 转子动力学 [M]. 北京：清华大学出版社，1987

[5] HINTON E, ROCK T, ZIENKIEWICZ O C. An note on mass lumping and related processing the finite element method[J]. Earthquake Engineering And Structural Dynamics, 1976, 4(3): 245–249

[6] 张雄，王天舒，刘岩. 计算动力学 [M]. 2 版. 北京：清华大学出版社，2015

[7] CHOPRA A K. 结构动力学：理论及其在地震工程中的应用 [M]. 谢礼立，吕大刚，等，译. 2 版. 北京：高等教育出版社，2007

[8] BATHE K J. Finite element procedures[M]. New Jersey: Prentice-Hall Inc., 1996

[9] BATHE K J. The subspace iteration method: revisited[J]. Computers & Structures, 2013, 126: 177–183

[10] LANCZOS C. An iteration method for the eigenvalue problems of linear differential and integral operators[J]. Journal of Research of the National Bureau of Standards, 1950, 45: 255–282

[11] ERICSSON T, RUHE A. The spectral trasformation lanczos method for the numerical solution of large sparse generalized symmetric eigenvalue problems[J]. Mathematics of Computation, 1980, 35: 1251–1268

[12] NEWMARK N M. A method of computation for structural dynamics[J]. ASCE Journal of Engineering Mechanics Division, 1959, 85: 67–94

[13] HUGHES T J R. The finite element method: linear static and dynamic finite element analysis[M]. Prentice Hall, Englewood Cliffs, 1987

[14] YU K P. A new family of generalized－α time integration algorithms without overshoot for structural dynamics[J]. Earthquake Engineering and Structural Dynamic, 2008, 37: 1389–1409

[15] CHUNG J, HULBERT G M. A time integration algorithm for structural dynamics with improved numerical dissipation: the generalized－α method[J]. Journal of Applied Mechanics, ASME, 1993, 60: 371–375

[16] HILBER H M, HUGHES T J R, TAYLOR R L. Improved numerical dissipation for time integration

algorithms in structural dynamics[J]. Earthquake Engineering and Structural Dynamic, 1977, 5: 283–292

[17] WOOD W L, BOSSAK M, ZIENKIWICZ O C. An alpha modification of Newmark's method[J]. International Journal for Numerical Methods in Engineering, 1981, 15: 1562–1566

[18] 邵慧萍，蔡承文. 结构动力学方程数值积分的三参数算法 [J]. 应用力学学报，1988, 5(4): 76–81

[19] CHUNG J, LEE J M. A new familily of explicit time integration methods for linear and non-linear structural dynamics[J]. Journal for Numerical Methods in Engineering, 1994, 37: 3961–3976

[20] 邢誉峰，张慧敏，季奕. 动力学常微分方程的时间积分方法 [M]. 北京：科学出版社，2022

习题答案 A4

第 5 章
非线性振动定性理论

工程非线性振动现象是非常普遍的。在振动控制方程中，只要质量、阻尼和刚度三个元件中有一个是非线性时，振动系统就是非线性的，概括地说，包括非线性惯性力系统（如振动输送机等）、非线性阻尼力系统（如摩擦摆等）和非线性弹性恢复力系统（如单摆系统等）。

非线性振动是十分复杂的，其机理值得深入研究。与线性振动相比，非线性振动具有本质的区别，主要有以下几个特点：

（1）线性系统中的叠加原理不适用于非线性系统。例如，若受到多谐波周期力作用，非线性系统的受迫振动的解不等于每个谐波单独作用时解的叠加。

（2）某些情况下（例如共振状态），非线性系统会有多个平衡状态或周期振动的定常解，必须通过解的稳定性研究，来确定哪一个解真正能实现。

（3）在线性系统中，由于有阻尼存在，自由振动总是被衰减掉，只有在外力作用下才有定常周期解。而非线性系统如自激振动系统，即使有阻尼而无直接外力作用，也会有定常的周期振动。

（4）在线性系统中，稳态响应的频率与简谐激励频率相同。而对于非线性系统，在单频外力作用下，其定常受迫振动响应除存在与外力同频的成分外，还可能存在成倍数和分数的振动频率成分。

（5）在线性系统中，固有频率和初始条件、振幅无关。而在非线性系统中，固有频率与振幅有关。

（6）在非线性系统中，当系统参数发生微小改变（参数摄动）时，解的周期将发生倍化分岔，分岔的继续可能导致混沌等复杂动力学行为。

总之，与线性振动相比，非线性振动表现出更加丰富的动力学特征，除了主共振外，还有亚谐共振、超谐共振、组合共振、参激振动、自激振动、分岔和混沌等。

本章介绍非线性振动的定性分析方法，包括稳定性理论和相平面分析方法。通过学习本章内容，可以对非线性系统的动力学行为有全局性、拓扑性的直观了解，也为学习下章介绍的非线性振动定量分析方法打下基础。

非线性振动系统定性分析方法直接来自于庞加莱（Poincaré）在 19 世纪 80 年代开创的常微分方程定性理论，以及李雅普诺夫（Lyapunov）在稳定性研究中所做的奠基性工作。无论是为了全面了解系统特性还是作为定量计算的基础，微分方程解族的定性分析都是不可替代的，对于解决复杂的工程问题，定性分析仍是一个重要手段。

5.1　运动稳定性定义

5.1.1　运动稳定性概念

设动力学系统的运动微分方程为

$$\frac{\mathrm{d}y_s}{\mathrm{d}t} = Y_s(t, y_1, y_2, \cdots, y_n) \quad (s = 1, 2, \cdots, n; |y_s| < D) \tag{5.1.1}$$

式中：t 为时间，y_s 为运动相空间坐标，n 是相空间坐标的维数，Y_s 是时间 t 和运动变量 y_s 的实函数，D 是相空间区域。方程 (5.1.1) 在该区域内具有唯一解。

假定在 $t = t_0$ 时刻，系统 (5.1.1) 本来应该有经过初值 y_s^0 的解

$$y_s = \psi_s(t) \tag{5.1.2}$$

称为未扰运动，这是一种理想的运动状态。由于运动过程中不可避免地存在外界干扰，因此 $t = t_0$ 时的实际运动可能是 $y_s^0 + \Delta y_s^0$（也就是受到扰动 Δy_s^0 之后的实际初值），由此初值出发的运动称为受扰运动

$$y_s = y_s(t) \tag{5.1.3}$$

下面给出运动稳定性的定义。

定义 5.1.1　任给 $\varepsilon > 0$，存在 $\delta(\varepsilon) > 0$，使当 $|\Delta y_s^0| < \delta(\varepsilon)$ 时，对一切 $t > t_0$ 都有 $|y_s(t) - \psi_s(t)| < \varepsilon$，则称系统 (5.1.1) 的未扰运动是稳定的。

若进而有

$$\lim_{t \to \infty} |y_s(t) - \psi_s(t)| = 0 \tag{5.1.4}$$

则未扰运动为渐进稳定的。

反之，若无论 δ 多小，总存在 $t^* > t_0$，当 $t = t^*$ 时有 $|y_s(t^*) - \psi_s(t^*)| \geqslant \varepsilon$，则称未扰运动为不稳定的。

这里介绍的运动稳定性概念，是 1892 年由李雅普诺夫在其博士论文《运动稳定性的一般问题》中提出的，即由受扰运动与未扰运动之间的差值大小来判断运动是否稳定，由

此开创了对运动稳定性的系统研究。除了李雅普诺夫运动稳定性之外，还有其他稳定性定义，如庞加莱轨道稳定性。

图 5.1.1 给出了运动稳定性的几何解释。从工程意义上讲，能够物理观察到的稳定运动是持久的运动，也是工程需要的运动状态。

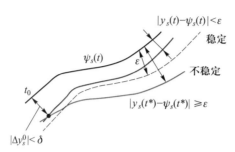

图 5.1.1　运动稳定性的几何解释

5.1.2　扰动方程及稳定性

令受扰运动 $y_s(t)$ 与未扰运动 $\psi_s(t)$ 在时刻 t 的偏离为

$$x_s(t) = y_s(t) - \psi_s(t) \quad (s = 1, 2, \cdots, n) \tag{5.1.5}$$

称 $x_s(t)$ 为未扰运动 $\psi_s(t)$ 的扰动。上式两边同时对时间 t 求导得到

$$
\begin{aligned}
\frac{\mathrm{d}x_s}{\mathrm{d}t} &= \frac{\mathrm{d}y_s}{\mathrm{d}t} - \frac{\mathrm{d}\psi_s}{\mathrm{d}t} = Y_s(t, y_1(t), \cdots, y_n(t)) - Y_s(t, \psi_1(t), \cdots, \psi_n(t)) \\
&= Y_s(t, x_1 + \psi_1(t), \cdots, x_n + \psi_n(t)) - Y_s(t, \psi_1(t), \cdots, \psi_n(t)) \\
&= X_s(t, x_1, x_2, \cdots, x_n)
\end{aligned}
\tag{5.1.6}
$$

将上式写成矩阵形式

$$\frac{\mathrm{d}\boldsymbol{x}}{\mathrm{d}t} = \boldsymbol{X}(t, \boldsymbol{x}), \quad \boldsymbol{x} = \begin{bmatrix} x_1 & x_2 & \cdots & x_n \end{bmatrix}^{\mathrm{T}} \tag{5.1.7}$$

称为对应于系统 (5.1.1) 的未扰运动 $\psi(t)$ 的扰动方程。显然，$\boldsymbol{X}(t, \boldsymbol{0}) \equiv \boldsymbol{0}$，即 $\boldsymbol{x} = \boldsymbol{0}$ 是方程 (5.1.7) 的解，也就是扰动方程的平衡点。于是，研究系统 (5.1.7) 平衡点 $\boldsymbol{x} = \boldsymbol{0}$ 的稳定性，就相当于研究系统 (5.1.1) 未扰运动 $y = \psi(t)$ 的运动稳定性。下面给出 $\boldsymbol{x} = \boldsymbol{0}$ 稳定性的定义。

定义 5.1.2　若任给 $\varepsilon > 0$，存在 $\delta(\varepsilon) > 0$，使得当 $|\boldsymbol{x}^0| < \delta$ 时，对一切 $t > t_0$ 都有 $|\boldsymbol{x}(t)| < \delta$，则系统 (5.1.7) 的零平衡解（或平衡点 $\boldsymbol{x} = \boldsymbol{0}$）是稳定的。（因此系统 (5.1.1) 的未扰运动也是稳定的，以下有同样的推论。）

如果有 $\displaystyle \lim_{t \to \infty} |\boldsymbol{x}(t)| = 0$，则零平衡解渐进稳定；

若存在 $t^* > t_0$，使得 $|\boldsymbol{x}(t^*)| \geqslant \delta$，则零平衡解不稳定。

图 5.1.2 给出了零平衡解稳定性的几何解释。与图 5.1.1 相比，将分析范围限制在平衡

点附近（邻域），为讨论零平衡解的稳定性带来了方便。

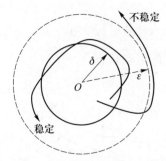

图 5.1.2　零平衡解稳定性的几何解释

求出系统解（即未扰运动）之后，进一步求其扰动方程是很重要的步骤。下面用无阻尼单摆的振动问题来说明这一过程。

例 5.1.1　无阻尼单摆的振动方程为

$$\frac{\mathrm{d}^2\alpha}{\mathrm{d}t^2} + \frac{g}{l}\sin\alpha = 0 \tag{a}$$

式中 α 是摆动角度，l 是摆长。写出平衡点的扰动方程。

解：将方程 (a) 写成如下等价的一阶微分方程组形式：

$$\frac{\mathrm{d}\alpha}{\mathrm{d}t} = \omega, \quad \frac{\mathrm{d}\omega}{\mathrm{d}t} = -\frac{g}{l}\sin\alpha \tag{b}$$

令上式右端等于零，可以解出两个平衡点 $(\alpha,\omega) = (0,0)$ 和 $(\alpha,\omega) = (\pi,0)$，二者分别对应单摆最低和最高两个平衡位置。

用 x 和 y 分别表示平衡状态下 α 的扰动项和 ω 的扰动项，则对应平衡点 $(0,0)$ 的扰动是 $x = \alpha - 0$ 和 $y = \omega - 0$，对应平衡点 $(\pi,0)$ 的扰动是 $x = \alpha - \pi$ 和 $y = \omega - 0$。由此分别解出 $\alpha = x$，$\omega = y$ 和 $\alpha = x + \pi$，$\omega = y$，把二者分别代入式 (b)，得到对应平衡点 $(0,0)$ 的扰动方程

$$\frac{\mathrm{d}x}{\mathrm{d}t} = y, \quad \frac{\mathrm{d}y}{\mathrm{d}t} = -\frac{g}{l}\sin x \tag{c}$$

和对应平衡点 $(\pi,0)$ 的扰动方程

$$\frac{\mathrm{d}x}{\mathrm{d}t} = y, \quad \frac{\mathrm{d}y}{\mathrm{d}t} = \frac{g}{l}\sin x \tag{d}$$

对比式 (c) 和 (d) 可知，两个平衡点的扰动方程不一样，稳定性也将不同。

5.2　运动稳定性基本定理

微分方程 (5.1.7) 定义了运动状态空间的向量场，即确定了受扰之后的运动走向。基于此，李雅普诺夫提出了两种判断运动稳定性的方法：一是级数展开法；二是构造李雅普

诺夫函数，计算其随受扰运动向量场的变化。后者也称为李雅普诺夫直接法并得到了广泛应用。

5.2.1 李雅普诺夫函数若干定义

定义如下连续函数为**李雅普诺夫函数**：

$$V(\boldsymbol{x}) = V(x_1, x_2, \cdots, x_n), \quad V(\boldsymbol{0}) = 0 \tag{5.2.1}$$

其定义域为 $D: |\boldsymbol{x}| \leqslant H$，$H$ 代表实数。

定义 5.2.1 若 $V(\boldsymbol{x})$ 在 D 域内可以等于零值但保持同一符号，则为常号函数：$V(\boldsymbol{x}) \geqslant 0$ 为常正函数，$V(\boldsymbol{x}) \leqslant 0$ 为常负函数；若在 D 域内既有正值又有负值，则 $V(\boldsymbol{x})$ 称为变号函数。

定义 5.2.2 若 $V(\boldsymbol{x})$ 在 D 域上保持同号（除 $V(\boldsymbol{x}) = 0$ 外），则为定号函数：$V(\boldsymbol{x}) > 0$ 为定正函数，$V(\boldsymbol{x}) < 0$ 为定负函数。

如 $V(x_1, x_2) = x_1^2$，$-(x_1 - x_2)^2$，$x_1^2 + x_2^2$，$-2x_1^2 - 4x_2^2$ 分别为常正、常负、定正、定负函数。

定号函数 $V(\boldsymbol{x})$ 的表达式中包含所有扰动变量。对于定正函数，当 C 比较大时，由 $V(\boldsymbol{x}) = C$ 在相空间中画出的曲面有可能不是闭曲面；但当 C 足够小时一定是包围原点的闭曲面。进一步分析可知，若 $V(\boldsymbol{x})$ 连续，则 $C \to 0$ 必然导致 $V(\boldsymbol{x}) = C$ 收缩到原点。这一现象为稳定性判断提供了基础，同时也看出李雅普诺夫函数符号判别的重要性。为此给出几个有用的 $V(\boldsymbol{x})$ 符号判别准则。

准则 5.2.1 任何奇函数都是变号函数。

准则 5.2.2 定义二次型函数

$$V(\boldsymbol{x}) = \sum_{i,\,j=1}^{n} a_{ij} x_i x_j = \boldsymbol{X}^{\mathrm{T}} \boldsymbol{P} \boldsymbol{X} \tag{5.2.2}$$

式中 $\boldsymbol{X}^{\mathrm{T}} = [x_1 \quad x_2 \quad \cdots \quad x_n]$，$\boldsymbol{P} = (a_{ij})_{n \times n}$。若 $\boldsymbol{P}$ 的顺序主子式满足 $\Delta k > 0$（或 $\Delta k < 0$），$k = 1, 2, \cdots, n$，则 $V(\boldsymbol{x})$ 为定正（或定负）函数。其中

$$\Delta k = \begin{vmatrix} a_{11} & a_{12} & \cdots & a_{1k} \\ a_{21} & a_{22} & \cdots & a_{2k} \\ \vdots & \vdots & & \vdots \\ a_{k1} & a_{k2} & \cdots & a_{kk} \end{vmatrix} \tag{5.2.3}$$

准则 5.2.3 将 $V(\boldsymbol{x})$ 在原点邻域内展开为幂级数形式 $V(\boldsymbol{x}) = V_2(\boldsymbol{x}) + V_3(\boldsymbol{x})$，其中 $V_2(\boldsymbol{x})$ 为二次项，$V_3(\boldsymbol{x})$ 包含其余所有高次项。在原点充分小的邻域内，当 $V_2(\boldsymbol{x})$ 是定号和变号情况时，$V(\boldsymbol{x})$ 的符号与其相同；$V_2(\boldsymbol{x})$ 是常号函数时，需要考虑 $V_3(\boldsymbol{x})$ 的影响。

5.2.2　李雅普诺夫稳定性定理

定义 5.2.3　给定如下扰动方程：

$$\frac{\mathrm{d}\boldsymbol{x}}{\mathrm{d}t} = \boldsymbol{X}(x_1, x_2, \cdots, x_n) = \boldsymbol{X}(\boldsymbol{x}), \quad \boldsymbol{X}(\boldsymbol{0}) = \boldsymbol{0} \tag{5.2.4}$$

且 $|\boldsymbol{x}| \leqslant H$。李雅普诺夫函数 $V(x_1, x_2, \cdots, x_n)$ 的大小沿扰动方程相轨迹上的全导数是

$$\dot{V}(\boldsymbol{x}) = \frac{\mathrm{d}V(\boldsymbol{x})}{\mathrm{d}t} = \sum_{s=1}^{n} \frac{\partial V(\boldsymbol{x})}{\partial x_s} \frac{\mathrm{d}x_s}{\mathrm{d}t} = \sum_{s=1}^{n} \frac{\partial V(\boldsymbol{x})}{\partial x_s} X_s \tag{5.2.5}$$

定理 5.2.1　考虑扰动方程 (5.2.4)，若存在定号函数 $V(\boldsymbol{x})$，其全导数 $\dot{V}(\boldsymbol{x})$ 为与 $V(\boldsymbol{x})$ 异号的常号函数或恒等于零，则 $\boldsymbol{x} = \boldsymbol{0}$ 是稳定的。

证：不妨设 $V(\boldsymbol{x})$ 为定正函数，则 $\dot{V}(\boldsymbol{x}) \leqslant 0$ 或 $\dot{V}(\boldsymbol{x}) \equiv 0$。下面利用反证法进行证明。

（1）任给 $\varepsilon > 0$ $(\varepsilon < H)$，围绕边界 $|\boldsymbol{x}| = \varepsilon$ 取 $V(\boldsymbol{x})$ 的下确界 l（显然 $l > 0$）。

（2）根据 $V(\boldsymbol{x})$ 的连续性，当 $V(\boldsymbol{x}) < l$ 时，必存在 $\delta > 0$，使得 $|\boldsymbol{x}| \leqslant \delta < \varepsilon$。

（3）取初值 $|x(t_0)| = |x_0| \leqslant \delta$，得方程 (5.2.4) 的一个解 $\boldsymbol{x}(t)$，使得全导数 $\dot{V}(\boldsymbol{x}) \leqslant 0$，对其两边积分得到

$$0 \geqslant \int_{t_0}^{t} \dot{V}(\boldsymbol{x}(t))\mathrm{d}t = V(\boldsymbol{x}(t)) - V(\boldsymbol{x}(t_0))$$

即 $V(\boldsymbol{x}) \leqslant V(\boldsymbol{x}_0) < l$。

（4）上述解必须满足 $|\boldsymbol{x}(t)| < \varepsilon$，否则会存在 $t = t_1$，使得 $|\boldsymbol{x}(t_1)| = \varepsilon$，则由（1）得 $V(\boldsymbol{x}(t_1)) > l$，显然与（3）矛盾。

因此，零平衡解是稳定的，证毕。

定理 5.2.2　对于扰动方程 (5.2.4)，若存在定号函数 $V(\boldsymbol{x})$，其全导数 $\dot{V}(\boldsymbol{x})$ 为与 $V(\boldsymbol{x})$ 异号的定号函数，则 $\boldsymbol{x} = \boldsymbol{0}$ 是渐进稳定的。

渐进稳定性证明的要点是：由于全导数 $\dot{V}$ 不等于零，因此相轨迹 $\boldsymbol{x}(t)$ 不能一直停留在围绕原点的任何一个有界闭环 $\varepsilon < |\boldsymbol{x}| < \beta$ 内，结合连续性条件，必然导致 $\boldsymbol{x}(t)$ 趋于 $\boldsymbol{0}$。

此外，检查定理 5.2.1 中使常号函数 $\dot{V}(\boldsymbol{x}) = 0$ 的 $\boldsymbol{x}$ 是否为方程 (5.2.4) 的非零解，若不是，则方程零点也是渐进稳定的。

定理 5.2.3　对于扰动方程 (5.2.4)，若在原点的任意邻域内总存在定号函数 $V(\boldsymbol{x})$，其全导数 $\dot{V}(\boldsymbol{x})$ 是与 $V(\boldsymbol{x})$ 同号的定号函数，则 $\boldsymbol{x} = \boldsymbol{0}$ 是不稳定的。

不稳定性证明的要点是：由于函数 $V(\boldsymbol{x})$ 的绝对值是单调递增的，因此若相轨迹 $\boldsymbol{x}(t)$ 一直停留在该邻域内，则会导致 $V(\boldsymbol{x})$ 的绝对值趋于无穷大，与连续且有界的条件矛盾。

此定理中的邻域也可以不完全包围原点，而是以原点为顶点的某个广义锥形域（平面上就是扇形域），这样的条件更为宽松、便于应用，由此得到**契塔耶夫（Chetaev）不稳定性定理**。

例 5.2.1　研究例 5.1.1 无阻尼单摆平衡点的稳定性。

解： 参见例 5.1.1，$\omega_0^2 = g/l$，则对应系统最低平衡点 $(0,0)$ 的扰动方程可写成

$$\frac{\mathrm{d}x}{\mathrm{d}t} = y, \quad \frac{\mathrm{d}y}{\mathrm{d}t} = -\omega_0^2 \sin x$$

选取扰动系统的机械能作为李雅普诺夫函数，即

$$V(x,y) = \omega_0^2(1-\cos x) + \frac{1}{2}y^2$$

其在原点 $(0,0)$ 的邻域内（即 x, y 均取较小的值）是定正函数，且沿扰动轨迹的全导数 $\dot{V} = 0$，因此最低平衡点 $(0,0)$ 是稳定的。

对应最高平衡点 $(\pi, 0)$ 的扰动方程可写为

$$\frac{\mathrm{d}x}{\mathrm{d}t} = y, \quad \frac{\mathrm{d}y}{\mathrm{d}t} = \omega_0^2 \sin x$$

若选取李雅普诺夫函数为 $V = y\sin x$，其在第一象限内是定正的，且沿扰动轨迹的全导数为

$$\dot{V} = y^2\cos x + \omega_0^2 \sin^2 x$$

容易验证，$\dot{V}$ 在第一象限内也是定正的，故最高平衡点 $(\pi, 0)$ 不稳定。

例 5.2.2 若考虑阻尼作用，单摆的运动方程是

$$\frac{\mathrm{d}^2 x}{\mathrm{d}t^2} + 2\xi\omega_0\frac{\mathrm{d}x}{\mathrm{d}t} + \omega_0^2 \sin x = 0 \tag{a}$$

式中 ξ 是阻尼比。分析最低平衡点的稳定性。

解： 参照例 5.2.1，得到最低平衡点 $(0,0)$ 的扰动方程为

$$\frac{\mathrm{d}x}{\mathrm{d}t} = y, \quad \frac{\mathrm{d}y}{\mathrm{d}t} = -\omega_0^2 \sin x - 2\xi\omega_0 y \tag{b}$$

取与例 5.2.1 相同的系统机械能作为李雅普诺夫函数，推导出沿扰动轨迹的全导数 $\dot{V} = -2\xi\omega_0 y^2 \leqslant 0$，据此判断最低平衡点是稳定的。进一步分析可知，使全导数 $\dot{V} = 0$ 的 $y = 0$ 不是式 (b) 的非零解（因为 x 可以取任意值），故最低平衡点是渐进稳定的。

从以上例子可知，利用李雅普诺夫直接法可以成功地分析系统稳定性。一般情况下，可以使用系统能量（如机械能）来构造适当的李雅普诺夫函数，但并没有一般性的构造规律。

5.3 定常运动和周期运动的稳定性

本节主要讨论自治系统稳定性的分析方法。由系统运动微分方程求得的平衡点也称为**定常解**或**定常运动**，而自治系统的周期运动是指因自激因素（由自身的能量反馈机制引起）或参激因素（由系数的周期性变化引起，也称为时变系统）所产生的运动，而不是由周期

外激励引起的受迫振动（在非自治系统中，定常运动和周期运动可以同时存在）。周期运动的稳定性分析与平衡点的分析具有一定联系，但前者要复杂得多。

5.3.1　线性系统定常解的稳定性判定

由 5.1.2 节的讨论可知，对于定常系统，其定常运动对应的扰动方程是如下形式的常系数微分方程：

$$\frac{\mathrm{d}\boldsymbol{x}}{\mathrm{d}t} = \boldsymbol{X}(x_1, x_2, \cdots, x_n) = \boldsymbol{X}(\boldsymbol{x}), \quad \boldsymbol{X}(\boldsymbol{0}) = \boldsymbol{0} \quad (|\boldsymbol{x}| \leqslant H) \tag{5.3.1}$$

将右端在原点邻域内展开，得

$$\frac{\mathrm{d}\boldsymbol{x}}{\mathrm{d}t} = \boldsymbol{X}(\boldsymbol{0})\boldsymbol{x} + \boldsymbol{X}^*(\boldsymbol{x}) \tag{5.3.2}$$

式中 $\boldsymbol{X}(\boldsymbol{0}) = \boldsymbol{A} = (a_{ij})_{n \times n}$ 为常数矩阵，$\boldsymbol{X}^*$ 是二次以上项的全体。式 (5.3.2) 的线性近似方程为

$$\frac{\mathrm{d}\boldsymbol{x}}{\mathrm{d}t} = \boldsymbol{A}\boldsymbol{x} \tag{5.3.3}$$

是一个齐次常系数线性微分方程组，可以利用系数矩阵 $\boldsymbol{A}$ 的本征值直接判断其稳定性。

定理 5.3.1　若 n 阶实值常数矩阵 $\boldsymbol{A}$ 在复数域中有互不相同的本征值，相应的重数分别是 $n_1, n_2, \cdots, n_s$ $(n_1 + n_2 + \cdots + n_s = n)$，则系统 (5.3.3) 的基解矩阵 $\boldsymbol{\Phi}$ 为

$$\boldsymbol{\Phi}(t) = [\mathrm{e}^{\lambda_1 t}\boldsymbol{P}_1^{(1)}(t) \quad \cdots \quad \mathrm{e}^{\lambda_1 t}\boldsymbol{P}_{n_1}^{(1)}(t) \quad \cdots \quad \mathrm{e}^{\lambda_s t}\boldsymbol{P}_1^{(s)}(t) \quad \cdots \quad \mathrm{e}^{\lambda_s t}\boldsymbol{P}_{n_s}^{(s)}(t)] \tag{5.3.4}$$

式中

$$\boldsymbol{P}_j^{(i)}(t) = \boldsymbol{r}_{j0}^{(i)} + \frac{t}{1!}\boldsymbol{r}_{j1}^{(i)} + \frac{t^2}{2!}\boldsymbol{r}_{j2}^{(i)} + \cdots + \frac{t^{n_i-1}}{(n_i-1)!}\boldsymbol{r}_{j(n_i-1)}^{(i)} \tag{5.3.5}$$

是与 λ_i 相应的第 j 个向量多项式 $(i = 1, 2, \cdots, s; j = 1, 2, \cdots, n_i)$。对应本征值 λ_i 可以由下式得到 n_i 个线性无关的非零解：

$$(\boldsymbol{A} - \lambda_i \boldsymbol{I})^{n_i}\boldsymbol{r}_0 = \boldsymbol{0} \tag{5.3.6}$$

式中 $\boldsymbol{I}$ 是单位矩阵。进而逐次求其余的向量

$$\begin{aligned} \boldsymbol{r}_1 &= (\boldsymbol{A} - \lambda_i \boldsymbol{I})\boldsymbol{r}_0 \\ \boldsymbol{r}_2 &= (\boldsymbol{A} - \lambda_i \boldsymbol{I})\boldsymbol{r}_1 \\ &\cdots\cdots\cdots\cdots \\ \boldsymbol{r}_{n_i-1} &= (\boldsymbol{A} - \lambda_i \boldsymbol{I})\boldsymbol{r}_{n_i-2} \end{aligned} \tag{5.3.7}$$

而方程 (5.3.3) 的通解是 $\boldsymbol{x} = \boldsymbol{\Phi}(t)\boldsymbol{C}$，其中 $\boldsymbol{C}$ 是常数列向量。

定理 5.3.2　若所有本征值均为单根，则通解是

$$\boldsymbol{x} = [C_1 \mathrm{e}^{\lambda_1 t}\boldsymbol{r}_1 \quad C_2 \mathrm{e}^{\lambda_2 t}\boldsymbol{r}_2 \quad \cdots \quad C_n \mathrm{e}^{\lambda_n t}\boldsymbol{r}_n] \tag{5.3.8}$$

式中 $C_1, C_2, \cdots, C_n$ 都是常数。

下面的定理讨论本征值为单根的情形，矩阵 $\boldsymbol{A}$ 具有重根的情形比较复杂，需要比较通解中幂函数与多项式随时间增长的关系，请参考文献 [5]。

定理 5.3.3　由 $|\boldsymbol{A} - \lambda\boldsymbol{I}| = 0$ 解出方程 (5.3.3) 的本征值，根据通解 (5.3.8) 即可判断零平衡点的稳定性。

（1）若所有本征值均具有负实部，则 $\boldsymbol{x} = \boldsymbol{0}$ 渐进稳定（当 $t \to \infty$ 时，$|x_i| \to 0$）；

（2）若至少有一个本征值的实部为正，则 $\boldsymbol{x} = \boldsymbol{0}$ 不稳定（当 $t \to \infty$ 时，$|x_i| \to \infty$）；

（3）若所有本征值的实部均不大于 0，且实部为 0 的本征值对应的约当块都是一阶的，则 $x = \boldsymbol{0}$ 稳定，否则 $x = \boldsymbol{0}$ 不稳定。

由此可见，本征值实部的符号对于分析零平衡点的稳定性非常重要，下面给出一个最实用的判断准则。

定理 5.3.4　代数方程根判别的**劳斯–赫尔维茨**（Routh–Hurwitz）**准则**：矩阵 $\boldsymbol{A}$ 本征方程为

$$|\boldsymbol{A} - \lambda\boldsymbol{I}| = \lambda^n + a_1\lambda^{n-1} + \cdots + a_{n-1}\lambda + a_n = 0 \tag{5.3.9}$$

所有根具有负实部的充要条件是

$$\Delta_1 = a_1 > 0, \quad \Delta_2 = \begin{vmatrix} a_1 & 1 \\ a_3 & a_2 \end{vmatrix} > 0, \quad \Delta_3 = \begin{vmatrix} a_1 & 1 & 0 \\ a_3 & a_2 & a_1 \\ a_5 & a_4 & a_3 \end{vmatrix} > 0$$

$$\cdots\cdots\cdots\cdots$$

$$\Delta_n = \begin{vmatrix} a_1 & 1 & 0 & 0 & \cdots & 0 \\ a_3 & a_2 & a_1 & 1 & \cdots & 0 \\ \vdots & \vdots & \vdots & \vdots & & \vdots \\ a_{2n-1} & a_{2n-2} & a_{2n-3} & a_{2n-4} & \cdots & a_n \end{vmatrix} > 0$$

以上 Δ_k $(k = 1, 2, \cdots, n)$ 中包含了本征方程 (5.3.9) 的所有系数。利用上述关系，既可以判断现有系统是否稳定，也可以通过参数的合理选取，使所设计的系统满足稳定性要求，具体应用可见参考文献 [8]。

5.3.2　用线性部分本征值判定非线性系统定常解的稳定性

读者自然会想到，能否利用线性近似方程的系数矩阵本征值来判断非线性系统的稳定性呢? 下面先给出二次型李雅普诺夫函数及其全导数符号与系数矩阵本征值的关系。

选取 $\boldsymbol{B} = (b_{ij})_{n\times n}$ 为对称矩阵，构造二次型函数 $V(\boldsymbol{x}) = \boldsymbol{x}^{\mathrm{T}}\boldsymbol{B}\boldsymbol{x}$，则沿线性近似方程相轨迹的全导数是

$$\dot{V} = \dot{x}^{\mathrm{T}} B x + x^{\mathrm{T}} B \dot{x} = x^{\mathrm{T}} (A^{\mathrm{T}} B + B A) x = x^{\mathrm{T}} C x \tag{5.3.10}$$

式中

$$C = A^{\mathrm{T}} B + B A \tag{5.3.11}$$

称为李雅普诺夫方程，C 也为对称矩阵。

定理 5.3.5　若 A 的本征值满足 $\lambda_i + \lambda_j \neq 0$ $(i, j = 1, 2, \cdots, n)$，则对任意 C 存在唯一的 B，满足李雅普诺夫方程。

证明见文献 [1,6]。实际上，定理中的 λ_i 和 λ_j 分别是 A 及其转置矩阵 A^{T} 的本征值，而 A 和 A^{T} 的本征值是相同的。由定理 5.3.5 可以进一步得到以下关系：

（1）若 A 的本征值均具负实部且 $\lambda_i + \lambda_j \neq 0$，则对任意正定矩阵 C，存在 B 满足 $A^{\mathrm{T}} B + B A = -C$。

（2）若 A 至少有一个正实部的本征值且 $\lambda_i + \lambda_j \neq 0$，且对任意正定矩阵 C，存在定正、常正或变号的 B，满足 $A^{\mathrm{T}} B + B A = C$。

不同于前面先选定具有某种符号的李雅普诺夫函数的构成矩阵 B，再观察其全导数矩阵 C 的符号，也可以先给定具有某种符号的 C，通过求解李雅普诺夫方程 (5.3.11) 来得到 B，再进一步讨论稳定性。这种方法在现代控制理论中经常使用。实际应用中，经常令 $C = I$。对于二阶微分方程，B 和 C 的系数间的关系称为巴尔巴欣 (Barbashin) 公式，见以下推导。

对于二阶线性微分方程

$$\frac{\mathrm{d} x_1}{\mathrm{d} t} = a_{11} x_1 + a_{12} x_2, \quad \frac{\mathrm{d} x_2}{\mathrm{d} t} = a_{21} x_1 + a_{22} x_2 \tag{a}$$

给出一个二次型函数

$$W(x) = w_{11} x_1^2 + 2 w_{12} x_1 x_2 + w_{22} x_2^2$$

进而求一个二次型函数

$$V(x) = v_{11} x_1^2 + 2 v_{12} x_1 x_2 + v_{22} x_2^2$$

使得 $V(x)$ 沿着方程组 (a) 解曲线的全导数满足

$$\frac{\mathrm{d} V(x)}{\mathrm{d} t} = 2 W(x) \tag{b}$$

上述各式中的系数 w_{11}，w_{12}，w_{22} 是已知的。将式 (a) 代入式 (b)，得到未知系数 v_{11}，v_{12}，v_{22} 满足的方程组

$$a_{11} v_{11} + a_{21} v_{12} = w_{11}$$
$$a_{12} v_{11} + (a_{11} + a_{22}) v_{12} + a_{21} v_{22} = w_{12}$$
$$a_{12} v_{12} + a_{22} v_{22} = w_{22}$$

当判别式 $\Delta = (a_{11} + a_{22})(a_{11} a_{22} - a_{12} a_{21}) \neq 0$ 时，即可求解出 v_{11}，v_{12}，v_{22} 以及函数

$V(x)$，即

$$V(x) = -\frac{1}{\Delta} \begin{vmatrix} 0 & x_1^2 & 2x_1x_2 & x_2^2 \\ w_{11} & a_{11} & a_{21} & 0 \\ 2w_{12} & a_{12} & a_{11}+a_{22} & a_{21} \\ w_{22} & 0 & a_{12} & a_{22} \end{vmatrix} \tag{c}$$

这样就构造出了李雅普诺夫函数 $V(x)$，其沿着系统 (a) 解曲线的全导数为式 (b)，从而可以根据 $V(x)$ 和 $W(x)$ 的符号来判断零平衡解的稳定性。

利用前述由定理 5.3.5 得到的关系（1）和（2），就可以用线性方程系数矩阵本征值判断非线性系统的稳定性。

定理 5.3.6 若线性系统 (5.3.3) 的所有本征值都有负实部，则系统 (5.3.1) 的零平衡解渐近稳定。

证明： 由上述关系 (1)，对于 $W(\boldsymbol{x}) = -\boldsymbol{x}^{\mathrm{T}}\boldsymbol{C}\boldsymbol{x} < 0$，存在 $V(\boldsymbol{x}) = \boldsymbol{x}^{\mathrm{T}}\boldsymbol{B}\boldsymbol{x} > 0$，满足 $\boldsymbol{A}^{\mathrm{T}}\boldsymbol{B} + \boldsymbol{B}\boldsymbol{A} = -\boldsymbol{C}$。因此有

$$\dot{V} = \boldsymbol{x}^{\mathrm{T}}(\boldsymbol{A}^{\mathrm{T}}\boldsymbol{B} + \boldsymbol{B}\boldsymbol{A})\boldsymbol{x} + f^*(\boldsymbol{x}) = W(\boldsymbol{x}) + f^*(\boldsymbol{x})$$

由于 $f^*(\boldsymbol{x})$ 为二次以上的项，因此 $\dot{V}$ 在零点邻域内的符号由 $W(\boldsymbol{x})$ 决定，显然是定负的，即 (5.3.1) 的零平衡解渐近稳定。证毕。

定理 5.3.7 若线性系统 (5.3.3) 至少有一个正实部的本征值，则系统 (5.3.1) 的零平衡解不稳定。

证明： 定理 5.3.5 中关系 (2) 的另一种表述是，对于 $W(\boldsymbol{x}) = \boldsymbol{x}^{\mathrm{T}}\boldsymbol{C}\boldsymbol{x} > 0$，存在变号函数 $V = \boldsymbol{x}^{\mathrm{T}}\boldsymbol{B}\boldsymbol{x}$ 及 $\alpha > 0$，使得

$$\dot{V} = \alpha V + W$$

则对系统 (5.3.1) 有

$$\dot{V} = \alpha V + W_1, \quad W_1 = W + \sum_{i=1}^{n} \frac{\partial V}{\partial x_i} X_i^*(\boldsymbol{x})$$

因为 $W_1 > 0 \ (W > 0)$ 且 V 变号，所以 $\dot{V}$ 不是常负函数，因此 $\boldsymbol{x} = \boldsymbol{0}$ 不稳定。证毕。

定理 5.3.8 若线性系统 (5.3.3) 具有零实部（包括零平衡解，且无实部大于零的情况）的本征值，则系统 (5.3.1) 零平衡解的稳定性应由高次项 $\boldsymbol{X}^*(\boldsymbol{x})$ 确定（证明略）。

定理 5.3.8 表述的情形由以下两例来说明。

例 5.3.1 分析以下系统零平衡解的稳定性：

$$\begin{aligned} \dot{x} &= -x^3 \\ \dot{y} &= -y \end{aligned} \tag{a}$$

解： 系统 (a) 的线性矩阵是

$$\boldsymbol{A} = \begin{bmatrix} 0 & 0 \\ 0 & -1 \end{bmatrix}$$

其本征值是 $\lambda_1 = 0, \lambda_2 = -1$。取李雅普诺夫函数 $V = x^2 + y^2 > 0$，则其全导数 $\dot{V} = -2(x^4 + y^2) < 0$，所以系统零平衡解渐进稳定。

例 5.3.2 分析以下系统零平衡解的稳定性：

$$\begin{aligned} \dot{x} &= x^3 \\ \dot{y} &= -y \end{aligned} \tag{a}$$

解： 系统的线性部分与例 5.3.1 中系统 (a) 的线性部分相同，因此本征值也是 $\lambda_1 = 0, \lambda_2 = -1$。取李雅普诺夫函数 $V = x^2 - y^2$，则 V 在零点邻域内是变号的，而全导数 $\dot{V} = 2(x^4 + y^2)$ 是定正的，所以零平衡解不稳定。

5.3.3 非线性系统定常解的李雅普诺夫函数

对于非线性系统而言，没有一般性的方法来构造李雅普诺夫函数。但对一些特殊类型的非线性自治系统，可以采用微分方程理论中的初等积分法，或参照线性系统的形式来构造李雅普诺夫函数。

1. 首次积分法

对于一阶常微分方程组，采用可积组合、待定系数等方法可以得到首次积分。力学系统中，首次积分的物理意义是系统的机械能，将其作为李雅普诺夫函数可以很好地理解稳定性的物理含义。

定义 5.3.1 如果以系统 (5.3.1) 的任何一组解代入连续可微函数 $\varphi(t, x_1, x_2, \cdots, x_n)$，使其恒等于某一常数（与所取的解有关），则函数 $\varphi(t, x_1, x_2, \cdots, x_n)$ 称为系统 (5.3.1) 的一个**首次积分**。

譬如，对于例 5.2.1 中单摆的最低平衡点 $(0,0)$ 的扰动方程

$$\frac{\mathrm{d}x}{\mathrm{d}t} = y, \quad \frac{\mathrm{d}y}{\mathrm{d}t} = -\omega_0^2 \sin x$$

将两式左右两端相比得到

$$\frac{\mathrm{d}x}{\mathrm{d}y} = \frac{y}{-\omega_0^2 \sin x}$$

可以得到一个首次积分 $\omega_0^2 \cos x = \frac{1}{2}y^2 + c$，其中 c 是积分常数。把初值条件 $x = 0$, $y = 0$，代入该首次积分中，解出 $c = \omega_0^2$。因此，李雅普诺夫函数可以选取为 $V(x, y) = \omega_0^2(1 - \cos x) + \frac{1}{2}y^2$，其力学含义是上述保守系统的机械能，因此也称能量积分。

2. 分离变量法

若系统方程是变量可分离的，则可采用分离变量法构造李雅普诺夫函数。

例 5.3.3 对于振动系统

$$\ddot{x} + \varphi(\dot{x}) + g(\dot{x})f(x) = 0 \tag{a}$$

式中 $\varphi(0) = f(0) = 0$，研究其零平衡解的稳定性。

解： 对应零平衡解的扰动方程是

$$\dot{x} = y$$
$$\dot{y} = -g(y)f(x) - \varphi(y)$$

(b)

选取函数 $V(x, y) = F(x) + \phi(y)$ 作为李雅普诺夫函数，其中 $F(x), \phi(y)$ 是待定函数。若使全导数

$$\dot{V} = F'(x) \cdot y - \phi'(y)[g(y)f(x) + \varphi(y)]$$

也是变量可分离的，需要令其中所有耦合项为零，即 $F'(x)y - \phi'(y)g(y)f(x) = 0$，或写成以下形式：

$$\frac{F'(x)}{f(x)} = \frac{\phi'(y)g(y)}{y} \overset{\text{全}}{=} 1$$

该等式两边分别随 x 和 y 独立变化，故只有都等于某个不变量才可能一直相等（为简单起见，上式中令这个不变量为 1）。因此可以得到以下两个积分：

$$F(x) = \int_0^x f(x)\mathrm{d}x \quad \text{和} \quad \phi(y) = \int_0^y \frac{y}{g(y)}\mathrm{d}y$$

于是得到

$$V(x, y) = \int_0^x f(x)\mathrm{d}x + \int_0^y \frac{y}{g(y)}\mathrm{d}y$$

以及全导数

$$\dot{V}(x, y) = -y\frac{\varphi(y)}{g(y)}$$

通过分析可知，当满足以下条件时，系统零平衡解是渐近稳定的（也就是使得 $V(x, y)$ 为正定函数而 $\dot{V}(x, y)$ 为负定函数）：

（1）当 $x \neq 0$ 时，$xf(x) > 0$；

（2）当 $y \neq 0$ 时，$g(y) > 0$；

（3）当 $y \neq 0$ 时，$y\varphi(y) > 0$。以上条件表明系统具有正刚度和正阻尼，因此系统运动是衰减的，零平衡解渐近稳定是必然的结果。

以上结果是自治系统稳定性定理的应用。对于显含时间的非自治系统，稳定性描述、定义、定理及应用与自治系统基本相同，区别是需要考虑时间起点对系统行为的影响，因此一般难以用求线性化系统本征值的方法进行分析。参数激励系统是工程上典型的非自治系统，其稳定性分析可参考文献 [7]。

5.3.4 自治系统周期运动的稳定性

一般来说，若常系数微分方程系统具有周期解，相应的扰动方程也是具有周期系数的

微分方程。因此，研究周期运动的稳定性，就转化为研究具有周期系数的扰动方程零平衡解稳定性。

1. 周期运动的本征方程

考虑自治系统

$$\frac{\mathrm{d}\boldsymbol{x}}{\mathrm{d}t} = \boldsymbol{X}(\boldsymbol{x}), \quad \boldsymbol{x} = \begin{bmatrix} x_1 & x_2 & \cdots & x_n \end{bmatrix}^{\mathrm{T}} \tag{5.3.12}$$

有周期为 T 的周期解 $\boldsymbol{x} = \boldsymbol{p}(t)$。设其扰动为 $\boldsymbol{y} = \boldsymbol{x} - \boldsymbol{p}(t)$，将其求导并代入上式得到线性部分振动方程

$$\frac{\mathrm{d}\boldsymbol{y}}{\mathrm{d}t} = \boldsymbol{P}(t)\boldsymbol{y} \tag{5.3.13}$$

式中 $\boldsymbol{P}(t) = \boldsymbol{DX}(\boldsymbol{p}(t))$ 是 $\boldsymbol{X}(\boldsymbol{x})$ 在周期解 $\boldsymbol{p}(t)$ 处的雅可比矩阵，且与 $\boldsymbol{x}$ 有相同周期，即 $\boldsymbol{P}(t+T) = \boldsymbol{P}(t)$。需要指出的是，线性参数激励系统的运动方程本身就可以写成 (5.3.13) 的形式。

由线性常微分方程理论，方程 (5.3.13) 的基解矩阵由 n 个线性无关的基解组 $\boldsymbol{y}_i(t)$ $(i = 1, 2, \cdots, n)$ 构成

$$\boldsymbol{Y}(t) = \begin{bmatrix} \boldsymbol{y}_1(t) & \boldsymbol{y}_2(t) & \cdots & \boldsymbol{y}_n(t) \end{bmatrix} \tag{5.3.14}$$

显然基解矩阵 $\boldsymbol{Y}(t)$ 和 $\boldsymbol{Y}(t+T)$ 都满足方程 (5.3.13)，即

$$\frac{\mathrm{d}\boldsymbol{Y}(t)}{\mathrm{d}t} = \boldsymbol{P}(t)\boldsymbol{Y}(t)$$

和

$$\frac{\mathrm{d}\boldsymbol{Y}(t+T)}{\mathrm{d}t} = \boldsymbol{P}(t)\boldsymbol{Y}(t+T)$$

因此必存在一非奇异常数矩阵 $\boldsymbol{A}$，使得

$$\boldsymbol{Y}(t+T) = \boldsymbol{Y}(t)\boldsymbol{A} \tag{5.3.15}$$

如果 $\boldsymbol{Y}(t)$ 为标准基解矩阵并令其在初始时刻的值为单位矩阵，则由上式可得到 $\boldsymbol{A} = \boldsymbol{Y}(T)$，即 $\boldsymbol{A}$ 是系统运动到达第一个周期时的标准基解矩阵，为常数矩阵。

定义 5.3.2　方程（$\boldsymbol{I}$ 是单位矩阵）

$$|\boldsymbol{A} - \rho\boldsymbol{I}| = 0 \quad \text{或} \quad |\boldsymbol{Y}(T) - \rho\boldsymbol{I}| = 0 \tag{5.3.16}$$

称为系统 (5.3.13) 对应于周期 T 的本征方程，根 ρ 称为本征乘数或弗洛凯（Floquet）乘数。而经如下变换得到的 λ 称为本征指数：

$$\rho = \mathrm{e}^{\lambda T} \quad \text{或} \quad \lambda = \frac{1}{T}\ln\rho \tag{5.3.17}$$

需要指出的是，周期系数线性微分方程组的本征方程与常系数线性微分方程组的本征方程有本质不同，后者由方程系数所构成（并决定了定常运动是否稳定），而前者是以其标

准基解矩阵在运动到第一个周期时的值所构成。然而不论是哪一种情况，都需要先求出方程的解（定常解或周期解），然后确定其稳定性。

可以证明如下两点性质：

（1）本征方程与所选择的基解矩阵无关；

（2）对方程 (5.3.13) 施以非奇异的周期系数线性变换，变换后的本征方程不变。

这两个性质保证了分析周期解稳定性的一致性、客观性。

2. 弗洛凯定理

根据线性代数理论，存在非奇异矩阵 $\boldsymbol{Q}$，使得

$$\boldsymbol{A} = \boldsymbol{Q}\boldsymbol{J}\boldsymbol{Q}^{-1} \tag{5.3.18}$$

式中 $\boldsymbol{J}$ 是 $\boldsymbol{A}$ 的约当标准型。由此可推导出

$$\boldsymbol{J} = \mathrm{e}^{T B} \tag{5.3.19}$$

式中矩阵 $\boldsymbol{B}$ 的本征值即是式 (5.3.17) 定义的本征指数 λ。

令 $\boldsymbol{L}(t) = \boldsymbol{Y}(t)\mathrm{e}^{-Bt}$，取非奇异的周期系数线性变换 $\boldsymbol{y} = \boldsymbol{L}(t)\boldsymbol{z}$，将其代入方程 (5.3.13) 得到

$$\frac{\mathrm{d}\boldsymbol{y}}{\mathrm{d}t} = \frac{\mathrm{d}\boldsymbol{L}}{\mathrm{d}t}\boldsymbol{z} + \boldsymbol{L}(t)\frac{\mathrm{d}\boldsymbol{z}}{\mathrm{d}t} = \boldsymbol{P}(t)\boldsymbol{y}$$

由此方程解出

$$\frac{\mathrm{d}\boldsymbol{z}}{\mathrm{d}t} = \boldsymbol{L}^{-1}\boldsymbol{P}(t)\boldsymbol{y} - \boldsymbol{L}^{-1}\frac{\mathrm{d}\boldsymbol{L}}{\mathrm{d}t}\boldsymbol{z} = \boldsymbol{L}^{-1}\boldsymbol{P}(t)\boldsymbol{L}(t)\boldsymbol{z} - \boldsymbol{L}^{-1}\frac{\mathrm{d}\boldsymbol{L}}{\mathrm{d}t}\boldsymbol{z} = \boldsymbol{B}\boldsymbol{z} \tag{5.3.20}$$

由此可见，经过线性变换，将周期系数线性微分方程 (5.3.13) 变成了常系数线性微分方程 (5.3.20)，于是其稳定性就可以由李雅普诺夫定理判断。结合上述性质（2），通过分析 $\boldsymbol{B}$ 的本征值 [即方程 (5.3.13) 的本征指数] 的实部就可以判断周期解 $\boldsymbol{x} = \boldsymbol{p}(t)$ 的稳定性情况。

将本征乘数表达为 $\rho = r\mathrm{e}^{\mathrm{i}\theta}$ $(\mathrm{i} = \sqrt{-1})$，由式 (5.3.17) 中后一个关系可以得到

$$\lambda = \frac{1}{T}\ln r + \mathrm{i}\frac{\theta}{T}$$

可见，λ 实部与 ρ 的模 r 之间有下述关系：

$$\mathrm{Re}(\lambda) = \begin{cases} > 0, & \text{当 } |r| > 1 \text{ 时} \\ = 0, & \text{当 } |r| = 1 \text{ 时} \\ < 0, & \text{当 } |r| < 1 \text{ 时} \end{cases} \tag{5.3.21}$$

并由此得出如下弗洛凯定理。

定理 5.3.9 (弗洛凯定理) 对于非线性系统 (5.3.12)，其周期解的稳定性由线性扰动方程 (5.3.13) 的本征乘数或指数决定。

（1）若所有本征乘数的模均小于 1，则系统 (5.3.12) 的周期解渐近稳定；

（2）若至少有一个本征乘数的模大于 1，则系统 (5.3.12) 周期解不稳定；

（3）若所有本征乘数的模均不大于 1，则不能确定 (5.3.12) 周期解的稳定性（若仅考虑线性系统 (5.3.13)，则考察模等于 1 的根，若其对应本征矩阵经过初等变换简化后的初等因子是简单的，则周期解稳定，反之不稳定）。

如前所述，计算本征乘数的前提是先得到该周期运动的解。对于非线性振动系统，需要与近似求解或数值求解结合才能分析周期运动的稳定性。

悬挂点上下往复运动的单摆是一个典型的参数激励系统。假定悬挂点按照 $a\sin\beta t$ 运动，则例 5.2.1 中的无阻尼单摆的振动方程变成

$$\frac{\mathrm{d}^2 x}{\mathrm{d}t^2} + \frac{g}{l}\left(1 + \frac{a\beta^2}{g}\sin\beta t\right)\sin x = 0 \tag{5.3.22}$$

称为**马蒂厄（Mathieu）方程**。分析表明，若摆长 l、悬挂点运动幅值 a 和悬挂点运动频率 β 满足某些关系，则会导致周期摆动失稳，产生振幅越来越大的振荡（定量分析参见第 6 章中的多尺度法）。

5.4　相平面与初等奇点

前面几处提到了相空间坐标、相空间运动等概念。为了便于清晰演示局部和全局性运动特性，一般是在相平面上进行定性分析，相当于研究单自由度振动，也可以理解成研究一个模态振动（实际上也能反映出多自由度和弹性体的振动特点）。在 1.5 节内容基础上，本节在内的以下 3 节，将进一步讨论系统运动在相平面上的特性。

5.4.1　相平面与相轨迹

考虑如下平面自治系统：

$$\frac{\mathrm{d}y_s}{\mathrm{d}t} = Y_s(y_1, y_2) \quad (s = 1, 2) \tag{5.4.1}$$

称 (y_1, y_2) 平面是相平面。如果 Y_1, Y_2 满足解的唯一性条件，则给定任意初值都可以得到一条随时间演化的积分曲线，将其画在相平面上就是一条相轨迹。

例 5.4.1　研究无阻尼和有阻尼单自由度振动系统的相轨迹。

解：无阻尼单自由度系统的运动方程是

$$m\ddot{x} + kx = 0 \tag{a}$$

设初始条件为 $x(0) = x_0, \dot{x}(0) = \dot{x}_0$，系统的自由振动响应为

$$x = x_0\cos\omega_0 t + \frac{\dot{x}_0}{\omega_0}\sin\omega_0 t \quad \text{或} \quad x = A\sin(\omega_0 t + \theta) \tag{b}$$

式中：$\omega_0 = \sqrt{k/m}$ 是固有频率，$A = \sqrt{x_0^2 + \left(\dfrac{\dot{x}_0}{\omega_0}\right)^2}$ 是振幅，$\theta = \arctan\left(\dfrac{\omega_0 x_0}{\dot{x}_0}\right)$ 是初相位。将方程 (a) 等价成平面系统（即一阶微分方程组）形式

$$\begin{aligned} \dot{x} &= y \\ \dot{y} &= -\omega_0^2 x \end{aligned} \tag{c}$$

由式 (c) 可知振动相平面是由位移 x 和速度 y 组成的平面，这是有普遍意义的。对式 (b) 求导得到速度，联立其中两个方程消除时间 t，得到相轨迹方程

$$x^2 + \left(\frac{y}{\omega_0}\right)^2 = A^2 \tag{d}$$

由此可见无阻尼自由振动的相轨迹是一条椭圆闭轨迹，大小由初值确定。改变初值大小可以得到一系列稠密相套的闭轨迹，但轨迹不会交叉（由于解的唯一性）。

考虑黏性阻尼时，单自由度系统平面形式运动方程是

$$\begin{aligned} \dot{x} &= y \\ \dot{y} &= -\omega_0^2 x - 2\xi\omega_0 y \end{aligned} \tag{e}$$

式中 ξ 是阻尼比，$\xi\omega_0$ 为衰减系数。由第 1 章内容可知，欠阻尼情形下的自由振动是按负指数衰减的衰减振动

$$x = A\mathrm{e}^{-\xi\omega_0 t}\sin(\omega_\mathrm{d} t + \theta) \tag{f}$$

对应的相轨迹方程为

$$x^2 + \left(\frac{y + \xi\omega_0 x}{\omega_\mathrm{d}}\right)^2 = A^2\mathrm{e}^{-2\xi\omega_0 t} \tag{g}$$

式中 $\omega_\mathrm{d} = \omega_0\sqrt{1 - \xi^2}$ 是阻尼固有频率。随着时间增加，相轨迹每转动一周所覆盖面积逐渐减小（表明运动能量在减少），以螺旋线方式趋近相平面上的平衡点 $x = y = 0$，也就是方程 (e) 的定常解（例 5.4.3 将画其相轨迹）。这种独立的平衡点也称为**奇点**。

定性分析的对象是相轨迹的全体，也称**相图**。相图局部结构的复杂性集中在奇点附近；在相图整体结构中，闭轨迹的作用是主要的。下面介绍初等奇点。

5.4.2 初等奇点

考虑以下线性系统：

$$\frac{\mathrm{d}x}{\mathrm{d}t} = ax + by, \quad \frac{\mathrm{d}y}{\mathrm{d}t} = cx + dy \tag{5.4.2}$$

式中 a, b, c, d 为常数。显然原点 $(0, 0)$ 是系统 (5.4.2) 的奇点。如果系数矩阵 $\boldsymbol{A}$ 是非退化的，即

$$|\boldsymbol{A}| = \begin{vmatrix} a & b \\ c & d \end{vmatrix} \neq 0$$

本征值不为 0，称为一次奇点，反之称为高次奇点。方程 (5.4.2) 的本征值为

$$\lambda_{1,2} = \frac{-p \pm \sqrt{p^2 - 4q}}{2} \tag{5.4.3}$$

式中 $p = -(a+d)$, $q = ad - bc$。下面根据本征值的各种情况，讨论奇点附近的相轨迹结构。

（1）若 $q < 0$，两个实本征值 λ_1, λ_2 异号。

通过非奇异线性变换，可将 (5.4.2) 化为如下约当型：

$$\frac{\mathrm{d}x}{\mathrm{d}t} = \lambda_1 x, \qquad \frac{\mathrm{d}y}{\mathrm{d}t} = \lambda_2 y \tag{5.4.4}$$

任取初值 (x_0, y_0)，其解为

$$x = x_0 \mathrm{e}^{\lambda_1 t}, \qquad y = y_0 \mathrm{e}^{\lambda_2 t}$$

相轨迹在原点邻域的分布情况如图 5.4.1 所示。除直线 $x = 0$ 和 $y = 0$ 之外，相轨迹是以坐标轴为渐近线的双曲线，且均是远离原点的，显然奇点不稳定。这种奇点称为鞍点。

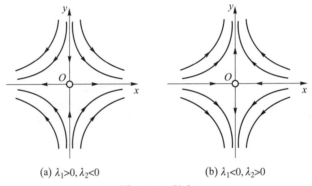

(a) $\lambda_1 > 0, \lambda_2 < 0$ (b) $\lambda_1 < 0, \lambda_2 > 0$

图 5.4.1　鞍点

（2）若 $q > 0$, $p > 0$, $p^2 - 4q > 0$, λ_1, λ_2 为相异负实根。

这种情况解的形式与情形（1）的相同，但奇点是稳定的。此时有

$$y = c|x|^{\frac{\lambda_2}{\lambda_1}} \tag{5.4.5}$$

相轨迹是以原点为顶点的抛物线。若 $\lambda_2 < \lambda_1 < 0$，则轨迹与 x 轴相切，如图 5.4.2a 所示。反之，轨迹与 y 轴相切。这种奇点称为稳定结点。如果 $p < 0$，则 λ_1, λ_2 为相异正实根，轨迹方向均远离原点，是不稳定的结点，如图 5.4.2b 所示。如果 $p^2 - 4q = 0$，则 $\lambda_1 = \lambda_2$ 为一对重根。这又可分为两种情况。

（a）约当块是一阶的。由式 (5.4.5) 可知方程的解为 $y = cx$，常数 c 取不同的值可得如图 5.4.3 所示的轨迹，称为稳定或不稳定的临界结点。

（b）约当块是二阶的。方程 (5.4.2) 可化为

$$\begin{aligned} \dot{x} &= \lambda_1 x \\ \dot{y} &= \alpha x + \lambda_1 y \end{aligned} \tag{5.4.6}$$

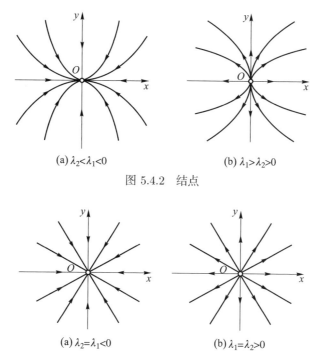

(a) $\lambda_2 < \lambda_1 < 0$ (b) $\lambda_1 > \lambda_2 > 0$

图 5.4.2 结点

(a) $\lambda_2 = \lambda_1 < 0$ (b) $\lambda_1 = \lambda_2 > 0$

图 5.4.3 临界结点

或

$$\frac{\mathrm{d}y}{\mathrm{d}x} = \frac{\alpha}{\lambda_1} + \frac{y}{x}$$

其解是

$$\frac{y}{x} = cx + \frac{\alpha}{\lambda_1} x \ln|x| \quad \text{和} \quad x = 0$$

式中 c 是任意常数。令 $c > 0$，可以得到

$$\lim_{x \to 0} \frac{y}{x} = \begin{cases} +\infty, & \text{当 } \lambda_1 < 0 \\ -\infty, & \text{当 } \lambda_1 > 0 \end{cases}$$

此时所有轨迹在原点均与 y 轴相切，如图 5.4.4a、b 所示，奇点分别称为稳定和不稳定退化结点。

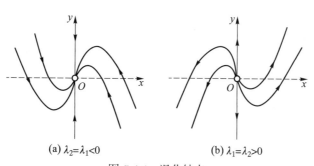

(a) $\lambda_2 = \lambda_1 < 0$ (b) $\lambda_1 = \lambda_2 > 0$

图 5.4.4 退化结点

（3）若 $q > 0$，$p > 0$，$p^2 - 4q < 0$，λ_1，λ_2 为共轭复根且实部为负。

令 $\lambda_{1,2} = -u \pm iv$ ($i = \sqrt{-1}$; $u, v > 0$)。将方程 (5.4.2) 化为

$$
\begin{aligned}
\dot{x} &= -ux - vy \\
\dot{y} &= vx - uy
\end{aligned}
\tag{5.4.7}
$$

再令 $x = r\cos\theta$，$y = r\sin\theta$，将上式变换到极坐标下

$$
\begin{aligned}
\dot{r} &= -ur \\
\dot{\theta} &= v
\end{aligned}
\tag{5.4.8}
$$

其解为 $r = r_0 e^{-ut}$，$\theta = \theta_0 + vt$，相应的轨迹如图 5.4.5a 所示，运动以螺旋形式趋近于原点。这样的奇点称为稳定焦点。若条件中的 $p < 0$，则共轭复根的实部为正，奇点称为不稳定焦点，如图 5.4.5b 所示。

若 $p = 0$，则 λ_1，λ_2 为一对共轭纯虚根，方程的解为 $r = r_0$，$\theta = \theta_0 + vt$，其轨迹如图 5.4.5c 所示，奇点称为中心。中心对应稳定的定常运动，但不渐近稳定。

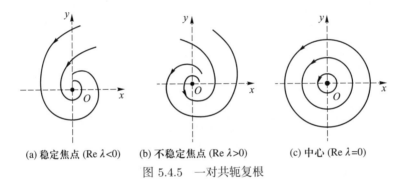

(a) 稳定焦点 (Re $\lambda < 0$)　　(b) 不稳定焦点 (Re $\lambda > 0$)　　(c) 中心 (Re $\lambda = 0$)

图 5.4.5　一对共轭复根

图 5.4.6 概括地显示了以上奇点的分类。(p, q) 平面被 p 轴、q 轴、$p^2 - 4q = 0$ 曲线分成 5 个区域：$q < 0$ 区域内是鞍点（不稳定奇点）；$q > 0$ 中，$p > 0$ 区域是稳定结点和焦点，$p < 0$ 区域是不稳定的结点和焦点，结点和焦点的分界线 $p^2 - 4q = 0$ 对应临界或退化结点，$p = 0$ 对应中心奇点。

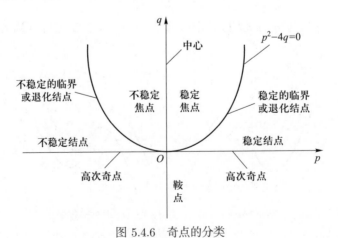

图 5.4.6　奇点的分类

　　值得指出的是，上面三种情况的奇点结构图是画在约当标准型方程对应的坐标系中。如果在原系统坐标系中画奇点结构图，需要经过约当变换的逆变换，一般计算量较大。根据前面情况（1）和（2）的奇点结构图可知，当 $t \to \pm\infty$ 时，结点、鞍点趋近于 x 轴或 y 轴，而坐标变换就是坐标轴的旋转，因此可以通过分析轨迹在原系统坐标系中所趋近的直线，来确定轨迹在原点附近的走向。

　　例 5.4.2　分析并画出如下系统在 $(0,0)$ 点附近的相图：

$$\frac{\mathrm{d}x}{\mathrm{d}t} = 2x + 3y, \quad \frac{\mathrm{d}y}{\mathrm{d}t} = 2x - 3y \tag{a}$$

　　解：由于

$$q = \begin{vmatrix} 2 & 3 \\ 2 & -3 \end{vmatrix} < 0$$

所以 $(0,0)$ 是鞍点。假定当 $t \to -\infty$ 时，轨迹沿直线 $y = kx$ 趋于 $(0,0)$，其中常数 k 待定。因此有

$$k = \left.\frac{\mathrm{d}y}{\mathrm{d}x}\right|_{y=kx} = \left.\frac{2x - 3y}{2x + 3y}\right|_{y=kx} = \frac{2 - 3k}{2 + 3k}$$

由此推出 $3k^2 + 5k - 2 = 0$，其根为 $k = \dfrac{1}{3}$ 和 $k = -2$。将 $y = \dfrac{1}{3}x$ 代入式 (a)，可知当 $x > 0$ 时轨迹方向指向坐标轴正向，从而可以作出相图 5.4.7。

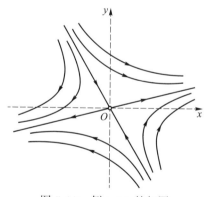

图 5.4.7　例 5.4.2 的相图

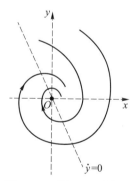

图 5.4.8　例 5.4.3 的相图

　　例 5.4.3　作出例 5.2.2 中的有阻尼单自由度振动系统在 $(0,0)$ 附近的相图。

　　解：该系统控制方程为例 5.2.2 中的方程 (b)，即

$$\frac{\mathrm{d}x}{\mathrm{d}t} = y, \quad \frac{\mathrm{d}y}{\mathrm{d}t} = -\omega_0^2 \sin x - 2\xi\omega_0 y \tag{a}$$

设 $\omega_0 = 1, \xi = 0.25$，计算得 $p = 0.5$，$q = 1$（在原点附近 $\sin x \approx x$），$p^2 - 4q < 0$，根据图 5.4.6 可知 $(0,0)$ 是稳定焦点。虽然相点接近奇点时不会趋近任何固定直线，但观察方程 (a) 可知，通过直线 $y = 0$ 和 $y = -2x$ 时轨迹分别有垂直和水平切线，据此可以作出相图 5.4.8（读者可以参考后面介绍的等倾线作图法）。

下面分析非线性系统奇点附近的轨迹。研究非线性系统

$$\dot{x} = ax + by + X_2(x, y), \quad \dot{y} = cx + dy + Y_2(x, y) \tag{5.4.9}$$

式中 X_2，Y_2 包含二次及以上的高次项，且零点也是方程 (5.4.9) 的奇点，其线性部分如方程 (5.4.2) 所示。

定理 5.4.1　若满足

$$\lim_{x^2+y^2 \to 0} \frac{X_2(x, y)}{\sqrt{x^2 + y^2}} = \lim_{x^2+y^2 \to 0} \frac{Y_2(x, y)}{\sqrt{x^2 + y^2}} = 0 \tag{5.4.10}$$

则原点若是线性方程 (5.4.2) 的鞍点、正常和退化结点、焦点，则也是方程 (5.4.9) 的鞍点、正常和退化结点、焦点（即解的结构相同），且稳定性保持不变。受到非线性项的影响，线性系统的临界结点和中心可能发生变化。

例 5.4.4　分析如下系统的奇点类型：

$$\begin{aligned} \dot{x} &= y + \alpha x(x^2 + y^2) \\ \dot{y} &= -x + \alpha y(x^2 + y^2) \end{aligned} \tag{a}$$

解：　通过计算可知，线性部分本征值是 $\lambda_{1,2} = \pm \mathrm{i}$，因此原点为中心。令 $x = r\cos\theta$，$y = r\sin\theta$，把方程组 (a) 转换到极坐标上，即

$$\frac{\mathrm{d}r}{\mathrm{d}t} = \alpha r^3, \quad \frac{\mathrm{d}\theta}{\mathrm{d}t} = -1$$

由此可见，运动是一个顺时针的转动。当 $\alpha = 0$ 时，原点为中心；$\alpha < 0$ 和 $\alpha > 0$ 时，原点为稳定和不稳定焦点，见图 5.4.9。

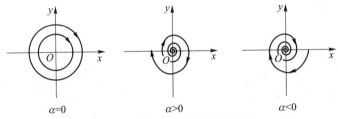

$$\alpha=0 \qquad\qquad \alpha>0 \qquad\qquad \alpha<0$$

图 5.4.9　例 5.4.4 的奇点和轨迹

5.5　保守和非保守系统的相图

5.5.1　保守系统的相图

考虑如下自治保守系统：

$$\ddot{x} + f(x) = 0 \tag{5.5.1}$$

转化到相平面上

$$\dot{x} = y, \quad \dot{y} = -f(x) \tag{5.5.2}$$

系统的奇点由以下两式确定:

$$y = 0, \quad f(x) = 0 \tag{5.5.3}$$

由式 (5.5.3) 可知, 奇点均位于 x 轴上。式 (5.5.1) 的能量积分是

$$\frac{1}{2}y^2 + V(x) = E = \text{const} \tag{5.5.4}$$

式中 E 是系统的机械能, 左边第一项是动能, 第二项是势能

$$V(x) = \int_0^x f(x)\mathrm{d}x \tag{5.5.5}$$

式 (5.5.4) 表明保守系统的能量守恒, 并且只有在 $E - V(x) \geqslant 0$ 的 x 区间内才有解。

对方程 (5.5.5) 求导得到

$$V'(x) = f(x) \tag{5.5.6}$$

因此, 由 $f(x) = 0$ 解出的奇点 x_0 对应系统势能的极值。由式 (5.5.2) 推知, 当 $f(x) = 0$ 且 $y \neq 0$ 时, 有 $\mathrm{d}y/\mathrm{d}x = 0$, 即轨迹通过这些点时具有水平切线。因此, 奇点、系统势能和轨迹的极值是对应的。

在奇点 x_0 邻域内将 $V(x)$ 展开为二阶泰勒级数, 有

$$V(x) = V(x_0) + \frac{V''(x_0)}{2}(x - x_0)^2 \tag{5.5.7}$$

于是方程 (5.5.4) 转化为

$$\frac{1}{2}y^2 + \frac{1}{2}V''(x_0)(x - x_0)^2 = E - V(x_0) \tag{5.5.8}$$

结合奇点附近的轨迹的局部结构, 可以得出以下结论:

（1）若 $V''(x_0) > 0$, 则 $V(x_0)$ 是势能的极小值, 方程 (5.5.8) 是椭圆方程, 因此奇点 x_0 是中心。

（2）若 $V''(x_0) < 0$, 则 $V(x_0)$ 是势能的极大值, 方程 (5.5.8) 是双曲线方程, 因此奇点 x_0 是鞍点。

（3）若 $V''(x_0) = 0$, 则 $V(x_0)$ 是非极大极小的拐点, 若有三阶项 $V^{(3)}(x_0) \neq 0$, 方程 (5.5.4) 可近似表示为

$$\frac{y^2}{2} + \frac{V'''(x_0)}{3!}(x - x_0)^3 = E - V(x_0) \tag{5.5.9}$$

对应中心鞍点型奇点, 即一边表现为中心（$V''(x) > 0$ 的一边）, 另一边（$V''(x) < 0$ 的一边）表现为鞍点。一般来说, 若 V 直到 n 阶的导数才不等于 0, 则当 n 为偶数时 V 为极值, n 为奇数时 V 为拐点。

图 5.5.1 是保守系统势能函数变化与相轨迹的对应示意图。随着 x 增大，系统的奇点依次是中心、鞍点、中心、中心鞍点。由方程 (5.5.2) 可知 $\dot{x}y > 0$，所以轨迹走向是顺时针的。相图展示了在相空间定义域内的全部相轨迹，系统所有可能的运动情况一目了然。

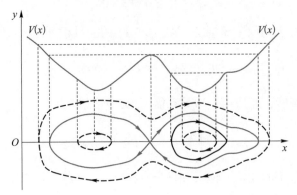

图 5.5.1　保守系统势能函数变化与对应相轨迹的示意图

例 5.5.1　一质量为 m 的小球，沿一半径为 r 的圆环滑动，此环以匀角速度 Ω 绕铅垂轴转动，如图 5.5.2 所示。不考虑各处摩擦，分析小球的运动相图。

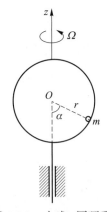

图 5.5.2　小球–圆环系统

解：　本题只考虑小球在圆环平面内的运动，忽略垂直于该平面的科氏惯性力对小球运动的影响。由质点的动量距定理，可写出小球的运动微分方程为

$$J \frac{\mathrm{d}^2\alpha}{\mathrm{d}t^2} - mr^2\Omega^2(\cos\alpha - \lambda)\sin\alpha = 0 \tag{a}$$

式中 $J = mr^2, \lambda = g/(r\Omega^2)$。把方程 (a) 转换到相平面上，得到如下方程：

$$\frac{\mathrm{d}\alpha}{\mathrm{d}t} = \omega, \quad \frac{\mathrm{d}\omega}{\mathrm{d}t} = \frac{mr^2\Omega^2}{J}(\cos\alpha - \lambda)\sin\alpha \tag{b}$$

可以看出，参数 λ 与圆环角速度 Ω 的平方成反比。工程中机器、仪表等的某些系统参数（如转速的大小）可以通过控制系统予以改变，因此分析参数变化对运动的影响有重要意义。本例中，令式 (b) 中两个方程的右端项等于零，可以求得小球平衡位置与 $|\lambda|$ 大小的

关系：

（1）当 $|\lambda| > 1$ 时（圆环角速度较小），小球有 3 个平衡位置：$\omega = 0$，$\alpha = 0, \pm\pi$；

（2）当 $|\lambda| < 1$ 时（圆环角速度较大），小球有 5 个平衡位置：$\omega = 0$，$\alpha = 0, \pm\pi$，$\pm\arccos\lambda$。

令

$$f(\alpha, \lambda) = (\cos\alpha - \lambda)\sin\alpha = 0 \tag{c}$$

在图 5.5.3 的 (α, λ) 平面上，画出了满足方程 (c) 的 4 条曲线：$\alpha = \pm\pi$，0 和 $\lambda = \cos\alpha$。画一条与 α 轴平行的直线，与上述 4 条线相交时所对应的 α，与 $\omega = 0$ 组成平衡位置。图中灰色区代表 $f(\alpha, \lambda) < 0$，白色区中 $f(\alpha, \lambda) > 0$。在 α 增加过程中，从灰色区跨入白色区表示 $f(\alpha, \lambda)$ 是增大的（反之减小），表明 $V''(\alpha, \lambda) = f'(\alpha, \lambda) > 0$（反之小于 0）。

综合上述分析可知：

（1）当 $|\lambda| > 1$ 时，平衡点 $(\pm\pi, 0)$ 是鞍点，平衡点 $(0, 0)$ 是中心；

（2）当 $|\lambda| < 1$ 时，平衡点 $(\pm\pi, 0)$ 和 $(0, 0)$ 是鞍点，平衡点 $(\pm\arccos\lambda, 0)$ 是中心，见图 5.5.4。

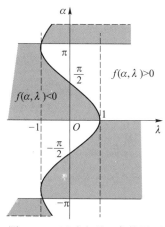

图 5.5.3 运动变量–参数平面

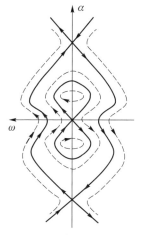

图 5.5.4 相轨迹（$|\lambda| < 1$）

相图反映出的运动状态与稳定性分析是一致的：中心是稳定的平衡点，施以一定限度的扰动（大小以过鞍点的相轨迹为界），小球将围绕该平衡点作不超过一定幅度的周期运动；鞍点是不稳定的平衡点，一旦受扰动，小球的运动不会停留在其附近。

过鞍点的相轨迹是重要的分界线，将相平面分成几个区域，每个区域对应一种运动（系统作哪种运动，取决于初值取在哪个区域内）。其中，从鞍点出发后返回自身的相轨迹为同宿轨道，达到另一个鞍点的相轨迹为异宿轨道。利用方程 (5.5.5)，积分得到系统 (b) 的非线性恢复力势能

$$V(\alpha) = -\frac{mr^2\Omega^2}{J}\int_0^\alpha (\cos\alpha - \lambda)\sin\alpha\,\mathrm{d}\alpha = -\frac{mr^2\Omega^2}{2J}\left[\sin^2\alpha + 2\lambda(\cos\alpha - 1)\right]$$

将其代入方程 (5.5.4) 得到相轨迹方程

$$\omega^2 - \frac{mr^2\Omega^2}{J}(\sin^2\alpha + 2\lambda\cos\alpha) = 2E - 2\lambda\frac{mr^2\Omega^2}{J} \tag{d}$$

用图 5.5.4 中分界线的任一点，可以确定上式的能量常数 E。例如将鞍点位置 $(\alpha,\omega) = (0,0)$ 和 $(\pm\pi, 0)$ 代入式 (d)，分别得到 $E = 0$ 和 $E = 2\lambda\frac{mr^2\Omega^2}{J}$，再代入式 (d) 得到同宿轨道和异宿轨道的曲线方程

$$\omega^2 = \frac{mr^2\Omega^2}{J}\left[\sin^2\alpha + 2\lambda(\cos\alpha - 1)\right] \tag{e}$$

$$\omega^2 = \frac{mr^2\Omega^2}{J}\left[\sin^2\alpha + 2\lambda(\cos\alpha + 1)\right] \tag{f}$$

5.5.2　非保守系统的相图

考虑阻尼因素，非保守系统的运动方程为

$$\ddot{x} + g(x,\dot{x}) + f(x) = 0 \tag{5.5.10}$$

当 $\dot{x} = 0$ 时，满足条件 $g(x,\dot{x}) = 0$；当 $\dot{x} \neq 0$ 时，满足条件 $\dot{x}g(x,\dot{x}) > 0$（这种情况称为正阻尼）。将式 (5.5.10) 各项乘以 $\mathrm{d}x = \dot{x}\mathrm{d}t$，得到

$$\dot{x}\ddot{x}\mathrm{d}t + g(x,\dot{x})\dot{x}\mathrm{d}t + f(x)\mathrm{d}x = 0$$

对上式进行积分得

$$\frac{1}{2}\dot{x}^2 + V(x) = E - \int_0^t g(x,\dot{x})\dot{x}\mathrm{d}t \tag{5.5.11}$$

对式 (5.5.11) 求导可得

$$\frac{\mathrm{d}}{\mathrm{d}t}\left[\frac{1}{2}\dot{x}^2 + V(x)\right] = -g(x,\dot{x})\dot{x} < 0 \tag{5.5.12}$$

该式表明系统能量随时间减少，因此系统是耗散的。将式 (5.5.10) 转化到相平面上，有

$$\frac{\mathrm{d}x}{\mathrm{d}t} = y, \quad \frac{\mathrm{d}y}{\mathrm{d}t} = -f(x) - g(x,y) \tag{5.5.13}$$

由于当 $y = 0$ 时，$g(x,y) = 0$，因此奇点也由条件 $y = 0$ 和 $f(x) = 0$ 确定，即非保守系统的奇点分布与对应的保守系统奇点分布相同，但奇点的性质却可能改变，例如中心变成焦点、结点。

例 5.5.2　考虑黏性阻尼作用，作出单摆的运动相图。

解：单摆无阻尼运动方程参见例 5.1.1，这里考虑黏性阻尼 $g(\alpha,\dot\alpha) = 2\xi\omega_0\dot\alpha$，其中 ξ 是黏性阻尼比，$\omega_0 = \sqrt{g/l}$。由于 $\dot\alpha g(\alpha,\dot\alpha) = 2\xi\omega_0\dot\alpha^2 > 0$，故系统是耗散的（正阻尼系统）。对应的保守系统有 3 个平衡位置：$(0,0)$ 是中心，$(\pm\pi, 0)$ 是鞍点，如图 5.5.5a 所示。

由于黏性阻尼的作用，中心变成稳定焦点，等能量的异宿轨道也不存在了，如图 5.5.5b 所示。这就是系统称为非保守的原因。

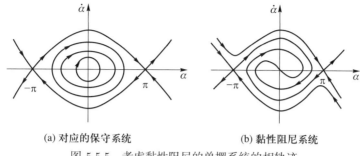

(a) 对应的保守系统　　　　　(b) 黏性阻尼系统

图 5.5.5　考虑黏性阻尼的单摆系统的相轨迹

5.6 极限环

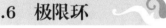

5.6.1 相轨迹作图法

对于较为复杂的相轨迹，可以利用一些近似方法作出其大体走向，此类图解法在微分方程定性理论的发展中起过很大作用。当然，利用计算机软件可以轻而易举地画出精确的相图。

1. 等倾线作图法

考虑两变量系统

$$\frac{\mathrm{d}x}{\mathrm{d}t} = X(x, y), \quad \frac{\mathrm{d}y}{\mathrm{d}t} = Y(x, y) \tag{5.6.1}$$

相轨迹在各处的斜率是

$$\frac{\mathrm{d}y}{\mathrm{d}x} = \frac{Y(x, y)}{X(x, y)} = f(x, y) \tag{5.6.2}$$

令 $f(x, y) = k$，当 k 取一系列不同的数值时可以作出一系列等倾线。相轨迹通过每一条等倾线时都与其相切，因此等倾线确定了相轨迹的走向，用欧拉折线法可大致描出相轨迹的形状。如例 5.4.3 中，有阻尼单自由度振动系统的原点 $(0, 0)$ 是焦点，为作其附近的相图，由例 5.4.3 中的方程 (a) 推导出斜率 k 的等倾线

$$y = -\frac{\omega_0^2}{2\xi\omega_0 + k}x$$

设 $\omega_0 = 1$，$\xi\omega_0 = 0.25$。显然 $y = 0$ 和 $y = -2x$ 分别是垂直 ($k = +\infty$) 和水平 ($k = 0$) 等倾线。逐渐变化斜率 k，可以大致作出如图 5.4.8 所示的焦点轨迹。

2. Liénard 作图法

Liénard 作图法适用如下形式的微分方程：

$$\ddot{x} + \phi(\dot{x}) + x = 0 \tag{5.6.3}$$

令 $\dot{x} = y$，相轨迹方程为

$$\frac{\mathrm{d}y}{\mathrm{d}x} = \frac{-x - \phi(y)}{y} \tag{5.6.4}$$

为了获得相轨迹在任意点 $A(x, y)$ 处的切线方向，先在相平面上作出如下零斜率等倾线，如图 5.6.1 所示。

$$x = -\phi(y) \tag{5.6.5}$$

从平面上的 $A(x, y)$ 点作 x 轴的平行线，与 $x = -\phi(y)$ 相交于 $B(-\phi(y), y)$ 点，再从 B 作 y 轴的平行线，交 x 轴于 $C(-\phi(y), 0)$ 点，则连线 CA 的斜率为

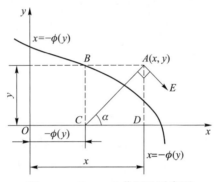

图 5.6.1　Liénard 作图法示意图

$$\tan \alpha = \frac{AD}{OD - OC} = \frac{y}{x + \phi(y)} \tag{5.6.6}$$

与线段 CA 相垂直方向的斜率是上式倒数并取负值，它与式 (5.6.4) 的右端相同，因此 AE 就是相轨迹在 A 点的切线方向。相点从 A 点前进适当距离后，重复上述过程即可大致作出相轨迹。

5.6.2　极限环

在微分方程积分曲线中，若存在一条孤立的闭曲线，且其邻域内其他积分曲线均以螺旋线形式向其无限逼近，则这条闭曲线称为**极限环**。极限环的力学意义是唯一周期解，这不同于中心奇点，因为中心奇点可以有无限稠密的同中心闭曲线（通过改变初始条件得到）。

例 5.6.1　分析如下系统的极限环：

$$\frac{\mathrm{d}x}{\mathrm{d}t} = -y - x(x^2 + y^2 - 1), \quad \frac{\mathrm{d}y}{\mathrm{d}t} = x - y(x^2 + y^2 - 1) \tag{a}$$

解：令 $x = r\cos\theta$，$y = r\sin\theta$，把方程组 (a) 转换到极坐标系，有

$$\frac{\mathrm{d}r}{\mathrm{d}t} = -r(r^2-1), \quad \frac{\mathrm{d}\theta}{\mathrm{d}t} = 1 \tag{b}$$

式中 $\dot{\theta} = 1$ 代表逆时针定速转动。令 $\dot{r} = 0$ 得到两个幅值保持恒定的稳态运动：$r = 0$（即 $x = y = 0$）是奇点，$r = 1$（即 $x^2 + y^2 = 1$）代表周期解。其他轨迹的幅值都在变化：当 $r > 1$ 时，$\dot{r} < 0$ 表示 r 单调减小而以螺线方式趋于 1；$r < 1$ 时，$\dot{r} > 0$ 表示 r 单调增大而以螺线方式趋于 1。由此可见，奇点是不稳定的，而闭曲线 $r = 1$ 是稳定的极限环，如图 5.6.2 所示。

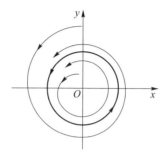

图 5.6.2 例 5.6.1 系统的稳定极限环

例 5.6.2 分析如下极坐标平面系统：

$$\frac{\mathrm{d}r}{\mathrm{d}t} = r(r^2-1), \quad \frac{\mathrm{d}\theta}{\mathrm{d}t} = -1 \tag{a}$$

和

$$\frac{\mathrm{d}r}{\mathrm{d}t} = -r(r^2-1)^2, \quad \frac{\mathrm{d}\theta}{\mathrm{d}t} = 1 \tag{b}$$

的极限环特性。

解： 参照例 5.6.1，系统 (a) 和 (b) 的轨迹形状如图 5.6.3 所示。对系统 (a) 来说，闭曲线 $x^2 + y^2 = 1$ 是不稳定极限环；对系统 (b) 来说，闭曲线 $x^2 + y^2 = 1$ 是半稳定极限环（一侧稳定另一侧不稳定）。

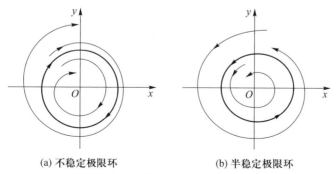

(a) 不稳定极限环   (b) 半稳定极限环

图 5.6.3 例 5.6.2 系统的极限环

需要指出的是，这里的稳定性不是李雅普诺夫意义下的稳定性，而是从极限环作为临近轨道的极限状态（$t \to +\infty$ 时）来定义的，因此也称为轨道稳定性。实际上，稳定极限环上的相点与临近轨道上的相点有可能不同步（尽管初始可以很接近），不满足李雅普诺夫意义下的相点运动稳定性条件。

稳定的极限环代表稳定的周期运动，是非线性振动分析中的重要问题。判断是否存在稳定极限环最著名的定理是庞加莱－本迪克松（Poincaré-Bendixson）环域定理。

定理 5.6.1 (庞加莱－本迪克松环域定理)　设环域 D 是由两个单闭曲线 C_1 及 C_2 围成的，C_2 在 C_1 内部，见图 5.6.4，满足如下两个条件：

（1）在环域边界 C_1 和 C_2 上，矢量场均指向 D 内侧；

（2）环域内及边界 C_1 和 C_2 上无奇点。

则在环域 D 内至少存在一个稳定的极限环。若条件（1）中矢量场均指向 D 外侧，则环域 D 内至少存在一个不稳定的极限环。

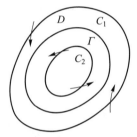

图 5.6.4　庞加莱－本迪克松环域定理示意图

下面以范德波尔（van der Pol）方程为例说明环域定理的应用。该方程描述三极管电路的振荡现象，可以用来定性解释很多工程中的自激振动，是非线性振动中最重要的原理性方程之一。

例 5.6.3　证明范德波尔方程至少有一个稳定极限环。

$$\ddot{x} + \varepsilon(x^2 - 1)\dot{x} + x = 0 \tag{a}$$

解： 令

$$y = \dot{x} + \varepsilon\left(\frac{x^3}{3} - x\right)$$

将式 (a) 化为

$$\frac{\mathrm{d}x}{\mathrm{d}t} = y - \varepsilon\left(\frac{x^3}{3} - x\right), \quad \frac{\mathrm{d}y}{\mathrm{d}t} = -x$$

再令 $x = y_1$，$y = -x_1$，代入上式后得到（为简洁起见，已去掉变量的下标）

$$\frac{\mathrm{d}x}{\mathrm{d}t} = y, \quad \frac{\mathrm{d}y}{\mathrm{d}t} = -x - \varepsilon\left(\frac{y^3}{3} - y\right) \tag{b}$$

再写成

$$\frac{\mathrm{d}y}{\mathrm{d}x} = \frac{-x - \varepsilon\left(\frac{y^3}{3} - y\right)}{y} = \frac{-x - \phi(y)}{y} \tag{c}$$

其形式与方程 (5.6.4) 相同，因此可用 Liénard 作图法作出轨迹，见图 5.6.5。先作环域的内边界线 $L_1 : x^2 + y^2 = r^2$，计算

$$\frac{\mathrm{d}r^2}{\mathrm{d}t} = \frac{\mathrm{d}}{\mathrm{d}t}(x^2 + y^2) = 2\varepsilon y^2(1 - \frac{y^2}{3})$$

当 r^2 充分小，使 $y^2 < 3$ 时，上述导数大于零，表明方程 (c) 的轨迹均由 L_1 内部指向外部。

下面构造环域的外边界线 L_2。在相平面上作出零斜率等倾线

$$x = -\phi(y) = -\varepsilon\left(\frac{y^3}{3} - y\right)$$

有两个 x 的极值点 $P_1\left(\frac{2}{3}\varepsilon, 1\right)$ 和 $P_2\left(-\frac{2}{3}\varepsilon, -1\right)$。以 $Q_1\left(\frac{2}{3}\varepsilon, 0\right)$ 为圆心，取任意半径画圆弧 A_1B_1，再依次画水平线段 B_1C_1 和圆弧 C_1D_1（仍以 Q_1 为圆心）。取同样的半径及圆心 $Q_2\left(-\frac{2}{3}\varepsilon, 0\right)$，依次画圆弧 A_2B_2、水平线段 B_2C_2 和圆弧 C_2D_2。可以证明，当 $B_1\left(\frac{2}{3}\varepsilon, y\right)$ 中的 y 充分大时，必然有 $x_{D_2} > x_{A_1}$，$x_{D_1} < x_{A_2}$。根据 Liénard 作图法可以推断，在 L_2 上的轨迹均是自外部指向内部。

又因为方程 (c) 只有唯一奇点（原点），所以 L_1，L_2 环域内无奇点。由环域定理可知，方程在该环域内至少存在一个稳定极限环。证毕。

也可以定量求解范德波尔方程的极限环，参见第 6 章的 KBM 方法。

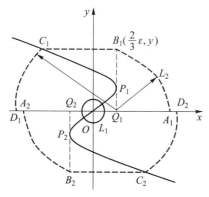

图 5.6.5　用环域定理证明范德波尔方程存在极限环

习　题

5.1　判断下列函数的定号性：

（1）$V(u_1, u_2, u_3) = -(u_1 - u_2)^2 - (u_2 - u_3)^2 - (u_3 - u_1)^2$

（2）$V(u_1, u_2, u_3) = u_1^2 + (u_2 + u_3)^2$

5.2 构建李雅普诺夫函数并分析指定平衡点的稳定性。

（1）$\dot{x} = 4y - x$, $\dot{y} = -9x + y$, 在 $(x, y) = (0, 0)$ 的稳定性

（2）$\dot{x} = y$, $\dot{y} = z$, $\dot{z} = -y$, 在 $(x, y, z) = (0, 0, 0)$ 的稳定性

（3）$\dot{x} = -\dfrac{1}{2}y + (x-1)[(x-1)^2 + y^2]$, $\dot{y} = -2 + 2x + y[(x-1)^2 + y^2]$, 在 $(x, y) = (1, 0)$ 的稳定性

5.3 研究下列系统零平衡解的稳定性：

（1）$\dot{u}_1 = \tan(u_2 - u_1)$, $\dot{u}_2 = 2^{u_2} - 2\cos\left(\dfrac{\pi}{3} - u_1\right)$

（2）$\dot{u}_1 = \ln(e^{-3u_1} + 4u_2)$, $\dot{u}_2 = \sqrt[3]{1 - 6u_1} + 2u_2 - 1$

5.4 研究系统在平衡点 $(1, -1)$ 的稳定性。

$$\dot{u}_1 = 2u_1 - 5u_2 - 7u_1^2$$
$$\dot{u}_2 = 3u_1 - 6u_2 - 9u_2^2$$

5.5 讨论下列保守系统平衡点的稳定性并绘制相图：

（1）$\ddot{u} + u - u^3 = 0$

（2）$\ddot{u} - u + u^3 = 0$

（3）$\ddot{u} - u + u^2 = 0$

5.6 讨论下列平面非线性系统在原点附近的相轨迹分布情况：

（1）$\dot{x} = x + y, \dot{y} = xy$

（2）$\dot{x} = x^2 + y, \dot{y} = 2xy$

5.7 讨论系统在不同参数组合下的奇点类型

$$\dot{u}_1 = au_1 + bu_2 + f_1(u_1, u_2)$$
$$\dot{u}_2 = cu_1 + du_2 + f_2(u_1, u_2)$$

并以下式为例：

$$\dot{u}_1 = u_1^2 - u_2$$
$$\dot{u}_2 = u_1 - u_2$$

绘制平衡点附近的相轨迹简图。

5.8 分析如下含参数保守系统的相轨迹性质：

$$\ddot{u} + u - \dfrac{\lambda}{2 - u} = 0$$

5.9 考察如图所示无阻尼倒摆，其中扭转弹簧的恢复力矩与摆角成正比，刚度系数为 k。

（1）建立系统运动的微分方程；

（2）在 $|\alpha| < \pi$ 范围内确定系统平衡点的分布；

习题 5.9 图

（3）如果 $k = ml^2$，$l = \dfrac{2g}{\pi}$，求出摆的平衡点位置和类型，并分析平衡点的稳定性；

（4）如果空气阻尼与摆的角速度成正比，摆的平衡点位置和类型会发生什么变化？

5.10 判断下列系统是否存在极限环：

（1）$\dot{u}_1 = -u_2 - u_1(u_1^2 + u_2^2 - 1)$，$\dot{u}_2 = u_1 - u_2(u_1^2 + u_2^2 - 1)$

（2）$\dot{u}_1 = u_1(u_2 - 1)$，$\dot{u}_2 = u_1 + u_2 - 2u_2^2$

5.11 研究具有黏性阻尼的单摆 $\ddot{u} + c\dot{u} + k\sin u = 0$ 在 $(u, \dot{u}) \in [-4, 4] \times [-3, 3]$ 区域的相图。

参考文献

[1] 胡海岩. 应用非线性动力学 [M]. 北京：航空工业出版社，2000

[2] 刘延柱，陈立群. 非线性振动 [M]. 北京：高等教育出版社，2001

[3] 丁同仁，李承治. 常微分方程教程 [M]. 北京：高等教育出版社，1998

[4] 王洪礼，张琪昌. 非线性动力学理论及应用 [M]. 天津：天津科学技术出版社，2002

[5] 陆启韶. 常微分方程的定性方法与分叉 [M]. 北京：北京航空航天大学出版社，1989

[6] 黄琳. 稳定性理论 [M]. 北京：北京大学出版社，1992

[7] 马知恩，周义仓，李承治. 常微分方程定性与稳定性方法 [M]. 北京：科学出版社，2015

[8] 陈予恕，丁千，侯书军. 非线性转子–密封系统的稳定性和 Hopf 分岔研究 [J]. 振动工程学报，1997，10(3)：368–374

习题答案 A5

第 6 章
非线性振动定量分析方法

在第 5 章介绍的非线性系统定性分析方法基础上，本章主要介绍弱非线性振动的近似定量分析方法，包括正则摄动法、L–P 摄动法、多尺度法、平均法、KBM 法和谐波平衡法；简要介绍强非线性振动的定量分析方法，包括改进的摄动方法、能量法、同伦分析方法和谐波–能量平衡法。

6.1 正则摄动法

1830 年泊松（Poisson）在研究单摆的振动时，提出将非线性系统的解按照小参数的幂次展开的近似分析方法，称为**正则摄动法**或**小参数法**。随后，庞加莱证明了此方法的合理性，并首先将其用于研究天体力学问题 [1,2,26]。

讨论如下含小参数 ε 的非自治弱非线性系统：

$$\ddot{x} + \omega_0^2 x = F(t) + \varepsilon f(x, \dot{x}) \tag{6.1.1a}$$

$$x(0) = a_0, \quad \dot{x}(0) = 0 \tag{6.1.1b}$$

为了叙述方便，下面主要以 $F(t) = 0$ 的自治系统情况为例来介绍正则摄动法。

当 $\varepsilon = 0$ 时，系统 (6.1.1) 退化为线性系统，称为**派生系统**，对应初始条件 (6.1.1b) 的运动规律为

$$x_0(t) = a_0 \cos \omega_0 t \tag{6.1.2}$$

该解称为**派生解**。由于方程 (6.1.1) 含有小参数 ε，故可以在派生解的基础上，构成系统 (6.1.1) 的周期解 $x(t, \varepsilon)$。为此，将 x 展成 ε 的幂级数

$$x(t, \varepsilon) = x_0(t) + \varepsilon x_1(t) + \varepsilon^2 x_2(t) + \cdots \tag{6.1.3}$$

为了确定上式中的 $x_1(t), x_2(t), \cdots$，将方程 (6.1.3) 代入式 (6.1.1a)，方程的两端分别为

$$
\begin{aligned}
\ddot{x} + \omega_0^2 x &= (\ddot{x}_0 + \varepsilon\ddot{x}_1 + \varepsilon^2\ddot{x}_2 + \cdots) + \omega_0^2(x_0 + \varepsilon x_1 + \varepsilon^2 x_2 + \cdots) \\
&= (\ddot{x}_0 + \omega_0^2 x_0) + \varepsilon(\ddot{x}_1 + \omega_0^2 x_1) + \varepsilon^2(\ddot{x}_2 + \omega_0^2 x_2) + \cdots
\end{aligned}
\tag{6.1.4a}
$$

$$
\begin{aligned}
\varepsilon f(x, \dot{x}) &= \varepsilon f(x_0 + \varepsilon x_1 + \varepsilon^2 x_2 + \cdots, \dot{x}_0 + \varepsilon\dot{x}_1 + \varepsilon^2\dot{x}_2 + \cdots) \\
&= \varepsilon f(x_0, \dot{x}_0) + \varepsilon^2\left[f_1(x_0, \dot{x}_0)x_1 + f_2(x_0, \dot{x}_0)\dot{x}_1\right] + \cdots
\end{aligned}
\tag{6.1.4b}
$$

式中 $f_1(x_0, \dot{x}_0)$ 和 $f_2(x_0, \dot{x}_0)$ 分别是函数 $f(x_0, \dot{x}_0)$ 在 $(x_0, \dot{x}_0)$ 处关于 x 和 $\dot{x}$ 的一阶偏导数。令式 (6.1.1a) 两边 ε 的同次幂相等，得到

$$
\varepsilon^0: \ddot{x}_0 + \omega_0^2 x_0 = 0
\tag{6.1.5a}
$$

$$
\varepsilon^1: \ddot{x}_1 + \omega_0^2 x_1 = f(x_0, \dot{x}_0)
\tag{6.1.5b}
$$

$$
\varepsilon^2: \ddot{x}_2 + \omega_0^2 x_2 = f_1(x_0, \dot{x}_0)x_1 + f_2(x_0, \dot{x}_0)\dot{x}_1
\tag{6.1.5c}
$$

当 $F(t) \neq 0$ 时，如果激励频率远离派生系统固有频率，则式 (6.1.5b) 式 (6.1.5c) 不变，而式 (6.1.5a) 应改为

$$
\varepsilon^0: \ddot{x}_0 + \omega_0^2 x_0 = F(t)
\tag{6.1.6}
$$

当激励频率接近于派生系统固有频率时，为保证解的准确性和物理存在性，应限制激励的程度，选取 $F(t) = \varepsilon\widetilde{F}(t)$，此时式 (6.1.5a) 和式 (6.1.5c) 不变，式 (6.1.5b) 变为

$$
\varepsilon^1: \ddot{x}_1 + \omega_0^2 x_1 = f(x_0, \dot{x}_0) + \widetilde{F}(t)
\tag{6.1.7}
$$

依次求解对应 $\varepsilon^0, \varepsilon^1, \varepsilon^2, \cdots$ 的方程，并把所得解代回式 (6.1.3) 就可得方程 (6.1.1) 的摄动解。值得指出的是，因为派生解满足初始条件 (6.1.1b)，因此 $x_1(t), x_2(t), \cdots$ 满足零初始条件即可。至此，将求解非线性微分方程 (6.1.1) 的问题转换为求解若干线性微分方程的问题。实际使用正则摄动法时，由于计算工作量随着幂次的增加而迅速增加，通常只取摄动级数的前几项。对于弱非线性系统，或当 ε 比较小时，取前几项就可以满足精度要求。

例 6.1.1 用正则摄动法求如下非线性系统自由振动：

$$
\ddot{x} + \omega_0^2 x + \varepsilon\omega_0^2 x^2 = 0
\tag{6.1.8a}
$$

$$
x(0) = a_0, \quad \dot{x}(0) = 0
\tag{6.1.8b}
$$

的一次近似解。

解： 根据初始条件 (6.1.8b) 可知派生解是

$$
x_0 = a_0\cos\omega_0 t
\tag{a}
$$

将其代入式 (6.1.5b) 并对方程右端三角函数的平方进行积化和差，得到

$$
\ddot{x}_1 + \omega_0^2 x_1 = -\frac{\omega_0^2 a_0^2}{2}(1 + \cos 2\omega_0 t)
\tag{b}
$$

根据初始条件 (6.1.8b) 求解该线性微分方程得

$$
x_1(t) = \frac{a_0^2}{6}(-3 + 2\cos\omega_0 t + \cos 2\omega_0 t)
\tag{c}
$$

所以，系统自由振动的一次近似解为

$$x(t) = a_0 \cos \omega_0 t + \frac{\varepsilon a_0^2}{6}(-3 + 2\cos \omega_0 t + \cos 2\omega_0 t) \tag{d}$$

由此式可见，由于二次非线性因素的存在，系统的自由振动不仅出现了一次谐波分量，还出现了二次谐波成分（称为**倍频响应**），这是非线性系统的特有现象。因为式 (d) 中有常数项，系统自由振动不再对称于系统的零平衡位置。

用龙格–库塔时间积分法求系统 (6.1.8) 的数值解并将其作为参考解，图 6.1.1 给出了数值解与一次近似解的对比。从图中可明显看出上述不对称现象，并且随着小参数 ε 的增加，一次近似解的精度降低。

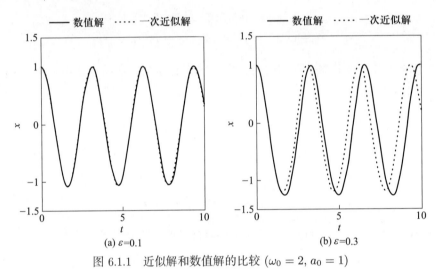

(a) $\varepsilon=0.1$　　　　　(b) $\varepsilon=0.3$

图 6.1.1　近似解和数值解的比较 $(\omega_0 = 2, a_0 = 1)$

例 6.1.2　用正则摄动法求达芬（Duffing）系统

$$\ddot{x}(t) + \omega_0^2 x(t) + \varepsilon \omega_0^2 x^3(t) = 0 \tag{6.1.9a}$$

$$x(0) = a_0, \quad \dot{x}(0) = 0 \tag{6.1.9b}$$

自由振动的一次近似解。

解： 将满足初始条件 (6.1.9b) 的派生解 $x_0 = a_0 \cos \omega_0 t$ 代入式 (6.1.5b) 得到

$$\ddot{x}_1(t) + \omega_0^2 x_1 = \frac{\omega_0^2 a_0^3}{4}(3\cos \omega_0 t + \cos 3\omega_0 t) \tag{a}$$

式中出现了激励频率与系统固有频率相同的共振情况，此时的解为

$$x_1(t) = \frac{a_0^3}{32}(-\cos \omega_0 t + \cos 3\omega_0 t) - \frac{3\omega_0 a_0^3}{8} t \sin \omega_0 t \tag{b}$$

所以，达芬系统自由振动的一次近似解为

$$x(t) = a_0 \cos \omega_0 t + \varepsilon \left[\frac{a_0^3}{32}(-\cos \omega_0 t + \cos 3\omega_0 t) - \frac{3\omega_0 a_0^3}{8} t \sin \omega_0 t \right] \tag{c}$$

由上面两个例题可知，在利用正则摄动法求解非线性系统时，各次线性系统的共振响应使得非线性响应中出现了随时间无限增大的项（如上式中的 $t\sin\omega_0 t$），称为**久期项**，也称为**永年项**或**长期项**。这与解的周期性矛盾，也违背保守系统机械能守恒的物理定律。为消除久期项，学者们提出各种改进方法，统称为**奇异摄动法**。最具代表性的是 19 世纪末出现的林滋泰德–庞加莱（Lindstedt–Poincaré）摄动法，简称 L-P 摄动法。

6.2 L-P 摄动法及其应用

6.2.1 L-P 摄动法

L-P 摄动法的基本思想是：由于非线性系统的固有频率 ω 并不等于派生系统的固有频率 ω_0，因此 ω 也应该是小参数 ε 的未知函数，为 ε 的幂级数，并且需要根据周期运动的要求来确定幂级数中的待定系数 [3,4,26]。

考虑自治系统 (6.1.1) 的周期运动问题，将其周期解 $x(t)$ 及其振动频率的平方 ω^2 分别展开为 ε 的幂级数

$$x(t,\varepsilon) = x_0(t) + \varepsilon x_1(t) + \varepsilon^2 x_2(t) + \cdots \tag{6.2.1a}$$

$$\omega^2(\varepsilon) = \omega_0^2 + \varepsilon b_1 + \varepsilon^2 b_2 + \cdots \tag{6.2.1b}$$

如果能够确定未知的 $x_r(t)$ 和 b_r $(r=1,2,\cdots)$，就可获得方程 (6.1.1) 在其派生解附近的周期解以及对解的周期（频率）的修正。

当 $F(t) = 0$ 时，将式 (6.2.1) 代入方程 (6.1.1)，得到

$$\ddot{x}_0 + \varepsilon\ddot{x}_1 + \varepsilon^2\ddot{x}_2 + \cdots + (\omega^2 - \varepsilon b_1 - \varepsilon^2 b_2 - \cdots)(x_0 + \varepsilon x_1 + \varepsilon^2 x_2 + \cdots)$$
$$= \varepsilon f(x_0 + \varepsilon x_1 + \varepsilon^2 x_2 + \cdots, \dot{x}_0 + \varepsilon\dot{x}_1 + \varepsilon^2\dot{x}_2 + \cdots) \tag{6.2.2}$$

$$x_0(0) + \varepsilon x_1(0) + \varepsilon^2 x_2(0) + \cdots = a_0 \tag{6.2.3a}$$

$$\dot{x}_0(0) + \varepsilon\dot{x}_1(0) + \varepsilon^2\dot{x}_2(0) + \cdots = 0 \tag{6.2.3b}$$

将以上 3 个式子展开，并比较等式两端 ε 的同次幂系数，得到一系列线性常微分方程的初值问题，即

$$\varepsilon^0: \ddot{x}_0 + \omega^2 x_0 = 0 \tag{6.2.4a}$$

$$\varepsilon^0: x(0) = a_0, \quad \dot{x}(0) = 0 \tag{6.2.4b}$$

$$\varepsilon^1: \ddot{x}_1 + \omega^2 x_1 = f(x_0, \dot{x}_0) + b_1 x_0 \tag{6.2.5a}$$

$$\varepsilon^1: x_1(0) = 0, \quad \dot{x}_1(0) = 0 \tag{6.2.5b}$$

$$\varepsilon^2: \ddot{x}_2 + \omega^2 x_2 = f_1(x_0,\dot{x}_0)x_1 + f_2(x_0,\dot{x}_0)\dot{x}_1 + b_2 x_0 b_1 x_1 \tag{6.2.6a}$$

$$\varepsilon^2: x_2(0) = 0, \quad \dot{x}_2(0) = 0 \tag{6.2.6b}$$

$$\cdots\cdots\cdots$$

当 $F(t) \neq 0$ 时，若激励频率远离派生系统的固有频率 ω_0，则式 (6.2.5) 和式 (6.2.6) 不变，式 (6.2.4) 应改为

$$\varepsilon^0 : \ddot{x}_0 + \omega^2 x_0 = F(t) \tag{6.2.7a}$$

$$\varepsilon^0 : x(0) = a_0, \quad \dot{x}(0) = 0 \tag{6.2.7b}$$

当激励频率接近于派生系统的固有频率时，取 $F(t) = \varepsilon \widetilde{F}(t)$，式 (6.2.4) 和式 (6.2.6) 不变，式 (6.2.5) 应改为

$$\varepsilon^1 : \ddot{x}_1 + \omega^2 x_1 = \widetilde{F}(t) + f(x_0, \dot{x}_0) + b_1 x_0 \tag{6.2.8a}$$

$$\varepsilon^1 : x_1(0) = 0, \quad \dot{x}_1(0) = 0 \tag{6.2.8b}$$

当 $F(t) = 0$ 时，方程 (6.2.4) 为线性无阻尼系统自由振动问题，其满足初始条件 (6.2.4b) 的解为

$$x_0 = a_0 \cos \omega t \tag{6.2.9}$$

将其代入式 (6.2.5) 得到

$$\ddot{x}_1 + \omega^2 x_1 = f(a_0 \cos \omega t, -a_0 \sin \omega t) + b_1 a_0 \cos \omega t \overset{\text{def}}{=} \widetilde{f}(t) \tag{6.2.10a}$$

$$x_1(0) = 0, \quad \dot{x}_1(0) = 0 \tag{6.2.10b}$$

因为函数 $f(a_0 \cos \omega t, -a_0 \sin \omega t)$ 是时间 t 的周期函数，因此函数 $\widetilde{f}(t)$ 也如此。式 (6.2.10) 是一个线性无阻尼系统在周期激励下的振动问题。将激励展开为傅里叶（Fourier）级数

$$\widetilde{f}(t) = \sum_{r=0}^{\infty} (\alpha_r \cos r\omega t + \beta_r \sin r\omega t) + b_1 a_0 \cos \omega t \tag{6.2.11}$$

式中 α_r, β_r 的计算公式可参见 1.7 节的内容。系统 (6.2.10) 的响应由式 (6.2.11) 中各简谐激励引起的响应叠加而成。为消除受迫响应中含有类似 $t \cos \omega t$ 或 $t \sin \omega t$ 的久期项，令式 (6.2.11) 中 $\cos \omega t$ 和 $\sin \omega t$ 项的系数为零，即

$$\alpha_1 + b_1 a_0 = 0, \quad \beta_1 = 0 \tag{6.2.12}$$

于是，方程 (6.2.10) 变为

$$\ddot{x}_1 + \omega^2 x_1 = \alpha_0 + \sum_{r=2}^{\infty} (\alpha_r \cos r\omega t + \beta_r \sin r\omega t) \tag{6.2.13a}$$

$$x_1(0) = 0, \quad \dot{x}_1(0) = 0 \tag{6.2.13b}$$

由式 (6.2.12) 可以得到修正函数 b_1，求解初值问题 (6.2.13) 可得到修正函数 $x_1(t)$，再将结果代入式 (6.2.6)，可以类似地确定 $x_2(t)$ 和 b_2。

例 6.2.1　用 L−P 摄动法求解例 6.1.2 的达芬方程 (6.1.9)。

解：　将 $x_0 = a_0 \cos \omega_0 t$ 代入方程 (6.2.10)，并对右端积化和差得到

$$\ddot{x}_1 + \omega^2 x_1 = \left(b_1 - \frac{3}{4} \omega_0^2 a_0^2 \right) a_0 \cos \omega t - \frac{1}{4} \omega_0^2 a_0^3 \cos 3\omega t \tag{a}$$

为了消除右端的久期项，取

$$b_1 = \frac{3}{4}\omega_0^2 a_0^2 \tag{b}$$

在该条件下，可得关于 x_1 的初值问题为

$$\ddot{x}_1 + \omega^2 x_1 = -\frac{1}{4}\omega_0^2 a_0^3 \cos 3\omega t \tag{c}$$

$$x_1(0) = 0, \quad \dot{x}_1(0) = 0 \tag{d}$$

求解此方程，得到

$$x_1 = \frac{\omega_0^2 a_0^3}{32\omega^2}(\cos 3\omega t - \cos \omega t) \tag{e}$$

将 b_1 和 x_1 代回展开式 (6.2.1)，可得自由振动的一次近似解

$$x = a_0 \cos \omega t + \frac{\varepsilon \omega_0^2 a_0^3}{32\omega^2}(\cos 3\omega t - \cos \omega t) \tag{f}$$

以及自由振动频率与振幅的关系

$$\omega = \sqrt{\omega_0^2 + \frac{3\varepsilon\omega_0^2 a_0^2}{4}} \approx \omega_0\left(1 + \frac{3\varepsilon a_0^2}{8}\right) \tag{g}$$

以上分析表明，达芬系统的自由振动为周期运动，相轨迹为封闭曲线族，立方非线性使得其一次响应中包含了三次谐波成分，而且频率 ω 不同于派生系统的固有频率 ω_0，对于硬弹簧系统 ($\varepsilon > 0$)，ω 随着振幅的增加而增加，对于软弹簧系统则相反。这些特征显著区别于线性系统的自由振动。

下面介绍如何采用 L-P 摄动法研究非线性系统受迫振动的主谐波响应、亚谐波响应和超谐波响应等几种典型的非线性振动现象。

考虑非自治系统

$$\ddot{x} + \omega_0^2 x = \varepsilon f(x, \dot{x}) + F(t) \tag{6.2.14}$$

式中：ε 是小参数，$f(x, \dot{x})$ 是 $x, \dot{x}$ 的非线性函数，$F(t)$ 为外激励。设

$$F(t) = \sum_{n=1}^{N} p_n \cos(\Omega_n t - \alpha_n) \tag{6.2.15}$$

如果 p_n, Ω_n, α_n 均为常数，则 $F(t)$ 称为**定常激励**或**平稳激励**，否则称为**非平稳激励**。以下主要考虑只有一项的单频激励情况，当激励频率 Ω 处于不同的频率段时，系统将产生不同响应，如**主谐波、亚谐波、超谐波响应（共振）**等。在介绍这些受迫响应特性时，下面各节中均不考虑初始条件，或初始条件为零。

6.2.2 主共振

当外激励频率接近于系统固有频率，即 $\Omega \approx \omega_0$ 时，系统产生**主共振**。应用 L-P 摄

动法求解时，外激励加在 ε 幂次项上，运动方程为

$$\ddot{x} + \omega_0^2 x = \varepsilon f(x, \dot{x}) + \varepsilon p \cos \Omega t \tag{6.2.16}$$

令

$$\tau = \Omega t \tag{6.2.17}$$

则方程 (6.2.16) 成为

$$\Omega^2 x'' + \omega_0^2 x = \varepsilon f(x, \Omega x') + \varepsilon p \cos \tau \tag{6.2.18}$$

式中本章用上标"′"表示对 τ 的导数。在第 3 章和第 4 章中，用上标"′"表示对空间坐标的导数。设

$$x = x_0(\tau) + \varepsilon x_1(\tau) + \varepsilon^2 x_2(\tau) + \cdots \tag{6.2.19}$$
$$\Omega = \omega_0 + \varepsilon \omega_1 + \varepsilon^2 \omega_2 + \cdots \tag{6.2.20}$$

把式 (6.2.19) 和式 (6.2.20) 代入式 (6.2.18)，并将函数 $f(x, \Omega x')$ 展成泰勒（Taylor）级数，然后令方程两边 ε 同次幂的系数相等，可得

$$\omega_0^2 x_0'' + \omega_0^2 x_0 = 0 \tag{6.2.21a}$$
$$\omega_0^2 x_1'' + \omega_0^2 x_1 = f(x_0, \omega_0 x_0') - 2\omega_0 \omega_1 x_0'' + p \cos \tau \tag{6.2.21b}$$
$$\omega_0^2 x_2'' + \omega_0^2 x_2 = x_1 f_x'(x_0, \omega_0 x_0') + (\omega_0 x_1' + \omega_1 x_0') f_{\dot{x}}'(x_0, \omega_0 x_0') - (2\omega_0 \omega_2 + \omega_1^2) x_0'' - 2\omega_0 \omega_1 x_1'' \tag{6.2.21c}$$

$\cdots\cdots\cdots\cdots$

式 (6.2.21a) 的通解可表示为

$$x_0 = a \cos(\tau - \theta) \tag{6.2.22}$$

式中：a 是振幅，θ 是响应与外激励的相位差。当系统没有阻尼力或 $f(x, \dot{x})$ 中不含 $\dot{x}$ 时，系统周期解与激励项同相或反相。把式 (6.2.22) 代入式 (6.2.21b) 得

$$\omega_0^2 x_1'' + \omega_0^2 x_1 = f[a \cos(\tau - \theta), -a\omega_0 \sin(\tau - \theta)] + 2\omega_0 \omega_1 \cos(\tau - \theta) + p \cos \tau \tag{6.2.23}$$

为得到周期解 $x_1(\tau)$，必须消去久期项。为此，令方程 (6.2.23) 右边 $\cos(\tau - \theta)$ 和 $\sin(\tau + \theta)$ 的系数为零，由这两个可解性条件可以确定 $\omega_1(a)$ 和 $\theta(a)$，这样式 (6.2.23) 的解可以表示为

$$x_1 = a_1 \cos(\tau - \theta) + X_{1p}(\tau) \tag{6.2.24}$$

式中：$X_{1p}(\tau)$ 表示方程 (6.2.23) 的特解。把 x_0, x_1 代入式 (6.2.21c)，并令其右边 $\cos \tau$ 和 $\sin \tau$ 的系数为零，由这两个可解性条件又可以确定 ω_2 和 a_1，从而求出 $x_2(\tau)$。依此类推。

对于方程 (6.2.16)，当系统没有阻尼力或 $\dot{x} = 0$ 时，式 (6.2.21) 中的摄动方程右边不出现 $\sin \tau$，于是只有一个可解条件。x_1 及其他各次近似解中不取齐次方程的通解，如式 (6.2.24) 中的 $a_1 \cos(\tau - \theta)$，让唯一的可解条件唯一地确定 ω_i $(i = 1, 2, \cdots)$。至此可以看

出，系统的响应以主谐波 $\cos(\tau+\theta)$ 为主，称为**主谐波响应**或**主共振**。

例 6.2.2　用 L–P 摄动法求如下达芬方程的主谐波响应：

$$\ddot{x}+\omega_0^2 x+2\varepsilon\xi\dot{x}+\varepsilon\alpha_3 x^3=\varepsilon p\cos\Omega t \tag{6.2.25}$$

式中 ξ 为阻尼比，且 $\xi>0$。

解：与方程 (6.2.14) 比较可知，本例中 $f(x,\dot{x})=-(2\xi\dot{x}+\alpha_3 x^3)$。于是，由式 (6.2.21) 可得

$$x_0''+x_0=0 \tag{a}$$
$$\omega_0^2(x_1''+x_1)=-(2\xi\omega_0 x_0'+\alpha_3 x_0^3)-2\omega_0\omega_1 x_0''+p\cos\tau \tag{b}$$

方程 (a) 的解为

$$x_0=a\cos(\tau-\theta) \tag{c}$$

将其代入方程 (b)，得

$$\begin{aligned}
\omega_0^2(x_1''+x_1)=&2\xi\omega_0 a\sin(\tau-\theta)-\alpha_3 a^3\cos^3(\tau-\theta)+2\omega_0\omega_1 a\cos(\tau-\theta)+p\cos\tau\\
=&(2\xi\omega_0 a-p\sin\theta)\sin(\tau-\theta)+\\
&\left(2\omega_0\omega_1 a-\frac{3}{4}\alpha_3 a^3+p\cos\theta\right)\cos(\tau-\theta)-\frac{1}{4}\alpha_3 a^3\cos(3\tau-3\theta)
\end{aligned} \tag{d}$$

为了消去久期项，令

$$2\xi\omega_0 a-p\sin\theta=0 \tag{e}$$
$$2\omega_0\omega_1 a-\frac{3}{4}\alpha_3 a^3+p\cos\theta=0 \tag{f}$$

以上两式消去未知量 θ 或者 a，注意到 $\Omega\approx\omega_0+\varepsilon\omega_1$，得

$$\left[\varepsilon^2\xi^2+\left(\Omega-\omega_0-\frac{3\varepsilon\alpha_3 a^2}{8\omega_0}\right)^2\right]a^2=\frac{\varepsilon^2 p^2}{4\omega_0^2} \tag{g}$$

$$\Omega-\omega_0-\frac{3}{32}\frac{\varepsilon\alpha_3 p^2}{\xi^2\omega_0^3}\sin^2\theta+\varepsilon\xi\cot\theta=0 \tag{h}$$

式 (g) 为幅频响应方程，式 (h) 为相频响应方程。由式 (e) 和式 (f) 可解得

$$\theta=\arctan\left(-\frac{\varepsilon\xi}{\Omega-\omega_0-\frac{3\varepsilon\alpha_3 a^2}{8\omega_0}}\right) \tag{i}$$

因此，方程 (6.2.25) 的一次近似解为

$$x=a\cos(\Omega t-\theta)+O(\varepsilon) \tag{j}$$

式 (g) 是关于 Ω 的实系数二次代数方程。对于 $0<a<\dfrac{p}{2\xi\omega_0}$，可解出一对实根 Ω

$$\Omega = \omega_0 \left(1 + \frac{3\varepsilon\alpha_3 a^2}{8\omega_0^2}\right) \pm \varepsilon\sqrt{\frac{p^2}{4a^2\omega_0^2} - \xi^2} \tag{k}$$

从而可以画出主共振幅频和相频响应曲线，如图 6.2.1 所示。由图可见，对于固定的激励频率 Ω，主共振解可能是唯一的，也可能有 3 个。哪个稳态主共振可以真正实现取决于其稳定性，以及系统的初值。

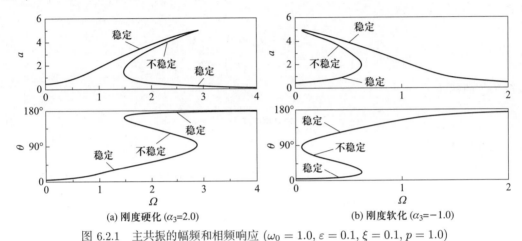

(a) 刚度硬化 ($\alpha_3=2.0$)　　　　　　　(b) 刚度软化 ($\alpha_3=-1.0$)

图 6.2.1　主共振的幅频和相频响应 ($\omega_0 = 1.0$, $\varepsilon = 0.1$, $\xi = 0.1$, $p = 1.0$)

从式 (g) 或式 (k) 可发现一个有趣的现象：主共振的峰值大小总是

$$a_{\max} = \frac{p}{2\xi\omega_0} \tag{l}$$

与非线性因数 α_3 无关。但出现峰值的激励频率与非线性因数有关

$$\Omega = \omega_0 \left(1 + \frac{3\varepsilon\alpha_3}{8\omega_0^2} a_{\max}^2\right) \tag{m}$$

这一频率与达芬系统自由振动的频率相同。其原因在于：主共振的一次近似是简谐振动，共振时外激励恰好与系统阻尼力相平衡，使得主共振犹如无阻尼自由振动。式 (m) 确定的曲线也称为主共振的**骨架线**，它给出了不同激励下主共振峰值与激励频率的关系，主导了主共振幅频响应曲线的形状。对于硬弹簧系统，响应曲线向右弯曲；对于软弹簧系统，响应曲线向左弯曲。

6.2.3　亚谐共振

当存在阻尼时，线性系统稳态振动只有与外激励相同频率的振动。对于具有非线性恢复力的系统，当外激励频率接近固有频率的 n 倍，即 $\Omega \approx n\omega_0$（n 为不等于 1 的正整数）时，系统除了有频率为 Ω 的主谐波响应外，还可能发生频率为 Ω/n 的亚谐波响应。应用 L-P 摄动法求解时，外激励可以加在 ε^0 次项上，这样，ε^0 次摄动方程的解就包含了外激励振幅 p。否则，若外激励加在 ε^1 次项上，则要在求 ε^1 次摄动方程的解时才包含外激励

振幅 p。这样就多进行一次摄动运算 [26,27]。若外激励加在 ε^0 次项上，微分方程为

$$\ddot{x} + \omega_0^2 x = \varepsilon f(x, \dot{x}) + p \cos \Omega t \tag{6.2.26}$$

引进变换

$$\tau = \Omega t \tag{6.2.27}$$

方程 (6.2.26) 变为

$$\Omega^2 x'' + \omega_0^2 x = \varepsilon f(x, \Omega x') + p \cos \tau \tag{6.2.28}$$

设

$$x = x_0(\tau) + \varepsilon x_1(\tau) + \varepsilon^2 x_2(\tau) + \cdots \tag{6.2.29}$$
$$\Omega = n\omega_0 + \varepsilon \omega_1 + \varepsilon^2 \omega_2 + \cdots \tag{6.2.30}$$

把式 (6.2.29) 和式 (6.2.30) 代入式 (6.2.28)，并把 $f(x, \Omega x')$ 展开成泰勒级数，然后比较方程两边 ε 同次幂的系数，得

$$x_0'' + \frac{1}{n^2} x_0 = \frac{p}{n^2 \omega_0^2} \cos \tau \tag{6.2.31}$$

$$x_1'' + \frac{1}{n^2} x_1 = \frac{1}{n^2 \omega_0^2} [f(x_0, n\omega_0 x_0') - 2\omega_0 \omega_1 x_0''] \tag{6.2.32}$$

$$\cdots\cdots\cdots\cdots$$

方程 (6.2.31) 的通解为

$$x_0 = a \cos \left(\frac{1}{n} \tau + \theta \right) + \frac{p}{(1 - n^2)\omega_0^2} \cos \tau \tag{6.2.33}$$

把 x_0 代入方程 (6.2.32)，并令方程右边 $\cos(\tau/n + \theta)$ 的系数为零，可确定 $\omega_1(a)$ 和 $\theta_1(a)$ 进而求出 $x_1(\tau)$。

方程 (6.2.33) 右端第二项为主谐波 $\cos \tau$，而第一项为亚谐波 $\cos(\tau/n + \theta)$，其频率是激励频率的 n 分之一，称为 n 次**亚谐波响应**。亚谐波响应是非线性系统与线性系统的主要区别之一。

需要指出的是，非线性振动系统并不总是存在所有 n 次亚谐波响应，而只是存在某一个或几个 n 次亚谐波响应。如果在消去方程 (6.2.32) 的久期项时，能求得 $a \neq 0$，则该次亚谐波响应存在；否则，若求得 $a = 0$，则没有该次亚谐波响应。具有三次非线性的系统通常具有形如 $\cos(\tau/3 + \theta)$ 的亚谐波响应。

例 6.2.3 研究达芬方程三次亚谐波解

$$\ddot{x} + \omega_0^2 x + 2\varepsilon \xi \dot{x} + \varepsilon \alpha_3 x^3 = p \cos \Omega t \tag{6.2.34}$$

解： 求方程三次亚谐波解即研究当外激励频率接近系统固有频率的 3 倍时的响应。此

时，$\Omega \approx 3\omega_0$，即 $n = 3$。于是方程 (6.2.31) 和方程 (6.2.32) 变为

$$x_0'' + \frac{1}{9}x_0 = \frac{p}{9\omega_0^2}\cos\tau \tag{a}$$

$$x_1'' + \frac{1}{9}x_1 = -\frac{1}{9\omega_0^2}\left(6\xi\omega_0 x_0' + \alpha_3 x_0^3 + 6\omega_0\omega_1 x_0''\right) \tag{b}$$

考虑存在阻尼的情况，方程 (a) 的解为

$$x_0 = a\cos\left[\frac{1}{3}(\tau + \theta)\right] + \Lambda\cos\tau \tag{c}$$

$$\Lambda = -\frac{p}{8\omega_0^2} \tag{d}$$

把 x_0 代入式 (b)，得

$$\begin{aligned}
x_1'' + \frac{1}{9}x_1 = \frac{1}{9\omega_0^2}\Bigg\{ &6\xi\omega_0\left(\frac{1}{3}a\sin\frac{\tau+\theta}{3} + \Lambda\sin\tau\right) + 6\omega_0\omega_1\left(\frac{a}{9}\cos\frac{\tau+\theta}{3} + \Lambda\cos\tau\right) - \\
&\frac{\alpha_3 a^3}{4}\left[3\cos\frac{\tau+\theta}{3} + \cos(\tau+\theta)\right] - \frac{3}{4}\alpha_3 a^2\Lambda\left(\cos\frac{5\tau+2\theta}{3} + \cos\frac{\tau-2\theta}{3} + \cos\tau\right) - \\
&\frac{3}{4}\alpha_3 a\Lambda^2\left(\cos\frac{7\tau+\theta}{3} + \cos\frac{5\tau-\theta}{3} + 2\cos\frac{\tau+\theta}{3}\right) - \frac{a_3\Lambda^3}{4}(3\cos\tau + \cos3\tau)\Bigg\}
\end{aligned} \tag{e}$$

注意到 $\cos\dfrac{\tau-2\theta}{3} = \cos\theta\cos\dfrac{\tau+\theta}{3} + \sin\theta\sin\dfrac{\tau+\theta}{3}$。消去上式中的久期项，得

$$2\xi\omega_0 a = \frac{3}{4}\alpha_3 a^2\Lambda\sin\theta \tag{f}$$

$$\frac{2}{3}\omega_0\omega_1 a - \frac{3}{4}\alpha_3 a^3 - \frac{3}{2}\alpha_3\Lambda^2 a = \frac{3}{4}\alpha_3 a^2\Lambda\cos\theta \tag{g}$$

从式 (f) 和式 (g) 中消去 θ，得到频率–振幅响应方程

$$\left[9\xi^2 + \left(\omega_1 - \frac{9\alpha_3 a^2}{8\omega_0} - \frac{9\alpha_3\Lambda^2}{4\omega_0}\right)^2\right]a^2 = \frac{81}{64\omega_0^2}\alpha_3^2 a^4\Lambda^2 \tag{h}$$

由式 (h) 可知，或者 $a = 0$（平凡解），或者

$$9\xi^2 + \left(\omega_1 - \frac{9\alpha_3 a^2}{8\omega_0} - \frac{9\alpha_3\Lambda^2}{4\omega_0}\right)^2 = \frac{81}{64\omega_0^2}\alpha_3^2 a^2\Lambda^2 \tag{i}$$

联立式 (f) 和式 (g) 可得

$$\tan\theta = \frac{\xi}{\dfrac{\omega_1}{3} - \dfrac{3\alpha_3 a^2}{8\omega_0} - \dfrac{3\alpha_3\Lambda^2}{4\omega_0}} \tag{j}$$

从式 (i) 可得

$$\omega_1 = \frac{9\alpha_3}{8\omega_0}(a^2 + 2\Lambda^2) \pm \sqrt{\frac{81\alpha_3^2 a^2 \Lambda^2}{64\omega_0^2} - 9\xi^2} \tag{k}$$

因此，达芬方程三次亚谐波响应的一次近似解为

$$x = a\cos\frac{\Omega t + \theta}{3} + \Lambda\cos\Omega t + O(\varepsilon) \tag{l}$$

图 6.2.2a 为亚谐振动振幅 a 和外激励频率 ω_1 的关系曲线，从图中可见，此时不存在跳跃现象。下面再分析具有亚谐波响应的区域，见图 6.2.2b。式 (i) 是以 a^2 为未知量的二次方程，其根为

$$a^2 = B \pm \sqrt{B^2 - C} \tag{m}$$

式中

$$B = \frac{8}{9}\frac{\omega_0}{\alpha_3}\omega_1 - \frac{3}{2}\Lambda^2, \quad C = \frac{64}{81}\frac{\omega_0^2}{\alpha_3}\left[9\xi^2 + \left(\omega_1 - \frac{9}{4}\frac{\alpha_3}{\omega_0}\Lambda^2\right)^2\right] \tag{n}$$

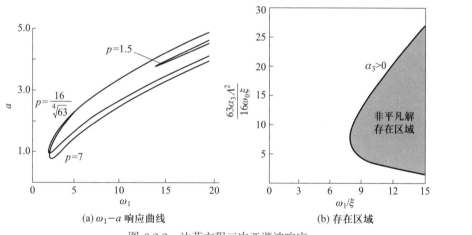

(a) $\omega_1 - a$ 响应曲线

(b) 存在区域

图 6.2.2　达芬方程三次亚谐波响应

从式 (m) 可知，只有当 $B > 0$ 和 $B^2 > C$ 时，才能求得 a，即系统才有非平凡解，这就要求

$$\Lambda^2 < \frac{16}{27}\frac{\omega_0\omega_1}{\alpha_3}, \quad \frac{\alpha_3\Lambda^2}{4\omega_0}\left(\omega_1 - \frac{63}{32}\frac{\alpha_3\Lambda^2}{\omega_0}\right) - 2\xi^2 \geqslant 0 \tag{o}$$

由此可知，α_3 和 ω_1 必须同号。对于给定的 Λ 值，仅当

$$\alpha_3\omega_1 \geqslant \frac{8\xi^2\omega_0}{\Lambda^2} + \frac{63}{8}\frac{\alpha_3\Lambda^2}{\omega_0} \tag{p}$$

时才存在非平凡解。然而对于给定的 ω_1，仅当

$$\frac{\omega_1}{\xi} - \left(\frac{\omega_1^2}{\xi^2} - 63\right)^{\frac{1}{2}} \leqslant \frac{63}{16}\frac{\alpha_3\Lambda^2}{\omega_0\xi} \leqslant \frac{\omega_1}{\xi} + \left(\frac{\omega_1^2}{\xi^2} - 63\right)^{\frac{1}{2}} \tag{q}$$

时才存在非平凡解。在 $\Lambda\text{--}\omega_1$ 平面上，存在非平凡解的区域的边界由下式给出：

$$\frac{63}{16}\frac{\alpha_3\Lambda^2}{\omega_0\xi} = \frac{\omega_1}{\xi} \pm \left(\frac{\omega_1^2}{\xi^2} - 63\right)^{\frac{1}{2}} \tag{r}$$

对于 $\alpha_3 > 0$ 的情况，该边界如图 6.2.2b 所示。

6.2.4 超谐共振

当外激励频率接近固有频率的 n 分之一，即 $\Omega \approx \omega_0/n$（$n$ 为不等于 1 的正整数）时，系统可能发生超谐波响应[24,26]。与亚谐波响应一样，外激励可以加在 ε^0 次项上，运动方程仍为方程 (6.2.28) 的形式，x 的展开式也取为式 (6.2.29)，所不同的是，这里 Ω 应在 ω_0/n 附近展开

$$\Omega = \frac{1}{n}\omega_0 + \varepsilon\omega_1 + \varepsilon^2\omega_2 + \cdots \tag{6.2.35}$$

式 (6.2.31) 和式 (6.2.32) 也相应地变为

$$x_0'' + n^2 x_0 = \frac{n^2 p}{\omega_0^2}\cos\tau \tag{6.2.36}$$

$$x_1'' + n^2 x_1 = \frac{n^2}{\omega_0^2}\left[f\left(x_0, \frac{1}{n}\omega_0 x_0'\right) - \frac{2}{n}\omega_0\omega_1 x_0''\right] \tag{6.2.37}$$

············

方程 (6.2.36) 的通解为

$$x_0 = a\cos(n\tau + \theta) + \frac{n^2 p}{(n^2-1)\omega_0^2}\cos\tau \tag{6.2.38}$$

把 x_0 代入方程 (6.2.37) 并消去久期项，可求出 $\omega_1(a)$ 和 $\theta(a)$，进而求出 $x_1(\tau)$。可见，此时系统响应除含主谐波 $\cos\tau$ 外，还含有超谐波 $\cos(n\tau + \theta)$，称为 n **次超谐波响应**。超谐波的出现也是非线性振动系统与线性振动系统的主要区别之一。

例 6.2.4 研究下面达芬方程的三次超谐波响应

$$\ddot{x} + \omega_0^2 x + 2\varepsilon\xi\dot{x} + \varepsilon\alpha_3 x^3 = p\cos\Omega t \tag{6.2.39}$$

解： 求方程的三次超谐波解即研究当外激励频率接近于系统固有频率 1/3 时的响应。此时，$\Omega \approx \omega_0/3$，即 $n = 3$。于是，方程 (6.2.36) 和方程 (6.2.37) 成为

$$x_0'' + 9x_0 = \frac{9p}{\omega_0^2}\cos\tau \tag{a}$$

$$x_1'' + 9x_1 = -\frac{9}{\omega_0^2}\left(\frac{2}{3}\xi\omega_0 x_0' + \alpha_3 x_0^3 + \frac{2}{3}\omega_0\omega_1 x_0''\right) \tag{b}$$

方程 (a) 的解为

$$x_0 = a\cos[3(\tau+\theta)] + \Lambda\cos\tau \tag{c}$$

$$\Lambda = \frac{9p}{8\omega_0^2} \tag{d}$$

把 x_0 代入式 (b), 得

$$x_1'' + 9x_1 = \frac{9}{\omega_0^2}\left\{\frac{2}{3}\xi\omega_0[3a\sin 3(\tau+\theta)+\Lambda\sin\tau] + \frac{2}{3}\omega_0\omega_1[9a\cos 3(\tau+\theta)+\Lambda\cos\tau]- \right.$$

$$\frac{1}{4}\alpha_3 a^3[3\cos 3(\tau+\theta)+\cos 9(\tau+\theta)]-$$

$$\frac{3}{4}\alpha_3 a^2\Lambda[\cos(7\tau+6\theta)+\cos(5\tau+6\theta)+2\cos\tau]-$$

$$\left.\frac{3}{4}\alpha_3 a\Lambda^2[\cos(5\tau+3\theta)+\cos(\tau+3\theta)+\cos(\tau+3\theta)] - \frac{1}{4}\alpha_3\Lambda^3(3\cos\tau+\cos 3\tau)\right\} \tag{e}$$

注意到 $\cos 3\tau = \cos 3\theta\cos 3(\tau+\theta)+\sin 3\theta\sin 3(\tau+\theta)$, 将其代入式 (e) 并令方程右边 $\cos 3(\tau+\theta)$ 和 $\sin 3(\tau+\theta)$ 的系数为零以消去久期项, 得

$$\xi a = \frac{1}{8\omega_0}\alpha_3\Lambda^3\sin 3\theta \tag{f}$$

$$\left(\omega_1 - \frac{1}{4\omega_0}\alpha_3\Lambda^2\right)a - \frac{1}{8\omega_0}\alpha_3 a^3 = \frac{1}{24\omega_0}\alpha_3\Lambda^3\cos 3\theta \tag{g}$$

从上面两式可以得到频率–振幅响应方程和频率–相位响应方程

$$\left[\frac{\xi^2}{9} + \left(\omega_1 - \frac{1}{4\omega_0}\alpha_3\Lambda^2 - \frac{1}{8\omega_0}\alpha_3 a^2\right)^2\right]a^2 = \frac{1}{576}\frac{\alpha_3^2\Lambda^6}{\omega_0^2} \tag{h}$$

$$\tan 3\theta = \frac{\xi}{3\omega_1 - \frac{3}{8}\frac{\alpha_3 a^2}{\omega_0} - \frac{3}{4}\frac{\alpha_3\Lambda^2}{\omega_0}} \tag{i}$$

从式 (h) 可得

$$\omega_1 = \frac{1}{4\omega_0}\alpha_3\Lambda^2 + \frac{1}{8\omega_0}\alpha_3 a^2 \pm \frac{1}{3}\sqrt{\frac{1}{64}\frac{\alpha_3^2\Lambda^6}{\omega_0^2 a^2} - \xi^2} \tag{j}$$

因此达芬方程三次超谐波响应的一次近似解为

$$x = a\cos 3(\Omega t+\theta) + \Lambda\cos\Omega t + O(\varepsilon) \tag{k}$$

图 6.2.3 为达芬方程超谐波响应的综合过程。其中, 图 (a) 所示为主谐波 $\Lambda\cos\Omega t$, 周期为 $T = 2\pi/\Omega$, 与外激励周期相同; 图 (b) 所示为三次超谐波 $a\cos 3(\Omega t+\theta)$, 周期为 $T/3 = 2\pi/(3\Omega)$, 是外激励周期的 1/3; 图 (c) 所示为主谐波和三次超谐波组成的解, 合成周期仍为 $T = 2\pi/\Omega$。

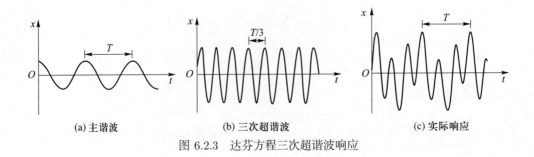

(a) 主谐波　　　　　　　　(b) 三次超谐波　　　　　　　(c) 实际响应

图 6.2.3　达芬方程三次超谐波响应

一般把 $\omega_0 = n\Omega$ $(n = 1, 2, \cdots)$ 情况称为超谐共振，把 $\omega_0 = \Omega/n$ $(n = 1, 2, \cdots)$ 情况称为亚谐共振。

6.2.5　组合共振

前面研究了外激励仅包含单个谐波的情形。实际工程中，外激励（如风和地震波等）常常包含若干个频率不同的谐波成分。一般来说，叠加原理不适用于非线性系统，这是因为当非线性系统受到频率为 Ω_1 和 Ω_2 的外激励作用时，系统响应不仅含有频率为 Ω_1 和 Ω_2 的成分，而且含有频率为 $|\pm m\Omega_1 \pm n\Omega_2|$（$m, n$ 为正整数）的谐波响应，称为组合共振。

例 6.2.5　考虑当 $2\Omega_1 + \Omega_2 \approx \omega_0$ 时的情况，求如下方程的组合谐波响应：

$$\ddot{x} + 2\varepsilon\xi\dot{x} + \omega_0^2 x + \varepsilon\alpha_3 x^3 = p_1\cos(\Omega_1 t + \theta_1) + p_2\cos(\Omega_2 t + \theta_2) \tag{6.2.40}$$

解： 令

$$\tau = \omega t, \quad \tau_1 = \Omega_1 t = c_1\tau, \quad \tau_2 = \Omega_2 t = c_2\tau \tag{a}$$

当 $2\Omega_1 + \Omega_2 \approx \omega_0$，即 $\omega \approx \omega_0$，$2\Omega_1 + \Omega_2 \approx \omega$ 时

$$2\tau_1 + \tau_2 = \tau \tag{b}$$

把式 (a) 代入方程 (6.2.40)，得

$$\omega^2 x'' + \omega_0^2 x + 2\varepsilon\xi\omega x' + \varepsilon\alpha_3 x^3 = p_1\cos(\tau_1 + \theta_1) + p_2\cos(\tau_2 + \theta_2) \tag{c}$$

再把 x 和 ω 展开成 ε 的幂级数，有

$$x = x_0 + \varepsilon x_1 + \cdots \tag{d}$$

$$\omega = \omega_0 + \varepsilon\omega_1 + \cdots \tag{e}$$

把这两式代入式 (c)，并令方程两边 ε 的同次幂的系数相等，得

$$\omega_0^2 x_0'' + \omega_0^2 x_0 = p_1\cos(\tau_1 + \theta_1) + p_2\cos(\tau_2 + \theta_2) \tag{f}$$

$$\omega_0^2 x_1'' + \omega_0^2 x_1 = -2\xi\omega_0 x_0' - \alpha_3 x_0^3 - 2\omega_0\omega_1 x_0'' \tag{g}$$

············

方程 (f) 的解为

$$x_0 = a\cos(\tau + \theta) + \Lambda_1\cos(\tau_1 + \theta_1) + \Lambda_2\cos(\tau_2 + \theta_2) \tag{h}$$

式中

$$\Lambda_n = \frac{p_n}{\omega_0^2(1 - c_n^2)} = \frac{p_n}{\omega_0^2 - \Omega_n^2} \quad (n = 1, 2) \tag{i}$$

把式 (h) 中的 x_0 代入式 (g)，得

$$\begin{aligned}
\omega_0^2 x_1'' + \omega_0^2 x_1 = {}& 2\xi\omega_0 a\sin(\tau + \theta) + 2\omega_0\omega_1 a\cos(\tau + \theta) - \\
& \frac{3}{4}\alpha_3 a^3\cos(\tau + \theta) - \frac{3}{2}\alpha_3 a\Lambda_1^2\cos(\tau + \theta) - \\
& \frac{3}{2}\alpha_3 a\Lambda_2^2\cos(\tau + \theta) - \frac{3}{4}\alpha_3\Lambda_1^2\Lambda_2\cos(2\tau_1 + \tau_2 + 2\theta_1 + \theta_2) + \mathrm{NST}
\end{aligned} \tag{j}$$

式中 NST 表示所有不引起久期项的项。注意到

$$\begin{aligned}
\cos(2\tau_1 + \tau_2 + 2\theta_1 + \theta_2) &= \cos(\tau + \theta + 2\theta_1 + \theta_2 - \theta) \\
&= \cos(\tau + \theta)\cos(2\theta_1 + \theta_2 - \theta) - \sin(\tau + \theta)\sin(2\theta_1 + \theta_2 - \theta)
\end{aligned} \tag{k}$$

将其代入方程 (j)，并令方程右边 $\cos(\tau + \theta)$ 和 $\sin(\tau + \theta)$ 的系数为零，得

$$2\xi\omega_0 a + \frac{3}{4}\alpha_3\Lambda_1^2\Lambda_2\sin(2\theta_1 + \theta_2 - \theta) = 0 \tag{l}$$

$$2\omega_0\omega_1 a - \frac{3}{2}\alpha_3 a(\Lambda_1^2 + \Lambda_2^2) - \frac{3}{4}\alpha_3 a^3 - \frac{3}{4}\alpha_3\Lambda_1^2\Lambda_2\cos(2\theta_1 + \theta_2 - \theta) = 0 \tag{m}$$

由此解得

$$\left[\xi^2 + \left(\omega_1 - \alpha_3\Gamma_2 - \frac{3}{8\omega_0}\alpha_3 a^2\right)^2\right]a^2 = \alpha_3^2\Gamma_1^2 \tag{n}$$

$$\tan\beta = \frac{\xi}{\omega_1 - \alpha_3\Gamma_2 - \dfrac{3}{8\omega_0}\alpha_3 a^2} \tag{o}$$

式中

$$\Gamma_1 = \frac{3}{8\omega_0}\Lambda_1^2\Lambda_2, \quad \Gamma_2 = \frac{3}{4\omega_0}(\Lambda_1^2 + \Lambda_2^2), \quad \beta = 2\theta_1 + \theta_2 - \theta \tag{p}$$

方程 (n) 即为此情况下的频率-振幅响应方程。由此可得振幅的峰值为

$$a_{\mathrm{p}} = \frac{|\alpha_3|\Gamma_1}{\xi} \tag{q}$$

对应的 $\omega_{1\mathrm{p}}$ 为

$$\omega_{1\mathrm{p}} = \alpha_3\Gamma_2 + \frac{3\alpha_3^3\Gamma_1^2}{8\omega_0\xi^2} \tag{r}$$

注意到振幅的峰值 a_p 与 Γ_2 无关，但对应此峰值的频率 ω_{1p} 与 Γ_2 有关。

频率和响应的一次近似解为

$$2\Omega_1 + \Omega_2 = \omega_0 + \varepsilon\omega_1 \tag{s}$$

$$x = a\cos[(2\Omega_1 + \Omega_2)t + \theta] + \Lambda_1\cos(\Omega_1 t + \theta_1) + \Lambda_2\cos(\Omega_2 t + \theta_2) \tag{t}$$

式中 θ 和 ω_1 由式 (n) 和式 (o) 确定。由式 (t) 可以看出，除非 Ω_1 和 Ω_2 是可约的（即除非存在整数 m, n，使 $m\Omega_1 + n\Omega_2 = 0$），否则，运动不可能是周期的。

图 6.2.4 所示为当取 $\alpha_3 = 1, \xi = 1, \Gamma_1 = 4, \omega_0 = 1$ 时，不同的 Γ_2 所对应的频率响应曲线。它的一个特点是，a_p 高度与 Γ_2 无关，而 a_p 所对应的 ω_{1p} 却与 Γ_2 有关。图中 a 的多值现象意味着跳跃现象。

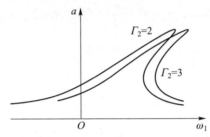

图 6.2.4　达芬方程组合谐波响应曲线

式 (p) 表明，a 总是异于零。这说明即使有阻尼，由简谐激励引起的自由振动项在任何条件下都是定常振动的一部分。这一点与亚谐振动不同。非线性因素使自由振动项的频率是激励频率的组合 $2\Omega_1 + \Omega_2$，使非线性系统自由振动呈现组合谐波振动。

在式 (j) 的右端被省略的项中，还有其他组合谐波振动的可能性：

$\omega_0 \approx \Omega_i \ (i = 1, 2)$——主共振；

$\omega_0 \approx 3\Omega_i \ (i = 1, 2)$——超谐波共振；

$\omega_0 \approx \dfrac{1}{3}\Omega_i \ (i = 1, 2)$——亚谐波共振；

$\omega_0 \approx |\pm 2\Omega_i \pm \Omega_j| \ (i, j = 1, 2)$——组合谐波共振；

$\omega_0 \approx \dfrac{1}{2}(\Omega_i + \Omega_j) \ (i, j = 1, 2)$——组合谐波共振。

6.3　多尺度法

6.3.1　多尺度法介绍

根据前面几节的内容，自治系统周期振动的频率可展开为 ε 的幂级数，故其相位具有如下形式：

$$\omega t = \omega_0 t + \omega_1 \varepsilon t + \omega_2 \varepsilon^2 t + \cdots = \omega_0 t + \omega_1 (\varepsilon t) + \omega_2 (\varepsilon^2 t) + \cdots \tag{6.3.1}$$

20 世纪 50 年代，美国学者 Sturrock 引入一系列越来越慢的时间尺度

$$T_n = \varepsilon^n t \quad (n = 0, 1, 2, \cdots) \tag{6.3.2}$$

并认为这些时间尺度为独立变量，则非线性振动位移 $x(t, \varepsilon)$ 为各时间变量的函数，可写为

$$x(t, \varepsilon) = x_0(T_0, T_1, \cdots, T_m) + \varepsilon x_1(T_0, T_1, \cdots, T_m) + \cdots + \varepsilon^m x_m(T_0, T_1, \cdots, T_m)$$
$$= \sum_{n=0}^{m} \varepsilon^n x_n(T_0, T_1, \cdots, T_m)$$

$$\tag{6.3.3}$$

式中 m 为小参数的最高幂次，取决于计算的精度要求。变量 $x(t, \varepsilon)$ 对时间的导数可利用复合函数求导公式按照 ε 的幂次展开为

$$\frac{\mathrm{d}}{\mathrm{d}t} = \frac{\partial}{\partial T_0} + \varepsilon \frac{\partial}{\partial T_1} + \cdots + \varepsilon^m \frac{\partial}{\partial T_m} = \mathrm{D}_0 + \varepsilon \mathrm{D}_1 + \cdots + \varepsilon^m \mathrm{D}_m = \sum_{n=0}^{m} \varepsilon^n \mathrm{D}_n \tag{6.3.4}$$

$$\frac{\mathrm{d}^2}{\mathrm{d}t^2} = \frac{\mathrm{d}}{\mathrm{d}t} \left(\frac{\partial}{\partial T_0} + \varepsilon \frac{\partial}{\partial T_1} + \cdots + \varepsilon^m \frac{\partial}{\partial T_m} \right) = (\mathrm{D}_0 + \varepsilon \mathrm{D}_1 + \cdots + \varepsilon^m \mathrm{D}_m)^2$$
$$= \mathrm{D}_0^2 + 2\varepsilon \mathrm{D}_0 \mathrm{D}_1 + \varepsilon^2 (\mathrm{D}_1^2 + 2\mathrm{D}_0 \mathrm{D}_2) + \cdots \tag{6.3.5}$$

式中 D_n 为偏微分算子符号，定义为

$$\mathrm{D}_n \overset{\text{def}}{=\!=} \frac{\partial}{\partial T_n} \quad (n = 0, 1, \cdots, m) \tag{6.3.6}$$

在系统的运动微分方程中，将其中的求导数运算用式 (6.3.4) 和式 (6.3.5) 替换，变量 x 按照式 (6.3.3) 展开，比较 ε 的同次幂系数，就得到近似的线性偏微分方程组。在依次求解过程中，利用消除久期项的附加条件和初始条件，可求出各次近似解的确定表达式。此外，无论方程右端是 $\varepsilon f(x, \dot{x})$，$\varepsilon f(x, \dot{x}, \Omega t)$ 或者 $f(x, \dot{x}, \Omega t)$，其求解过程基本相同 [5,6,29]。下面以初值问题 (6.1.1) 的自治形式为例，用 3 个时间尺度来介绍多尺度法求解过程。

将式 (6.3.4) 和式 (6.3.5) 代入式 (6.1.1)，比较 ε 的同次幂系数得到

$$\mathrm{D}_0^2 x_0 + \omega_0^2 x_0 = 0 \tag{6.3.7a}$$

$$\mathrm{D}_0^2 x_1 + \omega_0^2 x_1 = 2\mathrm{D}_0 \mathrm{D}_1 x_0 + f(x_0, \mathrm{D}_0 x_0) \tag{6.3.7b}$$

$$\mathrm{D}_0^2 x_2 + \omega_0^2 x_2 = -2\mathrm{D}_0 \mathrm{D}_1 x_1 - (\mathrm{D}_1^2 + 2\mathrm{D}_0 \mathrm{D}_2) x_0 +$$
$$f_1(x_0, \mathrm{D}_0 x_0) x_1 + f_2(x_0, \mathrm{D}_0 x_0)(\mathrm{D}_1 x_0 + \mathrm{D}_0 x_1) \tag{6.3.7c}$$

这组方程可依次求解。

方程 (6.3.7a) 的解为

$$x_0 = a(T_1, T_2) \cos \left[\omega_0 T_0 + \varphi(T_1, T_2) \right] \tag{6.3.8a}$$

为了求解 x_1 的方便，将上式写作复数形式

$$x_0 = A(T_1, T_2)\mathrm{e}^{\mathrm{i}\omega_0 T_0} + C_\mathrm{c} \tag{6.3.8b}$$

式中 C_c 代表前面各项的共轭。将 x_0 代入方程 (6.3.7b)，得到

$$\mathrm{D}_0^2 x_1 + \omega_0^2 x_1 = -2\mathrm{i}\omega_0 \mathrm{D}_1 A\mathrm{e}^{\mathrm{i}\omega_0 T_0} + C_\mathrm{c} + f(A\mathrm{e}^{\mathrm{i}\omega_0 T_0} + C_\mathrm{c}, \mathrm{i}\omega_0 A\mathrm{e}^{\mathrm{i}\omega_0 T_0} + C_\mathrm{c}) \tag{6.3.9}$$

上式即为周期激励下的无阻尼系统。为了不出现久期项，上式右端不能含有 $\mathrm{e}^{\mathrm{i}\omega_0 T_0}$ 或 $\mathrm{e}^{-\mathrm{i}\omega_0 T_0}$ 这类的项，即要求上式右端的傅里叶系数为零，即

$$-2\mathrm{i}\omega_0 \mathrm{D}_1 A + \frac{\omega_0}{2\pi} \int_0^{2\pi/\omega_0} f(A\mathrm{e}^{\mathrm{i}\omega_0 T_0} + C_\mathrm{c}, \mathrm{i}\omega_0 A\mathrm{e}^{\mathrm{i}\omega_0 T_0} + C_\mathrm{c})\mathrm{d}T_0 = 0 \tag{6.3.10}$$

记

$$A(T_1, T_2, \cdots) = \frac{a(T_1, T_2, \cdots)}{2}\mathrm{e}^{\mathrm{i}\varphi(T_1, T_2, \cdots)} \tag{6.3.11}$$

将其代入式 (6.3.10)，得到该条件的三角函数形式

$$\mathrm{i}(\mathrm{D}_1 a + \mathrm{i}a\mathrm{D}_1\varphi) = \frac{1}{2\pi\omega_0} \int_0^{2\pi} f(a\cos\phi, -\omega_0 a\sin\phi)(\cos\phi - \mathrm{i}\sin\phi)\mathrm{d}\phi \tag{6.3.12}$$

式中 $\phi = \omega_0 t + \varphi$。分离上式的实部和虚部得到

$$\mathrm{D}_1 a = -\frac{1}{2\pi\omega_0} \int_0^{2\pi} f(a\cos\phi, -\omega_0 a\sin\phi)\sin\phi\,\mathrm{d}\phi \tag{6.3.13a}$$

$$\mathrm{D}_1\varphi = -\frac{1}{2\pi\omega_0} \int_0^{2\pi} f(a\cos\phi, -\omega_0 a\sin\phi)\cos\phi\,\mathrm{d}\phi \tag{6.3.13b}$$

在这组条件下求解方程 (6.3.9)，得到一次修正 $x_1\,(T_0, T_1, \cdots)$，连同 $x_0\,(T_0, T_1, \cdots)$ 一起代入式 (6.3.7c)，依照上述过程，可类似地得到消除久期项的条件，进而得出 $x_2\,(T_0, T_1, \cdots)$。

6.3.2　参数共振——马蒂厄方程

若动力学方程的系数周期性变化，在满足特定参数条件时，系统会存在周期或发散的振动，称为**参数振动** [7,23,26]。

图 6.3.1 中的周期性变长度摆是参数振动的一个简例。若绳以长度按简谐函数上下运动，满足一定条件时，单摆能作稳态摆动。用 x 表示摆角，变长度摆的运动方程可以简化为著名的**马蒂厄（Mathieu）方程**

$$x'' + (\delta_1 + \varepsilon_1 \cos \varOmega t)x = 0 \tag{6.3.14}$$

通过时间坐标变换，可以把上式变成标准型马蒂厄方程，即

$$\ddot{x} + (\delta + \varepsilon \cos 2t)x = 0 \tag{6.3.15}$$

根据具有周期系数的线性微分方程弗洛凯理论，具有周期为 π 或 2π 的周期函数 x 对应的过渡曲线将 $\delta\text{-}\varepsilon$ 平面划分为稳定的和不稳定的区域。

马蒂厄方程 (6.3.15)（二阶线性周期系数方程）的解也称为**马蒂厄函数**，它不是谐变系数频率的简谐函数，而是一种不能用初等函数和超越函数精确描述的特殊函数，人们已经用数值解法建立了它的函数数表。相应于参数 δ 和 ε 的不同数值组合，方程 (6.3.15) 的解有的是有界周期函数，相当于稳定的周期运动；有的是发散的振荡函数，相当于不稳定的周期运动。通过稳定性分析，能找到马蒂厄函数与方程系数 δ 和 ε 间的关系。事实上，当系数 ε 为小量时，将方程 (6.3.15) 中的 x 和 δ 展开为 ε 的幂级数，可用摄动法导出不出现久期项的临界参数条件，再用它建立 (δ, ε) 平面内稳定区边界的方程。对应于方程 (6.3.15) 中 δ 取 0,1 和 2 的情况，参数平面稳定区边界的近似方程分别为

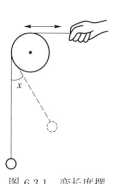

图 6.3.1　变长度摆

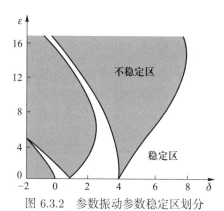

图 6.3.2　参数振动参数稳定区划分

$$\delta = -\frac{1}{8}\varepsilon^2 + \cdots \tag{6.3.16a}$$

$$\delta = 1 + \frac{1}{2}\varepsilon - \frac{1}{32}\varepsilon^2 + \cdots \tag{6.3.16b}$$

$$\delta = 4 - \frac{1}{48}\varepsilon^2 + \cdots \tag{6.3.16c}$$

按照以上诸式绘制参数平面的稳定区边界，可划分出稳定区和不稳定区，如图 6.3.2 所示。参数值位于稳定区内时，变长度摆保持小幅周期摆动；参数值位于不稳定区内时，变长度摆的摆动发散。如果参数振动方程 (6.3.15) 中增加了线性阻尼项，图 6.3.2 中的稳定区将随阻尼系数增大而扩大，不稳定区随之缩小。

考察参数振动方程 (6.3.15)，该系统虽然没有与外激励对应的非齐次项，但方程中周期变化的系数是依靠外界的周期作用而形成的，例如图 6.3.1 中手的周期性动作。因此，参数振动也是在外界周期激励或能量输入下产生的。

例 6.3.1　用多尺度法求马蒂厄方程 (6.3.15) 的参数共振解。

解：本例不仅要得到过渡曲线，而且还要得到参数共振解，因而也就得到了稳定和不稳定的区域。为此，设

$$\delta = \omega_0^2 \quad (\omega_0 > 0) \tag{a}$$

仅考虑 3 个尺度，设

$$x = x_0(T_0, T_1) + \varepsilon x_1(T_0, T_1, T_2) + \varepsilon^2 x_2(T_0, T_1, T_2) + \cdots \tag{b}$$

下面按照 ω_0 是否靠近整数 n 来表现不同的情况。

1. ω_0 远离整数时的解

用时间尺度 $T_0 = \varepsilon^0 t = t$ 将 $\cos 2t$ 表示为 $\cos 2T_0$。将式 (b) 代入方程 (6.3.15)，并令 $\varepsilon^0, \varepsilon, \varepsilon^2$ 的系数为零，得到

$$D_0^2 x_0 + \omega_0^2 x_0 = 0 \tag{c}$$

$$D_0^2 x_1 + \omega_0^2 x_1 = -2D_0 D_1 x_0 - x_0 \cos 2T_0 \tag{d}$$

$$D_0^2 x_2 + \omega_0^2 x_2 = -2D_0 D_1 x_1 - (D_1^2 + 2D_0 D_2)x_0 - x_1 \cos 2T_0 \tag{e}$$

方程 (c) 的解是

$$x_0 = A(T_1, T_2)e^{i\omega_0 T_0} + \overline{A}(T_1, T_2)e^{-i\omega_0 T_0} \tag{f}$$

式中 $\overline{A}$ 和 A 互为共轭。将 x_0 代入方程 (d) 得

$$D_0^2 x_1 + \omega_0^2 x_1 = -2i\omega_0 D_1 A e^{i\omega_0 T_0} - \frac{1}{2}A e^{i(\omega_0+2)T_0} - \frac{1}{2}A e^{i(\omega_0-2)T_0} + C_c \tag{g}$$

式中 C_c 表示前三项的共轭之和，依此类推。由于 ω_0 远离 1，当 $D_1 A = 0$ 或 $A = A(T_2)$ 时，久期项将被消除，则 x_1 的解为

$$x_1 = \frac{1}{8(\omega_0+1)}A e^{i(\omega_0+2)T_0} - \frac{1}{8(\omega_0-1)}A e^{i(\omega_0-2)T_0} + C_c \tag{h}$$

将 x_0 和 x_1 代入方程 (e)，得

$$D_0^2 x_2 + \omega_0^2 x_2 = -2\left[i\omega_0 D_2 A - \frac{A}{16(\omega_0^2-1)}\right]e^{i\omega_0 T_0} - \frac{1}{16(\omega_0+1)}A e^{i(\omega_0+4)T_0} + \frac{1}{16(\omega_0-1)}A e^{i(\omega_0-4)T_0} + C_c \tag{i}$$

由于 ω_0 远离 1 和 2，当

$$D_2 A = -\frac{i}{16(\omega_0^2-1)\omega_0}A \tag{j}$$

时，久期项被消除。如果设 $A = \frac{1}{2}a e^{i\phi}$ 并分离实部和虚部，则得到

$$\frac{da}{dT_2} = 0, \quad \frac{d\phi}{dT_2} = -\frac{1}{16\omega_0(\omega_0^2-1)} \tag{k}$$

所以

$$a = \text{const}, \quad \phi = -\frac{1}{16\omega_0(\omega_0^2-1)}T_2 + \phi_0 \tag{l}$$

式中 ϕ_0 是常数。考虑式 (j)，方程 (i) 的解是

$$x_2 = \frac{1}{128(\omega_0+1)(\omega_0+2)}A e^{i(\omega_0+4)T_0} + \frac{1}{128(\omega_0-1)(\omega_0-2)}A e^{i(\omega_0-4)T_0} + C_c \tag{m}$$

将 x_0, x_1 和 x_2 相加至 $O(\varepsilon^2)$，则 x 为

$$x = a\cos(\omega t + \phi_0) + \frac{\varepsilon a}{8}\left\{\frac{1}{\omega_0 + 1}\cos\left[(\omega + 2)t + \phi_0\right] - \frac{1}{\omega_0 - 1}\cos\left[(\omega - 2)t + \phi_0\right]\right\} +$$

$$\frac{\varepsilon^2 a}{128}\left\{\frac{1}{(\omega_0+1)(\omega_0+2)}\cos\left[(\omega+4)t+\phi_0\right] + \frac{1}{(\omega_0-1)(\omega_0-2)}\cos\left[(\omega-4)t+\phi_0\right]\right\} + O(\varepsilon^3) \tag{n}$$

式中

$$\omega = \omega_0 - \frac{\varepsilon^2}{16\omega_0(\omega_0^2 - 1)} + O(\varepsilon^3) \tag{o}$$

需要指出的是，展开式 (n) 仅当 ω_0 远离 1 和 2 时有效。当 $\omega_0 \to 1$ 或 2 时，$x \to \infty$。

2. ω_0 在 1 附近的解

设

$$\delta = 1 + \varepsilon\delta_1 + \varepsilon^2\delta_2 + \cdots \tag{p}$$

式中 δ_1 和 δ_2 均为 $O(1)$。考虑方程 (p)，将方程 (c)~(e) 改为

$$D_0^2 x_0 + x_0 = 0 \tag{q}$$
$$D_0^2 x_1 + x_1 = -2D_0 D_1 x_0 - \delta_1 x_0 - x_0\cos 2T_0 \tag{r}$$
$$D_0^2 x_2 + x_2 = -2D_0 D_1 x_1 - (D_1^2 + 2D_0 D_2)x_0 - \delta_1 x_1 - \delta_2 x_0 - x_1\cos 2T_0 \tag{s}$$

方程 (q) 的解是

$$x_0 = A(T_1, T_2)e^{iT_0} + \overline{A}(T_1, T_2)e^{-iT_0} \tag{t}$$

将 x_0 代入式 (r)，给出

$$D_0^2 x_1 + x_1 = \left(-2iD_1 A - \delta_1 A - \frac{1}{2}\overline{A}\right)e^{iT_0} - \frac{1}{2}Ae^{3iT_0} + C_c \tag{u}$$

当

$$D_1 A = \frac{1}{2}i\left(\delta_1 A + \frac{1}{2}\overline{A}\right) \tag{v}$$

时，关于时间尺度 T_0 的久期项被消除，则方程 (u) 的解是

$$x_1 = \frac{1}{16}\left(Ae^{3iT_0} + \overline{A}e^{-3iT_0}\right) \tag{w}$$

为了解方程 (v)，假定

$$A = A_r + iA_i \tag{x}$$

式中 A_r 和 A_i 是实函数，分离方程 (v) 的实部和虚部，得

$$\frac{\partial A_r}{\partial T_1} = \frac{1}{2}\left(\frac{1}{2} - \delta_1\right)A_i \tag{y}$$

$$\frac{\partial A_{\mathrm{i}}}{\partial T_1} = \frac{1}{2}\left(\frac{1}{2}+\delta_1\right)A_{\mathrm{r}} \tag{z}$$

这两个方程的解是

$$A_{\mathrm{r}} = a_1(T_2)\mathrm{e}^{\gamma_1 T_1} + a_2(T_2)\mathrm{e}^{-\gamma_1 T_1} \tag{a1}$$

$$A_{\mathrm{i}} = \frac{2\gamma_1}{\dfrac{1}{2}-\delta_1}\left[a_1(T_2)\mathrm{e}^{\gamma_1 T_1} - a_2(T_2)\mathrm{e}^{-\gamma_1 T_1}\right] \tag{b1}$$

式中

$$\gamma_1^2 = \frac{1}{4}\left(\frac{1}{4}-\delta_1^2\right) \tag{c1}$$

而 a_1 和 a_2 是时间尺度 T_2 的实函数（在首次近似中，a_1 和 a_2 是常数）。

由方程 (a1) ～ (c1) 可看出，当 γ_1 是实数或 $|\delta_1| \leqslant 1/2$ 时，A 随 T_1（即随 εt）按指数规律增大；而当 γ_1 是虚数或 $|\delta_1| > 1/2$ 时，A 是 T_1 的振动函数（在此情形，将解写为 $\cos\gamma_1 T_1$ 和 $\sin\gamma_1 T_1$，以使 A_{r} 和 A_{i} 保持为实数）。因此，从 $\delta=1$，$\varepsilon=0$ 开始分离稳定和不稳定区域的边界（过渡曲线），其第一次近似由 $\delta_1 = \pm 1/2$ 或者

$$\delta = 1 \pm \frac{1}{2}\varepsilon + O(\varepsilon^2) \tag{d1}$$

给出。

为了确定 x 和二次过渡曲线，将 x_0 和 x_1 代入式 (s)，得到

$$\mathrm{D}_0^2 x_2 + x_2 = -\left[2\mathrm{i}\mathrm{D}_2 A + \mathrm{D}_1^2 A + \left(\delta_2 + \frac{1}{32}\right)A\right]\mathrm{e}^{\mathrm{i}T_0} + C_{\mathrm{c}} + \mathrm{NST} \tag{e1}$$

其中 NST 表示其余不产生久期项的各项。为了使久期项不存在，必须满足条件

$$2\mathrm{i}\mathrm{D}_2 A + \mathrm{D}_1^2 A + \left(\delta_2 + \frac{1}{32}\right)A = 0 \tag{f1}$$

由于 $A = A_{\mathrm{r}} + \mathrm{i}A_{\mathrm{i}}$，方程 (f1) 给出下列关于 A_{r} 和 A_{i} 的方程组：

$$2\frac{\partial A_{\mathrm{r}}}{\partial T_2} + \alpha A_{\mathrm{i}} = 0 \tag{g1}$$

$$-2\frac{\partial A_{\mathrm{i}}}{\partial T_2} + \alpha A_{\mathrm{r}} = 0 \tag{h1}$$

式中

$$\alpha = \gamma_1^2 + \delta_2 + \frac{1}{32} \tag{i1}$$

用式 (a1) 和式 (b1) 替代 A_{r} 和 A_{i}，并令 $\mathrm{e}^{\pm\gamma_1 T_1}$ 的系数等于零（因为它们是 T_2 的函数），得到

$$2\frac{\mathrm{d}a_1}{\mathrm{d}T_2} + \frac{2\gamma_1}{\frac{1}{2} - \delta_1}\alpha a_1 = 0, \quad -\frac{4\gamma_1}{\frac{1}{2} - \delta_1}\frac{\mathrm{d}a_1}{\mathrm{d}T_2} + \alpha a_1 = 0 \tag{j1}$$

$$2\frac{\mathrm{d}a_2}{\mathrm{d}T_2} + \frac{2\gamma_1}{\frac{1}{2} - \delta_1}\alpha a_2 = 0, \quad \frac{4\gamma_1}{\frac{1}{2} - \delta_1}\frac{\mathrm{d}a_2}{\mathrm{d}T_2} + \alpha a_2 = 0 \tag{k1}$$

这些方程给出

$$\frac{\mathrm{d}a_1}{\mathrm{d}T_2} = \frac{\mathrm{d}a_2}{\mathrm{d}T_2} = 0 \quad \text{或} \quad a_1 = \mathrm{const} \quad \text{和} \quad a_2 = \mathrm{const} \tag{l1}$$

及

$$\alpha = 0 \quad \text{或} \quad \delta_2 = -\gamma_1^2 - \frac{1}{32} \tag{m1}$$

所以，解 x 和过渡曲线的二次近似为

$$x = a\mathrm{e}^{\pm\frac{\varepsilon t}{2}\sqrt{\frac{1}{4} - \delta_1^2}}\left[\left(\cos t + \frac{1}{16}\varepsilon\cos 3t\right) + \frac{2\gamma_1}{\delta_1 - \frac{1}{2}}\left(\sin t + \frac{1}{16}\varepsilon\sin 3t\right)\right] + O(\varepsilon^2) \tag{n1}$$

$$\delta = 1 + \varepsilon\delta_1 + \frac{1}{4}\varepsilon^2\left(\delta_1^2 - \frac{3}{8}\right) + O(\varepsilon^3) \tag{o1}$$

如果令

$$\delta_1 = \frac{1}{2}\cos 2\sigma \tag{p1}$$

那么

$$\gamma_1 = \frac{1}{4}\sin 2\sigma, \quad \delta_2 = \frac{1}{32}(\cos 4\sigma - 2), \quad \frac{b}{a} = \frac{\sin 2\sigma}{\cos 2\sigma - 1} = -\cot\sigma \tag{q1}$$

所以式 (n1) 和式 (o1) 变成

$$x = \widetilde{a}\mathrm{e}^{\frac{\varepsilon t}{4}\sin 2\sigma}\left[\sin(t - \sigma) + \frac{\varepsilon}{16}\sin(3t - \sigma)\right] + O(\varepsilon^2) \tag{r1}$$

$$\delta = 1 + \frac{1}{2}\varepsilon\cos 2\sigma + \frac{1}{32}\varepsilon^2(\cos 4\sigma - 2) + O(\varepsilon^3) \tag{s1}$$

式中 $\widetilde{a}$ 是常数，它是由 Whittaker 方法得到的。

6.3.3 弹簧摆——内共振

例 6.3.2 考虑如图 6.3.3 所示的在垂直平面内摆动的弹簧的非线性振动。这个问题最早由 Gorelik 和 Witt (1933 年) 用来说明内共振现象[22,26]。

弹簧摆由一无质量的弹簧和一小球组成，小球质量为 m，弹簧刚度系数为 k，弹簧原长为 l_0，静平衡时摆的长度为 l。系统的动能和势能分别是

$$T = \frac{1}{2}m\left(\frac{\mathrm{d}r}{\mathrm{d}t}\right)^2 + \frac{1}{2}m(l + r)^2\left(\frac{\mathrm{d}\theta}{\mathrm{d}t}\right)^2 \tag{6.3.17}$$

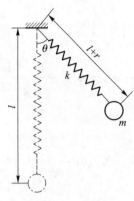

图 6.3.3　弹簧摆

$$V = \frac{1}{2}k(l + r - l_0)^2 - mg(l + r)\cos\theta \tag{6.3.18}$$

$$L = T - V = \frac{1}{2}m\left(\frac{\mathrm{d}r}{\mathrm{d}t}\right)^2 + \frac{1}{2}m(l + r)^2\left(\frac{\mathrm{d}\theta}{\mathrm{d}t}\right)^2 - \frac{1}{2}k(l + r - l_0)^2 + mg(l + r)\cos\theta \tag{6.3.19}$$

将式 (6.3.19) 代入拉格朗日方程

$$\frac{\mathrm{d}}{\mathrm{d}t}\left(\frac{\partial L}{\partial \dot{q}_j}\right) - \frac{\partial L}{\partial q_j} = 0 \quad (j = 1, 2) \tag{6.3.20}$$

得到弹簧摆的运动方程

$$\frac{\mathrm{d}^2 r}{\mathrm{d}t^2} + \frac{k}{m}r - (l + r)\left(\frac{\mathrm{d}\theta}{\mathrm{d}t}\right)^2 + g(1 - \cos\theta) = 0 \tag{6.3.21a}$$

$$\frac{\mathrm{d}^2\theta}{\mathrm{d}t^2} + \frac{2}{l + r}\frac{\mathrm{d}r}{\mathrm{d}t}\frac{\mathrm{d}\theta}{\mathrm{d}t} + \frac{g\sin\theta}{l + r} = 0 \tag{6.3.21b}$$

令 $x = r/l$ 和 $\tau = \omega_{\mathrm{p}}t$; $\dot{x} = \mathrm{d}x/\mathrm{d}\tau$ 和 $\dot{\theta} = \mathrm{d}\theta/\mathrm{d}\tau$, 得到量纲一的运动方程

$$\ddot{x} + \frac{1}{\mu^2}x - (1 + x)\dot{\theta}^2 + 1 - \cos\theta = 0 \tag{6.3.22a}$$

$$\ddot{\theta} + \frac{2\dot{\theta}\dot{x}}{1 + x} + \frac{\sin\theta}{1 + x} = 0 \tag{6.3.22b}$$

式中 $\omega_{\mathrm{p}}^2 = g/l$ 和 $\omega_{\mathrm{s}}^2 = k/m$ 分别表示摆动和径向振动的固有频率。这里定义了量纲一的参数

$$\mu \equiv \frac{\omega_{\mathrm{p}}}{\omega_{\mathrm{s}}} = \sqrt{1 - \lambda}, \quad \lambda \equiv \frac{l_0}{l} \leqslant 1 \tag{6.3.23}$$

将式 (6.3.22) 在平衡点展开成麦克劳林（Maclaurin）级数，并略去二阶以上无穷小量，得到

$$\ddot{x} + \frac{1}{\mu^2}x - \dot{\theta}^2 + \frac{1}{2}\theta^2 = 0 \tag{6.3.24a}$$

$$\ddot{\theta} + \theta + 2\dot{\theta}\dot{x} - \theta x = 0 \tag{6.3.24b}$$

解： 对小而有限的 x 和 θ，方程 (6.3.24) 的两尺度解具有如下形式：

$$x(\tau) = \varepsilon x_1(T_0, T_1) + \varepsilon^2 x_2(T_0, T_1) + \cdots \tag{a}$$

$$\theta(\tau) = \varepsilon \theta_1(T_0, T_1) + \varepsilon^2 \theta_2(T_0, T_1) + \cdots \tag{b}$$

的渐进解，其中 $T_n = \varepsilon^n \tau$，ε 是具有振动幅值量级的小量。

将式 (a) 和式 (b) 代入方程 (6.3.24)，并令 ε 的同次幂的系数相等，得到：

1 次幂

$$D_0^2 x_1 + \omega_1^2 x_1 = 0, \quad \omega_1^2 = \frac{1}{\mu^2} \tag{c}$$

$$D_0^2 \theta_1 + \omega_2^2 \theta_1 = 0, \quad \omega_2^2 = 1 \tag{d}$$

2 次幂

$$D_0^2 x_2 + \omega_1^2 x_2 = -2D_0 D_1 x_1 - \frac{1}{2}\theta_1^2 + (D_0 \theta_1)^2 \tag{e}$$

$$D_0^2 \theta_2 + \omega_2^2 \theta_2 = -2D_0 D_1 \theta_1 + \omega_2^2 x_1 \theta_1 - 2(D_0 x_1)(D_0 \theta_1) \tag{f}$$

方程 (c) 和方程 (d) 的解为

$$x_1 = A(T_1)e^{i\omega_1 T_0} + \overline{A}(T_1)e^{-i\omega_1 T_0} \tag{g}$$

$$\theta_1 = B(T_1)e^{i\omega_2 T_0} + \overline{B}(T_1)e^{-i\omega_2 T_0} \tag{h}$$

则方程 (e) 和方程 (f) 变为

$$D_0^2 x_2 + \omega_1^2 x_2 = -2i\omega_1 D_1 A e^{i\omega_1 T_0} - \frac{3}{2}B^2 e^{2i\omega_2 T_0} + \frac{1}{2}B\overline{B} + C_c \tag{i}$$

$$D_0^2 \theta_2 + \omega_2^2 \theta_2 = -2i\omega_2 D_1 B e^{i\omega_2 T_0} + \omega_2(\omega_2 + 2\omega_1)AB e^{i(\omega_1+\omega_2)T_0} + \omega_2(\omega_2 - 2\omega_1)A\overline{B}e^{i(\omega_1-\omega_2)T_0} + C_c \tag{j}$$

如果 A 和 B 是常数，则方程 (i) 和方程 (j) 的特解是

$$x_2 = \frac{1}{2}\frac{1}{\omega_1^2}B\overline{B} - \frac{3}{2}\frac{1}{(\omega_1^2 - 4\omega_2^2)}B^2 e^{2i\omega_2 T_0} + C_c \tag{k}$$

$$\theta_2 = -\frac{\omega_2(\omega_2 + 2\omega_1)}{\omega_1(\omega_1 + 2\omega_2)}AB e^{i(\omega_1+\omega_2)T_0} - \frac{\omega_2(\omega_2 - 2\omega_1)}{\omega_1(\omega_1 - 2\omega_2)}A\overline{B}e^{i(\omega_1-\omega_2)T_0} + C_c \tag{l}$$

当 $\omega_1 \to 2\omega_2$ 时特解趋于 ∞。因而，当 $\omega_1 \approx 2\omega_2$ 时，展开式 (a) 和式 (b) 失效。

为了得到一个当 $\omega_1 \approx 2\omega_2$ 时有效的展开式，设

$$\omega_1 - 2\omega_2 = \varepsilon\sigma, \quad \sigma = O(1) \tag{m}$$

并设 A 和 B 是 T_1 的函数而不是常数。利用式 (m) 将式 (i) 和式 (j) 中的 $e^{2i\omega_2 T_0}$ 和 $e^{i(\omega_1-\omega_2)T_0}$ 表示为

$$e^{2i\omega_2 T_0} = e^{(i\omega_1 T_0 - i\sigma T_1)} \tag{n}$$

$$e^{i(\omega_1-\omega_2)T_0} = e^{(i\omega_2 T_0 + i\sigma T_1)} \tag{o}$$

则得到

$$D_0^2 x_2 + \omega_1^2 x_2 = -\left(2i\omega_1 D_1 A + \frac{3}{2}B^2 e^{-i\sigma T_1}\right)e^{i\omega_1 T_0} + C_c + \text{NST} \tag{p}$$

$$D_0^2 \theta_2 + \omega_2^2 \theta_2 = -\left[2i\omega_2 D_1 B - \omega_2(\omega_2 - 2\omega_1)A\overline{B}e^{i\sigma T_1}\right]e^{i\omega_2 T_0} + C_c + \text{NST} \tag{q}$$

式中 NST 表示不产生久期项的项。消除久期项，有

$$2i\omega_1 D_1 A = -\frac{3}{2}B^2 e^{-i\sigma T_1} \tag{r}$$

$$2i\omega_2 D_1 B = \omega_2(\omega_2 - 2\omega_1)A\overline{B}e^{i\sigma T_1} \tag{s}$$

设 $A = -\frac{1}{2}ia_1 e^{i\omega_1\beta_1}$ 和 $B = -\frac{1}{2}ia_2 e^{i\omega_2\beta_2}$，其中 a_i 和 β_i 是实函数，分离式 (r) 和式 (s) 的实部和虚部，得到

$$\dot{a}_1 = \frac{3\varepsilon}{8\omega_1}a_2^2 \cos\gamma \tag{t}$$

$$\dot{a}_2 = -\frac{3\varepsilon\omega_2}{4}a_1 a_2 \cos\gamma \tag{u}$$

$$\dot{\beta}_1 = -\frac{3\varepsilon}{8\omega_1^2}\frac{a_2^2}{a_1}\sin\gamma \tag{v}$$

$$\dot{\beta}_2 = -\frac{3\varepsilon}{4}a_1 \sin\gamma \tag{w}$$

式中

$$\gamma = \omega_1\beta_1 - 2\omega_2\beta_2 + (\omega_1 - 2\omega_2)t \tag{x}$$

引入 $a_1^2 = \dfrac{\omega_1\alpha_1^*}{\omega_2}, a_2^2 = 2\alpha_2, C = \dfrac{3}{4}\sqrt{\dfrac{\omega_1}{\omega_2}}, \beta_1^* = \dfrac{\varepsilon}{2\omega_2}t + \dfrac{\omega_1}{2\omega_2}\beta_1, K = \dfrac{\varepsilon\alpha_1^*}{2\omega_2} - \dfrac{3}{4}\sqrt{\dfrac{\omega_1}{\omega_2}}\alpha_2\sqrt{\alpha_1^*}\sin\gamma$，可将式 (t) ~ 式 (w) 化为

$$\dot{\alpha}_1^* = -\frac{\partial K}{\partial \beta_1^*} = 2\omega_2 C\alpha_2\sqrt{\alpha_1^*}\cos\gamma \tag{y}$$

$$\dot{\alpha}_2 = -\frac{\partial K}{\partial \beta_2} = -2\omega_2 C\alpha_2\sqrt{\alpha_1^*}\cos\gamma \tag{z}$$

$$\dot{\beta}_1^* = \frac{\partial K}{\partial \alpha_1^*} = \frac{\varepsilon}{2\omega_2} - \frac{1}{2}C\alpha_2\left(\alpha_1^*\right)^{-\frac{1}{2}}\sin\gamma \tag{a1}$$

$$\dot{\beta}_2 = \frac{\partial K}{\partial \alpha_2} = -C\sqrt{\alpha_1^*}\sin\gamma \tag{b1}$$

式中

$$\gamma = 2\omega_2(\beta_1^* - \beta_2) \tag{c1}$$

由式 (y) 和式 (z) 消去 $\cos\gamma$ 并积分，得到

$$\alpha_1^* + \alpha_2 = E = \text{ const} \tag{d1}$$

所以运动是完全有界的。从式 (a1) 和式 (b1) 消去 γ，得到

$$\left(\frac{\dot{\alpha}_2}{2\omega_2}\right)^2 = C^2\alpha_2^2(E-\alpha_2) - \left[\frac{\varepsilon(E-\alpha_2)}{2\omega_2} - K\right]^2 = C^2\left[F^2(\alpha_2) - G^2(\alpha_2)\right] \tag{e1}$$

式中

$$F = \pm\alpha_2\sqrt{E-\alpha_2}, \quad G = \frac{1}{C}\left[\frac{\varepsilon(E-\alpha_2)}{2\omega_2} - K\right] \tag{f1}$$

图 6.3.4 给出了函数 $F(\alpha_2)$ 和 $G(\alpha_2)$ 的图像。由于 α_2 非负，因此只需要考虑该图的右半平面。对于真实的运动，F^2 必须大于或等于 G^2 [见式 (e1)]。从式 (e1) 和式 (d1) 可知，与 G 和 F 交点对应的 $\dot{\alpha}_2$ 和 $\dot{\alpha}_1^*$ 均为零。曲线 F 是关于 α_2 对称的，当直线 G 与 F 相切时（见 G_2），系统做周期振动；若 G 与 F 有两个交点（见 G_1），系统运动是非周期的。

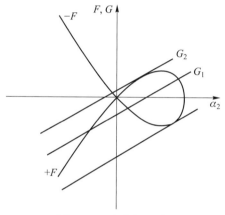

图 6.3.4　内共振区域

由此可见，对于弹簧摆这个两自由度弱非线性振动系统，其一次近似解 x_1 和 θ_1 是相互独立的，各自有确定的固有频率 ω_1 和 ω_2。当考虑与 ε 的二次幂对应的近似方程时，非线性平方项把两种运动耦合起来，当 $\omega_1 \approx 2\omega_2$ 时，就发生了一种振动激发起另一种振动的现象，这就是非线性系统特有的**内共振**现象。不计阻尼时，系统能量在两种振动之间不断交换而不衰减，两种振动的振幅、相位呈周期性变化。

6.4　平均法

考虑一般形式的非线性振动方程

$$\ddot{x}(t) + \omega_0^2 x(t) = \varepsilon f(x, \dot{x}, t) \tag{6.4.1}$$

该方程的解与其右端等于零时的线性振动方程解的区别在于，等号右端的项对振动振幅和相位均有影响，但是这种影响是 ε 量级的。于是，Krylov 和 Bogoliubov 把 (6.4.1) 的解写作

$$x(t) = a(t)\cos\left[\omega_0 t + \theta(t)\right] \tag{6.4.2}$$

即把振幅 a 和相位 θ 看作时间 t 的函数（对于线性系统，a 和 θ 是两个积分常数），即认为由于系统非线性是弱的，故其解仍为简谐形式，但振幅和相位（或频率）都是时间 t 的慢变函数（一个周期内的变化很小）[7,8,26]。

对式 (6.4.2) 求一阶导数得

$$\dot{x} = \dot{a}\cos(\omega_0 t + \theta) - a\omega_0\sin(\omega_0 t + \theta) - a\dot{\theta}\sin(\omega_0 t + \theta) \tag{6.4.3}$$

因为振幅 a 和相位 θ 变化缓慢，故可令

$$\dot{a}\cos(\omega_0 t + \theta) - a\dot{\theta}\sin(\omega_0 t + \theta) = 0 \tag{6.4.4}$$

则有

$$\dot{x} = -a\omega_0\sin(\omega_0 t + \theta) \tag{6.4.5}$$

将式 (6.4.5) 再对时间求一次导数得到

$$\ddot{x} = -a\omega_0^2\cos(\omega_0 t + \theta) - \dot{a}\omega_0\sin(\omega_0 t + \theta) - a\omega_0\dot{\theta}\cos(\omega_0 t + \theta) \tag{6.4.6}$$

将式 (6.4.2)、式 (6.4.5) 和式 (6.4.6) 代入原方程 (6.4.1) 化简得

$$-\dot{a}\omega_0\sin\phi - a\omega_0\dot{\theta}\cos\phi = \varepsilon f(a\cos\phi, -a\omega_0\sin\phi, t) \tag{6.4.7}$$

式中 $\phi = \omega_0 t + \theta$。由式 (6.4.4) 和式 (6.4.7) 可得到关于振幅和相位的一阶方程组

$$\dot{a} = -\frac{\varepsilon}{\omega_0}f(a\cos\phi, -a\omega_0\sin\phi, t)\sin\phi \tag{6.4.8a}$$

$$\dot{\theta} = -\frac{\varepsilon}{\omega_0}f(a\cos\phi, -a\omega_0\sin\phi, t)\cos\phi \tag{6.4.8b}$$

这样，把关于 x 的二阶微分方程转化为关于振幅和相位的两个一阶微分方程，这便于问题的求解。

一般来说，仍很难求得方程组 (6.4.8) 的精确解。因为 a 和 θ 是 t 的慢变函数，$\dot{a}$ 和 $\dot{\theta}$ 的右端都是 ϕ 的周期函数，故可将其展开为傅里叶级数，取级数的第一项作为 $\dot{a}$ 和 $\dot{\theta}$ 的近似值，或者理解为右端项在一个周期内取平均值，故称为**平均法**。

$$\dot{a} = -\frac{\varepsilon}{2\pi\omega_0}\int_0^{2\pi} f(a\cos\phi, -a\omega_0\sin\phi, t)\sin\phi\mathrm{d}\phi \tag{6.4.9a}$$

$$\dot{\theta} = -\frac{\varepsilon}{2\pi\omega_0}\int_0^{2\pi} f(a\cos\phi, -a\omega_0\sin\phi, t)\cos\phi\mathrm{d}\phi \tag{6.4.9b}$$

这两个式子称为原方程的平均化方程或标准方程，式中参数在每个积分周期内保持常值。若给定初始条件 $a(0) = a_0, \theta(0) = \theta_0$，积分方程 (6.4.9)，即可求得 $a(t)$ 和 $\theta(t)$，也就求得了原方程的一次近似解。

以上所述为方程 (6.4.1) 右端均为 ε 量级的函数时的求解过程，主要适用于自治系统和非自治系统的主共振（激励频率接近于派生系统固有频率 ω_0）情况。当激励频率 Ω 远离派生系统固有频率 ω_0 时，方程 (6.4.1) 右端的激励项可以不是 ε 量级的。当外激励为简

谐激励且非自治特性仅由外激励引起时，系统方程为

$$\ddot{x}(t) + \omega_0^2 x(t) = \varepsilon f(x, \dot{x}) + F \sin \Omega t \tag{6.4.10}$$

把对应的派生系统的解设为

$$x(t) = a(t) \cos \left[\omega_0 t + \theta(t) \right] + \frac{F}{\omega_0^2 - \Omega^2} \sin \Omega t \tag{6.4.11}$$

经过与上述类似的推导过程，可求得方程 (6.4.10) 的标准方程为

$$\dot{a} = -\frac{\varepsilon}{2\pi\omega_0} \int_0^{2\pi} f \left(a \cos \phi + \frac{F}{\omega_0^2 - \Omega^2} \sin \Omega t, -a\omega_0 \sin \phi + \frac{F}{\omega_0^2 - \Omega^2} \cos \Omega t \right) \sin \phi \, \mathrm{d}\phi$$

$$\tag{6.4.12a}$$

$$\dot{\theta} = -\frac{\varepsilon}{2\pi a\omega_0} \int_0^{2\pi} f \left(a \cos \phi + \frac{F}{\omega_0^2 - \Omega^2} \sin \Omega t, -a\omega_0 \sin \phi + \frac{F}{\omega_0^2 - \Omega^2} \cos \Omega t \right) \cos \phi \, \mathrm{d}\phi$$

$$\tag{6.4.12b}$$

对于一般的弱非线性微分方程，利用标准方程 (6.4.9) 或式 (6.4.12) 即可得到一次近似解。令 $\dot{a} = 0$ 和 $\dot{\theta} = 0$ 可以得到定常解，利用三角函数公式可以方便地得到幅频曲线或相频曲线，并且可以用来分析受迫振动的稳定性和全局运动性态。由于标准方程是积分形式，因此对于某些复杂的非线性系统（如分段线性系统），可以用平均法方便地求解。耗散系统自由振动一般属于衰减振动，平均法适用于描述其振幅的变化，参见例 6.4.1。

例 6.4.1　考虑平方阻尼作用下的系统

$$\ddot{x} + \omega_0^2 x = -\varepsilon |\dot{x}| \dot{x} \tag{6.4.13}$$

用平均法研究这个系统的运动。

解：　由于 $f = -|\dot{x}|\dot{x}$，因此式 (6.4.9) 成为

$$\frac{\mathrm{d}a}{\mathrm{d}t} = -\frac{\varepsilon a^2 \omega_0}{2\pi} \int_0^{2\pi} \sin^2 \phi |\sin \phi| \mathrm{d}\phi \tag{a}$$

$$\frac{\mathrm{d}\theta}{\mathrm{d}t} = -\frac{\varepsilon a \omega_0}{2\pi} \int_0^{2\pi} \sin \phi \cos \phi |\sin \phi| \mathrm{d}\phi \tag{b}$$

式中的积分都需要分两部分来求：第一部分从 0 到 π，第二部分从 π 到 2π，即

$$\frac{\mathrm{d}a}{\mathrm{d}t} = -\frac{\varepsilon a^2 \omega_0}{2\pi} \left(\int_0^\pi \sin^3 \phi \mathrm{d}\phi - \int_\pi^{2\pi} \sin^3 \phi \mathrm{d}\phi \right) = -\frac{4}{3\pi} \varepsilon a^2 \omega_0 \tag{c}$$

$$\frac{\mathrm{d}\theta}{\mathrm{d}t} = 0 \tag{d}$$

式 (c) 和式 (d) 的解分别是

$$a = \frac{a_0}{1 + \dfrac{4\varepsilon a_0 \omega_0}{3\pi} t} \tag{e}$$

$$\theta = \theta_0 \tag{f}$$

式中：a_0 和 θ_0 都是常数。最后，方程 (6.4.13) 的解是

$$x = \frac{a_0}{1 + \dfrac{4\varepsilon a_0 \omega_0}{3\pi} t} \cos(\omega_0 t + \theta_0) + O(\varepsilon) \tag{g}$$

可以看出，平均法作为第一次近似，尚不能计算出平方阻尼对振动频率的影响。图 6.4.1 所示是数值计算结果（实线）与用式 (g) 对振幅衰减的计算结果（虚线）的比较。从式 (c) 可看出，该系统振幅的变化率与振幅的平方成正比，而线性阻尼系统振幅的变化率与振幅成正比。这种差异使得在较大振幅时，平方阻尼系统的振幅衰减较线性阻尼系统的快，在较小振幅时则相反。

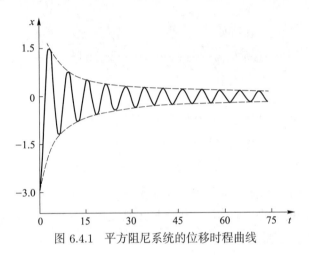

图 6.4.1 平方阻尼系统的位移时程曲线

6.5 KBM 法

1937 年 Krylov 和 Bogoliubov 首先提出渐近法的基本思想，后来 Bogoliubov 和 Mitropolski 给出了严格的数学证明并加以推广，因此称作 **KBM 法**。本节讨论利用 KBM 法求解非线性自治系统和非自治系统的思路和步骤 [2,7,26]。

6.5.1 非线性自治系统的 KBM 渐近解法

考虑自治的弱非线性振动

$$\ddot{x}(t) + \omega_0^2 x(t) = \varepsilon f(x, \dot{x}) \tag{6.5.1}$$

当 $\varepsilon = 0$ 时，派生系统为线性系统，它的解是简谐函数表示的自由振动，可写为

$$x = a \cos \phi \tag{6.5.2}$$

式中 $\phi = \omega_0 t + \theta$。

当 $\varepsilon \neq 0$ 但充分小时，方程 (6.5.1) 右端项的存在使得原系统的解中除频率为 ω_0 的主

谐波外，还含有微小的高次谐波，且振幅与频率均与小参数 ε 有关而缓慢变化。因此，可将方程 (6.5.1) 的解表示为如下幂级数：

$$x = a\cos\phi + \varepsilon x_1(a,\phi) + \varepsilon^2 x_2(a,\phi) + \cdots \tag{6.5.3a}$$

$$\dot{a} = \varepsilon A_1(a) + \varepsilon^2 A_2(a) + \cdots \tag{6.5.3b}$$

$$\dot{\phi} = \omega_0 + \varepsilon\omega_1(a) + \varepsilon^2\omega_2(a) + \cdots \tag{6.5.3c}$$

并且要求

$$x_i(a,\phi) = x_i(a,\phi+2\pi) \quad (i=1,2,\cdots) \tag{6.5.4}$$

与 L–P 摄动法所采用的两个展开级数相比，此处增加了对振幅变化率的展开，故 KBM 法又称**三级数法**。这样可使所设的解包含非周期振动或瞬态振动。根据庞加莱的理论，若弱非线性系统的周期解对 ε 是解析的，则幂级数式 (6.5.3) 必然收敛。

将式 (6.5.3a) 对 t 求导，得到

$$\dot{x} = \dot{a}\left(\cos\phi + \varepsilon\frac{\partial x_1}{\partial a} + \varepsilon^2\frac{\partial x_2}{\partial a} + \cdots\right) + \dot{\phi}\left(-a\sin\phi + \varepsilon\frac{\partial x_1}{\partial\phi} + \varepsilon^2\frac{\partial x_2}{\partial\phi} + \cdots\right) \tag{6.5.5}$$

对 t 再求导一次，则有

$$\begin{aligned}
\ddot{x} = {}& \ddot{a}\left(\cos\phi + \varepsilon\frac{\partial x_1}{\partial a} + \varepsilon^2\frac{\partial x_2}{\partial a} + \cdots\right) + \ddot{\phi}\left(-a\sin\phi + \varepsilon\frac{\partial x_1}{\partial\phi} + \varepsilon^2\frac{\partial x_2}{\partial\phi} + \cdots\right) + \\
& \dot{a}^2\left(\varepsilon\frac{\partial^2 x_1}{\partial a^2} + \varepsilon^2\frac{\partial^2 x_2}{\partial a^2} + \cdots\right) + \dot{\phi}^2\left(-a\sin\phi + \varepsilon\frac{\partial^2 x_1}{\partial\phi^2} + \varepsilon^2\frac{\partial^2 x_2}{\partial\phi^2} + \cdots\right) + \\
& 2\dot{a}\dot{\phi}\left(-\sin\phi + \varepsilon\frac{\partial^2 x_1}{\partial a\partial\phi} + \varepsilon^2\frac{\partial^2 x_2}{\partial a\partial\phi} + \cdots\right)
\end{aligned} \tag{6.5.6}$$

由式 (6.5.3b) 和式 (6.5.3c) 可获得上式中对 a 和 ϕ 的各阶导数

$$\ddot{a} = \left(\varepsilon\frac{\mathrm{d}A_1}{\mathrm{d}a} + \cdots\right)\dot{a} = \left(\varepsilon\frac{\mathrm{d}A_1}{\mathrm{d}a} + \cdots\right)(\varepsilon A_1 + \cdots) = \varepsilon^2 A_1\frac{\mathrm{d}A_1}{\mathrm{d}a} + \cdots \tag{6.5.7a}$$

$$\ddot{\phi} = \left(\varepsilon\frac{\mathrm{d}\omega_1}{\mathrm{d}a} + \cdots\right)\dot{a} = \left(\varepsilon\frac{\mathrm{d}\omega_1}{\mathrm{d}a} + \cdots\right)(\varepsilon A_1 + \cdots) = \varepsilon^2 A_1\frac{\mathrm{d}\omega_1}{\mathrm{d}a} + \cdots \tag{6.5.7b}$$

$$\dot{a}^2 = (\varepsilon A_1 + \cdots)^2 = \varepsilon^2 A_1^2 + \cdots \tag{6.5.7c}$$

$$\dot{\phi}^2 = (\omega_0 + \varepsilon\omega_1 + \varepsilon^2\omega_2 + \cdots)^2 = \omega_0^2 + \varepsilon(2\omega_0\omega_1) + \varepsilon^2(\omega_1^2 + 2\omega_0\omega_2) + \cdots \tag{6.5.7d}$$

$$\dot{a}\dot{\phi} = (\varepsilon A_1 + \varepsilon^2 A_2 + \cdots)(\omega_0 + \varepsilon\omega_1 + \cdots) = \varepsilon\omega_0 A_1 + \varepsilon^2(\omega_0 A_2 + \omega_1 A_1) + \cdots \tag{6.5.7e}$$

将式 (6.5.7) 代入式 (6.5.5) 和式 (6.5.6)，整理后得到

$$\begin{aligned}
\dot{x} = {}& -a\omega_0\sin\phi + \varepsilon\left(A_1\cos\phi - a\omega_1\sin\phi + \omega_0\frac{\partial x_1}{\partial\phi}\right) + \\
& \varepsilon^2\left(A_2\cos\phi - a\omega_2\sin\phi + A_1\frac{\partial x_1}{\partial\phi} + \omega_1\frac{\partial x_1}{\partial\phi} + \omega_0\frac{\partial x_2}{\partial\phi}\right) + \cdots
\end{aligned} \tag{6.5.8}$$

$$\ddot{x} = -a\omega_0^2 \cos\phi + \varepsilon\left(-2\omega_0 A_1 \sin\phi - 2a\omega_0\omega_1 \cos\phi + \omega_0^2\frac{\partial^2 x_1}{\partial\phi^2}\right) +$$

$$\varepsilon^2\left[\left(A_1\frac{\mathrm{d}A_1}{\mathrm{d}a} - a\omega_1^2 - 2a\omega_0\omega_2\right)\cos\phi - \left(aA_1\frac{\mathrm{d}\omega_1}{\mathrm{d}a} + 2\omega_0 A_2 + 2\omega_1 A_1\right)\sin\phi + \quad (6.5.9)\right.$$

$$2\omega_0 A_1\frac{\partial^2 x_1}{\partial a\partial\phi} + 2\omega_0\omega_1\frac{\partial^2 x_1}{\partial\phi^2} + \omega_0^2\frac{\partial^2 x_2}{\partial\phi^2}\Bigg] + \cdots$$

将式 (6.5.3a) 和式 (6.5.9) 代入系统方程 (6.5.1) 的左端，得到

$$\ddot{x} + \omega_0^2 x = \varepsilon\left(\omega_0^2 x_1 - 2\omega_0 A_1 \sin\phi - 2a\omega_0\omega_1 \cos\phi + \omega_0^2\frac{\partial^2 x_1}{\partial\phi^2}\right) +$$

$$\varepsilon^2\left[\left(A_1\frac{\mathrm{d}A_1}{\mathrm{d}a} - a\omega_1^2 - 2a\omega_0\omega_2\right)\cos\phi - \left(2\omega_0 A_2 + 2\omega_1 A_1 + aA_1\frac{\mathrm{d}\omega_1}{\mathrm{d}a}\right)\sin\phi + \right.$$

$$2\omega_0 A_1\frac{\partial^2 x_1}{\partial a\partial\phi} + 2\omega_0\omega_1\frac{\partial^2 x_1}{\partial\phi^2} + \omega_0^2 x_2 + \omega_0^2\frac{\partial^2 x_2}{\partial\phi^2}\Bigg] + \cdots$$

$$(6.5.10)$$

将系统方程 (6.5.1) 的右端在 $x_0 = a\cos\phi$ 和 $\dot{x}_0 = -a\omega_0\sin\phi$ 附近展开成泰勒级数，并利用式 (6.5.3a) 和式 (6.5.8) 可得

$$\varepsilon f(x, \dot{x}) = \varepsilon f(x_0, \dot{x}_0) + \varepsilon^2\left[x_1\frac{\partial f(x_0, \dot{x}_0)}{\partial x} + \frac{\partial f(x_0, \dot{x}_0)}{\partial\dot{x}}\left(A_1\cos\phi - a\omega_1\sin\phi + \omega_0\frac{\partial x_1}{\partial\phi}\right)\right] + \cdots$$

$$(6.5.11)$$

令式 (6.5.10) 的右端项和式 (6.5.11) 相等，并令 ε 的同次幂的系数相等，得到以下渐近方程组：

$$\omega_0^2\left(\frac{\partial^2 x_1}{\partial\phi^2} + x_1\right) = f_0(a, \phi) + 2\omega_0 A_1\sin\phi + 2a\omega_0\omega_1\cos\phi \qquad (6.5.12a)$$

$$\omega_0^2\left(\frac{\partial^2 x_2}{\partial\phi^2} + x_2\right) = f_1(a, \phi) + 2\omega_0 A_2\sin\phi + 2a\omega_0\omega_2\cos\phi \qquad (6.5.12b)$$

式中

$$f_0(a, \phi) \overset{\text{def}}{=} f(x_0, \dot{x}_0) \qquad (6.5.13a)$$

$$f_1(a, \phi) \overset{\text{def}}{=} x_1\frac{\partial f(x_0, \dot{x}_0)}{\partial x} + \frac{\partial f(x_0, \dot{x}_0)}{\partial\dot{x}}\left(A_1\cos\phi - a\omega_1\sin\phi + \omega_0\frac{\partial x_1}{\partial\phi}\right) +$$

$$\left(a\omega_1^2 - A_1\frac{\mathrm{d}A_1}{\mathrm{d}a}\right)\cos\phi + \left(2\omega_1 A_1 + aA_1\frac{\mathrm{d}\omega_1}{\mathrm{d}a}\right)\sin\phi - \qquad (6.5.13b)$$

$$2\omega_0 A_1\frac{\partial^2 x_1}{\partial a\partial\phi} - 2\omega_0\omega_1\frac{\partial^2 x_1}{\partial\phi^2}$$

显然，$f_0(a, \phi)$ 和 $f_1(a, \phi)$ 均为变量 ϕ 的函数，并以 2π 为周期。根据消除久期项的条件，可依次求解式 (6.5.12) 中的方程。

为得到满足所需精度的解，可以继续求解二次及以上的近似解，求解过程可参阅相关参考书。

6.5.2 自激振动——极限环

自然界和工程领域存在一类振动，它不需要外力激励，也不需要外界作用改变系统的结构参数，而是依靠系统自身运动状态的反馈使恒定能源的输入产生交变性而维持的**自激振动** (self-excited vibration)，简称为自振 [9,10,26]。

范德波尔 (van der Pol) 研究电子管振荡器时，导出如下无因次振动微分方程

$$\ddot{x} - \xi(1 - \beta x^2)\dot{x} + x = 0 \tag{6.5.14a}$$

故将它命名为**范德波尔方程**。给定初始条件 $x(0) = 0$, $\dot{x}(0) = \dot{x}_0$，该方程的解 $x(t)$ 随时间 t 均趋向同一个周期函数，其相轨迹为极限环。由此方程描述的动力学系统存在恒定频率和恒定振幅的振动。

例 6.5.1 试用 KBM 法求范德波尔方程当 $\xi = \varepsilon, \beta = 1$ 时

$$\ddot{x} + x = \varepsilon(1 - x^2)\dot{x} \tag{6.5.14b}$$

的一次近似解。

解： 对应于方程 (6.5.1)，本例 $\omega_0 = 1$, $f(x, \dot{x}) = (1 - x^2)\dot{x}$，考虑式 (6.5.2)，有

$$f_0(a, \phi) = -a\left(1 - \frac{a^2}{4}\right)\sin\phi + \frac{a^3}{4}\sin 3\phi \tag{a}$$

$$\frac{\partial f(a, \phi)}{\partial x} = -2x\dot{x} = a^2\sin 2\phi \tag{b}$$

$$\frac{\partial f(a, \phi)}{\partial \dot{x}} = 1 - x^2 = 1 - a^2\cos^2\phi \tag{c}$$

把式 (a) 代入式 (6.5.12a)，得

$$\frac{\partial^2 x_1}{\partial \phi^2} + x_1 = \left[2A_1 - a\left(1 - \frac{a^2}{4}\right)\right]\sin\phi + 2a\omega_1\cos\phi + \frac{1}{4}a^3\sin 3\phi \tag{d}$$

消去久期项，得

$$A_1 = \frac{a}{2}\left(1 - \frac{a^2}{4}\right), \quad \omega_1 = 0 \tag{e}$$

由式 (d) 可得

$$x_1 = -\frac{1}{32}a^3\sin 3\phi \tag{f}$$

再由式 (6.5.12b)，得

$$\frac{\partial^2 x_2}{\partial \phi^2} + x_2 = 2A_2\sin\phi + \left[2a\omega_2 + \frac{a}{4}\left(1 - a^2 + \frac{7}{32}a^4\right)\right]\cos\phi + \frac{a^3(a^2 + 8)}{128}\cos 3\phi + \frac{5a^5}{128}\sin 5\phi \tag{g}$$

消去久期项，得

$$A_2 = 0, \quad \omega_2 = -\frac{1}{8}\left(1 - a^2 + \frac{7}{32}a^4\right) \tag{h}$$

于是方程 (6.5.14) 的二次近似解为

$$x = a\cos\phi - \varepsilon\frac{a^3}{32}\sin 3\phi \tag{i}$$

式中

$$\dot{a} = \varepsilon\frac{a}{2}\left(1 - \frac{a^2}{4}\right) \tag{j}$$

$$\dot{\phi} = 1 - \varepsilon^2\left(\frac{1}{8} - \frac{a^2}{8} + \frac{7a^4}{256}\right) \tag{k}$$

由式 (j) 积分可得

$$a = \frac{2}{\sqrt{1 + \left(\dfrac{4}{a_0^2} - 1\right)\mathrm{e}^{-\varepsilon t}}} \tag{l}$$

式中 $a_0 = a(0)$。若 $a_0 \neq 0$，则当 $t \to \infty$, $a \to 2$。若只求稳态解，则可直接从式 (j) 的 $\dot{a} = 0$ 得出 $a = 2$。于是，可得方程 (6.5.14b) 定常振动的近似解

$$x = 2\cos\phi - \varepsilon\frac{1}{4}\sin 3\phi \tag{m}$$

式中

$$\dot{\phi} = 1 - \frac{\varepsilon^2}{16} \tag{n}$$

KBM 法实质上与多尺度法是等效的。它既适用于保守系统，也适用于耗散系统，可得出振幅与时间的依赖关系。对于自振系统，不但能求出稳态的极限环，而且还能求得系统趋于极限环的过程。图 6.5.1 为用数值方法作出的范德波尔方程 (6.5.14a) 的相图。

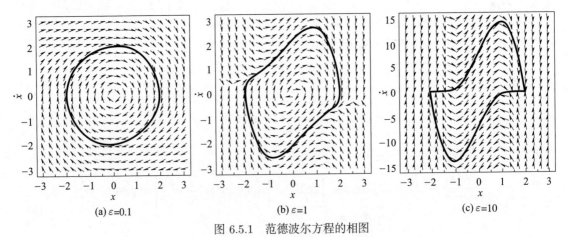

(a) ε=0.1　　　　　　(b) ε=1　　　　　　(c) ε=10

图 6.5.1　范德波尔方程的相图

以上分析表明，范德波尔方程 (6.5.14a) 的周期解与达芬系统 (6.1.9) 的周期解有本质区别。前者是与初始扰动无关的恒频恒幅振动，后者的振幅和频率取决于初始扰动大小。这揭示了自激振动与保守系统自由振动的差异。

6.5.3　非线性非自治系统的 KBM 渐近解法

考虑受周期激励的弱非线性系统

$$\ddot{x}(t) + \omega_0^2 x(t) = \varepsilon f(x, \dot{x}, \Omega t) \tag{6.5.15}$$

式中激励项 $f(x, \dot{x}, \Omega t)$ 是 Ωt 的周期为 2π 的函数，可对其关于 Ωt 展开为傅里叶级数

$$f(x, \dot{x}, \Omega t) = \sum_{r=1}^{\infty} \left[g_r(x, \dot{x}) \cos r\Omega t + h_r(x, \dot{x}) \sin r\Omega t \right] \tag{6.5.16}$$

当 $\varepsilon = 0$ 时，派生系统以 ω_0 为频率作自由振动，也就是系统 (6.5.15) 的零次近似解为

$$x = a \cos \phi, \quad \dot{x} = -a\omega_0 \sin \phi, \quad \phi = \omega_0 t + \theta \tag{6.5.17}$$

在上面的零次近似解中，a 是常数。若将式 (6.5.17) 代入式 (6.5.16)，则 $g_r(x, \dot{x})$ 和 $h_r(x, \dot{x})$ 的傅里叶级数必含有相位为 $m\omega_0 t$ 的三角函数项。因此，方程 (6.5.15) 右端的展开式中必含有组合频率为 $(m\omega_0 + r\Omega)$ 的谐波分量（其中 m 和 r 为任意整数）。当任意一个组合频率接近于派生系统的固有频率 ω_0 时，即使振幅很小，也可能激起显著的振动。因此，弱非线性系统在满足下列条件时可能发生共振：

$$\omega_0 \approx \frac{k}{l} \Omega \tag{6.5.18}$$

式中 k 和 l 为互质的整数。因此弱非线性系统的共振通常有以下 3 种类型。

（1）$k = l = 1$，$\omega_0 \approx \Omega$: 固有频率 ω_0 接近激励频率 Ω，即主共振；

（2）$k = 1$，$\omega_0 \approx \Omega/l$: 固有频率 ω_0 接近激励频率 Ω 的分数倍，即亚谐共振；

（3）$l = 1$，$\omega_0 \approx k\Omega$: 固有频率 ω_0 接近激励频率 Ω 的整数倍，即超谐共振。

下面按照是否会发生共振来介绍渐近解法。

1. 远离共振的受迫振动

考虑到渐近解中必须包含激励频率的谐波，设方程 (6.5.15) 的解 [参见式 (6.5.3)] 为

$$x = a \cos \phi + \varepsilon x_1(a, \phi, \Omega t) + \varepsilon^2 x^2(a, \phi, \Omega t) + \cdots \tag{6.5.19a}$$

$$\dot{a} = \varepsilon A_1(a) + \varepsilon^2 A_2(a) + \cdots \tag{6.5.19b}$$

$$\dot{\phi} = \omega_0 + \varepsilon \omega_1(a) + \varepsilon^2 \omega_2(a) + \cdots \tag{6.5.19c}$$

将方程 (6.5.19a) 对 t 求两次导数，可得

$$\dot{x} = \dot{a}\left(\cos\phi + \varepsilon\frac{\partial x_1}{\partial a} + \varepsilon^2\frac{\partial x_2}{\partial a} + \cdots\right) + \dot{\phi}\left(-a\sin\phi + \varepsilon\frac{\partial x_1}{\partial\phi} + \varepsilon^2\frac{\partial x_2}{\partial\phi} + \cdots\right) +$$
$$\varepsilon\frac{\partial x_1}{\partial t} + \varepsilon^2\frac{\partial x_2}{\partial t} + \cdots \tag{6.5.20}$$

$$\ddot{x} = \ddot{a}\left(\cos\phi + \varepsilon\frac{\partial x_1}{\partial a} + \varepsilon^2\frac{\partial x_2}{\partial a} + \cdots\right) + \ddot{\phi}\left(-a\sin\phi + \varepsilon\frac{\partial x_1}{\partial\phi} + \varepsilon^2\frac{\partial x_2}{\partial\phi} + \cdots\right) +$$
$$\dot{a}^2\left(\varepsilon\frac{\partial^2 x_1}{\partial a^2} + \varepsilon^2\frac{\partial^2 x_2}{\partial a^2} + \cdots\right) + \dot{\phi}^2\left(-a\cos\phi + \varepsilon\frac{\partial^2 x_1}{\partial\phi^2} + \varepsilon^2\frac{\partial^2 x_2}{\partial\phi^2} + \cdots\right) +$$
$$2\dot{a}\dot{\phi}\left(-\sin\phi + \varepsilon\frac{\partial^2 x_1}{\partial a\partial\phi} + \varepsilon^2\frac{\partial^2 x_2}{\partial a\partial\phi} + \cdots\right) + 2\dot{a}\left(\varepsilon\frac{\partial^2 x_1}{\partial a\partial t} + \varepsilon^2\frac{\partial^2 x_2}{\partial a\partial t}\right) + \tag{6.5.21}$$
$$2\dot{\phi}\left(\varepsilon\frac{\partial^2 x_1}{\partial\phi\partial t} + \varepsilon^2\frac{\partial^2 x_2}{\partial\phi\partial t}\right) + \varepsilon\frac{\partial^2 x_1}{\partial t^2} + \varepsilon^2\frac{\partial^2 x_2}{\partial t^2} + \cdots$$

将方程 (6.5.19b) 和方程 (6.5.19c) 也对 t 求导数, 得到与式 (6.5.7) 相同的结果。将各式代入方程 (6.5.15) 的左端, 整理得到

$$\dot{x} + \omega_0^2 x = \varepsilon\left(\omega_0^2 x_1 - 2\omega_0 A_1\sin\phi - 2a\omega_0\omega_1\cos\phi + \omega_0^2\frac{\partial^2 x_1}{\partial\phi^2} + 2\omega_0\frac{\partial^2 x_2}{\partial\phi\partial t} + \frac{\partial^2 x_1}{\partial t^2}\right) +$$
$$\varepsilon^2\left[\left(A_1\frac{\mathrm{d}A_1}{\mathrm{d}a} - a\omega_1^2 - 2a\omega_0\omega_2\right)\cos\phi - \left(2\omega_0 A_2 + 2\omega_1 A_1 + aA_1\frac{\mathrm{d}\omega_1}{\mathrm{d}a}\right)\sin\phi + \right.$$
$$2\omega_0\frac{\partial^2 x_2}{\partial\phi\partial t} + \frac{\partial^2 x_2}{\partial t^2} + 2\omega_0 A_1\frac{\partial^2 x_1}{\partial a\partial\phi} + 2\omega_0\omega_1\frac{\partial^2 x_1}{\partial\phi^2} + \omega_0^2 x_2 +$$
$$\left.\omega_0^2\frac{\partial^2 x_2}{\partial\phi^2} + 2A_1\frac{\partial^2 x_1}{\partial a\partial t} + 2\omega_1\frac{\partial^2 x_1}{\partial\phi\partial t}\right] + \cdots \tag{6.5.22}$$

另外, 将系统方程 (6.5.15) 的右端在 $x_0 = a\cos\phi$, $\dot{x}_0 = -a\omega_0\sin\phi$ 附近展成泰勒级数, 并利用式 (6.5.19a) 和式 (6.5.20) 可得

$$\varepsilon f(x, \dot{x}, \Omega t) = \varepsilon f(x_0, \dot{x}_0, \Omega t) + \varepsilon^2\left[x_1\frac{\partial f(x_0, \dot{x}_0, \Omega t)}{\partial x} + \right.$$
$$\left.\frac{\partial f(x_0, \dot{x}_0, \Omega t)}{\partial x}\left(A_1\cos\phi - a\omega_1\sin\phi + \omega_0\frac{\partial x_1}{\partial\phi} + \frac{\partial x_1}{\partial t}\right)\right] + \cdots \tag{6.5.23}$$

令式 (6.5.22) 的右端项和式 (6.5.23) 相等, 并利用方程两端 ε 的同次幂相等原则, 得到如下渐近方程组:

$$\omega_0^2\left(\frac{\partial^2 x_1}{\partial\phi^2} + x_1\right) + 2\omega_0\frac{\partial^2 x_1}{\partial\phi\partial t} + \frac{\partial^2 x_1}{\partial t^2} = f_0(a, \phi, \Omega t) + 2\omega_0 A_1\sin\phi + 2a\omega_0\omega_1\cos\phi$$
$$\tag{6.5.24a}$$

$$\omega_0^2\left(\frac{\partial^2 x_2}{\partial\phi^2} + x_2\right) + 2\omega_0\frac{\partial^2 x_2}{\partial\phi\partial t} + \frac{\partial^2 x_2}{\partial t^2} = f_1(a, \phi, \Omega t) + 2\omega_0 A_2\sin\phi + 2a\omega_0\omega_2\cos\phi$$
$$\tag{6.5.24b}$$

式中

$$f_0(a, \phi, \Omega t) \stackrel{\text{def}}{=} f(x_0, \dot{x}_0, \Omega t) \tag{6.5.25a}$$

$$\begin{aligned}
f_1(a, \phi, \Omega t) \stackrel{\text{def}}{=} & \frac{\partial f(x_0, \dot{x}_0, \Omega t)}{\partial \dot{x}} \left(A_1 \cos\phi - a\omega_1 \sin\phi + \omega_0 \frac{\partial x_1}{\partial \phi} + \frac{\partial x_1}{\partial t} \right) + \\
& x_1 \frac{\partial f(x_0, \dot{x}_0, \Omega t)}{\partial x} + \left(a\omega_1^2 - A_1 \frac{\mathrm{d}A_1}{\mathrm{d}a} \right) \cos\phi + \\
& \left(2\omega_1 A_1 + a A_1 \frac{\mathrm{d}\omega_1}{\mathrm{d}a} \right) \sin\phi - 2\omega_0 A_1 \frac{\partial^2 x_1}{\partial a \partial \phi} - \\
& 2\omega_0 \omega_1 \frac{\partial^2 x_1}{\partial \phi^2} - 2A_1 \frac{\partial^2 x_1}{\partial a \partial t} - 2\omega_1 \frac{\partial^2 x_1}{\partial \phi \partial t}
\end{aligned} \tag{6.5.25b}$$

根据不存在久期项的条件, 可以逐次求解渐进方程 (6.5.24)。

2. 接近共振的受迫振动

设固有频率 ω_0 充分接近 $\lambda\Omega$, $\lambda = k/l$ 为互质的整数之比, 有

$$\omega_0^2 = (\lambda\Omega)^2 - \varepsilon\sigma \tag{6.5.26}$$

则方程 (6.5.15) 可改写为

$$\ddot{x} + (\lambda\Omega)^2 x = \varepsilon \big[f(x, \dot{x}, \Omega t) + \sigma x \big] \tag{6.5.27}$$

此方程的渐近解仍可以写为式 (6.5.19a) 的形式

$$x = a\cos\phi + \varepsilon x_1(a, \phi, \Omega t) + \varepsilon^2 x_2(a, \phi, \Omega t) + \cdots \tag{6.5.28a}$$

设 θ 为频率为 ω_0 的振动与激励之间的相位差, 即 $\theta = \phi - \lambda\Omega t$。在接近共振的情况下, 相位差 θ 对振幅和频率的变化有重要影响, 因此类似于 (6.5.19b) 和式 (6.5.19c) 可将 a 和 θ 的微分方程写为

$$\dot{a} = \varepsilon A_1(a, \theta) + \varepsilon^2 A_2(a, \theta) + \cdots \tag{6.5.28b}$$

$$\dot{\phi} = \lambda\Omega + \varepsilon\omega_1(a, \theta) + \varepsilon^2 \omega_2(a, \theta) + \cdots \tag{6.5.28c}$$

方程 (6.5.28c) 还可写为

$$\dot{\theta} = \varepsilon\omega_1(a, \theta) + \varepsilon^2 \omega_2(a, \theta) + \cdots \tag{6.5.28d}$$

将式 (6.5.28a) 对 t 求两次导数可得

$$\begin{aligned}
\dot{x} = & \dot{a} \left(\cos\phi + \varepsilon\frac{\partial x_1}{\partial a} + \varepsilon^2\frac{\partial x_2}{\partial a} + \cdots \right) + \dot{\theta} \left(-a\sin\phi + \varepsilon\frac{\partial x_1}{\partial \theta} + \varepsilon^2\frac{\partial x_2}{\partial \theta} + \cdots \right) + \\
& \varepsilon\frac{\partial x_1}{\partial t} + \varepsilon^2\frac{\partial x_2}{\partial t} - \lambda\Omega a\sin\phi + \cdots
\end{aligned} \tag{6.5.29}$$

$$\begin{aligned}
\ddot{x} = & \ddot{a} \left(\cos\phi + \varepsilon\frac{\partial x_1}{\partial a} + \varepsilon^2\frac{\partial x_2}{\partial a} + \cdots \right) + \ddot{\theta} \left(-a\sin\phi + \varepsilon\frac{\partial x_1}{\partial \theta} + \varepsilon^2\frac{\partial x_2}{\partial \theta} + \cdots \right) + \\
& \dot{a}^2 \left(\varepsilon\frac{\partial^2 x_1}{\partial a^2} + \varepsilon^2\frac{\partial^2 x_2}{\partial a^2} + \cdots \right) + \dot{\theta}^2 \left(-a\sin\phi + \varepsilon\frac{\partial^2 x_1}{\partial \theta^2} + \varepsilon^2\frac{\partial^2 x_2}{\partial \theta^2} + \cdots \right) +
\end{aligned}$$

$$2\dot{a}\dot{\theta}\left(-\sin\phi+\varepsilon\frac{\partial^2 x_1}{\partial a\partial\theta}+\varepsilon^2\frac{\partial^2 x_2}{\partial a\partial\theta}+\cdots\right)+2\dot{a}\left(\varepsilon\frac{\partial^2 x_1}{\partial a\partial t}+\varepsilon^2\frac{\partial^2 x_2}{\partial a\partial t}-\lambda\Omega\sin\phi\right)+$$

$$2\dot{\theta}\left(\varepsilon\frac{\partial^2 x_1}{\partial a\partial\theta}+\varepsilon^2\frac{\partial^2 x_2}{\partial a\partial\theta}-a\lambda\Omega\cos\phi\right)-a\left(\lambda\Omega\right)^2\cos\phi+\varepsilon\frac{\partial^2 x_1}{\partial t^2}+\varepsilon^2\frac{\partial^2 x_2}{\partial t^2}+\cdots$$

$$(6.5.30)$$

将方程 (6.5.28b) 和方程 (6.5.28d) 对 t 求导，得到

$$\ddot{a}=\varepsilon^2\left(A_1\frac{\partial A_1}{\partial a}+\omega_1\frac{\partial A_1}{\partial\theta}\right)+\cdots \tag{6.5.31a}$$

$$\ddot{\theta}=\varepsilon^2\left(A_1\frac{\partial\omega_1}{\partial a}+\omega_1\frac{\partial\omega_1}{\partial\theta}\right)+\cdots \tag{6.5.31b}$$

将式 (6.5.28b)、(6.5.28d) 和式 (6.5.31) 一起代入式 (6.5.30)，再代入方程 (6.5.27) 的左端，整理后得到

$$\ddot{x}+(\lambda\Omega)^2 x=\varepsilon\left[(\lambda\Omega)^2 x_1-2\lambda\Omega(A_1\sin\phi+a\omega_1\cos\phi)+\frac{\partial^2 x_1}{\partial t^2}\right]+$$

$$\varepsilon^2\left[\frac{\partial^2 x_2}{\partial t^2}+(\lambda\Omega)^2 x_2+\left(A_1\frac{\partial A_1}{\partial a}+\omega_1\frac{\partial A_1}{\partial\theta}-a\omega_1^2-2a\lambda\Omega\omega_2\right)\cos\phi+\right.$$

$$\left.2A_1\frac{\partial^2 x_1}{\partial a\partial t}+2\omega_1\frac{\partial^2 x_1}{\partial\theta\partial t}-\left(2\lambda\Omega A_2+2\omega_1 A_1+aA_1\frac{\partial\omega_1}{\partial a}+a\omega_1\frac{\partial\omega_1}{\partial\theta}\right)\sin\phi\right]+\cdots$$

$$(6.5.32)$$

将系统方程 (6.5.27) 的右端在 $x_0=a\cos\phi$，$\dot{x}_0=-a\lambda\Omega\sin\phi$ 附近展成泰勒级数，并利用式 (6.5.28a) 和式 (6.5.29) 可得

$$\varepsilon[f(x,\dot{x},\Omega t)+\sigma x]=\varepsilon\left[f(x_0,\dot{x}_0,\Omega t)+\sigma a\cos\phi\right]+\varepsilon^2\left[x_1\frac{\partial f(x_0,\dot{x}_0,\Omega t)}{\partial x}+\right.$$

$$\left.\frac{\partial f(x_0,\dot{x}_0,\Omega t)}{\partial\dot{x}}\left(A_1\cos\phi-a\omega_1\sin\phi+\frac{\partial x_1}{\partial t}\right)+\sigma x_1\right]+\cdots$$

$$(6.5.33)$$

令式 (6.5.32) 和式 (6.5.33) 相等，并利用方程两端 ε 的同次幂相等原则，得到如下渐近方程组：

$$\frac{\partial^2 x_1}{\partial t^2}+(\lambda\Omega)^2 x_1=f_0(a,\phi,\Omega t)+2\lambda\Omega A_1\sin\phi+2a\lambda\Omega\omega_1\cos\phi \tag{6.5.34a}$$

$$\frac{\partial^2 x_2}{\partial t^2}+(\lambda\Omega)^2 x_2=f_1(a,\phi,\Omega t)+2\lambda\Omega A_2\sin\phi+2a\lambda\Omega\omega_2\cos\phi \tag{6.5.34b}$$

式中

$$f_0(a,\phi,\Omega t)\overset{\text{def}}{=}f(x_0,\dot{x}_0,\Omega t)+\sigma x_0 \tag{6.5.35a}$$

$$f_1(a,\phi,\Omega t)\overset{\text{def}}{=}\frac{\partial f(x_0,\dot{x}_0,\Omega t)}{\partial x}\left(A_1\cos\phi-a\omega_1\sin\phi+\frac{\partial x_1}{\partial t}\right)+$$

$$x_1\frac{\partial f(x_0,\dot{x}_0,\Omega t)}{\partial x}-2A_1\frac{\partial^2 x_1}{\partial a\partial t}-2\omega_1\frac{\partial^2 x_1}{\partial\phi\partial t}+\sigma x_1 \tag{6.5.35b}$$

与远离共振情况相同，根据不存在久期项的条件，可以逐次求解渐进方程 (6.5.34)。

6.6 谐波平衡法

谐波平衡法是一种应用广泛的方法 [8,26]。设系统的运动微分方程为

$$\ddot{x} + f(x, \dot{x}) = 0 \tag{6.6.1}$$

谐波平衡法的基本思路是：将式 (6.6.1) 的解和函数 $f(x, \dot{x})$ 均展开为傅里叶级数

$$x(t) = a_0 + \sum_{n=1}^{\infty} (a_n \cos n\omega t + b_n \sin n\omega t) \tag{6.6.2}$$

$$f(x, \dot{x}) = c_0 + \sum_{n=1}^{\infty} (c_n \cos n\omega t + d_n \sin n\omega t) \tag{6.6.3}$$

式中傅里叶系数为

$$c_0 = \frac{\omega}{2\pi} \int_0^{2\pi/\omega} f(x, \dot{x}) \mathrm{d}t \tag{6.6.4a}$$

$$c_n = \frac{\omega}{\pi} \int_0^{2\pi/\omega} f(x, \dot{x}) \cos n\omega t \mathrm{d}t \tag{6.6.4b}$$

$$d_n = \frac{\omega}{\pi} \int_0^{2\pi/\omega} f(x, \dot{x}) \sin n\omega t \mathrm{d}t \tag{6.6.4c}$$

式中 $n = 1, 2, \cdots$。将式 (6.6.2)、(6.6.3) 代入方程 (6.6.1)，按同次谐波进行整理后，令 $\sin n\omega t$ 和 $\cos n\omega t$ 的系数等于零，可以得到关于 a_0, a_n, b_n $(n = 1, 2, \cdots)$ 的代数方程组。解此代数方程组可得 a_0, a_n, b_n，也就得到了方程 (6.6.1) 的解，见式 (6.6.2)。

摄动法把解展开为小参数 ε 的幂级数，而谐波平衡法是按谐波展开的，因此解的精度取决于选取谐波的数目。要想得到足够精度的近似解，就必须选足够的项，但项数取得太多会增加计算成本，因此需要在精度和效率之间进行平衡。

谐波平衡法不仅适用于弱非线性问题，也适用于强非线性问题，如图 6.6.1 所示系统。

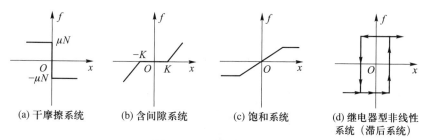

(a) 干摩擦系统　　(b) 含间隙系统　　(c) 饱和系统　　(d) 继电器型非线性系统（滞后系统）

图 6.6.1　强非线性问题

例 6.6.1　设运动微分方程为

$$\ddot{x} + \alpha_1 x + \alpha_2 x^2 + \alpha_3 x^3 = 0 \tag{6.6.5}$$

试用谐波平衡方法求其解。

解： 设解为

$$x = a_0 + a_1 \cos \omega t + b_1 \sin \omega t \tag{a}$$

将其代入式 (6.6.5)，按同次谐波整理，得

$$a_1 a_0 + \alpha_2 a_0^2 + \frac{1}{2}\alpha_2 a_1^2 + \frac{1}{2}\alpha_2 b_1^2 + \alpha_3 a_0^3 + \frac{3}{2}\alpha_3 a_0 a_1^2 + \frac{3}{2}\alpha_3 a_0 b_1^2 +$$
$$\left(-a_1 \omega^2 + \alpha_1 a_1 + 2\alpha_2 a_0 a_1 + 3\alpha_3 a_0^2 a_1 + \frac{3}{4}\alpha_3 a_1^3 + \frac{3}{2}\alpha_3 a_1 b_1^2 - \frac{3}{4}\alpha_3 a_1 b_1^2\right)\cos\omega t + \tag{b}$$
$$\left(-b_1 \omega^2 + \alpha_1 b_1 + 2\alpha_2 a_0 b_1 + 3\alpha_3 a_0^2 b_1 + \frac{3}{4}\alpha_3 b_1^3 + \frac{3}{2}\alpha_3 a_1^2 b_1 - \frac{3}{4}\alpha_1^2 b_1\right)\sin\omega t + \cdots = 0$$

令各次谐波系数等于零，得

$$\alpha_1 a_0 + \alpha_2 a_0^2 + \frac{1}{2}\alpha_2\left(a_1^2 + b_1^2\right) + \alpha_3 a_0^3 + \frac{3}{2}\alpha_3 a_0\left(a_1^2 + b_1^2\right) = 0 \tag{c}$$

$$-a_1\omega^2 + \alpha_1 a_1 + 2\alpha_2 a_0 a_1 + 3\alpha_3 a_0^2 a_1 + \frac{3}{4}\alpha_3 a_1^3 + \frac{3}{2}\alpha_3 a_1 b_1^2 - \frac{3}{4}\alpha_3 a_1 b_1^2 = 0 \tag{d}$$

$$-b_1\omega^2 + \alpha_1 b_1 + 2\alpha_2 a_0 b_1 + 3\alpha_3 a_0^2 b_1 + \frac{3}{4}\alpha_3 b_1^3 + \frac{3}{2}\alpha_3 a_1^2 b_1 - \frac{3}{4}\alpha_3 a_1^2 b_1 = 0 \tag{e}$$

令 $C_1 = (a_1^2 + b_1^2)^{1/2}$，$C_1$ 为一次谐波幅值，它由初始条件确定；ω，a_0 可利用式 (c) 和式 (d)，或式 (c) 和式 (e) 求出。

考虑小振幅情况，即 $C_1 < 1$，取量级 $a_0 = O(C_1^2)$，将式 (c) $\sim$ 式 (e) 分别进行量级分析后得

$$a_0 = -\frac{\alpha_2}{2\alpha_1}C_1^2 + O(C_1^5) = -\frac{\alpha_2}{2\omega_0^2}C_1^2 + O(C_1^5) \tag{f}$$

$$\omega^2 = \alpha_1 + \frac{3\alpha_1\alpha_3 - 4\alpha_2^2}{4\alpha_1}C_1^2 + O(C_1^5) \tag{g}$$

或

$$\omega = \omega_0\left(1 + \frac{3\omega_0^2\alpha_3 - 4\alpha_2^2}{8\omega_0^4}C_1^2\right) + O(C_1^5) \tag{h}$$

若仍想提高解的精度，可取

$$x = a_0 + a_1\cos\omega t + b_1\sin\omega t + a_2\cos 2\omega t + b_2\sin 2\omega t \tag{i}$$

并设 $a_0 = O(C_1^2)$，$C_2 = \sqrt{a_2^2 + b_2^2} - O(C_1^2)$，$C_1 < 1$，可得其频率为

$$\omega = \omega_0\left(1 + \frac{9\omega_0^2\alpha_3 - 10\alpha_2^2}{24\omega_0^4}C_1^2\right) + O(C_1^5) \tag{j}$$

顺便指出，如果把解展开为

$$x = \sum_{n=0}^{\infty} C_n \cos n\varphi \tag{k}$$

运算起来更加方便。式 (k) 中 $\varphi = \omega t + \varphi_0$，$C_n = \sqrt{a_n^2 + b_n^2}$，并设 C_1, φ_0 为已知（由初始条件确定）。若取 $M+1$ 个谐波，则共有 $M+1$ 个未知量（$C_0, C_2, \cdots, C_M, \omega$），有

$M+1$ 个线性独立的代数方程, 故可求解。

6.7　强非线性振动系统求解方法简介

对于形如

$$\ddot{x} + \omega^2 x = \varepsilon f(x, \dot{x}) \quad (0 < \varepsilon \ll 1) \tag{6.7.1}$$

的弱非线性自治系统, 以及形如

$$\ddot{x} + \omega^2 x = \varepsilon f(x, \dot{x}, \Omega t) \quad (0 < \varepsilon \ll 1) \tag{6.7.2}$$

的弱非线性非自治系统, 已有多种有效的近似解法, 如前面介绍的 L–P 摄动法、平均法、KBM 法和多尺度法等。

传统的周期解摄动法 [1-8] 是在线性振动周期解的基础上摄动的, 其难以求解的情况主要有:

第一类, 不包含小参数的强非线性振动, 如

$$\ddot{x} + \omega_0^2 x + \mu x^3 = 0 \quad (\mu \geqslant 1) \tag{6.7.3}$$

因为传统摄动法需要找到一个小参数 $0 < \varepsilon \ll 1$。

第二类, 不具有线性振动周期解的方程, 如

$$\ddot{x} + \varepsilon x^3 = 0 \quad (0 < \varepsilon \ll 1) \tag{6.7.4}$$

因为传统摄动法是在线性振动周期解的基础上摄动。

第三类, 具有多周期解的方程, 如

$$\ddot{x} - x + \varepsilon x^3 = 0 \tag{6.7.5}$$

因为传统摄动法只能求得一个周期解。

第四类, 具有非对称周期解的方程, 如

$$\ddot{x} + \omega_0^2 x + \varepsilon x^2 = 0 \tag{6.7.6}$$

因为传统摄动法在线性振动周期解的基础上摄动, 只能得到对称周期解。

对于强非线性系统, 尚缺乏像弱非线性系统那样比较通用的近似求解方法。不过近四十多年来, 这一问题引起了学者的关注, 已经形成了一些方法 [11-17]。例如, 参数变换法 (S. E. Jones, 1978), 时间变换法 (S. E. Jones, 1982), 改进的多尺度法 (T. D. Burton, 1986), 改进的 L–P 法 (Y. K. Cheung, 1991), 改进的等效线性化法 (M. N. Hamdan, 1990), 改进的谐波平衡法 (S. S. Qiu, 1990), 快速伽辽金法 (F. H. Ling, 1987), 带椭圆函数的谐波平衡法 (S. B. Yuste, 1991), 频闪法 (Li Li, 1990), 增量谐波平衡法 (Y. K. Cheung, 1990), 摄动增量法 (Chan, 1995), 拆分技术 (吴伯生, 2004), 等等。本节简单介绍几种代表性方法。

6.7.1　改进的摄动法

改进的摄动法适合于 ε 不是小参数的强非线性情形,有关详细讨论请参考文献 [11,12]。

6.7.2　能量法

基于周期解在一个周期内其平均能量应该守恒这一力学概念,李骊 [13,14] 等提出了计算强非线性系统周期解的能量法。其基本思想是,如果系统的运动是周期运动,则一个周期内系统能量的平均值为常数。此外,如果周期运动为渐近稳定,则位于该周期运动邻域内的其他运动,在与上述周期相同的时间长度中所求得的平均能量,将趋于该周期运动的平均能量,并且以此平均能量为其极限。

该方法成功用于分析单自由度和多自由度强非线性自治系统和非自治系统的周期解,导出了相应周期解的轨迹以及时间历程的近似解析表达式。还被用来推证了一系列关于周期解存在与稳定的基本定理,据此得出了周期解存在与稳定的一些必要与充分条件。

6.7.3　同伦分析法

摄动方法通常仅适用于弱非线性问题,传统的非摄动方法,如李雅普诺夫人工小参数法、Adomian 分解法等,虽然形式上不依赖小参数,但与摄动方法相同,不能提供一个简洁的途径确保所求得的级数解收敛及具有足够的精度。

1992 年,廖世俊等 [15,30] 率先将拓扑理论的同伦概念应用于非线性方程的近似求解,提出了一个求解非线性方程级数解的一般方法 —— 同伦分析法。其后,又引入一个辅助参数 (称为收敛控制参数) 将同伦概念一般化,提出"广义同伦"概念,从而提供了一种方式控制级数解的收敛,使同伦分析法不仅不依赖物理小参数,而且适用于强非线性问题。该方法已经成功用于求解力学和应用数学中的诸多强非线性问题,其优点是:

（1）**普遍有效性**　无论非线性方程是否含有物理小参数,都可应用同伦分析法求解;

（2）**确保收敛性**　总可以选取适当的收敛控制参数和辅助线性算子确保级数解收敛;

（3）**灵活性**　可自由选取基函数来表达级数解,并自由选取对应的辅助线性算子和初始近似解。

6.7.4　谐波 – 能量平衡法

在传统的非线性振动研究中,周期解的定性分析与定量分析是相分离的。C–L 方法（陈予恕和 W. F. Langford 1988[23]）给出了周期解的拓扑结构和系统参数之间的关系,统一了 Bogoliubov[7] 和 Nayfeh[26] 对同一非线性参数系统得到的似乎矛盾的结果。

前述第一、二和四类的周期解问题,已有摄动类的求解方法。对于初值不同引起的分岔周期解问题，即第三类问题，研究工作较少。李银山提出 [16,17] 的谐波 - 能量平衡法 (harmonic energy-balanced method，简称 HEBM，2005)，其基本思想是用两项谐波的组合来解析逼近一个非线性微分方程组的解。该方法已用于求解对称强非线性问题（如第一、二类问题）和非对称强非线性问题（如第三、四类问题），以及强非线性多自由度振动系统的周期解 [20,27,28]。

习 题

6.1 用正则摄动法求

$$\ddot{x} + 4x + \varepsilon x^2 \ddot{x} = 0 \quad (\varepsilon \ll 1)$$

的一次近似解。

6.2 用林滋泰德–庞加莱法求

$$\ddot{x} + \omega_0^2 x = \varepsilon \dot{x}^2 x \quad (\varepsilon \ll 1)$$

的一次近似解。思考能否用正则摄动法求解。

6.3 用多尺度法求

$$\ddot{x} + x = \varepsilon(1 - x^2)\dot{x} \quad (\varepsilon \ll 1)$$

的二次近似解。

6.4 用平均法求

$$\ddot{x} + x = \varepsilon(1 - x^2)\dot{x} \quad (\varepsilon \ll 1)$$

的一次近似解。

6.5 用 KBM 法求

$$\ddot{x} + \omega_0^2 x = \varepsilon x^5 \quad (\varepsilon \ll 1)$$

的一次近似解。

6.6 质量为 m 的小环沿以匀角速度 Ω 绕对称轴旋转的抛物线无摩擦滑动，如图所示。在图示坐标系中，$y = cx^2$，且满足条件 $2gc - \Omega^2 > 0$。建立环运动的动力学方程，并求近似解。

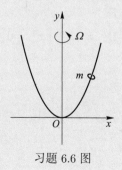

习题 6.6 图

6.7 长为 l 的均质杆在半径为 r 的固定半圆柱面上来回摆动而不滑动，如图所示。平衡时杆质心在柱面最高点。试建立角度 α 满足的微分方程，并求近似解。

6.8 在图示系统中，质量分别为 m_1 和 m_2 的物块由长为 l 的无重刚性杆连接。杆在铅垂位置时刚度系数为 k 的弹簧为原长。物块离弹簧静平衡位置的位移为 x。建立 x 所满足的微分方程，在有关 x/l 的展开式中只保留二次项求近似解。

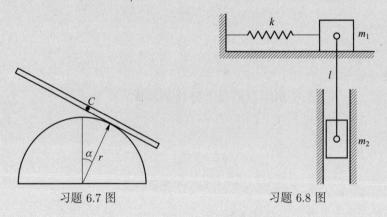

习题 6.7 图　　　　习题 6.8 图

6.9 用多尺度法求

$$\ddot{x} + x + \varepsilon(x^2 + \dot{x}^2) = 0 \quad (\varepsilon \ll 1)$$

的近似解。

6.10 用平均法求

$$\ddot{x} + 2\varepsilon\xi\dot{x} + x + \varepsilon x^3 = 0 \quad (\varepsilon \ll 1)$$

的近似解。

6.11 用多尺度法求

$$\ddot{x} + \omega_0^2 x + 2\varepsilon\xi x^2\dot{x} + \varepsilon b x^3 = 0 \quad (\varepsilon \ll 1)$$

的近似解。

6.12 用平均法求

$$\ddot{x} + x = \varepsilon(1 - x^4)\dot{x} \quad (\varepsilon \ll 1)$$

的近似解。

6.13 用多尺度法求

$$\ddot{x} + x - \varepsilon(1 - x^2)\dot{x} + \varepsilon x^3 = 0 \quad (\varepsilon \ll 1)$$

的近似解。

6.14 对于小量 ε，用平均法求

$$\ddot{x} + \omega_0^2 x + \varepsilon x|x| = 0 \quad (\varepsilon \ll 1)$$

的近似解。

6.15 受冲量激励钟摆的动力学方程为

$$J\ddot{x} + c\dot{x} + kx - \frac{1}{2}I(\dot{x} - |\dot{x}|)\delta(x - x_0) = 0$$

式中 J，c，k，I 和 x_0 均为常数，$\delta(x - x_0)$ 为狄拉克分布函数。求稳态周期运动存在的条件。

6.16 对于非线性振动微分方程

$$\ddot{x} + \rho\,\mathrm{sgn}\,\dot{x} + g\,\mathrm{sgn}\,x = 0\ (\rho < g), \quad x(0) = A\ (A > 0), \quad \dot{x}(0) = 0$$

（1）用平均法求振动规律的近似解。

（2）求每次振动振幅衰减和周期（两个相邻最大偏移间的时间）的精确解。

6.17 空隙弹簧系统恢复力 $g(x)$ 如图所示，求非线性振动微分方程

$$\ddot{x} + g(x) = 0, \quad x(0) = A\ (A > 0), \quad \dot{x}(0) = 0$$

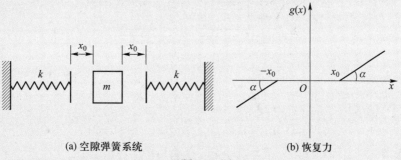

(a) 空隙弹簧系统   (b) 恢复力

习题 6.17 图

的近似解，并将周期与精确解的周期进行比较。

6.18 求周期激励范德波尔方程

$$\ddot{x} + \omega_0^2 x = \varepsilon(1 - x^2)\dot{x} + F\cos\Omega t, \quad x(0) = A + \frac{F}{\omega_0^2 - \Omega^2}, \quad \dot{x}(0) = 0$$

的非共振解。

6.19 求周期激励瑞利方程

$$\ddot{x} + \omega_0^2 x = \varepsilon\left(1 - \frac{1}{3}\dot{x}^2\right)\dot{x} + \varepsilon k\cos\Omega t$$

的主共振响应 $(\Omega \approx \omega_0)$ 的一次近似解。

6.20 求二次非线性系统受迫振动

$$\ddot{x} + \omega_0^2 x = -2\varepsilon\xi\dot{x} - \varepsilon\alpha_2 x^2 + k\cos\Omega t$$

超谐波共振响应 $\omega_0 \approx 2\Omega$ 和亚谐波共振响应（$\omega_0 \approx \Omega/2$）的一次近似解。

6.21 求双频激励下具有二次非线性方程

$$\ddot{x} + x + 2\varepsilon\xi\dot{x} + \varepsilon\alpha_2 x^2 = K_1\cos(\Omega_1 t + \theta_1) + K_2\cos(\Omega_2 t + \theta_2)$$

组合共振（$\Omega_1 \approx 1/4$，$\Omega_2 \approx 3/4$）的一次近似稳态解。

6.22 求解达芬–马蒂厄方程

$$\ddot{x} + 2\varepsilon\xi\dot{x} + (\delta + 2\varepsilon\cos 2t)x + \varepsilon\alpha_3 x^3 = 0$$

主共振时 $\delta \approx 1$ 的一次近似解，并分析非线性因素对稳定性的影响。

6.23 如图所示自由度为 2 的系统。质量为 m_1，m_2 的两个质点在 S_1，S_2 两弹簧作用下水平振动，其中 S_1 是渐硬弹簧，其恢复力为

$$\alpha_1 q_1 + \alpha_3 q_1^3 = k_1 q_1 (1 + \beta^2 q_1^2)$$

k_1 和 β 是正常数，而 S_2 是线性弹簧，其刚度系数是 k_2，q_1 和 q_2 是以两弹簧都处于自由状态时 m_1，m_2 所处位置为原点起算的广义坐标。

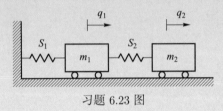

习题 6.23 图

运动微分方程是

$$\ddot{x}_1 + p_1^2 x_1 (1 + x_1^2) - \mu p_2^2 (x_2 - x_1) = 0$$
$$\ddot{x}_2 + p_2^2 (x_2 - x_1) = 0$$

式中

$$x_1 = \beta q_1, \quad x_2 = \beta q_2, \quad p_1^2 = \frac{k_1}{m_1}, \quad p_2^2 = \frac{k_2}{m_2}, \quad \mu = \frac{m_2}{m_1}$$

试求非线性自由振动系统的近似解。

6.24 在习题 6.23 中，仍考虑如图所示的系统，在质点 m_1 上作用一水平激励 $p\sin\Omega t$。引入 $F = \dfrac{\beta p}{m_1}$，运动方程是

$$\ddot{x}_1 + p_1^2 x_1 (1 + x_1^2) - \mu p_2^2 (x_2 - x_1) = F\sin\Omega t$$
$$\ddot{x}_2 + p_2^2 (x_2 - x_1) = 0$$

试求非线性受迫振动的近似解。

6.25 讨论软弹簧系统强非线性达芬方程

$$\ddot{x} + \omega_0^2 x - \varepsilon x^3 = 0$$

假定它具有如下初始条件：

$$x(0) = A, \quad \dot{x}(0) = 0$$

其标准型是 $\omega_0^2 = 1$，$\varepsilon = 1$，$0 < A < 1$。试求强非线性自由振动的近似解并与精确解对比。

6.26 求五次强非线性项微分方程

$$\ddot{x} + \mu x^5 = 0, \quad \mu > 0$$

的自由振动近似解析解，并与数值解对比。

参考文献

[1] 钱伟长. 奇异摄动理论及其在力学中的应用 [M]. 北京：科学出版社，1981

[2] 陈予恕. 非线性振动 [M]. 天津：天津科学技术出版社，1983

[3] 郑兆昌. 机械振动：中 [M]. 北京：机械工业出版社，1985

[4] 褚亦清，李翠英. 非线性振动分析 [M]. 北京：北京理工大学出版社，1996

[5] 胡海岩. 应用非线性动力学 [M]. 北京：航空工业出版社，2000

[6] 刘延柱，陈立群. 非线性振动 [M]. 北京：高等教育出版社，2001

[7] 包戈留包夫，米特罗波尔斯基. 非线性振动理论中的渐近方法 [M]. 金福临，等，译. 哈尔滨：哈尔滨工业大学出版社，2018

[8] 闻邦椿，李以农，徐培民，等. 工程非线性振动 [M]. 北京：科学出版社，2007

[9] 叶彦谦，等. 极限环论 [M]. 上海：上海科学技术出版社，1984

[10] 丁文镜. 自激振动 [M]. 北京：清华大学出版社，2009

[11] 李银山，郝黎明，树学锋. 强非线性 Duffing 方程的摄动解 [J]. 太原理工大学学报，2000，31(2)：516–520

[12] 陈树辉. 强非线性振动系统的定量分析方法 [M]. 北京：科学出版社，2007

[13] 李骊. 强非线性振动系统的定性理论与定量方法 [M]. 北京：科学出版社，1997

[14] 李骊，叶红玲. 强非线性系统周期解的能量法 [M]. 北京：科学出版社，2008

[15] 廖世俊. 超越摄动：同伦分析方法导论 [M]. 陈晨，徐航，译. 北京：科学出版社，2006

[16] 李银山，李树杰. 构造一类非线性振子解析逼近周期解的初值变换法 [J]. 振动与冲击，2010，29(8)：99–102

[17] 李银山，潘文波，吴艳艳，等. 非对称强非线性振动特征分析 [J]. 动力学与控制学报，2012，10(1)：15–20

[18] SINGIRESU S R. 机械振动 [M]. 李欣业，杨理诚，译. 北京：清华大学出版社，2016

[19] 宫心喜，臧剑秋. 应用非线性振动力学习题与选解 [M]. 北京：中国铁道出版社，1986

[20] 李银山. Maple 理论力学 [M]. 北京：机械工业出版社，2013

[21] 彭芳麟，管靖，胡静，等. 理论力学计算机模拟 [M]. 北京：清华大学出版社，2002

[22] 陈予恕，唐云. 非线性动力学中的现代分析方法 [M]. 北京：科学出版社，1992

[23] 陈予恕. 非线性振动系统的分叉和混沌理论 [M]. 北京：高等教育出版社，1993

[24] 李银山，刘波，龙运佳，等. 二次非线性黏弹性圆板的 $2/1 \oplus 3/1$ 超谐解 [J]. 应用力学学报，2002，19(3)：20–24

[25] 胡海岩. 振动力学：研究性教程 [M]. 北京：科学出版社，2020

[26] NAYFEH A H, MOOK D T. Nonlinear oscillations[M]. New York: John Wiley & Sons, 1979

[27] LI Y S, ZHANG N M, YANG G T. 1/3 subharmonic solution of elliptical sandwich plates[J]. Applied Mathematics and Mechanics, 2003, 24(10): 1147–1157

[28] CHEN Y S, LI Y S, XUE Y S. Safety margin criterion of nonlinear unbalance elastic axle system[J]. Applied Mathematics and Mechanics, 2003, 24(6): 621–630

[29] STEPHEN L. Dynamical systems with applications using Maple[M]. Birkhäuser, Boston, Basel,

Berlin, 2010

[30] LIAO S J. Homotopy analysis method in nonlinear differential equations[M]. Beijing: Higher Education Press, 2012

[31] VLADIMIR I N. Introduction to nonlinear oscillations[M]. Beijing: Higher Education Press, 2015

习题答案 A6

第 7 章
线性随机振动

前几章介绍了确定振动系统在确定性载荷作用下的响应，但在自然及工程结构中，普遍存在风、地震、波浪、喷气噪声等随机扰动。在随机载荷作用下的机械或结构系统的振动称为随机振动。由于激励的随机性，系统响应也是随机的，激励与响应都需要用概率统计的方法研究其统计特性。

爱因斯坦（Einstein）在 1905 年为布朗运动（漂浮在水面上的微小粒子的杂乱运动，见图 7.0.1）发展了一个随机模型，这是人们对随机动力学系统进行的最早研究。20 世纪 50 年代的实际工程需求，如大气湍流引起的飞机振动、喷气噪声引起的飞机声疲劳及火箭推进的空间飞行器有效载荷的可靠性分析等问题，促成了随机振动作为一门学科的诞生及发展。线性随机振动理论由于叠加原理的成立很快得到完善。

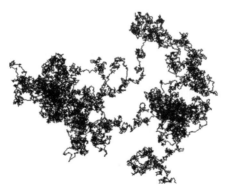

图 7.0.1　布朗运动

自 20 世纪 60 年代起，人们的主要研究转向发展非线性随机振动理论，其中最主要的工作是基于马尔可夫（Markov）扩散过程理论的前向/后向福克尔–普朗克–柯尔莫哥洛夫（Fokker-Planck-Kolmogorov）方程的建立及求解，以及以随机平均法为代表的系统降维方法等。经过几十年的研究已发展了各类非线性随机动力学系统的响应预测、稳定性及可靠性的确定方法等，读者可参考相关专著 [1-4]。

由于篇幅所限，本章仅对随机载荷作用下单/多自由度线性系统的响应分析方法作简要介绍，内容包括：随机过程的时域及频域特性，平稳及非平稳随机激励下单自由度线性系统的响应，用单位脉冲响应函数及模态叠加法研究平稳随机激励作用下的多自由度线性系统的响应特性。

7.1　随机过程

对于受随机载荷作用的系统，其响应也是随机的，下面以 $X(t)$ 表示激励或响应随机现象中所研究的物理量，这种随机现象可以用随机过程这一概念来描述。随机过程有多种定义方式，通常将随机过程定义为以 t 为参数的一族随机变量，用 $\{X(t), t \in T\}$ 表示，参数 t 属于参数集合 T。参数 t 可为时间或空间变量，只有当参数 t 为时间变量时才称 $X(t)$ 为**随机过程**，当参数 t 为空间变量时 $X(t)$ 称为**随机场**，它可以描述路面的不平度、海洋波浪的随机运动、作用于工程结构的随机风载荷等。本章仅讨论随机过程，即仅考虑参数 t 为时间变量的情况。

对于一固定时间 t，$X(t)$ 是定义在样本空间 Ω 上的随机变量，参数集合 T 及样本空间 Ω 均可以是离散或连续的，因此随机过程可分为 4 种：离散参数离散状态随机过程；离散参数连续状态随机过程；连续参数离散状态随机过程；连续参数连续状态随机过程。本章仅考虑连续参数连续状态随机过程情形，对于任一可能的关于时间 t 的函数 $X(t)$ 称为**样本函数**，图 7.1.1 给出了一个典型随机过程的两个样本函数示意图。

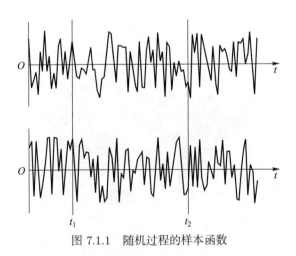

图 7.1.1　随机过程的样本函数

7.1.1　随机过程的时域描述

根据定义，随机过程是关于时间参数 t 的一族随机变量，因此可以用概率统计的方法描述随机过程。下列 6 种方法中的任何一种都可对随机变量作完全描述：有限维概率分布函数族，有限维概率密度函数族，有限维特征函数族，有限维对数特征函数族，矩函数无穷系列，累积量函数无穷系列。已证明这 6 种完全描述方法是等价的 [2]。下面以概率密度函数和矩函数为例作简要介绍。

对于任意有限个时刻 $t_1, t_2, \cdots, t_n \in T$，由随机过程 $\{X(t), t \in T\}$ 派生出来的 n 个随机变量 $X_i = X(t_i)\ (i = 1, 2, \cdots, n)$ 的一维、二维直至 n 维**概率密度函数**为

$$p(x_i, t_i) = \frac{\partial F(x_i, t_i)}{\partial x_i}$$

$$p(x_i, t_i; x_j, t_j) = \frac{\partial^2 F(x_i, t_i; x_j, t_j)}{\partial x_i \partial x_j}$$

$$\cdots\cdots\cdots\cdots \quad (7.1.1)$$

$$p(x_1, t_1; \cdots; x_n, t_n) = \frac{\partial^n F(x_1, t_1; \cdots; x_n, t_n)}{\partial x_1 \cdots \partial x_n}$$

$$i, j = 1, 2, \cdots, n$$

式中：$F(x_i, t_i) = P[X_i(t_i) \leqslant x_i]$ 称为随机变量 $X_i(t_i)$ 的**概率分布函数**，小写 x_i 为实变量，P 为事件的概率；$F(x_i, t_i; x_j, t_j) = P[X_i(t_i) \leqslant x_i \cap X_j(t_j) \leqslant x_j]$ 为 2 个随机变量 $X_i(t_i), X_j(t_j)$ 的联合概率分布函数；p 为概率密度函数。该随机过程也可用下列矩函数描述：

$$E[X(t_i)] = \int x_i p(x_i, t_i)\mathrm{d}x_i$$

$$E[X(t_i)X(t_j)] = \iint x_i x_j p(x_i, t_i; x_j, t_j)\mathrm{d}x_i\mathrm{d}x_j$$

$$E[X(t_1)X(t_2)\cdots X(t_n)] = \int\cdots\int x_1\cdots x_n p(x_1, t_1; x_2, t_2; \cdots; x_n, t_n)\mathrm{d}x_1\cdots\mathrm{d}x_n \quad (7.1.2)$$

$$i, j = 1, 2, \cdots, n$$

矩函数的积分域与随机变量的定义域有关。其中一阶与二阶矩函数分别称为**均值函数** μ_X 与自相关函数 R_{XX}：

$$\mu_X(t_i) = E[X(t_i)]$$

$$R_{XX}(t_i, t_j) = E[X(t_i)X(t_j)] \quad (7.1.3)$$

自协方差函数定义为二阶中心矩函数，即

$$\kappa_{XX}(t_i, t_j) = E\{[X(t_i) - \mu_X(t_i)][X(t_j) - \mu_X(t_j)]\}$$

$$= R_{XX}(t_i, t_j) - \mu_X(t_i)\mu_X(t_j) \quad (7.1.4)$$

方差函数是 $t_i = t_j$ 时的自协方差函数，即

$$\sigma_X^2(t_i) = \kappa_{XX}(t_i, t_i) = R_{XX}(t_i) - \mu_X^2(t_i) \quad (7.1.5)$$

自相关系数函数定义为

$$\rho_{XX}(t_i, t_j) = \frac{\kappa_{XX}(t_i, t_j)}{\sigma_X(t_i)\sigma_X(t_j)} = \frac{\kappa_{XX}(t_i, t_j)}{\sqrt{\kappa_{XX}(t_i, t_i)}\sqrt{\kappa_{XX}(t_j, t_j)}} \tag{7.1.6}$$

均值与方差函数是随机过程的一阶统计性质，因为它只与某一时刻 t_i 的一维概率分布密度有关。自相关、自协方差、自相关系数函数则是涉及两个不同时刻 t_i 与 t_j 的二阶统计性质，它们由二维概率分布密度导出。一阶、二阶统计量是描述一个随机过程最重要的统计量，而且在一定条件下可以完全描述一个随机过程。例如，当式 (7.1.1) 的一维、二维概率密度函数为高斯分布（或正态分布），即

$$p(x_i, t_i) = \frac{1}{\sqrt{2\pi}\sigma_X(t_i)} \times \exp\left\{-\frac{[x_i - \mu_X(t_i)]^2}{2\sigma_X^2(t_i)}\right\}$$

$$p(x_i, t_i; x_j, t_j) = \frac{1}{2\pi\sigma_X(t_i)\sigma_X(t_j)\sqrt{1 - \rho_{XX}^2(t_i, t_j)}} \times$$

$$\exp\left\{\frac{\begin{array}{l}\sigma_X^2(t_j)[x_i - \mu_X(t_i)]^2 - 2\sigma_X(t_i)\sigma_X(t_j)\rho_{XX}(t_i, t_j)\times \\ [x_i - \mu_X(t_i)][x_j - \mu_X(t_j)] + \sigma_X^2(t_i)[x_j - \mu_X(t_j)]^2\end{array}}{2\sigma_X^2(t_i)\sigma_X^2(t_j)[1 - \rho_{XX}^2(t_i, t_j)]}\right\} \tag{7.1.7}$$

此时，随机过程的一阶及二阶统计性质 $\mu_X(t_i)$, $\mu_X(t_j)$, $\sigma_X(t_i)$, $\sigma_X(t_j)$, $\rho_{XX}(t_i, t_j)$ 可完全确定一维、二维高斯随机矢量的分布，从而大幅度简化随机过程的描述。比如，实际工程中随机激励常用高斯白噪声近似，它的含义就是假定随机激励的分布是高斯分布。

以上讨论的是同一个随机过程不同时刻随机变量的统计性质，实际工程中往往还需要了解不同的随机过程（比如系统的输入与输出）之间的相互关系。类似于单个随机过程情况，针对两个随机过程 $X(t)$ 和 $Y(t)$ 分别利用不同时刻 t_i, t_j 的随机变量可以得到类似式 (7.1.1) 中的一维、二维概率密度函数 $p(x, t_i)$, $p(y, t_j)$, $p(x, t_i; y, t_j)$。由此可定义如下两个随机过程的互相关、互协方差、互相关系数函数：

$$R_{XY}(t_i, t_j) = E[X(t_i)Y(t_j)] \tag{7.1.8}$$

$$\kappa_{XY}(t_i, t_j) = E\{[X(t_i) - \mu_X(t_i)][Y(t_j) - \mu_Y(t_j)]\}$$

$$= R_{XY}(t_i, t_j) - \mu_X(t_i)\mu_Y(t_j) \tag{7.1.9}$$

$$\rho_{XY}(t_i, t_j) = \frac{\kappa_{XY}(t_i, t_j)}{\sigma_X(t_i)\sigma_Y(t_j)} \tag{7.1.10}$$

关于自/互相关函数等的性质，特征函数、对数特征函数、累积量函数等的定义及等价性证明请参考文献 [1-4]。

平稳随机过程　由上述关于随机过程的完全描述可知，要完全描述随机过程的性质是非常困难的。为便于实际工程应用，往往对随机过程的描述进行适当的简化，常用的一种简化是平稳随机过程。一个随机过程若它的全部概率密度在时间平移 $t \to t+\tau$ 下不变，则称该过程为强平稳或严格意义上平稳，即下式成立：

$$p(x_1, t_1; x_2, t_2; \cdots; x_n, t_n) = p(x_1, t_1 + \tau; x_2, t_2 + \tau; \cdots; x_n, t_n + \tau) \tag{7.1.11}$$

方程 (7.1.11) 意味着一维概率密度与时间无关, 高维概率密度只取决于 τ。当方程 (7.1.11) 只对一维、二维概率密度成立, 该随机过程称为弱平稳、广义平稳或弱意义上平稳, 大多数实际问题只涉及弱平稳, 因此通常省略 "弱" 字。

对于一个弱平稳随机过程, 一阶统计特性与时间无关, 二阶统计特性只与时间差有关, 即

$$
\begin{aligned}
\mu_X(t) &= \mu_X \\
\sigma_X(t) &= \sigma_X \\
R_{XX}(t_i, t_j) &= R_{XX}(\tau) = R_{XX}(-\tau) \\
\kappa_{XX}(t_i, t_j) &= \kappa_{XX}(\tau) = \kappa_{XX}(-\tau) \\
\rho_{XX}(t_i, t_j) &= \rho_{XX}(\tau) = \rho_{XX}(-\tau) \\
R_{XX}(0) &= E[X^2(t)] = \sigma_X^2 + \mu_X^2 \\
\kappa_{XX}(0) &= \sigma_X^2 \\
\tau &= t_j - t_i
\end{aligned}
\tag{7.1.12}
$$

两个随机过程 $X(t)$, $Y(t)$ 联合平稳时, 其互相关、互协方差、互相关系数函数有如下关系:

$$R_{XY}(t_i, t_j) = R_{XY}(\tau) = R_{YX}(-\tau) \tag{7.1.13}$$

$$\kappa_{XY}(t_i, t_j) = \kappa_{XY}(\tau) = \kappa_{YX}(-\tau) \tag{7.1.14}$$

$$\rho_{XY}(t_i, t_j) = \rho_{XY}(\tau) = \rho_{YX}(-\tau) \tag{7.1.15}$$

通过引入弱平稳随机过程假定, 不仅简化了一阶、二阶统计特性的描述, 还可以得到其他重要结论。图 7.1.4 给出了典型不含周期分量的零均值随机过程的自相关函数 $R_{XX}(\tau)$, 可以看出 $R_{XX}(0)$ 取极大值, 且当 $\tau \to \pm\infty$ 时 $R_{XX}(\tau) \to 0$, 因此对于不含周期分量的零均值平稳随机过程有

$$\int_{-\infty}^{+\infty} |R_{XX}(\tau)| \, \mathrm{d}\tau < +\infty$$

即自相关函数 $R_{XX}(\tau)$ 是绝对可积的, 从而其相应的傅里叶变换存在, 这是随机过程可以进行谱描述的基础, 见 7.1.2 节。

随机过程的导数也是随机过程, 可在不同意义上定义, 最常用的是均方意义上的导数, 其定义为

$$\frac{\mathrm{d}X(t)}{\mathrm{d}t} = \dot{X}(t) = \underset{\Delta t \to 0}{\mathrm{l.i.m}} \frac{X(t + \Delta t) - X(t)}{\Delta t}$$

式中 l.i.m (limit in mean) 是均值意义上极限的缩写。对于一个平稳随机过程, 据此可导出导数过程的自相关与互相关函数, 即

$$R_{\dot{X}X}(\tau) = -\frac{\mathrm{d}}{\mathrm{d}\tau}R_{XX}(\tau) \tag{7.1.16}$$

$$R_{\dot{X}\dot{X}}(\tau) = -\frac{\mathrm{d}^2}{\mathrm{d}\tau^2}R_{XX}(\tau) \tag{7.1.17}$$

$$R_{\ddot{X}\ddot{X}}(\tau) = \frac{\mathrm{d}^4}{\mathrm{d}\tau^4}R_{XX}(\tau) \tag{7.1.18}$$

由于自相关函数 $R_{XX}(\tau)$ 是关于 τ 的偶函数，式 (7.1.16) 可知

$$E[\dot{X}(t)X(t)] = R_{\dot{X}X}(0) = -\left.\frac{\mathrm{d}}{\mathrm{d}\tau}R_{XX}(\tau)\right|_{\tau=0} = 0 \tag{7.1.19}$$

因此，平稳随机过程 $X(t)$ 与其导数随机过程 $\dot{X}(t)$ 是不相关的。

随机过程的各态历经性　在实际工程应用中，样本个数及每个样本的记录长度都是有限的，对于一个平稳的随机过程，假如其记录长度是 T，则可以直接由该记录的时间平均得到该记录的均值及相关函数。一般来说，不同的记录将给出不同的均值与相关函数。如果考虑所有可能的样本函数，对于任意的固定时间 T，并考虑所有可能的时间平移，由时间平均得到的均值都等于该平稳过程由集合平均得到的均值，则称该过程的均值是各态历经的。类似地，如果由时间平均得到的相关函数都等于该平稳过程由集合平均得到的相关函数，则称该过程相关函数**各态历经**。同理，可以定义高阶统计意义上的各态历经性。一个平稳随机过程，若其均值与相关函数都是各态历经的，则称为广义（或弱）各态历经。由于一个随机过程是各态历经的必要条件是该过程平稳，因此，各态历经过程是平稳随机过程的一个子类。

在实际工程中，根据实测得到的一个或少数几个样本难以验证一个随机过程是否满足各态历经条件，为此，实践中往往是先根据该过程的物理性质假定其各态历经性，待有足够的数据再去验证假设的正确性，从而简化分析过程。

7.1.2　随机过程的谱描述

一个周期性函数可展开为傅里叶级数，一个在 $(-\infty, +\infty)$ 上绝对可积的非周期函数可表示为傅里叶积分。而一个平稳随机过程的样本函数无始无终，既非周期亦非衰减，一般不是绝对可积的，因此不能直接对平稳随机过程进行傅里叶分析。由 7.1.1 节可知，对于一个不含周期分量的零均值平稳随机过程，其相关函数是绝对可积的，因此可以利用相关函数的傅里叶变换定义谱密度，也可以等价地采用平稳随机过程的谱分解以及用随机过程有限时间傅里叶变换定义谱密度。利用平稳随机过程自相关函数的傅里叶变换定义的**谱密度函数**为

$$S_{XX}(\omega) = \frac{1}{2\pi}\int_{-\infty}^{+\infty}R_{XX}(\tau)\mathrm{e}^{-\mathrm{i}\omega\tau}\mathrm{d}\tau \tag{7.1.20}$$

式中 $S_{XX}(\omega)$ 是 ω 的非负实函数，其逆变换为

$$R_{XX}(\tau) = \int_{-\infty}^{+\infty} S_{XX}(\omega) e^{i\omega\tau} d\omega \tag{7.1.21}$$

傅里叶变换对式 (7.1.20) 和式 (7.1.21) 称为**维纳 – 辛钦**（Wiener-Khinchin）**定理**。

一个平稳随机过程的相关函数与谱密度函数所包含的关于该过程的信息是等价的，相关函数所表示的是该过程在时域内关于幅值的统计信息，而谱密度函数所表示的是该过程在频域内关于幅值的统计信息。由于自相关函数 $R_{XX}(\tau)$ 是关于 τ 的偶函数，因此式 (7.1.20) 与式 (7.1.21) 可改写为余弦傅里叶积分形式，即

$$S_{XX}(\omega) = \frac{1}{\pi} \int_0^{+\infty} R_{XX}(\tau) \cos\omega\tau d\tau \tag{7.1.22}$$

$$R_{XX}(\tau) = 2 \int_0^{+\infty} S_{XX}(\omega) \cos\omega\tau d\omega \tag{7.1.23}$$

令式 (7.1.21) 和式 (7.1.23) 中 $\tau = 0$，得

$$E[X^2(t)] = R_{XX}(0) = \int_{-\infty}^{+\infty} S_{XX}(\omega) d\omega = 2 \int_0^{+\infty} S_{XX}(\omega) d\omega \tag{7.1.24}$$

由式 (7.1.24) 可知，平稳随机过程的均方值（随机变量平方的均值）是功率谱密度在频域内的积分或对应所有频率的功率谱密度之和。由于均方值通常是能量的度量，因此将 $S_{XX}(\omega)$ 称为**功率谱密度**。

两个联合平稳的随机过程 $X(t)$ 与 $Y(t)$，其互相关函数与互谱密度也有类似的关系：

$$S_{XY}(\omega) = \frac{1}{2\pi} \int_{-\infty}^{+\infty} R_{XY}(\tau) e^{-i\omega\tau} d\tau \tag{7.1.25}$$

$$R_{XY}(\tau) = \int_{-\infty}^{+\infty} S_{XY}(\omega) e^{i\omega\tau} d\omega \tag{7.1.26}$$

且有 $S_{XY}(\omega) = S_{YX}^*(\omega)$，其中 "$*$" 在本章表示复共轭。

关于平稳随机过程导数的谱密度，可利用导数过程的相关函数式 (7.1.16)、(7.1.17) 及式 (7.1.18) 导出：

$$R_{\dot{X}X}(\tau) = -\frac{d}{d\tau} R_{XX}(\tau) = \int_{-\infty}^{+\infty} (-i\omega) S_{XX}(\omega) e^{i\omega\tau} d\omega \tag{7.1.27}$$

$$R_{\dot{X}\dot{X}}(\tau) = -\frac{d^2}{d\tau^2} R_{XX}(\tau) = \int_{-\infty}^{+\infty} \omega^2 S_{XX}(\omega) e^{i\omega\tau} d\omega \tag{7.1.28}$$

$$R_{\ddot{X}\ddot{X}}(\tau) = \frac{d^4}{d\tau^4} R_{XX}(\tau) = \int_{-\infty}^{+\infty} \omega^4 S_{XX}(\omega) e^{i\omega\tau} d\omega \tag{7.1.29}$$

式 (7.1.27)、(7.1.28) 及式 (7.1.29) 意味着：

$$S_{\dot{X}X}(\omega) = (-i\omega) S_{XX}(\omega) \tag{7.1.30}$$

$$S_{\dot{X}\dot{X}}(\omega) = \omega^2 S_{XX}(\omega) \tag{7.1.31}$$

$$S_{\ddot{X}\ddot{X}}(\omega) = \omega^4 S_{XX}(\omega) \tag{7.1.32}$$

类似地可导出随机过程 $X(t)$ 的任意阶导数过程的自功率谱密度及互功率谱密度。

非平稳随机过程的谱密度函数 一个非平稳随机过程的自相关函数是两个时刻的函数。有两种方法进行非平稳随机过程的谱分析：

一种是定义非平稳随机过程的功率谱密度与互谱密度为

$$S_{XX}(\omega_1, \omega_2) = \frac{1}{(2\pi)^2} \int_{-\infty}^{+\infty} \int_{-\infty}^{+\infty} R_{XX}(t_1, t_2) \mathrm{e}^{-\mathrm{i}(\omega_1 t_1 - \omega_2 t_2)} \mathrm{d}t_1 \mathrm{d}t_2 \tag{7.1.33}$$

$$S_{XY}(\omega_1, \omega_2) = \frac{1}{(2\pi)^2} \int_{-\infty}^{+\infty} \int_{-\infty}^{+\infty} R_{XY}(t_1, t_2) \mathrm{e}^{-\mathrm{i}(\omega_1 t_1 - \omega_2 t_2)} \mathrm{d}t_1 \mathrm{d}t_2 \tag{7.1.34}$$

这种广义谱密度定义方式的缺点是很难给出物理解释。

另一种广义谱密度与互谱密度定义为

$$S_{XX}(\omega, t) = \frac{1}{2\pi} \int_{-\infty}^{+\infty} R_{XX}(t, t+\tau) \mathrm{e}^{-\mathrm{i}\omega t} \mathrm{d}\tau \tag{7.1.35}$$

$$S_{XY}(\omega, t) = \frac{1}{2\pi} \int_{-\infty}^{+\infty} R_{XY}(t, t+\tau) \mathrm{e}^{-\mathrm{i}\omega t} \mathrm{d}\tau \tag{7.1.36}$$

该定义有清楚的物理意义：它描述频域上随时间变化的能量分布，通常该广义谱密度可表示为 $S_{XX}(\omega, t) = |A(\omega, t)|^2 S_{XX}(\omega)$ 渐进谱密度的形式，而且 $A(\omega, t)$ 往往是时间 t 的慢变函数。

7.1.3 几种典型随机过程

高斯白噪声 高斯白噪声 $W(t)$ 是实际应用最广泛的一种随机过程，它是实际物理过程的理想化模型，其中"高斯"的含义是它在时域上的分布是均值为零的高斯分布，"白噪声"的含义是该过程任意两个不同时刻都不相关，因此其相应的自相关函数是狄拉克函数 $\delta(\tau)$。如图 7.1.2 所示，高斯白噪声在频域 $(-\infty, +\infty)$ 上的自功率谱密度为常数，即

$$R_{WW}(\tau) = 2\pi S_0 \delta(\tau) \tag{7.1.37}$$

$$S_{WW}(\omega) = S_0 \tag{7.1.38}$$

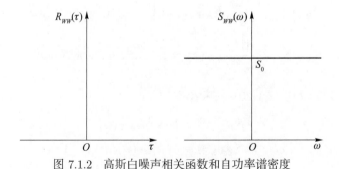

图 7.1.2 高斯白噪声相关函数和自功率谱密度

方程 (7.1.37) 意味着 $\sigma_W^2 = R_{WW}(0) = \infty$，而对于任意的 $\tau \neq 0$ 都有 $R_{WW}(\tau) = 0$，表明高斯白噪声有无穷大的能量，且变化极快，这样的随机过程在现实中不存在，是一种经过数学处理的简化模型。但由于高斯白噪声可以近似许多具有宽频带的物理过程，且对实际系统的简化带来便利，因此得到广泛的应用。

有理谱密度 1 如果某一功率谱密度可表示为 $S(\omega) = \dfrac{P(\omega)}{Q(\omega)}$，且 $P(\omega)$，$Q(\omega)$ 都是关于 ω 的多项式，则该功率谱称为有理谱密度，作为最简单的有理谱密度，其相关函数及功率谱密度分别为

$$R_{XX}(\tau) = S_0 \mathrm{e}^{-\alpha|\tau|} \tag{7.1.39}$$

$$S_{XX}(\omega) = \frac{S_0 \alpha}{\pi(\omega^2 + \alpha^2)} \tag{7.1.40}$$

该随机过程实际上是由高斯白噪声作用下一阶线性系统的响应，即 S_{XX} 是方程 $\dot{X} + \alpha X = W(t)$ 的响应 $X(t)$ 的功率谱，其中 $W(t)$ 是强度为 $2\pi S_0$ 的高斯白噪声，见习题 7.3。图 7.1.3 给出了对应不同 α 时的典型相关函数及自功率谱密度。

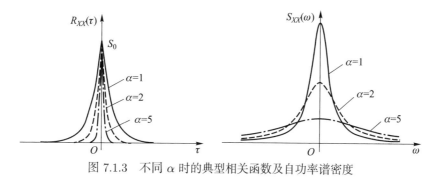

图 7.1.3 不同 α 时的典型相关函数及自功率谱密度

有理谱密度 2 高斯白噪声作用下单自由度二阶线性系统的响应过程的谱密度是典型的有理谱密度，它是方程 $\ddot{X} + 2\xi\omega_0\dot{X} + \omega_0^2 X = \dfrac{W(t)}{m}$ 的响应 $X(t)$ 的功率谱，其中 ω_0 和 ξ 分别为单自由度线性系统的固有频率及阻尼比，$W(t)$ 是强度为 $2\pi S_0$ 的高斯白噪声，具体求解过程见 7.2 节，其相关函数及自功率谱密度为

$$R_{XX}(\tau) = \frac{\pi S_0}{2m^2\xi\omega_0^3} \mathrm{e}^{-\xi\omega_0|\tau|} \left[\cos(\sqrt{1-\xi^2}\omega_0|\tau|) + \frac{\xi}{1-\xi^2} \sin(\sqrt{1-\xi^2}\omega_0|\tau|) \right] \tag{7.1.41}$$

$$S_{XX}(\omega) = \frac{S_0}{m^2[(\omega_0^2 - \omega^2)^2 + (2\xi\omega\omega_0)^2]} \tag{7.1.42}$$

当 ξ 较小时其典型相关函数及自功率谱密度如图 7.1.4 所示。由图 7.1.4 可知，当 ξ 较小时该过程是典型的窄带过程。

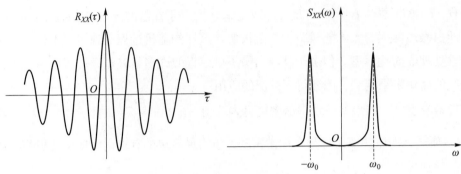

图 7.1.4　有理谱密度的典型相关函数及自功率谱密度

7.2　单自由度线性系统对随机激励的响应

第 1 章已对确定性载荷作用下的单自由度线性系统的响应及分析方法作了详细介绍，本节讨论随机载荷作用下单自由度线性系统的随机响应，其控制微分方程为

$$m\ddot{X} + c\dot{X} + kX = F(t) \tag{7.2.1}$$

式中：m, c 和 k 分别是单自由度线性系统的质量、阻尼系数及刚度系数，它们都是确定性的；$F(t)$ 为外部随机激励；$X(t)$ 为响应的随机过程；$\dot{X}(t)$ 和 $\ddot{X}(t)$ 分别是随机过程的一阶、二阶导数，其导数的含义是均方意义下的导数。

方程 (7.2.1) 可进一步改写为如下标准形式：

$$\ddot{X} + 2\xi\omega_0\dot{X} + \omega_0^2 X = \frac{F(t)}{m} \tag{7.2.2}$$

式中：$\omega_0 = \sqrt{\dfrac{k}{m}}$ 为系统的固有频率；$\xi = \dfrac{c}{2\omega_0 m} = \dfrac{c}{2\sqrt{km}}$ 为阻尼比，本章仅考虑 $0 < \xi < 1$（欠阻尼）的情形。

利用第 1 章的结果，可得方程 (7.2.2) 的解为

$$X(t) = X_0(t) + \int_{t_0}^{t} F(\tau)h(t-\tau)\mathrm{d}\tau \tag{7.2.3}$$

式中 $X_0(t)$ 是根据系统 $t = t_0$ 时刻的初始条件得到的暂态响应，$h(t)$ 是单位脉冲响应函数，它是如下方程的解：

$$\ddot{h}(t) + 2\xi\omega_0\dot{h}(t) + \omega_0^2 h(t) = \frac{1}{m}\delta(t) \tag{7.2.4}$$

式中 $\delta(t)$ 为狄拉克函数。方程 (7.2.4) 的解为

$$h(t) = \begin{cases} \dfrac{1}{m\omega_0\sqrt{1-\xi^2}}\mathrm{e}^{-\xi\omega_0 t}\sin\sqrt{1-\xi^2}\,\omega_0 t, & t \geqslant 0 \\ 0, & t < 0 \end{cases} \tag{7.2.5}$$

利用单位脉冲响应 $h(t)$ 当 $t < 0$ 为零的特性, 方程 (7.2.3) 中积分上限可改为 $+\infty$, 又由于随机激励往往是无始无终的, 因此方程 (7.2.3) 中的积分下限 t_0 可改为 $-\infty$, 因此公式 (7.2.3) 可简化为

$$X(t) = \int_{-\infty}^{+\infty} F(\tau)h(t-\tau)\mathrm{d}\tau = \int_{-\infty}^{+\infty} F(t-\tau)h(\tau)\mathrm{d}\tau \tag{7.2.6}$$

本章仅考虑零均值随机激励情形, 因此由式 (7.2.6) 给出的响应均值也为零, 其自相关函数及激励与响应的互相关函数为

$$
\begin{aligned}
R_{XX}(t_1, t_2) &= E[X(t_1)X(t_2)] \\
&= \int_{-\infty}^{+\infty}\int_{-\infty}^{+\infty} R_{FF}(\tau_1, \tau_2)h(t_1-\tau_1)h(t_2-\tau_2)\mathrm{d}\tau_1\mathrm{d}\tau_2 \\
&= \int_{-\infty}^{+\infty}\int_{-\infty}^{+\infty} R_{FF}(t_1-\tau_1, t_2-\tau_2)h(\tau_1)h(\tau_2)\mathrm{d}\tau_1\mathrm{d}\tau_2
\end{aligned}
\tag{7.2.7}
$$

$$R_{XF}(t_1, t_2) = E[X(t_1)F(t_2)] = \int_{-\infty}^{+\infty} R_{FF}(t_1-\tau_1, t_2)h(\tau_1)\mathrm{d}\tau_1 \tag{7.2.8}$$

当激励为零均值平稳随机过程时, 响应也是零均值平稳随机过程。令 $\tau = t_2 - t_1$, 方程 (7.2.7) 和方程 (7.2.8) 分别简化为

$$R_{XX}(\tau) = \int_{-\infty}^{+\infty}\int_{-\infty}^{+\infty} R_{FF}(\tau+\tau_1-\tau_2)h(\tau_1)h(\tau_2)\mathrm{d}\tau_1\mathrm{d}\tau_2 \tag{7.2.9}$$

$$R_{XF}(\tau) = \int_{-\infty}^{+\infty} R_{FF}(t+\tau_1)h(\tau_1)\mathrm{d}\tau_1 \tag{7.2.10}$$

利用前一节关于功率谱密度与相关函数之间的关系, 可得响应的自功率谱密度 $S_{XX}(\omega)$ 及激励与响应的互功率谱密度 $S_{XF}(\omega)$ 为

$$
\begin{aligned}
S_{XX}(\omega) &= \frac{1}{2\pi}\int_{-\infty}^{+\infty} R_{XX}(\tau)\mathrm{e}^{-\mathrm{i}\omega t}\mathrm{d}\tau \\
&= \frac{1}{2\pi}\int_{-\infty}^{+\infty}\int_{-\infty}^{+\infty}\int_{-\infty}^{+\infty} R_{FF}(\tau+\tau_1-\tau_2)h(\tau_1)h(\tau_2)\mathrm{e}^{-\mathrm{i}\omega\tau}\mathrm{d}\tau_1\mathrm{d}\tau_2\mathrm{d}\tau \\
&= \frac{1}{2\pi}\int_{-\infty}^{+\infty} R_{FF}(\tau+\tau_1-\tau_2)\mathrm{e}^{-\mathrm{i}\omega(\tau+\tau_1-\tau_2)}\mathrm{d}\tau \times \int_{-\infty}^{+\infty} h(\tau_1)\mathrm{e}^{\mathrm{i}\omega\tau_1}\mathrm{d}\tau_1 \times \\
&\quad \int_{-\infty}^{+\infty} h(\tau_2)\mathrm{e}^{-\mathrm{i}\omega\tau_2}\mathrm{d}\tau_2 \\
&= H(\omega)H^*(\omega)S_{FF}(\omega) = |H(\omega)|^2 S_{FF}(\omega)
\end{aligned}
\tag{7.2.11}
$$

$$
\begin{aligned}
S_{XF}(\omega) &= \frac{1}{2\pi}\int_{-\infty}^{+\infty} R_{XF}(\tau)\mathrm{e}^{-\mathrm{i}\omega\tau}\mathrm{d}\tau \\
&= \frac{1}{2\pi}\int_{-\infty}^{+\infty} R_{FF}(\tau+\tau_1)\mathrm{e}^{-\mathrm{i}\omega(\tau+\tau_1)}\mathrm{d}\tau \times \int_{-\infty}^{+\infty} h(\tau_1)\mathrm{e}^{\mathrm{i}\omega\tau_1}\mathrm{d}\tau_1 \\
&= H^*(\omega)S_{FF}(\omega)
\end{aligned}
\tag{7.2.12}
$$

式中利用了脉冲响应函数 $h(t)$ 与频响函数 $H(\omega)$ 之间的如下傅里叶变换关系：

$$h(t) = \frac{1}{2\pi} \int_{-\infty}^{+\infty} H(\omega) e^{i\omega t} d\omega \tag{7.2.13}$$

$$H(\omega) = \int_{-\infty}^{+\infty} h(t) e^{-i\omega t} dt = \frac{1}{m(\omega_0^2 - \omega^2 + 2i\xi\omega\omega_0)} \tag{7.2.14}$$

上述变换关系还可以由其他方式导出，见习题 7.4。关于速度、加速度响应的自功率谱密度可利用式 (7.2.11) 得到，即

$$S_{\dot{X}\dot{X}}(\omega) = \omega^2 |H(\omega)|^2 S_{FF}(\omega) \tag{7.2.15}$$

$$S_{\ddot{X}\ddot{X}}(\omega) = \omega^4 |H(\omega)|^2 S_{FF}(\omega) \tag{7.2.16}$$

位移、速度、加速度响应方差分别为

$$\sigma_X^2 = \int_{-\infty}^{+\infty} |H(\omega)|^2 S_{FF}(\omega) d\omega \tag{7.2.17}$$

$$\sigma_{\dot{X}}^2 = \int_{-\infty}^{+\infty} \omega^2 |H(\omega)|^2 S_{FF}(\omega) d\omega \tag{7.2.18}$$

$$\sigma_{\ddot{X}}^2 = \int_{-\infty}^{+\infty} \omega^4 |H(\omega)|^2 S_{FF}(\omega) d\omega \tag{7.2.19}$$

当激励 $F(t)$ 是非平稳随机激励时，系统响应 $X(t)$ 也是非平稳的。利用式 (7.1.33) 可得响应的广义谱密度

$$\begin{aligned}
S_{XX}(\omega_1, \omega_2) &= \frac{1}{(2\pi)^2} \int_{-\infty}^{+\infty} \int_{-\infty}^{+\infty} R_{XX}(t_1, t_2) e^{-i(\omega_1 t_1 - \omega_2 t_2)} dt_1 dt_2 \\
&= S_F(\omega_1, \omega_2) H(\omega_1) H^*(\omega_2)
\end{aligned} \tag{7.2.20}$$

利用另一种广义谱定义式 (7.1.35)，也可类似得到响应的渐进广义谱密度。

例 7.2.1　用本节的求解过程求高斯白噪声激励下单自由度线性系统响应的相关函数、功率谱及均方值。

解：　对于本例，方程 (7.2.1) 中随机激励为谱密度是 S_0 的高斯白噪声，其相关函数为 $R_{FF}(\tau) = 2\pi S_0 \delta(\tau)$，单位脉冲响应函数由式 (7.2.5) 给出，采用本节的推导过程，由方程 (7.2.9) 及方程 (7.2.11) 可得响应的自相关函数及自功率谱密度为

$$\begin{aligned}
R_{XX}(\tau) &= \int_{-\infty}^{+\infty} \int_{-\infty}^{+\infty} 2\pi S_0 \delta(\tau + \tau_1 - \tau_2) h(\tau_1) h(\tau_2) d\tau_1 d\tau_2 \\
&= 2\pi S_0 \int_{-\infty}^{+\infty} h(\tau_1) h(\tau + \tau_1) d\tau_1 \\
&= \frac{\pi S_0}{2m^2 \xi \omega_0^3} e^{-\xi\omega_0|\tau|} \left[\cos(\sqrt{1-\xi^2}\omega_0|\tau|) + \frac{\xi}{1-\xi^2} \sin(\sqrt{1-\xi^2}\omega_0|\tau|) \right]
\end{aligned} \tag{a}$$

$$S_{XX}(\omega) = \frac{S_0}{m^2[(\omega_0^2 - \omega^2)^2 + (2\xi\omega\omega_0)^2]} \tag{b}$$

响应的自相关函数及自功率谱密度函数见图 7.1.4，它是典型的窄带过程，其能量集中于 ω_0 附近。响应方差由式 (7.2.17) 计算得到，即

$$\sigma_X^2 = \int_{-\infty}^{+\infty} \frac{S_0}{m^2\left[(\omega_0^2 - \omega^2)^2 + (2\xi\omega\omega_0)^2\right]}\mathrm{d}\omega = \frac{\pi S_0}{2m^2\xi\omega_0^3} = \frac{\pi S_0}{kc} \tag{c}$$

响应方差也可由相关函数 (a) 令 $\tau = 0$ 得到，因此由响应谱密度和直接由相关函数得到的响应方差是相同的，且响应方差与质量 m 无关。

需要指出的是，当随机激励是谱密度为 $S_{FF}(\omega)$ 的宽带随机过程时，若 ξ 很小，由式 (7.2.17) 得到的响应谱密度 $S_{XX}(\omega)$ 的图像与图 7.1.4 类似，其能量也集中在 ω_0 附近，此时的响应方差近似为

$$\sigma_X^2 \approx \frac{\pi S_{FF}(\omega_0)}{2m^2\xi\omega_0^3} = \frac{\pi S_{FF}(\omega_0)}{kc} \tag{d}$$

7.3　多自由度线性系统对平稳随机激励的响应

随机激励下的 n 自由度线性系统的运动方程为

$$\boldsymbol{M}\ddot{\boldsymbol{X}} + \boldsymbol{C}\dot{\boldsymbol{X}} + \boldsymbol{K}\boldsymbol{X} = \boldsymbol{F}(t) \tag{7.3.1}$$

式中：$\boldsymbol{M}$，$\boldsymbol{C}$ 和 $\boldsymbol{K}$ 分别是多自由度线性系统的确定性对称质量矩阵、阻尼矩阵及刚度矩阵；$\boldsymbol{X} = [X_1(t) \quad X_2(t) \quad \cdots \quad X_n(t)]^{\mathrm{T}}$ 是系统的位移响应随机过程矢量；$\dot{\boldsymbol{X}}, \ddot{\boldsymbol{X}}$ 分别是系统速度、加速度响应随机过程矢量，二者都是均方意义下的导数；$\boldsymbol{F}(t) = [F_1(t) \quad F_2(t) \quad \cdots \quad F_n(t)]^{\mathrm{T}}$ 是零均值平稳随机激励矢量，其相关矩阵 $\boldsymbol{R}_{FF}(t)$ 及功率谱密度矩阵 $\boldsymbol{S}_{FF}(\omega)$ 的元素分别为

$$R_{F_iF_j}(\tau) = E[F_i(t)F_j(t+\tau)] = \int_{-\infty}^{+\infty} S_{F_iF_j}(\omega)\mathrm{e}^{\mathrm{i}\omega\tau}\mathrm{d}\omega$$

$$S_{F_iF_j}(\omega) = \frac{1}{2\pi}\int_{-\infty}^{+\infty} R_{F_iF_j}(\tau)\mathrm{e}^{-\mathrm{i}\omega\tau}\mathrm{d}\tau \tag{7.3.2}$$

通常有两种方法求系统 (7.3.1) 的随机响应，方法一是利用单位脉冲响应函数计算其随机响应，方法二是采用模态叠加法，下面分别进行介绍。

7.3.1　用单位脉冲响应求系统响应

考虑第 i 个单位脉冲激励分量，且所有其他激励分量为零，由此可得响应的第 j 个分量，记为 $h_{ji}(t)$，称为第 i 个脉冲激励引起的第 j 个坐标的位移响应。与单自由度系统类似，单位脉冲响应与相应的复频响函数 $H_{ji}(\omega)$ 有如下关系：

$$h_{ji}(t) = \frac{1}{2\pi}\int_{-\infty}^{+\infty} H_{ji}(\omega)\mathrm{e}^{\mathrm{i}\omega t}\mathrm{d}\omega \tag{7.3.3}$$

$$H_{ji}(\omega) = \int_{-\infty}^{+\infty} h_{ji}(t)\mathrm{e}^{-\mathrm{i}\omega t}\mathrm{d}t \qquad (7.3.4)$$

由于线性系统的叠加原理成立，并考虑到平稳随机激励的无始无终特性，可得方程 (7.3.1) 的 n 个自由度随机响应为

$$X_j(t) = \sum_{i=1}^{n} \int_{-\infty}^{+\infty} h_{ji}(\tau)F_i(t-\tau)\mathrm{d}\tau \quad (j = 1, 2, \cdots, n) \qquad (7.3.5)$$

利用得到的这 n 个自由度的响应 $X_j(t)$ 及 n 个激励 $F_j(t)$，可得系统响应的自/互相关函数、激励与响应的互相关函数为

$$\begin{aligned} R_{X_iX_j}(\tau) &= E[X_i(t)X_j(t+\tau)] \\ &= \sum_{k=1}^{n}\sum_{l=1}^{n} \int_{-\infty}^{+\infty}\int_{-\infty}^{+\infty} h_{ik}(\tau_1)h_{jl}(\tau_2)R_{F_kF_l}(\tau+\tau_1-\tau_2)\mathrm{d}\tau_1\mathrm{d}\tau_2 \end{aligned} \qquad (7.3.6)$$

$$R_{X_iF_j}(\tau) = E\big[X_i(t)F_j(t+\tau)\big] = \sum_{k=1}^{n}\int_{-\infty}^{+\infty}\int_{-\infty}^{+\infty} h_{ik}(\tau_1)R_{F_kF_j}(\tau+\tau_1)\mathrm{d}\tau_1 \qquad (7.3.7)$$

利用自/互相关函数的傅里叶变换，可得系统响应的自/互功率谱密度及激励与系统响应的互功率谱密度为

$$\begin{aligned} S_{X_iX_j}(\omega) &= \sum_{k=1}^{n}\sum_{l=1}^{n} \frac{1}{2\pi}\int_{-\infty}^{+\infty} R_{F_kF_l}(\tau+\tau_1-\tau_2)\mathrm{e}^{-\mathrm{i}\omega(\tau+\tau_1-\tau_2)}\mathrm{d}\tau \times \\ &\quad \int_{-\infty}^{+\infty} h_{ik}(\tau_1)\mathrm{e}^{\mathrm{i}\omega\tau_1}\mathrm{d}\tau_1 \int_{-\infty}^{+\infty} h_{jl}(\tau_2)\mathrm{e}^{-\mathrm{i}\omega\tau_2}\mathrm{d}\tau_2 \end{aligned} \qquad (7.3.8)$$

$$S_{X_iF_j}(\omega) = \sum_{k=1}^{n} \frac{1}{2\pi}\int_{-\infty}^{+\infty} R_{F_kF_j}(\tau+\tau_1)\mathrm{e}^{-\mathrm{i}\omega(\tau+\tau_1)}\mathrm{d}\tau \times \int_{-\infty}^{+\infty} h_{ik}(\tau_1)\mathrm{e}^{\mathrm{i}\omega\tau_1}\mathrm{d}\tau_1 \qquad (7.3.9)$$

或写成矩阵形式：

$$\boldsymbol{S}_{XX}(\omega) = \boldsymbol{H}(\omega)\boldsymbol{S}_{FF}(\omega)\boldsymbol{H}^*(\omega)^{\mathrm{T}} \qquad (7.3.10)$$

$$\boldsymbol{S}_{XF}(\omega) = \boldsymbol{H}(\omega)\boldsymbol{S}_{FF}(\omega) \qquad (7.3.11)$$

而且有 $\boldsymbol{H}(\omega) = [\boldsymbol{K} - \omega^2\boldsymbol{M} + \mathrm{i}\omega\boldsymbol{C}]^{-1}$。由此可得系统响应的方差为

$$\sigma_{X_i}^2 = \int_{-\infty}^{+\infty} S_{X_iX_i}(\omega)\mathrm{d}\omega \quad (i = 1, 2, \cdots n) \qquad (7.3.12)$$

7.3.2　用模态叠加法求系统响应

当线性系统的自由度 n 很大时，往往只能获得前 m 阶（$m \ll n$）频率及模态向量。根据第 2 章介绍的模态叠加方法，可得系统的近似解为

$$\boldsymbol{X}(t) = \sum_{i=1}^{m} \boldsymbol{\varphi}_i q_i(t) = \boldsymbol{\Phi} \boldsymbol{q}(t) \tag{7.3.13}$$

式中 $\boldsymbol{\Phi}$ 是 $n \times m$ 阶模态矩阵，$\boldsymbol{q}(t) = [q_1(t) \quad q_2(t) \quad \cdots \quad q_m(t)]^{\mathrm{T}}$ 是广义坐标向量。将式 (7.3.13) 代入式 (7.3.1)，并在方程两边左乘 $\boldsymbol{\Phi}^{\mathrm{T}}$，并利用模态向量关于质量矩阵及刚度矩阵的正交性，得

$$\boldsymbol{M}_{\mathrm{p}} \ddot{\boldsymbol{q}} + \boldsymbol{\Phi}^{\mathrm{T}} \boldsymbol{C} \boldsymbol{\Phi} \dot{\boldsymbol{q}} + \boldsymbol{K}_{\mathrm{p}} \boldsymbol{q} = \boldsymbol{\Phi}^{\mathrm{T}} \boldsymbol{F}(t) \tag{7.3.14}$$

式中 $\boldsymbol{M}_{\mathrm{p}} = \boldsymbol{\Phi}^{\mathrm{T}} \boldsymbol{M} \boldsymbol{\Phi} = \mathrm{diag}(M_{\mathrm{p}1}, M_{\mathrm{p}2}, \cdots, M_{\mathrm{p}m})$，$\boldsymbol{K}_{\mathrm{p}} = \boldsymbol{\Phi}^{\mathrm{T}} \boldsymbol{K} \boldsymbol{\Phi} = \mathrm{diag}(K_{\mathrm{p}1}, K_{\mathrm{p}2}, \cdots, K_{\mathrm{p}m})$，当 $\boldsymbol{C}$ 为比例阻尼矩阵，或假定 $\boldsymbol{\Phi}^{\mathrm{T}} \boldsymbol{C} \boldsymbol{\Phi}$ 非对角线元素为零时，则关于广义坐标 $q_j(t)$ 的方程是相互独立的，即在激励为零均值平稳随机激励情况下，$q_j(t)$ 的解可用杜哈梅积分表示为

$$q_j(t) = \int_{-\infty}^{+\infty} h_j(\tau) f_j(t-\tau) \mathrm{d}\tau \quad (j = 1, 2, \cdots, m) \tag{7.3.15}$$

式中 h_j 是第 j 自由度单位脉冲响应函数，$f_j = \boldsymbol{\varphi}_j^{\mathrm{T}} \boldsymbol{F}$ 是第 j 阶随机模态激励。利用物理坐标位移与广义坐标位移之间的关系式 (7.3.13)，最终可得系统响应的相关矩阵及激励与响应的相关矩阵为

$$\boldsymbol{R}_{XX}(\tau) = \int_{-\infty}^{+\infty} \int_{-\infty}^{+\infty} \boldsymbol{\Phi} \boldsymbol{h}(\tau_1) \boldsymbol{\Phi}^{\mathrm{T}} \boldsymbol{R}_{FF}(\tau + \tau_1 - \tau_2) \boldsymbol{\Phi} \boldsymbol{h}(\tau_2) \boldsymbol{\Phi}^{\mathrm{T}} \mathrm{d}\tau_1 \mathrm{d}\tau_2$$
$$\boldsymbol{R}_{XF}(\tau) = \int_{-\infty}^{+\infty} \boldsymbol{\Phi} \boldsymbol{h}(\tau_1) \boldsymbol{\Phi}^{\mathrm{T}} \boldsymbol{R}_{FF}(\tau + \tau_1) \mathrm{d}\tau_1 \tag{7.3.16}$$

式中 $\boldsymbol{h}(t) = \mathrm{diag}\left(h_1(t), h_2(t), \cdots, h_m(t)\right)$。

类似地，对自/互相关函数进行傅里叶变换，可得系统响应的功率谱密度矩阵及激励与系统响应的互功率谱密度矩阵为

$$\boldsymbol{S}_{XX}(\omega) = \boldsymbol{\Phi} \boldsymbol{H}(\omega) \boldsymbol{\Phi}^{\mathrm{T}} \boldsymbol{S}_{FF}(\omega) \boldsymbol{\Phi} \boldsymbol{H}^*(\omega) \boldsymbol{\Phi}^{\mathrm{T}}$$
$$\boldsymbol{S}_{XF}(\omega) = \boldsymbol{\Phi} \boldsymbol{H}(\omega) \boldsymbol{\Phi}^{\mathrm{T}} \boldsymbol{S}_{FF}(\omega) \tag{7.3.17}$$

式中 $\boldsymbol{H}(\omega) = \mathrm{diag}\left(H_1(\omega), H_2(\omega), \cdots, H_m(\omega)\right)$，$H_j(\omega)$ 为 $h_j(t)$ 的傅里叶变换。系统响应 $X_i(t)$ 的方差可以由 $\sigma_{X_i}^2 = \int_{-\infty}^{+\infty} S_{X_i X_i}(\omega) \mathrm{d}\omega$ 计算得到。

当用模态叠加法计算系统响应时，如果系统的模态阻尼系数很小，且系统各阶固有频率离散性较大，则在计算系统均方响应时各模态之间的相互影响部分贡献很小，可忽略不计，从而使计算量大幅度减小。当系统固有频率具有重频或密频时，则忽略各阶模态之间的相互影响部分可能产生较大误差，此时一般不能忽略相互影响部分的贡献。

例 7.3.1 分别用单位脉冲响应及模态叠加法求图 7.3.1 所示 2 自由度线性系统响应的功率谱密度矩阵。

解: 图 7.3.1 所示为 2 自由度线性系统,k_1,k_2 为线性刚度系数,c_1,c_2 为线性阻尼系数,$F_1(t)$,$F_2(t)$ 为相互独立的强度为 $2\pi S_0$ 的高斯白噪声,其运动方程为

$$M\ddot{X} + C\dot{X} + KX = F(t) \tag{a}$$

式中

$$M = \begin{bmatrix} m & 0 \\ 0 & m \end{bmatrix}, \quad K = \begin{bmatrix} k_1 + k_2 & -k_2 \\ -k_2 & k_1 + k_2 \end{bmatrix}, \quad C = \begin{bmatrix} c_1 + c_2 & -c_2 \\ -c_2 & c_1 + c_2 \end{bmatrix},$$

$$X = \begin{bmatrix} X_1(t) \\ X_2(t) \end{bmatrix}, \quad F(t) = \begin{bmatrix} F_1(t) \\ F_2(t) \end{bmatrix}$$

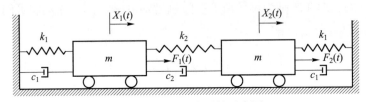

图 7.3.1 2 自由度系统示意图

方法一:采用单位脉冲响应

利用 7.3.1 节介绍的求解过程,该系统的频响矩阵为

$$\begin{aligned}
H(\omega) &= \left[K - \omega^2 M + \mathrm{i}\omega C \right]^{-1} \\
&= \frac{1}{\Delta} \begin{bmatrix} k_1 + k_2 - m\omega^2 + \mathrm{i}\omega(c_1 + c_2) & k_2 + \mathrm{i}\omega c_2 \\ k_2 + \mathrm{i}\omega c_2 & k_1 + k_2 - m\omega^2 + \mathrm{i}\omega(c_1 + c_2) \end{bmatrix}
\end{aligned} \tag{b}$$

式中 $\Delta = (k_1 - m\omega^2 + \mathrm{i}c_1\omega) \times [k_1 + 2k_2 - m\omega^2 + \mathrm{i}\omega(c_1 + 2c_2)]$。由于激励 $F_1(t)$,$F_2(t)$ 是相互独立且强度为 $2\pi S_0$ 的高斯白噪声,由式 (7.3.10) 可得系统响应的功率谱密度矩阵为

$$\begin{aligned}
S_{XX}(\omega) &= H(\omega) \begin{bmatrix} S_0 & 0 \\ 0 & S_0 \end{bmatrix} H^*(\omega) \\
&= \frac{S_0}{|\Delta|^2} \begin{bmatrix} (k_1 + k_2 - m\omega^2)^2 + \omega^2(c_1 + c_2)^2 + & 2k_2(k_1 + k_2 - m\omega^2) + \\ k_2^2 + \omega^2 c_2^2 & 2c_1(c_1 + c_2)\omega^2 \\ 2k_2(k_1 + k_2 - m\omega^2) + & (k_1 + k_2 - m\omega^2)^2 + \omega^2(c_1 + c_2)^2 + \\ 2c_1(c_1 + c_2)\omega^2 & k_2^2 + \omega^2 c_2^2 \end{bmatrix}
\end{aligned} \tag{c}$$

类似地,也可得到激励与系统响应的互功率谱密度矩阵。

方法二:采用模态叠加法

由于系统的对称性,可得模态矩阵为

$$\Phi = \begin{bmatrix} 1 & 1 \\ 1 & -1 \end{bmatrix}$$

由此可得系统的模态质量矩阵、模态刚度矩阵和模态阻尼矩阵分别为

$$M_p = \text{diag}(2m, 2m)$$
$$K_p = \text{diag}(2k_1, 2k_1 + 4k_2)$$
$$C_p = \text{diag}(2c_1, 2c_1 + 4c_2)$$

因此系统广义坐标的频响函数分别为

$$H_1(\omega) = \frac{1}{2k_1 - 2m\omega^2 + 2i\omega c_1}, \quad H_2(\omega) = \frac{1}{2k_1 + 4k_2 - 2m\omega^2 + 2i\omega(c_1 + 2c_2)} \tag{d}$$

由于 $F_1(t), F_2(t)$ 是相互独立且强度为 $2\pi S_0$ 的高斯白噪声激励，由方程 (7.3.17) 可得应用模态叠加法时的系统响应的功率谱密度矩阵为

$$S_{XX}(\omega)$$

$$= \begin{bmatrix} 1 & 1 \\ 1 & -1 \end{bmatrix} \begin{bmatrix} H_1(\omega) & 0 \\ 0 & H_2(\omega) \end{bmatrix} \begin{bmatrix} 1 & 1 \\ 1 & -1 \end{bmatrix} \begin{bmatrix} S_0 & 0 \\ 0 & S_0 \end{bmatrix} \begin{bmatrix} 1 & 1 \\ 1 & -1 \end{bmatrix} \begin{bmatrix} H_1^*(\omega) & 0 \\ 0 & H_2^*(\omega) \end{bmatrix} \begin{bmatrix} 1 & 1 \\ 1 & -1 \end{bmatrix}$$

$$= 2S_0 \begin{bmatrix} H_1 H_1^* + H_2 H_2^* & H_1 H_1^* - H_2 H_2^* \\ H_1 H_1^* - H_2 H_2^* & H_1 H_1^* + H_2 H_2^* \end{bmatrix}$$

$$\tag{e}$$

将式 (d) 代入式 (e) 并简化可得到与式 (c) 完全相同的结果。

类似地，也可得到激励与系统响应的互功率谱密度矩阵。

习 题

7.1 令随机变量 $R(a) = \dfrac{a}{\sigma^2} e^{-\frac{a^2}{2\sigma^2}}$ 为瑞利分布，随机变量 Θ 为 $[0, 2\pi)$ 上的均匀分布，R 与 Θ 独立，定义随机过程 $X(t) = R\cos(\omega t + \Theta)$，求 $X(t)$ 的概率密度函数、均值、方差。

7.2 设 $X_1(t), X_2(t), \cdots, X_n(t)$ 是联合平稳随机过程，定义随机过程 $X(t) = \sum\limits_{i=1}^{n} X_i(t)$，求 $X(t)$ 的相关函数、功率谱密度函数，并在 $X_i(t)$ 独立的特殊情形下简化该表达式。

7.3 设 $X(t)$ 是一阶线性随机微分方程 $\dot{X}(t) + \alpha X(t) = F(t)$ 的响应，试求：

（1）该系统的单位脉冲响应 $h(t)$;

（2）该系统的频响函数；

（3）当 $F(t)$ 为平稳随机过程时，系统响应的相关函数及功率谱密度；

（4）当 $F(t)$ 是强度为 $2\pi S_0$ 的高斯白噪声时，系统响应的方差。

7.4 证明单自由度线性系统 $\ddot{h}(t) + 2\xi\omega_0 \dot{h}(t) + \omega_0^2 h(t) = \dfrac{1}{m}\delta(t)$ 的脉冲响应函数 $h(t)$ 与该系统的频响函数 $H(\omega) = \dfrac{1}{m(\omega_0^2 - \omega^2 + i2\xi\omega\omega_0)}$ 存在如下维纳-辛钦关系：

$$H(\omega) = \frac{1}{2\pi} \int_{-\infty}^{+\infty} h(t) \mathrm{e}^{-\mathrm{i}\omega t} \mathrm{d}t$$

$$h(t) = \int_{-\infty}^{+\infty} H(\omega) \mathrm{e}^{\mathrm{i}\omega t} \mathrm{d}\omega$$

7.5 例 7.3.1 中，如果该 2 自由度系统的激励是完全相关的，即有 $F_1(t) = F_2(t)$，试分别利用单位脉冲响应法及模态叠加法求系统响应的功率谱密度函数。

7.6 用留数法计算例 7.2.1 中式 (c) 的响应方差，并进一步用式 (7.2.18) 计算速度响应均方值。

7.7 如图所示单自由度线性系统，基础运动 $X_\mathrm{g}(t)$ 是强度为 $2\pi S_0$ 的高斯白噪声，$X(t)$ 为质量 m 质心的绝对运动，试建立 $X(t)$ 为基本变量的运动方程，导出系统响应的相关函数和功率谱密度以及位移均方差。

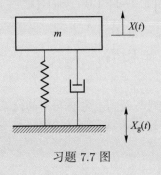

习题 7.7 图

7.8 一质量为 m 的车在随机路面上行驶，其弹簧刚度系数及阻尼系数分别为 k 与 c，路面谱为 $S_\mathrm{g}(\omega) = \dfrac{\lambda v S_0}{\omega^2 + (\lambda v)^2}$，（ λ，S_0 为参数，v 为行驶速度 ）。设 $X(t)$ 为车质心相对路面的相对位移，求系统相对位移的功率谱密度。

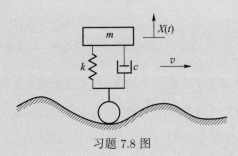

习题 7.8 图

7.9 已知限带白噪声的功率谱密度

$$S(\omega) = \begin{cases} S_0, & \omega_0 - \dfrac{B}{2} < |\omega| < \omega_0 + \dfrac{B}{2} \\ 0, & \text{其他 } \omega \text{ 值} \end{cases}$$

求响应的相关函数。

7.10 船在海平面上运动，设船侧向转动的转动惯量为 J, 等效扭转刚度系数为 k, 阻尼系数为 c, 设扭矩 $M(t)$ 的功率谱密度为 $S(\omega)$, 求船转动 $\theta(t)$ 的功率谱密度。

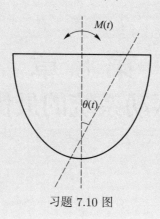

习题 7.10 图

参考文献

[1] 朱位秋，蔡国强. 随机动力学引论 [M]. 北京：科学出版社，2017

[2] 朱位秋. 随机振动 [M]. 北京：科学出版社，1992

[3] 方同. 工程随机振动 [M]. 北京：国防工业出版社，1995

[4] LIN Y K, CAI G Q. Probabilistic structural dynamics[M]. New York: McGram Hill, 1995

习题答案 A7

第 8 章
线性振动系统的最优控制

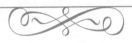

结构振动控制技术是指通过采取一定的措施来减少或者抑制工程结构由于动力载荷所引起的动响应，以满足结构安全性、舒适性和实用性的要求。在航空、航天、船舶、机器人等领域，振动控制都是一个重要问题。

最早人们采用被动控制方法对结构的振动进行控制。**被动控制方法**无须外部能量输入，它是利用结构中的阻尼元件对振动能量进行耗散，以达到控制结构振动的目的。本书第 1 章介绍的减振和隔振就是被动控制振动的方法。被动控制方法有较长的研究历史和广泛的工程应用，具有结构简单、易于实现、经济性好、可靠性高等优点，但也有控制效果和适应性差的缺点。另外，被动控制方法的控制效果依赖于激励性质，一般高频振动的控制效果明显，低频振动的控制效果较差。

随着现代控制理论的发展和日臻成熟，振动主动控制得到日益广泛的研究和应用。主动控制需要外部能量输入，利用系统的状态进行实时反馈，以达到对结构响应进行实时调节和控制的目的。主动控制方法的控制效果不依赖于外部激励特性，而且控制效果通常优于被动控制方法。另外，随着材料科学的发展和进步，以压电陶瓷、电（磁）流变液和形状记忆合金为代表的智能材料在振动工程中呈现出广阔的应用前景。

控制理论可以分为经典控制理论和现代控制理论。**经典控制理论**较为成熟，它是在频域内对系统进行分析，采用传递函数模型，一般只能处理单输入、单输出线性定常系统。**现代控制理论**则是在时域内进行分析，采用的是状态空间模型，不但能够处理线性定常系统，而且能够处理多变量、非线性和时变等复杂系统。另外，现代控制理论可以借助计算机对系统进行分析和设计，所以有其独特的优越性。在现代控制理论体系中，人们提出了许多控制设计方法，例如**最优控制**、**PID**（Proportional Integral Derivative）**控制**、**变结构控制**、**鲁棒**（Robust）**控制**等，其中最优控制是理论体系最为完备的控制方法。

本章介绍线性振动系统的最优控制方法，主要内容包括系统的稳定性、可控性、可观性和最优控制律的设计。

8.1 状态方程建立

如第 2 章中所述，振动系统多采用二阶常微分方程进行描述，即使是连续系统也常先借助有限元等方法将偏微分动力学方程离散化，用常微分方程来近似逼近原动力学系统。如本章导言所述，现代控制理论是在时域内进行控制设计的，采用的是一阶状态方程。下面给出二阶微分动力学方程向一阶状态方程的转换方式。

多自由度线性系统的受迫振动方程为

$$\boldsymbol{M}\ddot{\boldsymbol{x}} + \boldsymbol{C}\dot{\boldsymbol{x}} + \boldsymbol{K}\boldsymbol{x} = \boldsymbol{p}(t) + \boldsymbol{D}\boldsymbol{u}(t) \tag{8.1.1}$$

式中：$\boldsymbol{x} \in \mathfrak{R}^{n\times 1}$ 为系统位移列向量，n 是系统的自由度；$\boldsymbol{M}, \boldsymbol{C}, \boldsymbol{K}$ 分别为质量、阻尼和刚度矩阵；$\boldsymbol{p}(t) \in \mathfrak{R}^{n\times 1}$ 为外部激励列向量；$\boldsymbol{u}(t) \in \mathfrak{R}^{r\times 1}$ 为控制力列向量，r 表示用于主动控制的作动器数；$\boldsymbol{D} \in \mathfrak{R}^{n\times r}$ 为作动器的位置指示矩阵。

定义系统状态变量为

$$\boldsymbol{y} = \begin{bmatrix} \boldsymbol{x} \\ \dot{\boldsymbol{x}} \end{bmatrix} \in \mathfrak{R}^{2n} \tag{8.1.2}$$

则方程 (8.1.1) 可写为如下状态方程形式：

$$\dot{\boldsymbol{y}} = \boldsymbol{A}\boldsymbol{y} + \overline{\boldsymbol{p}}(t) + \boldsymbol{B}\boldsymbol{u}(t) \tag{8.1.3}$$

式中

$$\boldsymbol{A} = \begin{bmatrix} \boldsymbol{0} & \boldsymbol{I} \\ -\boldsymbol{M}^{-1}\boldsymbol{K} & -\boldsymbol{M}^{-1}\boldsymbol{C} \end{bmatrix}, \quad \overline{\boldsymbol{p}}(t) = \begin{bmatrix} \boldsymbol{0} \\ \boldsymbol{p}(t) \end{bmatrix}, \quad \boldsymbol{B} = \begin{bmatrix} \boldsymbol{0} \\ \boldsymbol{M}^{-1}\boldsymbol{D} \end{bmatrix}$$

对比方程 (8.1.1) 和方程 (8.1.3) 可以看出，转到状态空间后系统的维数扩大了一倍。

下面针对状态方程 (8.1.3) 来讨论系统的稳定性、可控性、可观性以及控制律的设计。

例 8.1.1 图 8.1.1 为 2 自由度振动系统，假定在第一个质量上作用有外部激励 $p_0 \sin \omega t$，在第二个质量上作用有控制力 $u(t)$，试写出系统的动力学方程和状态方程。

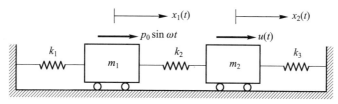

图 8.1.1　2 自由度系统

解： 系统的动力学方程和状态方程可以分别表示为

$$\begin{bmatrix} m_1 & 0 \\ 0 & m_2 \end{bmatrix} \begin{bmatrix} \ddot{x}_1 \\ \ddot{x}_2 \end{bmatrix} + \begin{bmatrix} k_1 + k_2 & -k_2 \\ -k_2 & k_2 + k_3 \end{bmatrix} \begin{bmatrix} x_1 \\ x_2 \end{bmatrix} = \begin{bmatrix} p_0 \sin \omega t \\ 0 \end{bmatrix} + \begin{bmatrix} 0 \\ 1 \end{bmatrix} u(t)$$

$$\begin{bmatrix} \dot{x}_1 \\ \dot{x}_2 \\ \ddot{x}_1 \\ \ddot{x}_2 \end{bmatrix} = \begin{bmatrix} 0 & 0 & 1 & 0 \\ 0 & 0 & 0 & 1 \\ -\dfrac{m_2(k_1 + k_2)}{m_1 m_2} & \dfrac{m_2 k_2}{m_1 m_2} & 0 & 0 \\ \dfrac{m_1 k_2}{m_1 m_2} & -\dfrac{m_1 k_2}{m_1 m_2} & 0 & 0 \end{bmatrix} \begin{bmatrix} x_1 \\ x_2 \\ \dot{x}_1 \\ \dot{x}_2 \end{bmatrix} + \begin{bmatrix} 0 \\ 0 \\ p_0 \sin \omega t \\ 0 \end{bmatrix} + \begin{bmatrix} 0 \\ 0 \\ 0 \\ 1 \end{bmatrix} u(t)$$

8.2　系统稳定性

对于方程 (8.1.1) 所示的振动系统，忽略外部激励项和控制项，将 $\boldsymbol{x} = \boldsymbol{\varphi} e^{\lambda t}$ 代入其中可以得到系统的本征方程为 $(\boldsymbol{M}\lambda^2 + \boldsymbol{C}\lambda + \boldsymbol{K})\boldsymbol{\varphi} = \boldsymbol{0}$。因为 $\boldsymbol{M}, \boldsymbol{C}, \boldsymbol{K}$ 都是实对称矩阵，因此本征值和本征向量若为复数则必定以共轭形式出现。若本征值都具有非正的实部，则系统稳定；当所有本征值都具有负实部时，系统为渐近稳定。状态方程 (8.1.3) 只是方程 (8.1.1) 的转换，因此若 (8.1.3) 是渐近稳定的，也要求系数矩阵 $\boldsymbol{A}$ 的所有本征值皆具有负实部。动力学方程和状态方程的稳定性判据具有等价性。

对于例 8.1.1 所示的 2 自由度系统，设定 $m_1 = m_2 = 1 \text{ kg}$，$k_1 = k_2 = k_3 = 1 \text{ N/m}$，可解得动力学方程的本征值分别为 $\lambda_{1,2} = \pm \text{i}$ 和 $\lambda_{3,4} = \pm\sqrt{3}\text{i}$，利用状态方程求得的本征值也为 $\lambda_{1,2} = \pm \text{i}$ 和 $\lambda_{3,4} = \pm\sqrt{3}\text{i}$。可以看到，本征值都具有非正的实部，因此可判定系统是稳定的。

8.3　系统可控性

可控性是指控制系统在控制输入的作用下其内部状态转移的能力。对于一个主动控制系统，这种能力越大越好。下面以单输入振动控制系统为例进行阐述，所得结论容易推广到多输入的情况。

单输入振动控制系统的状态方程可以写为

$$\dot{\boldsymbol{y}} = \boldsymbol{A}\boldsymbol{y} + \boldsymbol{b}u(t) \tag{8.3.1}$$

式中 $\boldsymbol{y} \in \Re^{2n \times 1}$，$\boldsymbol{A} \in \Re^{2n \times 2n}$，$\boldsymbol{b} \in \Re^{2n \times 1}$，$u(t)$ 为标量控制力。假定系统初始状态为零状态，即 $\boldsymbol{y}(0) = \boldsymbol{0}$。能否选择控制力 $u(t)$，使得系统在某一确定时刻 t_1 的状态 $\boldsymbol{y}(t_1)$ 取任意指定的值？解答如下：

方程 (8.3.1) 的解为

$$\boldsymbol{y}(t_1) = \int_0^{t_1} e^{\boldsymbol{A}(t_1 - \tau)} \boldsymbol{b} u(\tau) \mathrm{d}\tau \tag{8.3.2}$$

由凯莱 – 哈密顿定理（Cayley-Hamilton theorem），有 [1,2]

$$\mathrm{e}^{\boldsymbol{A}t} = a_0(t)\boldsymbol{I} + a_1(t)\boldsymbol{A} + a_2(t)\boldsymbol{A}^2 + \cdots + a_{2n}(t)\boldsymbol{A}^{2n-1} \tag{8.3.3}$$

式中 $a_i(t)$ 是已知函数, 且可证明这些已知函数是线性独立的。将式 (8.3.3) 代入方程 (8.3.2),
并考虑到 $\boldsymbol{A}$ 和 $\boldsymbol{b}$ 都是常数矩阵和向量, 可以提到积分号外面, 因而可得

$$\begin{aligned}
\boldsymbol{y}(t_1) = {} & \boldsymbol{b}\int_0^{t_1} a_0(t_1-\tau)u(\tau)\mathrm{d}\tau + \boldsymbol{A}\boldsymbol{b}\int_0^{t_1} a_1(t_1-\tau)u(\tau)\mathrm{d}\tau + \\
& \boldsymbol{A}^2\boldsymbol{b}\int_0^{t_1} a_2(t_1-\tau)u(\tau)\mathrm{d}\tau + \cdots + \boldsymbol{A}^{2n-1}\boldsymbol{b}\int_0^{t_1} a_{2n-1}(t_1-\tau)u(\tau)\mathrm{d}\tau
\end{aligned} \tag{8.3.4}$$

式中每一个积分都是一个标量, 依次将它们记为 $f_0(t_1)$, $f_1(t_1)$, $f_2(t_1)$, $\cdots$, $f_{2n-1}(t_1)$, 于
是有

$$\begin{aligned}
\boldsymbol{y}(t_1) &= \boldsymbol{b}f_0(t_1) + \boldsymbol{A}\boldsymbol{b}f_1(t_1) + \boldsymbol{A}^2\boldsymbol{b}f_2(t_1) + \cdots + \boldsymbol{A}^{2n-1}\boldsymbol{b}f_{2n-1}(t_1) \\
&= \begin{bmatrix} \boldsymbol{b} & \boldsymbol{A}\boldsymbol{b} & \boldsymbol{A}^2\boldsymbol{b} & \cdots & \boldsymbol{A}^{2n-1}\boldsymbol{b} \end{bmatrix} \begin{bmatrix} f_0(t_1) \\ f_1(t_1) \\ f_2(t_1) \\ \vdots \\ f_{2n-1}(t_1) \end{bmatrix} = \boldsymbol{P}\boldsymbol{f}(t_1)
\end{aligned} \tag{8.3.5}$$

由此可见, 矩阵

$$\boldsymbol{P} = \begin{bmatrix} \boldsymbol{b} & \boldsymbol{A}\boldsymbol{b} & \boldsymbol{A}^2\boldsymbol{b} & \cdots & \boldsymbol{A}^{2n-1}\boldsymbol{b} \end{bmatrix} \tag{8.3.6}$$

的秩等于 $2n$ 是式 (8.3.5) 有解的充分必要条件, 也就是说, 任给系统在时刻 t_1 的状态 $\boldsymbol{y}(t_1)$,
由方程 (8.3.5) 可以解得

$$\boldsymbol{f}(t_1) = \boldsymbol{P}^{-1}\boldsymbol{y}(t_1) \tag{8.3.7}$$

即系统的状态可以通过输入的控制作用而转移到任意所需的状态。

由以上分析可以得出如下定理。

定理 8.3.1 线性定常连续系统 [1,2]:

$$\dot{\boldsymbol{y}} = \boldsymbol{A}\boldsymbol{y} + \boldsymbol{B}u(t) \tag{8.3.8}$$

式中 $\boldsymbol{y} \in \Re^{2n\times 1}$, $\boldsymbol{A} \in \Re^{2n\times 2n}$, $\boldsymbol{B} \in \Re^{2n\times r}$, $u(t) \in \Re^{r\times 1}$, 系统可控的充分必要条件是它
的可控性矩阵的秩为 $2n$, 即

$$\mathrm{rank}\begin{bmatrix} \boldsymbol{B} & \boldsymbol{A}\boldsymbol{B} & \boldsymbol{A}^2\boldsymbol{B} & \cdots & \boldsymbol{A}^{2n-1}\boldsymbol{B} \end{bmatrix} = 2n \tag{8.3.9}$$

例 8.3.1 考虑如图 8.3.1 所示的 3 自由度质量-弹簧系统, 设定 $m_1 = m_2 = m_3 = m = 1\,\mathrm{kg}$, $k = 1\,\mathrm{N/m}$。试判定控制力分别作用在 m_1, m_2 和 m_3 时系统的可控性。

解: 系统的动力学方程为

$$\boldsymbol{M}\ddot{\boldsymbol{x}} + \boldsymbol{K}\boldsymbol{x} = \boldsymbol{D}u(t)$$

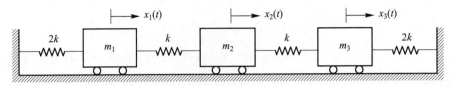

图 8.3.1　3 自由度质量–弹簧系统

式中 $\boldsymbol{D}$ 为控制力位置矩阵，$u(t)$ 表示控制力，位移列向量和结构矩阵为

$$\boldsymbol{x} = \begin{bmatrix} x_1(t) \\ x_2(t) \\ x_3(t) \end{bmatrix}, \quad \boldsymbol{M} = \begin{bmatrix} m & 0 & 0 \\ 0 & m & 0 \\ 0 & 0 & m \end{bmatrix}, \quad \boldsymbol{K} = \begin{bmatrix} 3k & -k & 0 \\ -k & 2k & -k \\ 0 & -k & 3k \end{bmatrix}$$

当控制力分别作用在 m_1，m_2 和 m_3 时，有

$$\boldsymbol{D} = \begin{bmatrix} 1 \\ 0 \\ 0 \end{bmatrix}, \begin{bmatrix} 0 \\ 1 \\ 0 \end{bmatrix}, \begin{bmatrix} 0 \\ 0 \\ 1 \end{bmatrix}$$

系统的状态方程为

$$\dot{\boldsymbol{y}} = \boldsymbol{A}\boldsymbol{y} + \boldsymbol{b}u$$

式中

$$\boldsymbol{y} = \begin{bmatrix} \boldsymbol{x} \\ \dot{\boldsymbol{x}} \end{bmatrix}, \quad \boldsymbol{A} = \begin{bmatrix} \boldsymbol{0} & \boldsymbol{I} \\ -\boldsymbol{M}^{-1}\boldsymbol{K} & \boldsymbol{0} \end{bmatrix}, \quad \boldsymbol{b} = \begin{bmatrix} \boldsymbol{0} \\ \boldsymbol{M}^{-1}\boldsymbol{D} \end{bmatrix}$$

考虑控制力作用在 m_1 上的情况。此时系统可控性判别矩阵为

$$\boldsymbol{P} = \begin{bmatrix} \boldsymbol{b} & \boldsymbol{Ab} & \cdots & \boldsymbol{A}^5\boldsymbol{b} \end{bmatrix} = \begin{bmatrix} 0 & 1 & 0 & -3 & 0 & 10 \\ 0 & 0 & 0 & 1 & 0 & -5 \\ 0 & 0 & 0 & 0 & 0 & 1 \\ 1 & 0 & -3 & 0 & 10 & 0 \\ 0 & 0 & 1 & 0 & -5 & 0 \\ 0 & 0 & 0 & 0 & 1 & 0 \end{bmatrix}$$

计算可得 $\operatorname{rank}\boldsymbol{P} = 6$，即 $\boldsymbol{P}$ 矩阵满秩，故系统是可控的。

当控制力作用在 m_2 上时：

$$\boldsymbol{P} = \begin{bmatrix} \boldsymbol{b} & \boldsymbol{Ab} & \cdots & \boldsymbol{A}^5\boldsymbol{b} \end{bmatrix} = \begin{bmatrix} 0 & 0 & 0 & 1 & 0 & -5 \\ 0 & 1 & 0 & -2 & 0 & 6 \\ 0 & 0 & 0 & 1 & 0 & -5 \\ 0 & 0 & 1 & 0 & -5 & 0 \\ 1 & 0 & -2 & 0 & 6 & 0 \\ 0 & 0 & 1 & 0 & -5 & 0 \end{bmatrix}$$

此时 $\operatorname{rank}\boldsymbol{P} = 4$，不满秩，故可判断系统是不可控的。

类似地，当控制力作用在 m_3 上时：

$$\boldsymbol{P} = \begin{bmatrix} \boldsymbol{b} & \boldsymbol{Ab} & \cdots & \boldsymbol{A}^5\boldsymbol{b} \end{bmatrix} = \begin{bmatrix} 0 & 0 & 0 & 0 & 0 & 1 \\ 0 & 0 & 0 & 1 & 0 & -5 \\ 0 & 1 & 0 & -3 & 0 & 10 \\ 0 & 0 & 0 & 0 & 1 & 0 \\ 0 & 0 & 1 & 0 & -5 & 0 \\ 1 & 0 & -3 & 0 & 10 & 0 \end{bmatrix}$$

此时 $\mathrm{rank}\,\boldsymbol{P} = 6$，即系统是可控的。

从上面的分析可以看到，系统的可控性与控制力位置的选取密切相关。为了能够清楚地解释上述结果，下面考虑系统的模态矩阵

$$\boldsymbol{\Phi} = \begin{bmatrix} 1 & -1 & 1 \\ 2 & 0 & -1 \\ 1 & 1 & 1 \end{bmatrix}$$

系统的固有振型如图 8.3.2 所示。

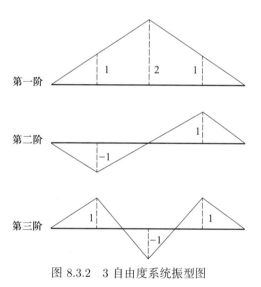

图 8.3.2　3 自由度系统振型图

利用模态矩阵，将系统动力学方程转到模态空间，有

$$\boldsymbol{M}_\mathrm{p}\ddot{\boldsymbol{q}} + \boldsymbol{K}_\mathrm{p}\boldsymbol{q} = \boldsymbol{D}_\mathrm{p}u(t)$$

式中 $\boldsymbol{q} = \begin{bmatrix} q_1 & q_2 & q_3 \end{bmatrix}^\mathrm{T}$ 为模态坐标列向量，而

$$\boldsymbol{M}_\mathrm{p} = \boldsymbol{\Phi}^\mathrm{T}\boldsymbol{M}\boldsymbol{\Phi} = \mathrm{diag}(6m,\,2m,\,3m)$$

$$\boldsymbol{K}_\mathrm{p} = \boldsymbol{\Phi}^\mathrm{T}\boldsymbol{K}\boldsymbol{\Phi} = \mathrm{diag}(6k,\,6k,\,12k)$$

$$\boldsymbol{D}_\mathrm{p} = \boldsymbol{\Phi}^\mathrm{T}\boldsymbol{D}$$

当控制力作用于 m_2 上时，由振型图可以看出，此时控制力作用在第二阶振型的节点

上，计算可得 $\boldsymbol{D}_{\mathrm{p}} = \begin{bmatrix} 2 & 0 & -1 \end{bmatrix}^{\mathrm{T}}$，因此控制力将无法对系统的第二阶模态进行控制，这就是系统在当前情况下不可控的原因。当控制力分别作用在 m_1 和 m_3 上时，计算得到此时的 $\boldsymbol{D}_{\mathrm{p}}$ 矩阵分别为 $\begin{bmatrix} 1 & -1 & 1 \end{bmatrix}^{\mathrm{T}}$ 和 $\begin{bmatrix} 1 & 1 & 1 \end{bmatrix}^{\mathrm{T}}$，故这两种情况下系统是可控的。

当采用两个控制力对系统振动进行控制时，例如控制力同时作用在 m_1 和 m_2 上、m_2 和 m_3 上，或 m_1 和 m_3 上时，都有 $\mathrm{rank}\,\boldsymbol{P} = 6$，因此系统都是可控的。

由此可得出结论，系统的可控性与控制力的作用位置密切相关，在实际情况下控制力的作用点应该尽可能地避开结构固有振型的节点位置。

8.4　系统可观性

在实践中常会遇到这样的问题：系统的状态变量不能直接测量，能否根据系统的输出把这些状态变量确定下来？这就是系统的**可观性**问题。在现代控制理论中，这个问题很重要。如果能通过输出变量把状态变量确定出来，那么尽管这些状态变量不能直接获得，但仍可能用它们来进行反馈，从而实现最优控制。否则只能用输出变量来进行反馈，这样就难以获得最优的控制效果。

考虑如下线性定常连续时间控制系统：

$$\dot{\boldsymbol{y}} = \boldsymbol{A}\boldsymbol{y} + \boldsymbol{B}\boldsymbol{u}(t) \tag{8.4.1a}$$

$$\boldsymbol{z} = \boldsymbol{E}\boldsymbol{y} \tag{8.4.1b}$$

式中：$\boldsymbol{y} \in \Re^{2n \times 1}$ 为状态变量列向量，$\boldsymbol{A} \in \Re^{2n \times 2n}$ 为系统系数矩阵，$\boldsymbol{u}(t) \in \Re^{r \times 1}$ 为控制力列向量，$\boldsymbol{B} \in \Re^{2n \times r}$ 为控制位置指示矩阵，$\boldsymbol{z} \in \Re^{l \times 1}$ 为观测输出列向量，$\boldsymbol{E} \in \Re^{l \times 2n}$ 为观测输出系数矩阵。

定义　给定线性定常系统 (8.4.1)，若对任意规定的输入 $\boldsymbol{u}(t)$，总存在有限的时间 $t_1 \geqslant t_0$，使得系统根据区间 $t_0 \leqslant t \leqslant t_1$ 内的输入 $\boldsymbol{u}(t)$ 和观测 $\boldsymbol{z}(t)$，就能唯一地确定出系统在时刻 t_0 的状态 $\boldsymbol{y}(t_0)$，那么就称系统在 t_0 是可观的。若系统在所论时间区间内的每一时刻都是可观的，则称系统是**完全可观**的，或简称是可观的。

定理 8.4.1　对于式 (8.4.1) 所描述的系统 [1,2]，其完全可观的充分必要条件是如下 $2n \times 2n$ 矩阵的秩为 $2n$：

$$\boldsymbol{P} = \begin{bmatrix} \boldsymbol{E} \\ \boldsymbol{E}\boldsymbol{A} \\ \vdots \\ \boldsymbol{E}\boldsymbol{A}^{2n-1} \end{bmatrix} \tag{8.4.2}$$

式中矩阵 $\boldsymbol{P}$ 称为可观性判别矩阵。当该条件得到满足时，称矩阵偶 $\begin{bmatrix} \boldsymbol{A} & \boldsymbol{E} \end{bmatrix}$ 是可观的。当系统的输出为标量时，即当矩阵 $\boldsymbol{E}$ 为 $1 \times 2n$ 的行向量时，可观性判别矩阵 $\boldsymbol{P}$ 是一个

$2n \times 2n$ 方阵。在此情况下，系统完全可观的充分必要条件是方阵 $\boldsymbol{P}$ 非奇异，即方阵 $\boldsymbol{P}$ 满秩。

证明： 状态方程 (8.4.1a) 的解为

$$\boldsymbol{y}(t) = \mathrm{e}^{\boldsymbol{A}(t-t_0)}\boldsymbol{y}(t_0) + \int_{t_0}^{t} \mathrm{e}^{\boldsymbol{A}(t-\tau)}\boldsymbol{B}\boldsymbol{u}(\tau)\mathrm{d}\tau \tag{8.4.3}$$

由输出方程 (8.4.1b)，可得

$$\boldsymbol{z}(t) = \boldsymbol{E}\boldsymbol{y}(t) = \boldsymbol{E}\mathrm{e}^{\boldsymbol{A}(t-t_0)}\boldsymbol{y}(t_0) + \boldsymbol{E}\int_{t_0}^{t} \mathrm{e}^{\boldsymbol{A}(t-\tau)}\boldsymbol{B}\boldsymbol{u}(\tau)\mathrm{d}\tau \tag{8.4.4}$$

这里的目的是研究在什么条件下能从输入 $\boldsymbol{u}(t)$ 和观测（输出）$\boldsymbol{z}(t)$ 把状态 $\boldsymbol{y}(t_0)$ 确定出来。对于系统 (8.4.4)，根据 $\boldsymbol{z}(t)$ 来求解 $\boldsymbol{y}(t_0)$ 与根据 $\boldsymbol{z}(t) - \boldsymbol{E}\int_{t_0}^{t} \mathrm{e}^{\boldsymbol{A}(t-\tau)}\boldsymbol{B}\boldsymbol{u}(\tau)\mathrm{d}\tau$ 来求解 $\boldsymbol{y}(t_0)$ 是完全等价的。由于所讨论的系统 (8.4.1) 是线性定常的，不失一般性，可以假定 $t_0 = 0$。这样，所研究的问题就变成由如下方程来确定 $\boldsymbol{y}(0)$：

$$\boldsymbol{z}(t) = \boldsymbol{E}\mathrm{e}^{\boldsymbol{A}t}\boldsymbol{y}(0) \tag{8.4.5}$$

利用凯莱–哈密顿定理，可知

$$\mathrm{e}^{\boldsymbol{A}t} = \sum_{i=0}^{2n-1} a_i(t)\boldsymbol{A}^i \tag{8.4.6}$$

将上式代入式 (8.4.5) 可得

$$\boldsymbol{z}(t) = \sum_{i=0}^{2n-1} a_i(t)\boldsymbol{E}\boldsymbol{A}^i\boldsymbol{y}(0) \tag{8.4.7}$$

或写成

$$\boldsymbol{z}(t) = a_0(t)\boldsymbol{E}\boldsymbol{y}(0) + a_1(t)\boldsymbol{E}\boldsymbol{A}\boldsymbol{y}(0) + \cdots + a_{2n-1}(t)\boldsymbol{E}\boldsymbol{A}^{2n-1}\boldsymbol{y}(0)$$
$$= \begin{bmatrix} a_0\boldsymbol{I} & a_1\boldsymbol{I} & \cdots & a_{2n-1}\boldsymbol{I} \end{bmatrix} \begin{bmatrix} \boldsymbol{E} \\ \boldsymbol{E}\boldsymbol{A} \\ \vdots \\ \boldsymbol{E}\boldsymbol{A}^{2n-1} \end{bmatrix} \boldsymbol{y}(0) \tag{8.4.8}$$

上式表明，根据在时间区间 $0 \leqslant t \leqslant t_1$ 内的观测 $\boldsymbol{z}(t)$，能把状态 $\boldsymbol{y}(0)$ 唯一确定出来的充分必要条件是维数为 $2n \times 2n$ 的矩阵 $\boldsymbol{P}$ 的秩为 $2n$。也就是说，系统完全可观的充分必要条件是它的可观性判别矩阵 $\boldsymbol{P}$ 的秩为 $2n$，即 $\mathrm{rank}\,\boldsymbol{P} = 2n$。

例 8.4.1 考虑如图 8.3.1 所示的 3 自由度质量–弹簧系统，设定 $m_1 = m_2 = m_3 = m = 1\,\mathrm{kg}$，$k = 1\,\mathrm{N/m}$，试判定观测量分别选择为 m_1，m_2 和 m_3 的位移时系统的可观性。

解： 若选取 m_1 的位移为系统的观测量，观测矩阵为 $\boldsymbol{E} = \begin{bmatrix} 1 & 0 & 0 & 0 & 0 & 0 \end{bmatrix}$，计算得到系统的可观性判别矩阵为

$$\boldsymbol{P} = \begin{bmatrix} \boldsymbol{E} \\ \boldsymbol{EA} \\ \vdots \\ \boldsymbol{EA}^5 \end{bmatrix} = \begin{bmatrix} 1 & 0 & 0 & 0 & 0 & 0 \\ 0 & 0 & 0 & 1 & 0 & 0 \\ -3 & 1 & 0 & 0 & 0 & 0 \\ 0 & 0 & 0 & -3 & 1 & 0 \\ 10 & -5 & 1 & 0 & 0 & 0 \\ 0 & 0 & 0 & 10 & -5 & 1 \end{bmatrix}$$

矩阵 $\boldsymbol{P}$ 的秩为 6，满秩，故系统是可观的。

若选取 m_2 的位移为观测量，$\boldsymbol{E} = [0\ 1\ 0\ 0\ 0\ 0]$，可以计算得到 $\operatorname{rank} \boldsymbol{P} = 4$，不满秩，故系统是不可观的，其原因与例 8.3.1 中的解释类似。若选取 m_3 的位移为观测量，$\boldsymbol{E} = [0\ 0\ 1\ 0\ 0\ 0]$，$\operatorname{rank} \boldsymbol{P} = 6$，故系统是可观的。另外还可以验证，当采用两个位移量作为观测量时，例如 m_1 和 m_2 的位移、m_2 和 m_3 的位移、m_1 和 m_3 的位移，都有 $\operatorname{rank} \boldsymbol{P} = 6$，系统都是可观的。

当采用速度量作为观测量时，可以得到与采用位移作为观测量类似的结论，即除了不单独采用 m_2 的速度作为唯一观测量外，系统都是可观的。

由此得出结论：与可控性类似，系统的可观性同样与观测点位置的选取密切相关，传感器的位置应该尽可能地避开固有振型的节点，尤其不能单独选择节点处的位移或速度作为唯一观测量。

8.5　最优控制设计

与 8.4 节相同，本节仍然考虑如下线性定常连续时间控制系统：

$$\dot{\boldsymbol{y}} = \boldsymbol{Ay} + \boldsymbol{Bu}(t) \tag{8.5.1}$$

常见的主动控制问题，视其对控制对象的要求可以分为两类：

（1）**调节器问题**　当控制对象不处于平衡状态或有偏离平衡状态的趋势时，对它加以控制，使它回到平衡状态，此即为调节器问题。

（2）**伺服机问题**　对控制对象施加控制，使其输出按某种规律变化的问题，称为伺服机问题。比如，让系统的响应按照某种预设的规律进行运动。

下面分别对这两种控制问题进行阐述。

8.5.1　性能指标

在线性最优控制理论中，最优控制的设计应使得某一性能指标取极小值。对于线性定常控制系统 (8.5.1)，常采用如下形式的二次型性能指标：

$$J = \frac{1}{2}\boldsymbol{y}^{\mathrm{T}}(t_1)\boldsymbol{S}\boldsymbol{y}(t_1) + \frac{1}{2}\int_{t_0}^{t_1}\left[\boldsymbol{y}^{\mathrm{T}}(t)\boldsymbol{Q}\boldsymbol{y}(t) + \boldsymbol{u}^{\mathrm{T}}(t)\boldsymbol{R}\boldsymbol{u}(t)\right]\mathrm{d}t \tag{8.5.2}$$

式中：矩阵 $\boldsymbol{S} \in \Re^{2n\times 2n}$ 和 $\boldsymbol{Q} \in \Re^{2n\times 2n}$ 要求是半正定对称常值矩阵，$\boldsymbol{R} \in \Re^{r\times r}$ 要求是正定对称常值矩阵。之所以有如此要求，下面加以说明。

对于一个振动控制系统的调节问题，目的是使系统从非零状态回到零状态，即静平衡位置，这种回归从理论上讲越快越好。但是，要使它越快，就需要控制作用 $\boldsymbol{u}$ 越强，即控制代价越大。实际上，任何控制总是受物理因素的限制，不能任意大。另一方面，施加控制就意味着消耗能量。于是，人们希望 $\boldsymbol{u}$ 有界，而且应该尽可能小。要达到此目的，一般可以采用下述 3 种指标中的一种对 $\boldsymbol{u}$ 进行限制：

$$\int_{t_0}^{t_1} \boldsymbol{u}^{\mathrm{T}}(t)\boldsymbol{u}(t)\mathrm{d}t, \quad \int_{t_0}^{t_1} \left[\boldsymbol{u}^{\mathrm{T}}(t)\boldsymbol{u}(t)\right]^{\frac{1}{2}}\mathrm{d}t, \quad \max_{t\in(t_0,t_1)}\|\boldsymbol{u}(t)\| \tag{8.5.3}$$

但是，控制力 $\boldsymbol{u}$ 的各个分量 u_i 往往并非同等重要，这需要对各个分量进行加权处理，因此常取如下指标来衡量控制代价：

$$\int_{t_0}^{t_1} \boldsymbol{u}^{\mathrm{T}}(t)\boldsymbol{R}\boldsymbol{u}(t)\mathrm{d}t \tag{8.5.4}$$

不失一般性，设加权矩阵 $\boldsymbol{R}$ 为对称矩阵，这更有利于计算。不但如此，$\boldsymbol{R}$ 还是正定矩阵。为什么要求 $\boldsymbol{R}$ 正定呢？有两方面的理由。任何对称矩阵 $\boldsymbol{R}$ 必然与某个对角矩阵

$$\boldsymbol{\lambda} = \begin{bmatrix} \lambda_1 & & & \\ & \lambda_2 & & \\ & & \ddots & \\ & & & \lambda_r \end{bmatrix} \tag{8.5.5}$$

相似。若矩阵 $\boldsymbol{R}$ 正定，则矩阵 $\boldsymbol{\lambda}$ 的主对角线上的各个元素满足

$$\lambda_i > 0 \quad (i = 1, 2, \cdots, r) \tag{8.5.6}$$

若矩阵 $\boldsymbol{R}$ 不正定，则上式不成立，有些 λ_i 就会等于零甚至小于零。取这样的矩阵作加权矩阵就会出现"控制任意变大乃至越大越省能量"的矛盾。另外，在以下计算中需要用到矩阵 $\boldsymbol{R}$ 的逆，如果只要求 $\boldsymbol{R}$ 半正定，其逆不存在。

为了实现最优控制，只对控制 $\boldsymbol{u}$ 提出要求还不够，对系统的状态也有要求。人们希望 $\boldsymbol{y}(t)$ 能够尽快地从非零状态转移到零状态，这就希望如下指标越小越好：

$$\int_{t_0}^{t_1} \left[\boldsymbol{y}^{\mathrm{T}}(t)\boldsymbol{y}(t)\right]^{\alpha}\mathrm{d}t \tag{8.5.7}$$

式中 α 是任意正数。考虑到加权并便于计算，通常把上式取为如下形式：

$$\int_{t_0}^{t_1} \boldsymbol{y}^{\mathrm{T}}(t)\boldsymbol{Q}\boldsymbol{y}(t)\mathrm{d}t \tag{8.5.8}$$

式中加权矩阵 $\boldsymbol{Q}$ 与 $\boldsymbol{R}$ 不同，只需半正定即可，因为某些变量 $x_i(t)$ 可能无关紧要，不必加以限制。

在某些情况下，状态在终点时刻 t_1 的值也很重要，比如炮弹的落点。为此，可以加一项单独衡量状态终点值的指标：

$$\boldsymbol{y}^{\mathrm{T}}(t_1)\boldsymbol{S}\boldsymbol{y}(t_1) \tag{8.5.9}$$

式中 $\boldsymbol{S}$ 是半正定常数矩阵。

以上所述即为引进性能指标 (8.5.2) 的理由。式 (8.5.2) 中常数因子 $1/2$ 是为了构成标准二次型而添加的，也可起到简化计算的效果。

8.5.2　控制律设计

控制律是指控制输入的变化规律，一般表示为控制输入与受控状态变量间的函数形式。以下分 3 种情况分别进行讨论：有限时间的调节器问题、无限时间的调节器问题、伺服机问题。

1. 有限时间的调节器问题

与方程 (8.5.1) 相同，考虑如下 $2n$ 阶结构振动系统的状态方程：

$$\dot{\boldsymbol{y}} = \boldsymbol{A}\boldsymbol{y} + \boldsymbol{B}\boldsymbol{u}(t), \quad \boldsymbol{y}(t_0) = \boldsymbol{y}_0 \tag{8.5.10}$$

式中 $\boldsymbol{y}_0$ 为初始状态。需要确定最优控制 $\boldsymbol{u}^*(t)$，使如下性能指标取极小值：

$$J = \frac{1}{2}\int_{t_0}^{t_1} \left(\boldsymbol{y}^{\mathrm{T}}\boldsymbol{Q}\boldsymbol{y} + \boldsymbol{u}^{\mathrm{T}}\boldsymbol{R}\boldsymbol{u}\right)\mathrm{d}t \tag{8.5.11}$$

式中：t_1 是固定的，终态 $\boldsymbol{y}(t_1)$ 是自由的。解决此问题可以用最大值原理、变分法或哈密顿–雅可比方程。下面仅介绍最大值原理。

最大值原理 [1,2] 对于终点时刻 t_1 固定和终态 $\boldsymbol{y}(t_1)$ 自由的 $2n$ 阶振动控制系统

$$\dot{y}_i = f_i(y_1, y_2, \cdots, y_{2n}, u_1, u_2, \cdots, u_r, t) = f_i(\boldsymbol{y}, \boldsymbol{u}, t)$$
$$y_i(t_0) = y_{i0} \tag{8.5.12}$$
$$i = 1, 2, \cdots, 2n$$

和评价系统品质的性能指标

$$J = \int_{t_0}^{t_1} F(\boldsymbol{y}, \boldsymbol{u}, t)\mathrm{d}t \tag{8.5.13}$$

定义哈密顿函数

$$H(\boldsymbol{y}, \boldsymbol{P}, \boldsymbol{u}, t) = -F(\boldsymbol{y}, \boldsymbol{u}, t) + \boldsymbol{P}^{\mathrm{T}}\boldsymbol{f}(\boldsymbol{y}, \boldsymbol{u}, t) \tag{8.5.14}$$

式中 $\boldsymbol{P}(t) = \begin{bmatrix} p_1(t) & p_2(t) & \cdots & p_{2n}(t) \end{bmatrix}^{\mathrm{T}}$ 为拉格朗日乘子列向量。最优控制 $\boldsymbol{u}^*(t)$ 必然使哈密顿函数 H 取最大值，变量 $\boldsymbol{y}$ 与 $\boldsymbol{P}$ 满足下列方程：

$$\dot{y}_i = \frac{\partial H}{\partial p_i}, \quad \dot{p}_i = -\frac{\partial H}{\partial y_i} \quad (i = 1, 2, \cdots, 2n) \tag{8.5.15}$$

终点条件为 $\boldsymbol{P}(t_1) = \boldsymbol{0}$。

方程 (8.5.10) 和式 (8.5.11) 所描述的控制问题是积分型的最优控制问题，构造如下哈密顿函数：

$$H(\boldsymbol{y}, \boldsymbol{P}, \boldsymbol{u}, t) = -\frac{1}{2}(\boldsymbol{y}^{\mathrm{T}}\boldsymbol{Q}\boldsymbol{y} + \boldsymbol{u}^{\mathrm{T}}\boldsymbol{R}\boldsymbol{u}) + \sum_{i=1}^{2n} p_i f_i(\boldsymbol{y}, \boldsymbol{u}, t) \tag{8.5.16}$$

采用矩阵形式表示，有

$$H = -\frac{1}{2}(\boldsymbol{y}^{\mathrm{T}}\boldsymbol{Q}\boldsymbol{y} + \boldsymbol{u}^{\mathrm{T}}\boldsymbol{R}\boldsymbol{u}) + \boldsymbol{P}^{\mathrm{T}}(\boldsymbol{A}\boldsymbol{y} + \boldsymbol{B}\boldsymbol{u}) \tag{8.5.17}$$

根据最大值原理，有

$$-\frac{\partial H}{\partial \boldsymbol{y}} = \dot{\boldsymbol{P}} = \boldsymbol{Q}\boldsymbol{y} - \boldsymbol{A}^{\mathrm{T}}\boldsymbol{P} \tag{8.5.18}$$

其终点条件为

$$\boldsymbol{P}(t_1) = \boldsymbol{0} \tag{8.5.19}$$

由于控制 $\boldsymbol{u}$ 没有约束条件，运用最大值原理，可得

$$\frac{\partial H}{\partial \boldsymbol{u}} = 0 = -\boldsymbol{R}\boldsymbol{u} + \boldsymbol{B}^{\mathrm{T}}\boldsymbol{P} \tag{8.5.20}$$

由此可以解出

$$\boldsymbol{u} = \boldsymbol{R}^{-1}\boldsymbol{B}^{\mathrm{T}}\boldsymbol{P} \tag{8.5.21}$$

将它代入系统方程 (8.5.10)，并结合方程 (8.5.18) 和条件 (8.5.19)，原问题就变成下列两点边界值问题：

$$\dot{\boldsymbol{y}} = \boldsymbol{A}\boldsymbol{y} + \boldsymbol{B}\boldsymbol{R}^{-1}\boldsymbol{B}^{\mathrm{T}}\boldsymbol{P}, \quad \boldsymbol{y}(t_0) = \boldsymbol{y}_0 \tag{8.5.22}$$

$$\dot{\boldsymbol{P}} = -\boldsymbol{A}^{\mathrm{T}}\boldsymbol{P} + \boldsymbol{Q}\boldsymbol{y}, \quad \boldsymbol{P}(t_1) = \boldsymbol{0} \tag{8.5.23}$$

方程 (8.5.22) 和方程 (8.5.23) 是一组关于 $\boldsymbol{y}$ 的齐次方程。这启发人们假设方程 (8.5.23) 存在形式为

$$\boldsymbol{P}(t) = -\boldsymbol{Y}\boldsymbol{y}(t) \tag{8.5.24}$$

的解，其中 $\boldsymbol{Y} \in \Re^{2n \times 2n}$ 是待定的常值矩阵。将式 (8.5.24) 代入方程 (8.5.22)，得到

$$\dot{\boldsymbol{y}} = \boldsymbol{A}\boldsymbol{y} - \boldsymbol{B}\boldsymbol{R}^{-1}\boldsymbol{B}^{\mathrm{T}}\boldsymbol{Y}\boldsymbol{y} \tag{8.5.25}$$

另一方面，对方程 (8.5.24) 两边求导，并把所得结果代入方程 (8.5.23) 有

$$\dot{\boldsymbol{P}} = -\boldsymbol{Y}\dot{\boldsymbol{y}} = -\boldsymbol{A}^{\mathrm{T}}\boldsymbol{P} + \boldsymbol{Q}\boldsymbol{y} \tag{8.5.26}$$

利用方程 (8.5.24)、(8.5.25) 以及方程 (8.5.26)，可得

$$(\boldsymbol{Y}\boldsymbol{A} + \boldsymbol{A}^{\mathrm{T}}\boldsymbol{Y} - \boldsymbol{Y}\boldsymbol{B}\boldsymbol{R}^{-1}\boldsymbol{B}^{\mathrm{T}}\boldsymbol{Y} + \boldsymbol{Q})\boldsymbol{y} = 0 \tag{8.5.27}$$

因为上式必须对所有非零的 $\boldsymbol{y}(t)$ 都成立，这要求其系数矩阵为零，即

$$\boldsymbol{Y}\boldsymbol{A} + \boldsymbol{A}^{\mathrm{T}}\boldsymbol{Y} - \boldsymbol{Y}\boldsymbol{B}\boldsymbol{R}^{-1}\boldsymbol{B}^{\mathrm{T}}\boldsymbol{Y} + \boldsymbol{Q} = 0 \tag{8.5.28}$$

上式即为矩阵形式里卡蒂（Riccati）方程。求解里卡蒂方程 (8.5.28) 得到 $\boldsymbol{Y}$ 后，由方程 (8.5.24) 和式 (8.5.21) 可以得出最优控制为

$$\boldsymbol{u}^*(t) = -\boldsymbol{R}^{-1}\boldsymbol{B}^{\mathrm{T}}\boldsymbol{Y}\boldsymbol{y}(t) = \overline{\boldsymbol{K}}\boldsymbol{y}(t) \tag{8.5.29}$$

式中 $\overline{\boldsymbol{K}} = -\boldsymbol{R}^{-1}\boldsymbol{B}^{\mathrm{T}}\boldsymbol{Y}$ 为控制反馈增益。应该强调的是，这里得到的反馈规律或控制律 (8.5.29) 是线性的。

值得指出的是，将方程 (8.5.17) 所示的哈密顿函数 H 对 $\boldsymbol{u}$ 求二阶导数，有

$$\frac{\partial^2 H}{\partial \boldsymbol{u}^2} = -\boldsymbol{R} \tag{8.5.30}$$

由此可知，$\boldsymbol{R}$ 为正定的条件保证了函数 H 对 $\boldsymbol{u}$ 存在最大值。

2. 无限时间的调节器问题

与方程 (8.5.1) 相同，考虑如下 $2n$ 阶结构振动系统的状态方程：

$$\dot{\boldsymbol{y}} = \boldsymbol{A}\boldsymbol{y} + \boldsymbol{B}\boldsymbol{u}(t), \quad \boldsymbol{y}(t_0) = \boldsymbol{y}_0 \tag{8.5.31}$$

式中 $\boldsymbol{y}_0$ 为初始状态。需要确定最优控制 $\boldsymbol{u}^*(t)$ 使如下性能指标取极小值：

$$J = \frac{1}{2}\int_{t_0}^{\infty} (\boldsymbol{y}^{\mathrm{T}}\boldsymbol{Q}\boldsymbol{y} + \boldsymbol{u}^{\mathrm{T}}\boldsymbol{R}\boldsymbol{u})\mathrm{d}t \tag{8.5.32}$$

不难看出，与有限时间调节器问题相比，只有性能指标 J 的积分上限不同。但因为积分区间为无穷长，这就产生了性能指标值是否收敛的问题。在此不加证明地给出结论：若原系统具有完全可控性，则问题一定有解，且解的形式与有限时间的调节器问题相同。

例 8.5.1 考虑图 8.1.1 所示的 2 自由度系统，设定 $m_1 = m_2 = 1\,\mathrm{kg}$，$k_1 = k_2 = k_3 = 1\,\mathrm{N/m}$。假定系统的初始条件为 $x_1(0) = 2\,\mathrm{cm}$，$x_2(0) = 0$，$\dot{x}_1(0) = \dot{x}_2(0) = 0$。在第二个质量上作用控制力 $u(t)$。试设计最优控制律对结构的振动进行控制。

解：系统的状态方程可表示为

$$\begin{bmatrix} \dot{x}_1 \\ \dot{x}_2 \\ \ddot{x}_1 \\ \ddot{x}_2 \end{bmatrix} = \begin{bmatrix} 0 & 0 & 1 & 0 \\ 0 & 0 & 0 & 1 \\ -2 & 1 & 0 & 0 \\ 1 & -1 & 0 & 0 \end{bmatrix} \begin{bmatrix} x_1 \\ x_2 \\ \dot{x}_1 \\ \dot{x}_2 \end{bmatrix} + \begin{bmatrix} 0 \\ 0 \\ 0 \\ 0 \end{bmatrix} + \begin{bmatrix} 0 \\ 0 \\ 0 \\ 1 \end{bmatrix} u(t)$$

设置状态变量和控制输入的权重矩阵为

$$\boldsymbol{Q} = 10^4 \times \mathrm{diag}(1, 1, 1, 1), \quad R = 100$$

根据式 (8.5.28) 和式 (8.5.29) 可计算得到最优控制的反馈增益矩阵为

$$\overline{\boldsymbol{K}} = \begin{bmatrix} -11.94 & 15.75 & 8.17 & 11.47 \end{bmatrix}$$

利用该控制律对结构进行控制，仿真结果如图 8.5.1 所示。可以看出，结构振动响应得到了良好控制。

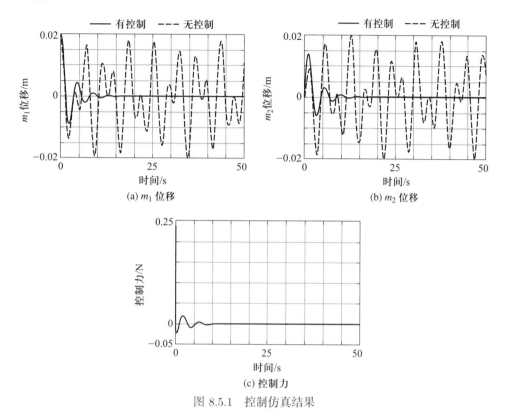

图 8.5.1 控制仿真结果

3. 伺服机问题

根据实际需要，可以对上面讨论的调节器问题进行推广。比如让系统的输出跟踪某一指定的状态 $\boldsymbol{y}_\mathrm{d}(t)$，这就是所谓**伺服机**问题。

给定 $2n$ 阶结构振动系统的状态方程和输出方程如下：

$$\begin{aligned} \dot{\boldsymbol{y}} &= \boldsymbol{A}\boldsymbol{y} + \boldsymbol{B}\boldsymbol{u}(t), \quad \boldsymbol{y}(t_0) = \boldsymbol{y}_0 \\ \boldsymbol{z} &= \boldsymbol{E}\boldsymbol{y} \end{aligned} \tag{8.5.33}$$

式中：$\boldsymbol{y} \in \mathfrak{R}^{2n \times 1}$，$\boldsymbol{A} \in \mathfrak{R}^{2n \times 2n}$，$\boldsymbol{u}(t) \in \mathfrak{R}^{r \times 1}$，$\boldsymbol{B} \in \mathfrak{R}^{2n \times r}$，$\boldsymbol{z} \in \mathfrak{R}^{l \times 1}$，$\boldsymbol{E} \in \mathfrak{R}^{l \times 2n}$，各个变量的物理含义与式 (8.4.1) 中的相同。

性能指标为

$$J = \frac{1}{2} \int_{t_0}^{t_1} \left[(\boldsymbol{z} - \boldsymbol{y}_\mathrm{d})^{\mathrm{T}} \boldsymbol{Q} (\boldsymbol{z} - \boldsymbol{y}_\mathrm{d}) + \boldsymbol{u}^{\mathrm{T}} \boldsymbol{R} \boldsymbol{u} \right] \mathrm{d}t \tag{8.5.34}$$

式中 $\boldsymbol{Q} \in \mathfrak{R}^{2n \times 2n}$ 和 $\boldsymbol{R} \in \mathfrak{R}^{r \times r}$ 分别是对称半正定和对称正定的。要求确定最优控制 $\boldsymbol{u}^*$ 使系统的输出 $\boldsymbol{z}(t)$ 跟踪 l 维连续向量函数 $\boldsymbol{y}_\mathrm{d}(t)$，或者使性能指标 (8.5.34) 取极小值。

采用与解决调节器问题相同的处理方法，定义哈密顿函数为

$$H(\boldsymbol{y}, \boldsymbol{P}, \boldsymbol{u}, t) = -\frac{1}{2}(\boldsymbol{E}\boldsymbol{y} - \boldsymbol{y}_{\mathrm{d}})^{\mathrm{T}}\boldsymbol{Q}(\boldsymbol{E}\boldsymbol{y} - \boldsymbol{y}_{\mathrm{d}}) - \frac{1}{2}\boldsymbol{u}^{\mathrm{T}}\boldsymbol{R}\boldsymbol{u} + \boldsymbol{P}^{\mathrm{T}}(\boldsymbol{A}\boldsymbol{y} + \boldsymbol{B}\boldsymbol{u}) \qquad (8.5.35)$$

因为 $\boldsymbol{u}$ 没有约束, 应用最大值原理可得

$$\frac{\partial H}{\partial \boldsymbol{u}} = \boldsymbol{0} = -\boldsymbol{R}\boldsymbol{u}(t) + \boldsymbol{B}^{\mathrm{T}}\boldsymbol{P} \qquad (8.5.36)$$

及

$$\frac{\partial H}{\partial \boldsymbol{y}} = -\dot{\boldsymbol{P}} = -\boldsymbol{E}^{\mathrm{T}}\boldsymbol{Q}(\boldsymbol{E}\boldsymbol{y} - \boldsymbol{y}_{\mathrm{d}}) + \boldsymbol{A}^{\mathrm{T}}\boldsymbol{P} \qquad (8.5.37)$$

终点状态 $\boldsymbol{y}(t_1)$ 是自由的, $\boldsymbol{P}(t)$ 的终点条件为

$$\boldsymbol{P}(t_1) = \boldsymbol{0} \qquad (8.5.38)$$

从方程 (8.5.36) 可解出

$$\boldsymbol{u}(t) = \boldsymbol{R}^{-1}\boldsymbol{B}^{\mathrm{T}}\boldsymbol{P} \qquad (8.5.39)$$

将上式代入系统状态方程 (8.5.33), 并结合方程 (8.5.37) 和条件 (8.5.38), 原问题 (8.5.33) 就变成如下两点边界值问题:

$$\dot{\boldsymbol{y}} = \boldsymbol{A}\boldsymbol{y} + \boldsymbol{B}\boldsymbol{R}^{-1}\boldsymbol{B}^{\mathrm{T}}\boldsymbol{P}, \quad \boldsymbol{y}(t_0) = \boldsymbol{y}_0 \qquad (8.5.40)$$

$$\dot{\boldsymbol{P}} = -\boldsymbol{A}^{\mathrm{T}}\boldsymbol{P} + \boldsymbol{E}^{\mathrm{T}}\boldsymbol{Q}(\boldsymbol{E}\boldsymbol{y} - \boldsymbol{y}_{\mathrm{d}}), \quad \boldsymbol{P}(t_1) = \boldsymbol{0} \qquad (8.5.41)$$

与调节器问题不一样, 方程 (8.5.41) 中多了向量函数 $\boldsymbol{y}_{\mathrm{d}}(t)$, 它变成了非齐次方程, 设其解为

$$\boldsymbol{P}(t) = -\boldsymbol{Y}\boldsymbol{y}(t) + \boldsymbol{\eta}(t) \qquad (8.5.42)$$

将该式代入方程 (8.5.40) 和方程 (8.5.41), 整理得

$$(-\dot{\boldsymbol{Y}} - \boldsymbol{Y}\boldsymbol{A} - \boldsymbol{A}^{\mathrm{T}}\boldsymbol{Y} + \boldsymbol{Y}\boldsymbol{B}\boldsymbol{R}^{-1}\boldsymbol{B}^{\mathrm{T}}\boldsymbol{Y} - \boldsymbol{E}^{\mathrm{T}}\boldsymbol{Q}\boldsymbol{E})\boldsymbol{y} = -\dot{\boldsymbol{\eta}} - \boldsymbol{A}^{\mathrm{T}}\boldsymbol{\eta} + \boldsymbol{Y}\boldsymbol{B}\boldsymbol{R}^{-1}\boldsymbol{B}^{\mathrm{T}}\boldsymbol{\eta} - \boldsymbol{E}^{\mathrm{T}}\boldsymbol{Q}\boldsymbol{y}_{\mathrm{d}}$$
$$(8.5.43)$$

上式左端是时间函数与状态变量 $\boldsymbol{y}$ 的乘积, 而右端单纯是时间函数, 要上式对所有的状态变量 $\boldsymbol{y}$ 成立, 只能是

$$-\dot{\boldsymbol{Y}} - \boldsymbol{Y}\boldsymbol{A} - \boldsymbol{A}^{\mathrm{T}}\boldsymbol{Y} + \boldsymbol{Y}\boldsymbol{B}\boldsymbol{R}^{-1}\boldsymbol{B}^{\mathrm{T}}\boldsymbol{Y} - \boldsymbol{E}^{\mathrm{T}}\boldsymbol{Q}\boldsymbol{E} = \boldsymbol{0}$$
$$-\dot{\boldsymbol{\eta}} - \boldsymbol{A}^{\mathrm{T}}\boldsymbol{\eta} + \boldsymbol{Y}\boldsymbol{B}\boldsymbol{R}^{-1}\boldsymbol{B}^{\mathrm{T}}\boldsymbol{\eta} - \boldsymbol{E}^{\mathrm{T}}\boldsymbol{Q}\boldsymbol{y}_{\mathrm{d}} = \boldsymbol{0}$$

即

$$-\dot{\boldsymbol{Y}} = \boldsymbol{Y}\boldsymbol{A} + \boldsymbol{A}^{\mathrm{T}}\boldsymbol{Y} - \boldsymbol{Y}\boldsymbol{B}\boldsymbol{R}^{-1}\boldsymbol{B}^{\mathrm{T}}\boldsymbol{Y} + \boldsymbol{E}^{\mathrm{T}}\boldsymbol{Q}\boldsymbol{E} \qquad (8.5.44)$$

$$-\dot{\boldsymbol{\eta}} = \boldsymbol{A}^{\mathrm{T}}\boldsymbol{\eta} - \boldsymbol{Y}\boldsymbol{B}\boldsymbol{R}^{-1}\boldsymbol{B}^{\mathrm{T}}\boldsymbol{\eta} + \boldsymbol{E}^{\mathrm{T}}\boldsymbol{Q}\boldsymbol{y}_{\mathrm{d}} \qquad (8.5.45)$$

根据条件 (8.5.38) 和方程 (8.5.42), 可知 $\boldsymbol{Y}(t)$ 和 $\boldsymbol{\eta}(t)$ 的终点条件分别是

$$\boldsymbol{Y}(t_1) = \boldsymbol{0} \qquad (8.5.46)$$

$$\boldsymbol{\eta}(t_1) = \mathbf{0} \tag{8.5.47}$$

解出方程 (8.5.44) 和方程 (8.5.45) 分别满足终点条件 (8.5.46) 和 (8.5.47) 的解，运用式 (8.5.39) 和式 (8.5.42)，可以求出最优控制为

$$\boldsymbol{u}^*(t) = -\boldsymbol{R}^{-1}\boldsymbol{B}^{\mathrm{T}}\big[\boldsymbol{Y}\boldsymbol{y}(t) - \boldsymbol{\eta}(t)\big] \tag{8.5.48}$$

由此看出，最优控制 $\boldsymbol{u}^*(t)$ 包含两项：一项是状态 $\boldsymbol{y}(t)$ 的线性函数，与调节器问题的解 (8.5.29) 相同，代表负反馈的调节作用；另一项是 $\boldsymbol{\eta}(t)$ 的线性函数，而由方程 (8.5.45) 可见，$\boldsymbol{\eta}(t)$ 取决于 $\boldsymbol{y}_{\mathrm{d}}(t)$，所以它表示由跟踪值 $\boldsymbol{y}_{\mathrm{d}}(t)$ 所致的一种驱动作用。

以上讨论是对终点时刻 t_1 为有限值而言的。当 t_1 为无穷大时，根据终点条件 (8.5.46) 和 (8.5.47) 可知，方程 (8.5.44) 和方程 (8.5.45) 左端导数项皆为零，由方程 (8.5.45) 求出 $\boldsymbol{\eta}(t)$ 并代入方程 (8.5.48)，整理后可得最优控制为 [1,2]

$$\boldsymbol{u}^*(t) = -\boldsymbol{R}^{-1}\boldsymbol{B}^{\mathrm{T}}\boldsymbol{Y}\boldsymbol{y}(t) + \boldsymbol{R}^{-1}\boldsymbol{B}^{\mathrm{T}}\big[\boldsymbol{Y}\boldsymbol{B}\boldsymbol{R}^{-1}\boldsymbol{B}^{\mathrm{T}} - \boldsymbol{A}^{\mathrm{T}}\big]^{-1}\boldsymbol{E}^{\mathrm{T}}\boldsymbol{Q}\boldsymbol{y}_{\mathrm{d}} \tag{8.5.49}$$

式中 $\boldsymbol{Y}$ 满足如下方程：

$$\boldsymbol{Y}\boldsymbol{A} + \boldsymbol{A}^{\mathrm{T}}\boldsymbol{Y} - \boldsymbol{Y}\boldsymbol{B}\boldsymbol{R}^{-1}\boldsymbol{B}^{\mathrm{T}}\boldsymbol{Y} + \boldsymbol{E}^{\mathrm{T}}\boldsymbol{Q}\boldsymbol{E} = \mathbf{0} \tag{8.5.50}$$

当系统的状态都可测量时，$\boldsymbol{E}$ 为单位矩阵，上式将与方程 (8.5.28) 具有相同的形式。

例 8.5.2 考虑如图 8.5.2 所示的中心刚体–柔性梁系统，该系统的结构模型在许多工程领域有着应用，如航天器、机械臂、大型浴轮机叶片等。中心刚体绕铰支点作平面大范围旋转运动，柔性梁在随着中心刚体大范围旋转运动的同时也会产生自身的弹性振动，这两种运动相互耦合、相互影响，构成了刚柔耦合动力学系统。梁参数：l 为长度，E 为材料弹性模量，I 为截面对中性轴的惯性矩，ρ 为梁的密度，A 为横截面面积。中心刚体的半径为 r_A。试设计最优控制器，以实现点–点运动控制和旋转运动控制。点–点运动控制是控制系统由某一位置到达另一位置，旋转运动控制是控制系统按某一指定角速度进行旋转运动。

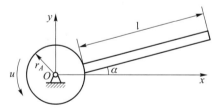

图 8.5.2 中心刚体–柔性梁系统

解： 参考文献 [3,4]，截取柔性梁的前 n 阶模态并采用哈密顿变分原理，可以建立起系统的动力学模型为

$$\begin{bmatrix} J_{\mathrm{C}} + J_{\alpha\alpha} & \boldsymbol{M}_{\alpha q} \\ \boldsymbol{M}_{q\alpha} & \boldsymbol{M}_{qq} \end{bmatrix}\begin{bmatrix} \ddot{\alpha} \\ \ddot{\boldsymbol{q}} \end{bmatrix} + \begin{bmatrix} \widetilde{C}_{11} & \widetilde{C}_{12} \\ \widetilde{C}_{12}^{\mathrm{T}} & \widetilde{C}_{22} \end{bmatrix}\begin{bmatrix} \dot{\alpha} \\ \dot{\boldsymbol{q}} \end{bmatrix} + \begin{bmatrix} 0 & \mathbf{0} \\ \mathbf{0} & \boldsymbol{K}_{qq} \end{bmatrix}\begin{bmatrix} \alpha \\ \boldsymbol{q} \end{bmatrix} = \begin{bmatrix} Q_{\alpha} \\ \mathbf{0} \end{bmatrix} + \begin{bmatrix} u(t) \\ \mathbf{0} \end{bmatrix} \tag{a}$$

式中：$\alpha \in \mathfrak{R}^{1\times 1}$ 为系统大范围运动的角位移；$\boldsymbol{q} \in \mathfrak{R}^n$ 为柔性梁的横向振动模态坐标列向量；J_{C} 为中心刚体的转动惯量，其中下标 C 表示中心刚体；$J_{\alpha\alpha} \in \mathfrak{R}^{1\times 1}$ 代表柔性梁的转动

惯量；$M_{qq} \in \Re^{n \times n}$ 为柔性梁横向振动的广义弹性质量矩阵；$M_{\alpha q} \in \Re^{1 \times n}$ 和 $M_{q\alpha} \in \Re^{n \times 1}$ 代表大范围运动和柔性梁弹性变形之间的非线性惯性耦合；$\widetilde{C}_{11}, \widetilde{C}_{12}, \widetilde{C}_{22}$ 分别代表着相应的阻尼项，分别考虑了中心刚体轴承处的黍性阻尼、柔性梁迎风面的黏性阻尼和平方阻尼；$K_{qq} \in \Re^{n \times n}$ 为刚度矩阵；$Q_\alpha \in \Re^{1 \times 1}$ 为惯性力项；$u(t) \in \Re^{1 \times 1}$ 为作用在中心刚体上的控制力矩。

动力学方程中的变量分别表达如下：

$$J_{\alpha\alpha} = J_{\mathrm{B}} + \boldsymbol{q}^{\mathrm{T}} \boldsymbol{M} \boldsymbol{q} - \boldsymbol{q}^{\mathrm{T}} (r_A \boldsymbol{D}_0 + \boldsymbol{D}_1) \boldsymbol{q}$$

$$M_{\alpha q} = M_{q\alpha}^{\mathrm{T}} = r_A \boldsymbol{U}_{02} + \boldsymbol{U}_{12}$$

$$M_{qq} = \boldsymbol{M} = \int_0^l \rho A \boldsymbol{\Phi}^{\mathrm{T}} \boldsymbol{\Phi} \,\mathrm{d}x$$

$$K_{qq} = \boldsymbol{K} - \dot\alpha^2 \boldsymbol{M} + \dot\alpha^2 (r_A \boldsymbol{D}_0 + \boldsymbol{D}_1)$$

$$Q_\alpha = -2\dot\alpha [\boldsymbol{q}^{\mathrm{T}} \boldsymbol{M} \dot{\boldsymbol{q}} - \boldsymbol{q}^{\mathrm{T}} (r_A \boldsymbol{D}_0 + \boldsymbol{D}_1) \dot{\boldsymbol{q}}]$$

$$\widetilde{C}_{11} = c_{\mathrm{C}} + \frac{\beta_1}{\rho A} J_{\alpha\alpha} + \frac{\beta_2 \dot\alpha \operatorname{sgn} \dot\alpha}{\rho A} [C_J + \boldsymbol{q}^{\mathrm{T}} (r_A \boldsymbol{M} + \boldsymbol{U}_{13}) \boldsymbol{q}$$
$$- \boldsymbol{q}^{\mathrm{T}} (r_A^2 \boldsymbol{D}_0 + 2 r_A \boldsymbol{D}_1 + \boldsymbol{D}_2) \boldsymbol{q}]$$

$$\widetilde{C}_{12} = \frac{\beta_1}{\rho A} M_{\alpha q} + \frac{\beta_2 \dot\alpha \operatorname{sgn} \dot\alpha}{\rho A} \left[r_A^2 \boldsymbol{U}_{02}^{\mathrm{T}} + 2 r_A \boldsymbol{U}_{12}^{\mathrm{T}} + \int_0^l \rho A x^2 \boldsymbol{\Phi}^{\mathrm{T}} \mathrm{d}x \right]^{\mathrm{T}}$$

$$\widetilde{C}_{22} = \left(c + \frac{\beta_1}{\rho A} \right) \boldsymbol{M} + \frac{\beta_2 \dot\alpha \operatorname{sgn} \dot\alpha}{\rho A} \left[r_A \boldsymbol{M}^2 + \int_0^l \rho A x \boldsymbol{\Phi}^{\mathrm{T}} \boldsymbol{\Phi} \,\mathrm{d}x \right]$$

式中：$\boldsymbol{\Phi} \in \Re^{1 \times n}$ 为梁横向振动的模态函数行向量，这里设定为悬臂梁的模态函数；c_{C} 为中心刚体轴承处的黏性阻尼系数；β_1 为空气阻力的黏性阻尼系数；β_2 为空气阻力引起的平方阻尼系数；柔性梁的结构阻尼采用比例阻尼 $c\boldsymbol{M}$ 的形式，c 为比例阻尼系数。

以上方程中相关的常值系数和矩阵表达如下：

$$J_{\mathrm{B}} = \int_0^l \rho A (r_A + x)^2 \mathrm{d}x$$

$$C_J = \int_0^l \rho A (r_A + x)^3 \mathrm{d}x$$

$$\boldsymbol{K} = \int_0^l EI \boldsymbol{\Phi}''^{\mathrm{T}} \boldsymbol{\Phi}'' \,\mathrm{d}x$$

$$\boldsymbol{U}_{02} = \int_0^l \rho A \boldsymbol{\Phi} \,\mathrm{d}x$$

$$\boldsymbol{U}_{12} = \int_0^l \rho A x \boldsymbol{\Phi} \,\mathrm{d}x$$

$$\boldsymbol{U}_{13} = \int_0^l \rho A x \boldsymbol{\Phi}^{\mathrm{T}} \boldsymbol{\Phi} \,\mathrm{d}x$$

$$\boldsymbol{D}_0 = \int_0^l \rho A \boldsymbol{S}(x) \mathrm{d}x$$

$$\boldsymbol{D}_1 = \int_0^l \rho A x \boldsymbol{S}(x) \mathrm{d}x$$

$$\boldsymbol{D}_2 = \int_0^l \rho A x^2 \boldsymbol{S}(x) \mathrm{d}x$$

式中：$J_B \in \mathfrak{R}^{1 \times 1}$ 为柔性梁关于转动点的转动惯量，其中下标 B 代表柔性梁；$C_J \in \mathfrak{R}^{1 \times 1}$，下标 J 表示该阻尼项与转动惯量相关；$\boldsymbol{K} \in \mathfrak{R}^{n \times n}$，$\boldsymbol{U}_{02} \in \mathfrak{R}^{1 \times n}$，$\boldsymbol{U}_{12} \in \mathfrak{R}^{1 \times n}$，$\boldsymbol{U}_{13} \in \mathfrak{R}^{n \times n}$，$\boldsymbol{D}_0 \in \mathfrak{R}^{n \times n}$，$\boldsymbol{D}_1 \in \mathfrak{R}^{n \times n}$，$\boldsymbol{D}_2 \in \mathfrak{R}^{n \times n}$；矩阵 $\boldsymbol{S}(x)$ 的表达式为

$$\boldsymbol{S}(x) = \int_0^x \boldsymbol{\Phi}'^{\mathrm{T}}(\xi)\boldsymbol{\Phi}'(\xi)\mathrm{d}\xi$$

对系统的非线性方程进行线性化。假定系统大范围运动的角速度较小，忽略其二次项；并认为柔性梁的弹性变形所引起的转动惯量的增加为小量，即忽略其时变项。则线性化的模型为 [3,4]

$$\widehat{\boldsymbol{M}}\ddot{\widehat{\boldsymbol{Y}}} + \widehat{\boldsymbol{C}}\dot{\widehat{\boldsymbol{Y}}} + \widehat{\boldsymbol{K}}\widehat{\boldsymbol{Y}} = \boldsymbol{H}u(t) \tag{b}$$

式中，$\widehat{\boldsymbol{Y}} \in \mathfrak{R}^{n+1}$，$\widehat{\boldsymbol{M}} \in \mathfrak{R}^{(n+1) \times (n+1)}$ 为质量矩阵，$\widehat{\boldsymbol{C}} \in \mathfrak{R}^{(n+1) \times (n+1)}$ 为阻尼矩阵，$\widehat{\boldsymbol{K}} \in \mathfrak{R}^{(n+1) \times (n+1)}$ 为刚度矩阵，$\boldsymbol{H} \in \mathfrak{R}^{(n+1) \times 1}$，分别具有如下形式：

$$\widehat{\boldsymbol{Y}} = \begin{bmatrix} \alpha \\ \boldsymbol{q} \end{bmatrix}, \quad \widehat{\boldsymbol{M}} = \begin{bmatrix} J_{\mathrm{H}} + J_{\mathrm{B}} & \boldsymbol{M}_{\alpha q} \\ \boldsymbol{M}_{q\alpha} & \boldsymbol{M}_{qq} \end{bmatrix}$$

$$\widehat{\boldsymbol{C}} = \begin{bmatrix} c_{\mathrm{C}} + \dfrac{\beta_1}{\rho A}J_{\mathrm{B}} & \dfrac{\beta_1}{\rho A}\boldsymbol{M}_{\alpha q} \\ \dfrac{\beta_1}{\rho A}\boldsymbol{M}_{q\alpha} & \left(c + \dfrac{\beta_1}{\rho A}\right)\boldsymbol{M} \end{bmatrix}, \quad \widehat{\boldsymbol{K}} = \begin{bmatrix} 0 & \boldsymbol{0} \\ \boldsymbol{0} & \boldsymbol{K} \end{bmatrix}, \quad \boldsymbol{H} = \begin{bmatrix} 1 \\ \boldsymbol{0} \end{bmatrix}$$

将线性化动力学方程 (b) 转化为状态方程形式，有

$$\dot{\boldsymbol{Z}} = \boldsymbol{A}\boldsymbol{Z} + \boldsymbol{B}u(t) \tag{c}$$

式中，$\boldsymbol{Z} \in \mathfrak{R}^{2(n+1)}$，$\boldsymbol{A} \in \mathfrak{R}^{2(n+1) \times 2(n+1)}$，$\boldsymbol{B} \in \mathfrak{R}^{2(n+1) \times 1}$，它们的表达式如下：

$$\boldsymbol{Z} = \begin{bmatrix} \widehat{\boldsymbol{Y}} \\ \dot{\widehat{\boldsymbol{Y}}} \end{bmatrix}, \quad \boldsymbol{A} = \begin{bmatrix} \boldsymbol{0} & \boldsymbol{I}_{2(n+1) \times 2(n+1)} \\ -\widehat{\boldsymbol{M}}^{-1}\widehat{\boldsymbol{K}} & -\widehat{\boldsymbol{M}}^{-1}\widehat{\boldsymbol{C}} \end{bmatrix}, \quad \boldsymbol{B} = \begin{bmatrix} \boldsymbol{0} \\ \widehat{\boldsymbol{M}}^{-1}\boldsymbol{H} \end{bmatrix}$$

式中 $\boldsymbol{I}_{2(n+1) \times 2(n+1)} \in \mathfrak{R}^{2(n+1) \times 2(n+1)}$ 为单位矩阵。

仿真中，中心刚体半径取为 $r_A = 0.05$ m，转动惯量为 $J_{\mathrm{C}} = 0.30$ kg·m²。柔性梁参数为：$l = 1.8$ m，$A = 2.5 \times 10^{-4}$ m²，$\rho = 2.766 \times 10^3$ kg/m³，$E = 6.90 \times 10^{10}$ N/m²，$I = 1.3021 \times 10^{-10}$ m⁴。各个阻尼参数取值为：$c = 0.011$，$\beta_1 = 0$，$\beta_2 = 0.0353$，$c_{\mathrm{C}} = 0$。

考虑两种运动轨迹跟踪控制：点–点运动控制和旋转运动控制。点–点运动控制是控制系统在一定时间内到达指定位置，并抑制梁的残余振动，这种模型可以是柔性机械臂的

运动、航天器柔性附件到达指定角度等；旋转运动控制是控制系统以一定角速度旋转运动，并抑制梁的附加振动，这种模型可以是带柔性附件的自旋稳定卫星等的运动等。在系统动力学建模中，选取梁的前 2 阶模态描述梁的变形，即 $n = 2$。控制律设计时考虑对梁的前 2 阶模态进行控制，增益矩阵 $\boldsymbol{Q}$ 和参数 R 分别取值为 $\boldsymbol{Q} = \mathrm{diag}(1000, 100, 10, 1, 1, 1)$ 和 $R = 1$。

首先考虑点–点运动控制问题。假定期望的系统大范围运动轨迹为

$$
\alpha = \begin{cases}
\dfrac{2\alpha_0}{t_1^2}t^2, & t \leqslant \dfrac{t_1}{2} \\[3mm]
\dfrac{\alpha_0}{2} + \dfrac{2\alpha_0}{t_1}\left(t - \dfrac{t_1}{2}\right) - \dfrac{2\alpha_0}{t_1^2}\left(t - \dfrac{t_1}{2}\right)^2, & \dfrac{t_1}{2} < t \leqslant t_1 \\[3mm]
\alpha_0, & t > t_1
\end{cases}
$$

即系统由零初始条件开始加速运动，在到达指定位置所用时间的一半时达到最大角速度，然后再减速到角速度为零，完成指定的角位移运动，并且要求到达指定位置时抑制柔性梁的残余振动。假定所期望的角位移为 $\alpha_0 = 60°$，$t_1 = 2\,\mathrm{s}$。控制仿真中，将基于线性化动力学模型所设计的最优跟踪控制律（详情见参考文献 [3]）加入到原非线性动力学模型中，如此能显示出控制律的真实有效性。图 8.5.3 所示为柔性梁末端的响应时程和系统的大范围角位移时程，可以看出，系统能够到达指定位置，并且梁的残余振动可以得到抑制。

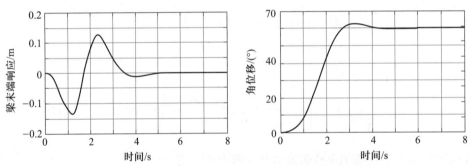

图 8.5.3　柔性梁的末端响应和大范围运动角位移时程

下面考虑旋转运动控制问题。要求系统从零初始条件开始旋转运动，达到稳态角速度 $\omega_0 = 1\,\mathrm{rad/s}$。仿真结果如图 8.5.4 所示。可以看出，系统达到稳态旋转运动状态，并且梁

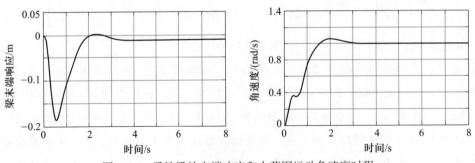

图 8.5.4　柔性梁的末端响应和大范围运动角速度时程

的附加振动得到了抑制。

应当说明几点：

（1）对于点–点控制问题，从图 8.5.3 可看出，线性化控制律并没有使系统在 $t_1 = 2\,\mathrm{s}$ 时刻到达指定位置 $\alpha_0 = 60°$，但对于对到达时间要求不是很严格的中心刚体–柔性梁系统的位置控制问题，如空间柔性机械臂的位置控制等，该方法是可行的。

（2）在线性化控制律的设计中，假定系统的角速度为小量，因此该控制律只适用于大范围转速不高的情况；对于大范围转速较高的情况，如直升机旋翼、涡轮机叶片等，应当开展非线性控制策略的研究。

（3）该算例中，因为系统的大范围运动角速度较低，因此在采用假设模态法描述柔性梁的变形时只选取了前 2 阶模态，控制设计时也只考虑对此 2 阶模态进行控制。如果系统的角速度较高，在动力学仿真和控制研究中应当增加模态的数目，参见文献 [5]。

在此说明，本章内容也可以参见文献 [6]。

习 题

8.1 考虑如图所示的转动系统。已知 3 个圆盘的转动惯量分别为 J_1，J_2 和 J_3，圆轴上 4 个区段的扭转刚度系数分别为 $k_{\alpha 1}$，$k_{\alpha 2}$，$k_{\alpha 3}$ 和 $k_{\alpha 4}$，设定

$$J_1 = J_2 = J_3 = 1\,\mathrm{kg \cdot m^2}, \quad k_{\alpha 1} = k_{\alpha 2} = k_{\alpha 3} = k_{\alpha 4} = 1\,\mathrm{N \cdot m/rad}$$

试建立系统的状态方程，并分别判定控制力/观测点选定在 J_1，J_2 和 J_3 上时系统的可控性和可观性。

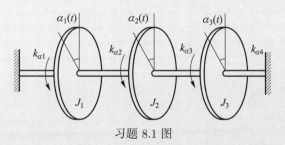

习题 8.1 图

8.2 如图所示柔性悬臂梁。梁长度 $l = 1.8\,\mathrm{m}$，材料弹性模量 $E = 6.90 \times 10^{10}\,\mathrm{N/m^2}$，截面对中性轴的惯性矩 $I = 1.3021 \times 10^{-10}\,\mathrm{m^4}$，密度 $\rho = 2.766 \times 10^3\,\mathrm{kg/m^3}$，横截面面积

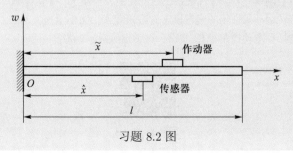

习题 8.2 图

$A = 2.5 \times 10^{-4}\,\mathrm{m}^2$。$\tilde{x}$ 为作动器的位置，$\hat{x}$ 为传感器的位置。要求：

（1）结合振型函数节点位置讨论系统的可控性和可观性；

（2）假定梁自由端有 $2\,\mathrm{cm}$ 的初始位移，初始速度为零，采用最优控制方法对梁的振动进行抑制。

8.3　考虑如图所示的 2 自由度弹簧–质量系统。设定

$$m_1 = m_2 = 1\,\mathrm{kg}, \quad k_1 = k_2 = k_3 = 1\,\mathrm{N/m}$$

系统的初始条件为 0。假定在 m_1 上作用简谐激励 $p_0 \sin \omega t = 1 \cdot \sin 2\pi t$，控制力 $u(t)$ 作用在 m_2 上，试设计最优控制器实现对系统受迫振动的主动控制。

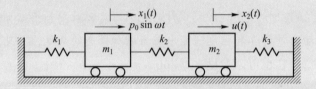

习题 8.3 图

8.4　本章正文部分对连续时间系统的可观性判别条件进行了推导，试推导离散系统的可观性判别条件。

8.5　考虑如下离散控制系统：

$$\begin{bmatrix} x_1(k+1) \\ x_2(k+1) \end{bmatrix} = \begin{bmatrix} 2 & 0 \\ -1 & -3 \end{bmatrix} \begin{bmatrix} x_1(k) \\ x_2(k) \end{bmatrix} + \begin{bmatrix} 1 \\ 1 \end{bmatrix} u(k)$$

$$z(k) = \begin{bmatrix} 1 & 0 \end{bmatrix} \begin{bmatrix} x_1(k) \\ x_2(k) \end{bmatrix}$$

式中控制输入 $u(k)$ 已知，试对系统的可观性进行判断。

参考文献

[1]　谢绪恺. 现代控制理论基础 [M]. 沈阳：辽宁人民出版社，1980

[2]　胡寿松. 自动控制原理 [M]. 3 版. 北京：国防工业出版社，1998

[3]　蔡国平，李琳，洪嘉振. 中心刚体–柔性梁系统的最优跟踪控制 [J]. 力学学报，2006，38(1)：97–105

[4]　蔡国平，洪嘉振. 中心刚体–柔性悬臂梁系统的位置主动控制 [J]. 宇航学报，2004，25(6)：616–620

[5]　蔡国平，洪嘉振. 旋转运动柔性梁的假设模态方法研究 [J]. 力学学报，2005，37(1)：48–56

[6]　蔡国平，刘翔. 结构振动主动控制 [M]. 北京：科学出版社，2021

习题答案 A8

索 引

读者意见反馈

为收集对教材的意见建议，进一步完善教材编写并做好服务工作，读者可将对本教材的意见建议通过如下渠道反馈至我社。

咨询电话　400-810-0598

反馈邮箱　gjdzfwb@pub.hep.cn

通信地址　北京市朝阳区惠新东街4号富盛大厦1座　高等教育出版社总编辑办公室

邮政编码　100029

防伪查询说明

用户购书后刮开封底防伪涂层，使用手机微信等软件扫描二维码，会跳转至防伪查询网页，获得所购图书详细信息。

防伪客服电话 （010）58582300